清华计算机图书 译丛

Guide to TCP/IP: IPv6 and IPv4

Fifth Edition

TCP/IP 协议原理与应用

（第5版）

[美] 詹姆斯·派尔斯 (James Pyles)

[美] 杰弗里·卡雷尔 (Jeffrey L. Carrell)　　著

[美] 埃德·泰特尔 (Ed Tittel)

金名　等译

U0313033

清华大学出版社

北京

北京市版权局著作权合同登记号　图字 01-2017-8433 号

Guide to TCP/IP: IPv6 and IPv4, Fifth Edition
James Pyles, Jeffrey L. Carrell, Ed Tittel 著，金名 等译

图书在版编目（CIP）数据

TCP/IP 协议原理与应用（第 5 版）/（美）詹姆斯·派尔斯（James Pyles），（美）杰弗里·卡雷尔（Jeffrey L. Carrell），（美）埃德·泰特尔（Ed Tittel）著；金名等译. —北京：清华大学出版社，2018（2021.8重印）
（清华计算机图书译丛）
书名原文：Guide to TCP/IP: IPv6 and IPv4, Fifth Edition
ISBN 978-7-302-48841-5

Ⅰ．①T… Ⅱ．①詹… ②杰… ③埃… ④金… Ⅲ．①计算机网络–通信协议 Ⅳ．①TN915.04

中国版本图书馆 CIP 数据核字（2017）第 287740 号

责任编辑：龙启铭
封面设计：傅瑞学
责任校对：时翠兰
责任印制：刘海龙

出版发行：清华大学出版社
网　　　　址：http://www.tup.com.cn, http://www.wqbook.com
地　　　　址：北京清华大学学研大厦 A 座　　　　邮　　编：100084
社　总　　机：010-62770175　　　　邮　　购：010-83470235
投稿与读者服务：010-62776969，c-service@tup.tsinghua.edu.cn
质　量　反　馈：010-62772015，zhiliang@tup.tsinghua.edu.cn
课　件　下　载：http://www.tup.com.cn,010-83470236
印　装　者：三河市铭诚印务有限公司
经　　　销：全国新华书店
开　　　本：185mm×260mm　　　印　　张：36.75　　　字　　数：893 千字
版　　　次：2018 年 8 月第 1 版　　　　印　　次：2021 年 8 月第 3 次印刷
定　　　价：128.00 元

产品编号：072878-01

TCP/IP 是支持互联网运行的一套协议的总称，TCP 和 IP 是该协议族中的两个核心协议，这也正是将 TCP/IP 作为该协议族名称的原因。

TCP/IP 作为现代网络运行的基础协议，学习、理解和深入掌握 TCP/IP，将会提高我们的网络应用程序开发能力，夯实网络管理的基础，增强对网络取证的理解，以及方法的创新，提高网络安全意识，增强网络分析能力。总之，TCP/IP 是研究和应用现代网络必不可少的知识，也是从事这方面工作的基石。

本书深入介绍了所有影响着 TCP/IP 的重要模型、协议、服务以及标准，它们影响着 TCP/IP 在现代网络上的行为。本书采用理论与实践相结合的方法，利用各种协议分析工具（如 Wireshark），通过捕获网络上的真实数据包，把数据包的内部结构以可视化的形式详细分解，让读者能够以直观的方式探索 TCP/IP 的精髓。此外，通过每章末尾的习题、动手项目和案例项目，深化读者对关键概念的理解，掌握常见网络管理和监视工具的运用。

本书针对 Windows 10、Windows Server 2012 操作系统以及最新的协议分析工具 Wireshark v2.0.0 进行了全面更新，并且增加了 Mac OS X 和 Ubuntu Linux 操作系统下的示例。

本书由金名主译，黄刚、陈宗斌、陈河南、傅强、宋如杰、蔡江林、陈征、戴锋、蔡永久、邱海艳、张军鹏、吕晓晴、杨芳、郭宏刚、黄文艳、刘晨光、苗文曼、崔艳荣、王祖荣、王珏辉、陈中举、邱林、陈勇、杨舒、秦航、潘劲松、黄艳娟、姜盼、邱爽、张丹、胡英、刘春梅、姜延丰、钟宜峰、李立、李彤、付瑶、张欣欣、张宇超、朱敏、王晓亮、杨帆、万书振、解德祥等人也参与了部分翻译工作，由于水平有限，如有不妥之处，恳请读者指正。

欢迎阅读本书第 5 版！TCP/IP 为 Transmission Control Protocol/Internet Protocol（传输控制协议/网际协议）的缩写，它定义了一组宽泛的、使得 Internet 能像我们今天所看到的那样发挥功能的协议和服务。在介绍 TCP/IP 的过程中，本书提供了丰富的实际示例和大量的动手项目，不仅强化了关键概念，并传授重要监视和管理工具的用法。本书还包含了丰富的协议跟踪或解码案例，它们将帮助你理解网络上的 TCP/IP 看起来是什么样、它是如何工作的。

本书深入介绍了 TCP/IP 的所有重要模型、协议、服务以及标准，它们决定了 TCP/IP 在现代网络上的行为。在本书的每一章都给出了一些主要问题，以强调本章要介绍的概念，帮助读者掌握与 TCP/IP 的交互。本书除了有丰富的习题，还有大量详尽的动手项目，它们提供了在网络上安装、配置、使用和管理 TCP/IP 的第一手经验。最后，为了把每一章所介绍的概念应用到现实中，本书还给出了很多案例项目，这些项目提出了一些问题，并要求读者针对现实网络面临的各种情形给出创造性的解决方案。

读者对象

本书旨在满足有志于深入学习 TCP/IP 网络的个人以及从事信息系统管理的专业人士。这些材料经过专门设计，让读者在管理基于 TCP/IP 的网络基础设施上——或者仅仅使用它的协议套件，或者与其他协议套件一起使用——发挥主要作用。学完整本书的读者应该能够精细地认识、分析以及诊断和解决各种 TCP/IP 网络问题和现象。

本书内容

第 1 章首先概述了 TCP/IP，然后介绍了名为 RFC 的标准文档的结构和起源，这些文档描述和控制了 TCP/IP 协议、服务以及事件。接着，考察了用于组网的开放系统互连（Open System Interconnection，OSI）参考模型，该模型由国际标准化组织（International Organization for Standardization，ISO）实行了标准化，本章也将这个标准模型与 TCP/IP 支撑模型进行了比较。然后，简要介绍了 TCP/IP 协议、服务、套接字和端口，最后概述了协议分析。Wireshark 是一种协议分析器，它可以捕获网络数据包（包括 TCP/IP），对数据包进行解码，并可以显示其内容，该工具在本书后面部分将发挥重要作用。

第 2 章介绍管理唯一 IP 地址（包括 32 位 IPv4 和 128 位 IPv6 地址）所涉及的错综复杂关系。以解剖数字 IPv4 地址作为开端，这一章考察了 IPv4 地址类，特别是广播与多播地址、子网与超网等特殊情况，并且阐述了为什么会存在无类 IPv4 地址、公用与专有 IPv4 地址以及 IPv4 寻址模式。这一章的其余部分介绍了 IPv6，包括地址格式与表示方法、地址形式与类型，以及地址分配。此外，还介绍了寻址模式和子网划分因素，以及讨论如何管理从 IPv4 到 IPv6 地址的转换。

第 3 章介绍 IP 数据包（IPv4 和 IPv6）的主要组成部分：首部描述了用于数据包路由、转发和过滤等的信息，有效载荷包含了数据包要传输的数据。本章介绍了 IPv4 和 IPv6 首部的结构，并进行了详细阐述，此外还介绍了 IPv6 扩展首部，以及传输与数据包处理控制的使用。本章最后把 IPv4 与 IPv6 的首部结构进行了对比，以阐述 IPv6 进行了哪些重新设计和修改。

第 4 章描述了运行在 OSI 参考模型的数据链路层和网络层上的 TCP/IP 协议，讨论了一般意义上的数据链路层协议，考察了 IP 帧类型，并议论了 IP 环境中的硬件地址，以及支持其使用的各种协议——特别是 IPv4 的 ARP 和 RARP，以及 IPv6 的 NDP（Neighbor Discovery Protocol，邻居发现协议）。本章还涵盖了网络层的最重要 TCP/IP 协议——网际协议以及 IPv4 和 IPv6 的路由协议、路由机制与路由特点，包括 RIPv1 与 RIPv2、OSPF、EIGRP 和 BGP，并介绍了针对 IPv4 和 IPv6 协议和行为要考虑的因素。

第 5 章介绍了 TCP/IP 的关键网络层协议：其任务是将有关 IP 流量的状态和出错消息传递给其发送者以及传递给“其他感兴趣设备”，例如路由器或交换机。本章首先介绍了 ICMPv4 和 ICMPv6 的结构和功能，然后考察了 ICMP 测试和故障诊断方法、安全问题、ICMP 消息类型和代码，最后介绍了 ICMP 和解码 ICMP 数据包的完整测试和故障诊断方法。

第 6 章介绍 NDP，以阐述在 IPv6 网络上邻居发现是如何工作的，内容包括 NDP 与 IPv4 相关协议的对比，各种 NDP 消息格式与选项，以及 IPv6 网络上的整个邻居发现过程。

第 7 章介绍使用在 IPv4 和 IPv6 网络上的各种自动寻址模式和机制，包括**动态主机配置协议**（Dynamic Host Configuration Protocol，DHCP），以及用于 IPv4 的自动配置机制（APIPA 和 DHCP）和用于 IPv6 的自动配置机制（主机/网卡地址确定、无状态与有状态地址自动配置，以及 DHCPv6）。

第 8 章介绍用于把人类可读的网络名称和地址符号解析为机器可理解的网络地址的主要服务，内容包括名称解析基础，以及各种网络名称解析协议。本章详细介绍了 IPv4 和 IPv6 名称解析与域名服务（Domain Name Service，DNS），以及 Windows 操作系统支持的名称解析，包括设置、配置、故障诊断和相关实用工具等内容。

第 9 章介绍运行在 OSI 参考模型传输层上的两个关键协议——重型的、健壮的、可靠的传输控制协议（TCP），以及轻型但速度更快的用户数据报协议（UDP）。本章详细介绍了 TCP，尤其是其数据包结构和功能（包括 TCP 的 IPv6 扩展首部），并简要介绍了 UDP。本章最后介绍了这两个协议的常见用法。

第 10 章介绍当在同一个网络上 IPv4 与 IPv6 共存时，需要处理的问题和应用的技术，在可预见的将来，很多网络肯定将面临这种情况。本章介绍了 IPv4 与 IPv6 进行交互的方式，阐述了 IPv4/IPv6 混合网络和结点类型，探讨了使从 IPv4 到 IPv6 的转变尽可能简单的地址转换与交换机制。本章还详细介绍了信道机制和协议，包括 ISATAP、6to4 和 Teredo。

第 11 章介绍了 Internet 专业人员最感兴趣的领域，也就是在现代的 TCP/IP 网络上理解、规划、部署和使用 IPv6。本章内容包括评估潜在的软件和硬件更改、寻址模式与自动寻址，以及针对不同类别或类型的网络服务的优先级模式。

第 12 章介绍了网络安全基础，特别强调了 IP 安全问题。本章还介绍了一些关键主题，包括外围安全、基础设施安全以及主机设备安全。

本书最后给出了一个附录 A，介绍了本书配套网站上提供的所需软件和跟踪文件。

 **在线内容**

本书配套网站还提供了如下内容（不止这些）：

- 本书提到过的重要 RFC 列表，以及有关 IPv6 的 RFC。

 RFC 是一个动态的文档集，因此，任何时候列出的列表，都只是体现当时的情况。关于最新的文档和标准，请访问在线 RFC。

- 用于 Windows 桌面或 Windows 服务器环境下的与 TCP/IP 有关的命令行实用工具列表。
- 在本书图表中使用到的 Windows 桌面或 Windows 服务器的注册表设置。

 **新增内容**

- 针对 Windows 10、Windows Server 2012 和 Wireshark v2.0.0，本书内容进行了全面更新。
- 增加了 Mac OS X 和 Ubuntu Linux 操作系统下的示例。
- 改进了分析问题、研究问题，更新了实验内容，帮助读者巩固以前所学知识。
- 本书配套网站上新增的其他内容。

 **本书特点**

为了确保有成功的学习体验，本书包含了下述教学特点。

- 本章内容：本书中的每一章都以该章必须掌握的关键观念的列表作为开始。这个列表提供了该章内容的快速参考以及有用的学习辅助。
- 图示及表格：大量服务器屏幕和部件的图示以可视化的形式展示了常见设置步骤、理论与概念，帮助读者学习。此外，许多表格提供了实践和理论的细节和对比，可用于快速浏览主题。本书还包含了来自 IPv4 和 IPv6 的大量协议跟踪。由于这两种协议在格式上不同，因此，它们的跟踪文件也稍微有所不同，但它们或多或少都提供了一些相同的信息，只有一些微小的差别。
- 章末材料：每一章的末尾包含了下述特点来巩固本章介绍的材料。
    - 本章小结：提供了一个符号列表，给出了简明但完整的本章小结。

◆ 习题：一系列习题，测试对该章最重要概念的掌握。

◆ 动手项目：动手实践项目帮助应用该章学习的知识。

◆ 案例项目：案例带你见识现实世界的场景。

◆ 学生和教师在线资源：在本书配套网站上，提供了一些压缩文件，包含完成本书的动手项目所需的跟踪（数据）文件和软件（Wireshark for Windows、Bitcricket IP Subnet Calculator）。此外，还有关于简易网络工具和实用程序的文档说明。使用本书的学生和教师资源可访问 www.cengage.com。

 致谢

衷心感谢 Course Technology 公司提供机会修订这本涵盖 IPv6 的教材。我们衷心感谢他们的耐心和宽容，特别是我们的产品经理 Kristin McNary，产品经理助理 Amy Savino，内容开发人员 Natalie Pashoukos，内容项目经理 Brook Baker，以及负责书稿质量保证的技术编辑 Mark Mirrotto。感谢优秀的开发编辑 Kent Williams，其深入和细致入微的工作使这些材料成了现在看到的这种优雅形式。

也衷心地感谢协助将本书变为成果的幕后作者团队经理 Kim Lindros，他以主人翁的责任感加入到了本项目的管理中。

James Pyles：感谢给我机会为本书第 5 版进行更新。特别感谢 Ed Tittel 和 Kim Lindros 邀请我参加进这个项目。我也非常感谢 Jeffrey L. Carrell，使得我很高兴坐下来学习神秘的 IPv6。还要感谢 Mary Kyle 优秀的管理技巧和无尽的耐心，感谢 Tom Lancaster 对本书无价的奉献。感谢我的妻子 Lin 的大力支持。

Jeffrey L. Carrell：有了上帝的帮助，任何事情都有可能。感谢我的妻子，也是我最好的朋友 Cynthia 的关爱、鼓励和忍耐，真心感谢在我的生命中有你。感谢我们的朋友和同事，为我提供素材和鼓励。感谢 Ed Tittel 为我提供这个机会、鼓舞和指导。这是一个巨大、令人兴奋又令人生畏的项目。感谢 Kim Lindros 和 Mary Kyle，他们推动我们不断前进。没有你们，我不可能完成本书。最后，感谢 James Pyles 和 Tom Lancaster，他们对本书内容进行了更新，并补充了很多新内容，没有你们，也不可能完成本书。

Ed Tittel：感谢 James Pyles 和 Tom Lancaster 帮助我们提供新内容和练习。同样，再次感谢 Kim Lindros 和 Mary Kyle，他们使得本书比预计的容易完成得多。最后，感谢我亲爱的妻子 Dina 和儿子 Gregory，他们给我带来了无数的快乐和幸福。

欢迎读者通过 E-mail 给我们发送有关本书的评论、问题和建议：
tcpip5e@guidetotcpip.com

开始之前阅读

 **致用户**

本书应按顺序从头读到尾。每一章都构建在前一章提供的、对 TCP/IP 概念、协议、服务以及部署实践的坚实理解上。鼓励读者研究本书中引用的在线和印刷资源。

本书的某些章节要求额外的材料来完成章节末尾的项目。本书配套的学生和教师网站包含了必要的补充文件。要下载这些资源，可以访问网站 www.cengage.com。

该网站包含了：

- 完成动手项目所需的软件，包括 Wireshark for Windows 协议分析器。
- 指向完成动手项目所需学生数据文件（本书中称为"跟踪"或"数据包"文件）的链接。
- 一些章节的其他资源。

 本书使用的是流行的 Wireshark 协议分析器。动手项目中用到的 Wireshark v2.0.0 版本可以从本书配套网站下载。读者也可以从 Wireshark 网站下载最新版本：www.wireshark.org。

 **致指导老师**

在构建教学实验室时，应确保每一台工作站都安装了 Windows 7 或 Windows 10 专业版、Internet Explorer 11 或更高版本。在学习本书时，学生将在这些计算机上安装 Wireshark。此外，学生将需要有工作站的管理权限，以便完成本书中动手项目中包含的操作。少量项目还需要学生能访问 Linux 和 Mac OS X。这里建议在虚拟机上使用 Ubuntu 14.04.3 LTS 或更高版本、OS X 10.6.7 或更高版本。

 **实验要求**

下面是为完成各章末尾项目所推荐的硬件和软件要求：

- 主频为 1GHz 或更高的 CPU，2GB 内存（推荐 4GB 或更多），80GB 硬盘空间，至少 2GB 的可用存储空间。
- Windows 7 专业版（Service Pack 1 或更高版本）或 Windows 10 专业版，以及 Internet Explorer 11 或更高版本，必须已静态定义或通过 DHCP 赋给了 IPv4 和 IPv6 地址。
- 可以访问 Linux 系统或 Mac OS X 系统，或者在虚拟机上运行这两种操作系统，必须已静态定义或通过 DHCP 赋给了 IPv4 和 IPv6 地址。
- Internet 访问，最好是双栈访问。
- 支持 IPv4 和 IPv6 的第 3 层交换与路由。
- 含有 IPv4 和 IPv6 地址（已静态定义或通过 DHCP 赋给）的 Windows Server 2012 R2。

目录

第 12 章　构建安全的 TCP/IP 环境 ⋯⋯⋯⋯⋯⋯⋯⋯⋯⋯⋯⋯⋯⋯⋯⋯⋯ **498**

第1章 TCP/IP 导引

本章内容：

- 理解 TCP/IP 的起源和历史。
- 解释 TCP/IP 标准与其他文档（称为 RFC（Request For Comments））的创建、讨论以及标准化过程。
- 讨论 IPv4 与 IPv6 之间的"巨大差别"，并解释往 IPv6 转变的必要性和必然性。
- 介绍开放系统互连（Open System Interconnection）网络参考模型，该模型通常用于刻画网络协议和服务的特征，以及说明它与 TCP/IP 本身内在网络模型之间的关系。
- 定义相关术语，并解释如何识别 TCP/IP 协议、套接字以及端口。
- 介绍数据封装以及数据封装与 TCP/IP 协议栈的四个分层之间的关系。
- 介绍和应用网络协议的基本实践和原理，它们是进行网络协议分析的基础。

本章介绍 TCP/IP 网络协议族的背景和历史知识。TCP/IP 是 Transmission Control Protocol/Internet Protocol（传输控制协议/网际协议）的缩写。在 TCP/IP 协议集中，两个最重要的协议是**传输控制协议**（Transmission Control Protocol，TCP）和**网际协议**（Internet Protocol，IP）。传输控制协议用于处理任意长度消息的可靠传递，网际协议除了具有其他功能之外，还用于管理从发送方到接收方的网络传输**路由**（routing）。

此外，本章也介绍了 TCP/IP 的网络模型，识别特定协议与服务的各种方法，如何定义与管理 TCP/IP 标准，以及在 TCP/IP 协议集中那些最令人关注的元素。本章还介绍了 TCP/IP 的初始版本（即 IPv4）以及新版本（即 IPv6）。此外，本章还介绍了协议分析的艺术和科学。协议分析是指使用特殊工具从网络上直接收集数据、分析网络数据流及行为的特征，并查看任意在给定时刻中网络上所传输的数据的内部细节。

1.1 什么是 TCP/IP

TCP/IP 庞大的网络协议和服务集所包含的内容远远超出了构成该协议集名称的两个关键协议。然而，这两个协议值得首先介绍一下：**传输控制协议**（Transmission Control Protocol，TCP）提供了任意长度消息的可靠传输，定义了所有类型数据在网络中的一种健壮传递机制；**网际协议**（Internet Protocol，IP）管理从发送方到接收方的网络传输的路由，并处理与网络和计算机寻址相关的问题，以及其他一些问题。总之，虽然这两个协议仅占整个 TCP/IP 协议集的一个很小部分，但它们负责输送在 Internet 上移动的海量数据。

为了更好地评价 TCP/IP 的重要性，试考虑这种情况：要使用 Internet，就必须使用 TCP/IP，原因在于，Internet 是运行在 TCP/IP 之上的。TCP/IP 由来已久，正像计算技术那样——其起源还要追溯到 1969 年。了解 TCP/IP 从何而来，设计它的最初动机是什么，可以增进人们对这一基础协议集（通常称为**协议族**（Protocol Suite））的理解。正是出于这个理由，下面介绍这个协议族的起源及其设计目标。

1.2 TCP/IP 的起源和历史

1969 年，美国国防部（United States Department of Defense，DoD）下属的一家秘密机构，称为**高级研究计划署**（Advanced Research Projects Agency，ARPA），资助了一项特殊类型的长距离网络的学术研究项目，称为**分组交换网络**（packet switched network）。在分组交换网络环境中，单个数据段（称为**分组或数据包**（packet））可以使用发送方和接收方之间的任何可用路径。发送方和接收方通过唯一的网络地址来标识，并不要求所有的数据包在传输中使用相同的路径（尽管它们往往使用的是相同的路径）。作为该项目成果所构建的网络称为 **ARPANET**。

1.2.1 TCP/IP 的设计目标

ARPANET 和用以支持该网络的协议的设计，是基于下述政府需求的。

- 能经受住潜在核打击的要求。这也就解释了对分组交换的需求。在分组交换网络中，只要存在有效的路由，从发送方到接收方之间的路由可以根据需要改变。这也说明了为什么在随时可能发生爆炸的世界中，健壮和可靠的传递是人们关注的焦点。
- 允许不同种类的计算机系统轻易地相互通信的要求。由于专用网络是那个时代的主要网络形式，政府拥有许多种类型不同且互不兼容的网络和系统，因此需要一种能在不同系统之间交换数据的技术。
- 长距离互连系统的要求。20 世纪 60 年代后期是"巨型计算机"时代，带有终端的大型而昂贵的独立系统，占据了计算机行业的统治地位。那时，将多个系统互连起来意味着把遥远的位置互连起来。因此，最初的 ARPANET 连接了位于斯坦福研究院（Stanford Research Institute，SRI）、盐湖城的犹他大学（University of Utah），以及分别位于洛杉矶和圣巴巴拉的加州大学（University of California）两个校园的系统。

这些设计目标在 21 世纪的今天看起来似乎并不十分重要。这是因为全球核毁灭的威胁已经大大减轻了，并且网络成了一种理所当然的事情。同样地，大带宽、长距离的数据通信已经是一项大业务。然而，某些人认为，至少对于上述这三个条件中的后两个条件，Internet 满足了它们的要求。

1.2.2 TCP/IP 大事年表

直到 20 世纪 70 年代，TCP/IP 才真正浮出水面。那时，早期的研究者意识到数据必须跨越不同类型的网络、在多个不同位置之间进行移动。这一点对于允许**局域网**（Local Area Network，LAN）（例如以太网）使用长距离网络（例如 ARPANET）将数据从一个本地网络移动到另一个本地网络尤其有必要。尽管从 1973 年开始已经运行在 TCP/IP 上，但直到 1978 年，IPv4（Internet Protocol Version 4，因特网协议第 4 版——与当今绝大多数 TCP/IP 网络上使用的版本完全一致）才出现。

最初的 Internet（注意，其首字母为大写）协助建立了构成其他网络的网络模型。因此，

internetwork（注意，首字母不是大写）指由多个物理网络组成的单个逻辑网络，这些物理网络可以都在同一个地理位置，也可以分布在多个物理位置。我们将 Internet 定义为用于表示一组世界范围可以公开访问的、使用 TCP/IP 的网络的专用名字，而把 internetwork 定义为可以位于世界上任何位置、可以是（也可以不是）Internet 一部分（并且可以不使用TCP/IP，尽管大部分都使用 TCP/IP）的网络名称，以此区分两者。

1983 年，美国国防部通信局（Defense Communications Agency，DCA，现为美国国防部信息系统局（Defense Information Systems Agency，DISA））从 DARPA（Defense Advanced Research Projects Agency，美国国防高级研究计划署，也称为 ARPA）手中接管了 ARPANET 的运营。这就使得 Internet 的应用更广泛，越来越多的学院和大学、政府机构、防御设施、政府承包商开始依靠 Internet 来交换数据、电子邮件以及其他类型的信息。同一年中，美国国防部要求 Internet 上的所有计算机都从先前杂七杂八的协议切换到 TCP/IP 上，这些实验协议绝大部分在 ARPANET 一出现就开始使用了。实际上，有人认为 Internet 和 TCP/IP 正是诞生于此时。

无论是不是巧合，1983 年也正是称为 4.2BSD 的 UNIX 的伯克利软件套件（Berkeley Software Distribution）在操作系统中植入对 TCP/IP 支持的年份。也有人认为这个阶段——它将 TCP/IP 展现给了全世界学院和大学中的计算机专业人员——有助于解释 Internet 协议和技术的诞生以及如何繁衍变成了今天的庞然大物。

粗略地说，与此同时（依然是 1983 年）所有的军用 MILNET 都从 ARPANET 中分离出来。这样就把 Internet 基础设施划分为了仅供军用的部分和供所有非军事参与者使用的、更开放、更自由的部分。1983 年，在威斯康星大学（University of Wisconsin）进行的名称服务器的初步开发——名称服务器技术让用户定位和识别 Internet 上任意位置的网络地址（今天它依然是这种操作的一个特征）——使得这一年成为官方 Internet 历史中创纪录的一年。

从此时开始，Internet 和 TCP/IP 发生了一系列最终产生全球 Internet 的事件，并创造了一系列之最。今天，Internet 以这种或那种形式涉及了商业、通信和信息访问的各个方面。没有 E-mail、Web 以及在线电子商务的生活已经迅速成为不可想象和无法忍受的事情。随着我们进入 21 世纪，新的服务和新的协议将不断地浮现在 Internet 上，但 TCP/IP 将依然健壮。

关于 TCP/IP 的更多信息，请参阅本章后面的案例项目。

1.2.3　谁"拥有"Internet

TCP/IP 无处不在，其触及范围没有限制，TCP/IP 的归属和控制就让人困惑起来。尽管TCP/IP 和相关协议是由某些专门的标准制定团体（将随后讨论）制定的，但 TCP/IP 无疑属于公共领域，原因在于从其孕育开始，它就得到了公共资金的支持。因此，本质上讲，每个人都拥有 TCP/IP，也没有人拥有 TCP/IP。

1.2.4 管理 TCP/IP 的标准化组织

参与 TCP/IP 的标准化组织有如下一些。

- **国际互联网协会**（Internet Society，ISOC）：国际互联网协会是所有各种互联网委员会和任务组的上级机构。这是一个非营利、非政府、国际化、由专业人士组成的组织。它由会员、企业赞助，偶尔也会得到一些政府的支持。有关它的详细信息，请访问 www.isoc.org。

- **互联网架构委员会**（Internet Architecture Board，IAB）：互联网架构委员会也称为**互联网工作委员会**（Internet Activities Board），是上级机构 ISOC 的左膀右臂，它由标准制定组和研究组组成，处理当前和未来的 Internet 技术、协议及研究。因此，IAB 的最主要任务就是监督所有协议和过程的架构，并通过称之为"请求注解（Request For Comments，RFC）"的文档提供评论性的监督。RFC 陈述了 Internet 标准以及其他更多内容。有关它的更多信息，请访问 IAB 的主页 www.iab.org。

- **互联网工程任务组**（Internet Engineering Task Force，IETF）：互联网工程任务组是一个负责制订草案、测试、提出建议以及维护 Internet 标准的组织，这些文档采用 RFC 的形式，并通过多个专门委员会各负其责地完成。IETF 和 IAB 使用一种可准确描述为"粗略共识（rough consensus）"的方式来制订 Internet 标准。这就是说，标准制订过程（一种同行评审过程）中的所有参与者在标准能够被建议、提交草案、被批准之前，都必须或多或少地同意该标准。有的时候这种共识确实十分粗糙。有关 IETF 的更多信息，请访问 www.ietf.org。

- **互联网研究任务组**（Internet Research Task Force，IRTF）：互联网研究任务组负责 ISOC 的更超前的活动，处理实现太遥远或不现实课题方面的研究与开发工作，但这些课题有一天或许会（也或许不会）在 Internet 上发挥作用。更多信息请访问 www.irtf.org。

- **互联网名称与数字地址分配机构**（Internet Corporation for Assigned Names and Numbers，ICANN）：互联网名称与数字地址分配机构负责管理所有的 Internet 域名、网络地址、协议参数和行为。但将客户交互、费用收取、数据库维护以及其他工作委托给商业机构。更多信息请访问 www.icann.org。此外，在 ICANN 站点 http://www.icann.org/en/registrars/accredited-list.html 给出了一个授权域名注册机构的列表。

在上述所有这些机构中，对于 TCP/IP 来说最重要的机构是 IETF，原因在于它负责创建和维护 RFC，RFC 描述了与此相关所有协议和服务的规则和格式。

1.2.5 IPv4 与 IPv6

当 TCP/IP 在 20 世纪 80 年代中后期构建时，IPv4 是唯一的互联网协议。它使用 32 位地址，这意味着它可以支持 40 亿个网络地址，其中的 30 亿个地址可用在公共 Internet 上。那时，这些地址空间看起来是取之不尽的。但是，到了 20 世纪 90 年代早期，当公共 Internet 成为一种全球现象时，人们可以明显地感觉到，IPv4 的地址总有一天会耗尽。现在，这一天到来了，至少在美国是如此。2015 年 9 月 1 日，美国官方宣布，IPv4 地址已经用尽，此时，在美国 IPv6 的采用率为 21.31%。本章后面将介绍，在完全实现 Pv6 之前，可以使用一些方法来扩展 IPv4。由于没有新的 IPv4 地址了，当前运营的大部分 Web 网站使用的是已有地址。

 读者可能会问 IPv5 怎么样了？IPv5 被设计为一种试验型的协议，称为 Internet 流协议（Internet Stream Protocol），详见 RFC 1190 和 RFC 1819，或访问 http://archive.oreilly.com/pub/post/what_ever_happened_to_ipv5.html。

2011 年 2 月，ICANN 还有为数不多的未分配的 C 类地址（第 2 章将介绍）。到了 2011 年 6 月，所有这些地址都分配给了特定组织。这样，整个 IPv4 地址空间都被占用了，要想获得一个公共的 IPv4 地址，只能从其他组织或用户那里购买或获取了。

但是，IPv6 可以支持 128 位地址，这意味着其地址空间约为 3.4×10^{38}，而 IPv4 则约为 4.3×10^9，也就是说，IPv6 的地址空间大概是 IPv4 的 8×10^{28} 倍。这两者之间的差别太大，可能难以理解，但这里有一种有助于理解的方式：现在，能提供 IPv6 地址的 Internet 服务提供商，为客户提供的是/64（读作"斜杠 64"）公共 IPv6 地址。这意味着每个用户获得的是一个 64 位地址。此时，每个用户的地址空间比整个 IPv4 地址空间大 43 亿倍。

毫无疑问，未来的 TCP/IP 网络技术肯定要向 IPv6 转变。但是，IPv4 在可预见的将来是不会消失的，因此，本书介绍的内容不仅涵盖 IPv4 网络、IPv6 网络，还涵盖了 IPv4/ IPv6 混合网络。

1.3　TCP/IP 标准和 RFC

尽管听起来 RFC 像是一个暂时性的文档，但 RFC 对 TCP/IP 的影响是彻底的。RFC 在成为正式标准之前，需要经过建议、草案、测试实现等多个过程，它提供了理解、实现和使用 Internet 上 TCP/IP 协议和服务所必需的文档。

老版本的 RFC 有时（或经常）被更新一些或最新的版本所取代。每一个 RFC 都使用一个数字编号标识，最新的编号已经进入 6300 区间了（要了解最新的 RFC 编号是多少，可访问 www.rfc-editor.org/ new_rfcs.html）。当两个或多个 RFC 涵盖的是相同主题时，它们通常使用相同的标题。此时，编号更大的 RFC 被认为是更新版本的 RFC，而所有老的、编号小的版本都被认为是废弃版本。

一个特殊 RFC 的标题是"Internet Official Protocol Standards"（Internet 正式协议标准）。这个 RFC 描述了当前的主流标准和最佳实践文档的简短描述。如果使用 Internet 搜索引擎（例如雅虎（Yahoo!）或 Google），能够找到众多的在线 Internet RFC。推荐使用搜索字符串"RFC 5000"来查找 RFC 5000，或使用字符串"RFC 2026"来查找 RFC 2026（根据你所使用的搜索引擎不同，可能需要将整个搜索串放到引号中）。我们推荐使用 RFC/STD/FYI/BCP 归档站点，它给出了所有 RFC 的索引，地址为 www.faqs.org/rfcs/。

RFC 2026 是另一个重要文档。它描述了 RFC 如何被创建，以及在被 IETE 采纳为正式标准之前必须经过什么样的过程。它还描述了如何参与这一过程。

当一个过程或协议被开发、定义和评审，之后被 Internet 社区进一步测试和评审时，就启动了一个潜在 RFC 标准的生命历程。在一个 RFC 被修改、进一步测试、验证能够工作、并证明了能与其他 Internet 标准兼容之后，有可能被 IETF 采纳为正式的标准 RFC。之后将其发布为标准 RFC 并分配一个数字编号。

实际上，RFC 在成为标准的过程中，需要经过大量的特别步骤。在 RFC 2026 中定义了完整的步骤。例如，一个潜在的标准 RFC 在成为标准的过程中需要经过三个阶段。标准化过程从**建议标准**（Proposed Standard）开始，然后提升到**草案标准**（Draft Standard），如果正式被采纳的话，就变成了 **Internet 标准**（Internet Standard），或称为标准 RFC。最后，如果被新的 RFC 取代的话，这样的 RFC 就可以被指定为**退役标准**（Retired Standard），或称为**历史标准**（Historic Standard）。

最佳当前实践（Best Current Practice，BCP）是 RFC 的另一种重要类型。BCP 并不定义某个协议或技术规范，相反，BCP 对网络设计或实现定义了一种基本原理和特殊方法，这些原理或方法是经过验证并且是可靠的，或者给出了在构建或维护 TCP/IP 网络时一些值得考虑的必要特性。从本质上讲，BCP 不是标准，但由于它们提供了高度推荐的设计、实现和维护实践，因此它们值得阅读，并值得在恰当的地方运用。

1.4 OSI 网络参考模型概览

在更深入地探讨 TCP/IP 协议和服务之前，首先探讨一个一般意义上网络是如何工作的模型。这将帮助读者更好地理解协议是干什么的，以及协议在现代网络中发挥什么作用。这个模型就是**网络参考模型**（Network Reference Model），正式名称为**国际标准化组织开放系统互连**（International Organization for Standardization Open Systems Interconnection）网络参考模型，有时候也称为 ISO/OSI 网络参考模型。

 TCP/IP 也是一种参考模型，表示的是一种可运行的网络概念，本章后面将介绍。

ISO/OSI 网络参考模型（或称为网络参考模型，也称为七层模型）是由 ISO 标准 7498 定义的，是 20 世纪 80 年代作为国际标准倡议的一部分而开发的，其目标是建立一个全新的、经过改进的、专门设计的协议族来取代 TCP/IP。虽然 OSI 协议从未在欧洲之外被广泛采用，但这个网络参考模型已经成为讨论网络技术、解释网络如何运行的标准方法。尽管在完成 OSI 协议和服务方面，人们做了很多努力，消耗了近 10 年的时间，花费了数十亿美元来设计和实现，但 TCP/IP 依然是开放标准协议族的首选，并且今天依然如此。

1.4.1 网络分层

网络参考模型的价值在于其将大型技术问题——也就是说，如何处理从硬件到使网络正常运行所需的高层软件涉及的所有组网技术——拆分为一系列相互连接、相互关联的子问题，然后分别单独解决每一个子问题。计算机科学家将这种方法称为**分治法**（Divide and Conquer）。

分治法支持将与组网硬件相关的重要部分和与组网软件相关的重要部分彻底分离开来。事实上，它甚至支持将组网软件进一步划分为多个分层，每一个分层都表示了一种或一类组网活动（1.4.2 节将给出更多内容）。因此，构造一系列独立但互连的硬件和软件分层（它们一同工作，使得一台计算机能够通过网络与另一台计算机通信）能够解决组网这个大问题。

实际上，组网的分层方法是一种十分美好的方法。其原因在于，电气工程师所需的专业知识（定义网络介质必须如何运作、连接到这样的网络介质上要求什么样的物理接口），与软件工程师必须具备的专业知识很不同。实际上，软件工程师不仅必须编写网卡的驱动程序，还必须实现运行在网络参考模型各个分层上的各种网络协议（或者实现另一种分层模型中可能使用的网络协议）。

在深入讨论网络参考模型的细节、描述其各个分层之前，首先应该理解和领会有关组网的如下一些关键知识。

- 当把组网这个大问题划分为一系列的小问题之后，这个大问题就容易解决了。
- 分层之间或多或少相互独立操作，因此支持对特定硬件和完成特定网络功能的软件的模块化设计与实现。
- 由于各独立分层封装了专门的、大部分独立的功能，因此，对一个分层所做的修改不会影响其他分层。
- 独立分层在对等的计算机上协同工作，因此，发送方在某个分层上执行的操作，从某种意义上说，在接收方对应分层上完成"逆向"或"撤销"的操作。由于这些分层在整个网络上协同工作，因此这些分层也称为**对等层**（Peer Layer）。
- 实现组网功能必要的解决方案或处理每一分层都需要不同的专业知识。
- 网络实现中的分层协同工作，对于组网的一般问题建立了一个通用的解决方案。
- 网络协议通常映射到网络参考模型的一个或多个分层上。
- TCP/IP 本身就是围绕组网的分层模型进行设计的。

事实上，这一抽象组网参考模型也可以使用与 TCP/IP 的不同术语来表达。但是，真正使得分治法成为实现网络强有力工具的核心是，从设计的一开始，它已经成为 TCP/IP 设计的一个组成部分。这种深度抽象也是 TCP/IP 如此优秀的原因之一，它使得不同计算机、不同操作系统甚至不同类型的网络硬件能够相互通信。

1.4.2　ISO/OSI 网络参考模型

在 ISO 标准 7498 中描述的网络参考模型将网络通信划分为如下的 7 层（图 1-1 自顶向下地列出了它们的名称）：

- 应用层。
- 表示层。
- 会话层。
- 传输层。
- 网络层。
- 数据链路层。
- 物理层。

图 1-1　ISO/OSI 网络参考模型的各个分层

模型分层中每个层所担当的角色将在本章随后解释，下一节将介绍网络参考模型中各层是如何工作的。

1.4.3 协议层如何工作

在网络参考模型环境中，各层用于封装或孤立特定类型的功能，以便可以把分治法应用到解决组网问题上。一般来说，网络参考模型中的各层为其上一分层（如果有的话）提供服务，并向其下一分层交付数据（对于出站数据流来说）或从其下一分层接收数据（对于入站数据流来说）。

在网络参考模型的每一分层中，软件处理数据包（也称为**协议数据单元**（Protocol Data Unit，PDU））。PDU 通常称为分组（或数据包），不管它位于网络参考模型的哪一个分层中。

术语数据包（packet）特指第 3 层的数据，术语数据帧（frame）指的是第 2 层的信息，数据段（segment）则用于第 4 层。

PDU 通常包含有"封装信息"，体现为特殊首部和尾部。这种情况下，首部表示了一种特定分层的标签，不管它前面的 PDU 是什么。同样，尾部（对于某些分层和某些特殊协议来说，尾部可能是一个可选项）可以包括错误检测和错误校正信息、明确的"数据结尾"标志，或设计为用于明确指示 PDU 结束的其他数据。

如图 1-1 所示，由于网络参考模型是由一些具名的分层构成的堆，因此它看起来像一个分层的蛋糕。由于这种堆式的结构精确地描绘实现了多少个网络协议族（包括 TCP/IP），因此，当在特定计算机上实现时，通常把映射到这种模型中的硬件和软件部件称为**协议栈**（protocol stack）。这样，在 Windows 系统的计算机上，**网络接口卡**（Network Interface Card，NIC，简称网卡）、支持操作系统与网卡"对话"的驱动程序、构成 TCP/IP 其他分层的各种软件部件都可以称为协议栈，或者更精确地说，称为该机器上的 TCP/IP 协议栈。

NIC 有多个其他名称，如以太网卡、网络适配器、网络接口、网络接口卡等。

下面将从栈的底部开始，更加详细地考察网络参考模型的分层。

1. 物理层

物理层（Physical Layer）包括物理传输介质（电缆或无线介质），任何网络都必须使用传输介质来发送和接收信号，这些信号构成了网络通信的物理表示。这些信号的细节，以及与网络介质接口的物理和电气特性定义于物理层中。物理层的任务就是建立、维持和断开网络连接。发送方发起一个通过网络介质传送数据的连接，接收方响应建立连接的请求，接受或拒绝连接请求。

物理层的一个简单概貌是，它关注网络硬件以及支持硬件访问某种网络介质的连接。此外，这一层也协调网络介质中心的发送和接收，确定在访问网络的特定区域时必须使用什么类型的电缆、连接器和网卡。

物理层管理网络介质到协议栈的通信，把计算机的出站数据转换为网络所用的信号。

对于入站消息来说，物理层的处理过程正好相反，把来自网络介质的信号转换为计算机网卡接收的比特位。

物理层的 PDU 由特定的串行信号组成，这些信号对应于数据链路层里数据帧的比特位。

2. 数据链路层

数据链路层（Data Link Layer）位于网络参考模型中物理层和网络层之间。它的任务是，确保在发送方实现物理层数据的可靠传输，在接收方检验所收到数据的可靠性。数据链路层也管理跨网络介质的、从一台计算机到另一台计算机上、在单个逻辑或物理电缆段上**点对点的传输**（point-to-point transmission）。它通过唯一标识每一个网卡的专用地址，识别本地介质上的每个设备。由于数据链路层管理网卡之间的点对点通信，因此，它也处理这些网卡所插入的计算机之间的局域网连接。

在管理计算机之间连接的同时，数据链路层也处理从发送方到接收方的数据串行化，原因在于，比特位必须映射为相应的信号，以便从发送方传输到接收方，而在接收方则执行相反的过程。为此，数据链路层还能控制从发送方到接收方数据传输的节奏——这个过程称为**介质流控制**（media flow control），当发生本地阻塞时进行响应，避免网络介质被本地数据流所淹没。最后，当出站 PDU 可以传输时，数据链路层请求开始数据传输，并处理接收和构造入站数据的入站 PDU。

数据链路层的 PDU 必须在格式、结构以及最大数据长度上，满足映射到网络介质的特殊比特位模式。数据链路层的 PDU 称为**帧**（Frame）或**数据帧**（Data Frame）。

当某些组网类型应用到网络通信时，数据链路层还负责管理这些连接类型。当特定连接使用电路交换的通信技术时，就是这种情况的一个典型案例。最常见的应用场所是电话系统，电路交换（也称为线路交换、电气交换、模拟或数字电路交换）在传输期间为两个端点建立一条专用的通道。TCP/IP 能够使用这样的通信链路，但对它们的处理与其他用于数据传输的点到点链路没有任何差别。

3. 网络层

网络层（Network Layer）是处理网络位置标记的地方，也是处理 PDU 从发送方发往接收方所蕴含的复杂性的地方。因此，网络层处理网络上与每个机器相关的逻辑寻址问题，逻辑寻址允许**域名系统**（Domain Name System，DNS）将分配给机器的、人们可阅读的名称与唯一的、机器可阅读的数字地址关联起来。当数据流的源地址和目标地址不在网络上的同一个物理段时，网络层也使用寻址信息来确定如何把 PDU 从发送方传递到接收方。网络层的主要功能是对 Internet 上的每一台主机提供一个全球唯一的地址，并提供主机之间的通信路径。

网络层也具体化了不同 IP 地址之间多个并发连接的表示方法，因此，多个应用程序能够同时保持网络连接。网络层能够识别一个网络连接属于计算机上的哪一个进程或应用程序，并且不仅可以把数据流从发送方正确地传递到接收方，而且也能够把入站数据传递给接收方计算机上的特定进程或应用程序。这就解释了为什么在你的计算机上打开一个 Web

浏览器的同时，还可以阅读电子邮件，也说明了为什么入站电子邮件消息传递给电子邮件客户端程序，入站 Web 页面传递给 Web 浏览器，而不会把这两个数据流弄混。

事实上，网络层非常灵活，足以识别和使用位于发送方和接收方之间的多个路由，同时保持正在进行中的通信不中断。使用一个或多个路由，把单个 PDU 从发送方转发或中继给接收方的技术称为**分组交换**（packet switching），这也正是网络层以每个 PDU 为基础进行转发和中继的原因。事实上，网络层对于与路由相关的延迟也是敏感的，在从发送方往接收方转发数据的同时，能够管理通过这些路由的数据流。这个过程称为**阻塞控制**（congestion control），它用于当网络上发生大量活动时避免过载。

记住，在网络层上，PDU 称为数据包。在学习本节介绍的不同层时，回头看看图 1-1 会有帮助。

4. 传输层

传输层（Transport Layer）这个名字很好地表明了它的功能：这一分层的任务就是确保从发送方到接收方 PDU 可靠的端到端传输。为了确保实现这一功能，传输层通常包含了端到端的错误检测和错误恢复数据。这些数据通常作为传输层 PDU 尾部的一部分进行打包，在数据传递之前和之后计算一个称为**校验和**（checksum）的特殊值，之后进行对比，以便确定是否进行了无错误的传输。如果发送的校验和与本地计算的校验和一致，那么可以认为成功传输；否则，当检测到错误时，传输层的某个协议将请求 PDU 的重新传输。

最后，从发送方到接收方可以发送的数据量在长度上不受限制。但是，从端到端能够传输这些数据的容器具有固定的最大长度（称为**最大传输单元**（Maximum Transmission Unit，MTU）），因此，传输层也必须处理分段和重组操作。简单地说，**分段**（segmentation）就是把很长的消息切分为一连串的数据块，称为**数据段**（segment），其中每一个数据块都表示为在发送方与接收方之间网络介质能够传送的最大数据载荷。同样，术语**重组**（reassembly）描述了这样的过程：将发送的数据块按照其原始顺序重新组织在一起，把传输的消息构成分段前的样子。

正常情况下，分段发生在发送方，它将 TCP 的数据载荷拆分为一连串固定长度的 TCP 数据包载荷，其正式名称为数据段。在接收方，TCP 将这些数据段合成在一起，这个合成过程称为重组。这种状况唯一发生例外的情形是，当发送方生成的 TCP 数据段要在其 MTU 小于该数据段的链路上传输的时候。这时将进行分片（fragmentation），它发生在 IP 层（并得到一个特殊的 IP 首部标志），在那些现在已经分段的数据包能够被转发到路由路径中下一个主机之前，而主机连接到具有较小 MTU 链路上的时候。然而，直到这些分片数据包到达接收主机之后，这些分片数据包才会被重组，依据入站数据包结构的要求，在接收主机上处理分片以及原始分段数据的重组。

传输层具有在重组过程中请求重传所有出错 PDU 或丢失 PDU 的功能，这样就确保了数据从发送方到接收方的可靠传递。正像前面讨论所建议的那样，传输层使用的 PDU 称为**分段**（segment），或称为**数据段**（data segment）。

5. 会话层

与用电话通话有点相似，**会话层**（Session Layer）是在发送方和接收方之间进行通信时创建、维持、之后终止或断开连接的地方。因此，会话层定义了一种机制，允许发送方和接收方启动或停止请求会话，以及当双方之间发生拥塞时仍然能保持对话。

此外，会话层包含了一种称为**检查点**（Checkpoint）的机制来维持可靠会话。检查点定义了一个最接近成功通信的点，并且定义了当发生内容丢失或损坏时需要回滚以便恢复丢失或损坏数据的点。同样，会话层还定义了当会话出现不同步时，需要重新同步化的机制。

会话层的主要任务是负责两个网络参与者之间进行的通信，这两者在通信过程中通常交换一系列的消息或 PDU。这种交换的一个良好示例是：用户登录到数据库上（建立阶段），输入一连串的查询（数据交换阶段），之后，完成任务后退出登录（断开阶段）。

在会话层的 PDU 有各种各样的类型（OSI 协议族可以识别超过 30 种不同的 PDU），因此，这一层的 PDU 通常称为**会话 PDU**（Session PDU），或称为 SPDU。

6. 表示层

表示层（Presentation Layer）管理到网络上（从其往下到协议栈）以及到特定机器/应用程序上（从其往上到协议栈）的数据的表示方式。换句话说，表示层处理从一般的、面向网络形式表示的数据到更专用的、面向平台形式表示的数据的变换，以及完成相反方向的变换。这使得完全不同类型的计算机——它们可能是用不同的方式表示数值和字符——能够跨网络进行相互通信。

通常，有一种特殊的操作系统驱动程序驻留在表示层。这种驱动程序有时称为**重定向器**（Redirector，微软术语），有时候也称为**网络外壳**（Network Shell，Novell Netware 和 UNIX 术语）。无论哪一种叫法，这种驱动程序的任务就是把对网络资源的请求与对本地资源的请求区分开来，并把这样的请求重定向到恰当的本地子系统或远程子系统上。这样，计算机无须辨别要访问资源的类型，就能够使用单个子系统访问各种资源，不管这些资源驻留在本地计算机上还是驻留在跨网络的远程计算机上。表示层使得开发人员可以很容易地构建能够随意访问本地或远程资源的应用程序。同样，它也使得用户能够轻易地访问这些资源，原因在于用户能够简单地请求他们所需要的资源，并让重定向器去解决如何满足用户请求这样的难题。

表示层也能够为应用程序提供特殊的数据处理功能，包括协议变换（当应用程序使用的协议不同于网络通信所用协议时，例如在电子商务、数据库或其他面向事务服务的情况下）、数据加密（对于出站消息）、解密（对于入站消息）、数据压缩（对于出站消息）或解压缩（对于入站消息）。对于这种类型的服务，无论发送方的表示层做了什么，接收方的表示层都必须予以复原，从而使连接的双方在某个时刻分享相似的数据视图。

与会话层一样，表示层的 PDU 也有各种各样的类型，通常称为表示 PDU。

7. 应用层

尽管将应用层（Application Layer）与应用程序所请求的网络服务（并且在请求网络访

问时总是存在应用程序的参与）等同起来的诱惑十分强烈，但应用层定义的是应用程序用于请求网络服务的接口，而不是直接指向应用程序本身。因此，应用层主要定义了应用程序能够从网络上请求使用的几种类型的服务，并且规定了在从应用程序接收消息或向应用程序发送消息时，数据所必须采用的格式。

简单地说，应用层定义了一组对网络的访问控制，因此可以说，它决定了应用程序能够请求网络完成什么类型的事情，或网络支持什么类型的活动。例如，应用层规定了对特定文件或服务的访问权限，以及允许哪些用户能对特定数据执行什么类型的动作。

与前两层一样，应用层的 PDU 通常称为应用 PDU。

1.5 TCP/IP 网络模型

由于 TCP/IP 架构在 OSI 网络参考模型之前很久已经被设计出来，因此，描述 TCP/IP 的设计模型与 OSI 网络参考模型相当不同也就毫不奇怪了。图 1-2 展示了与初始 TCP/IP 模型一致的分层结构，并将其分层对应到网络参考模型的相应分层上。这些分层与 OSI 网络参考模型中的分层很类似，但并不是等同的。这是因为与 OSI 网络参考模型中会话层和表示层相对应的一些功能出现在 TCP/IP 的应用层中，而 OSI 网络参考模型中会话层的某些功能出现在 TCP/IP 的传输层中。

应用层	应用层
表示层	
会话层	
传输层	传输层
网络层	互联网层
数据链路层	网络访问层
物理层	

图 1-2 OSI 参考模型和 TCP/IP 网络分层

大体上讲，两个模型的传输层对应得相当好，OSI 网络参考模型中的网络层与 TCP/IP 模型中的互联网层（Internet 层）也对应得很好。正像 TCP/IP 的应用层或多或少地映射到了 OSI 网络参考模型中应用层、表示层、会话层这三个分层中，TCP/IP 的网络访问层也映射到了 OSI 网络参考模型中数据链路层和物理层这两个分层。

1.5.1 TCP/IP 网络访问层

TCP/IP 网络访问层（TCP/IP Network Access Layer）有时候也称为网络接口层（Network Interface Layer）。不管怎样，这是局域网（LAN）技术（例如以太网、令牌环网以及无线介质和设备）发挥作用的分层。它也是广域网（WAN）技术和连接管理协议（例如**点对点协议**（Point-to-Point Protocol，PPP））发挥作用的分层。

大部分 X.25 数据包交换 WAN 协议已经被其他协议替代了（特别是被 IP 替代了），但在一些小而老的应用程序中还在使用。

与 OSI 网络参考模型中使用的 PDU 术语不同，在这一层的 PDU 通常称为数据包（Packet），也称为数据报（DataGram）。

在网络访问层应用的是 IEEE（Institute of Electrical and Electronics Engineers，美国电气和电子工程师协会）网络标准，其包括 IEEE 802 系列标准。

- 802.1 Internetworking（802.1 互联网络）：给出了整个 802 系列中互联网络（一个物

理网络与另一个物理网络交换数据）是如何工作的一般描述。

- 802.2 Logical Link Control（802.2 逻辑链路控制）：给出了同一个物理网络上两个设备之间如何建立和管理逻辑链路的一般描述。
- 802.2 Media Access Control（802.2 媒体访问控制）：给出了网络上媒体接口是如何标识和访问的一般描述，包括创建所有媒体接口唯一 MAC 层地址的模式。
- 802.3 CSMA/CD（Carrier Sense Multiple Access with Collision Detection，带冲突检测的载波侦听多路访问）：描述了以太网（Ethernet）的组网技术如何操作和运行。除了 10 Mb/s 和 100 Mb/s 之外，这个系列还包括了千兆以太网（Gigabit Ethernet）（802.3z），但 802.12 的名称为"高速网络"。
- 802.5 Token-Ring（令牌环）：给出了由 IBM 开发的、称为令牌环的组网技术如何操作和运行的一般描述。
- 802.11 Wi-Fi（为 Wireless Fidelity 的缩写）：一个无线数据包的无线网络标准系列，它支持 1～540 Mb/s（理论最大速度）的网络速度。这个系列中最常用的成员包括 11 Mb/s 的 802.11a 和 802.11b 标准，54 Mb/s 的 802.11g 标准，以及 802.11n 的多通道技术，其理论最大带宽为 540 Mb/s。

有关 IEEE 802 系列标准的更多信息，请访问 IEEE 的 Web 网站 www.ieee.org，并搜索"802."。

1.5.2　TCP/IP 网络访问层协议

最重要的 TCP/IP 网络访问层协议是 PPP；PPP 用于在两个网络设备之间创建一个直接的连接。PPP 可以提供连接认证以识别双方的身份，应用加密技术进行传输以实现保密，应用压缩技术以减少传输的数据量（在接收端都必须进行解码和解压缩）。PPP 的一个常见变体称为 PPPoE，其意义为"以太网上的 PPP"（PPP over Ethernet）。PPPoE 广泛应用在以太网或者具备类似以太网特性的网络上（例如，CATV 网络的以太网信道，它使用的是电缆调制解调器技术）。

下述网络访问（OSI 第二层）协议尽管不是 TCP/IP 协议族的一部分，但现在更可能遇到：

- 高速数据链路控制（High-level Data Link Control，HDLC）协议：基于 IBM 独创的 SNA 数据链路控制（SNA Data Link Control，SDLC）协议。HDLC 使用数据帧管理网络链路和数据传输。
- 帧中继（Frame Relay）：一种电信通信服务，设计用于支持局域网与广域网端点之间的间歇式数据传输。帧中继使用数据帧管理网络链路和数据传输。
- 异步传输模式（Asynchronous Transfer Mode，ATM）：一种高速的、面向信元的连接交换技术，它广泛应用于数字语音和数据通信。ATM 广泛应用于电信通信、数据网络主干和基础设施。

PPP 广泛应用于 Internet 和专用 TCP/IP 网络连接。PPP 是协议无关的，可以用于在一条串行线路连接上同时承载一组协议，如调制解调、T-载波连接（如 T1 或 T3）或其他类似的连接。Windows 系统实现的 PPP 支持所有主要的 Windows 协议——即 TCP/IP、**互联网分组交换/顺序分组交换**（Internetwork Packet Exchange/Sequenced Packet Exchange，IPX/SPX）以及 **NetBIOS 增强型用户接口**（NetBIOS Enhanced User Interface，NetBEUI），同时也支持隧道协议，例如**点对点隧道协议**（Point-to-Point Tunneling Protocol，PPTP）以及其他**虚拟专用网**（Virtual Private Network，VPN）协议——在单个连接中传输。其他实现增加了对其他大量协议的支持——包括 AppleTalk 和**系统网络体系结构**（System Network Architecture，SNA）。PPP 是用于终端用户选择的串行线路协议，而绝大多数路由器和网络级连接使用 HDLC，原因在于它具有更低的过载能力。对于终端用户来说，PPP 工作良好，因为它支持各种各样的安全选项，包括登录信息加密、在整个串行链路中所有数据流的加密，以及丰富的协议和服务。PPP 在 RFC1661 中描述。

1.5.3　TCP/IP 互联网层的功能

TCP/IP 互联网层协议处理跨越多个网络的机器之间的路由问题，它也管理网络名称和地址，以利于解决路由问题。更具体地说，互联网层处理 TCP/IP 的如下三个基本任务。

（1）MTU 分片：当路由将数据从一种类型的网络运送到另一种类型的网络时，网络能够承载的最大数据块——即 MTU——就可能发生变化。当数据从支持较大 MTU 的介质移动到支持较小 MTU 的介质时，这一数据就必须被缩小，以便匹配参与传输的两个 MTU 中较小的一个 MTU。这个任务仅仅需要一次单向转换（由于当较小数据包传输到容许较大数据包的网络上时，这些数据包并不需要组合成长度较大的数据包），但它必须在数据传输过程中完成。

（2）寻址：寻址定义了一种机制，即 TCP/IP 网络中的所有网卡都必须与标识每一个网卡的专用的、唯一的比特位模式相对应，这个比特位模式也标识了网卡所属的网络（或者是本地网络）。

（3）路由：路由定义了将数据包从发送方转发给接收方的机制，在从发送方到接收方的转发过程中，可能需要数个中间中继过程。这一功能不仅包含在成功传递的过程中，而且还提供了跟踪传递性能的方法，以及在发生传递失效时报告错误的方法，否则就会发生障碍。

因此，互联网层处理从发送方到接收方的数据移动。在必要时，它还能把数据重新打包到较小的数据容器中，处理识别发送方和接收方的位置问题，并定义如何在网络上从"此"到达"彼"。

1.5.4　TCP/IP 互联网层协议

在 TCP/IP 互联网层发挥作用的主要协议如下所示。

- **网际协议**（Internet Protocol，IP）：该协议负责把数据包从发送方路由到接收方。
- **Internet 控制消息协议**（Internet Control Message Protocol，ICMP）：该协议处理基于 IP 路由和网络行为的消息，特别是与"数据流状况"和出错相关的信息。
- **地址解析协议**（Address Resolution Protocol，ARP）：该协议在特定电缆网段上将数字 IP 网络地址转换为媒体访问控制（MAC）地址（该协议总是应用在数据包传递的最后阶段）。

- **反向地址解析协议**（Reverse Address Resolution Protocol，RARP）：该协议将 MAC 层地址转换为数字 IP 地址。尽管 ARP 和 RARP 是连接第 2 层和第 3 层之间的桥梁，但由于它们都要操作 MAC 和 IP 地址，因此习惯上人们把它们看作是第 2 层的协议。或许这是因为绝大多数协议栈的实现都在数据链路层代码模块中包含了这些功能。

- **自举协议**（Bootstrap Protocol，BOOTP）：该协议是动态主机配置协议（Dynamic Host Configuration Protocol，DHCP）的前导协议，DHCP 管理网络 IP 地址分配和其他 IP 配置数据。BOOTP 支持网络设备从网络上获取启动和配置数据，而不是从本地硬盘上获取这些数据。正像你在第 7 章将会学习的那样，由于 DHCP 和 BOOTP 数据包的首部数据大部分相同，因此绝大多数协议分析器会将 DHCP 数据包报告为 BOOTP 类型的数据包。

- **路由信息协议**（Routing Information Protocol，RIP）：该协议定义了原始距离向量和本地网内用于本地路由区域的最基本路由协议（距离向量本质上是链路中路由器个数的整数计数，称为**跳数**（hop），它是发送方和接收方之间的数据包必须通过的路由器个数；RIPv1 有一个 4 位的跳数字段，从而允许的最大跳数为 15。该协议还有 RIPv2 和 RIPv6 两个版本）。

- **开放式最短路径优先协议**（Open Shortest Path First，OSPF）：该协议定义了一个本地网内用于本地或内部路由区域的、广泛使用的链路状态路由协议。

- **边界网关协议**（Border Gateway Protocol，BGP）：该协议定义了一种连接到公共互联网主干网或互联网中其他路由区域（这些区域中多方联合负责管理数据流）的广泛应用路由协议。

阅读完本书之后，你将对这些协议以及其他相关协议有更多的了解。目前，读者需要理解这些名称、缩略语以及基本功能之间的关系，并知道所有这些协议都是在 OSI 模型的第 2 层和其他层上发挥作用的协议。

1.5.5　TCP/IP 传输层的功能

通常把运行在 Internet 上的设备标识为**主机**（host），因此 TCP/IP 传输层有时候也称为主机到主机层，原因在于这一层提供了从一台主机到另一台主机的数据移动。传输层协议提供的基本功能包括从发送方到接收方数据的可靠传输，还提供传输前必要的出站消息分段，以及在把数据交付给应用层之前重组分段以便进一步处理的功能。因此，OSI 网络参考模型和 TCP/IP 模型在该层上或多或少地相互映射。

1.5.6　TCP/IP 传输层协议

TCP/IP 传输层有两个协议：**传输控制协议**（Transmission Control Protocol，TCP）和**用户数据报协议**（User Datagram Protocol，UDP）。这两个协议有两方面的特点：**面向连接的**（connection-oriented）和**无连接的**（connectionless），TCP 是面向连接的协议，UDP 是无连接的协议。这里，两者的区别在于，TCP 发送数据之前在发送方和接收方之间协商并维持连接（数据成功发送得到正确确认，数据丢失或错误得到重新传输请求）。UDP 则以一种称为"尽最大努力交付（Best-effort Delivery）"的方式简单地发送数据，在接收方没有任何后续的检验。这就使得 TCP 比 UDP 更加可靠，但速度更慢一些且更笨拙一些。但这样可以使 TCP 在协议层提供可靠的交付服务，而 UDP 却不能。

1.5.7 TCP/IP 应用层

由于 TCP/IP 应用层是协议栈与主机上的应用程序或进程进行交互的地方，因此又称它为**处理层**（Process Layer）。在这里定义了与进程或应用程序进行交互的用户接口。也是这里出现了 TCP/IP 协议与服务之间的常见重叠。例如，**文件传输协议**（File Transfer Protocol，FTP）和 Telnet 代表了特定的、基于 TCP/IP 的协议，它们还定义了用于文件传输、终端仿真等服务。本书随后讨论的基于 TCP/IP 的绝大多数高级服务都是在 TCP/IP 应用层中运行。

最知名的、基于 TCP/IP 的服务都使用 TCP 而不是 UDP 进行传输。但某些服务，例如**网络文件系统**（Network File System，NFS）、**IP 语音**（Voice over IP，VoIP）以及各种形式的流媒体，包括 H.323 协议支持的流媒体，经常使用 UDP 进行传输。无论使用哪一种传输方式，高级服务都与其网络协议中的 IP 有关（这也正是为什么要在网络层或互联网层提供单独的协议（例如 ICMP、ARP 和 RARP），以便提供专用网络服务的原因）。

TCP/IP 服务的运行依赖于如下两个要素。

- 守护程序：在 UNIX 系统中，有一个称为**守护程序**（daemon）的特殊"侦听进程"运行在服务器上，处理特定服务的入站用户请求。在 Windows Server 2008 中，只要 Web 服务器、IIS 或 FTP 服务器在运行中，任务管理器的"进程"选项卡下就会显示一个名为 INETINFO.EXE 的进程（在 UNIX 主机上，FTP 服务与名称为 ftpd 的进程相对应，Internet 服务运行在名为 inetd 的进程中）。

- 端口地址：TCP/IP 服务有一个相应的端口地址（也称为端口号，随后将介绍），端口地址使用 16 位数值表示，用于识别特定的进程和服务。在范围 0～1024 之间的端口地址经常称为**公认端口地址**（Well-Known Port Address），这些端口地址将特定的端口地址与特定的服务关联起来。例如，FTP 的公认端口地址为端口 21。在本章后面的介绍中将会更详细地阐述这个主题。

任何守护程序或侦听进程本质上都是在运行中等待，侦听与其服务相对应的公认端口地址（或地址）上的连接企图。公认端口地址经常可以作为配置选项进行修改，这就是有时人们会在字符串域名部分的末尾看到指定了不同端口地址的 **Web 统一资源定位符**（Uniform Resource Locator，URL）的原因。因此，URL 可以是 www.gendex.com:8080，指明应该使用端口地址 8080，而不是使用默认的标准端口地址 80 来建立连接。

当一个连接请求到达时，侦听进程检验是否允许处理该请求。如果是，它创建另一个临时进程（在 UNIX 中），或生成一个独立的执行线程（Windows Server 2008），以便处理这个特殊请求。这种临时进程或线程仅仅持续到服务足以处理用户请求的时刻为止，并使用范围为 1025～65 535 的临时端口地址处理用户请求（有时，服务会使用 4 个端口地址，以便双方能够同时管理不同的连接，例如，使用不同的连接可以实现数据传输和控制信息的分离）。一旦处理某个特定请求的进程或线程创建完毕，侦听进程或守护程序就返回到为该服务侦听其他请求的工作状态。

1.6　TCP/IP 协议、服务、套接字与端口

回想一下本章前面给出的 TCP/IP 年表的讨论。你可能会记得，TCP/IP 在称为 4.2BSD 的 UNIX 版本中的出现是其历史上的一个里程碑（全世界的研究机构和学术机构开始使用和研究 TCP/IP）。

实际上，UNIX 和 TCP/IP 之间的关系远远超越了成功引入 TCP/IP 这样的事情。在这种关系形成之后，UNIX 和 TCP/IP 之间的联系紧密而且十分有用。这样，TCP/IP 引入到 UNIX 中不仅大大增强了操作系统的网络能力，UNIX 环境中用于描述和配置 TCP/IP 协议和服务的技巧也已经成为 TCP/IP 普遍应用的惯例，即使不是在 UNIX 操作系统中也是如此。事实上，该术语描述了由 TCP/IP 传送到特定网络主机的数据，一旦交付给它的目标后如何被处理。

在任何运行 TCP/IP 的给定主机上，数个应用程序可以同时运行。例如，在很多桌面计算机上，用户通常都会同时打开并运行电子邮件程序、Web 浏览器即时消息客户端软件。在 TCP/IP 环境中，要求提供一种机制把多个应用程序区分开来，在数据被传递给 IP 用于寻址和传送之前，传输协议（TCP 或 UDP）处理（来自不同应用程序的）多个出站数据流。入站数据要求完成这一过程的相反过程。传输层 PDU 的入站数据必须被检验和分离，并把结果消息交付给适宜的请求应用程序。

将各种各样不同来源的出站数据合并成为一个单一数据流的过程称为**多路复用**（Multiplexing）；拆分入站数据流、以便把分离的部分交付给正确应用程序的过程称为**多路分解**（Demultiplexing）。一般情况下，这一动作在传输层处理，在这里，出站消息也被拆分为适合它们所传输网络要求大小的数据块，入站消息从入站数据块流中依照正确顺序被重组。

为了使上述工作更加容易，TCP/IP 使用**协议号**（Protocol Number）来标识不同的协议，而这些协议使用**端口号**（Port Number）来标识特定的应用层协议和服务。这项技巧起源于 UNIX 环境，它使用一系列配置文件来实现，这也解释了在所有 TCP/IP 实现中的技巧的来源。

许多端口号被保留用于标识**公认协议**（Well-Known Protocol）。公认协议（在某些环境中也称为**公认服务**（Well-Known Service））分配了一系列的编号，用于表示大量基于 TCP/IP 的服务，例如文件传输（FTP）、终端仿真（Telnet）、电子邮件（SMTP, Simple Mail Transfer Protocol（简单邮件传输协议）的缩写，IMAP, Internet Message Access Protocol（因特网消息访问协议）的缩写，POP3, Post Office Protocol version 3（邮局协议版本 3）的缩写）。公认协议号、预分配协议号以及端口号在"Assigned Numbers RFC"（已分配号码 RFC）文档中描述。UNIX 机器在两个文本文件中定义了这些值：协议号定义在/etc/protocols 中，端口号定义在/etc/services 中。

1.6.1　TCP/IP 协议号

在 IP 数据报首部中，协议号出现在第 10 个字节中（第 3 章将详细讨论 IP 数据报）。这个八位的值指明哪一个传输层协议应该接收交付来的入站数据。TCP/IP 的协议号完整列

表可以在 www.iana.org/assignments/protocol-numbers 找到，表 1-1 给出了其前 21 项。

表 1-1　TCP/IP 协议号

协议号	缩写协议	名　　　称
0	HOPOPT	IPv6 逐跳选项
1	ICMP	Internet 控制消息协议
2	IGMP	Internet 组管理协议
3	GGP	网关到网关协议
4	IPv4	Internet 协议第 4 版
5	ST	Internet 流协议
6	TCP	传输控制协议
7	CBT	核心基础树
8	EGP	外部网关协议
9	IGP	内部网关协议，所有专用内部网关协议（Cisco 用于 IGRP 中）
10	BBN-RCC-MON	BBN RCC 监视
11	NVP-II	网络语音协议
12	PUP	PARC 通用数据包
13	ARGUS	ARGUS 协议
14	EMCON	散发控制协议
15	XNET	跨网调试协议
16	CHAOS	CHAOS 协议
17	UDP	用户数据报协议
18	MUX	多路复用
19	DCN-MEAS	DCN 度量子系统
20	HMP	主机监控协议

在 UNIX 系统中，文本文件/etc/protocols 的内容不需要包含 Assigned Numbers RFC 中的每一个条目。为了正常工作，/etc/protocols 必须标识当前 UNIX 机器上安装和使用了哪一些协议。因此，不必在本章中给出整个协议号列表。要查找你的系统中正在使用的协议相对应的协议号，请访问 www.iana.org 并查看相关协议号的信息（提示：你可以使用 Web 浏览器的"查找"命令，通过缩写或完整的协议名称来查找相应协议）。

1.6.2　TCP/IP 端口号

在 IP 将入站数据传递给位于传输层的 TCP 或 UDP 之后，这些协议必须履行其职责，将数据传递给预定的应用进程（无论程序正在运行什么都应该依据用户的操作接收数据）。TCP/IP 应用进程有时候也称为**网络服务**（network service），并由端口号来标识。**源端口号**（Source Port Number）标识了发送数据的进程，**目标端口号**（Destination Port Number）标识了接收数据的进程。这些值都使用两个字节（16 位）表示，放在每一个 TCP 数据段或 UDP 数据包的第一个首部字中。由于端口号是 16 位的值，因此，用十进制表示时，它们的取值范围为 0~65 535。

通常，小于 256 的端口号被保留用于公认服务，例如 Telnet 和 FTP，256～1024 的端口号保留用于 UNIX 专用服务。现在，低于 1024 的端口号都用于表示公认服务，并且还有很多所谓的**注册端口号**（Registered Port），它们与特定服务相关联，数值为 1024～65 535。这里要再重复一次，仔细阅读 www.iana.org 的有关文档，是理解这个庞大地址空间中什么是什么的最快方法。

1.6.3 TCP/IP 套接字

公认端口号或注册端口号代表了与特定网络服务特殊关联的预先分配端口号。由于发送方和接收方都一致同意特定服务与特定端口地址相关联，这种做法简化了客户/服务器的连接过程。除了这种一致同意的端口号之外，还有另一种类型的端口号，称之为动态分配端口号。这些端口号不是预先分配的，而是需要时为发送方和接收方之间提供有限数据交换的临时连接。这种做法允许每一个系统维持大量的打开连接，并为每一个连接分配它自己唯一的、动态分配的端口地址。这些端口号的范围在 1024 以上，此范围内任何当前未用地址都可以成为这种临时用途的端口号。

在客户或服务器使用公认端口号建立通信之后，所建立的连接（称为会话）持久地交付给一对临时套接字地址，它提供了发送方与接收方之间进一步通信所用的发送和接收端口号。特定 IP 地址（进程正在运行的机器上的）与动态分配端口号（维持连接所需的）的组合称为**套接字地址**（Socket Address），简称**套接字**（Socket）。由于 IP 地址和动态分配的端口号都保证了它们的唯一性，因此每一个套接字地址也保证在整个 Internet 是唯一的。

1.7 TCP/IP 中的数据封装

在 TCP/IP 协议栈的每一层——网络访问层、互联网层、传输层以及应用层（这里运行着 TCP/IP 的许多协议和服务，每一个都由一个或多个公认端口号表示）——出站数据都被封装和标识，以便交付给下一层。另一方面，入站数据在交付给上层协议之前，低层协议拆封信息。

这样，每一个 PDU 在开头都有自己一个特殊的部分，称为**首部**（Header）（或**数据包首部**（Packet Header）），它标识了所用协议、发送方与预计的接收方，以及其他信息。同样地，很多 PDU 在结尾也都包含了一个特殊的部分，称为**尾部**（Trailer）（或**数据包尾部**（Packet Trailer）），它提供了对 PDU 中数据部分的数据完整性检查信息，数据部分也称为**有效载荷**（Payload）。对位于首部和（可选）尾部之间的有效载荷进行打包就定义了称为**封装**（Encapsulation）的机制，从上一层获取数据后，在传递给下一层，或通过网络介质交付到其他地方之前，使用首部（和可能的尾部）对数据进行封装。

研究网络介质上任何通信的实际内容——或有时候称之为"接线（Across The Wire）"——要求你理解典型的首部和尾部结构，并能够把网络中移动的数据从协议栈重组为接近其原始形式的内容。简单地说，这个工作就称为协议分析，它是本章剩余部分要讨论的课题。

1.8　关于协议分析

协议分析（Protocol Analysis）（也称为**网络分析**（Network Analysis））是进入网络通信系统，捕获穿行在网络中的数据，收集网络统计信息，将数据包解码为可阅读形式的过程。本质上讲，协议分析器是窃听网络通信（事实上，由于这些工具能够揭示许多不同类型的、有潜在价值的信息，甚至破坏信息，很多机构制定规则禁止对网络无监督地使用协议分析器）。许多协议分析器也能够发送数据包，这是一个用于测试网络或设备的有用任务。你能够使用加载到桌面或便携计算机上的软件或硬件/软件产品来进行协议分析。

1.8.1　协议分析的有用规则

协议分析器通常用于诊断网络通信故障。通常，分析器安装在网络上，并配置为捕获存在问题的通信序列。通过读取电缆系统中传输的数据包，能够识别出通信过程中存在的缺陷和错误。

例如，如果 Web 客户端不能连接到指定的 Web 服务器上，协议分析器就可以用于捕获它们之间的通信。查看通信的内容就可以揭示客户端解析 Web 服务器 IP 地址的过程，定位本地路由器的硬件地址，查看提交给 Web 服务器的连接请求。

协议分析器也用于测试网络。这种测试可以通过侦听不同寻常的通信（属于被动的方式）来完成，也可以通过向网络中发送数据包（属于主动的方式）来完成。例如，如果防火墙被配置为阻塞特定类型的数据流进入本地网络，那么协议分析器就可以从防火墙后侦听数据流，确定不可达数据流是否被转发。另一种方法是，协议分析器可以配置为向防火墙发送测试数据包，以便确定某些不可达数据流是否会被防火墙转发。

协议分析器也能够被用于收集网络性能的趋势数据。绝大多数分析器都有能力跟踪网络数据流的短期和长期趋势。这些趋势包括——但不局限于——网络利用率、每秒钟数据包的速率、数据包长度分布以及在用协议。管理员能够利用这些信息跟踪网络随时间发生的细微变化。例如，重新配置为支持基于 DHCP 管理的网络会经历更多的广播数据包，这是由于 DHCP 发现过程在起作用。有关 DHCP 的更多信息，请参阅第 7 章。

本书中，我们使用 Wireshark 作为教学工具。我们将考察 TCP/IP 网络中使用的各种各样的数据包结构和通信序列。各种平台都有可用的分析器，包括 Windows 7、Windows Server 2008、Windows XP、UNIX、Linux 以及 Macintosh OS X 版。

Wireshark 是 Windows、UNIX、Linux 以及 Macintosh OS X 系统上非常流行的协议分析器。在本书中，将使用 Windows 系统上的版本。Wireshark 软件可以从 www.wireshark.org 免费下载。

1.8.2　协议分析器的要素

图 1-3 给出了协议分析器的基本要素。不同分析器具有不同的特性和功能，但绝大多数协议分析器都具有如下要素：
- 混杂模式的网卡和驱动程序。

- 包过滤器。
- 跟踪缓冲区。
- 解码功能。
- 警报器。
- 统计功能。

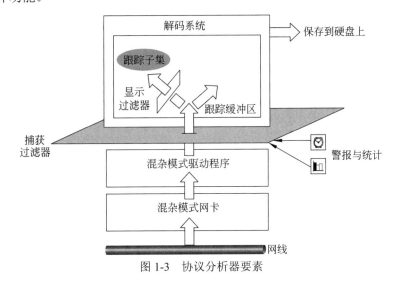

图 1-3　协议分析器要素

1. 混杂模式的网卡和驱动程序

如图 1-3 所示，数据包从网络（分析器使用网卡与之连接）进入分析器系统。分析器所使用的网卡和驱动程序必须支持**混杂模式操作**（Promiscuous Mode Operation）。运行在混杂模式下的网卡能够捕获发送给其他设备的广播数据包、多播数据包、单播数据包以及错误数据包。例如，与混杂模式网卡和驱动程序一起运行的分析器能够看到**以太网冲突碎片**（Ethernet collision fragment）、超长数据包、超短数据包（也称为超短包）以及在非法边界上结束的数据包。

后面一些类型的数据反映了传输错误，正常情况下，非混杂模式的网卡忽略这些数据。以太网冲突碎片是网络上出现的一种窜改数据流，当两个数据包几乎同时发送时，出现相互窜改，就会产生随机混杂信号。随着数据流的增大，这种冲突出现的频率也会增加，能够收集这种情况下的统计信息是十分重要的。超长数据包是指超过了所用网络的 MTU，通常表明网卡或其驱动程序软件存在某种类型的问题。超短数据包，也称为超短包（Runt），是指不满足最小数据包长度的要求，也表示发生了某些潜在的硬件或驱动程序问题。非法边界结束的数据包是指没有正确结尾的，也可能是受到硬件或软件问题的影响而被截断的（有关的更多信息，请在 www.ieee.org 上参阅 IEEE 802.3 规范）。

市场上大多数的网卡和驱动程序都可以运行在混杂模式下，并可以与协议分析器一同工作。对 Wireshark 分析器来说，只有与 WinPcap 数据包捕获驱动程序（也称为 pcap）和兼容网卡一起使用时，它才能够显示错误。pcap 表示的是英文 packet capture，它是基于 UNIX 应用编程接口（API）构建的，又称为 libpcap。WinPcap 是 Windows 兼容版，因此，它是确保 Wireshark 分析器正常工作的一个重要组件。为了方便用户，现在把 WinPcap 内置到 Wireshark 程序的安装中了。

2. 包过滤器

图 1-3 展示了通过包过滤器的数据包流，包过滤器定义了协议分析器想要捕获的数据包的类型。例如，如果对网络中穿行的**广播**（broadcast）类型数据包感兴趣，可以设置一个仅仅允许广播数据包流入分析器的过滤器。当过滤器应用到入站数据上时，通常称为**捕获过滤器**（Capture Filter），或称为**预过滤器**（Pre-Filter）。

也能够把过滤器应用到已经捕获的一组数据包上。与捕获全部数据相比，这样做可以创建更容易观察的感兴趣数据包子集。例如，如果已设立了一个捕获广播数据包的过滤器，并且确实需要捕获 1000 个广播数据包，可以应用第二个过滤器（称为**显示过滤器**（Display Filter）），该过滤器以特定源地址为基准，构造一个广播数据包的子集。这种做法能够把需要观察的数据包数量减少到一个合理水平。

可以基于各种数据包特征来设置过滤器：

- 源数据链路地址。
- 目的数据链路地址。
- 源 IP 地址。
- 目的 IP 地址。
- 应用程序或进程。

3. 跟踪缓冲区

数据包流入到分析器的跟踪缓冲区中，这是一个用于保存从网络上复制而来的数据包的区域。通常，这是一块为分析器留出的内存区域，但某些分析器允许配置一个"直接保存到磁盘"的选项。跟踪缓冲区中的数据包能够在它们被捕获之后立即查看，或者保存下来供以后查看。

很多分析器都拥有一个默认为 4 MB 的跟踪缓冲区。对于绝大多数分析任务来说，这是一个适宜的缓冲区大小。请读者思考一下，在 4 MB 的跟踪缓冲区中，能够保存多少个 64 字节的数据包。

4. 解码功能

解码操作可以作用于已捕获并保存在跟踪缓冲区中的数据包上。解码操作使得能够以可读方式阅读这些数据包，可读方式中给出了数据包的字段并解释了其值。解码是数据包翻译工具。

例如，解码能够分离数据包首部的所有字段，定义源和目的 IP 地址，以及说明数据包的用途。Wireshark 界面为已捕获的跟踪文件提供了大量显示选项。在图 1-4 的上部展示了一个解码后的视图，中部是数据包的细节窗格，下部给出了一个编码视图（或称为字节级数据视图）。

5. 警报器

许多分析器都有一个可选配的警报器，它表明发生了非正常的网络事件或错误。下面列出了分析器中的常见警报类型。

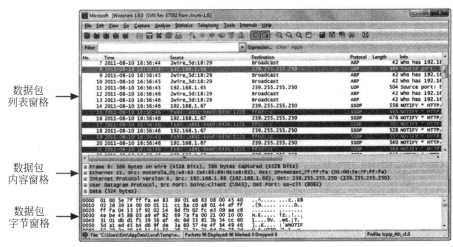

图 1-4 数据包的各种跟踪视图

- 广播风暴。
- 超过利用率阈值。
- 请求被拒绝。
- 服务器关机。

6. 统计功能

许多分析器也显示有关网络性能的统计信息，例如当前每秒钟的数据包速率，或网络利用率。网络管理员使用这些统计信息识别网络运行中的细微变化，或识别网络模式的峰值突变。Wireshark 界面能够提供多种统计显示。图 1-5 展示了每秒钟数据包随时间的网络数据流。这仅仅是绝大多数协议分析器提供的众多可用网络统计的一个示例（Wireshark 还提供了一个摘要页面、一个协议分层列表，以及在捕获网络数据流期间收集的所有类型的协议专用信息）。

每一个分析器都有不同的统计功能。这里所介绍的是最常见的。更多信息，可参见分析器提供商的 Web 网站。

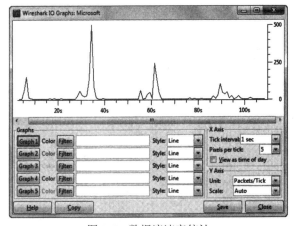

图 1-5 数据流速率统计

1.8.3 将协议分析器安装在网络上

协议分析器只能够捕获它在网络上能够看到的数据包。某些情况下，可以把分析器放置在网络上接近感兴趣设备的位置；另一些情况下，则必须重新配置网络设备以便确保分析器能够捕获数据包。

在连接到集线器的网络上，可以把分析器放置在网络上的任何位置，因为此时所有数据流都被转发到集线器网络的所有端口上。

在使用交换机连接的网络上，分析器只能够看到多播数据包、广播数据包、专门导向到分析器设备的数据包以及发送到还没有被端口识别的地址的初始数据包（典型情况下在网络启动时间）。要对交换网络进行分析，有如下三个基本选项。

（1）集线器分出（Hubbing out/tap Device）。

（2）端口重定向（Port Redirection）。

（3）远程监控（Remote Monitoring，RMON）。

1. 集线器分出

通过在感兴趣设备（例如服务器）和交换机之间放置一个集线器，并把分析器连接到集线器上，就可以浏览到该服务器以及从该服务器发出的所有数据流。在同一条网络连接上，**分支器**（Tap）把来自某个交换端口的信号拆分，使得所有数据流都有一个副本进入两个端口（一个表示目的端口，另一个为协议分析器的端口）。

分析器要求可以分析全双工的通信，分支器可以有效地将所有 RX（接收）和 TX（发送）通信合成单个 RX 通道，进入到分析器中。

2. 端口重定向

许多交换机都可以配置为将通过一个端口的数据包重定向（实际上就是复制）到另一个端口。通过把分析器放置到目标端口上，可以侦听通过感兴趣端口网络上的所有对话。交换机制造商将这一过程称为**端口跨越**（Port Spanning）或**端口镜像**（Port Mirroring）。

3. 远程监控

远程监控（Remote Monitoring，RMON）使用简单网络管理协议（Simple Network Management Protocol，SNMP）在远程交换机上收集数据流数据，并把数据发送到管理设备。反过来，管理设备对数据流数据进行解码，甚至显示整个数据包的解码结果。

图 1-6 展示了分析交换式网络的三个标准方法。

在图 1-6 中，方法①描述了从重定向端口捕获数据包的分析器，方法②描述了一个安装在交换机上的 RMON 代理，方法③描述了一个集线器分出类型的分析器。

有关交换技术的更多信息，请参阅 *The All-New Switch Book: The Complete Guide to LAN Switching Technology*，作者 Rich Seifert（John Wiley & Sons）。

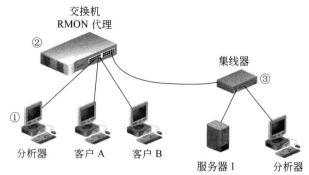

图 1-6　分析交换式网络的三种基本方法

本章小结

- TCP/IP 在设计时就把下述目标谨记在心：

  （1）支持多条分组交换路径穿越网络，以便在所有可以想象到的失效的情况下传输能够继续生存下去；

  （2）允许相异的计算机系统容易地交换数据；

  （3）同时为短距离和长距离通信提供了健壮、可靠的交付服务；

  （4）提供全球范围内全面的网络访问。尽管从其最初实现算来已经做过修改和变化，但 TCP/IP 到目前为止的持续成功来源于它本身没有哪一部分远离了这些目标。

- TCP/IP 的最初实现得到了国防高级研究计划署（DARPA）的资金赞助，DARPA 是美国国防部的一家研究和开发武器的机构。直到 20 世纪 80 年代后期，ARPANET——也就是演化为今天我们所说的 Internet——依然大部分保留在政府的手中，得到政府的资金支持。但是，在 ARPANET 上的所有通信都要使用 TCP/IP 的国防部要求，以及于 1983 年在 4.2 BSD UNIX 中几乎同时包含进了 TCP/IP 这一情况，使得在今天人们几乎把 TCP/IP 和 Internet 当作了同义词。

- 即使美国政府不再大幅度地参与 TCP/IP 社区（除了还参与另一个感兴趣的团体之外），TCP/IP 依然作为开放和协作的一系列标准和最佳实现处于公共领域。管理 TCP/IP 标准和实践的文档称为 RFC，它们的创建、发展以及核准过程包含了政府、业界、研究机构、学术机构人员的参与。标准的创建和管理过程由 IETF 负责，Internet 标准的最终核准由其上级组织 IAB 负责。尽管创建这样的标准的过程被恰当地称为"粗略地一致同意"，但这一过程的良好运作足以定义 Internet 上每天使用的数百个协议和服务。

- 由于标准 RFC 要通过核准过程，它们以建议标准文档的形式开始其生命历程。在讨论和争辩之后，两个或更多参考实现的演示能够成功地互操作，RFC 能够变成草案标准。再进一步讨论和修改之后，从 IETF 内部上级工作组得到核准，草案被提交给 IAB 进行最后的核准。当草案被核准之后，它就变成了标准 RFC（有时候也称为"互联网标准（Internet Standard）"）。

- 另一种常见类型的 RFC 是信息（非标准）RFC，称为最佳当前实践（Best Current

Practice，BCP）。尽管这些文档并不具备标准 RFC 的强制力，但它们确实提供了描述有关设计、配置、实现或维护基于 TCP/IP 的网络和相关服务的最佳方法的有用信息。出于这些理由，BCP 被高度重视，并且能够成为网络管理员寻求深入理解其 TCP/IP 网络的有用工具。

- IPv6 可以支持数量巨大的网络地址，现正成为全球 Internet 的根基，因为 IPv4 的网络地址供应已经完全耗尽了。IPv4 支持 32 位地址（总量为 40 亿左右的网络地址），IPv6 支持 128 位地址（其地址空间约为 3.4×10^{38}，大概是 IPv4 的 8×10^{28} 倍）。

- 一般来说，组网是一个大型的、复杂的问题，如果将这个问题划分为一系列较小、复杂度较低、内部相关联的问题的话，那么这个大问题就容易解决了。ISO/OSI 网络参考模型将组网划分为七个不同的分层，从而允许将和硬件、介质以及信号相关的问题与和软件及服务相关的问题分离开来。同样地，这个模型也允许把软件中的活动以机器到机器的通信进行区分。这种通信包括了处理从任何发送方到任何接收方的信息交付、跨越网络地移动大量数据以及处理与出站通信、数据格式、网络访问的应用程序接口相关的各种各样的问题。TCP/IP 使用一种比较古老、比较简单的四层模型，它将后三个问题结合到单个应用/服务层中解决，除此之外该模型与 ISO/OSI 网络参考模型十分相似。

- TCP/IP 在它的各个分层上使用各种封装技巧来标记包含在 PDU 内容（或称为有效载荷）中的数据的类型。TCP/IP 也使用编号技巧来标识较低分层上的公认协议（协议号），并支持在较高分层访问公认应用和服务（公认端口）。当客户端向服务器发出一个要求出站交换数据的请求时，服务器上的侦听进程创建一个临时连接，该连接将计算机的数值 IP 地址与该进程所用的特定端口地址结合起来（称为套接字地址）。这种做法确保计算机上的正确进程能够被发送机器和接收机器所访问。

- 协议分析是使用网卡探查跨越网络介质中某个网端所有数据流的过程。协议分析器是一个软件程序，它管理这一任务，并且不仅能够捕获“健康”（适宜构造的）数据流，而且也能够捕获出错的或不正常的数据流。这就使得协议分析器能够以描述为基础勾勒出网络特征（所用协议、活动站的地址、对话以及参与的各方），也能够以统计为基础勾勒出网络特征（出错百分比、每个协议数据流的百分比、峰值载荷、低值载荷、平均载荷等）。本书剩余章节的大部分内容依赖于将 TCP/IP 协议的课题和理论讨论与跟踪和解码（数据包的格式化内容）放在一起讲述，以便了解理论和实践如何结合在一起。

习题

1. 下面哪一种说法表明了促成 TCP/IP 开发的设计目标？（多选）
   a. 健壮的网络架构　　　　　　　　　b. 可靠的传输机制
   c. 不同系统间交换数据的能力　　　　d. 支持远程连接
   e. 高性能
2. 哪个 IP 版本支持 128 位地址？
   a. IPv1　　　　　　b. IPv2　　　　　　c. IPv4　　　　　　d. IPv6

3. ISP 最常用哪种协议来使其客户连接到 Internet?

    a. 以太网　　　　　　　　　　　　b. 数据帧延迟

    c. 点对点协议（PPP）　　　　　　d. 令牌环

4. 下述哪一个机构开发和维护 RFC?

    a. ISOC　　　　　　b. IAB　　　　　　c. IRTF　　　　　　d. IETF

5. 下述哪一个机构管理 Internet 域名和网络地址?

    a. ICANN　　　　　b. IETF　　　　　c. IRTF　　　　　d. ISOC

6. RFC 5000 的标题是什么?

    a. Index of Official Protocols　　　　　b. Index of Internet Official Protocols

    c. Internet Official Protocols　　　　　d. The Internet Standard Process

7. 下述哪些步骤是标准 RFC（Standard RFC）成为正式标准必须经历的步骤?（多选，并以它们出现的正确顺序罗列步骤）

    a. 草案标准（Draft Standard）

    b. 历史标准（Historic Standard）

    c. 建议标准（Proposed Standard）

    d. 退役标准（Retired Standard）

    e. 标准（Standard）（有时也称为 "Internet 标准"）

8. 最佳当前实践（BCP）RFC 是一种特殊形式的标准 RFC。正确还是错误?

9. 以升序方式列出 ISO/OSI 网络参考模型的 7 层，从第 1 层开始罗列。

    a. 应用层　　　　　b. 数据链路层　　　　c. 网络层　　　　　d. 物理层

    e. 表示层　　　　　f. 会话层　　　　　　g. 传输层

10. 下述哪一些陈述表达了网络采用分层方法的优点?（多选）

    a. 将大问题拆分为一系列内部关联的小问题

    b. 支持各层相互隔离

    c. 支持对不同的层运用来自不同学科的专业知识

    d. 支持硬件问题与软件问题的隔离

11. 下述哪些总是任意 PDU 的组成部分?（多选）

    a. 首部　　　　　　b. 有效载荷　　　　c. 校验和　　　　　d. 尾部

12. 下述哪一些部件工作在物理层?（多选）

    a. 网卡（NIC）　　b. 分段和重组　　　c. 连接器　　　　　d. 网线

13. 在数据链路层上，PDU 的常用名称是什么?

    a. 帧　　　　　　　　　　　　　　b. 数据包

    c. 数据段　　　　　　　　　　　　d. 数据链路 PDU

14. 会话层提供了什么功能?

    a. 分段和重组　　　　　　　　　　b. 会话建立、维持和拆除

    c. 检查点控制　　　　　　　　　　d. 数据格式转换

15. 下述 TCP/IP 网络模型中的哪个层几乎完全对应于 ISO/OSI 网络参考模型的单个层?

    a. TCP/IP 网络访问层　　　　　　b. TCP/IP 互联网层

    c. TCP/IP 传输层　　　　　　　　d. TCP/IP 应用层

16. 下述哪两个 TCP/IP 协议运行在 TCP/IP 的传输层上？
    - a. ARP
    - b. PPP
    - c. TCP
    - d. UDP
    - e. XNET

17. 在 UNIX 术语中，运行在服务器上负责处理服务入站请求的侦听进程称为_____。
    - a. 侦听器
    - b. 监控器
    - c. 守护程序
    - d. 服务

18. 在 TCP/IP 的传输层和网络层中将多个出站协议数据流组合在一起的过程称为_____。
    - a. 折叠（folding）
    - b. 多路复用（multiplexing）
    - c. 展开（unfolding）
    - d. 多路分解（demultiplexing）

19. 在任何系统上，只有那些实际使用的协议编号才必须在该系统中定义。正确还是错误？

20. TCP/IP 端口号的目的是标识哪一类型的系统操作用于出站数据和入站协议数据？
    - a. 在用的网络层协议
    - b. 在用的传输层协议
    - c. 发送或接收应用程序进程
    - d. 都不是

21. 下述哪一个术语是描述动态分配端口地址、用于为数据交换提供临时 TCP/IP 连接的同义词？
    - a. 协议号
    - b. 公认端口号
    - c. 注册端口号
    - d. 套接字地址

22. 在协议分析过程中下述哪一些活动可能发生？（多选）
    - a. 窃听网络通信
    - b. 捕获"下线"数据包
    - c. 收集统计信息
    - d. 将数据包解码为可阅读形式
    - e. 出于测试目的重传已捕获数据包

23. 为什么对于协议分析来说混杂模式操作很重要？
    - a. 不重要
    - b. 它让协议分析器能够捕获并检验网络介质中的所有数据包，包括出错数据包和畸形数据包
    - c. 它绕过了网络上正常的数据包级安全设施
    - d. 它让协议分析器能够收集统计数据

24. 协议分析器中应用到入站数据上的包过滤器称为_____（多选）。
    - a. 捕获过滤器
    - b. 数据过滤器
    - c. 预过滤器
    - d. 后置过滤器

25. 下述哪些特征是大多数协议分析器有代表性的特征？（多选）
    - a. 包过滤器可以应用于捕获前的入站数据，或应用于捕获后的存储数据
    - b. 解码可以应用于跟踪缓冲区中的数据包
    - c. 警报可以被设置为标志不寻常的网络事件或条件
    - d. 包过滤器基于数据流分析显示各种各样的统计报告和图形
    - e. 包过滤器包括内置趋势分析和容量规划工具

动手项目

　　下面的实践项目假定你正在使用 Windows 7 或 Windows 10 环境。有关系统要求的详细信息，请参见本书的前言。

动手项目 1-1：安装 Wireshark

所需时间：15 分钟。

项目目标：为本课程的需要安装 Wireshark 软件。

过程描述：本项目介绍在你的计算机上如何安装 Wireshark 协议分析器。Wireshark 将自动安装 WinPcap（一种捕获网络数据流的 Windows 驱动程序）。

（1）从本书配套的网站上下载 Wireshark 安装文件，或从 www.wireshark.org 下载最新版的 Wireshark。如果你所用的是比 Wireshark 2.0.0 更新的版本，可能需要修改本项目的一些步骤，以匹配你的版本。把 Wireshark 安装文件保存到本地文件夹中。

（2）下载完成后，打开目标文件夹，双击安装文件。

（3）如果出现 Windows User Account Control 窗口，单击 Yes 按钮。

（4）在 Wireshark 欢迎界面上单击 Next 按钮。

（5）单击 I Agree 按钮，接受授权协议。

（6）在 Choose Components 窗口中，保持默认选项，如图 1-7 所示，然后单击 Next 按钮。

（7）在 Select Additional Tasks 窗口，保持默认选项，如图 1-8 所示，然后单击 Next 按钮。

（8）在 Install Location 窗口，保持默认位置，或单击 Browse 按钮，选择要安装 Wireshark 的新位置。单击 Next 按钮。

（9）如果还没有安装 WinPcap，Wireshark 程序会提示安装 WinPcap，如图 1-9 所示。选择 Install 核选框，或按照提示卸载已有版本（如果已有版本比要安装的版本更旧），单击 Next 按钮。

（10）如果 USBPcap 不存在，Wireshark 提示安装它。选择 Install 核选框，或按照提示卸载已有版本（如果已有版本比要安装的版本更旧）。单击 Install 按钮。

（11）在启动的 WinPcap Setup 向导中，单击 Next 按钮。

（12）在 WinPcap 授权协议窗口中，单击 I Agree 按钮。

（13）弹出 Installation Options 窗口，保持默认选项，单击 Install 按钮。

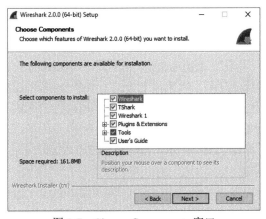
图 1-7　Choose Components 窗口

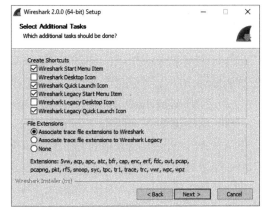
图 1-8　Select Additional Tasks 窗口

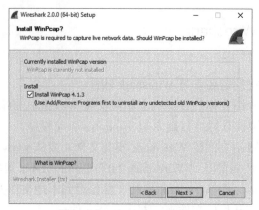

图 1-9　Install WinPcap 窗口

（14）在最后的 WinPcap 安装窗口，单击 Finish 按钮。

（15）在 USBPcap Driver License Agreement 窗口中，单击 I accept the terms of the License Agreement，单击 Next 按钮。

（16）在 USBPcapCMD License Agreement 窗口中，单击 I accept the terms of the License Agreement，单击 Next 按钮。

（17）保持默认选择的 USBPcap 组件，单击 Next 按钮。

（18）保持默认选择的安装路径，单击 Install 按钮。

（19）当 USBPcap 设置完成，单击 Close 按钮。Wireshark 安装继续。

（20）当 Wireshark 安装完成窗口出现，单击 Next 按钮。

（21）最后的窗口给出一个选项，选择是立即还是稍后重启计算机。关闭其他所有已打开的应用程序，如 Web 浏览器或文字处理器，在 Wireshark 窗口中选择 Reboot now 选项，然后单击 Finish 按钮，重新启动计算机。

动手项目 1-2：捕获基本数据包，查看基本数据包和统计信息

所需时间：45～60 分钟。

项目目标：学习如何在 Wireshark 中捕获数据包，查看数据包的相关信息以及 Wireshark 的统计功能。

过程描述：本项目介绍如何使用 Wireshark 捕获基本数据包。然后，本项目介绍数据包中包含的信息，以及如何查看 Wireshark 的统计信息。

（1）在 Windows 7 中，单击"开始"按钮，指向"所有程序"，然后单击 Wireshark。在 Windows 10 中，单击"开始"按钮，单击"所有程序"，然后往下滚动，单击 Wireshark。

（2）打开 Wireshark 主窗口，如图 1-10 所示。

（3）单击菜单栏的 Capture 菜单，然后单击 Options 菜单项。

（4）弹出 Wireshark Capture Interfaces 窗口，如图 1-11 所示。或许会出现几个网卡。在 Traffic 列中显示实时数据流量，然后单击 Start 按钮。

（5）显示捕获窗口。如果 Capture 窗口中没有显示任何数据流，按照步骤（6）～（9）从工作站上生成一些数据包。

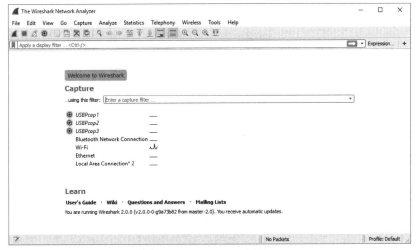

图 1-10　Wireshark 主窗口

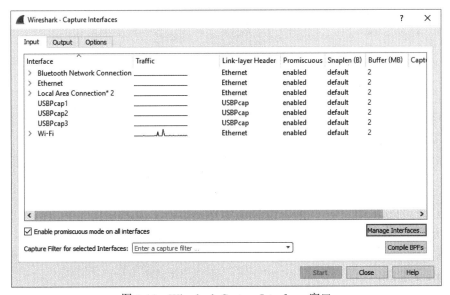

图 1-11　Wireshark Capture Interfaces 窗口

（6）单击"开始"（Start）按钮，在"开始"（Start）菜单的文本框中输入 cmd，然后按 Enter 键。显示命令提示符窗口。

（7）输入 ftp server1 命令，之后按 Enter 键。如果没有名称为 server1 的 FTP 服务器，请求将失败。

（8）输入 quit 命令，并按 Enter 键，退出 FTP 程序。

（9）输入 exit 命令，并按 Enter 键，关闭命令提示符窗口。

（10）结束时在 Capture 窗口中单击 Stop 图标，如图 1-12 所示。

（11）此时的 Wireshark 窗口显示了所捕获数据包的基本信息。如果需要，可以单击窗口右上角的"最大化"按钮将窗口最大化。单击滚动栏的向下箭头，可以浏览整个数据包列表（如果它们在视图之外的话）。

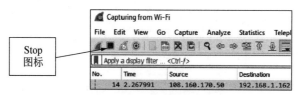

图 1-12　停止 Wireshark 实时捕获

（12）滚动数据包列表窗格（Wireshark 窗口的最上面）上的 Source 列，查看 Wireshark 分析器捕获数据包的设备列表，如图 1-13 所示。认出你的 IP 地址了吗？看到广播地址了吗？

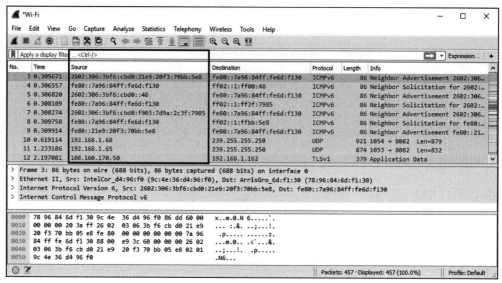

图 1-13　查看数据包列表窗格的 Source 列

（13）滚动 Protocol 列，查看 Wireshark 识别出的协议。

（14）单击 Wireshark 窗口顶部的 Statistics 菜单项，然后单击 Conversations 查看 Wireshark 识别出的会话。图 1-14 是一个 Conversations 窗口示例，单击 Close 按钮可关闭 Conversations 窗口。

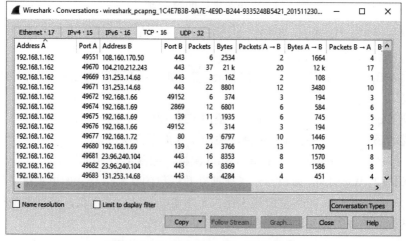

图 1-14　Conversations 窗口中的信息

（15）查看 Wireshark 窗口中部数据包详情窗格的 Ethernet Ⅱ 字段的相关值（如图 1-15 所示），以便识别将数据包发送到网络上的工作站的 MAC 地址（单击右向尖括号展开 Ethernet Ⅱ 字段）。

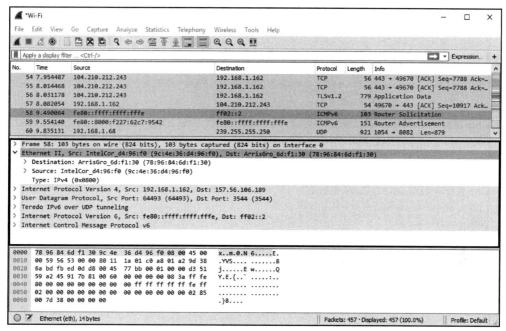

图 1-15　数据包详情窗格的 Ethernet Ⅱ 字段

（16）单击 Wireshark 窗口顶部的 Statistics 菜单项，之后单击 Protocol Hierarchy，查看跟踪缓冲区中数据包的数据包长度分布，如图 1-16 所示，数据包长度以字节为单位列出。在跟踪缓冲区中，哪一个数据包长度最常见？单击 Close 按钮关闭 Protocol Hierarchy 窗口。

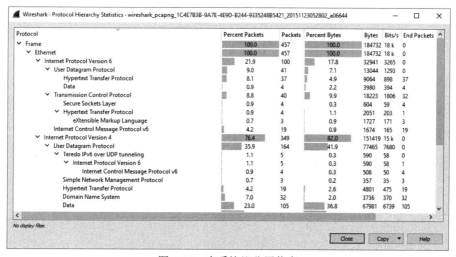

图 1-16　查看协议分层信息

（17）检查 Wireshark 窗口底部的数据包字节窗格，如图 1-17 所示，查看有关跟踪缓冲区内容的摘要信息。滚动摘要信息，认识跟踪缓冲区中看到的通信类型。

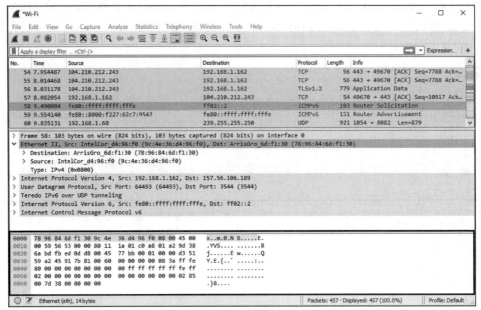

图 1-17　查看数据包字节窗格上的信息

（18）单击 Wireshark 窗口顶部的 Statistics 菜单，之后单击 IO Graphs 菜单项，查看 Wireshark 每秒钟捕获数据包数量的图形展示，如图 1-18 所示（要查看每秒钟捕获字节数量的图形，在图形下面的 Y Axis 列，双击 Packets/s，再单击 Packets/s 的列表箭头，然后选择 Bytes/s）。单击 Close 按钮关闭 IO Graphs 窗口。

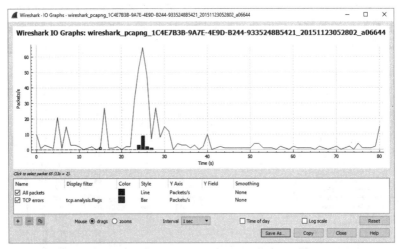

图 1-18　IO Graphs 的统计信息

（19）要把捕获的数据包保存为一个跟踪文件（以供后面参考），单击 File 菜单，然后单击 Save As 菜单项。利用所弹出对话框顶部的 Save in 下拉列表，导航到要保存数据文件的文件夹。在 File name 字段中输入 ch01-MyCapture。从 Save as type 下拉列表中选择 Wireshark/...-pcapng，把数据文件保存为.pcapng 格式。单击 Save 按钮。

（20）关闭 Wireshark 窗口。

动手项目 1-3：选择一个过滤器并捕获数据包

所需时间：10 分钟。

项目目标：学习如何在 Wireshark 中选择过滤器。

过程描述：本项目介绍如何在 Wireshark 中选择一个过滤器，以便限定捕获的数据包类型。

（1）按照动手项目 1-2 的步骤启动 Wireshark 程序。

（2）单击菜单栏中的 Capture 菜单，然后单击 Options 菜单项。

（3）弹出 Capture Interfaces 对话框。从 Interface 下拉菜单中选择所用网卡，并单击 Close 按钮。

（4）单击 Capture 菜单，然后单击 Capture Filter，弹出 Capture Filter 对话框，其中显示了 Wireshark 中可用的预置过滤器。

（5）单击名为 No ARP and no DNS 的过滤器，如图 1-19 所示。这里把过滤器设置为忽略 ARP 和 DNS 数据流，单击 OK 按钮。

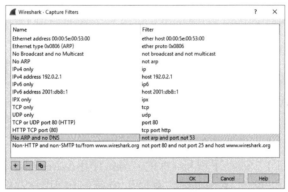

图 1-19 选择预置过滤器

（6）在 Wireshark 窗口中，单击 Capture，然后单击 Start 开始捕获广播数据包。

（7）一旦数据捕获够了，在 Wireshark 窗口中单击 Stop 按钮，以便浏览这个过程中捕获的数据包。考察 Protocol 栏标出的广播类型。

如果 Capture 窗口中没有显示任何数据包，那么依据步骤（8）～（11）从命令提示窗口中生成数据流，然后重复第（6）和（7）步。

（8）单击"开始"（Start）按钮，在"开始"（Start）菜单的查找框中输入 cmd，然后按 Enter 键，打开命令提示符窗口。

（9）输入 ftp server1，之后按 Enter 键。假如没有名称为 server1 的 FTP 服务器，请求将失败。

（10）输入 quit 命令，并按 Enter 键退出 FTP 程序。

（11）输入 exit 命令，并按 Enter 键关闭命令提示符窗口。

（12）完成后，关闭 Wireshark 程序，不保存。

动手项目 1-4：创建一个显示过滤器

所需时间：15 分钟。

项目目标：本项目学习在 Wireshark 中如何创建一个显示过滤器。显示过滤器可以减少 Wireshark 要从跟踪文件中显示的信息量。

过程描述：本项目介绍在 Wireshark 中如何创建一个显示过滤器，只显示与 IPv6 有关的数据流。

（1）按照动手项目 1-2 的步骤打开 Wireshark 程序。

（2）单击菜单栏的 Analyze 菜单，然后单击 Display Filter 菜单项，弹出 Display Filter 对话框。

（3）单击左下角的 plus 按钮，创建一个新的显示过滤器。

（4）双击 Name 文本框，输入 IPv6 only。

（5）在 Filter 文本框中双击，然后输入 ipv6 or icmpv6 or dhcpv6。

（6）单击 OK 按钮。

在主窗口的 Filter 文本框中，将出现刚才输入的过滤器名。Wireshark 会检查过滤器的语法。如果 Filter 文本框显示的是绿色背景，说明过滤器检查是成功的。如果检查失败，那么其背景是红色的，这意味着必须改正过滤器的语法。

（7）关闭 Wireshark 程序。

动手项目 1-5：查看一个完整的数据包解码

所需时间：15 分钟。

项目目标：了解 Wireshark 中的已解码数据包信息。

过程描述：本项目介绍如何阅读数据包中的已解码信息。

（1）按照动手项目 1-2 的步骤打开 Wireshark 程序。

（2）按照动手项目 1-2 或动手项目 1-3 的步骤，使用 Wireshark 程序捕获一些数据包。

（3）如果有必要，单击 Wireshark 窗口中的数据包列表窗格（上部窗格），查看 Wireshark 捕获的一系列数据包。

（4）单击 Wireshark 窗口中的任意数据包，打开数据包详情窗格（中部窗格）。根据需要调整数据包列表窗格和数据包详情窗格的大小（以看到完整解码部分为准）。

（5）单击数据包详情窗格中的 Ethernet II 标签。请注意，未解码数据包的相应区域在数据包字节窗格（底部窗格）中高亮显示。

（6）滚动完整解码部分（数据包列表和数据包详情窗格），查看完全解码数据包的整个内容。

（7）完成之后，关闭 Wireshark 程序，不保存。

案例项目

案例项目 1-1：解决小型网络中的网络连接问题

假设你被邀请到一家小型法律事务所，帮助诊断某些网络连接问题。该法律事务所的网络由 11 台工作站组成，使用一台 24 口的集线器将它们连接起来。一位资深合伙人将问题描述为"固定不变的"，并解释说，每天早上连接到网络上主服务器时都有 5 分钟的延迟。

这位资深合伙人指出，网络上的每一个用户都遇到了同样的问题。当然，你携带了协议分析器。你应该在什么位置接入这个网络呢？

案例项目 1-2：讨论升级到 IPv6 的理由

你的公司刚刚收购了一家位于 Iowa 州 Des Moines 市的新公司。你的本部公司已经使用 IPv6 进行本地组网和 Internet 访问，而新公司仍使用 IPv4 本地组网和访问 Internet。你该如何劝说 Des Moines 的同事将他们的网络切换到 IPv6，或确保 IPv4 和 IPv6 协议能同时使用？

案例项目 1-3：确定正在使用的是哪种 IP 协议

描述一种方法，用于确定网络中正在使用哪些协议，以便能够确定 Windows 计算机中的最小可能协议列表。

案例项目 1-4：解释协议错误或广播数据流的后果

解释一下，为什么网络上出现过多的错误是一件坏事情。同样，为什么过多的广播数据流也可能造成负面后果。

案例项目 1-5：学习 Internet 的历史

在你的计算机上打开一个 Web 浏览器，进入 www.isoc.org/internet/history/brief.shtml。阅读一下 Internet 的发展历史，然后回答下列问题：

（1）最初为什么创建 RFC？

（2）简要比较一下早期与现在的 RFC 使用区别。

（3）美国网络委员会（Federal Networking Council，FNC）使用哪两种协议族来定义 Internet，特别是描述地址空间和通信支持？

学习完之后，如果你想了解更多，可以阅读 Katie Hafner 与 Matthew Lyon 的著作 *Where Wizards Stay Up Late: The Origins of the Internet*。该书在大多数网上书店有售，在你们当地的公共图书馆可能也有。

第 2 章　IP 寻址及其他

本章内容:

- 从计算机的角度描述 IP 寻址、结构与地址。
- 认识和描述 IPv4 寻址与地址类，描述 IPv4 地址局限性的本质，定义术语子网、超网、子网划分与超网划分。
- 描述如何获得公用和专用 Internet 地址。
- 探讨 IPv4 寻址模式。
- 阐述 IPv4 地址局限性的本质，以及为什么需要 IPv6。
- 描述 IPv6 的新特性以及增进的特性。
- 了解和描述 IPv6 寻址模式、特性以及地址容量。
- 描述从 IPv4 转换到 IPv6 涉及的障碍。

本章讨论 IPv4（网际协议）地址的结构和功能，这些地址是一些看起来与 24.29.772.3 类似的晦涩的四元数字序列，但它们唯一地标识了整个 Internet 上所有使用 TCP/IP 的网络接口。本章还讨论了 IPv6 及其寻址模式，IPv4 与 IPv6 之间的差异，以及 IPv6 的最新特性。

随着对 IP 地址的理解和掌握，将学习它们是如何构造的，如何对它们分类，以及数据流在网络中寻找其路径的过程时，这些地址如何发挥作用。还将学习如何依据 IP 地址的结构，计算网络上能够连接多少台设备，以及如何管理这种结构，进行地址划分和地址汇聚，从而满足特殊的连接需求。

2.1　IP 寻址基础

人们喜欢使用符号名称，例如，人们认为记住一个字符串（例如 www.course. com）比记住数字地址（例如 198.89.146.30）更容易，而计算机则正好相反。计算机以位模式的形式来处理网络地址（这些位会转换为十进制或十六进制数字）。因此，我们看到的是 192.168.0.1 或 2001:0db8:1234:c0a8:0001，而计算机"看到"的则是这样的：11000110010110011001001000011110。

IP 使用一种三部分寻址模式：符号名、逻辑数字地址和物理数字地址。

符号名（symbolic name）是人类可读的名称，它具有特定的格式，如 www.support 或 dell.com。这些名称称为**域名**（Domain name）。要使域名是有效的，它必须对应于至少一个唯一的**数字 IP 地址**（numeric IP address）。**域**（domain）是连接成一个网络并作为一个单元进行管理的计算机设备集。

域名不仅仅指向数字地址，它们与这些数字地址也是不同的。域名十分重要，因为大多数人用它们来记忆和识别 Internet 上（以及在他们自己的网络上）的特定主机。在本书的第 8 章将学习更多与域名相关的知识，讨论**域名系统**（Domain Name System，DNS），以及把符号域名转换为数字 IP 地址的相关协议和服务。

对 IPv4 而言，逻辑数字地址是由一组 4 个数字组成的，各个数字之间用圆点分隔开，例如 172.16.1.10。这 4 个数字中的每一个数字都必须小于十进制数字 256，以便能够用 8 个二进制数字（或称为 8 个二进制位）表示。这样就把每一个数字的范围限制为 0～255（它们分别是八位字符串能够表示的最小值和最大值）。你或许习惯于把这样的八位数字称为**字节**（Byte），但在 TCP/IP 社区里习惯于将它们称为**八字节**（Octet），这两者表示的是相同的东西。本章讨论的大部分内容都集中在如何读取、理解、分类、使用以及操纵逻辑数字地址上。

对 IPv6 而言，一个地址是由 128 个位（IPv4 地址是 32 个位）组成的，它表示成一系列十六进制（以 16 为基）的值。该地址分成 8 个分组（称为**字**（word）），每个分组有 4 个字符，每个字之间用冒号分隔开。这类似于用 0～255 的十进制数表示的 IPv4 地址。如果地址中的字只含有 0，那么就把连续几个 0 "压缩"，只保留分隔符。使用这种方法，地址 21da:00d3:0000:2f3b:02aa:00ff:fe28:9c5a 就可以改为 21da:d3:0:2f3b:2aa:ff:fe28:9c5a。

把 IPv4 十进制地址和 IPv6 十六进制地址理解成逻辑网络地址，这很重要。每一个数字 IP 地址在 ISO/OSI 网络参考模型的网络层（TCP/IP 网络模型的网际层）中发挥着作用，它将一组唯一的数字分配给网络上（该网络中在 Internet 上可见的所有机器）的每一个网卡。IP 协议同样可作用于 OSI 模型的网络层。

物理数字地址是一个 6 字节的数字地址，是由网卡制造商固化到固件（在一个芯片上）的。前 3 个字节（称为**组织唯一标识符**（Organizationally Unique Identifier，OUI））标识所用网卡的制造商；后 3 个字节是另一种唯一标识符，它由制造商分配，使得网络上任何一块网卡都拥有一个唯一的**物理数字地址**（physical numeric address）。在 2.7 节将深入学习 IPv6 地址，包含如何截取该地址。

物理数字地址在**媒体访问控制**（Media Access Control，MAC）层（属于 OSI 网络参考模型中数据链路层的一个子层）中发挥作用。因此，物理数字地址也称为 MAC 层地址（或 MAC 地址）。正是数据链路层软件中的**逻辑链路控制**（Logical Link Control，LLC）子层，使得网卡与同一物理电缆或网络段上的其他网卡建立点到点的连接。ARP（Address Resolution Protocol，地址解析协议）用于使计算机把数字 IP 地址转换为 MAC 层地址，RARP（反向 ARP）用于将 MAC 层地址转换为 IP 地址。

本章后面重点介绍 IPv4 和 IPv6 地址。重要的是，要记住 IP 地址与域名之间存在对应关系，从而使得用户可以识别和访问网络尤其是 Internet 上的资源。同样重要的还有，要认识到，当实际网络通信发生时，使用 ARP 把 IP 地址转换成 MAC 层的地址，这样，一块网卡被识别为发送方，另一块网卡则被识别为接收方。

为了与网络模型的分层特性保持一致，下述做法很有意义：将 MAC 层地址与数据链路层（或 TCP/IP 网络访问层）关联，将 IP 地址与网络层（或 TCP/IP 网际层）相关联。在数据链路层，一块网卡发起从自身到另一块网卡的数据帧传输，从而所有的通信都发生在同一个物理或本地网络中。

随着数据在原始发送方和最终接收方之间穿越于中间主机中，在每对网卡之间也是这样通信，这里每一个源和目标对位于相同的物理网络上。显然，发送方与接收方之间的绝大多数机器必须连接到多个物理网络上，这样，从一块网卡进入机器的数据才可能从另一块网卡上流出，从而将数据从一个物理网络移动到另一个物理网络。这本质上代表了一系列的网卡到网卡的连接，在数据链路层将数据从一个 MAC 地址移动到另一个 MAC 地址。

在网络层，原始发送方的地址被表示在 IP 数据包首部的 IP 源地址字段中，最终接收方的地址被表示在同一个 IP 数据包首部的 IP 目的地址字段中。尽管 MAC 层的地址随着数据帧从一块网卡移动到另一块网卡而不断地变化，但 IP 源地址和目标地址信息保持不变。事实上，IP 目标地址正是驱动一连串中间漫长传输的动力，中间的传输也称为**跳**（Hop）（这是穿越路由器的数据帧），随着数据穿越网络从发送方前进到接收方，也就发生了一连串的中间传输。

2.2　IPv4 寻址

当以十进制数字表达时，数字 IPv4 地址使用**点分十进制表示法**（dotted decimal notation）表示，采用 n.n.n.n 格式，其中，对每一个值，确保 n 为 0～255。记住，每一个数字都是 8 位数，用标准 IP 术语来说称为八位元组。对于任何要解析为网络地址的域名来说，无论是在公用的 Internet 上，还是专用内部网上，域名都必须对应至少一个数字 IP 地址。

在数字 IP 地址的点分十进制表示法中，其数字值通常为十进制值，但偶尔也使用十六进制（以 16 为基数）或二进制（以 2 为基数）表示法。当使用点分十进制表示法的 IPv4 地址时，必须清楚地知道所用的表示法形式。二进制表示法比较容易认出来，原因在于字符串中的每一个元素都使用 8 个二进制数字表示（出于一致性考虑，包括了前导的 0）。但十进制和十六进制表示可能会混淆，因此，在进行任何计算之前，确保知道正在使用哪一种进制。

不允许出现重复的数字 IP 地址，否则将会导致混乱。事实上，当重复发生时，拥有“真正” IP 地址的网卡就会遇到这样的问题：网络上分享同一个地址的网卡就会中断会话（或者是先到先服务）。因此，如果你为某台机器配置 IPv4 地址，但是该机器不能访问网络，你就有理由推测该 IPv4 地址出现了重复。最常见的 IPv4 地址配置错误是使用了不正确的子网掩码，这能够导致“部分”的传输失败（这个问题将在本文后面进行深入讨论）。更为重要的是，如果你注意到另一台机器也几乎在同时变为不可用了，或者有人抱怨出现了这种现象，那么就可以肯定是发生了地址重复。

当谈到数字 IP 地址的解释时，还有一个“邻居”的概念。两个数字 IPv4 地址之间的相似性（特别是仅仅在最右边的一个或两个八位字节上有区别时）有时候可以表明，这些地址对应的机器如果不是在同一个网络段上的话，也可能是放置在同一个网络中且十分靠近的地方（更详细的讨论安排在 2.2.4 节中）。

2.2.1　IPv4 地址类

你已经知道 IPv4 地址采用 n.n.n.n 格式了。最初，这些地址被进一步划分为 5 类，从 A 类到 E 类。对于前三类地址，按下述方式划分八位字节，表示其行为：

```
A 类    n  h.h.h
B 类    n.n  h.h
C 类    n.n.n  h
```

在这个表示法中，n 表示网络地址部分，用于按数字识别网络，h 代表主机地址部分，用于按数字识别主机。如果地址的**网络部分**（network portion）或**主机部分**（host portion）有不止一个八位字节，那么把这些位简单地拼接起来以确定数字地址（受到某些限制，我们将在稍后解释）。例如，10.12.120.2 是一个合法的 A 类地址。该地址的网络部分为 10，主机部分为 12.120.2，视为 3 个八位字节。当在 IPv4 地址中寻找近似的迹象时，请考虑到"邻居"本质上是一种网络现象，它局限于 IP 地址网络部分的近似性，而不是网络地址主机部分中的近似性。在这个示例中，说邻居在同一个的网络或子网上，意味着它们有相同的网络地址（IPv4 地址意义上）。B 类和 C 类地址的工作方式相同；后面的小节中将会详细解释 A 类、B 类、C 类地址。

D 类和 E 类地址用于特殊用途。D 类地址用于多播通信，在这种通信方式下，单个地址可以与多个网络主机相关联。只有当信息被一次广播到多个接收方或一组预先选定的接收方时，这种方式才有用，因此，视频和电话会议应用程序使用多播地址也就毫不奇怪了。

当一类设备（例如路由器）必须经常更新相同的信息时，多播地址也很方便（正像在第 4 章我们讨论路由时你将学到的，这也是为什么某些路由协议使用多播地址传播路由表更新信息）。你可能在网络上时不时地看到 D 类地址，但如果你的网络用于 IP 相关的开发工作或实验，那么你将仅仅看到 E 类地址。这是因为 E 类地址被保留下来专门用于试验目的。

2.2.2　网络、广播、多播及其他特殊 IP 地址

通常情况下，当 IP 数据包从发送方传输到接收方时，地址的网络部分引导数据流从发送方网络传输到接收方网络。当发送方和接收方都位于同一个物理网络或子网时，地址的主机部分才发挥作用。尽管对从机器到机器的大多数传输来说，数据帧可以从一个网络到另一个网络，但这些传输的绝大多数都仅仅是在数据包非常接近目标网络时发生。在局域网中，尽管有各种数据在传输着，但某个主机正常情况下仅仅读取发送给它的入站数据流，或者读取出于其他原因必须读取的数据流（例如，导向该主机上某个活动服务的多播数据流）。

在解释如何计算某个 IPv4 数值范围内可用的地址数量时，我们指出，必须从地址位数计算得到的总地址数量中扣除两个地址。这是因为，任何主机部分为全 0 的 IPv4 地址，例如用作专用 IPv4 A 类地址的 10.0.0.0，都是表示该网络本身的地址。需要知道的一个重要事情是，网络地址不能标识网络上的特定主机，原因在于网络地址标识的是整个网络本身。因此，主机位全部为 0 的任何 IPv4 地址都称为网络地址，或者说标识的是"这个网络"。

我们知道，每一个数值 IPv4 地址范围都保留了两个地址。除网络地址外，任何网络上不能用于标识特定主机的"另一个地址"是主机部分为全 1 的地址，如 10.255.255.255（或二进制形式的 00001010.11111111.11111111.11111111），其中，最后 3 个八位字节（即这个

网络地址的主机部分）全由 1 组成。

这个特殊地址称为**广播地址**（Broadcast Address），因为它代表的是网络上所有主机都必须读取的一个网络地址。尽管在现代网络上广播依然有其合法用途，但它起源于网络规模很小、范围也很有限的年代，那时，当某个服务器不能被明确地标识时，采用某种"全员"消息就提供了请求服务的便利途径。在某些环境下——像在动态主机配置协议（DHCP，Dynamic Host Configuration Protocol）的客户端发出一条 DHCP Offer 消息时（第 7 章将详细介绍）——广播依然出现在现代 TCP/IP 网络中。然而，现在广播数据流几乎不会从一个物理网络转发到另一个物理网络。分隔网络的路由器将把广播过滤掉，因此，在绝大多数情况下，广播保持为一种纯本地形式的数据流。

2.2.3　广播数据包结构

IPv4 广播数据包有两个目的地址字段，一个是数据链路层的目的地址字段，一个是目的网络地址字段。图 2-1 描述了一个包含目的地数据链路地址 0xff-ff-ff-ff-ff-ff（广播地址）和十进制目的地 IP 地址 255.255.255.255 的以太网数据包。该数据包是一个 DHCP 广播数据包。第 7 章将详细介绍 DHCP。

通常，在地址的字符串开始位置使用 "0x"（0x 是十六进制值的标志）。

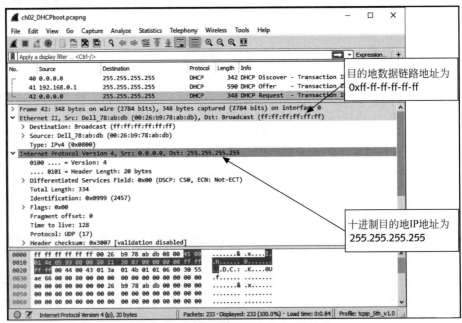

图 2-1　包含广播地址的 DHCP 引导数据包

多播数据包和地址结构

当主机使用某个采用多播地址（例如，用于 RIPv2 路由器更新的 224.0.0.9 多播地址）的服务时，它将自己注册为"侦听"该地址，同时也侦听自己的唯一主机地址（以及广播地址）。该主机还必须通知其 IP 网关（将数据转发给该主机所在物理网络的路由器或其他设备）它正在注册该服务，以便该设备把这样的多播数据流转发到该网络中（否则的话，这些数据永远也不会出现在这个网络中）。

下面这些 URL 提供了有关多播以及多播如何被 Internet 组管理协议（IGMP）使用的更多信息：

- https://en.wikipedia.org/wiki/Internet_Group_Management_Protocol
- www.inetdaemon.com/tutorials/internet/igmp/
- www.eetimes.com/document.asp?doc_id=1272047

在第 4 章和第 5 章也介绍了 IGMP。

注册过程通知网卡将发送给该地址的数据包传递给 IP 栈，以便能够读出它们的内容，并告诉 IP 网关将这些数据流转发到物理网络上（该物理网络就是侦听网卡所在的网络）。没有这样的明确注册（对相关服务的订阅不可或缺），这类数据将被忽略，或者将不可用。互联网名称与数字地址分配机构（ICANN）以受控方式分配多播地址。以前，地址由 IANA（Internet 编号分配机构）管理。

由于多播数据包的数据链路层目的地址是基于网络层多播地址的，因此，这样的数据包相当有趣。图 2-2 描述了一个多播开放式最短路径优先（OSPF）数据包。目的地数据链路地址为 0x01-00-5e-00-00-05。目的地网络层地址为 224.0.0.5。

正如本节前面提及的，多播地址由 ICANN 分配。在图 2-2 中，目的地网络层地址 224.0.0.5 被分配给多播的所有 OSPF 路由器。

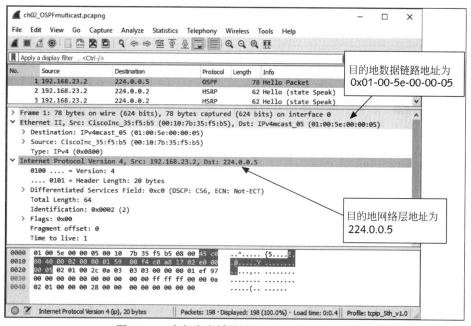

图 2-2　一个包含多播地址的 OSPF 数据包示例

数据链路层地址 0x01-00-5e-00-00-05 使用下述计算得到。

（1）使用对应的 3 字节 OUI 替换第一个字节。在这里，224 被 0x00-00-5e 替代（由

IANA 分配）。

（2）将第一个字节修改为奇数值（从 0x00 修改为 0x01）。

（3）将第 2~4 字节使用对应的十进制值替换。

图 2-3 描述了这些步骤。

使用一个数学公式将 IPv4 地址的最后三个字节（例如，0.0.5）转换为 MAC 地址的最后 3 个字节（0x00-00-05）。将 IP 地址的第一个字节（224）转换为 MAC 地址的前 3 个字节则不存在数学公式。这个转换是通过查表来实现的，这个表由分配给特定网卡厂商设备的唯一 3 字节编号与特殊广播和多播地址组成，这些地址在 IANA 控制下保留用于这个目的。值 00005e 被分配给 IANA，然后修改第一个字节，使之成为奇数，结果值为 01005e。RFC 1112 涵盖了这里讲述的内容，并专门讨论了这个示例（地址 224.0.0.5 是 OSPF 多播地址，保留给路由器以高效方式更新和通信）。

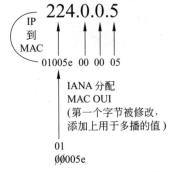

图 2-3 从 IP 到 MAC 的数据链路层地址转换

理解基本的二进制运算

如果明白了基本的二进制运算，IP 地址的计算就很简单了。

考虑下面问题：在 0 与 3（或 00 与 11）之间有多少个数字？要计算这个问题，先用大数减去小数，然后加 1。因此，3-0=3，3+1=4。要检验这个公式，可以枚举出 0~3 的二进制位：00、01、10、11。注意，在这个列表中有 4 个数字。还要注意的是，某个数字的 0 次幂总是等于 1（在把指数表示转换成二进制数时，可以使用这点）。

你可能听说过任播地址，这是另一种特殊的 IP 地址。这种类型的 IP 地址专用于 IPv6，本章将介绍。现在，可以这样说，发送到任播地址的数据包传输到与该地址最接近的网卡上。在 IPv4 中没用任播。

2.2.4 IPv4 网络与子网掩码

如果两个网卡位于同一个物理网络上，那么它们可以在 MAC 层直接相互通信。但是，当两台机器之间的通信开始启动时，软件如何"知道"是这种情况呢？解决这个疑问的关键在于一种称为子网掩码的特殊位模式（使用 TCP/IP 的任何网卡都必须定义子网掩码）。

事实上，3 个主要 IPv4 地址类中的每一个地址类——也就是 A、B、C 类——也都与一个默认的子网掩码相关联。**子网掩码**（Subnet Mast）是一个特殊的位模式，其 IPv4 地址的网络部分全为 1。因此，A、B、C 类的默认子网掩码应该是很明显的，如表 2-1 所示。

简单地说，每次 n 出现在地址结构中，象征该地址的完整网络部分，在默认子网掩码中使用 255 取代该值。解释这一过程的数学原理（记住，使用全 1 位模式在子网掩码中取

表 2-1　A、B、C 类的默认子网掩码

类	结　构	默 认 掩 码
A 类 n	h.h.h	255.0.0.0
B 类 n n	h.h	255.255.0.0
C 类 n.n.n h		255.255.255.0

（注：n 表示网络，h 表示地址的主机部分）

代地址的网络部分）是，值 255 对应的位模式是 11111111。因此，每一个 255 都屏蔽了构成该地址网络部分的一个八位字节。换句话说，子网掩码识别的是 IP 地址的网络部分。表 2-2 显示了当 C 类子网掩码中的不同位被屏蔽时，有多少可用的子网。

网络地址和广播地址不能用作主机地址。

表 2-2　C 类子网

网　络　位	子 网 掩 码	子　网　数	主　机　数
/24	255.255.255.0	0	254
/25	255.255.255.128	2 (0)	126
/26	255.255.255.192	4 (2)	62
/27	255.255.255.224	8 (6)	30
/28	255.255.255.240	16 (14)	14
/29	255.255.255.248	32 (30)	6
/30	255.255.255.252	64 (62)	2

2.2.5　IPv4 子网与超网

像子网和超网这样的概念对于 TCP/IP 网络是很重要的，原因是，从路由的观点来看，这样的每一个概念指的都是在这样的网络上的单个"本地邻居"。当网络地址被进一步划分，超出了地址所属类的默认划分时，这种**子网划分**（Subnetting）代表了从地址的主机部分的"窃入位"（借入位），并使用这些窃入（借入）位在单个网络地址环境下创建多个路由区域。

因此，子网掩码（比正在使用的地址默认掩码更大）将单个网络 IP 地址划分为多个子网络。对于一个 B 类地址来说，其默认子网掩码为 255.255.0.0，子网掩码 255.255.192.0 表明它将从主机部分窃入的两位用于子网标识（由于十进制 192 用二进制表示为 11000000，说明最高两位用于网络部分）。描述这种网络地址结构的一种方法是，使用了八位网络前缀和两个子网划分的附加位。其中，**网络前缀**（Network Prefix）标识 IP 地址中代表实际网络地址本身的位数，从左边开始计算，附加的两个子网划分位表示从该 IP 地址主机部分借入的位，用于扩展网络部分。整个网络地址，包括网络前缀和子网划分位，称为**扩展网络前缀**（Extended Network Prefix）。

使用一个两位的子网掩码，可以识别总共 4 个可能子网，原因在于两个子网位的每一

个模式——00、01、10、11——都能够标识一个潜在的子网。但是，像网络地址和主机地址的情况一样，可用子网地址的总数要在这个数量基础上减去 2，理由是，全 0（这里为 00）和全 1（这里为 11）保留用于其他目的。这种从主机部分窃入（借入）一些位来进一步划分地址网络部分的行为称为划分子网地址，或称为子网划分。

从路由的观点看，子网划分使得网络管理员可以将子网匹配到网络上的实际路由区域，以便同一物理网络上的机器能够使用 MAC 层地址通信。其他希望通信的机器对（没有安装在同一个物理网络上），属于不同的子网（它们的数值 IP 地址在这些地址的子网部分存在一些不同）。这正是本章前面讨论的数值邻居真实含义发挥作用的地方。

当一个子网上的计算机希望与另一个子网上的计算机进行通信时，数据必须从发送方转发到邻近的 IP 网关，以便将消息从一个子网发送到另一个子网。IP 网关是一个把多个 IP 网络或子网互联连接起来的设备。经常称它为"路由器"上的一个接口，原因在于它通常存储了许多网络的路由表"可达"信息，对收到的每一个数据包选择最佳（最短、最快或最不昂贵）路径进行路由，之后将数据包送上旅途。

再重复一次，子网划分意味着从地址的主机部分窃入一些位并使用这些位把单个网络地址划分为称之为子网的多个部分。另一方面，**超网划分**（Supernetting）采用了相反的方法：通过把连续的网络地址结合起来，从网络部分嵌入一些位，并使用它们构建一个用于主机的单一的、连续的地址空间。本章后面将会考察一些示例，帮助巩固这些概念。如想知道有关子网划分的更多信息，请参阅 RFC 1878（可以在下述地址访问这个文档：www.rfc-archive.org/getrfc.php?rfc=1878）。

计算子网掩码

根据如何实现地址分段模式，在设计网络时有几种子网掩码。子网掩码最简单的形式是使用一种称为**固定长度子网掩码**（Constant-Length Subnet Masking，CLSM）的技术，其中每一个子网都包含相同数量的工作站，并代表了地址空间的一个简单划分，方法是把地址划分为多个相等的网络段。子网掩码的另一种形式使用一种称为**变长子网掩码**（Variable-Length Subnet Masking，VLSM）的技术，它支持把单个地址划分为多个子网，其中的子网并不需要都是一样大小的。

当谈到设计子网掩码模式时，如果所有网络段都支持大概相同的设备数量，例如占 20%，那么 CLSM 技术最有意义。但如果一个或两个网络段需要大量用户，而其他网络段仅仅需要少量用户，那么 VLSM 技术能够更有效地使用你的地址空间（这种情况下使用 CLSM 的唯一途径是设计最大的网络段，这样在设备密度不大的网络段上将会浪费大量地址）。在 VLSM 地址模式中，不同的子网可以使用不同的扩展网络前缀，从而反映它们变化的结构和容量。当然，子网划分的二进制本质就意味着所有子网都必须适合描述 CLSM 所用的相同结构。只不过在 VLSM 中，如果需要的话，某些高层子网地址空间能够被进一步划分为更小一些的子空间。对于子网划分模式和设计方法的进一步讨论，请阅读文章 *Understanding IP Addressing: Everything You Ever Wanted To Know*（作者为 Chuck Semeria），地址为：

```
www.di.unipi.it/~ricci/501302.pdf
```

IP Subnet Calculator 软件

Sohopen 有限公司的 IP Subnet Calculator 软件（网址为 www.subnet-calculator.com/），提供了一个免费的在线 IPv4 子网掩码计算器。该公司还提供了 CIDR 计算器和 ACL 通配符掩码计算器。

IP Calculator 软件

http://jodies.de/ipcalc 网站的 IP Calculator 软件也可以完成类似的功能，输入一个 IP 地址和子网掩码，就可以计算出广播、网络、Cisco 通配符掩码以及主机地址范围。如果往下滚动到网页底部，可以下载该工具的不同版本（tar 文件）。该软件可以运行在基于 Linux 的系统上，利用 apt-get，Debian 用户也可以使用该软件。

2.2.6　IPv4 的无类域间路由

无类域间路由（Classless Inter-Domain Routing，CIDR）是从其忽略 IPv4 地址的传统 A、B、C 类设计而得名的，并能够在希望的任何位置设置网络-主机 ID 边界，简化了跨越 IP 地址空间的路由。思考这一原理的一种方法是这样想象，CIDR 可以在 IP 地址的网络部分和主机部分的几乎任何位置设置边界，仅仅受到 ISP、组织机构、公司需要管理的 IP 地址空间的限制。当多个 IP 地址可用时，如果这些地址连续的话，可以得到运用 CIDR 的最佳效果（这样，这些地址能够以一个或多个逻辑块来进行管理，每个逻辑块在该地址的主机和网络部分之间的特定位进行划分）。使用 CIDR 也需要通知路由器，以便它们能够处理 CIDR 地址。

CIDR 规范说明在 RFC 1517、RFC 1518、RFC 1519 文档中。本质上，CIDR 支持合并 A、B、C 类的 IPv4 地址，并作为一个更大的地址空间来使用，或按照需要任意划分。CIDR 有时用于合并多个 C 类地址，也能够用于划分 A、B、C 类地址（特别是在运用 VLSM 技术时），以便最有效地利用可用的地址空间。大多数专家认为，CIDR 对 Internet 最大的正面影响是减少了必须识别的独立 C 类地址的数量（因为很多地址被合并，并使用较小的子网掩码运行，从而在顶级路由表中需要较少的路由项）。

当配置路由器来处理 CIDR 地址时，路由表项采用格式：address，count，这里，address 是一个 IPv4 地址范围的起始地址，count 是掩码中高阶位的个数。

创建 CIDR 地址受到下述限制。

- CIDR 地址中的所有地址都必须连续。然而，使用地址的标准网络前缀表示法，也使得在需要时划分任何类型地址既简洁又有效。当多个地址被合并时，要求所有这些地址都按数字顺序排列，这样，地址的网络部分和主机部分之间的边界能够通过移动来反映这种合并。

- 当发生地址合并，且 CIDR 地址块是大于 1 且小于对应于全 1 的某个低阶位模式的分组时——即在 3、7、15、31 等分组中时，CIDR 地址块工作得最好。这是因为，这样做才有可能从 CIDR 地址块的网络部分借入相应的位数（2、3、4、5 等），并使用这些位扩展主机部分。

- 要在任何网络上使用 CIDR，路由域中的所有路由器都必须"理解"CIDR 表示法。

对于 1993 年 9 月份之后生产的绝大多数路由器来说,这都不是问题,那时 RFC 1517、RFC 1518 和 RFC 1519 已批准,因为绝大多数路由器厂商开始支持 CIDR 地址。

尽管前缀表示法与 A 类（/8）、B 类（/16）、C 类（/24）地址相关,但只有当你见到这种表示法的 CIDR 地址使用时,才能真正明白其作用。因此,如果看到网络地址 192.168.5.0/27,就立刻会知道两件事情:你在处理一个 C 类地址,并且使用额外三个位划分该地址,以扩充网络空间,因此,对应的子网掩码一定是 255.255.255.224。这种表示法紧凑而且有效,明确指定了正在使用的 IP 地址所用的子网或超网模式。

2.2.7 公用和专用 IPv4 地址

你已经知道 RFC 1918 在 A、B、C 类地址空间中设计了专门的地址或地址范围用作专用 IPv4 地址。这意味着任何愿意使用的机构都能够在自己的组网区域中使用这些专用 IP 地址,而无须事前得到许可或提供任何费用。

专用 IPv4 地址范围可以以 IP 网络地址的形式表达,如表 2-3 所示。

表 2-3　专用 IP 地址信息

类　　别	地址（地址范围）	网　　络	专用主机总量
A 类	10.0.0.0～10.255.255.255	1	16 777 214
B 类	172.16.0.0～172.31.255.255	16	1 048 544
C 类	192.168.0.0～192.168.255.255	256	65 024

当选择要使用的专用 IPv4 地址种类时,需要在对每个子网主机数量的需求与把大的地址类（通常是 B 类）划分子网还是把小的地址类（通常是 C 类）合并为超网之间进行权衡。一种方法是使用 B 类地址,并在第三个八位字节进行子网划分,将第四个八位字节用于主机地址（对于小型网络来说,每个子网最多有 254 台主机并未发现有什么问题）。如果决定在自己的网络上使用专用 IP 地址,必须评估对子网数量和每个子网主机数量的组网需求,然后进行相应选择。

专用 IP 地址的缺点之一是其不能在公共的 Internet 上被路由。因此,重要的问题是要认识到,如果想把计算机连接到 Internet 上,并且在自己的本地网络内部使用专用 IP 地址,那么就必须在网络专用一方与 Internet 公用一方之间边界上的设备添加某个附加软件,以便使连接能够工作。有时,这与从一个或多个专用 IP 地址传输到公用 IP 地址的出站数据,以及相反方向传输的入站数据有关。另一种技术（称为**地址伪装**（Address Masquerading）或地址替代）可以在包含下述代理服务器能力的边界设备上运行:在出站数据离开服务器时,将专用 IP 地址替换为一个或多个公用 IP 地址;当入站数据经过服务器时,将公用地址替换为等同的专用地址。

专用 IP 地址存在另一个引人注目的限制。某些 IP 服务要求**端到端连接**（end-to-end connection）,即 IP 数据必须能够以加密形式在发送方和接收方之间传输（无须中间转换）。这样,当这种连接的任意一方使用公用 IP 地址时,如果双方都使用一个公用 IP 地址,那么最容易配置,原因在于用于连接"专用端"的地址不能直接在 Internet 上被路由。当专用 IP 地址用于这种连接的一端或两端时,如 IPSec（IP Security）安全协议可能要求对防火墙或代理服务器进行额外配置,就像在使用某些虚拟专用组网技术时那样。因此,如果想在自己的网络上使用这样的服务，那么就可能面临着额外的工作和学习（如果想使用专用 IP 地址的话）。

最重要的是，专用 IP 地址对于许多组织来说有用，很简单，TCP/IP 网络上的绝大部分机器都是客户端工作站。由于这些客户端机器几乎不（如果有的话）公告供广泛用户（或笼统地，Internet）访问的服务，对于这类机器使用专用 IP 地址不会存在坏处。绝大多数客户端仅仅想阅读电子邮件、访问 Web 和其他 Internet 服务，以及使用本地联网的资源。这些需求中没有什么需求必须使用公用 IP 地址、禁止使用专用 IP 地址。因此，专用 IP 地址的引入极大地减缓了绝大多数机构对公用 IP 地址的需求。

也就是说，公用 IP 地址对于标识 Internet 必须访问的所有服务器或服务依然十分重要。在某种程度上，这是 DNS 行为的一种反应，DNS 管理像 www.course.com 这样的符号域名和像 198.89.146.30 这样的数值 IP 地址之间的转换。由于人类更喜欢以符号名称的方式思考，而计算机仅仅能够使用等价的数值 IP 地址访问这些公共主机，所以名称和地址之间的映射转变方式对于 Internet 本身的稳定性和可用性都是重要的。

在第 8 章你将更详细学习这方面的内容。这里需要知道的是，可能会花费相对较长的时间（某些情况下可能要 72 个小时），在 Internet 上从 DNS 名称到地址的转变才会完全起作用。十分重要的是，公开访问服务器不仅要使用公用 IP 地址（否则它们不能公开访问），而且这些地址尽可能少变动，以便使遍布在 Internet 上的众多转换信息副本能够尽可能正确更新。

用更实用的话说，这意味着绝大多数机构需要把公用 IP 地址用于如下两类设备。

- 支持机构把网络连接到 Internet 上的设备。这些设备包括提供网络上"外部"和"内部"之间边界的所有类型边界设备的外网卡，这些设备可以是路由器、代理服务器或防火墙。
- 设计用于 Internet 可访问的服务器。这些服务器包括公用 Web 服务器、电子邮件服务器、FTP 服务器、新闻服务器，以及机构希望展示在公用 Internet 上的其他各种 TCP/IP 应用层服务。

有趣的是，尽管此类设备数量（或者更合适地说，此类网卡的数量，原因在于边界设备或服务器上的每一个网卡都必须拥有自己的唯一 IP 地址）并不少，但与客户端数量、纯粹的内部设备数量和大多数机构网络上的服务器数量相比就少多了。精确的估计难以得到，但在一个区域中把这个数值估计在数百到数千之间是合理的（对于每一个所需的公用 IP 地址来说，同时有多达 100~1000 个在用的专用 IP 地址）。

2.2.8　管理对 IPv4 地址的访问

使用专用 IPv4 地址要求有 NAT 或类似地址替换或伪装能力，而某些机构即使在自己内部网络中使用有效公用 IP 地址时，也会选择使用地址替换或伪装。这是因为，如果支持网络边界的内部客户端与外部网络交互，但没有实现某种形式的地址"隐藏"，会将内部网络的地址结构暴露给具有专业知识的外部人，他们可能使用这些信息突破机构的边界（即从公共的 Internet 进入机构的网络环境），并出于各种理由（其中没有善良的理由）攻击该网络。

由于 IPv4 的地址有限，因此使用 NAT，让 LAN 中不与 Internet 直接连接的计算机使用非公用的 IP 地址。IPv6 不需要使用 NAT 了。

这也正是为什么说使用代理服务器或某种类似服务被认为是好的 IP 安全的原因，代理服务器或某种类似服务将自己插入在边界内数据流和边界外数据流之间。当来自内部网络的出站数据流穿越代理时，代理服务将内部网络地址替换为一个或多个不同地址，以便实际穿越公共 Internet 的数据流不会向外部人披露内部网络的地址结构。

同样，代理服务器能够提供**反向代理**（reverse proxying）。它支持代理服务器代表边界内部的服务器，其方法是仅仅向外部世界发布代理服务器的地址，之后仅仅将对服务的合法请求转发给内部服务器做进一步处理。再重复一次，外部人仅仅能够看到代理服务器代表内部服务器公告的地址，并且在绝大多数情况下不可见的中间人依然不被察觉。

因此，代理服务器提供的最重要服务之一是，管理通过它的出站数据包中出现的源地址。这就防止了内部网络实际地址的细节被泄露给外部人，否则，他们可能使用地址扫描实用程序精确地了解任意给定范围内的在用地址。反过来，这些信息让外部人能够确定在用的子网掩码是什么以及内部网络是如何布局的。通过封锁这些信息，机智的网络管理员可以限制非法进入或其他攻击。

2.3 获得公用 IP 地址

除非你工作的企业在 20 世纪 80 年代就已经拥有自己的公用 IP 地址（或通过合并与收购获得了这样的地址），否则，你的企业所使用的公用 IP 地址都是由为你提供 Internet 访问的同一个 ISP 提供的。这也是要做出从一家 ISP 变更到另一家 ISP 的决策时很困难的原因之一。由于所有可访问 Internet 的设备都必须拥有公用 IP 地址，改变提供商经常意味着进行全面的、称为 **IP 地址更改**（IP Renumbering）的乏味工作。当发生这样的事情时，你必须把使用老 ISP 地址的每一台机器的地址都切换到从新 ISP 那里得到的另一个唯一地址。

历史上，IANA 管理所有与 IP 相关的地址、协议号、公认端口地址，并且分配在网卡中使用的 MAC 层地址。今天，ICANN 管理这项任务，你必须与它们联系，从余下的少量公用 C 类地址中申请一个 IP 地址范围。尽管 IANA 不再作为管理这一活动的主体来运营，但你依然能够从 www.iana.org 上找到大量与 IP 地址和编号相关的有用信息，同样地，你也可以在 www.icann.org 上找到这些信息。

2.4 IPv4 寻址模式

对不知情的人来说，似乎所有这些地址都是随机分配，或者可能是由某个地方的某台计算机自动生成的。实际上，对全世界分配 IP 地址的策略是进行了深思熟虑的。本节将讨论 IP 寻址模式的需求，以及如何创建和归档它，介绍评估 IP 地址范围分配的两个关键分类，它们分别是网络空间（物理分配）和主机空间（逻辑分配）。

2.4.1　网络空间

有几个常见的约束 IP 寻址模式的关键因素,我们将分为两类来考察这些因素。第一类约束确定了网络的个数和规模。它们是:

- 物理位置的个数。
- 每一个位置网络设备的个数。
- 每一个位置广播数据流的大小。
- IP 地址的可用性。
- 从一个网络到另一个网络引起的延迟。

尽管有可能通过 WAN 连接将一个物理位置桥接到另一个物理位置,但在实践中,只有当使用根本不能路由的协议(例如 SNA 或 NetBEUI)时才这样做。采用路由(而不是桥接)的根本目的是防止不必要的广播阻塞昂贵的 WAN 电路。由于每一个物理位置和物理链路都需要至少一个 IP 网络地址,所需的最少 IP 网络数量就是公司或机构内每一个这样的位置所需的 IP 网络数量,再加上一个用于 WAN 链路的数量。

第二,由于 IP 地址稀缺,我们希望网络数量尽可能地少,但它们至少应该拥有足够的可用地址(请记住,可用地址=(网络中的地址总数)-2),以便给每一台设备指定一个地址,并预留适宜的增长空间。

最后,回忆一下,任何 IP 地址也都是一个广播。这就是说,当网络上的一台主机发送一个广播时,该网络上的每一台其他主机都必须接收和处理该广播。因此,网络链路和主机处理器的速度,所用协议的数量和性质,这一切结合在一起限制了网络的实际规模。

一般来说,任何给定网络上出现的广播越多,那么每个网络上能拥有的主机数量就越少。同样地,任何给定网络上使用的协议越多,那么每个网络上能拥有的主机数量就越少。

在绝大多数路由器中,第 3 层路由通常由软件完成,因此,与第 2 层交换机做出类似选择相比较,前一种方法的速度相对较慢。这是因为交换机使用称为**应用专用集成电路**(Application Specific Integrated Circuit,ASIC)的专用硬件做出选择。一种称为第 3 层交换的较新型设备简单地将第 3 层逻辑从软件实现转变为它的 ASIC 实现。结果是,得到了快得多的路由速度。在实践中,第 3 层交换支持把一个大型网络划分为许多较小的网络,并且几乎没有性能损失。

帮助我们确定选择把哪一些 IP 地址放在什么地方的第二类因素是下述设计目标。

- 实现路由表长度最小化。
- 实现请求网络"汇聚"的时间最小化。
- 实现灵活性和便利的管理,以及故障诊断最大化。

从一个网络路由到另一个网络所花费的时间受到路由表长度的影响:路由表越长,搜索路由表花费的时间也就越长。而且,路由器的内存经常短缺,最小化路由表长度使内存的使用更高效。然而,此时,我们已经定义了必要的网络数量,那么,如何减少路由表中路由的数量呢?答案是**路由汇聚**(Route Aggregation),或**汇总地址**(Summary Address)。

这里要理解的关键概念是,在网络与到网络的路由之间不存在一一对应关系。如果路由器接收了一个到 10.1.1.0/25 和 10.1.1.128/25 的路由,那么路由器可以向上行邻居发布一个到 10.1.1.0/24 的路由,以代替两条/25 路由。

汇总的另一个优点是，如果 10.1.1.128/25 网络断开连接，包含用于 10.1.1.128/25 的路由表登记项的路由器将不得不删除这个路由项，但仅仅拥有汇总路由的路由器将不知道发生了变化。

简单地说，核心要点就是对网络进行编号，以便它们能够轻易地被汇总，这样将会使路由表中路由的数量最小，并且也能够让路由表更加稳定。反过来，这让处理器的时间花费在传递数据包上，而不是花费在搜索路由表上。

2.4.2 主机空间

前面已说明了在编号网络中包含的一些要素，下面简要地考察一下为主机分配 IP 地址的问题。

精心策划的主机命名策略的优点是更灵活的环境和更易于支持的实现。例如，你在全世界有 500 个办公室，每一个都使用/24 网络，每一个网络都使用例如表 2-4 所示的编号约定。

表 2-4　主机地址空间示例

IP　地　址	描　述
10.x.x.0	网络地址
10.x.x.1～10.x.x.14	交换机和托管集线器
10.x.x.17	DHCP 及 DNS 服务器
10.x.x.18	文件和打印服务器
10.x.x.19～10.x.x.30	应用服务器
10.x.x.33～10.x.x.62	打印机
10.x.x.65～10.x.x.246	DHCP 客户机
10.x.x.247～10.x.x.253	其他及静态客户机
10.x.x.254	默认网关地址
10.x.x.255	广播地址

通过 IP 地址，无论这些设备位于哪一个办公室，你都可以轻易地识别出来。更加重要但不甚明显的是，这些地址组应该采用二进制编排，而不是使用十进制。这意味着你想保持分组在二进制边界内。理由是，将来的时候，你想实现第 3 层交换来减少广播数据流，并且如果设备位于二进制边界内，就不需要重新为它们分配地址。在这个示例中，服务器能够被标识为 10.x.x.16/28，即使服务器本身被配置以 255.255.255.0 子网掩码。如果你从.10 开始为它们分配地址，并持续分配到.20，这种做法用十进制看起来很有意义，但在现实中，会导致混乱。

图 2-4 给出了一个规划 IP 地址的简化示例，在一个比较大的地理区域中，部署了 4 个办公室。

使用二进制边界的另一个优点是，有一天你想归类你的数据流来运用**服务质量**（Quality of Service，QoS）或某种策略的时候，你可以运用规则。例如进出 10.x.x.32/27（打印机）的数据流可以比其他数据流分配较低的优先级。如果该打印机没有位于二进制边界内，那么其中的一些打印机就会被排斥在该规则之外，或者某些其他设备会被错误地包含在规则之内。

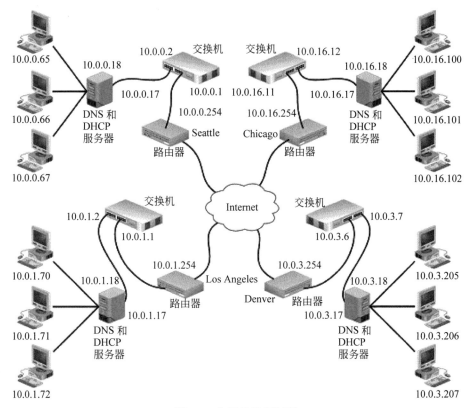

图 2-4 主机地址规划图

另一个二进制边界很常见的应用出现在防火墙规则中。你或许希望来自 10.x.x.0/26（网络设备、服务器、打印机）到 Internet 上的所有数据流都被拒绝。这样可以防止服务器变成黑客攻击其他网络的发射台，同时又允许你的 DHCP 客户端通过防火墙进行访问。

正如你所看到的，良好规划的 IP 寻址模式不仅能够大大改善网络的性能，而且使得维护和支持任务也更简单，并且提供了很大的灵活性。

2.5 正在耗尽的 IPv4 地址空间

毫无疑问，IPv4 是曾经设计的最成功的网络协议之一。因为 IP 分组交换网络是健壮的、可扩展的，也是相对简单的，它迅速地成为全球的计算机网络标准。从连接的设备来说，只有每个国家的电话网络和全球的电话网络比 Internet 更大。

但也可认为，正是因为其成功才使其深受其害。在 32 位的时代，IPv4 地址空间只能有 40 亿个左右的不重复 IP 地址。当创建 IPv4 时，全世界人均差不多有两个地址。但是，网络的繁荣（更不要说人口的增长了）使得 IPv4 地址空间成了珍贵物品。

物联网

何谓物联网（Internet of Things，IoT）？通常，我们希望某些设备，例如 PC、服务器、路由器和移动计算机（例如膝上计算机、平板电脑和移动电话），都有一个 IP 地址，

> 可以连接到网络中（包括 Internet）。所有这些设备，要么是人类用来直接与 Web 网站连接，要么是网络基础设施的一部分。
>
> 但是，很多其他类型的设备也可以连接到 Web 网站，未来还将会有更多。例如，家庭联网的概念，就是使得单个设备，从冰箱到空调，都可以连接到 Web 网站，并且可以远程访问。想象一下，你的冰箱发现你的某些食物不足了，可以给你发送一个购物清单。
>
> 在各种工业和环境中，有数不清的设备已经或者准备连接到 Web 网站。用于监测偏远地区环境条件的设备，用于管理城市和乡村基础实施（如桥梁和铁路交通）的设备，用于电力管理、制造、医疗系统等的设备，已经或将来可以在 Internet 上发送和接收信息，使得人类尽量少出现在现场，或者完全远程控制。如果你是前几年购买的新汽车，该车可能已经是物联网的一部分了。

最初，当 IP 地址分配给公众使用时，它们以每个网络为基础进行分配。这也就解释了为什么几乎没有留下未分配的 A 类或 B 类地址。同样地，可用的 C 类地址的数量也相当稀少了。现在剩余的未分配 C 类地址不到 5%，所有的都分配给各地区的地址机构了。随着对 Internet 访问的公用 IP 地址的日益增长，毫不奇怪的是，到 20 世纪 90 年代中期，专家就开始预测 Internet 将会"耗尽"可用的 IP 地址。

然而，担心的理由在某种程度上有所缓解，这是因为：

- IETF 的技术专家引入了一种划分 IP 地址空间的新方法：无类域间路由（CIDR）。
- 随着可用 IP 地址的不断耗尽，一些地址拥有者发现，把地址卖给第三方是有利可图的。在过去的 10 来年里，一个 C 类网络地址的费用攀升到 10 000 美元（当然也有比这低的成交记录）。2011 年 3 月，微软公司为了 666 000 个 IPv4 地址付出了 750 万美元（每个地址的净价为 11.25 美元），这些地址是作为 Nortel 公司的破产资产而拍卖的。在过去的一段时间里，某些拥有 A 类地址的少数公司被收购或拍卖。按照微软与 Nortel 的价格，其市场价值超过了 1.83 亿美元。因此，现在的很多公司和个人从 ISP 租用而不是自己拥有 IP 地址。由于 IPv6 网络地址空间是 64 位长（总共约有 1.84×10^{18} 个地址），因此，随着 IPv6 地址的不断普及，IPv4 地址的价值将逐渐下降。
- RFC 1918 将 3 个 IPv4 地址范围保留用于专用目的——一个 A 类地址（范围为 10.0.0.0～10.255.255.255）、16 个 B 类地址（范围为 172.16.0.0～172.31.255.255）和 256 个 C 类地址（范围为 192.168.0.0～192.168.255.255）。依据定义，由于这些地址可以被任何人自由地使用，因此在 Internet 上不会对这些地址路由。没有哪一个组织能够"拥有"这些地址。由于这些地址不能保证其使用的唯一性，从而它们也不能用在公用的 Internet 上。
- 通过使用**网络地址转换**（Network Address Translation，NAT）技术，**专用 IP 地址**（Private IP Address）能够提升公用 IP 地址的"上限"。这是因为，在防火墙或代理服务器"Internet 一方"的单个公用 IP 地址，可以"面对"同一个防火墙或代理服务器"专用一方"任意数量的专用 IP 地址。换句话说，NAT 技术让网络内部使用多个专用 IP 地址，并把它们映射为一个或多个外部公用 IP 地址。这种做法为公司提供了极大的寻址灵活性（它们甚至能够在内部使用 A 类地址），从而有助于减少必须拥有或使用的公用 IP 地址数量。

由于有了上面列出的所有策略和技术，当前的 IPv4 地址空间比很多专家认为的可能空间拓展了很多。然而，32 位的 IPv4 地址空间毕竟不是为现在日益增长的计算设备（尤其是移动设备）而设计的，而这些设备都要求有自己的 IP 地址。今天，智能手机、Web 应用，甚至汽车都连接到了 Internet。

早在 20 世纪 90 年代，Internet 社区组织就认识到了不断消耗的 IP 地址空间问题，并开始着手寻求解决方案。IPv6 就是其努力结果。128 位的 IPv6 地址空间声称，可以为可预计的将来提供足够多的 IP 地址。这会有多少地址呢？答案是与如何实现 IPv6 有关，大约是 2^{128}，即 340 282 366 920 938 000 000 000 000 000 000 000 000 个唯一 IP 地址。如果说现在世界上有 65 亿人，那么，每个人将有 5×10^{28} 个地址。

地址短缺被认为是从 IPv4 到 IPv6 的驱动因素，但也还有其他的问题和机遇。IPv6 在 IP 安全性处理、自动配置和质量服务（QoS）等方面具有重大改进，而且，它还提高了路由、名称解析、自动地址分配以及移动用户处理等方面的效率。

2.6　IPv6 概述

提供更大的地址空间是 IPv6 的主要设计目标，但这并不是实现 IPv6 的唯一原因，也不是这个最新 IP 协议的唯一改进。除了解决地址短缺外，还有很多重要的改进需要。

IPv6 不只是提供了巨大的 IP 地址，对其地址空间更好的管理，它还使得那些解决 IPv4 地址不足问题的 NAT 和其他技术不再需要了。IPv6 也使得 IP 地址的管理和配置更加容易。尽管看起来 DHCP 对 IP 地址的分配没有什么作用，但它还是具有地址配置的功能。

IPv4 是在"现代 Internet"之前创建的，因此，路由问题不是其设计的考虑因素。IPv6 提供了最新的路由支持，允许随着 Internet 的增长而扩展。在移动计算方面，IPv4 和 IPv6 也是如此。IPv6 是构建在移动 IP 基础上的，因此，IP 协议支持移动计算。

当 IPv4 创建时，对网络安全也不是特别关注，但现在的网络安全非常重要。IPv6 通过认证、加密扩展首部以及其他一些方法，支持网络安全。

IPv6 的所有改进，使得它看起来像是一个全新的、革命性的协议实现，但实际上，IPv6 只是 IP 的下一个发展阶段，而不是一个全新的东西。经过几十年的发展，IP 协议已经很稳定和健壮了，随着 IPv6 的引入和应用，我们可以期待它不仅具有与 IPv4 一样的可靠服务，而且还具有很多新特性和性能提供。

通过创建比 IPv4 大 20 个数量级的地址空间，IPv6 解决了地址短缺问题。如果不进行分级，要在这么大的地址空间中进行路由是不可能的。幸运的是，IPv6 地址空间以一种灵活而清晰的方式实现了分级，为未来的增长提供了足够空间。下面将介绍 IPv6 地址格式、地址分配以及地址类型等内容。

RFC 文档与说明

能帮助理解 IPv6 复杂性的宝贵资源是在 IETF 网站（www.ietf.org）上的 RFC 文档。这些文档描述了应用于 Internet（包括 IPv6）的方法、创新和标准。例如，RFC 5156 是对其他各种 RFC 的归纳，特别是 IPv6 地址的使用，包括 IPv6"子网划分"和接口标识符（详情请参见 http://tools.ietf.org/html/rfc5156）。

 RFC 是动态文档，描述了各种方法和标准的修改。某个 RFC 中描述的一些或所有方法，可能会被随后的 RFC 文档弃用或取代。被弃用的特性可能在软件中还存在，但在新版本的硬件或软件中，将不再支持这些特性了。在你的网络中实现 IPv6 之前，请参考一下最新的 RFC，以确保这些信息是最新的。

　　全球的网络基础设施正加速采用 IPv6，所有使用内部网络和需要访问 Internet 的组织机构都需要把其硬件和软件更新到 IPv6。但是，定义 IPv6 的 IETF 标准是在不断发展的，除非遵循最新标准，否则，你所开发的网络可能不再被支持了。当查阅 RFC 时，要特别注意那些被弃用的信息，以及被更新的文档废弃的 RFC。

　　例如，在你的网络中，当前使用的路由器和路由软件可能遵循的是旧版本 IPv6，因而可以在这些标准上构建 IPv6 网络。你的内部 IPv6 网络可以工作，因为你的硬件和软件是基于这些旧版本的（这些旧版本可能现在已经弃用了）。但你的路由器提供商迟早会发布基于最新 IPv6 标准的更新软件。一旦路由软件更新到最新版本了，你就会发现，曾经完全能工作的网络，再也不能运行了。

2.7　IPv6 寻址

　　IPv6 地址有 128 位长。一个 IPv6 地址可以看作是一个字符串，它唯一地标识了全球 Internet 中的一个网卡。而这个 128 位的字符串又可理解为包含有网络部分和主机部分的地址。地址中有多少是属于网络部分和主机部分，与站在谁的角度以及站在哪里来看它有关。如果是同一个子网中的主机，那么它们的地址大部分是相同的，只有地址的最后一部分是用来唯一标识某个特定主机的。如果是靠近主干网的主机，以及位于 Internet 边界的主机地址，那么，当数据包发送给主机时，只需要地址开头的一小部分。在下面的章节中，将介绍地址格式与表示法、网络与主机地址、标识符、包含了 IPv4 地址的 IPv6 地址，以及表示 IPv6 地址的提议（类似于万维网上对 URL 的表示）。

2.7.1　地址格式与表示法

　　在 IPv4 和 IPv6 两个版本中的地址，实际上都是二进制数。也就是说，它们是由 0 和 1（代表关或开的位）组成的字符串。IPv6 地址有 128 位长，而 IPv4 地址为 32 位长。在书写它们时，IPv6 地址是使用十六进制表示法（00～FF），而 IPv4 地址通常是用十进制表示法（0～255）。由于每个十六进制数代表的是 16 个唯一值（即十进制的 0～15，或十六进制的 0～9，再加上 A、B、C、D、E 和 F），因此，32 个十六进制数就可以完全标识一个 IPv6 地址（$16^{32} = (2^4)^{32} = 2^{128}$）。

　　由于 IPv6 地址比 IPv4 地址大得多，因此，要分隔它还是比较困难的。IPv4 使用的是 4 个用句点分隔开的 8 位十进制数，而 IPv6 使用的是 4 个 16 位数（称为字），用冒号分隔。下面两个字符串都是合法的 IPv6 网络地址：

```
FEDC:BA45:1234:3245:E54E:A101:1234:ABCD
1018:FD0C:0:9:90:900:10BB:A
```

由于构建和分配的方法原因，在 IPv6 地址中往往会出现大量的 0。在二进制表示 IPv4 地址时，往往不显示前导 0。而 IPv6 允许使用一种特殊的表示法，即"用 0 填满每个 16 位，使得整个地址为 128 位长"。如果某个地址的连续几个 16 位都是 0，就可以使用这种表示法，例如，下面的 IPv6 地址：

```
1090:0000:0000:0000:0009:0900:210D:325F
```

就相当于：

```
1090::9:900:210D:325F
```

相邻的一对冒号表示一组或几组连续的 16 位，从而使得该地址是一个正确的 128 位 IPv6 地址。注意，在任意一个地址中，只能使用这种表示法一次。否则，就无法确定到底需要为地址添加多少个":0000:"。

2.7.2　网络与主机部分

要表示 IPv6 中的网络前缀，需要使用一种来自 CIDR 的"速记"表示法，就像在 IPv4 中使用的那样。可以在地址的后面使用"/ 十进制数"，其中，斜杠后面的十进制数表示地址的最左边有多少个连续位是网络前缀部分。下面是两个示例：

```
1090::9:900:210D:325F / 60
1018:FD0C:0:9:90:900:10BB:A / 24
```

下面示例描述的只是以上地址的子网部分：

```
1090:: / 60
1018:FD0C / 24
```

每个 16 位组后面的 0 不能省略。如果在一个 16 位组中不足 4 个（十六进制）数，那么就假定省略后的数字的前面全为 0。例如，在 IPv6 地址表示法中，字段":A:"总是会扩展为":000A:"，永远也不会扩展为":00A0"或":A000:"。

2.7.3　作用域标识符

IPv6 中的多播地址使用了一个**作用域标识符**（Scope Identifier），它是一个 4 位的字段，限定了多播地址的有效范围，以确定多播组所属的 Internet 部分。详细信息请参见本章后面的"多播地址"一节。

2.7.4　接口标识符

IPv6 中一个很重要的特殊情况是，它要求每个网卡具有其唯一的标识符。因此，不论结点是一个工作站、一台笔记本、一部手机或是一辆汽车，每个设备中的每个网卡都必须有自己唯一的**接口标识符**（Interface Identifier）。这里要注意的是，在某种受限情况下，有多个网卡的主机，可能要在所有这些网卡之间实行动态载荷平衡，而这些网卡可能是共享一个标识符。

以前，IPv6 规定，接口标识符应遵循修订的 **EUI-64 格式**（EUI-64 Format），该格式为每个网卡指定了一个唯一的 64 位接口标识符。对于以太网，IPv6 接口标识符直接就是基于网卡的 MAC 地址的。以太网卡的 MAC 地址是一个 48 位的数字，是全球唯一的。但现在则不完全是这样的了。硬件提供商更倾向于使用修订后的 EUI-64 格式，而软件生产商（包括微软公司）使用的是 RFC 4941 中所定义的专用格式。

在 EUI-64 格式中，第一个 24 位代表的是网卡生产商名称，在这个名称中，可能还包含了单个产品的状况。第二个 24 是网卡生产商指定的，以确保其生成的网卡的唯一性。在这种情况下，要创建一个唯一的接口标识符，就得填充这个数字。EUI-64 格式在 MAC 地址的正中间还添加了一个固定长的特殊 16 位模式 0xFFFE（:FFE:），以创建一个唯一的 64 位数。

IPv6 右边的部分（基于计算机的 MAC 或硬件地址）与安全性有关。它允许入侵者使用你的计算机的公开或全局地址来获得计算机硬件地址。专用扩展可以用来创建 IPv6 的接口标识符，它与计算机的 MAC 地址无关。专用扩展使用诸如随机数生成之类的方法来生成接口标识符。该扩展还允许接口标识符随时间而改变，使得外部的"黑客"更加难以确定哪个全局地址是连接到某个网络主机的。

多个连接的接口（或 IP 隧道的终端）必须在其上下文中是唯一标识的。这些接口可以具有由随机数生成的标识符，也可以手工配置，或使用其他方法配置。

或许将来有一天，全局唯一的标识符会非常重要，为此，IPv6 要求设置 EUI-64 格式的接口标识符第一个八位字节中的第 6 位和第 7 位，如表 2-5 所示。

表 2-5　IPv6 接口标识符的全局/本地和单个/组位

位 6	位 7	含　义
0	0	本地唯一，单个
0	1	本地唯一，一组
1	0	全局唯一，单个
1	1	全局唯一，一组

显然，这使得管理员可以创建如下形式的本地唯一的单个接口标识符：

```
::3
::D4
```

用于创建唯一的接口标识符确切技术，与网络的每种类型（如以太网）有关。

在过去的一些年里，生产商如 Sony、Matsushita、Hitachi、Ariston Digital、Lantronix 和 Axis Communications 等，都声称其产品可用于 Internet 的，很多产品具有内置接口，以允许基于 Web 的远程访问来监管、编程或操作指令。这意味着这些生产商可能嵌入了一系列数字，用来为其生产的每个设备生成一个唯一的接口标识符。IPv6 地址中使用的 64 位标识符，具有大约 180 亿（即 10^{18}）种组合，这为各种网络访问和技术提供了足够的空间。

为满足专有而长期的安全性，RFC 3041 提出了一些方法，用于随时间变化而修改接口的唯一标识符，尤其是当标识符是从网卡的 MAC 地址派生而来时。这种提议是一种生成唯一接口标识符的可选方法，用于那些关注安全性实现的情况，包括通过对未授权数据流的分析，确定或怀疑某人身份。

2.7.5　URL 中的原始 IPv6 地址

RFC 2732（最初是在 1999 年提议的）描述了一种表示 IPv6 地址的方法（以与 HTTP URL 兼容的形式）。由于冒号字符（:）被大多数浏览器用于分隔 IPv4 地址与端口号，因此，这种表示法的 IPv6 地址可能会引起问题。RFC 2732 使用了另一对保留字符，即方括号（[和]），把 IPv6 地址文字括起来。该 RFC 指出，在 URL 中，这些方括号字符是为表示 IPv6 地址而保留的。这个 RFC 现在已经成为一个标准，这意味着，这种在 URL 中表示 IPv6 地址的语法是正式格式了。

因此，在 IPv6 地址 FEDC:BA98:7654:3210:FEDC:BA98:7654:3210 的端口 70 上的 HTTP 服务，应表示为 http://[FEDC:BA98:7654:3210:FEDC:BA98:7654:3210]:70（文字形式）。第 8 章将介绍文字地址。

2.7.6　地址类型

IPv6 只允许几种地址类型，它使得在更大的 Internet 上实现最大的吞吐量。从某种意义上说，老的 IPv4 有类地址结构既是为了便于人理解，也是为了便于机器使用。新的 IPv6 地址类型则充分利用了在大型分层域之间路由的多年经验，使得整个操作流水化。IPv6 地址空间为便于路由而进行了优化设计。

下面的几个小节将讨论几种地址类型，包括特殊用处的地址（非特定地址和回送地址）、多播地址、任播地址、单播地址、可聚集全局单播地址、本地链路地址（link-local address）以及本地站点地址（site-local address）。

1. 特殊地址

有两个地址保留作特殊用途：非特定地址和回送地址。**非特定地址**（Unspecified Address）就是全为 0 的地址，可以用两个冒号（::）来表示。非特定地址主要用于那些机器启动时还不知道自己的地址但又必须发送消息的结点。例如，这种结点可能需要给本地链路中相连接的路由器发送一个消息，以通告其地址，这样，新结点就知道其位置了。

回送地址（Loopback Address）是一种特殊的 IP 地址名，它允许网络中的主机检查对其自己的本地 TCP/IP 协议栈的操作。在 IPv6 中，回送地址除最后一位（该位设置为 1）外，其他位全为 0。因此，该地址可以用两个冒号后跟一个 1（::1）来表示。回送地址是一种只能在本地使用的诊断工具，不能用作数据包真正发往网络时的源地址或目的地址。当数据包把回送地址作为其目的地址进行发送时，这意味着，发送主机上的 IPv6 栈只是把消息发送给自己，即，沿栈从上往下，然后再从下往上返回，甚至都不会访问实际的网卡。这种操作要求确保设备的 IP 栈已正确安装和配置好（想象一下，如果一个设备不能与自己对话，肯定也无法与其他设备对话）。

在 IPv4 中，整个 A 类网络（127.x.x.x）都用作回送功能，从而从可用的地址空间减少了上百万个地址。这个小但明显的例子就很好地体现出了 IPv6 设计的进步。

2. 多播地址

在 IPv6 中，**多播地址**（Multicast Address）用于给多个主机发送相同的消息。在本地以太网中，主机可以侦听它们预订的多播数据。在其他网络中，多播数据必须以一种不同的方式来处理，有时需要一台专门的服务器，把多播数据转发给每个预订主机。

多播的整个要点是它所基于的预订。主机结点必须声明它们希望接收发给特定多播地址的多播数据。对于要从本地链路中产生并将发送出去的多播数据，与之相连接的路由器必须为所连接的结点预订相同的多播数据。

多播地址遵循如图 2-5 所示的格式。第一个字节（8 位）设置为全 1（0xFF），表明是一个多播地址。第二个字节分成两个域，标志域为 4 位长，后面是范围域，也是 4 位长。其余 112 位定义了多播组标识符。

8	4	4	112位
11111111	标志域	范围域	多播组标识符

图 2-5　IPv6 多播地址的格式

标志域可以看作是由 4 个单独的 1 位的标志构成的集合。前 3 个标志还没有赋予任何含义，它们被保留给以后用，但必须设置为 0，当多播地址是临时或短时地址时，第 4 个标志设置为 1，如果是公认的多播地址，则该标志设置为 0。

正如你能想象得到的那样，如果不用某种方式对转发多播数据的范围加以限定，整个 Internet 的性能将受到严重影响。多播地址的范围域限定了多播预订组的有效地址范围。范围域的可能值如表 2-6 所示。

表 2-6　IPv6 多播地址中范围域的值

十 六 进 制	指定的范围	十 六 进 制	指定的范围
0	保留	8	本组织机构范围内
1	本地接口范围内	9	未指定
2	本地链路范围内	A	未指定
3	为本地子网保留	B	未指定
4	用于本地管理	C	未指定
5	本地站点范围内	D	未指定
6	未指定	E	全局范围内
7	未指定	F	保留

临时或短时多播地址为某些特殊的临时目的而创建，然后被丢掉。这类似于 TCP 为一个临时会话而使用一个未指定的端口。临时多播地址的组标识符在其作用范围之外是没有意义的。也就是说，当 T 标志被设置为 1 时，即使两个组具有相同的组标识符，如果它们在不同范围内，那么它们也是毫无关系的。公认的组标识符（其中的 T 位被设置为 0）是赋给所有路由器或 DHCP 服务器的。把组标识符与范围域组合起来使用，就使得可以用多播地址来定义本地链路中的所有路由器或全球 Internet 中的 DHCP 服务器。

多播地址的最后 112 位是赋给了多播组标识符，但对目前的所有多播地址来说，其前 80 位被设置为全 0，规划为未来使用。其余 32 位必须含有多播组标识符的整个非 0 部分。由于有超过 40 亿个多播组标识符，对于现在可预见的目的，这应该是足够了。

有一种特殊类型的多播地址（称为被请求结点地址）用于支持**邻居请求**（Neighbor Solicitation）。这种地址的结构，以及用于创建该地址的方法，请见本章后面的"邻居发现与路由通告"。

不再有广播地址了

在 IPv6 中，另一个使用经验是丢弃广播地址。广播占用带宽和路由资源非常严重。在 IPv4 中由广播来处理的所有功能，在 IPv6 中全部使用多播来完成。这两个版本之间的主要区别是，结点必须能接收多播。此外，在 IPv6 中，多播更容易控制，路由也更高效。因为有新的作用域字段、其他地址以及路由特性，见后面章节的介绍。

---

3. 任播地址

IPv6 引入了一种新的地址类型，即**任播地址**（Anycast Address）。发往任播地址的数据包，经过的是到该地址的最近路径。这里的"近"，是指从路由器的角度来衡量的网络距离。任播地址通常是为了解决部署在 Internet 上的多个网络位置的地址问题。路由器、DHCP 服务器等就属于这类。某个结点不是使用多播地址来给本地链路上的所有**网络时间协议**（Network Time Protocol，NTP）服务器来发送数据包，而是为所有 NTP 服务器发送一个到任播地址的数据包，并确保该数据包可以发送给最近的具有任播地址的服务器。

任播地址具有与单播地址相同的格式，且与单播地址没有区别。希望接收任播数据的每个服务器或结点，都必须配置为可侦听发往该地址的数据。

RFC 4291 要求所有路由器都支持子网路由器任播地址，因为子网有与之连接的接口。子网路由器任播地址的格式是，子网前缀后跟全 0。换句话说，子网前缀具有所要求的足够多字节，以便精确地标识这些服务器所服务的子网。路由器的任播地址是子网前缀的右边用足够的 0 填充，直到总位数为 128 位。例如，移动用户会使用子网路由器地址，在其家庭网络中搜寻与之通信的任意路由器。

RFC 2526 建议子网中接口标识符的最高位（第 128 位）保留给子网任播地址。这意味着，这些地址中 64 位的接口标识符部分全为 1，但全局/本地位（如果是"本地"，该位必须设置为 0）和最后的 7 个二进制数（它们构成了任播标识符）除外。在该 RFC 中建议的唯一的特殊任播赋值用于移动 IPv6 家庭代理服务器，这种服务器被赋给的任播标识符是 126（十进制）或 0XFE。所有其他的任播标识符都被保留。

4. 单播地址

正如其名，单播地址是发往一个网卡的。它可以认为是 IPv6 地址空间中一种基本的或常用的地址。单播地址的格式是，最低位为 64 位的接口标识符，最高位为 64 位的网络部分（如果 n 是表示网络部分中一个 16 位数的符号，而 h 是表示主机部分中一个 16 位数的符号，那么，IPv6 地址的一般形式是 n:n:n:n:h:h:h:h）。

5. 可聚集全局单播地址

为了便于路由和地址管理，IPv6 创建了一种特殊类型的单播地址，称为**可聚集全局单播地址**（Aggregatable Global Unicast Address），这种地址可以把其他地址组合成路由表的一个项中。这种地址的格式是，最左边的 64 位（包括 PF 到 SLA ID 域，即网络部分）被分成了明显的几个域，从而更便于路由。尤其是，它使得到这些地址的路由是可聚集的，即组合成路由表的一个项。可聚集全局单播地址的格式如图 2-6 所示。

FP（Format Prefix，格式前缀）域是一个 3 位的标识符，用于表示该地址是属于 IPv6 地址空间中的哪个部分。在本书写作时，所有可聚集地址的这个域必须为 001（二进制）。

TLA ID（Top-Level Aggregation Identifier，顶级聚集标识符）域为 13 位长，允许有 2^{13} 个路由，或差不多 8000 个顶级地址组。

接下来的一个域标注为 RES，为 8 位长，保留给未来使用。

NLA ID（Next-Level Aggregation Identifier，下一级聚集标识符）域为 24 位长。

SLA ID（Site-Level Aggregation Identifier，站点级聚集标识符）域为 16 位长。

接口 ID（Interface Identifier，接口标识符）与前面介绍的 EUI-64 格式的接口标识符相同。

6. 本地链路地址和本地站点地址

IPv6 是构建在 IPv4 经验基础上的另一个佐证是本地链路地址和本地站点地址的创建。类似于 IPv4 中的 10.x.x.x 或 192.68.x.x，这些专用地址不会路由到本地区之外，但它们使用的是同样的 128 位地址长度，并具有与其他单播地址一样的接口标识符格式。这些地址类型的格式如图 2-7 所示。

IPv6本地链路地址格式

10位	54位	64位
1111111010	0	接口ID

IPv6本地站点地址格式

10位	38位	16位	64位
1111111011	0	子网ID	接口ID

3位	13位	8位	24位	16位	64位
FP	TLA ID	RES	NLA ID	SLA ID	接口 ID

图 2-6　可聚集全局单播地址的格式　　　图 2-7　IPv6 的本地链路地址与本地站点地址的格式

本地链路地址（Link-local Address）的前 10 位（最左边）设置为 1111111010（即最后 3 位设置为 010（二进制），其他的为全 0）。随后的 54 位设置为全 0。本地链路地址的最后（最右）64 位表示的是一个正常的接口 ID。当路由器遇到一个含有本地链路地址前缀的数据包时，它就知道可以放心地忽略它，因此，该数据包只发往本地网络段。

本地站点地址（Site-local Address）的前 10 位（最左边）设置为 1111111011（即最后 3 位设置为 011（二进制），其他的为全 0）。随后的 38 位设置为全 0，接下来的 16 位含有子网 ID，它定义了本地地址要发往的"站点"是本地的。与其他单播地址一样，最后（最右）64 位表示的是一个标准的接口 ID。本地站点地址允许数据包在一个站点内部转发，但对公用的 Internet，这种数据包是不可见的。

本地站点地址和本地链路地址都占了 IPv6 地址空间的 1/1024（参见 RFC 4291），如表 2-7 所示。

表 2-7　IPv6 地址空间的分配情况

分　配　情　况	前缀（二进制）	占地址空间的分数
未分配	0000 0000	1/256
未分配	0000 0001	1/256
留给 NSAP	0000 001	1/128
未分配	0000 01	1/64
未分配	0000 1	1/32
未分配	0001	1/16
全局单播	001	1/8
未分配	010	1/8
未分配	011	1/8
未分配	100	1/8
未分配	101	1/8
未分配	110	1/8
未分配	1110	1/16
未分配	1111 0	1/32
未分配	1111 10	1/64
未分配	1111 110	1/128
未分配	1111 1110 0	1/512
本地链路单播地址	1111 1110 10	1/1024
本地站点单播地址	1111 1110 11	1/1024
多播地址	1111 1111	1/256
全局单播	（其他）	

2.7.7　地址分配

用 128 位编号的可用地址空间是非常巨大的，大概有 3.4×10^{38} 个唯一值。尽管是严格进行实行地址分层，为特殊用处保留地址，以及本节后面介绍的其他保留地址，IPv6 预分配的地址也只占用了可用地址的 15%。还有至少 2.89×10^{38} 个地址可用。

一些特殊地址，如回送地址、非特定地址以及包含了 IPv4 地址的 IPv6 地址，都从来自于表 2-7 中以"0000 0000"（二进制）开头的地址组，属于"未分配"类别。

1. NSAP 分配

如表 2-7 所示，IPv6 地址空间中的 1/128 部分留给了**网络服务访问点**（Network Service Access Point，NSAP）寻址。这些网络（ATM、X.25 等）通常设置为主机之间的点到点链路。这是一个与构建为 IP 的不同范例。采用该方法的大多数客户是为了把不同的 IP 地址映射到 IPv6。

2. 单播与任播地址分配

正如其名，发往可集聚全局单播地址段的路由可以很容易地集聚。曾经提出过多种IPv6

地址分配的模式。目前的模式是赋给要进行"交换"的地址段，然后做进一步的分发。这只是回避了问题。

RFC 4291 指出，所有以 001～111（以 1111 1111（二进制）开头的多播地址除外）开头的地址，必须包含一个 64 位的接口标识符，以作为其最低（即最右）部分。很显然，整个地址（尽管大部分仍未分配）是为单个设备服务的。

3. 多播地址分配

多播地址是以 0xFF 开头的所有 IPv6 地址，如表 2-7 所示。这占了整个可用地址空间的 1/256。多播地址的最大数是由地址的最后（最右）112 位中的组 ID 确定的。这还仍然保留了大约 40 亿个公认多播地址和更大数量可用的瞬时多播地址。

2.8　IPv6 寻址与子网划分的因素

人们往往认为 IPv6 无须子网划分，但这并不意味着就不能把地址空间分成不同的部分，以支持多个网络段或虚拟 LAN（VLAN）。能把 IPv6 地址划分到何种程度，取决于前缀（即地址的网络标识符）的长度。地址的这个前缀表示为一个斜杠后跟位数。下面示例是一个具有 64 位前缀的地址：

```
2001:0db8:1234::c0a8:0001/64
```

 诸如 2001:0db8:1234::c0a8:0001/64 之类的地址是技术意义上的子网划分，前 64 位为网络地址，后面的 64 位为主机地址。斜杠后面的数字表示地址的网络掩码。

为主机地址分配多少，取决于前缀的长度。目前，很多 ISP 只发布具有 /64 掩码的公用地址，但也有一些提供其他前缀长度的。一个 64 位的前缀所能提供的地址数量，大概是 IPv4 地址总数的 40 亿倍，对一个组织机构来说，这看起来像是对地址空间的巨大浪费，但当你要从 ISP 申请一个 IPv6 地址段时，你就必须这么做。然而，你可能会需要一个具有 /32 或更大前缀长度的地址空间，以便能有效地把该地址空间划分成"子网"。

与如何能把地址空间划分成不同主机段或 VLAN 的一个重要问题是，已连网的设备如何支持 IPv6 地址配置。一些设备生产商允许用户修改设备的网络部分，但不能修改主机部分，而其他则支持修改地址，但不能修改网关。目前，关于如何管理已连网设备上的 IPv6 寻址的硬件和固件支持，业界还没有一致意见，这也就限制了划分 IPv6 地址的能力。

为了简要地阐述把一个 IPv6 地址空间划分成不同网络段的概念，我们来看看 2001:db8:1xx:y::z/64，它是一个 /64 地址空间，把不同"子网"创建为 VLAN：2001:db8:1xx:y::z/64。在这个例子中：

```
xx＝组编号（01～24）
y＝VLAN-ID
z＝主机地址
```

下面有一些示例，使用这种模式，把地址空间划分成不同的 VLAN。如果可行，就在地址中使用 0 压缩法：

```
VLAN: 组 1, vlan 0, 主机 1
    2001:db8:101::1
VLAN: 组 3, vlan 101, 主机 101
    2001:db8:103::101
VLAN: 组 15, vlan 101, 主机 101
    2001:db8:115:101::101
```

 这里使用的寻找方案只是一个示例。通常 VLAN 0 是保留的，并不会在产品中使用。

　　把一个 IPv6 地址空间进行"子网划分"并不是技术需要（即不是那些把 IPv4 网络进行子网划分的原因）。IPv4 子网划分的实现，大大提高了有限的 IPv4 地址空间的使用率。但对 IPv6 来说，这不是所考虑的因素。但是，你可能会想按照某些因素（例如地理位置、组织部门等）把网络空间进行划分。

2.9　从 IPv4 转换到 IPv6

　　正如你所见到的那样，IPv6 替代 IPv4 具体非常突出的优点。既然 1998 年 12 月就发布了 RFC 2460（它描述了 IPv6 规范说明），那么，为什么还没有转换到 IPv6 呢？

　　非常不幸，IPv6 与 IPv4 网络之间并不能进行很好地相互通信。IPv6 是向后兼容 IPv4 的，但 IPv6 设备只能有限地通过隧道与 IPv4 网络进行相互通信。同样，IPv4 地址可以嵌入到 IPv6 地址结构中，使得这些地址可以被（至少是部分）IPv6 设备识别为 IPv4 地址，但这种方法已经被弃用，不再使用了。

　　地址嵌入解决方案并不能实现在试图支持多种 IPv4 和 IPv6 设备的混合 IPv4/IPv6 网络上的通信。

　　2011 年 6 月 8 日，国际互联网协会（Internet Society）举行了一个名为 World IPv6 Day（www.worldipv6day.org/）的会议。有超过 1000 家公司参加，包括 Google、Facebook、Yahoo! 和 Akamai。每个公司都提交了两个版本的网站，一个用于 IPv4，一个用于 IPv6。这是为每个人测试其 IPv6 准备情况的一种方式，它以网站的表现形式号召大家行动起来，尽管我们离 IPv6 Internet 还很远。

　　作为"世界 IPv6 日"（World IPv6 Day）的一个成果，全球很多主要的网络设备提供商和 Web 网站公司聚集在一起，提议到 2012 年 6 月 6 日，使它们的产品和服务永久支持 IPv6，有关该项目的最新更新，可访问 www.worldipv6launch.org/measurements/。

　　IPv6 的全球实现肯定是必需的，但要求生产硬件、软件和基础设施的众多行业通力协作，以便能从 IPv6 中获利。

　　可以使用多种方法来方便 IPv4 与 IPv6 直接的转换。在从 IPv4 往 IPv6 转换的过程中，这两种类型的网络基础设施将在相当长的一段时间里共同存在。从 IPv4 往 IPv6 转换的过程现在才刚刚开始。下面一些技术将使得 IPv4 和 IPv6 主机和网络一起共存：

- Teredo 隧道技术：这是一种专为 IPv4 网络上的主机实现 IPv6 连接而设计的隧道技术。Teredo 允许把 IPv6 数据包封装到 IPv4 的 UDP 数据包中。然后，这些 IPv4 数据包可以被转发甚至是通过 NAT 设备，并路由到 IPv4 网络中。一旦这些数据包被目的 Teredo 结点接收了，就将剥离掉 IPv4 封装，IPv6 数据包就可以在纯 IPv6 网络上运行，IPv6 网络的主机也可以接收它。Windows Vista 和 Windows 7 本身就支持 Teredo。但是，如果只有本地链路和 Teredo 地址可用，Windows 系统将不会解析 IPv6 DNS AAAA 记录，除非已经有了一条 DNS A 记录。

- ISATAP（Intra-Site Automatic Tunnel Addressing Protocol，站内自动隧道寻址协议）：该协议在 RFC 4214 中进行了说明，是在 IPv4 网络上实现 IPv6 计算机互连与路由的另一种方法。ISATAP 从计算机的 IPv4 地址生成一个本地链路的 IPv6 地址，并在 IPv4 协议的顶部进行 IPv6 邻居发现。ISATAP 使用 IPv4 作为一个虚拟的非广播多接入点网络（Nonbroadcast Multiple-access，NBMA）。这使得在 IPv4 不支持多播消息发送的情况下，也可以进行数据包的多播。ISATAP 在 Windows 及其后继版本，以及 Linux 和 Cisco IOS 的某些版本中得到支持。

- 6to4 隧道技术：为了方便从 IPv4 到 IPv6 的转移，该方法允许 IPv6 数据包可以在 IPv4 网络（包括 Internet）上发送，无须显式地配置隧道。该技术可以由单个的 IPv6 网络结点使用，也可由一个 IPv6 网络使用。当由一个主机使用时，该计算机必须具有一个全局的 IPv4 地址，且该主机必须能对要传输的 IPv6 数据包进行封装，并且能对接收到的 IPv6 数据包进行拆封。6to4 技术为具有全局 IPv4 地址的网络结点赋给一个 IPv6 地址集。然后，可以把 IPv6 数据包封装到 IPv4 数据包中，并在 IPv4 网络上发送它们。

  这是一种比较老的"隧道技术"，它只是一种临时方法，而不是永久性的解决方案。

- IPv4 基础设施上的 IPv6 快速部署（6rd）：这种方法构建在 6to4 所描述的机制上，使得服务提供商能够快速地部署一个 IPv6 单播服务到 IPv4 网站。像 6to4 一样，6rd 在 IPv4 封装中使用无状态 IPv6，传输只含有 IPv4 的网络流量，但与 6to4 不同的是，6rd 提供商使用一个 IPv6 前缀来替代固定的 6to4 前缀。RFC 5569 只是作为一个信息而发布的，其中所描述的方法并不必是可部署的。

- IPv4 基础设施上的 IPv6 快速部署（6rd）规范说明：与 RFC 5569 不同，RFC 5969 是一个 Internet 标准跟踪文档，用于描述自动隧道机制，该机制通过 IPv4 服务提供商的网络基础设施，用于未来把 IPv6 部署到终端用户。它为所有网站提供自动 IPv6 前缀代理、IPv6 无状态操作以及一个简单的预备与服务，其工作方式与原生 IPv6 为所服务的网站一样。

- NAT-PT（Network Address Translation-Protocol Translation，网络地址转换-协议转换）：最初是在 RFC 2766 中进行说明的，用于 IPv4 到 IPv6 的传输，允许 IPv6 数据包在 IPv4 网络上来回发送。RFC 4966 弃用了这种技术，因为存在大量问题，现在，把它看作是一种"历史"状态。NAPT-PT（Network Address Port Translation-Protocol Translation，网络地址端口转换-协议转换）与 NAT-PT 非常类似，与 NAT-PT 一样，也是在 RFC 2766 中进行说明的，它也是一种被弃用的方法（要了解从 IPv4 到 IPv6 的转换的更多信息，请参见第 10 章）。

本章小结

- IP 地址提供了标识 TCP/IP 网络上单个网卡（从而标识计算机或其他设备）的基础。理解地址结构、限制，以及行为是设计 TCP/IP 网络和鉴别已有 TCP/IP 网络组织方式的基础。

- IP 地址分为 5 类，从 A～E 类。A～C 类使用 IPv4 32 位地址建立了这些网络地址网络部分和主机部分的不同分界点。A 类地址将一个八位字节用于网络地址，三个八位字节用于主机地址；B 类地址将两个八位字节分别用于网络地址和主机地址；C 类地址将三个八位字节用于网络地址，一个八位字节用于主机地址。因此，A 类地址的网络数量很少（124 个），但每一个网络能够支持超过 16 000 000 台主机；B 类网络数量更多一些（超过了 16 000 个），每一个网络支持大约 65 000 台主机；最后，有大约 2 000 000 个 C 类网络，每一个网络仅仅支持 254 台主机。

- 为了帮助减缓地址短缺问题，IETF 创建了一种无类寻址方式，称为无类域间路由（Classless Inter-Domain Routing，CIDR），它支持网络-主机边界脱离八位字节边界的约束。CIDR 最好用于集聚多个 C 类地址，以便减少网络数量，同时增加可寻址主机的数量。这项技术称为超网（Supernetting）。

- 为了最好地利用 IP 网络地址，一项称为子网划分（Subnetting）的技术支持从网络的主机部分借入一些位。认识下述位模式（括号中为对应的十进制值）将有助于计算和检查子网掩码：11000000（192）、11100000（224）、11110000（240）、11111000（248），以及 11111100（252）。

- 存在几项技术将内部网络 IP 地址隐藏在外部视野之外，包括地址伪装和地址替换。这些技术使用不披露发起网络实际地址结构任何信息的不同值取代 IP 首部源地址字段中的实际内部网络地址。无论是网络地址转换（Network Address Translation，NAT）软件还是代理服务器通常都能够完成这项任务。

- 在 A、B、C 类地址范围内，IETF 保留了一些专用 IPv4 地址或地址范围。任何机构都可以使用这些专用 IPv4 地址，而无须付费和事前得到许可，但是，专用 IPv4 地址不能在公用 Internet 上路由。事实上，NAT 的另一项重要工作是把某个范围内的专用 IPv4 地址映射到一个公用 IPv4 地址上，以便支持使用专用 IPv4 地址的计算机获得 Internet 访问。

- 当谈到获取公用 IP 地址，互联网名称与数字地址分配机构（Internet Corporation for Assigned Names and Numbers，ICANN；以前是 Internet 编号分配机构（Internet Assigned Numbers Authority），即 IANA 处理这项工作）是最终的授权机构。今天，未分配公用 IP 地址极端稀缺，因此不大会分配给绝大多数普通机构。事实上，绝大多数地址分配来自 ISP，它们把已经分配的 A、B、C 类地址进行子网细分，再把公用 IPv4 地址分配给它们的客户。

- 现在，IPv4 地址（最多有 40 亿个 IP 地址）已经耗尽了。尽管地址分类、CIDR 和 NAT 技术延了 IPv4 地址的生命周期，但现在有太多的设备类型需要获得它们自己的 IP 地址。IPv4 使用的是 32 位的地址空间，而 IPv6 使用的是 128 位地址空间，

产生 2^{128}（大约 340 282 366 920 938 000 000 000 000 000 000 000 000）个 IP 地址。

- IPv6 支持 3 种地址类型：单播、多播和任播。单播地址是分配给单个主机上的单个网卡的标准 IP 地址，多播地址表示的是一组特定的网络设备，这样，发送给单个多播地址的一条消息，可以被多播组中的所有成员接收到。在 IPv4 下，多播是其中的选择之一，在 IPv6 下则是必需的。任播用于只与某一组的一个成员进行通信，该成员一般是最容易到达的。这通常用于在一个设备组（如路由器）中实现负载平衡。

- IPv6 部署了两种专用或本地使用的地址模式，在本地或 LAN 网络而不是在全局网络（如 Internet）上实现的，即本地站点地址和本地链路地址。本地站点地址的范围为某个机构的这个站点，可以用来与该机构的内部网络中的任意设备进行通信，但不能与 Internet 进行通信。本地站点通信经过的是内部路由器，而不是 Internet 网关。本地链路地址比本地站点地址的范围更小，只能在某个网络段内进行通信。其通信数据并不经过内部路由器，而只是在相同的物理网络段上发送给其他设备。

- IPv6 前缀长度使用一个斜杠后跟一个位数，定义了网络地址和主机地址的位数分配。例如，可以表示为 2001:0db8:1234::c0a8:0001/64。尽管从技术上来说，IPv6 地址无须像 IPv4 地址那样进行子网划分，但可以把地址空间划分成不同的网络段或 VLAN，以便按类型、地理位置或机构分支来组织网络设备。

习题

1. 下面哪个地址在 IP 数据首部中用于标识发送方和接收方？
   a. 域名　　　　　　　　b. 符号名　　　　　　　　c. 数值 IP　　　　　　　　d. 返回地址
2. 表示 IP 地址各个部分的 8 位数称为下述哪个名称？
   a. 字节　　　　　　　　b. 带点十进制数　　　　　c. 八位字节　　　　　　　d. 位串
3. 下述哪一个术语是物理数值地址的同义词？
   a. 硬件地址　　　　　　b. MAC 层地址　　　　　　c. PROM 地址　　　　　　d. RIPL 地址
4. 下述哪一个协议将数值 IP 地址转换为物理数值地址？
   a. ICMP　　　　　　　　b. IP　　　　　　　　　　c. ARP　　　　　　　　　d. RARP
5. IPv4 地址的下述哪一种类型包含了最多的主机地址？
   a. A 类　　　　　　　　b. B 类　　　　　　　　　c. C 类　　　　　　　　　d. D 类
   e. E 类
6. IPv6 支持下列哪些地址类型？（多选）
   a. 任播　　　　　　　　b. 广播　　　　　　　　　c. 多播　　　　　　　　　d. 单播
7. IPv6 地址空间有多大？
   a. 32 位　　　　　　　　b. 64 位　　　　　　　　c. 128 位　　　　　　　　d. 256 位
8. A 类网络地址 12.0.0.0 可以被写为 12.0.0.0/8，正确还是错误？
9. 零压缩是一种把 IPv6 地址中含有连续多个零的字用两个冒号来替代，正确还是错误？
10. 在 IPv6 中，下面哪些地址类型可用于本地网络的通信（多选）？
    a. 链路层　　　　　　　b. 本地链路　　　　　　　c. 本地使用　　　　　　　d. 本地站点

11. 下面哪些是正确使用零压缩后的同一个 IPv6 地址（多选）？

    a. FE80:2D57:C4F8::80D7   b. FE80:0000:2D57:C4F8:0000:80D7

    c. FE8::2D57:C4F8::8D7   d. FE80:0:2D57:C4F8:0:80D7

12. 下面哪些体现了 IPv6 优于 IPv4（选出所有正确的）？

    a. 更大的地址空间   b. 更好的安全性

    c. 对广播的更好支持   d. 对移动 IP 的更好支持

13. 默认网关是_____。

    a. 任意的 IP 路由器

    b. 连接到 Internet 上的 IP 路由器

    c. 为特定子网指定路由器/网关的一个 IP 配置元素

    d. 指定到 Internet 边界路由器的一个 IP 配置元素

14. IPv6 要求网络中的每个设备都有自己的唯一地址或标识符，但是：

    a. 移动设备可能使用多个标识符，因为它经常从一个网络区域移动到下一个区域

    b. 主机有多个接口，提供动态载荷平衡，可为所有网卡提供一个标识符

    c. 多播组中的网络设备都为其接口使用单个唯一的标识符

    d. 局域网中的多个设备可以共享同一个任播标识符

15. 根据 RFC 2732 以及随后的 RFC 3986，URL 中的 IPv6 地址使用的是下面哪个字符来分隔 IPv6 地址的字符？（多选）

    a. 两个冒号   b. 两个括号   c. 两个尖括号   d. 两个斜杠

16. 哪一个 RFC 定义了无类域间路由？

    a. 1519   b. 1878   c. 1918   d. 2700

17. 使用 IPv4 的网卡，其回送地址是 127.0.0.1，计算机用户可以用它来测试该网卡。IPv6 使用的回送地址是什么？

    a. 1   b. ::1   c. ::1::   d. :1:

18. IPv6 多播地址的第一个字节或前 8 位必须设置为下面哪个值？

    a. 0000   b. 1111   c. 1010   d. FFFF

19. IPv6 单播地址是由下面哪个组成的？

    a. 32 位的接口标识符和 96 位的网络部分

    b. 64 位的接口标识符和 64 位的网络部分

    c. 96 位的接口标识符和 32 位的网络部分

    d. 64 位的接口标识符，32 位的网络部分，以及 32 位的广播地址

20. 对于一个 IPv6 集聚全局单播地址，在标识符中，FP（格式前缀）域含有多少位？

    a. 3   b. 8   c. 13   d. 24

21. 对于一个 IPv6 多播地址，为组标识符分配了多少位？

    a. 32   b. 64   c. 96   d. 112

22. 专用 IP 地址有哪些限制？（多选）

    a. 或许不能在 Internet 上被路由

    b. 没有得到 ICANN 或 ISP 的许可不能使用

    c. 将不能与 NAT 软件一起工作

　　 d. 或许不能与要求安全端到端连接的某些协议一起工作

23. 下述哪一种设备需要公用 IP 地址？（多选）

　　 a. 直接连接到互联网上的任何设备　　　　　b. 其服务应该对 Internet 可用的服务器

　　 c. 内部网络上的每一个客户端　　　　　　　d. 内部网络上的每一个服务器

24. 下述哪一些服务完成地址隐藏？（多选）

　　 a. 电子邮件　　　　　b. FTP　　　　　c. NAT　　　　　d. 代理

25. IPv4 重编号包含什么？

　　 a. 对所有边界设备分配新的 IP 地址

　　 b. 对所有路由器分配新的 IP 地址

　　 c. 对所有服务器和路由器分配新的 IP 地址

　　 d. 对所有网卡分配新的 IP 地址

动手项目

动手项目 2-1：熟悉 IPv6 反向代理

　　所需时间：10 分钟。

　　项目目标：基本理解 IPv6 反向代理，了解如何计算与某个给定 IPv6 地址块有关的反向区或 ip6.arpa 域。

　　过程描述：本项目介绍使用 GestióIP IPv4/IPv6 子网计算器的使用，为动手项目 2-2 打基础。注意，这些内容与第 8 章有更直接的关系。其目的是熟悉 GestióIP Web 应用。要完成本项目，需要一台可以访问 Internet 的计算机以及一个 Web 浏览器。

　　（1）访问页面 www.gestioip.net/docu/ipv6_reverse_dns_delegation.html。

　　（2）阅读一下该页面的内容。

　　（3）阅读完成后，关闭 Web 浏览器。

动手项目 2-2：计算域的 IPv6 反向代理

　　所需时间：10 分钟。

　　项目目标：熟悉 GestióIP IPv6 反向 DNS 代理计算器。

　　过程描述：本项目熟悉 GestióIP IPv6 反向 DNS 代理计算器，并使用它来计算某个地址块的 IPv6 地址范围，映射到相应的 ipv6.arpa 域。

　　（1）在 Web 浏览器中，进入 www.gestioip.net/cgi-bin/subnet_calculator.cgi 页面。

　　（2）在 IP 地址字段的上面，选择 IPv6。

　　（3）在 IP 地址字段中，输入 "2001:db8::/64"，然后单击 calculate。

　　（4）查看一下计算结果，应该如图 2-8 所示。

　　（5）在底部的 subnet-level Ⅰ 列表中，单击 more。

　　（6）往下滚动，查看所有结果。

　　（7）完成后，关闭 Web 浏览器。

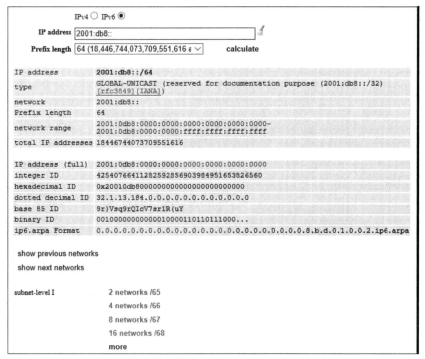

图 2-8　IPv6 计算结果

动手项目 2-3：根据所需的 IPv4 子网数量，计算子网掩码

所需时间：10 分钟。

项目目标：学习如何使用 GestióIP IPv4/IPv6 子网计算器来确定子网掩码，以支持 IPv4 网络中特定数量的子网。

过程描述：在本项目中，使用 GestióIP IPv4/IPv6 子网计算器来确定一定范围的网络和主机地址，作为 C 类网络中子网。分配的网络地址是 192.168.0.0。定义一个网络寻址系统，通过把这个地址进行子网划分，使得它可以支持 32 个网络。

（1）打开一个 Web 浏览器，进入 www.gestioip.net/cgi-bin/subnet_calculator.cgi 页面。

（2）在 IP 地址字段上面，选择 IPv4（默认情况下，选择的是 IPv4）。

（3）在 IP 地址字段中，输入 IPv4 地址 192.168.0.0。

（4）打开 BM 下拉菜单，往下滚动到 C 类地址，选择"24 (255.255.255.0 - 254 hosts)"，然后单击 calculate，结果如图 2-9 所示。

（5）查看在该页面中生成的信息，注意计算所得的 IPv4 C 类子网信息，可以发现，在底部的最后两个字段，IPv4 地址被映射为 IPv6 地址和 6to4 前缀了。

（6）完成后，关闭 Web 浏览器。

动手项目 2-4：使用在线教程学习子网划分

所需时间：15～20 分钟。

项目目标：掌握子网划分的基本知识。

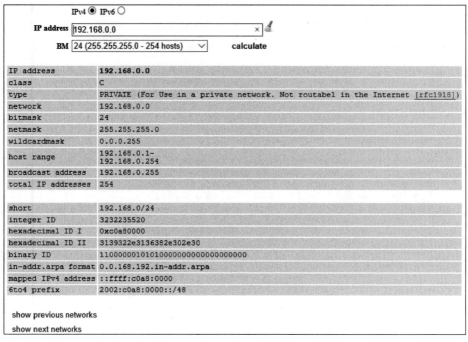

图 2-9　IPv4 计算结果

过程描述：在本项目中，将访问 Ralph Becker 的"IP Address Subnetting Tutorial"网站，逐步学习该教程。你需要一台能访问 Internet 的计算机和一个 Web 浏览器来完成本项目。

（1）打开 Web 浏览器，进入 www.ralphb.net/IPSubnet/index.html 页面。

（2）逐步学习"IP Address Subnetting Tutorial"，该教程给出了 IP 子网划分的信息和示例。

（3）完成后，关闭 Web 浏览器。

动手项目 2-5：使用子网计算器，确定某个 IP 地址的主机地址范围、广播地址以及其他相关值

所需时间：10 分钟。

项目目标：学习如何为一个 IP 地址改变特定数量的子网，确定主机地址范围、子网 ID 和广播地址。

过程描述：使用 www.subnet-calculator.com/的在线子网计算器，只需对某个 IP 地址的子网数量做一个修改，就可以改变与该子网相关的其他内容。

（1）打开一个 Web 浏览器，进入 www.subnet-calculator.com/页面。注意，默认的 IP 地址是 192.168.0.1，子网掩码是 255.255.255.0，没有设置子网位，子网最大数量为 1。

（2）打开 Maximum Subnets 下拉列表，把该值从 1 改为 4。

（3）使用笔和纸，或者使用 Word 或 Excel 软件，记录下子网掩码、掩码位、每个子网的主机数量、主机地址范围以及广播地址。

（4）在子网计算器界面中，选择 Network Class A 核选按钮。此时，IP 地址应变成了 10.0.0.1。

（5）打开 Subnet Mask 下拉列表，把掩码改为 255.255.0.0。

（6）记录下子网位、掩码位、每个子网的主机数量、主机地址范围和广播地址的新值，并把它们与第一次设置的进行比较。

（7）可以继续用不同的网络类和子网掩码进行试验，看看这些值是如何变化的。完成后，关闭 Web 浏览器。

动手项目 2-6：查看与 IPv6 寻址有关的 RFC 文档

所需时间：20 分钟。

项目目标：通过阅读 IETF 的 RFC 文档，了解 IPv6 寻址以及从 IPv4 到 IPv6 的转换。

过程描述：在本项目中，可以访问 IETF 的网站来查找与 IPv6 寻址有关的 RFC 文档。需要一台能访问 Internet 的计算机和一个 Web 浏览器来完成本项目，在完成如下步骤后，可以随意浏览该网站。

要查看 RFC 4291：

（1）打开浏览器，进入 https://tools.ietf.org/html/rfc4291 页面。

（2）阅读 *IP Version 6 Addressing Architecture* 文档。阅读完后，保持 Web 浏览器为打开状态。

要查看 RFC 6052：

（1）滚动到页面顶部。

（2）在顶部的菜单中，单击 Docs。

（3）在 "RFC number, draft name (full or partial) or URL" 中，输入 6052，然后单击 Get Document。

（4）阅读 *IPv6 Addressing of IPv4/IPv6 Translators* 文档。

（5）阅读完成后，关闭浏览器。

动手项目 2-7：找出 Windows 计算机的 IPv6 地址

所需时间：5 分钟。

项目目标：使用 ipconfig 和 ping 程序，找出你的计算机的 IPv6 地址，并 ping 回送地址。

过程描述：需要访问 Windows 计算机的命令提示窗口。计算机应运行 Windows 7 或 Windows 10 系统。

（1）打开命令提示窗口（单击 "开始" 按钮，选择 "运行" 选项，在弹出的 "运行" 窗口中输入 cmd 命令）。

（2）在命令提示中，输入 ipconfig/all 命令，然后按 Enter 键。

（3）在显示的输出中，查找 Link-local IPv6 Address 项，如图 2-10 所示，可以上下滚动来查找。

（4）请注意你的计算机的 IPv6 地址。

（5）在命令提示中，输入 ping::1 命令，然后按 Enter 键。

（6）注意，已经成功地 ping 了计算机的 IPv6 回送地址。

（7）关闭命令提示窗口。

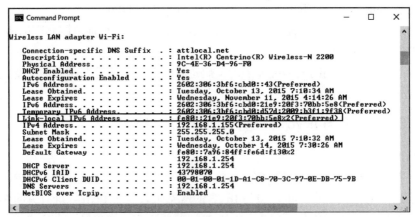

图 2-10　ipconfig 输出中的 Link-local IPv6 Address

动手项目 2-8：找出 Mac 计算机的 IPv6 地址

所需时间：5 分钟。

项目目标：使用 Apple Mac 计算机的图形界面，看看该计算机是否配置了 IPv6 地址。

过程描述：要查看 Mac 计算机的主网卡是否配置了 IPv6 地址，有多种不同的方法。对大多数用户来说，图形界面是最容易的方法，也可以用命令行。这里需要 Mac OS X 10.6.7 或更新版本。本项目使用的是 Mac OS X 10.9.5 版本。计算机还需要一个终端应用，如 iTerm。本项目假设计算机已经有了以太网连接。

（1）在顶部菜单中，单击 Apple 图标。

（2）单击 System Preferences。

（3）在 System Preferences 中，单击 Network。

（4）如果有必要，选择计算机的主网络（用绿色图标显示的）。

（5）单击 Advanced。

（6）单击 TCP/IP 选项卡。

（7）查看 Configure IPv6 菜单下面的内容。如果你的 Mac 计算机已经配置了 IPv6 地址，那么在该菜单的下面将显示路由器、计算机的 IPv6、前缀长度（如果你的计算机没有 IPv6 地址，那么该区域为空白的）。

（8）关闭在前面步骤中打开的对话框。

（9）打开一个终端应用，如 iTerm。

（10）在命令提示符下，输入 ipconfig en0 命令并按 Enter 键。

（11）查看 inet6 后面的输出，可以看到 IPv6 地址、前缀长度以及范围标识符。

（12）关闭终端应用。

动手项目 2-9：找出 Linux 计算机的 IPv6 地址

所需时间：5 分钟。

项目目标：使用 Linux 计算机上的命令行终端程序，查看是否配置了 IPv6 地址。

过程描述：要查看 Linux 计算机的网卡是否配置了 IPv6 地址，有多种不同的方法。本项目使用 Ubuntu 14.04.3 LTS，它可以运行在 Ubuntu 的更早版本上。这里使用的是 bash 外壳程序，它是 Ubuntu 的默认终端外壳程序。本项目假定计算机具有无线网卡和以太网卡。

（1）打开终端窗口（打开 Ubuntu 的查找功能，输入 terminal。单击命令终端图标，可以打开 terminal 外壳程序）。

（2）要显示所有计算机网卡的 IPv6 地址，在命令提示符下输入 ip -6 addr 命令，然后按 Enter 键。在本项目中，本地网卡（lo）和无线网卡（wlan0）的 IPv6 地址如图 2-11 所示。

图 2-11 ip -6 addr 命令的输出

（3）要显示无线网卡的 IPv4 和 IPv6 地址，在命令提示符下输入 ip addr show dev wlan0 命令，然后按 Enter 键。wlan0 网卡的 IPv6 地址如图 2-12 所示。注意，如果对并不存在的网卡（例如 eth0）使用该命令，该命令的返回将显示 eth0 不存在。

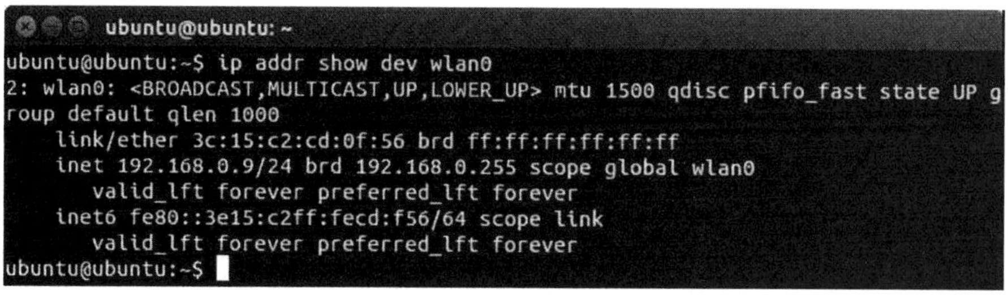

图 2-12 ip addr show dev wlan0 命令的输出

（4）在命令提示符下，输入 exit 命令，然后按 Enter 键，关闭终端程序。

动手项目 2-10：访问和使用 Windows 计算机的 ARP 表

所需时间：10 分钟。

项目目标：使用 Windows 命令行窗口中的 ARP 工具，考查和操作计算机的 ARP 表。

过程描述：在本地网络中，地址解析协议（Address Resolution Protocol，ARP）用于把数据链路层地址映射到硬件地址。你需要访问计算机的命令行窗口，而且，理想情况下，你的计算机应已经与网络中的其他计算机进行过通信了。计算机应是 Windows 7 或 Windows 10 系统。

（1）打开命令提示窗口（单击"开始"按钮，选择"运行"选项，在弹出的"运行"窗口中输入 cmd）。

（2）在命令提示中输入 arp –a 命令，并按 Enter 键。

（3）查看一下计算机的 ARP 表，注意 Internet 地址、物理地址以及每项的连接类型，如图 2-13 所示。

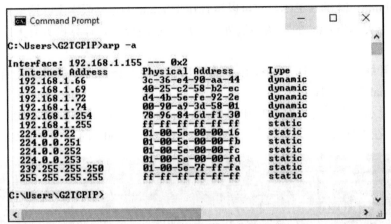

图 2-13　ARP 表中的数据

（4）输入 arp –d 命令来删除 ARP 中的项（如果该操作失败，那么就需要以管理员的身份来运行 cmd 命令）。

（5）再次输入 arp –a 命令，可以注意到，ARP 为空或内容大大减少了。

（6）尝试 ping 一下 Internet 上的某个主机，例如 www.google.com。

（7）再次输入 arp –a 命令，注意一下添加到 ARP 表中的地址。

（8）关闭命令提示窗口。

动手项目 2-11：访问和使用 Linux 计算机的 ARP 表

所需时间：10 分钟。

项目目标：使用命令行窗口中的 ARP 工具，考查和操作 Ubuntu Linux 计算机的 ARP 表。

过程描述：ARP 并不是 Windows 操作系统专有的，它也可以用于 Linux 计算机。本项目使用的是 Ubuntu 14.04.3 LTS，但这里使用的命令，同样适用于任何 Linux 版本。这里使用的终端程序是 bash 外壳程序，它是 Ubuntu 的默认外壳程序。

（1）打开命令提示符窗口（打开 Ubuntu 的查找功能，输入 terminal。双击命令终端图标，可以打开命令提示符窗口）。

（2）在命令提示符下，输入 arp 命令并按 Enter 键。请注意此时的输出。

（3）输入 arp –a 命令并按 Enter 键，可以注意到，显示的信息相同，但格式不同。

（4）输入 arp –v 命令并按 Enter 键，可以查看命令的详细输出。

（5）要删除 ARP 表，可以输入 arp -d hostname 命令（这里 hostname 为 Linux 计算机的名称）并按 Enter 键。注意，这个操作是不允许的。在 Linux 计算机上执行该操作需要有 root 权限。

（6）输入 sudo arp -d hostname 命令（这里 hostname 为 Linux 计算机的名称）并按 Enter 键（可能会提示你输入口令）。可以注意到，ARP 为空或内容减少了很多。

（7）在命令提示符下，输入 exit 命令并按 Enter 键，关闭终端程序。

案例项目

案例项目 2-1：设计一个公司网络

要求你为一家中型公司设计一个网络。该公司决定使用 10.0.0.0 作为其专用 IP 地址。该网络分布在 6 栋大楼中，每一栋大楼使用一个路由器加入到网络中。当前，公司大约有总计 1000 台工作站，分布在下述位置：

- 大楼 1：200 台工作站。
- 大楼 2：125 台工作站。
- 大楼 3：135 台工作站。
- 大楼 4：122 台工作站。
- 大楼 5：312 台工作站。
- 大楼 6：105 台工作站。

设计一个简单的寻址方案，能为未来的增长留下充足的空间，并易于管理。如果每个大楼中每个网络的主机数量超过 1024，解释你的设计会发生什么。

案例项目 2-2：为单个站点实现一个网络

ABC 公司想为其唯一工作场所实现一个 TCP/IP 网络。它有 180 员工和两栋大楼，并要求用于电子邮件服务器、单个 Web 服务器、单个 FTP 服务器和两个路由器的 Internet 访问，这两个路由器都有一个高速的 Internet 接口。如果该公司希望把 ISP 的花费保持在最低限度，那么应该使用哪种类型的 IP 地址？ABC 公司能够购买、满足其需求的最小公用 IP 地址块是什么？（提示：IP 地址块以等于 2^b-1 的组出现，这里 b 是总地址块中的位数。）

案例项目 2-3：设计一个 IPv6 地址空间

一个公司客户请你为其全局网络设计一个 IPv6 地址空间，然后用展板向该客户展示方案。在准备你的展示中，需要考虑的因素包括 IP 地址管理、可扩展性、最终的 IPv4 废弃问题，以及 IPv6 地址的安全性过滤。记住，展示内容应是简要而关键性的建议，这样，在规划阶段，无须开发具体的设计。

基本的 IP 数据包结构：
首部与有效载荷

本章内容：

- 理解组成 IPv4 的各个字段及其特性。
- 理解组成 IPv6 的各个字段及其特性。
- 解释 IPv6 扩展首部的作用，以及每个首部的功能。
- 描述在 IPv6 中 MTU 发现是如何工作的，它是如何通过路由器来替代 IPv4 数据包的分段的。
- 描述 IPv6 数据包中的上层校验和是如何工作的，包括伪首部的使用。
- 描述 IPv4 与 IPv6 数据包结构的主要区别，为什么说这些区别是很重要的。

本章介绍 IPv4 和 IPv6 数据包结构，包括各种首部字段，这些字段是怎样使得 IP 数据包完成复杂功能的，即使得信息可以在不同网络环境（包括 Internet）之间传输的。通过对 IPv4 与 IPv6 首部的比较，可以明白在每种版本的 IP 中，数据包结构是如何操作的，每种数据包的功能有何不同。

3.1 IP 数据包与数据包结构

网际协议（IP）的主要作用是在网络上的设备之间传输和传递数据。要完成该任务，信息被封装成"单元"（称为数据包或数据报）。每个数据包含有要正传输信息的一部分，在从源地址到目的地址的传输过程中，数据包可以穿越多个不同的路由器。

为了使数据包能完成所需的功能，以确保正确的路由以及安全传输到目的地，每个数据包（包括实际的数据）都含有一个首部结构，该首部由一些特殊的字段构成。IPv4 与 IPv6 数据包在其结构上差别很大，但它们都必须完成相同的基本任务，即确保由初始网络结点发送的数据，能可靠地传输到接收结点。在本章的后面将学习 IPv4 数据包的结构，还将学习 IPv6 数据包（这是下一代的 IP 数据包）首部的详细内容。

3.2 IPv4 首部字段及其功能

所有 IPv4 首部都具有相同的结构，如图 3-1 所示。每个数据包含有一个首部，后跟一个数据字段。首部长度为 20～60 字节，数据包的总长度最多可以有 65 535 个字节。但是，大多数网络不能处理最大长度的数据包，因此，很多数据包是一个适度的长度，即 576 个字节。

字节偏移量	数据链路首部			
	0 1 2 3 4 5 6 7 8 9 10 11 12 13 14 15 16 17 18 19 20 21 22 23 24 25 26 27 28 29 30 31			
0	版本	首部长度	服务类型	总长度
32	标识符		标志	分段偏移量
64	生存时间	协议		首部校验和
96	源IP地址			
128	目的IP地址			
160	可选			填充
160或192以上	数据			

图 3-1　IPv4 首部结构

在 IPv4 首部中，有 14 个可能的字段。其中 13 个是必需的，第 14 个字段不仅是可选的，而且也是命名为"可选项"。每个字段的值是以多个 4 字节的形式来给出的。由于 IPv4 首部可以包含不同数量的选项，每个选项的长度也不一样，因此，首部的长度也是可变的。在 IPv4 首部中，字节序也称为"大端"（Big Endian），这意味着最重要的字节位于不重要的字节之前。同样，在每个字节中，排在前面的是最重要的位（称为最高位（Most Significant Bit，MSB）或 MSB 0 位号，因为最高位的编号为 0）。因此，像版本字段就出现在首部第一个字节的 4 个最高（最左）位中。

下面详细阐述首部的字段及其功能。有关这些字段的更详细信息，请参阅下述各节以及 RFC 791。RFC 791 是 1981 年 9 月为 IP 制定的规范说明。

3.2.1　版本字段

在 IP 首部中的第一个字段是版本（Version）字段。在图 3-1 中，该字段的值为 4，表明是 IP 的版本 4 或 IPv4。

3.2.2　首部长度字段

首部长度（Header Length）字段，也称为 Internet 首部长度（Internet Header Length，IHL）字段。该字段只表示 IP 首部的长度。这个字段是必需的，因为如前所述，IP 首部支持可选字段，因此其长度是可变的。

IHL 包含一个对数据的偏移量，因此是一个 32 位的值。IHL 的最小值为 5，如 RFC 791 中所定义的。它得到的是 5×32＝160 位的长度，即等于 20 个字节。IHL 是一个 4 位的字段，因此它能表示的最大值为 16－1＝15。IHL 的最大长度为 15×32＝480 位，或 60 个字节。

由于可选字段很少使用，因此，IP 首部的大小通常是 20 个字节。

3.2.3　TOS 字段的功能：差分服务和拥塞控制

RFC 2474 推荐了一份完整的对 TOS 字段值和功能的重定义。TOS 字段最可能的设置是默认值 00000000。此外，RFC 2474、RFC 2475 和 RFC 3168 把 TOS 的 8 个字段划分为两个不同的功能：差分服务（流量的优化）和拥塞通知。

差分服务

RFC 2474 定义了一种用于网络流量差分服务的方法，它使用了字节的高六位，这个字节组成了以前的三位优先级（Precedence）字段和 TOS（服务类型）字段，如图 3-2 所示。

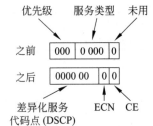

图 3-2　DSCP 使用了旧的优先级和 TOS 字段的位

使用特殊标记——差分服务代码点（DSCP）标识符——终端设备（结点）或边界设备（路由器）能够给出流量的优先等级，并依据这个等级值排队和转发流量。支持**差分服务**（Differentiated Service，DS）技术的路由器会依据 DSCP 标识符来处理流量。

DSCP 值可以基于路由器感知的数据流或基于包含在数据包内部的某些特殊值来指定（例如，VoIP 流量与 E-mail 流量）。

某些 DSCP 值已经在 RFC 2597（"Assured Forwarding PHB Group"）和 RFC 2598（"An Expedited Forwarding PHB"）中指定。表 3-1 描述了定义在这两个 RFC 中的基本 DSCP 值。在这两个 RFC 中，这些值称为**确保转发**（Assured Forwarding，AF）类，并采用**丢弃概率分类**（Drop Probability Classification）进行分离，丢弃概率分类依据网络上高拥塞期间更高优先级流量要求进行处理时路由器可能丢弃数据流量的相似性将 DSCP 流量类型分组。AF 数值分配指明数据包会确保以特定方式、特定优先级进行处理。沿着路径的每一跳（路由器）都做出优化决策。在 RFC 2597 和 2598 中讨论的术语**逐跳行为**（Per-Hop-Behavior，PHB），指明路由器（跳）对每一个数据包的处理单独做出决策。

表 3-1　DSCP 值

	类 1	类 2	类 3	类 4	无类
	DSCP 10	DSCP 18	DSCP 26	DSCP 34	
	AF11	AF21	AF31	AF41	
低丢弃优先级	001010	010010	011010	100010	
	DSCP 12	DSCP 20	DSCP 28	DSCP 36	
	AF12	AF22	AF32	AF42	
中丢弃优先级	001100	010100	011100	100100	
	DSCP 14	DSCP 22	DSCP 30	DSCP 38	
	AF13	AF23	AF33	AF43	
高丢弃优先级	001110	010110	011110	100110	
					DSCP 46
加速转发					101110

但是，不用记住这个表，就可以把 PHB 的 AF 值转换成 DSCP，以及把 DSCP 值转换成 AF。从 AF 转换成 DSCP 的公式是 AFxy = (8*x) + (2*y)。例如，如果 AF 为 31，那么

AF31 = (8*3) + (2*1) = DSCP 26。

从 DSCP 转换成 AFxy 的公式更复杂些：即为 x/8，其中 x 为 DSCP 值，y = remainder/2 或者是 x/8，(remainder/2)。因此，DSCP 26 = 26/8 = 3，余数为 2。2/2 = 1，因此 AF = 31。

由于 PHB 与每个路由器是如何配置的有关，因此，端到端的流量传输行为是不可预知的，如果数据流量在到达目的地之前，要穿过 DS 域，那么情况会更加糟糕。这使得要保证某种特定的服务质量（QoS）或服务级别协议（Service Level Agreement，SLA）是非常困难的。把某个数据包标注为特定的 SLA 是一种美好的希望而不只是一个已完成的动作，因为所提供的服务级别与提供者以及沿途穿过的路由器有关。

在源到目的地的通信路径中，每台路由器以及每个服务提供者都配置为可以管理多种类型的网络通信，且都具有不同的 QoS 需求。那些不允许延时、抖动或数据包丢失的网络通信（如 VoIP），可能不能在通信路径中的每台路由器上进行优化，从而出现不连续的处理。

RFC 5280 更新了 RFC 3280 和 RFC 2474 中使用的一些有关差分服务（DS）和 DSP 的术语。

DS 字段定义为（第一个）IPv4 TOS 八位字节的 6 个 MSB，或（第一个）IPv6 数据类型八位字节。DSCP 是在 DS 字段中的一个编码值，每个 DS 结点都必须用于选择 PHB，且应用于结点所转发的每个数据包中。

RFC 3248 为 RFC 2598 给出了另一种版本的延时界限（Delay Bound）。加速转发逐跳行为设计团队对该标准提出了重新表述：延时界限逐跳行为（DB PHB）。假定数据流在没有超过设定速率的情况下，延时界限转发对数据包通过每跳时的延时给出了更加严格的界限。数据流在离开源地址，以及当它进入差分服务（DS）域时，必须进行严格管理，对该数据流进行延时限制。

当数据流标注了延时界限时，由跳转设备给出延时界限行为，但如果到达该设备的数据流超过它所能管理的能力时，该设备将会宕机。这意味着，当数据流穿过后继跳转设备时，尽管最初对它进入 DB 域进行了延时限制或"定形"，并不能保证它保持一定的延时界限。DB PHB 的定义就跳转设备如何获得 DB 行为没有给出特别的建议。它只是给出了一些参数，标识了传递 DB 行为的操作范围。

当数据包到达的速率超过协商好的速率时，路由器丢弃数据包的处理过程有一个安全应用。DS 域要求控制其边界，以**防止拒绝服务**（Denial of Service，DoS）攻击。如果两个相互连接的 DS 域没有协商好的 DB 数据速率，那么，从一个域进入另一个域的所有数据流都标注为 0，并被丢弃。但是，发生这种情况的概率比较小，因为域间的数据流速率都必须协商好，上流域必须以协商好的速率来控制 DB 数据包。如果发生过载情况，可能是发生了服务攻击的信号。

RFC 3248 是作为一个信息文档发布的，并不是为了要实现成一个 Internet 标准。有关 DB PHB 的完整信息，请访问 www.ietf.org，并查找"RFC 3248"。

加速转发（Expedited Forwarding，EF）对应于 DSCP 46，它被认为是一种优质服务连接，提供了端点之间的"虚拟租用线路"服务。如果源设备发送一个 DSCP 字段包含值 101110 的数据包，支持 DS 功能的路由器必须加速该数据包的转发，并且不修改 DSCP 字段的值以降低其优先级。

在当前上下文中，**实时应用**（Real-Time Application，RTA）是指那些以很少的延时或几乎没有延时，在连续的时间帧内进行工作的应用。一个服务能否定义为 RTA，取决于应用服务在特定硬件平台上运行时所要求的最大时间。这就是最坏情况的运行时间（Worst-Case Execution Time，WCET）。

IP 语音（Voice over IP，VoIP）使用 IP 来支持语音通信，是一种 RTA，能从 DSCP EF 处理中获取极大好处。VoIP 不能容忍任何种类的延时（延时会导致回音和通话重叠）。事实上，任何时间敏感的数据流都适宜于使用 DSCP 进行特殊处理。

为了让差分服务功能得到完全和正确的支持，厂商必须支持服务、端点以及中间点（路由器），网络管理员必须配置端点和中间路由器，适宜地分配和操作 DSCP 值。

其他的 RTA 数据流类型包括：

- 在线聊天。
- 社区存储解决方案。
- 即时通信（Instant Messaging，IM）。
- 在线游戏。
- 流媒体。
- 视频会议。
- 一些电子商务事务处理。

但是，E-mail 和 Web 浏览数据流仍然允许一定程度的延时。

为了能完全或部分地支持差分服务功能，提供商必须让端点和中间点（路由器）支持该服务，网络管理员必须把端点和中间路由器配置为可以恰当地分配和处理 DSCP 值。

显式拥塞通告

显式拥塞通告（Explicit Congestion Notification，ECN）设计为用来向设备提供一种在路由器开始丢弃数据包之前，链路发生拥塞时相互通知的方法。为了利用这项技术，拥塞链路的两端（发送结点或路由器，接收结点或路由器）都必须支持 ECN。

丢弃一个数据包就能够极大地影响网络吞吐量。通过警告接收方链路上发生了拥塞，希望接收方降低其流量速率来适应拥塞链路，ECN 是减缓丢包所带来的负面影响的一种尝试。理想情况下，ECN 将减少拥塞网络上的丢包数量，从而导致更好的整体性能。

当一个数据包在具有 ECN 功能的路由器之间发送时，该数据包通常标注为 ECT(0)或 ECT(1)，表示是具有 ECN 功能的传输。如果数据包穿过两个路由器之间的队列并发生了拥塞，那么接收端路由器就可能修改拥塞通告（或 EC）码，而不是丢弃该数据包。ECN/CE 要求在 IP 首部中使用 2 位。这 2 位的组合提供了几种可能的解释，如图 3-3 所示。

与 TCP/IP 首部的许多字段不同，必须考察这 2 位的组合值，以此解释 ECN 值。例如，如果 ECN/CE 位设置成 01 或 10，发送路由器指明它支持 ECN——这是一个 ECT（ECN-Capable Transport，具备 ECN 功能的传输）。如果 ECN/CE 位的值被设置成 00，那么发送方不是 ECT。如果 ECN/CE 位的值被设置成 11，那么发送方是 ECT，并且链路上发生了拥塞。

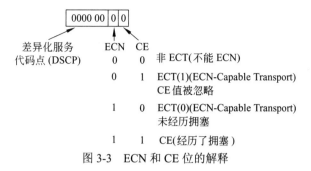

差异化服务	ECN	CE	
代码点 (DSCP)	0	0	非 ECT(不能 ECN)
	0	1	ECT(1)(ECN-Capable Transport) CE 值被忽略
	1	0	ECT(0)(ECN-Capable Transport) 未经历拥塞
	1	1	CE(经历了拥塞)

图 3-3　ECN 和 CE 位的解释

可以预期的是，在 ECN/CE 值 01 和 10 之间存在某些差异，但这里，两者被同等处理。ECN 定义在 RFC 3168 中。

Wireshark 只能把 ECT(0) 解码为"具有 ECT 功能的传输"，但不能正确解码 ECT(1) 和 CE。

3.2.4　总长度字段

这个字段定义了 IP 首部和任何有效数据的总长度（不包括任何数据链路填充值）。在图 3-4 所示的示例中，总长度为 60 字节。IP 首部为前 20 个字节，数据包其余的长度为 40 字节。

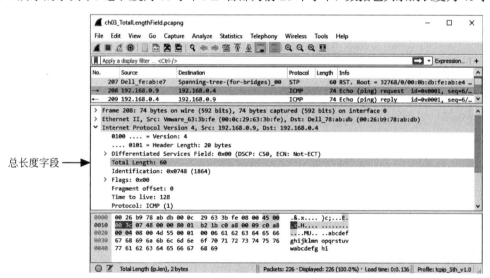

图 3-4　字段的总长度为 60 字节

3.2.5　标识符字段

每一个独立数据包都在发送时给定了一个唯一的 ID（标识符）值。如果数据包必须被分段，以便适应支持较小数据包长度的网络，那么相同的 ID 号放置在每一个分段中。这就有助于识别构成相同一组数据各个部分的分段。

RFC 6864 更新了 IPv4 ID 字段及其用处。ID 字段最初是用于分段与重组的，随后又开发了其他用处，包括使用该字段从拥塞的路由器中检测和删除重复数据报。ID 字段还用于一些诊断工具中，用于在一条网络路径的不同地方，统一数据报的度量。一个数据报的 ID 必须是唯一的，以便能支持分段与重组，但并不是所有数据报都会分段或允许分段。RFC 6864 丢弃了非分段的使用，在最大数据报生命周期（Maximum Datagram Lifetime，MDL）和源地址/目的地址/协议元组内，允许 ID 重复（即对该数据报来说不是唯一的）。为此，MDL 是一个数据报可能存在的最长时间。

3.2.6 标志字段

标志（Flag）字段为 3 位长，位值的分配如表 3-2 所示。

表 3-2　标志字段的值

位　　置	字 段 定 义	值/解释
位 0	保留	设置为 0
位 1	不分段位	0=可以分段；1=不分段
位 2	更多分段位	0=最后一个分段；1=后面将后更多分段抵达

通常情况下允许分段。但是，出于某些原因，应用程序可以决定不允许分段。如果是这样的话，它将不分段（Don't Fragment）位设置为 1。

如果允许分段，当数据包穿越支持较小的最大传输单元（MTU）的网络时，它就必须被分段，不分段位被设置为 0。当数据包被拆分成多个分段时（例如三个分段），第一个和第二个分段的更多分段（More Fragments）位设置为 1。最后一个分段的更多分段位被设置为 0，指明它是这组分段数据中的最后一段。

分段是件好事情吗？有时候是这样。只有当某个 MTU 被路径中的最小链路 MTU 支持时，数据包才能成功到达目的地。根据下一个链路所支持的 MTU，IPv4 路由器可以在一跳到下一跳中连续对数据流分段，而在 IPv6 中，源结点使用 PMTU 发现来确定路径中的最小链路 MTU，然后设置其数据包的 MTU 以匹配该链路。

在 IPv6 和 IPv4 中，PMTU 发现过程很常见。有关 PMTU 发现的更多信息，请参见后面的"IPv6 MTU 与数据包处理"一节。

3.2.7 分段偏移量字段

如果数据包被分段，分段偏移量（Fragment Offset）字段说明了在把各个分段重组成一个数据包时（在目标主机上完成），当前数据分段中的数据应该放在什么地方。

这个字段给出了以八个字节为单位的偏移值。例如，第一个分段的偏移值可以是 0，并包含了 1400 字节的数据（不包括任何首部）。第二个分段的偏移值应该为 175（175×8 =1400）。

只有在数据包被分段时才使用这个字段。

3.2.8 生存时间字段

在网络术语中，数据包的**生存时间**（Time To Live，TTL）是指数据包还能穿越的剩余距离。尽管是以秒为单位进行定义的，但 TTL 值被实现为在被路由器丢弃之前，数据包能穿越的跳数。因此，生存时间字段表示的是数据包以其方式到达目的地将要穿过的跳数。典型的 TTL 起始值为 32、64 和 128。最大的 TTL 值为 255。实际的 TTL 值可以大于也可以小于起始值。

网络一跳的持续时间与多种因素有关，包括给定链路的长度、网络数据流所用的网络计算速度。例如，高速光纤链路上的一跳可能非常长，但远小于 1s。而地球同步卫星链路的一跳则从来不会少于 4s。

3.2.9　协议字段

首部应该有一个定义后面跟着什么的字段。例如，在 TCP/IP 数据包中，Ethernet 首部应该有一个协议标识符字段（Type 或 Ether Type 字段）来指明随后跟着的内容是什么 IP。同样，IP 首部也有一个协议（Protocol）字段来指明随后跟着什么内容。协议字段的常见值如表 3-3 所示。

表 3-3　常用协议字段值

编　号	描　述
1	Internet 控制消息协议（ICMP）
2	Internet 组管理协议（IGMP）
6	传输控制协议（TCP）
8	外部网关协议（EGP）
9	任何专用内部网关，例如 Cisco 的 IGRP
17	用户数据报协议（UDP）
45	域内路由选择协议（IDRP）
58	Internet 控制消息协议版本 6（ICMPv6）
88	Cisco EIGRP
89	开放式最短路径优先（OSPF）
92	多播传输协议（MTP）
115	第二层隧道协议（L2TP）

253 和 254 用于实验，134～254 的值未分配，255 被 IANA 保留。要了解最新的协议字段值列表，请访问 www.iana.org/assignments/protocol-numbers。

3.2.10　首部校验和字段

首部校验和（IP Header Checksum）字段提供了对 IP 首部内容进行出错检测的功能——它并没有覆盖整个数据包的内容，在其计算中也不包括其自身的校验和字段。

这是一种除了数据链路出错检测机制（例如以太网的 CRC）之外的**出错检测机制**（Error-Detection Mechanism）。对于穿越路由器的数据包要求这种额外的检测机制。例如，当以太数据包抵达路由器时，路由器进行数据链路 CRC 检查，确保该数据包在沿途没有被破坏。在数据包通过 CRC 检测并被认为是好的数据包之后，路由器拆除数据链路首部，留下未封装的网络层数据包。如果该数据包没有任何内置的出错检测机制，某个存在错误的路由器就能够修改数据，之后加上新的数据链路首部（带有对无效数据包计算的新 CRC 值），并发送该数据包。要求使用这一网络层出错检查机制来检测和挫败路由器对数据包的损坏。

 Wireshark 软件有时候会在校验和计算之前捕获数据包。校验和计算可以由网络驱动器、协议驱动器，甚至是网络硬件来完成。当网络驱动器把"责任"交给硬件时，现在的网络硬件可以完成高级的 IP 校验和计算。这就是"校验和卸载"，结果是，Wireshark 可以捕获校验和。当数据包离开网络硬件时，它实际上已经包含了有效的校验和。

3.2.11　源地址字段

这是发送数据包的 IP 主机的 IP 地址。在某些情况下，例如在**动态主机配置协议**（Dynamic Host Configuration Protocol，DHCP）引导过程中，IP 主机或许并不知道自己的 IP 地址，因此这个字段可以使用 0.0.0.0。这个字段不能包含多播或广播地址。因为源地址必须是发源于具有特定 IP 地址的特定网卡。

3.2.12　目的地址字段

这个字段能够包含单播、多播或广播地址。这是数据包最终目的地的地址。

3.2.13　可选字段

IP 首部可以通过几个选项进行扩展（尽管这些选项并不经常使用）。如果首部使用选项进行扩展，这些选项必须在 4 字节边界上结束，原因在于 Internet 首部长度（IHL）字段以 4 字节边界为单位定义首部长度。

表 3-4 仅仅列出了部分选项。要了解完整列表，请访问 www.iana.org。

表 3-4　选项字段的值

编　　号	名　　称	编　　号	名　　称
0	选项列表结束	3	松散源路由
1	无操作	4	时间戳
2	安全性	5	扩展安全性

正像你猜测到的那样，IP 首部选项主要用于提供额外的路由控制（或者记录单个数据包在发送方到接收方之间经历的路由）。因此，当测试或调试代码或特定连接时，这些选项有用，但它们几乎不用于其他方面。可选字段可以是 0、1 或其他，从而使得其长度是可变的。

3.2.14　填充字段

填充字段使得首部长度为 32 位的倍数，如果 IPv4 的首部长度不是 32 位的倍数，就用 0 进行填充。这使得 IPv4 的首部长度总是 32 位的倍数。

3.3 IPv6 首部字段及其功能

IPv6 数据包的作用基本上与 IPv4 是相同的：确保数据或应用信息成功地在网络上从源结点传输到目的地结点。数据包含有寻址字段和路由字段，使得传输成为可能。IPv6 首部也在 IPv4 的基础上增加了改进内容，例如，加强支持扩展字段和可选字段。其他加强包括允许更高效的数据包转发，以及用于特定数据流的数据包标签。尤其令人感兴趣的是，IPv6首部被设计为使得今后引入新可选项更加容易，使 IPv6 首部随着网络技术的发展变得更加先进。

有关 IPv6 的说明（包括首部格式）可参见 RFC 1883，该文档随后被 RFC 2460 废弃。固定长度的 IPv6 首部构成了 IPv6 数据包的前 40 个八字节（即 320 位）。图 3-5 显示了 IPv6首部结构。

3.3.1 版本字段

这是 4 位的 IP 版本号，它总为 6（即位序 0110）。

3.3.2 流量类型字段

8 位的流量类型字段，被源网络主机和转发路由器用来区分 IPv6 数据包的类型和优先级。流量类型字段的一般需求是，网络结点的 IPv6 服务接口必须为上层协议提供一种方法，以便为来自该协议的任何数据包中的流量类型位提供一个值，默认值为 0。任何上层协议都"明白"，该字段中这些位的这个值在被目的结点接收时，可能与源结点发送时是不同的。

如果是源结点或目的结点，或是转发 IPv6 数据包的结点，而且支持特定的流量类型位，那么这些结点就可以修改这些位值，否则，结点将忽略流量类型字段的这些位，因为它们并不支持。该字段的结构如图 3-6 所示。

图 3-5　IPv6 首部结构

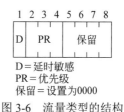

图 3-6　流量类型的结构

流量类型字段的第一个位表明该流量是否延时敏感。如果该位设置为 1，就认为该流量是时间敏感的。例如，交互数据交换，以及语音和视频通信，要求低延时的连接。这样，携带这些类型的有效载荷的数据包，通常把流量类型字段的第一个位设置为 1。

优先级字段类似于 IPv4 首部的优先级字段，允许应用程序根据流量的优先级来区分流量类型。相应地，路由器也可以根据优先级位来确定如何安排流量通过路由器和队列系统时的优先级。

流量类型的最后 4 位现在被保留。有关流量类型值的定义的更多信息，可以参考位于网站 http://datatracker.ietf.org/wg/diffserv/charter/中差分服务工作组信息。

3.3.3 数据流标签字段

数据流（Flow）是一个数据包集，源结点要求这些数据包被中间路由器进行特殊处理。源主机使用这个 20 位长的数据流标签字段来要求 IPv6 路由器对这个数据包进行特殊处理，例如实时应用或无怠职 QoS。在编写 RFC 2460 时，它还只是试验性的。RFC 3697 则是关于数据流标签说明的建议标准，为该字段定义了最低要求。

建议的数据流标签说明指出，数据流标签的值为 0 表示数据包不是任何数据流的一部分。数据包分类器使用数据流标签、源地址和目的地址字段来确定一个数据包的数据流（如果它是某个数据流的一部分）。在源地址和目的地址之间，不能修改数据流标签的值。不支持数据流标签的网络结点，在转发和接收数据包时，必须忽略该字段。

3.3.4 有效载荷长度字段

16 位的有效载荷长度字段描述了有效载荷的大小（以八字节为单位），包括所有扩展首部。当逐跳选项扩展首部含有超大包选项时，该长度为 0。

3.3.5 下一个首部字段的作用

下一个首部字段为 8 位，指明了紧跟在 IPv6 首部（尤其是扩展首部）后面的那个首部的首部类型，使用的值与 IPv4 协议字段的相同。它是 IPv6 首部格式中新增的一个重要字段。当 IPv6 数据包使用扩展首部时，该字段指向第一个扩展首部。该扩展首部中自己的下一个首部字段含有表示下一个扩展首部的标识符，以此类推，直到最后一个扩展首部。最后一个扩展首部含有一个指向封装后的高级协议的引用。图 3-7 阐述了这个演变过程，本章后面的图 3-8 显示了扩展首部的特殊顺序。

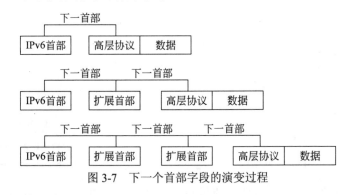

图 3-7　下一个首部字段的演变过程

表 3-5 给出了下一个首部字段的最常用值。记住，该表并不是完整的。

表 3-5　下一个首部字段的值

十 进 制 值	十六进制值	扩展首部或协议名
0	00	逐跳选项扩展首部
1	01	ICMPv4
2	02	IGMPv4
4	04	IP-in-IP 封装

续表

十 进 制 值	十六进制值	扩展首部或协议名
6	06	TCP
8	08	EGP
17	11	UDP
41	29	IPv6
43	2B	路由扩展首部
44	2C	分段扩展首部
50	32	封装安全协议扩展首部
51	33	认证扩展首部
60	3C	目的地选项扩展首部

3.3.6　Internet 组管理协议

Internet 组管理协议（Internet Group Management Protocol，IGMP）是主机与相邻路由器所用的一种网络协议。IGMPv3（版本 3）定义在 RFC 3376 中，描述了如何使用这种协议，在 IPv4 网络中用来报告从一个多播路由器到另一个多播路由器之间的 IP 多播组关系。IGMPv3 具有源地址过滤功能，这使得网络结点可以只接收从某个源地址发往特定多播地址的信息。详细信息请参见 RFC 3376 和 RFC 4604。

3.3.7　跳限制字段

被网络结点每转发一次，8 位跳限制字段中的值就减去 1，如果该字段中的值减为 0 了，那么该 IPv6 数据包就被丢弃。跳限制字段可容纳的最大值为 255，这也就意味着这是最大的可能跳数。

3.3.8　源地址字段

源地址字段含有数据包的 128 位源地址。IPv6 的寻址结构在 ADDR-ARCH RFC 草案版本 4.4 中进行了描述（可以在 http://tools.ietf.org/html/drat-ietf-ipv6-addr-arch-v4-04 中阅读该草案）。也可以参考 RFC 5952，它是关于 IPv6 文本表示的推荐，还可以参考 RFC 6053，它是关于 IPv4/IPv6 转换的 IPv6 寻址的建议标准。

3.3.9　目的地址字段

目的地址字段含有数据包的 128 位接收端地址。如果路由扩展首部还可用，那么这可能就不是该数据包的最终接收端（参见 ADDR-RCH RFC 版本 4.4）。

3.4　IPv6 扩展首部

扩展首部（Extension Header）使得可以在 IPv6 数据包中实现其他一些功能。这些字段只用于特殊目的。这可以使得 IPv6 数据包保持得比较小且为流线型的，只拥有那些特殊目的所需的字段。

　　每个扩展字段是由特定的下一个首部值来标识的，最常见的值如表 3-5 所示。IPv6 数据包可以根据需要携带 0 个或多个扩展首部。

　　一旦 IPv6 数据包被发送出去，网络路径上的任何结点都不会查看任何扩展首部，直到该数据包到达了目的地址（如果是多播，则是到达多个目的地址）。该地址位于数据包首部的目的地址字段中。一旦到达了目的结点，将对下一个首部字段进行处理，并查看第一个扩展首部。如果第一个扩展首部指向的是第二个首部，那么就接着处理第二个首部，以此类推，直到到达上层协议。如果没有扩展首部存在，那么当处理下一个首部字段时，就将立即查看上层协议。

　　扩展首部是按要求的顺序严格处理的（下一节将介绍），这样可以防止目的结点扫描该数据包时，目的结点不会先查找特定类型的扩展首部，从而使得该首部先于其他首部而处理。

3.4.1　扩展首部的顺序

　　在 RFC 2460 中，IPv6 说明推荐了扩展首部的顺序：

（1）逐跳选项扩展首部。

（2）目的地选项扩展首部。

（3）路由扩展首部。

（4）分段扩展首部。

（5）认证扩展首部。

（6）封装安全有效载荷（ESP）扩展首部。

（7）目的地选项扩展首部。

　　然后，数据包可以包含上层首部，例如用户数据报协议（UDP）、传输控制协议（TCP）或 Internet 控制消息协议（ICMP）。当前定义的扩展首部，是通过基本 IPv6 首部中的下一个首部字段，在基本 IPv6 首部后面把扩展首部"连接"起来的。图 3-8 显示了扩展首部集。

```
+-------------+-------------+
|IPv6首部     |TCP首部+数据  |
|             |             |
|下一个首部=TCP |             |
+-------------+-------------+

+-------------+-------------+-------------+
|IPv6首部     |路由首部      |TCP首部+数据  |
|             |             |             |
|下一个首部=   |下一个首部=TCP |             |
|路由扩展首部   |             |             |
+-------------+-------------+-------------+

+-------------+-------------+-------------+-------------+
|IPv6首部     |路由首部      |分段首部      |TCP首部的分段+数据|
|             |             |             |             |
|下一个首部=   |下一个首部=   |下一个首部=TCP |             |
|路由扩展首部   |分段扩展首部   |             |             |
+-------------+-------------+-------------+-------------+
```

图 3-8　以太网中连接的首部

在查看 IPv6 首部时，你可以看看它们是否遵循 OSI 参考模型（如图 1-1 所示，该图是竖直方向显示的，图 3-8 则是水平显示的）。

　　在任何给定的数据包中，每个扩展首部只能出现一次（目的地选项扩展首部除外，它可以出现两次，一次位于路由扩展首部的前面，一次位于上层首部的前面）。尽管在某个数据包不太可能同时出现上述所列出的全部扩展首部，但还是要注意，图 3-8 中出现这些类型的首部，的确是遵循了前面介绍的顺序（因此，数据链路首部位于 IPv6 首部之前，IPv6 首部位于路由扩展首部之前，而路由扩展首部则位于认证扩展首部之前，依此类推）。

下面章节将考察定义在 IPv6 说明中的各种扩展首部。

3.4.2 逐跳选项扩展首部

如图 3-9 所示，逐跳选项扩展首部的结构在首部的定义和功能上实现了最大的灵活性。为该首部定义的唯一两个字段是下一个首部字段和扩展首部长度字段。下一个首部字段指向下一个首部值。扩展首部长度字段表明了逐跳选项扩展首部的长度，包括所有扩展和选项首部所需的最少 8 字节。除了这个需求外，该首部没有预设长度。

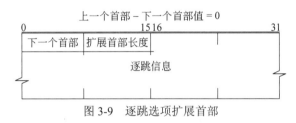

图 3-9　逐跳选项扩展首部

逐跳选项扩展首部设计为携带的信息可影响传输路径中的路由器。例如，如果要求内部网络中的一个多播传输提供某些特殊路由指令，那么就可以在逐跳选项扩展首部中携带这些指令。传输路径中的中间路由器可以按定义查看该首部。逐跳选项扩展首部的建议使用包括路由警告和超大包有效载荷选项，详见本章后面的介绍。

3.4.3 目的地选项扩展首部

目的地选项扩展首部提供了一种扩展 IPv6 首部以支持数据包处理和优先的方法。如果目的地选项扩展首部出现在数据包的前面部分中，则不会对它进行加密，但是，如果出现在 ESP 扩展首部之后，则使用一个加密处理来发送它。该扩展首部还为未来使用者或基于标准的通信留出了空间。选项类型号码必须经 IANA 注册，并在特定的 RFC 文档中进行了文档说明。

目的地选项扩展首部是唯一一个可以出现在多个地方的首部。它可以出现在路由扩展首部的前面，也可以是位于实际的更高层协议数据之前的最后一个首部（例如，在任意 ESP 或认证首部之后）。如果目的地选项扩展首部出现在数据包的前面部分中，那么它主要用作中间目的地址。到目前为止，这种定义的唯一使用是在路由扩展首部的连接中。当目的地选项扩展首部出现在 ESP 扩展首部之后时，只能由最终的目的地查看。

如图 3-10 所示，目的地选项扩展首部使用与逐跳选项扩展首部相同的格式。

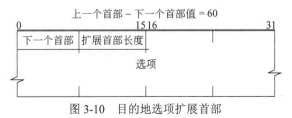

图 3-10　目的地选项扩展首部

3.4.4 路由扩展首部

路由扩展首部为 IPv6 支持严格或宽松的源路由。该首部包含用于中间地址的字段，通过这些地址，IPv6 数据包被转发。路由扩展首部的格式如图 3-11 所示。

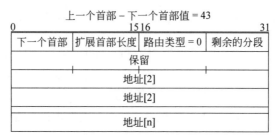

图 3-11　路由扩展首部

该首部的第一个 1 字节字段表明了跟在路由扩展首部后面的下一个首部。扩展首部长度字段定义了该首部的长度，包括所有扩展和选项首部所需的最少 8 字节。除了这个需求之外，该首部没有预设长度。

尽管设计路由扩展首部时是为了能在多种情况下使用，但现在只定义了一个选项：路由类型＝0 的路由选项。该选项就像在办公室里使用一个路由纸片一样使用路由扩展首部。发送方计算好希望数据包在传输路径中要访问的所有路由器，并把它们的地址以一个有序列表的形式放置在逐跳选项扩展首部中，其中最后一个目的地路由器在该列表的最末端。

然后，发送方把要访问的第一个路由器的地址放置到 IPv6 首部的目的地址字段中。转发数据包的中间路由器通常不会查看任何首部中的内容。当数据包到达第一个目的地（第一个路由器）时，该路由器查看数据包，并得到其首部。如果所有都是正确的，该路由器把路由列表中的下一个路由器放置到目的地址字段中，并把它自己的地址放置到该列表的底部。继续这个处理过程，直到数据包到达了最终的目的地。在这样一个列表中，最多可以有 255 个路由器。剩余的分段字段定义了数据包在到达最终目的地之前，还必须访问的剩余路由段数。

出于对安全性的考虑，类型为 0 的路由首部已经弃用了。任何 IPv6 结点，如果接收的数据包，其目的地址含有类型为 0 的路由首部，将不会往下运行，如 RFC 2460 所述，而是把它看作是一个含有未知路由首部类型值的数据包来处理，详见 RFC 5095。

3.4.5 分段扩展首部

正如本章前面所述，IPv6 不支持转发路由分段。所有数据包都看作是设置了一个隐式的不分段位。PMTU 发现处理用于提供具有传输路径所能支持的最大分段。

关于 PMTU 发现的更多信息，请参见本章后面的相关内容。

如果传输设备需要发送比 PMTU 更大的数据包，就使用 IPv6 分段扩展首部。分段扩展首部的格式如图 3-12 所示。

图 3-12　分段扩展首部

除标志字段的使用之外，分段扩展首部的字段与 IPv4 分段字段几乎相同。IPv6 有一个标志字段：更多分段（图 3-12 中的 M 字段）。最后一个分段数据包的标志字段设置为 0，其余分段数据包的标志字段都设置为 1。

源结点可能会把数据包分段，以满足 PMTU 发现所创建的到目的地的网络路径中最小 MTU 的需要。在被源结点分段之前的数据包称为"原始数据包"，它由两个分段组成：不可分段部分和可分段部分。不可分段部分由 IPv6 数据包首部和所有其他扩展首部（包括路由扩展首部或逐跳选项扩展首部）构成。可分段部分就是数据包的其余部分，包括所有只能被目的地结点处理的扩展首部，以及上层首部和数据。

原始数据包的可分段部分可以分成多个分段，每个分段的长度为 8 个八字节。可能出现例外的最后一个分段，它不必遵循这个标准。每个分段由 3 部分组成：不可分段部分、分段首部和分段，如图 3-13 所示。

不可分段部分	分段首部	第一个分段
不可分段部分	分段首部	第二个分段

第二个分段与最后一个分段之间的其他分段

不可分段部分	分段首部	最后一个分段

图 3-13　分段数据包

在每个分段中，不可分段的有效载荷长度从原始数据包的大小改为该分段数据包的长度，减去 IPv6 首部的长度。最后一个首部的下一个首部字段的值改为 44。

分段首部含有下一个首部值，标识了原始首部中可分段部分的第一个首部。它还含有一个分段偏移量，标识的是该分段的偏移量（以 8 位为单位）。该值与原始数据包中可分段部分的起始位置有关。第一个分段的分段偏移量设置为值 0。最后一个分段的 M 标志也设置为值 0，其他分段的 M 标志则设置为值 1。分段首部中最后一个元素是标识符值，它是为原始数据包生成的。

分段长度设置为可以适应传输路径中的最小 MTU，以确保它可以到达目的地结点。

3.4.6　认证扩展首部

认证扩展首部设计为标识数据包的真正来源，以防止地址欺骗和连接窃取。该首部还提供了一个完整性检验，确保数据包的各个部分在传输中不被修改（在路由扩展首部上不会进行认证计算）。此外，认证扩展首部还能在一定程度上抵御**重放攻击**（Replay Attack）。经过配置后，终端设备可以拒绝接收没有经过正确认证的数据包。

认证扩展首部的格式如图 3-14 所示。

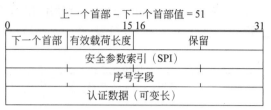

图 3-14　认证扩展首部

认证扩展首部以 1 字节的下一个首部开始，该字段表示的是扩展首部链中的下一个首部。

1 字节的有效载荷字段表示的是位于安全参数索引（SPI）后面的 4 字节词的数量。在接收方，保留字段中的所有位应全设置为 0。SPI 字段含有的值，指向安全参数索引或安全参数表，或者指向安全认证（SA）。SPI 总是一个指向安全认证的指针。

序号字段用于确保接收方能识别网络上的原有数据包。

认证数据字段的内容是基于对有效载荷数据的加密校验和、基本 IPv6 的一些字段以及由已认证设备共享的密文的计算结果。

3.4.7　封装安全有效载荷扩展首部和尾部

由认证扩展首部定义的认证过程并不会对数据加密，也不会保护数据以防止**嗅探攻击**（Sniffing Attack）。数据仍然是其原来的传输格式。应使用封装安全有效载荷扩展首部来对数据进行加密。该首部必须是 IP 首部链中的最后一个，它表示的是加密数据的开始。

封装安全有效载荷扩展首部的格式如图 3-15 所示。

未加密			已加密
IP首部	其他IP首部	ESP首部	已加密数据
安全参数索引（SPI）			
不透明传输数据（可变长）			

图 3-15　封装安全有效载荷扩展首部

封装安全有效载荷扩展首部后跟一个认证校验和，以防止攻击者破坏或裁减已加密数据。已加密参数的确切格式，与所使用的特定加密算法有关。

AH、ESP 与 IPSec

IP 安全性（IP Security，IPSec），是基于 IP 网络的一组附加安全协议，提供了访问控制、无连接完整性、数据初始认证、防止重放攻击等。认证首部（Authentication Header，AH）和封装安全协议（Encapsulating Security Protocol，ESP）是 IPSec 协议族的一部分。AH 标示了数据包的真正来源，防止地址欺骗和连接窃取，还可提供完整性检验，以及在一定程度上防止重放攻击。ESP 提供了基于 IPSec 的加密服务。

在 IPv4 中，AH 可以保护 IP 数据报的 IP 有效载荷和所有首部字段，但有一个例外，由于这些字段是未认证的，因此这些字段在传输过程中可能会被修改。这些字段是 DSCP/TOS、ECN、标志、分段偏移量、首部校验和以及生存时间。

在 IPv6 中，AH 保护认证扩展首部本身，目的地选项扩展首部位于 AH、IP 有效载荷和固定 IPv6 首部后面。AH 还保护 AH 之前的扩展首部（DSP、ECN、数据流标签和跳限制除外）。在第 12 章将学习关于网络安全的更多内容。

3.4.8 超大包

RFC 2675 为 IPv6 数据报建议了另一种类型的特殊服务：即称为**超大包**（Jumbogram）的巨大数据报。标准 IPv6 数据报首部的有效载荷字段为 2 字节长，允许数据报携带 64 KB 数据。超大包使用逐跳选项扩展首部，增加了一个 32 字节的数据报长度字段。这使得数据包可以携带大于 64 KB 的数据，最多可达 40 亿字节。对普通的 Internet 数据链路来说，这么大的数据包是有点可笑的。在主干网和高容量网络中，其链路 MTU 可以是 65 575～4 294 967 295 个八字节，携带少量巨大的数据包，比携带大量的较小数据包有更好的可操作性。超大包允许这些数据链路携带这种大型数据包，而不会损坏 IPv6 光纤。对于那些没有连接到这种大容量 MTU 链路上的 IPv6 网络结点，就不需要实现甚至是理解这个选项。超大包有效载荷选项由跟在 IPv6 首部后面的逐跳选项扩展首部携带。该选项的格式如图 3-16 所示。

选项类型	选项数据长度
超大包有效载荷长度	

图 3-16 超大包有效载荷选项的格式

选项类型字段和选项数据长度字段都为 8 位值。超大包有效载荷长度字段为 32 位值，这等于 IPv6 数据包的长度（以八字节为单位）减去该首部（逐跳选项扩展首部和其他扩展首部除外）。该长度必须大于 65 535。

要使用超大包有效载荷选项，IPv6 首部中的有效载荷长度字段必须为 0。在下面情况下，能理解超大包有效载荷选项的网络结点，将把数据包作为一个超大包来处理：

（1）数据包首部的有效载荷长度字段设置为 0。

（2）下一个首部字段设置为 0，这意味着后面跟的是逐跳选项扩展首部。

（3）链路层分帧表明，在 IPv6 首部的前面有其他的八字节存在。

然后，网络结点将处理逐跳选项扩展首部，以确定超大包有效载荷的实际长度。

超大包有效载荷选项与分段扩展首部是不一致的，因此它们不能在同一个数据包中使用。

通常，上层协议使用有效载荷长度字段来计算校验和伪首部中的上层数据包长度字段的值。当使用超大包有效载荷选项时，上层协议必须使用超大包有效载荷选长度字段来进行该计算。

3.4.9 服务质量

服务质量（Quality of Service，QoS）是指网络能为特定类型的网络数据流量提供更好服务的能力。这是由 IETF 的差分服务工作组负责处理的。差分服务就是服务质量的全部。这个概念很简单：它应可以选择比默认服务级别更好的内容。这必须在某些时间和地点，确保对某些用户的传输、加速传输、非常大带宽的临时分配、低反应时间、最小传输成本

（可能是以快速传输为代价）或其他任意几个特定值。**资源预留协议**（Resource ReSerVation Protocol，RSVP）就是为提高对 Internet 上的动态资源分配的更正式方法而进行的早期尝试。

差分工作组的最新草案建议了两种针对服务质量的基本方法：**逐跳行为**（Per-Hop Behavior，PHB）和**逐域行为**（Per-Domain Behavior，PDB）。正如其名，逐跳行为可应用于传输路径上支持所需服务级别的路由器，它们也可以理解数据包所要求的信令。逐域行为可以到达给定域内的所有跳。对服务质量的决策是在这些域的边缘做出的。成功该域的数据流是以一定的服务质量来进行处理的。在 PDB 中的域可能并不是指实际的 IP 子网，而是以某种统一方法提供质量服务的一组路由器。

多年来，服务质量在 IPv4 中是以某种形式来实现的，但从没有被广泛使用。这其中有很多原因，而不只是由于旧有"默认质量"的 Internet 服务的爆炸式增长所造成的。但是，在很多大型 Internet 运营商的主干网中，服务质量得到了推动，这就要求 IPv6 在部署成实用网络之前，在服务质量方面应达到比较成熟。

3.4.10　路由器警告与逐跳选项

IPv6 意识到了当前对差分服务质量的较低要求，并采取了积极对策，它也在以平稳的方式为逐步适应而做准备。IPv6 首部删除了与服务质量有关的所有字段（在 IPv4 首部中携带了这些字段）。IPv6 允许以灵活的方式使用选项首部（例如加逐跳选项扩展首部、路由扩展首部和目的地选项扩展首部），从而实现当前和今后的服务质量需求。通过从基本 IPv6 首部中删除这些字段（基本 IPv6 首部是每个路由器必须查看的），IPv6 提高了 Internet 上对默认质量服务的处理速度。通过使所创建的首部在 Internet 传输时，被传输路径上的所有跳或部分选定的跳才处理它，IPv6 就可以创建各种能被服务质量协议使用的工具，以获得对逐跳行为和逐域行为的精确控制。

RFC 2711 在逐跳选项扩展首部中定义了路由器警告选项。路由器警告选项告诉中间路由器去查看数据包以获得重要信息。如果该选项不存在，路由器就假定对那些不是直接发送给它们的数据包所含有的内容不感兴趣，应正常地将它们转发。含有 RSVP 指令的 IPv6 数据包必须使用在逐跳选项扩展首部中使用路由器警告选项。路由器警告选项如图 3-17 所示。

| 000 | 00101 | 00000010 | 值（2个八字节） |

长度=2

图 3-17　逐跳选项扩展首部中的路由器警告选项

路由器警告选项的第一个字节是选项类型字段。注意，选项类型字段的前 3 位全设置为 0。前 2 个 0 表示，"如果你不理解这个选项，忽略它，继续处理该首部的其余内容"。这 3 个 0 的最后一个表示，"路由器不能修改该选项中的数据"。选项类型字段的其余 5 个字节等于 5（即二进制值 00101）表示该选项是逐跳选项。

该选项的第二个字节是选项数据长度字段。路由器警告选项的"有效载荷"只有 2 个八字节长，因此，该字段设置为 2（表示为 8 位的二进制数，就是 00000010，如图 3-17 所示）。

在 RFC 2711 中只为路由器警告选项定义了 3 种可能的值，如表 3-6 所示。

其他位留给 Internet 编号分配机构（IANA）进行分配。

表 3-6　IPv6 路由器警告选项的可能值

值	含　义
0	数据报含有一个多播侦听者发现消息
1	数据报含有一个 RSVP 消息
2	数据报含有一个主动网络消息

3.5　IPv6 MTU 与数据包处理

从第 1 章可知，MTU 就是在网络路径上所能传输的最大数据包。如果要发送给定量的信息，那么数据包越大，所需要的数据包数量就越少。MTU 不能比在网络上所有结点中能成功传输的数据包更大。换句话说，要发送的数据包中的最大 MTU，不能超过网络链路中的最小 MTU。

第 4 章将学习数据包的组装、路由、分段和重装，本节的内容是该章内容的基础。

RFC 1981 定义了一种称为**路径 MTU**（Path MTU，PMTU）**发现**的机制，IPv6 用于发现任意网络路径中的 MTU。IPv6 结点运行 PMTU 发现来了解哪些网络路径具有比最小链路 MTU 更大的值。网络路径发现，且 MTU 数据包大小设置好后，数据包仍然可以通过不同的路径来进行路由，数据包可能还会遇到无法管理该 MTU 大小的网络结点。当某个结点遇到一个太大的数据包而无法转发时，它将丢弃该数据包，并给源结点发送回一个 ICMPv6 数据包太大（ICMPv6 Packet Too Big）消息。当源结点接收到该消息时，它将调整 MTU 大小，然后重新传输数据。该结点可能接收到大量的数据包太大消息，直到所有数据包都成功穿过了该网络路径。最小 MTU 大小为 1280 字节。图 3-18 显示了基本的 PMTU 发现过程。源结点发现网络路径中的最小链路 MTU，然后在传输之前，按 PMTU 设置数据包 MTU 的大小。

图 3-18　源结点使用 PMTU 发现来确定网络路径中的最小链路 MTU

在任意给定的时间点，PMTU 发现为网络中从源结点到目的地结点之间的任意路径创建 PMTU。网络条件的改变，将使路由拓扑也发生改变，从而使得源结点知道预期的 PMTU 路径已不再可用了。发送给源结点的数据包太大消息可以告诉源结点，PMTU 减少了，源结点将相应地修改 MTU 大小。

PMTU 发现还可以确定 PMTU 是否增大了，或者说是否可以容纳更大的 PMTU。源结点通过定期地增加 MTU 大小来实现这点。如果这些数据包被成功接收，那么这个发现过程就是成功的。如果没有成功接收，那么源结点将接收到数据包太大消息，从而减小 MTU。理想情况下，所有 IPv6 结点都应初始化 PMTU 发现。但是，最小型的 IPv6 实现可能会选择跳过这个过程。在这种情况下，PMTU 发现将使用最小的 MTU（如 RFC 1981 所定义的）来发送数据。这使得所要传输的数据包数量更多，因为使用的是最小数据包，从而浪费网络资源，并且降低了网络吞吐量。

区分链路 MTU 与 PMTU 很重要。链路 MTU 是指在一条链路上，能以一个单元进行传输的最大数据包（以八字节为单位）。PMTU 是指在源地址与目的地址之间的路径中，所有链路中的最小链路 MTU。换句话说，PMTU 就是在构成网络路径的管道链中最小的那条管道。

PMTU 发现支持多播和单播传输，但会出现一些问题。PMTU 发现会设置好要传输给所有不同多播目的地的数据包的副本，即使每个目的地具有不同的 MTU 也是如此。这很可能导致源结点将接收到多个数据包太大消息，每个消息报告一个不同的下一跳 MTU。在这种情况下，MTU 的大小不是随机的，它往往是要传输该数据包的所有路径中最小的 PMTU。

MTU 发现的一个有趣特征是，即使源结点知道它与目的地结点是直接连接的，也将运行 MTU 发现。这的确是一个优点，因为有时候，路由器可能用作为目的地的一个代理，因此，它们之间的距离不止一跳远，尽管从源结点的角度来看，源结点与目的地结点是在同一条链路上。

除数据包太大消息外，ICMPv6 还提供了如表 3-7 所示的一些信息和错误消息。

表 3-7　ICMPv6 消息类型

ICMPv6 消息	含　义
目的地不可达到	当数据包由于某些原因（不是网络拥塞）不能达到目的地址时
参数问题	可能来自于数据包路径中的任何结点，它们无法处理 IPv6 数据包首部中的某个字段
超时	可能来自于路径中的任何路由器，当数据包的跳限制字段减为 0，或者数据包在分配的时间段里没有到达目的地时，将发送该消息

ICMPv6 是在 IPv6 数据报中传输的，该数据报在下一个首部字段中的含义值为 58。回响请求（Echo Request）和回响回复（Echo Reply）消息用于诊断，使用组成员查询、组成员缩减和组成员报告消息，可以把有关多播组成员的消息从网络结点发送到邻居路由器。

3.6　IPv6 的上层协议校验和

在校验和的计算中，任何含有来自首部的地址的上层协议，都必须包含 128 位的 IPv6 地址。当在 IPv6 上运行 UDP 时，校验和是必需的，且使用伪首部来模拟实际的 IPv6 首部。图 3-19 显示了 IPv6 伪首部。

源地址	
目的地址	
上层数据表协议	
零	下一个首部

图 3-19　IPv6 伪首部

在 IPv6 数据包中，源地址字段含有最初的地址。如果 IPv6 数据包含有路由扩展首部，那么目的地址字段就是该数据包的最终地址。如果没有路由扩展首部，那么目的地址字段就是 IPv6 数据包的路由扩展首部。下一个首部含有上层协议的值，例如，对于 TCP，该值为 6，对 UDP，该值则为 17。如果在 IPv6 与上层首部之间有一个或多个扩展首部，那么该值就与 IPv6 数据包中下一个首部字段的值不同。

上层数据包长度字段含有上层首部加上相关数据的长度。UDP 会携带自己的长度信息，而 TCP 则不。对于 TCP，该字段的值为从 IPv6 首部中获得的有效载荷长度（不包括 IPv6 与上层首部之间可能存在的任何扩展首部的长度）。

UDP 上层协议可用于在网络上携带各种不同的信息，包括 DHCPv6 地址分配请求和响应。

由于 UDP 校验和不是可选的（如在 IPv4 中的那样），源网络结点必须为数据包和伪首部计算校验和。如果结果为 0，那么该值就修改为十六进制值 FFFF，并插入到 UDP 首部中。接收结点则会丢弃校验和为 0 的 UDP 数据包，并在日志文件中记录一个错误。

当上层协议为上层数据计算最大的有效载荷大小时，它想当然地认为 IPv6 首部的大小（因为 IPv6 的地址空间更大）大于 IPv4 首部。同样，IPv4 与 IPv6 在数据包的最大生存期上也有所不同。例如，IPv6 并不必像 IPv4 那样要求确保数据包的最大生存期（这是跳限制与 TTL 字段之间的差别之一）。然而，IPv4 的这个"局限性"很少得到提高，因此，IPv4 与 IPv6 之间的数据包生存期并没有产生太多引人注目的差别。

ICMPv6 在其校验和计算中包括了伪首部，这是 IPv4 与 IPv6 之间的另一个差别，因为 ICMPv4 并不会在伪首部上进行该计算。ICMPv6 进行这种计算，是为了防止 IPv6 首部中与校验和有关的字段被误送或被破坏。这些字段并不像 IPv4 的相应部分那样被 Internet 层的校验和计算所包含。

由于有关校验和的多数讨论都是集中在上层协议和特定的 UDP 上，因此有必要简要介绍一下 UDP 和 TCP，因为这两种协议是作用于 OSI 模型中的传输层上。

UDP 是一种无连接协议，运行在 IP 网络的顶部，提供很少的错误检测、流控制和恢复服务。因此，UDP 被认为是"不可靠的"，但它速度快，可用于数据必须迅速传输且不允许延时的情况下，例如音频流和视频流。这意味着，如果使用 UDP 传输的数据包丢失，将无法恢复它们及其数据。当使用 UDP 传输时，主要关心的是数据必须快速传输。

TCP 是 Internet 上的事实传输协议，是一种面向连接的协议。这意味着 TCP 是"可靠的"，可以保证数据的传输。为此，在传输信息之前，会先在源结点与目的结点之前协商并创建一个连接。TCP 使用流控制，以确定数据包何时丢失了，需要再次发送。流控制会限制源结点发送数据的速率，以保证可靠的传输。目的地结点通知源结点它能接受的数据接收速率。如果目的地的缓冲区填满，发送方将停止数据传输，并且在后继确认消息中，目的地结点发送其"窗口大小"为 0。使用 TCP 进行传输的信息不允许丢失，发送方与接收方宁愿牺牲速度以换取安全传输。使用 TCP 进行传输的常见协议包括文件传输协议（FTP）、POP3 和 SMTP。

 第 9 章将详细学习 TCP 和 UDP。

3.7　IPv6 首部结构与 IPv4 首部结构

至此你已经明白了，很有必要把 IPv4 更新到 IPv6，包括数据包首部结点，但 IPv6 首部都有哪些改进呢？不谈别的，仅 IPv6 首部就大得多，比 IPv4 数据包大 24 个字节，主要是为了容纳更大的地址空间。这就是说，基本 IPv6 数据包看起来没有基本 IPv4 数据包那样"杂乱"。图 3-20 显示了这两种不同数据包。

版本4	IHL	服务类型	总长度	
标识符			标志	分段偏移量
生存时间		协议	首部校验和	
源地址				
目的地址				
选项			填充位	

IPv4首部

版本	流量类型	流标签	
有效载荷长度		下一个首部	跳限制
源地址			
目的地址			

IPv6首部

图 3-20　IPv6 与 IPv4 数据包的结构比较

现在，你明白了这两种数据包的不同，下面来比较一下 IP 数据包的这两个版本。

3.7.1　IPv4 与 IPv6 首部比较

如前所述，尽管 IPv6 数据包要大得多，但其结构并不那么复杂，从而使得其处理更加高效。一个明显的区别是，IPv6 数据包并不需要进行校验和计算。因为这已由 OSI 模型的第 2 层负责，在第 3 层进行校验和计算就是多余的了，因此 IPv6 首部去除了这个需求。唯一的不足是，如果出现了路由器错误，数据包将丢失，在数据包中包含了无效的数值。

通常，IPv6 首部的跳限制字段替代了 IPv4 首部的 TTL 字段，这是有原因的。TTL 字段计算的是时间而不是跳，因此把每跳看作是一秒。需要首先进行从秒到跳的计算，然后再进行从跳到秒的计算。跳限制字段使用的是跳，因此简化了处理过程。

根据所含有的选项以及所要求的首部长度字段，IPv4 的长度可以是可变的。由于使用了扩展首部，IPv6 首部保持为 40 字节的固定长度。IPv6 首部长度是在数据字段中表示的。

在 IPv6 中，数据包分段只能由源结点和目的地结点负责，路由器不负责 IPv6 数据包的分段（不像 IPv4 那样）。IPv6 数据包大小是由源结点使用路径 MTU 发现来确定的，因此，数据包的分段是在传输之前进行的。

表 3-8 归纳了 IPv4 与 IPv6 首部之间的总体差异。

表 3-8　IPv4 与 IPv6 首部的差异

IPv4	IPv6
IPv4 首部含有一个校验和	IPv6 首部无校验和
IPv4 首部不会为路由器管理的质量服务标识数据包流	IPv6 首部使用流标签字段为路由器管理的质量服务标识数据包流
IPv4 首部含有一个可选字段	IPv6 首部不负责管理各种选项字段，所有选项字段由扩展首部负责管理
ICMPv4 路由器发现用于确定到目的地址的最佳默认网关，但这个操作是可选的	ICMPv6 路由器请求和路由通告消息用于发现到目的地址的最佳默认网关，这个操作是必需的
IPv4 必须支持 576 字节的数据包大小，该数据包可以分段	IPv6 必须支持 1280 字节的数据包大小，该数据包不分段
数据包由源结点和路由器进行分段	数据包只能由源结点进行分段
TTL 按时间函数（一秒等于一跳）减少数据包的跳数	跳限制按距离函数减少数据包的跳数

IPv4 与 IPv6 数据包一般是不兼容的。能很好操作 IPv4 的网络硬件和软件，根本就无法操作 IPv6 数据流。这是本地网络和全局网络转换到 IPv6 的主要障碍之一。不可能一步就把整个网络环境（尤其是 Internet）从 IPv4 转换到 IPv6 硬件和软件平台。在转换的某些地方，这两种版本的 IP 必须同时存在于相同的基础设施中。

3.7.2　从 IPv4 转换到 IPv6 的小结

从 IPv4 转换到 IPv6 的完整讨论超出了本书的范围，这里简要讨论一下 IPv4 与 IPv6 是如何"相互操作"的。例如，RFC 3056"通过 IPv4 云连接 IPv6 域"描述了一种可选方法，IPv6 站点无须设置隧道，就可以在 IPv4 网络上与另一个 IPv6 站点进行通信。这种机制把 IPv4 广域网（WAN）看作为一个单播的点对点链路。记住，这只是一种临时解决方案。一旦到 IPv6 的最终转换完成，IPv4"云"就没有再存在的必要了。

这种方法的常见名是"6to4"，有时也称为"6to4 隧道"（在一定程度上来说，这是一种误称，因为无须显式的隧道设置）。6to4 可用于单个 IPv6 结点或本地 IPv6 网络。使用 6to4 的单个结点必须具有连接到该结点的全局 IPv4 地址，该结点要求为所发送的所有 IPv6 数据包提供 IPv4 封装，以及为所接收的所有数据包提供拆封服务，即把 IPv4 封装从 IPv6 数据包中剥离掉。这些结点的地址可以通过自动配置来提供，无须手工配置。结点地址的前 16 位告诉所有 6to4 路由器，它可以接收 IPv4 网络上的封装数据包。

6to4 容易错误地配置网络结点，导致糟糕的性能，例如较长的重传延时或整个连接失败。因此，RFC 6343 为 6to4 部署的最佳应用发布一个建议说明。早期，鼓励通过 6to4 解决方案来采用 IPv6 的常见问题之一是，6to4 的使用对用户和（有时）第一线的帮助桌面支持来说是透明的。对使用启用了 IPv6 的 PC 的用户，当他们调用本地帮助桌面时，有时候会告诉他们禁用 IPv6 实现，从而使得在 IPv4 网络上使用 IPv6 的所有努力付之东流。6to4 建议文档有望纠正这个问题。

传输延时转换器（Transport Relay Translator，TRT）允许 IPv6 网络结点与 IPv4 网络结点之间发送和接收数据流。使用 TRT 的好处是，无须对 IPv6 和 IPv4 结点进行任何特别的配置，它们就可以进行上层协议数据的交换。但是，也有一些不足。TRT 只能用于双向数据流。它还需要在通信结点之间保持稳定。在这方面，TRT 的工作原理在一定程度上类似于 NAT，因为传输层连接必须穿过一个 TRT 系统，表示一个失败点。RFC 3142 "IPv6-IPv4 传输延时转换器"是一个描述 TRT 以及如何使用当前现有技术来实现它的信息文档。但是，该文档并没有指定所用的特定协议。尽管理想情况是数据流应该是双向的，但 RFC 3142 只描述从 IPv6 源到 IPv4 目的地的通信。

这里介绍的问题和潜在的解决方案，不仅体现了从 IPv4 到 IPv6 转换的困难，而且展示了 IPv4 与 IPv6 的不兼容性。本章详细介绍了 IPv4 与 IPv6 数据包首部之间的差异，尽管 IPv6 的进展是广泛的，而且非常需要，但无论是全球网络工业界的领导者，还是网络管理员和从事商业解决方案的工程师，都必须有转换到 IPv6 的极大决心。

 第 10 章将详细介绍从 IPv4 到 IPv6 的转换。

本章小结

- 几十年来，IPv4 首部字段都是在网络上提供可靠发送和接收数据的方法。IPv4 首部定义了版本字段和首部长度字段，服务类型字段描述了所期望的服务质量的参数。由于 IPv4 数据包长度是可变的，因此必须对数据包的总长度（以八字节为单位）进行定义。数据包首部含有一个标志字段，用于控制数据，生存时间字段用于度量跳数（以时间而不是距离为单位）。首部校验和字段用于错误检测，并且在每次转发数据包时，都将重新计算。源地址字段和目的地址字段为 32 位的，选项字段含有各种特殊处理选项和填充位。

- IPv6 首部结构比 IPv4 简单多了，但它可完成相同的基本功能，即从源结点到目的地结点之间进行可靠数据传输。流量类型字段用于告诉路由器，数据包是否拥有特殊类型或优先级。数据流标签字段用于由路由器为实时应用程序或非默认质量服务进行特殊处理请求。有效载荷长度字段标识了数据包的整个长度（包括扩展首部），下一个首部字段用于标识紧跟在该 IPv6 首部之后的首部，指向的是第一个扩展首部。跳限制字段取代了 IPv4 首部的 TTL，以距离而不是时间为单位来度量跳数。源地址字段和目的地址字段为 128 位长。

- IPv6 扩展首部用于为 IPv6 数据包增加一些特殊的功能，它们的使用是可选的。这些扩展首部替代了 IPv4 首部的选项字段，使得 IPv6 首部仍然是轻便的，并具有固定的长度。IPv6 扩展首部必须按特定的顺序出现：逐跳选项扩展首部、目的地选项扩展首部、路由扩展首部、分段扩展首部、认证扩展首部以及封装安全有效载荷扩展首部。

- 逐跳选项扩展首部携带的数据可以影响网络路径上的路由器，这些数据有诸如特定路由指令等。目的地选项扩展首部对 IPv6 首部进行扩展，以支持数据包处理和优先选择。如果扩展首部正好位于路由扩展首部且（或）正好位于上层首部之前，目的地扩展首部才能在 IPv6 首部中出现两次。路由扩展首部支持严格或松散的源路由，包含有中间地址字段。只有当源结点需要发送比 PMTU（由 PMTU 发现决定）更大的数据包时，才需要拆分扩展首部。认证扩展首部通过指定数据包的真实地址，防止欺骗和连接窃取。ESP 扩展首部和尾部用于加密数据，因为认证扩展首部没有进行加密。

- 超大包是 IPv6 数据包的一种特殊服务类型，它可用逐跳选项扩展首部来为数据包添加另外一个数据包长度字段。默认情况下，有效载荷长度字段为 2 字节长，允许数据包携带长达 64 KB 的数据。超大包可以携带 64 KB 到 40 亿字节的数据，在一般的网络链路上，这也许是有些疯狂，但在主干网或其他大容量路径上，它可以提供非常重要的操作优势。

- IPv6 MTU 发现（在技术上，即是 PMTU 发现）就是源结点发现到目的结点的具有最大 MTU 的路径，可以支持并相应地设置 IPv6 数据包的大小。这使得不再需要分段了，尤其是对源结点与目的地结点之间的路由器。如果数据包遇到一条不能支持 PMTU 大小的路径时，将丢弃这个数据包，并发送一条数据包太大消息给发送结点。该结点将相应地调整数据包大小，并重新传输。一些小型的 IPv6 环境并不使用 MTU 发现，而是发送所能支持的最小数据包。由于要使用更多的数据包，这会浪费网络资源。

- 当在 IPv6 上运行 UDP 时，上层校验和是必需的（在 IPv4 是可选的），并使用伪首部来模拟实际的 IPv6 首部。伪首部含有源地址字段和目的地址字段。如果 IPv6 首部含有路由信息，那么目的地址字段就是数据包的最终目的地。上层数据包长度字段含有上层首部加上相关数据的长度。零字段含有上层协议的值，例如，对 TCP 该值为 6，对 UDP 该值则为 17，下一个首部字段的值根据是否使用了扩展首部而做相应的改变。

- 尽管 IPv6 首部比 IPv4 首部大很多，这主要是因为 IPv6 的地址空间要大得多。IPv6 首部具有更少的字段，具有 40 个八字节的固定大小，使得它们比 IPv4 首部更加流线化。IPv4 首部有一个选项字段，所有自定义都在此添加，使得首部大小是可变的，而 IPv6 首部的选项都是由可选的扩展首部负责管理。同样，在 IPv6 首部中没有校验和，因为校验和是由上层协议负责管理的。这使得 UDP 校验和的计算是必需的，而不是可选的，对 IPv4 首部，校验和计算则是可选的，它是使用伪首部来完成的。IPv4 使用 TTL 字段来计算跳数，但它是以秒来计算跳数，而不是以一个结点到下一个结点之间的移动单位来计算。IPv6 使用跳限制字段来处理跳数（以距离而不是时间为计算单位）。IPv6 数据包不会像 IPv4 数据包那样分段，而是使用 MTU 发现来设置源结点的 IPv6 数据包的大小，然后通过一条能支持 MTU 大小的路径来发送它们。

- IPv4 和 IPv6 数据包首部之间的差异表明了这两种协议之间的不兼容性，并加重了把全球互联网基础设施转换到 IPv6 的困难性。已经建议了一些中间解决方案，主要是 6to4 解决方案，该解决方案通过把 IPv6 数据包封装在 IPv4 中，使得 IPv6 结点可以在 IPv4 网络上与另一个 IPv6 结点相互通信。还可以使用传输延时转换器（TRT）来发送上层协议数据，例如，IPv6 源结点的 TCP 或 UDP 发送到 IPv4 目的地结点，以及从 IPv4 源结点到 IPv6 目的地结点。

习题

1. 在 IPv4 数据包首部中，下面哪个是由 Internet 首部长度表示的？
   a. IPv4 数据包的长度   b. IPv4 首部的长度
   c. IPv4 首部的长度减去选项长度   d. IPv4 数据包的长度减去选项长度

2. 在 IPv4 首部的服务类型字段中，优先级位的作用是什么？
   a. 路由器使用优先级来给通过路由器队列中的数据流量排列优先级
   b. MTU 发现使用优先级来为链路 MTU 调整数据包大小
   c. 路由器使用优先级来遵循特定的路径类型
   d. 上层协议使用优先级来进行错误检测

3. 使用差分服务代码点（DSCP）标识符，终端结点或边界设备（例如路由器）可以对 IPv4 数据流量进行优先级排列，并根据该值将数据流量排队并转发。DSCP 加速转发（EF）确保路由器加速数据包的转发，不会降低优先级值。下面哪个最需要 DSCP EF？
   a. E-mail   b. 即时通信   c. VoIP   d. Web 浏览

4. 在 IPv4 数据包首部，标识符字段含有每个数据包的唯一标识符。然而，数据包有时候会被路由器进一步分段，使得它可以穿过支持更小数据包大小的网络。如果数据包被进一步分段，那么数据包首部中标识符字段的值会发生什么变化？
   a. 数据包的唯一标识符保持不变，但对每个分段，将在原始值后面添加一个后缀
   b. 数据包的唯一标识符保持不变，但对每个分段，将在原始值后面添加一个前缀
   c. 原始数据包的唯一标识符被丢弃，每个分段的标识符字段中插入一个全新的标识符
   d. 原始数据包的每个分段在首部标识符字段中保留原始的标识符

5. IPv4 首部的标志字段可以根据分段的需求，设置为不同值。关于该字段的设置，下面哪句话是正确的？
   a. 可以设置该值以允许更多分段而不是禁止分段
   b. 可以设置该值以禁止分段而不是更多分段
   c. 可以设置该值，根据网络的需要，以允许更多分段或禁止分段
   d. 该值只能设置为保留的（位 0），无其他可选值

6. 如果数据包是一个分段，那么就使用 IPv4 首部的分段偏移量字段，以显示当分段重构时，应放到数据包的哪个数据位置中。请问正确与否？

7. IPv4 的生存时间（TTL）字段表示了数据包的剩余时间（定义为穿过路由器的距离或跳数）。请问正确与否？

8. IPv4 协议字段含有的是下一个协议的值。对于这个字段，下面哪些协议是合法的？（选出所有正确的选项）

    a. EGP　　　　　　　b. ICMP　　　　　　　c. NAND　　　　　　d. OSPF

9. IPv4 首部的校验和字段的基本功能是什么？

    a. 提供对 IP 首部（校验和字段除外）的内容的错误检测

    b. 提供对 IP 数据包（首部除外）的内容的错误检测

    c. 提供对 IP 首部（包括校验和字段本身）的内容的错误检测

    d. 提供对 IP 数据包（校验和字段除外）的内容的错误检测

10. IPv4 数据包首部的源地址字段中可以包含哪种地址类型？

    a. 任播　　　　b. 广播　　　　　　　c. 多播　　　　　　　d. 单播

11. IPv4 首部的选项字段提供了另外的 IP 路由控制。该选项必须在下面哪个边界结束？

    a. 2 字节边界　　　b. 4 字节边界　　　　　c. 8 字节边界　　　　d. 16 字节边界

12. 对 IPv6 首部的流量类型字段，优先级字段起到什么作用？

    a. 它允许应用程序根据优先级来区别处理各种流量类型

    b. 它允许转发路由器区分不同的数据包流

    c. 它允许上层协议在流量类型字段中插入一个值

    d. 它为差分服务保留流量类型字段的最后 4 个位

13. IPv6 首部中的哪个字段进行数据包分类，以标识数据包的数据流（如果它是数据流的一部分）？（选出所有正确的选项）

    a. 目的地址字段　　　　　　　　　　　b. 数据流标签字段

    c. 跳限制字段　　　　　　　　　　　　d. 源地址字段

14. IPv6 首部的下一个首部字段指向数据包的第一个扩展首部（如果该数据包有一个或多个扩展首部。如果有多个扩展首部，如何标识该扩展首部？

    a. 下一个首部字段指向第一个扩展首部，如果还有其他扩展首部，然后指向后继扩展首部

    b. 下一个首部字段指向第一个扩展首部，如果还有其他扩展首部，那么第一个扩展首部就使用它自己的下一个首部字段指向下一个扩展首部

    c. 下一个首部字段指向第一个扩展首部，如果还有其他扩展首部，这些扩展首部使用在自己下一个首部字段中的值来说明自己

    d. 下一个首部字段指向第一个扩展首部，如果还有其他扩展首部，已封装的高级协议含有一个指向所有后继扩展首部的引用

15. RFC 2460 定义了扩展首部的出现顺序。如果有，下面哪个扩展首部应首先出现？

    a. 认证扩展首部　　　　　　　　　　　b. 目的地选项扩展首部

    c. 逐跳选项扩展首部　　　　　　　　　d. 路由扩展首部

16. 下面哪个扩展首部可以在 IPv6 数据包中出现多次？

    a. 认证扩展首部　　　　　　　　　　　b. 目的地选项扩展首部

    c. 逐跳选项扩展首部　　　　　　　　　d. 路由扩展首部

17. 对于 IPv6 的逐跳选项扩展首部，下面哪个是合法的建议选项？

    a. 超大包大型有效载荷选项　　　　　　b. 中间地址选项

  c. 跳限制选项　　　　　　　　　　　　d. 最小分段大小选项

18. 什么时候对目的地选项扩展首部进行加密？

  a. 当它早于数据包出现时　　　　　　b. 当它晚于数据包出现时

  c. 当其值大于 0 时　　　　　　　　　d. 当它出现在逐跳选项字段之前时

19. 目前，路由扩展首部设计为只使用一个选项。它使用的是哪个选项？

  a. 路由地址 = 0　　　　　　　　　　b. 路由下一跳 = 0

  c. 路由引用 = 0　　　　　　　　　　d. 路由类型 = 0

20. 何时使用分段扩展首部？

  a. 当传输设备需要发送比 PMTU 更小的数据包时

  b. 当传输设备需要发送比 PMTU 更大的数据包时

  c. 当传输设备需要发送与 PMTU 相当的数据包时

  d. 当传输设备需要发送一个"不分段"消息给转发路由器时

21. 认证扩展首部是如何指定 IPv6 数据包的真正原始地的？

  a. 通过包含一个发送主机的用户名和密码的加密副本

  b. 通过防止地址欺骗和连接窃取

  c. 通过拥有一个 IPv6 主机地址的真实副本（二进制格式）

  d. 通过防止 ESP 扩展首部的数据破坏

22. 可以理解超大有效载荷选项的网络结点，在哪种情况下，可以把一个数据包作为超大包来处理？

  a. 数据包首部的有效载荷长度字段设置为大于 0

  b. 下一个首部字段设置为大于 0

  c. 链路层分帧表明，在 IPv6 首部之外还存在有其他的八字节

  d. 有分段扩展首部存在时

23. 一旦 PMTU 发现为 IPv6 数据包设置了 MTU 并开始发送时，如果路径中的链路 MTU 减少，或者对数据包 MTU 来说太小了，转发结点是如何管理数据包的？

  a. 转发结点丢弃数据包，并给发送结点发送一个 ICMPv6 数据包太大消息

  b. 转发结点丢弃数据包，并给发送结点发送一个 ICMPv6 重发数据包消息

  c. 转发结点执行 PMTU 发现来定位一条可容纳当前 MTU 大小的路径，然后沿这条路径转发该数据包

  d. 转发结点把分段扩展首部的值从"不分段"改为"分段类型 = 0"，然后修改 MTU 大小以适应减少的链路 MTU

24. 当在 IPv6 上运行 UDP 时，校验和是必需的，且用伪首部来模拟实际的 IPv6 首部。如果有路由扩展首部，伪首部的结果是什么？

  a. 目的地址字段中的地址是最终的目的地址

  b. 目的地址字段中的地址是 IPv6 数据包中的某一个

  c. 下一个首部字段含有上层协议的值

  d. 上层数据包长度字段含有上层首部的长度加上相关数据的长度

25. IPv6 数据包首部比 IPv4 数据包首部大很多，尽管这样，但 IPv6 首部结构并没那么复

杂。导致数据包大小增加的主要原因是什么？

a. 更大的 IPv6 地址空间

b. 由于增加了扩展首部

c. 对于使用了 UDP 上层协议的 IPv6 数据包首部，必须进行校验和计算

d. 跳限制字段对跳数的度量是以距离而不是以时间为单位进行的

动手项目

下面的动手实践项目假设你正工作于 Windows 7 或 Windows 10 环境下，而且必须已经安装了 Wireshark 软件。

动手项目 3-1：使用 Wireshark 软件查看 IPv4 数据包首部

所需时间： 20 分钟。

项目目标： 学习使用 Wireshark 软件查看 IPv4 数据包的首部。

过程描述： 本项目介绍如何捕获网络上的一个数据包，选择一个特定的数据包，查看该数据包的 IPv4 首部。你可以捕获自己的数据进行分析，或启动 Wireshark 软件，打开从本书配套网站上下载的文件 IPv4Fields.pcap，直接跳到第（8）步。

（1）启动 Wireshark 软件（单击"开始"，指向"所有程序"，然后单击 Wireshark。也可以单击"开始"，在"运行"对话框中输入"Wireshark"，然后单击"确定"按钮）。

（2）单击 Capture 菜单，然后单击 Interfaces 菜单项，出现 Capture Interfaces 窗口。

（3）可能会显示有多个网卡，选定一个在 Packets 栏显示了实时数据包的网卡，然后单击 Start 按钮，出现 Capturing 窗口。

（4）打开一个命令提示符窗口（单击"开始"按钮，在"运行"对话框中输入 cmd，然后单击"确定"按钮）。

（5）ping 本地网络中的计算机 IPv4 地址。

（6）在命令提示符窗口中输入 exit 命令并按 Enter 键，关闭命令提示符窗口。

（7）在 Wireshark 软件中，单击菜单栏上的 Capture，然后单击 Stop（或者单击工具栏上的 Stop 图标）。

（8）在数据包列表面板（上部面板）中选择一个 TCP 数据包。

（9）在数据包详细内容面板（中部面板），展开 Internet Protocol Version 4，如图 3-21 所示。

（10）查看 Version 和 Header lenght 字段的值。

（11）展开 Differentiated Services Field，查看 Total Length 和 Identification 字段的值，然后再收起它。

（12）展开 Flags，查看 Fragment Offset、Time to Live 和 Protocol 字段的内容，然后再收起它。

（13）展开 Header checksum 字段，查看其内容，然后再收起它。

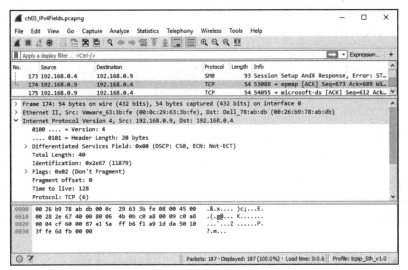

图 3-21　选择 IPv4 协议以查看 IPv4 数据包首部

（14）查看 Source 和 Destination 字段。

（15）根据指导教师要求是否保存该捕获文件，然后关闭 Wireshark 软件。

动手项目 3-2：使用 Wireshark 软件查看 IPv6 数据包首部

所需时间：20 分钟。

项目目标：学习使用 Wireshark 软件查看 IPv6 首部。

过程描述：本项目介绍如何捕获网络上的一个数据包，选择一个特定的数据包，查看该数据包的 IPv6 首部。你可以捕获自己的数据进行分析，或启动 Wireshark 软件，打开从本书配套网站上下载的文件 IPv6Fields.pcap。

（1）启动 Wireshark 软件。

（2）单击 Capture 菜单，然后单击 Interfaces 菜单项。

（3）选定一个网卡，然后单击 Start 按钮。

（4）打开一个命令提示符窗口（单击"开始"按钮，在"运行"对话框中输入 cmd，然后单击"确定"按钮）。

（5）ping 本地网络中的计算机 IPv6 地址。

（6）在命令提示符窗口中，输入 exit 命令并按 Enter 键，关闭窗口。

（7）在 Wireshark 中，单击菜单栏上 Capture，然后单击 Stop（或单击工具栏上的 Stop 图标）。

（8）要使用 Wireshark 的 IPv6-only 显示过滤器，在 Filter 工具栏上打开 Filter 下拉菜单，选择 ipv6 或 icmpv6 或 dhcpv6，然后单击 Apply。图 3-22 是一个只显示 IPv6、ICMPv6 和 DHCPv6 数据流量的示例。

（9）单击数据包列表面板（上部面板）中的任一个 IPv6 地址。

（10）在数据包详细内容面板（中部面板），展开 Internet Protocol Version 6，如图 3-23 所示。注意，Version 字段显示的是 Version 6（0110 = Version 6）。

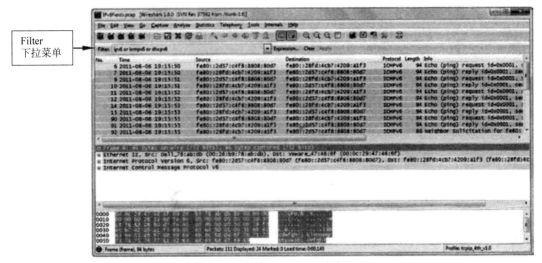

图 3-22　应用 Wireshark 过滤器

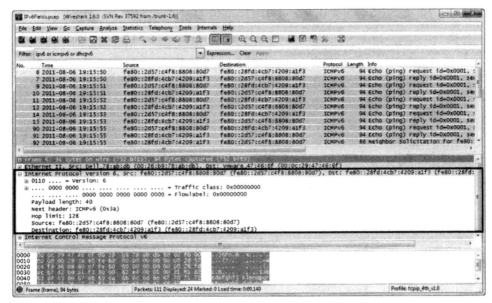

图 3-23　在 Wireshark 中查看 IPv6 数据包首部

（11）展开 Traffic Class 字段，查看其内容，如图 3-24 所示。查看完成后再收起它。

（12）查看 IPv6 首部的其他字段，包括 Payload Length、Next Header、Hop Limit、Source 以及 Destination 等字段。

（13）收起 Internet Protocol Version 6。

（14）如果你在本项目中捕获了数据包，那么可以单击 File，然后单击 Save As。使用位于对话框顶部的 Save in 下拉列表框，导航到你要保持数据文件的文件夹。在文件名字段中输入 ch03_IPv6Fields。从 Save as type 下拉列表框中选择 Wireshark/...-pcapng 来保存为.pcapng 格式。单击 Save。

（15）关闭 Wireshark 软件。

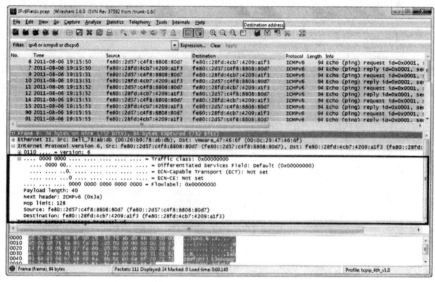

图 3-24 查看 IPv6 首部的 Traffic Class 字段

动手项目 3-3：在 Wireshark 软件中查看 IPv6 上层协议

所需时间：15 分钟。

项目目标：学习使用 Wireshark 软件查看 IPv6 上层协议。

过程描述：本项目介绍如何查看 IPv6 首部数据及其上层协议。

（1）启动 Wireshark 软件。

（2）单击 File，然后单击 Open，导航到 ch03_IPv6Fields.pcapng 文件并打开它。

（3）由于 IPv6 数据包捕获使用了 UDP 上层协议，在数据包列表面板中单击 DHCPv6 项，展开数据包详细内容面板中的 User Datagram Protocol，如图 3-25 所示。

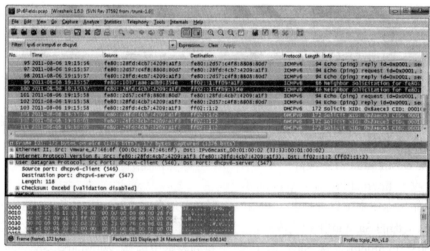

图 3-25 在 Wireshark 软件中查看 IPv6 数据包首部的 UDP 上层协议

（4）查看 Source Port、Destination Port 和 Length 字段。

（5）展开 Checksum 字段，查看其内容，然后收起它。

（6）收起 User Datagram Protocol。

（7）关闭 Wireshark 软件。

案例项目

案例项目 3-1：Wireshark 与消息分析器

在本书中，将扩展使用 Wireshark 数据包捕获工具。但是，有其他实用工具可以提供类似功能。微软公司的消息分析性（Microsoft Message Analyzer）可以对 IPv4 和 IPv6 数据流进行协议与结构分析。对比一下 Wireshark 用户指南第 1 章（网址为：www.wireshark.org/docs/wsug_html_chunked/ChapterIntroduction.html#ChIntroWhatIs）微软的消息分析操作指南（网址为 https://technet.microsoft.com/en-us/library/jj649776.aspx，或者参见消息分析 Wiki 百科，地址为 http://social.technet.microsoft.com/wiki/contents/articles/24023.microsoft-message-analyzer/rss.aspx）。回答以下问题：

（1）这两种产品在本质上是怎样的相似？

（2）某种产品是否有另一种不具有的独特特性？如果有，请指出并简要介绍至少一种独特特性。

（3）你能喜欢使用哪种产品来进行网络数据流捕获与分析？为什么？

案例项目 3-2：解释校验和错误

假如你是一个网络技术人员，正使用 Wireshark 软件监测本地网络上两个结点之间的 IPv4 数据流量。选择一个捕获的数据包，展开 "Internet Protocol Version 4"。你会注意到，首部校验和是不正确的，如图 3-26 所示。根据你对网络硬件和 Wireshark 软件的了解，知道该错误的原因是什么吗？

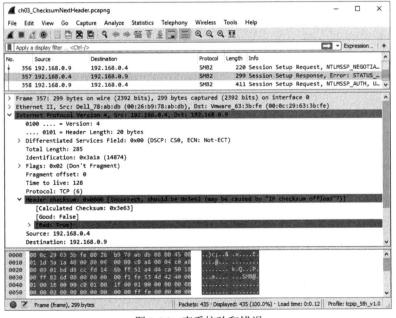

图 3-26 查看校验和错误

案例项目 3-3：查看 IPv6 的下一个首部字段

假如你是一个网络技术人员，正使用 Wireshark 软件监测本地网络上的 IPv6 数据流量。选择一个使用 DHCPv6 协议的数据包，检查一下该数据包首部。你会注意到，在上层协议 UDP 的下一个首部字段中的内容如图 3-27 所示。你知道，UDP 是用于传输 DHCPv4 地址的请求和响应的，但对 DHCPv6 来说正常吗？

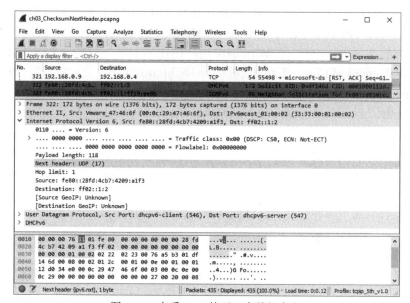

图 3-27　查看 IPv6 的下一个首部字段

TCP/IP 中的数据链路层与网络层协议

本章内容：

- 解释运行在不同网络链路类型中的数据链路层协议的基本概念。
- 区分 IP 网络上不同类型的帧。
- 描述具有 ARP 和 NDP 协议的 IPv4 和 IPv6 如何进行硬件解析。
- 解释用于 IPv4 与 IPv6 的 IP 协议的本质，包括路由解析处理、IP 数据报、分段以及 IPv4 与 IPv6 之间的差异。
- 解释 IP 路由的机制，例如，如何在路由表中放置表项，网络之间如何进行基本的路由操作。
- 描述 IPv4 与 IPv6 路由特性的复杂性，包括防止路由循环、内部网中路由器的一般行为，以及路由确定。
- 详细描述 IPv4 与 IPv6 路由协议，包括路由数据包的结构以及每种路由协议的行为。
- 描述在不同网络环境和基础设施之间进行路由选择时涉及的各种因素。
- 描述 Internet 路由的基础知识。
- 解释安全路由器的基础知识。
- 描述用于诊断 IP 路由的工具。

本章介绍关键的 TCP/IP 协议，该协议对应于 OSI 参考模型的数据链路层和网络层。这里，你将学习各种的数据链路协议，正是这些协议，才使得使用模拟电话线路和调制解调器、X.25 或一直在线技术（例如 T1）、线缆调制解调器或数字用户线路（或更常见的称呼为 DSL）连接到 Internet 上成为可能。

你也将学习如何标识 IP 帧，以及专用协议如何在 MAC 层硬件地址和数值 IP 地址之间进行转换。最后，将考察 IP 的能力，如此众多的 TCP/IP 组网能力正是基于 IP 的。特别是，将学习 IP 数据包的内部是如何组织的，以及在它们跨越基于 TCP/IP 的网络、从发送方传输到接收方的过程中是如何处理的。

当计算机要往不在其本地子网中的目的地发送一个数据包时，先把该数据包发送给它的**默认网关**（Default Gateway）（通常，默认网关就是一台路由器，或一台配置为类似于路由器的服务器）。然后，该默认网关把该数据包转发给真正的目的地，知道如何到达目的地的另一台路由器等等。

这个过程称为数据包转发，听起来好像很简单，但你可能会问"路由器是怎么知道要把数据包发送到何处的呢？"本章将详细解释这个过程，路由器用于进行转发决策和尽可能将数据包快速发送到目的地的协议，以及如何处理路由和传输的问题或失败。

4.1 数据链路协议

数据链路层完成几个关键任务，最重要的两项任务如下。

- 管理对所用网络介质（称为媒体访问控制 MAC）的访问。
- 创建成 MAC 层地址之间的点到点链路，以便支持数据传输，称为逻辑链路控制（通常缩写为 LLC）。

这两个重要功能和子协议的存在，是 IEEE 在设计 802 系列网络规范时将数据链路层划分为 MAC 子层和 LLC 子层的原因。这也是为什么数据链路层在支持数据从特定发送方传输到特定接收方的过程中发挥着重要作用的理由。这种传输称为**点到点**（Point-to-Point）数据传输，原因在于，它将数据从代表传输端点的特定 MAC 层地址运送到不同物理网段或 TCP/IP 子网上代表接收端点的另一个特定 MAC 层地址。

有趣的是，这种点到点技术同样也能够用于跨越广域网（WAN）的数据传输——例如模拟电话线路、数字连接或 X.25——这也是为什么某些 TCP/IP 数据链路协议有时候称为 WAN 协议的原因。

数据封装（Data Encapsulation）技术用于打包跨 WAN 链路传输的数据包有效载荷，这些有效载荷与用于 LAN 连接的不同，并且包含了运行在数据链路层的专用协议。这些专用协议是：

- 点到点协议（Point-to-Point Protocol，PPP）。
- 高层数据链路控制。
- 同步化的数据链路控制。
- 通常情况下，需要对 X.25、帧中继、异步传输模式（Asynchronous Transfer Mode，ATM）连接进行特别处理，主要是确保为相关通信接口分配 IP 地址，并配置为传输 TCP/IP 流量（然而，一旦建立，这些连接将固定使用 PPP）。

本节的剩余内容介绍这些协议。理解这些内容的关键是要认识到，PPP 支持两个实体（或结点）之间在一条链路上的简单点到点连接。这种类型的双方连接包括模拟电话线路、数字用户线路（Digital Subscriber Line，DSL）连接、T 载波（例如 T1、T3、E1 或 E3，E1 和 E3 等同于美国的 T1 和 T3，但运行是速度不同）以及用于高速 SONET 链路上的光学载波（例如 OC-1、OC-3 或 OC-96）。由于这种类型的连接双方互相知晓（并且在链路协商时确认身份），点到点链路并不包含或要求有明确的数据链路层地址。另外一些种类的 WAN 链路支持 IP 网络分段，这里或许有多于两个的活动结点，因此在数据链路层要求有明确的地址。这也正是为什么要对 X.25、帧中继、异步传输模式链路进行特别处理的原因，这些链路使用了包交换或**电路交换**（Circuit-Switching）技术，因此必须在数据链路层指定发送方和接收方的明确地址。

电缆调制解调器（Cable Modem）是另一种流行的 Internet 访问技术，它支持有线电视公司使用现有的宽带电缆基础设施向客户提供双向的 Internet 访问。尽管运行在 WAN 距离上（某些电缆段超过两英里），

但这样的系统使用标准的 Ethernet Ⅱ帧，并且其行为或多或少与以太局域网类似。事实上，正是由于这个原因，这种情况通常使用的协议称为**以太网点到点协议**（Point-to-Point Protocol over Ethernet，PPPoE）。

通常，数据链路层帧的 WAN 封装包括一个或多个下述服务（依据所使用链路的需求而不同）。

- 寻址：在可能的连接中，如果 WAN 链路包含两个以上的结点，则需要一个唯一的目的地址。
- 位级完整性检查：使用**位级完整性检查**（Bit-Level Integrity Check），在传输之前之后分别进行校验和计算，经过对两种进行比较后，可以发现在发送和接收时是否发生了变化。当使用分组交换网络并且发生数据包转发时，对传输路经的每一步都要进行这种检查。
- 分界：数据链路帧需要有特定的帧结束标记，并且每一个帧的首部和尾部都必须与其有效载荷区分开来。利用**分界**（Delimitation）服务，**分界符**（Delimiter）可以标记这些信息的边界。
- 协议标识（Protocol Identification，PID）：当 WAN 链路支持多种协议时，需要某种方法来标识有效载荷所用的协议。首部的协议标识（本章后面"点到点协议"节讨论）提供了这种信息。

4.2　点到点协议

点到点协议（Point-to-Point Protocol，PPP）是一个通用协议，提供了类似于 LAN 封装的 WAN 数据链路封装服务。因此，PPP 不仅提供了帧分界，而且提供了协议标识和位级完整性检查服务（请记住，在点到点链路上不需要寻址，因为这种链路中只有两方参与通信）。

RFC 1661 提供了 PPP 的详细规范，并包括下述特性。

- 支持同一链路上同时使用多种协议的封装方法（事实上，PPP 支持很多种协议，包括 TCP/IP、NetBEUI、IPX/SPX、AppleTalk、SNA、DECNet，以及其他协议）。
- 一个特殊的**链路控制协议**（Link Control Protocol，LCP），用于协商使用 PPP 建立的任何点到点链路。
- 一组协商协议，用于建立点到点链路上所传输协议的网络层特性，这组协议称为**网络控制协议**（Network Control Protocol，NCP）。RFC 1332 和 RFC 1877 描述了一个用于 IP 的 NCP，称为 **IP 控制协议**（Internet Protocol Control Protocol，IPCP），它用于协商发送方的 IP 地址、DNS 服务器的地址以及在可能情况下使用（可选的）Van Jacobsen TCP 压缩协议。

PPP 封装和分帧技术是基于 ISO **高级数据链路控制**（High-level Data Link Control，HDLC）协议的，该协议又是基于 IBM 公司的**同步数据链路控制**（Synchronous Data Link Control，SDLC）协议，该协议是 IBM 公司的**系统网络体系结构**（System Network Architecture，SNA）协议的一个组成部分。没有必要先完全理解了 HDLC 或 SDLC 再去理解 PPP，只需要注意到它的先驱者是一些著名的、易于理解的、广泛实现的协议即可（这让 PPP 能够利用那些稳定的、长期积累的实现）。用于 PPP 帧的 HDLC 分帧在 RFC 1662 中给出了详细描述。

尽管 PPP 分帧支持从 HDLC 派生而来的寻址和链路控制信息，但绝大多数 PPP 实现使用了跳过这些非必要信息的缩略形式。取而代之的是，在 PPP 链路建立期间，LCP 处理地址和控制字段的信息，否则就省略这一信息。因此，PPP 首部和尾部中的字段包括下述值。

- 标志（Flag）：标志是一个单字节的分界符字段，设置为 0x7E（二进制值：01111110），表明了在一个 PPP 帧结束和另一个 PPP 帧开始之间的边界。与 SLIP 不同，在两帧之间只有一个标志值。
- 协议标识符：协议标识符是一个 2 字节的字段，它标识 PPP 帧运送的上层协议。
- 帧校验序列（FCS）：**帧校验序列**（Frame Check Sequence，FCS）字段是一个 2 字节的字段，它提供了所发送数据的位级完整性检查（接收之后将重新计算该校验序列，如果两个值一致，可以认为数据被成功传输；如果它们不一致，那么有效载荷被丢弃）。

图 4-1 显示了 PPP 帧的结构。

标识 1个字节	地址 1个字节	控制 1个字节	协议标识符 2个字节	数据载荷 变长	FCS 2个字节

图 4-1　PPP 帧的结构

PPP 必须提供一种替换可能出现在帧有效载荷中的标志值的方法。然而，根据在用连接的类型，使用的替换方法也不同。对于同步链路，例如模拟电话线路，其字符以独立字节方式发送，需要为 PPP 使用字符替换方法。这些替换方法在 RFC 1661 和 RFC 1662 中进行了描述。

当 PPP 与同步技术一起使用时，例如 T1、综合业务数字网（ISDN）、DSL、同步光纤网络（SONET）链路，使用了一种更快速、更有效的位替换技术，而不是采用用于异步链路的整字符替换。这里，任何连续的六个 1 序列（请记住，标志字符的二进制值为 01111110）都可以通过在连续 1 的第五个 1 之后插入另外的一个 0 来进行转义（并在接收时删除插入的 0）。这种方法支持这种链路类型中潜在非法值的更有效（和更快速）编码，这也解释了为什么 PPP 是与 TCP/IP 一起使用的最流行的点到点协议。PPP 还支持多链路实现，使得相同带宽的多个数据通道被合并，在单个发送方和单个接收方之间处理单一的数据流（两个或更多调制解调器线路或两个 ISDN 通道能够被合并，以便以相对较低成本增加成对设备之间的带宽，这种做法对宽带不可用的区域或 ISDN 相当昂贵的区域很有吸引力）。

PPP 支持 1500 字节的默认最大传输单元（MTU），这个长度对于基于以太网的网络（或设备）很理想。然而，依据所连接的网络的类型，LCP 能够在 PPP 对等实体之间协商更大或更小的 MTU（许多千兆以太网支持超大帧（Jumbo Frame），其 MTU 为 9216 字节，因此，只要它们之间的 PPP 连接能够处理这样的大型帧，PPP 就能够传输它们）。

4.3 帧的类型与大小

在数据链路层，协议数据单元称为**帧**（Frame）。帧表示的数据，与网络层 IP 数据报中以数字形式表示的数据和映射到数据的任何电信号序列形式表示的数据都相同。因此，来自 IP 数据报的信息可以各种帧类型进行封装。本节将介绍常见局域网类型上的 TCP/IP 通信。

4.3.1 以太网帧类型

以太网 II 帧类型（Ethernet II frame type）是用于在以太网上传输 IP 数据报的事实标准帧类型。因此，本章和本书花费大量篇幅介绍 Ethernet II 帧。Ethernet II 帧有一个协议标识字段（Protocol Identification Field），即类型（Type）字段，它包含的值为 0x0800，用于标识该封装协议为 IPv6。

在 IP 数据报发送到电缆上之前，数据链路驱动程序将前导帧加在数据报上。该驱动程序还要确保这个帧满足最小帧大小规范的要求。最小以太网帧的大小为 64 字节。最大以太网帧的大小为 1518 字节。如果某个帧不能满足最小帧大小 64 字节的要求，那么驱动程序必须填充数据（Data）字段。源结点或传输以太网网卡（NIC）对帧的内容执行一个**循环冗余校验**（Cyclical Redundancy Check，CRC），并把一个值放在帧末尾的帧校验序列（Frame Check Sequence）字段中。最后，网卡发送该帧，前面放置**前导码**（Preamble），它是一个接收方用于正确地把位解释为 1 或 0 的前导位模式。

有两种 TCP/IP 能够使用的以太网帧类型：

* Ethernet II。
* Ethernet 802.2 逻辑链路控制。

4.3.2 Ethernet II 帧结构

在本节中，将集中讨论 Ethernet II 帧结构，这是用在以太网 TCP/IP 网络上最流行的帧结构。Ethernet II 帧类型是 Windows 2000 以及 Windows 后面版本在以太网上用于 TCP/IP 的默认帧类型。IEEE 802.2 规范也定义了一种让 TCP/IP 运行在 IEEE 802.3 帧结构上的方法。

图 4-2 描述 Ethernet II 帧的格式。

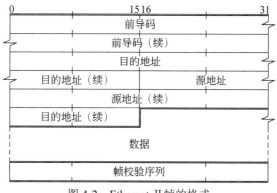

图 4-2 Ethernet II 帧的格式

Ethernet II 帧类型由下述字段和结构组成。

- 前导码（Preamble）：前导码为 8 字节长，由交替的 1 和 0 组成。正如其名称所指示的，这个特殊位串放在实际以太网帧的前面，并且不算作整个帧长度的一部分。最后一个字节是一种模式，称为帧首分界符（Start Frame Delimiter，SFD），值为 10101011，表示目的地址字段的开始。这个字段提供了接收方用于解释帧中 1 和 0 的必要计时，这对以太网电路识别和开始读取入站数据具有时间必要性。
- 目的地址（Destination Address）字段：目的地址字段为 6 字节长，表明目的地 IP 主机的**数据链路地址**（Data Link Address）（也称为**硬件地址**（Hardware Address）或 MAC 地址）。地址解析协议（Address Resolution Protocol，ARP）用于获得目的地 IP 主机的硬件地址（如果目的地主机在本地的），或者得到下一跳路由器的地址（如果目的地主机是远程主机的）。本章后面 "IP 环境中的硬件地址" 一节将介绍 ARP。
- 源地址（Source Address）字段：源地址字段为 6 字节长，表明发送方的硬件地址。该字段只包含一个单播地址，它不能包含广播或多播地址。
- 类型（Type）字段：类型字段为 2 字节长，标识正在使用该帧类型的协议。表 4-1 给出了一些由 IANA 管理的已分配类型编号，可以在网站 www.iana.org 找到这些编号。
- 数据（Data）字段：数据字段为 64～1500 字节长。
- 帧校验序列（Frame Check Sequence）字段：帧校验序列字段为 4 字节长，包括 CRC 的计算结果。

表 4-1　已分配协议类型（按编号罗列）

类　型	协　议
0x0800	IPv4
0x86dd	IPv6
0x0806	地址解析协议（Address Resolution Protocol，ARP）
0x809B	AppleTalk
0x8137	Novell 互连网包交换（Internetwork Packet Exchange，IPX）

要了解以太网介质上 TCP/IP 组网的更多信息，请下载并阅读 RFC 894 "A Standard for the Transmission of IP Datagrams over Ethernet Networks"（以太网上 IP 数据报传输标准）。

一旦接收到 Ethernet II 帧，IP 主机通过对其内容执行 CRC 校验，并将结果与包含在帧校验序列字段中的值相比较，以检查其内容的有效性。

在确认目的地址是接收方的地址（或广播地址，或可接受的多播地址）后，接收网卡去除帧校验序列字段，并把帧递交给数据链路层。

在数据链路层，检查帧以确认实际的目的地址（广播、多播或单播）。此刻，协议标识符字段（例如，Ethernet II 帧结构中的类型字段）被检查。之后，剩余的数据链路帧结构被去除，以便该帧能够向上交付给适宜的网络层（这里是 IP）。

下面将讨论 IEEE 802.2 LLC 帧结构，尽管 IP 通常看不到这个帧类型。

Ethernet 802.2 LLC 帧结构

图 4-3 描述了 Ethernet 802.2 逻辑链路控制（Logical Link Control，LLC）帧。尽管与 Ethernet Ⅱ帧结构类似，Ethernet 802.2 LLC 帧类型使用 SAP 字段代替类型（Type）字段来标识使用该帧的协议。值 0x06 分配给了 IP。

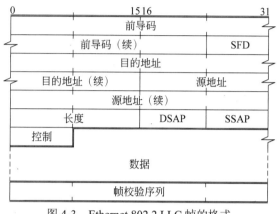

图 4-3 Ethernet 802.2 LLC 帧的格式

Ethernet 802.2 LLC 帧类型由下述字段组成（这里只对 802.2 LLC 帧结构独有的字段进行了详细介绍）。

- 前导码（Preamble）：前导码为 7 字节长，由交替的 1 和 0 组成。与 Ethernet Ⅱ帧结构不同，这个前导码并不以连续的 1 结束。起始帧分界符（Start Frame Delimiter）字段用于标记目的地址（Destination Address）字段的开始。
- 起始帧分界符（Start Frame Delimiter，SFD）字段：1 字节长，由模式 10101011 组成，它指明目的地址字段的开始。正如你可能已经注意到的，802.2 前导码和起始帧分界符字段合起来等于 Ethernet Ⅱ帧的前导码长度。
- 长度（Length）字段：2 字节长，表示帧的数据部分的字节数。可能值在 0x002E（十进制 46）和 0x05DC（十进制 1500）之间。这种帧在这个位置不使用类型字段——而使用访问服务点（SAP）字段来表明协议。
- 目的服务访问点（Destination Service Access Point，DSAP）字段：1 字节长，指明目的地协议。表 4-2 列出了一些已分配 SAP（由 IEEE 定义）。
- 源服务访问点（Source Service Access Point，SSAP）字段：1 字节长，指明源协议（通常与目的地协议相同）。
- 控制（Control）字段：1 字节长，指明该帧是未编号格式（无连接）或是信息/监督格式（用于面向连接和管理目的）。
- 目的地址（Destination Address）。
- 源地址（Source Address）。
- 数据（Data）。
- 帧校验序列（Frame Check Sequence）。

表 4-2　已分配 SAP 编号

编　　号	目 的 协 议
0	Null LSAP
2	Indiv LLC Sublayer Mgt
3	Group LLC Sublayer Mgt
4	SNA Path Control
6	DOD IP
14	PROWAY-LAN
78	EIA-RS 511
94	ISI IP
142	PROWAY-LAN
254	ISO CLNS IS 8473
255	Global DSAP

4.4　IP 环境中的硬件地址

IP 地址用于标识 TCP/IP 互联网络上的单台主机。在单个网络中将数据包从一台 IP 主机传输到另一台 IP 主机时，需要使用硬件地址。例如，将数据包从一台 IP 主机传输到位于路由器另一端的另一台 IP 主机，源主机需要知道目的地 IP 主机的 IP 地址。源主机必须执行某种形式的硬件地址解析来知晓路由器的硬件地址，以便它能够构造数据链路首部（例如以太网首部），使数据包能够传输到本地路由器或"默认网关"（Windows 术语）上。当路由器收到数据包时，路由器也必须经历相同的硬件地址解析过程，以便确定数据包的下一个本地硬件地址。

4.4.1　地址解析协议与网络发现协议

地址解析协议（Address Resolution Protocol，ARP）是 IPv4 结点用于把网络层或 IP 层地址解析到数据链路层或物理层地址的协议。在网络上，需要知道另一个结点的物理或硬件地址的任何 IPv4 地址，都可以发送一个 ARP 请求给该结点的 IP 地址，并接收发送回来的硬件地址。IPv6 在这个过程中不是使用 ARP 而是使用**邻居发现协议**（Neighbor Discovery Protocol，NDP）。NDP 非常类似于 ARP，如果想要知道另一结点的物理地址，IPv6 结点可以发送一个邻居请求（Neighbor Solicitation）消息，另一结点将回复一个邻居公告（Neighbor Advertisement），该邻居公告中就含有其数据链路层地址。

ARP 与 NDP 的最大差别是，NDP 运行在 ICMPv6 上，使用的是多播数据包，而不是广播数据包。这是对 IPv4 ARP 请求方法的改进。每个 IPv6 网络结点都会对请求结点多播地址进行侦听，该地址组成了该结点的单播地址的最后 3 个字。发送邻居请求消息的结点，会把该消息发送给其他结点的请求结点多播地址。这可以防止其他结点（即使是那些非常类似的 IPv6 地址）被邻居请求打扰。

有关 ARP 和 NDP 的详细内容将在本章后面的章节中介绍。要更多地了解 ARP，可以访问 www.ietf.org，并查找 RFC 826，也可以参阅 RFC 5227 和 RFC 5494。要更多地了解 NDP，可以访问 www.ietf.org，并查找 RFC 4861（该文档将 RFC 2461 废弃了）。

关于 NDP 的完整内容，请参见第 6 章。

4.4.2　ARP 协议的特性与处理

TCP/IP 组网使用 ARP 确定数据包本地目标的硬件地址。IP 主机在内存中维护一个 ARP 缓冲区——一张通过 ARP 过程知晓的硬件地址表。在向网络发出 ARP 请求之前（基于广播的），IP 主机首先引用 ARP 缓冲区。如果所需的硬件地址在缓冲区中未被找到，IP 主机广播一条 ARP 请求。

图 4-4 描述了 ARP 的基本功能。在这个图中可以看到，源 IP 主机 10.1.0.1 使用 ARP 获得了本地目标主机的硬件地址。

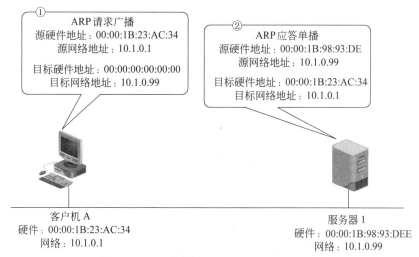

① ARP 请求广播
源硬件地址：00:00:1B:23:AC:34
源网络地址：10.1.0.1

目标硬件地址：00:00:00:00:00:00
目标网络地址：10.1.0.99

② ARP 应答单播
源硬件地址：00:00:1B:98:93:DE
源网络地址：10.1.0.99

目标硬件地址：00:00:1B:23:AC:34
目标网络地址：10.1.0.1

客户机 A
硬件：00:00:1B:23:AC:34
网络：10.1.0.1

服务器 1
硬件：00:00:1B:98:93:DEE
网络：10.1.0.99

图 4-4　ARP 广播标识源地址和目的 IP 地址

ARP 仅仅用于寻找本地 IP 主机的硬件地址。如果 IP 目标是远程目标（在另一个网络上），那么 IP 主机必须引用其**路由表**（Routing Table）来确定该数据包的正确路由器。这称为**路由解析过程**（Route Resolution Process）。

ARP 不是可路由的，它在数据包结构中没有网络层部件，如图 4-5 所示。

与其帧的结构所展示的那样，ARP 很简单，正如将在本章后面介绍的那样，ARP 常常用作揭示网络寻址或配置问题的协议。

ARP 还能够用于测试网络上是否存在重复的 IP 地址。当 IP 主机在 IP 网络上开始通信之前，它应该完成重复 IP 地址测试。在重复地址测试过程中，IP 主机向其自身拥有的 IP 地址发送一个 ARP 请求（称为无偿 ARP（gratuitous ARP）），如图 4-6 所示。如果另一台主机响应重复 IP 地址测试——得到一条指明该 IP 地址已用的应答，那么该主机就不能够初始化其 TCP/IP 栈。

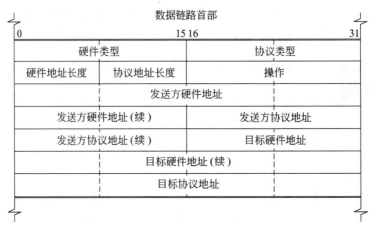

图 4-5　ARP 帧的结构

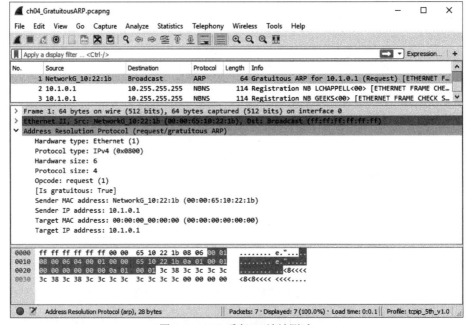

图 4-6　ARP 重复 IP 地址测试

要浏览简单 ARP 事务中的数据包，应该能够进一步清楚 ARP 的用法。

ARP 数据包字段和功能

默认情况下，Windows Vista 和 Windows 7 对所有 ARP 流量都使用 Ethernet Ⅱ帧类型。有两种基本的 ARP 数据包：广播 ARP 请求数据包和定向的（或单播）ARP 应答数据包。这两种数据包使用相同的格式，如图 4-7 和图 4-8 所示。

ARP 最容易混淆的部分是发送方和目标地址信息的解释。当 ARP 广播从一台主机上发送时，发送主机（假设主机 A）在发送方地址（Sender Address）字段中放置硬件地址和 IP 地址。

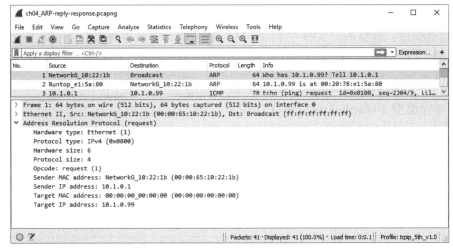

图 4-7　ARP 广播数据包

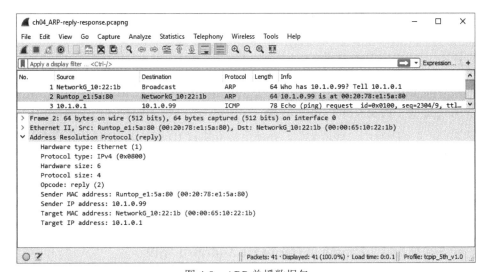

图 4-8　ARP 单播数据包

目标 Internet 地址（Target Internet Address）字段包含了预期 IP 主机的 IP 地址。目标硬件地址（Target Hardware Address）字段设置为全 0，指明其信息是未知的，如图 4-7 所示。

ARP 规范规定目标硬件地址字段能够被设置为不是全 0 的其他值。在 ARP 的某些实现中，源主机将目标地址设置为全 1，这会导致某些路由器发生混淆，使得它们将 ARP 数据包广播到所有连接的网络上。这种类型的问题容易被网络分析器捕捉到，并归档在 Microsoft TechNet 中（有关信息可以访问 http://technet.microsoft.com/en-us/library/cc780776.aspx。

图 4-8 展示了 ARP 应答数据包。在这个应答中，目标信息和发送方的信息被颠倒过来，表明 ARP 的响应方是当前的发送方。执行查询的原始站点现在是目标方。

有趣的是，应答的 IP 主机更新它自己的 ARP 缓冲区，使其包含查找它的 IP 主机的 IP 地址和硬件地址。避免响应 ARP 广播是一个逻辑步骤，并且也更有效地使用了网络带宽。很有可能地，IP 主机之间将存在双向会话，因此，响应 IP 主机最终需要请求 IP 主机的地址。

1. 硬件类型（Hardware Type）字段

该字段定义了所用硬件或数据链路类型，并且也用于确定硬件地址长度，从而使得硬件地址长度（Length of Hardware Address）字段成为冗余字段。

表 4-3 是部分已分配硬件类型编号，它出自 www.iana.org/assignments/arp-parameters 的在线列表。

表 4-3　硬件类型编号

编　　号	硬 件 类 型	编　　号	硬 件 类 型
1	Ethernet	15	帧中继
6	IEEE 802 网络	17	HDLC
7	ARCNET	19	异步传输模式（ATM）
11	LocalTalk	20	串行线路
14	SMDS	21	异步传输模式（ATM）

2. 协议类型（Protocol Type）字段

该字段定义了所用协议地址类型，并使用标准协议 ID 值，该 ID 值也用在 Ethernet II 帧结构中。这些协议类型定义在 www.iana.org/assignments/arp-parameters。

该字段使用分配给 Ethernet 类型（Ethernet Type）字段的相同值。目前，IP 是使用 ARP 解析地址的唯一协议。这个字段也确定了协议地址的长度，从而使协议地址长度（Length of Protocol Address）字段成为冗余字段。

3. 硬件地址长度（Length of Hardware Address）字段

该字段定义了用于数据包的硬件地址长度（以字节为单位）。由于硬件类型字段也确定了这个长度值，因此该字段是冗余字段。

4. 协议地址长度（Length of Protocol Address）字段

该字段表示了用于数据包的协议（网络）地址的长度（以字节为单位）。由于协议类型字段也确定了这个长度值，因此该字段是冗余字段。

5. 操作码（Opcode）字段

该字段定义了 ARP 数据包是请求数据包还是应答数据包，并定义了发生地址解析的类型。表 4-4 列出了 ARP 和反向 ARP（RARP）的操作码。

表 4-4　ARP 和 RARP 的操作码

代　码　值	数据包类型	代　码　值	数据包类型
1	ARP 请求	3	RARP 请求
2	ARP 应答	4	RARP 应答

RARP 是一个让 IP 主机从数据链路地址获知网络地址的过程。RARP 定义在 RFC 903 中，本章后面将介绍。

6. 发送方硬件地址（Sender's Hardware Address）字段

该字段指明发送这个请求或应答的 IP 主机的硬件地址。

7. 发送方协议地址（Sender's Protocol Address）字段

该字段指明发送这个请求或应答的 IP 主机的协议或网络地址。

8. 目标硬件地址（Target Hardware Address）字段

该字段指明预期目标的硬件地址（如果已知的话）。在 ARP 请求中，该字段通常填充为全 0。在 ARP 应答中，该字段应该包括下述地址之一。

● 如果发送方和目标共享同一条数据链路，那么就是预期 IP 主机的硬件地址。
● 如果它们不共享同一条数据链路，那么就是到达目的地的路径中的下一个路由器的硬件地址。该路由器也称为那个 IP 主机的**下一跳路由器**（Next-Hop Router），该设备是把数据从发送方传输到接收方所用一个或多个路由器中的第一个路由器。每一个网络，或路由器到路由器的一次传输，计数为一跳。

9. 目标协议地址（Target Protocol Address）字段

这个字段表明预期目标的协议或网络地址。

ARP 缓冲区

在大多数操作系统中，包括 Linux、BSD UNIX、Windows Server 2012、Windows 7 和 Windows 10，ARP 信息（硬件地址及其相关 IP 地址）都保存在内存的 ARP 缓冲区中。这些操作系统也都有用于浏览 ARP 缓冲区登记项、手工添加或删除 ARP 缓冲区中的登记项以及从配置文件中加载登记项的工具。在 Windows 类操作系统中，命令 arp -a 用于浏览缓冲区内容，如图 4-9 所示。

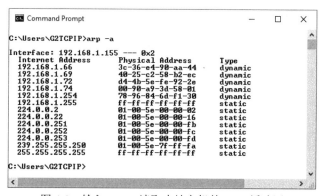

图 4-9　输入 arp –a 读取本地主机的 ARP 缓冲区

Windows 类操作系统还有一个能够用于浏览你的 IP 地址和硬件地址的实用程序。在 Windows Server 2012、Windows 7 和 Windows 10 系统中，可以使用命令行实用程序 ipconfig。图 4-10 展示了在 Windows 10 设备上运行 ipconfig 实用程序的结果。

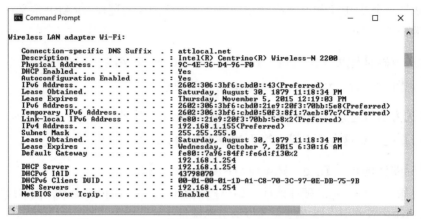

图 4-10　ipconfig 实用程序展示了 IP 地址和硬件地址

如图 4-10 所示，在 ipconfig 实用程序中，可以使用/all 选项修改该命令的输出，显示了适配器地址（物理地址），如 9c-4e-36-d4-96-f0，IP 地址 192.168.1.155，以及子网掩码 255.255.255.0。ipconfig 实用程序还显示 IPv6 本地链路地址 fe80::21e9:20f3:70bb:5e8%2。

 IPv6 地址末尾的百分符号%后面的数字，表示的是作用域 ID。

在 Windows 系统中，ARP 缓冲区登记项在内存中保持 120 秒（两分钟）；这与绝大多数其他类型组网设备更常用的默认 300 秒（5 分钟）不同。IP 主机必须在发送 ARP 广播之前查阅这些登记项。如果登记项在 ARP 缓冲区中已存在，IP 主机使用现有登记项而不是在网络上发送 ARP 请求。

如表 4-5 所示，可以利用 ArpCacheLife 注册表设置（Register Setting）修改 ARP 缓冲区中登记项的生存周期（对于使用 DHCP 获取地址的系统，管理员能够在确定 DHCP 租用条款时通过提供的选项来管理这个设置）。

表 4-5　ArpCacheLife 注册表设置

注册表信息	细　　节
位置	HKEY_LOCAL_MACHINE\SYSTEM\CurrentControlSet\Services \Tcpip\ Parameters
数据类型	REG_DWORD
有效值范围	0～0xFFFFFFFF
默认值	120
默认提供	否

如果 ARP 缓冲区登记项在缓冲区中被引用时，Windows Server 2012、Windows 7 和 Windows 10 将使 ARP 缓冲区登记项的生存周期超过 120 秒。ArpCacheMinReferencedLife 注册表项用于将引用 ARP 登记项的生存周期延伸至默认的 600 秒（10 分钟）。

代理 ARP

代理 ARP（Proxy ARP）是一种允许 IP 主机使用简化子网设计的方法。代理 ARP 也

使得路由器能够做 "ARP"，以便响应 IP 主机的 ARP 广播。图 4-11 展示了一个代理 ARP 配置，它由一个被路由器划分的网络组成，但在路由器的两边使用同一个网络地址。IP 主机 10.1.0.1 配置为使用子网掩码 255.0.0.0。该 IP 地址认为目的地址 10.2.77.3 是 3 位于相同的网络上（即网络 10.0.0.0），IP 主机认为目的地主机拥有相同的子网掩码，因为它没有任何办法确定掩码信息。由于源主机认为目的地主机在同一网络上，源主机知道它能够使用 ARP 得到目的的主机的硬件地址。

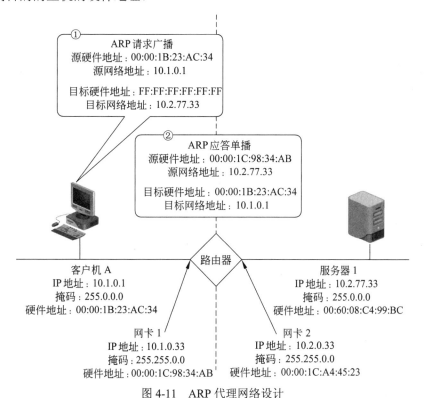

图 4-11　ARP 代理网络设计

但是，目的地主机并不在同一网络上。目的地主机 10.2.77.33 位于另一个网络上，但连接路由器配置为支持代理 ARP。当 10.1.0.1 发送一个 ARP 寻找 10.2.77.33 的硬件地址时，代理 ARP 路由器并不会转发该广播，而是应答该 ARP 请求，并提供路由器网卡 1 的硬件地址（该网卡与请求的 IP 主机位于同一网络上）。

应该明白，绝大多数网络配置可能从不需要使用代理 ARP。然而，路由器厂商一种常见的做法是，默认打开代理功能以防网络错误配置。例如，如果网络主机的子网掩码配置的太短，它可能认为目标主机定位在同一网络上。在这种情况下，主机会发出 ARP 请求，代理 ARP 路由器会代表远程设备做出应答，换句话说，也就是 "代理"。

反向 ARP

正如其名，**反向 ARP**（Reverse ARP，RARP）就是 ARP 的颠倒。RARP 用于得到与数据链路地址相对应的 IP 地址。RARP 最初定义用于支持无盘工作站能够在引导或启动时找到它们自己的 IP 地址。RARP 主机广播一条 RARP 请求，并包含自己的硬件地址，但将源 IP 地址保留为空（全为 0）。本地网络上的 RARP 服务器将应答该请求，通过在应答数据包中填写目标 IP 地址，向 RARP 主机提供其 IP 地址。

先是 BOOTP，最终是 DHCP 取代了 RARP。BOOTP 和 DHCP 都提供了更健壮、更灵活的分配 IP 地址的方法。

RARP 归档在 RFC 903 中。

4.4.3 NDP 协议的特征与处理

NDP 由 RFC 4861 说明，描述了同一网络链路上的结点是如何使用该协议来确定其他结点的存在，发现另一结点的链路层地址，找到路由器，以及发现到网络邻居的网络路径。IPv6 NDP 涵盖了多种不同的 IPv4 技术，包括 ARP、ICMPv4 路由发现以及 ICMPv4 重定向。本节主要介绍在 IPv6 网络链路上为链路层地址发现而使用 NDP。

NDP 消息用于映射网络结点的链路层地址及其 IP 层地址。结点发送一个邻居请求消息，请求邻居结点的链路层地址（通过链路层地址来提供）。如前所述，该消息是作为一个多播在 ICMPv6 上发送的。图 4-12 显示了邻居请求消息的基本格式。

类型	代码	校验和
保留		
目标地址		
可选项		

图 4-12　邻居请求消息的格式

当一个结点需要验证另一个结点通过网络路径是可到达时，可以以一个单播的形式发出邻居请求。

邻居请求消息与 ICMPv6 数据包的格式是一致的。表 4-6 给出了该消息数据包的字段说明。

表 4-6　邻居请求消息的 ICMPv6 字段说明

字　段	说　　　　明
类型	135
代码	0
校验和	为 ICMPv6 的校验和（参见 RFC 4443）
保留	该字段未使用，源结点必须用值 0 来设置该字段。目的地结点必须忽略该字段
目标地址	为该请求消息的目的地或目标结点的 IPv6 地址
可选项	在编写 RFC 4861 时，唯一的选项是源结点的链路层地址。该协议的未来版本可能会定义其他选项类型。任何目标结点不能识别的选项类型都必须忽略掉

IPv6 字段包括发送邻居请求消息的结点的 IPv6 源地址以及目的地址,目的地址是目标设备的请求结点多播地址。跳限制字段值设置为 255,这是最大的合法值。

跳限制也可设置为安全度量值,以确保该消息不会穿过路由器。

一旦目标结点接收到邻居请求消息,它就用一个邻居公告消息进行应答,并且,为了尽可能快地传播这个新数据,将发送一个未请求邻居公告消息。邻居公告消息基本上等同于邻居请求消息,但 ICMPv6 字段的值不同,如表 4-7 所示。

表 4-7 邻居公告消息的 ICMPv6 字段说明

字 段	说 明
类型	136
代码	0
校验和	为 ICMPv6 的校验和(参见 RFC 4443)。在这个字段中可以设置 3 个标志:R 或路由器标志、S 或请求标志、O 或重载标志。在邻居请求消息的应答中,设置的是 S 标志,表示必须传输该公告消息,以响应来自目标结点的邻居请求消息
保留	该字段未使用,源结点必须用值 0 来设置该字段。接收公告消息的结点必须忽略该字段
目标地址	发送邻居请求消息的结点的地址
可选项	唯一的选项是目标的链路层地址,必须包含在多播请求响应中。该协议的未来版本可能会定义其他选项类型

IPv6 字段还包含了源地址字段、目的地址字段和跳限制字段。源地址字段为发送公告的结点的 IPv6 地址,目的地址字段为发送请求的结点的 IPv6 地址。跳限制字段设置为 255。

如果结点的链路层地址发送改变,必须使用邻居公告来发送一个未请求消息,以告知其新地址。

4.5 理解 IP 协议

网络层协议的主要功能是使数据报在由路由器连接的网络上移动。网络层通信是端到端通信,它将源网络层地址定义为发起方,将目的网络层地址定义为目标。当数据包发送给网络路由器时,这些路由器会根据所使用的可路由协议来检查目的网络地址,以确定转发数据包的方向(如果需要)。

Internet 协议(IP)是 TCP/IP 协议簇中的网络层协议。当前,IP 版本 4(IPv4)已得到广泛实现。而 Internet 协议版本 6(IPv6)依然最多用于前沿或实验环境中。但是,现在有一种推动力,把全球网络结构向 IPv6 转换。2011 年 6 月 8 日举办的世界 IPv6 日(World IPv6 Day),只是这种努力的开始。尽管大多数主要的 ISP 还不能提供 IPv6 地址,但在未来的几年里,有望进行大规模的 IPv6 转换。

IPv4 通信的功能和字段归档在 RFC 791 中,RFC 1349 对该文档进行了更新。本节仅仅关注 IPv4。在这一节中，将考察如何构造 IP 数据报，IP 主机如何知道目的地是本地还是远程的，数据包是如何分段和重组的，以及 IP 数据包结构的详细内容。本节还定义了用于通过互联网络得到 IP 数据报的基本 IP 路由过程。

4.5.1 发送 IP 数据报

IP 提供了端到端网络层寻址的无连接服务。阐述 IP 数据报如何构造和发送的最佳方法是通过示例。在图 4-13 中，一台主机（10.1.0.1）要与放置在路由器另一端的另一台 IP 主机（10.2.0.2）进行通信。

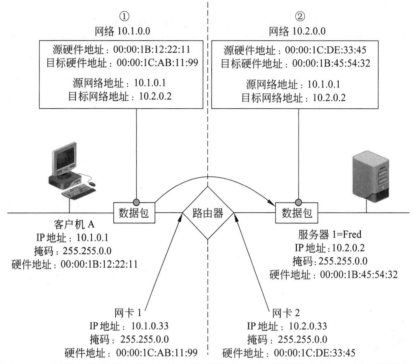

图 4-13　当数据包转发时，路由器去除数据链路首部，重新添加另一个数据链路首部

要构造一个在线路上传输的 IP 数据报有一定的要求。我们必须知道：

- 源和目的地 IP 地址。
- 源和下一跳路由器的硬件地址。

IP 主机能够使用手工输入的目的地 IP 地址或使用 DNS 得到目的地 IP 地址。例如，如果输入 telnet 10.2.0.2，你的系统就知道了目的地 IP 地址。然而，如果使用命令 telnet fred，系统需要把名称 fred 解析为一个 IP 地址。这称为**名称解析过程**（Name Resolution Process）。第 7 章详细介绍 DNS。

默认情况下，Windows 7 和 Windows Server 2008 不会启用 telnet。要了解如何启用它，请访问 http://social.technet.microsoft.com/wiki/contents/articles/enabling-telnet-client-in-windows-7.aspx。

正如本章前面介绍的那样，在发起 ARP 过程之前，IP 主机必须知道目的地是位于本地还是远程。IP 主机应该直接向预定目的地发送数据包，还是应该把数据包发送给本地路由器？这称为路由解析过程。

一旦路由解析过程完成，IP 主机能够开始 ARP 过程，以确定预期目的地的硬件地址。

4.5.2　路由解析过程

路由解析过程让 IP 主机确定预定目标是本地的还是远程的。如果目标是远程的，这一过程让 IP 主机确定下一跳路由器。

本地还是远程目标

一旦确定预期目标的 IP 地址，IP 主机将目标地址的网络部分与自己的本地网络地址相比较。

在我们的示例中，本地 IP 主机（客户端 A）拥有 IP 地址 10.1.0.1，其子网掩码为 255.255.0.0。考虑下述过程。

（1）源 IP 地址是 10.1.0.1。

（2）源 IP 掩码是 255.255.0.0。

（3）本地网络号是 10.1.0.0。

（4）Fred 的 IP 地址是 10.2.0.2。

（5）Fred 的网络地址与源 IP 网络不匹配网络位。

（6）由于 Fred 的网络地址不同于本地网络地址，对源主机来说，Fred 是远程机。

（7）源主机必须通过路由器才能到达 Fred。

（8）源主机需要得到路由器的硬件地址。

（9）源主机检查其路由表。

（10）源主机把 ARP 请求发送给路由器硬件地址的网卡。

如果是远程的，使用哪一个路由器

现在，本地 IP 主机知道目的地是远程设备，IP 主机必须为数据包确定恰当路由器的硬件地址。请记住，硬件地址仅仅用于将网络上一台 IP 主机的数据包传输给同一网络上另一台 IP 主机。路由器收到发往其硬件地址的数据包时，去除数据链路首部，检查网络层首部以确定如何路由该数据报，然后重新添加上数据链路首部，将数据包传输给下一个网络。

IP 主机查找其本地路由表，以确定是否有到达目标的路由项。存在两种类型的路由表登记项：**主机路由表登记项**（Host Route Entry）和**网络路由表登记项**（Network Route Entry）。主机登记项匹配目的地址的所有 4 个字节，并指明能够把数据包转发到预定目标的本地路由器。网络登记项指明到达目的地网络的路由已知，但到达目标主机的路由未知。因为是由最近接目标的路由器负责将数据包传递给目标主机，所以通常有这样的信息也就足够了。

以同等优先级原则对待所有路由登记项是常见做法，然而，发送主机将选择一个具有最多匹配位的登记项。例如，有 32 位掩码与预期目标的 32 位匹配的登记项，优先于只有 24 位掩码与预期目标 24 位匹配的登记项。

如果既没有主机登记项，也没有网络登记项，IP 主机检查其默认网关登记项。概括地说，本地主机检查自己的路由表，寻找特定主机的路由，之后寻找网络路由，当两者都失败时，再使用默认网关路由。

默认网关提供了默认路由——一条盲目信任的路径。由于 IP 主机没有到达目标的路由，它就将数据包发送给默认网关，希望默认网关能够做出如何处理该数据包的决定。

无论数据包是发送到默认路由（默认网关），还是定位在主机路由表中的特定路由，接收网关通常做下述事情之一。

● 转发数据包（如果它们有一个到达目标的路由的话）。

● 发送 ICMP 应答，称为 ICMP 重定向，它指向拥有到达目标最佳路由的另一个本地路由器。

● 发送 ICMP 应答，指明不清楚向什么地方发送数据包——目标不可达。

如果目标是远程目标，并且处理数据报的源设备或网卡知道能够转发数据包的下一跳路由器或默认网关，源设备必须使用 ARP 解析下一跳路由器或默认网关的硬件地址。自然地，源设备首先检查其 ARP 缓冲区。如果信息在缓冲区中不存在，源设备发送 ARP 广播或取下一跳路由器的硬件地址。

如果 IP 主机不能相互通信，可以使用协议分析器来确定发生了什么错误。有可能发生了下述问题之一。

● IP 主机只能对本地的主机进行 ARP 解析，而实际目标是远程目标（检查源子网掩码和目标的 IP 地址）。

● 目标主机是本地的，但由于它没能完整地发挥功能，而没有对 ARP 做出应答（检测到重复 IP 地址，或目标关机了）。

● 源设备从名称解析过程（例如 DNS）中得到的 IP 地址不正确（没有哪个 IP 主机使用了预期的 IP 地址）。

在路由解析过程中出现问题的情况并不少。在图 4-14 中，源主机的子网掩码是 255.0.0.0。当把这个掩码作用于目的 IP 地址 10.2.12.4 时，它将告知源主机，目标是本地的（在同一个网络上，即网络 10.0.0.0）。源主机开始使用 ARP 查询与 10.2.12.4 相对应的硬件地址。

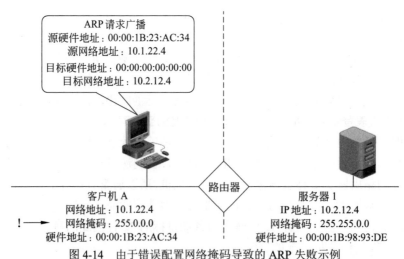

图 4-14　由于错误配置网络掩码导致的 ARP 失败示例

10.2.12.4 会回答吗？不会。路由器不会转发 ARP 广播，在源主机网络上，没有任何设备会代表那个 IP 主机做出应答。

当你在数据包级别上考察通信时，能够发现对这些问题的最终答案——与盲故障诊断不同，它在找到答案之前，只是简单地猜测解决方案。

4.5.3　IPv4 与 IPv6 有何不同

IPv6 的基本功能与 IPv4 的相同：沿路径把信息（由路由器转发的信息）从一个网络结点可靠地发送给另一个结点。为了构建一个 IPv6 数据包，源结点同样需要知道这些信息：目的地址和下一跳路由器的链路层地址。IPv6 使用 NDP（而不是 ARP），通过以一个多播消息的形式，发送一个路由器请求消息，来发现下一跳路由器的链路层地址。源结点主要是要知晓 IPv6 地址前缀或网络段所用的前缀，并知晓服务该网络段的默认路由器的地址。图 4-15 显示了路由器请求消息与路由器公告消息的交换。

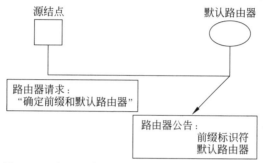

图 4-15　路由器请求消息与路由器公告消息的交换

另外，源结点需要知道，在源结点与目的地结点之间的建议路径上所能支持的最大数据包或 MTU，因为 IPv6 数据包不能向 IPv4 数据包那样分段。源结点使用 NDP 协议来实现 PMTU 发现，从而在源结点与目的地结点之间创建一条路径。该过程可以得到具有最小 MTU 值的链路 MTU。然后，在传输之前，源结点把其数据包的 MTU 设置为该值。由于链路 MTU 比路径上其他的都小，转发结点将发送一条"数据包太大"的 ICMPv6 消息。源结点将做出响应，减小其数据包的 MTU 值，然后重新发送。该过程将不断重复，直到整个消息都被目的地结点成功接收了。

对于 IPv4，源结点必须确定到目的地结点的路由器是本地还是需要进行路由。对于 IPv6，即使知道是通过本地链路与目的地结点直接连接的，源结点也要使用 PMTU 发现。对 IPv6 来说，它并不关心消息是在本地发送还是要通过路由器发送，因为都是需要进行相同的发现过程。

IPv6 使用的是多播而不是广播。当 IPv4 结点发送一条广播消息时，本地链路上的所有结点都必须侦听该消息，以确定是否是发送给自己的，这将打断这些结点网络行为。IPv6 多播消息根据不同的功能，使用不同的地址，因此，链路上的大多数计算机都会忽略这个多播消息，而不是中断自己的网络行为来侦听这个消息。对于路由器请求消息，只有路由器需要侦听这种特殊的多播消息（根据为路由器保留的 IPv6 地址前缀）。

IPv4 和 IPv6 网络结点都可以发现本地链路上的默认路由器（通过该结点的静态设置或通过动态分配）。然后，对于 IPv6 结点，NDP 路由器请求与公告消息使得对结点的默认路由器地址静态或动态配置没有必要了，因为默认情况下，会进行 NDP 发现的。IPv6 路由器也会例行地在本地链路上发送路由器公告消息（在多播中使用一个 IPv6 前缀，该前缀是专为 IPv6 网络结点（而不是网络上的路由器或其他设备）保留的）。IPv6 可以等待下一条公告消息，但会发送一条路由器请求消息来加快这个过程。

IPv4 和 IPv6 结点都需要知道一个或多个 DNS 服务器的 IP 地址，以便进行地址解析。与 IPv4 结点一样，IPv6 计算机可以通过静态或动态（DHCPv6）配置，配置好本地 DNS 服务器的地址。DHCPv6 还可以提供具有 DNS 域名的网络结点。既可以使用有态也可以使用无态 DHCPv6，然而，具有无态自动配置的无态 DHCP 更有用。

4.6 IP 数据包的生存周期

所有 IP 数据包都有预先定义好的生存周期，它由每一个数据包中的生存时间（Time to Live，TTL）字段（对 IPv4）或跳限制字段（对 IPv6）来指明。这就确保数据包不会在环状的网络中无限循环。尽管路由协议试图阻止循环，在转发数据包时选择最佳路由，但当链路被重新配置或临时关闭时，也会发生状况。此时，网络可能会形成一个临时的循环。

推荐 TTL 的起始值为 64。Windows Server 2012、Windows 7 和 Windows 10 的默认 TTL 为 128，对 TTL 来说这是一个不同寻常的大值。TTL 值的正规定义为秒数。但是，在现实实践中，TTL 值被实现为跳数。每当数据包被路由器转发一次，路由器必须将 TTL 字段减 1。交换机和集线器不减少 TTL 的值，它们不会查看数据包的网络层。

如果具有 TTL＝1 的数据包到达路由器，该路由器必须丢弃这个数据包，原因在于这个路由器不能将 TTL 值减为 0 并转发该数据包。

如果具有 TTL＝1 的数据包到达主机，那么主机应该怎么做呢？当然，主机处理该数据包。主机并不需要在收到数据包时减小 TTL 的值。

第 5 章解释了故障诊断实用程序 Traceroute 如何利用 TTL 值和超时处理来跟踪穿越互联网络的端到端路径。

在 Windows Server 2012、Windows 7 和 Windows 10 中，可以使用默认 TTL 注册表项来设置主机的默认 TTL，如表 4-8 所示。处理这一设置的另一个常用方法是在服务器上配置 DHCP 租借条款的时候；与通过 DHCP 访问的其他设置一样，这个方法提供了管理此类型协议行为的集中途径。

表 4-8　默认 TTL 注册表项

注　册　表	信　息　细　节
位置	HKEY_LOCAL_MACHINE\SYSTEM\CurrentControlSet\Services \Tcpip\Parameters
数据类型	REG_DWORD
有效值范围	1～255
默认值	128
默认是否提供	否

IPv6 的注册表信息位置是 HKEY_LOCAL_MACHINE\SYSTEM\ CurrentControlSet\Services \TCPIP6\ Parameters。

4.7 分段与重组

IP 分段支持较大数据包由路由器自动拆分为较小数据包，以便穿越支持较小 MTU 的链路，例如以太网链路。然而，一旦被分段，在所有分段到达目的地之前不会被重组，到达之后它们将在网络层或 Internet 层被重组。在数据包传递给传输层之前，分段数据将被重新合成为一个完整的 TCP 段或 UDP 数据包，或者在重组不成功时发送一个错误消息。因此，可以安全地说，IP 处理分段与重组，并将 TCP 段的重组交给传输层的 TCP。

当数据包被分段时，所有分段都得到相同的 TTL 值。如果它们通过网络时采用了不同的路径，那么它们到达目的地时可能具有不同的 TTL 值。然而，当第一个分段到达目的地时，目标主机开始从该数据包的 TTL 值往下计数。所有分段必须在该定时器过期之前到达目的地，否则分段设置被认为不完整和不可用。目的地往源设备发送一个 ICMP 应答，说明该数据包已经过期。

分段在目标主机上被重组。例如，如果路由器必须把 4096 字节的数据包分段，以便将该数据包转发到以太网上（该以太网仅仅支持 1500 字节的 MTU），那么路由器必须完成下述任务来恰当地给该数据包分段。

（1）路由器将原始数据包 IP 首部的标识符字段放到每一个分段中。

（2）路由器将 TTL 值减 1，并把新的 TTL 值放到每一个分段中。

（3）路由器计算分段数据的相对位置，并在每一个分段的分段偏移量字段中放入该值。

（4）路由器以带有独立数据链路首部和校验和计算的独立数据包发送每一个分段。

图 4-16～图 4-18 显示了一个分段集中的第一个分段、中间一个分段和最后一个分段。在图 4-17 中，分段偏移量字段的值 1480 表明它不是分段集中的第一个分段，也不是分段

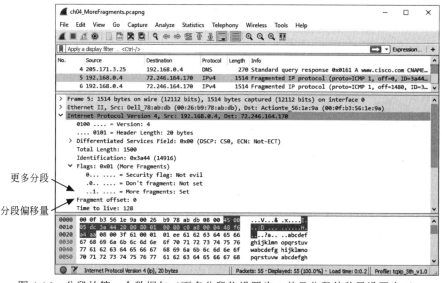

图 4-16　分段的第一个数据包（更多分段位设置为 1 并且分段偏移量设置为 0）

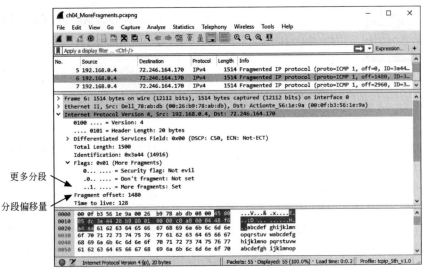

图 4-17　分段的第一个数据包（更多分段位设置为 1 并且分段偏移量设置为 1480（即 1480 字节））

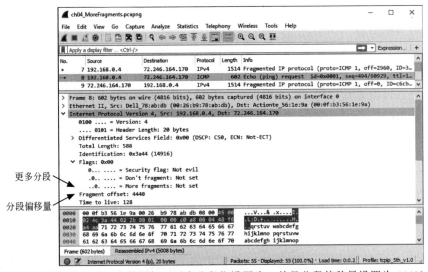

图 4-18　分段的最后一个数据包（更多分段位设置为 0 并且分段偏移量设置为 4440）

集合中的最后一个分段，这一点通过更多分段的位设置来表明。

　　　这一跟踪的获取方法是，使用命令 ping -l 5000 www.cisco.com，强制 IP 主机把一个较大的 ICMP 应答数据包分段。

　　当分段到达目的地 IP 主机时，根据包含在 IP 首部的分段偏移量值，把这些分段按顺序重组。

　　分段具有一些网络不欢迎的数据流量。首先，分段处理过程耗费了给数据包分段的路由器或主机的处理时间。其次，所有分段必须在第一个到达的分段的 TTL 定时器过期之前到达目的地。如果有一个分段没有在这个时间内到达，那么接收方将发送含有代码 1（表示分段重组超时）的 ICMP 消息类型 11（表示超时）。在这种情况下，发送数据包的 IP 主机需要重发另一个数据包（需要再次分段）。在可用带宽较低的网络上，分段重传过程会导致线路上出现更多的数据流量。

4.8　服务交付选项

在早期 IP 开发时代里，IP 首部支持两个字段，它们支持定义**数据包优先**（Packet Priority）和**路由器优先**（Route Priority）的方法——这两个字段是优先级（Precedence）字段和服务类型（Type of Service，TOS）字段。这些字段使得应用程序或源 TCP/IP 栈可以按需要定义对通过网络转发的数据包的处理。

随着时间的流逝，对于网络管理员来说，允许厂商定义其流量显然不是最佳的。单独配置系统以获得高优先级也同样不是好主意。随着时间的前进，优先级和服务类型字段已经被更集中化的、基于路由的配置所取代。网络管理员能够在路由器上根据源或目的 IP 地址、包含在数据报中的应用以及许多其他因素来配置优先等级。

随着 Internet（以及 TCP/IP 栈）承担更多商务和公司通信的职责，人们一直在寻找提高性能的途径。最近，**差分服务**（Differentiated Services，Diffserv）和**显式拥塞通告**（Explicit Congestion Notification，ECN）已经被建议用来提升基于 IP 的数据流量。

4.9　优先级

当有几个数据包排队等待从单个输出接口传输时，路由器使用优先级来确定先发送哪个数据包。某些应用程序能够配置为支持较高的优先级，从而得到高优先级处理。

有 8 个优先级。级别 0 用于没有优先级的例行流量。级别 1～5 用于具有较大价值的优先流量，表明具有较高的优先级。优先级别 6 和 7 保留用于网络和互联网络控制数据包。

使用优先级的一个示例是 IP 语音（VoIP）。VoIP 流量的优先级可以设置为级别 5，以便支持实时交付需求，并确保最小延时以及尽可能好的语音/声音质量。

4.10　服务类型

当存在多条可用路径时，路由器使用服务类型（TOS）选择一条路由路经。

TOS 功能要求部署的路由协议理解和维护基于网络的各种可能服务类型。例如，路由器必须知道卫星链路是一种高延时链路，因为到达卫星的距离很遥远。OSPF（开放式最短路径优先）和**边界网关协议**（Border Gateway Protocol，BGP）是两个支持多种服务类型的路由协议示例。

有 6 种可能的服务类型，如表 4-9 所示。

表 4-9　服务类型值

二　进　制	十　进　制	服　务　类　型
0000	0	默认（没有定义特定路由）
0001	1	最小成本
0010	2	最大可靠性

二　进　制	十　进　制	服 务 类 型
0100	4	最大吞吐量
1000	8	最小延时
1111	15	最大安全性

在 Windows 的早期版本中（Windows 2000 之前），可以使用 DefaultTOS 注册表项来设置主机的默认 TOS，如表 4-10 所示。Windows 2000 及以后的操作系统不允许指定默认 TOS 设置。

表 4-10　DefaultTOS 注册表项

注　册　表	信　息　细　节
位置	HKEY_LOCAL_MACHINE\SYSTEM\CurrentControlSet\Services\Tcpip\Parameters
数据类型	REG_DWORD
有效值范围	0～255
默认值	0
默认是否提供	否

该注册表项使用十进制对整个 TOS 字段进行设置。例如，要配置主机使用例行优先级和最大可靠性，那么可以把 DefaultTOS 设置为 4（0100）。

RFC 1439 定义了 IP TOS 的用法以及建议使用的 TOS 功能，如表 4-11 所示。

表 4-11　服务类型的功能

协　　议	TOS 值	功　　能
TELNET	1000	最小延时
FTP Control	1000	最小延时
FTP Data	0100	最大吞吐量
TFTP	1000	最小延时
SMTP Command 阶段	1000	最小延时
SMTP Data 阶段	0100	最大吞吐量
DNS UDP Query	1000	最小延时
DNS TCP Query	0000	例行
DNS Zone Transfer	0100	最大吞吐量
NNTP	0001	最小金钱成本
ICMP Errors	0000	例行
ICMP Requests	0000	例行
ICMP Responses	0000	例行
Any IGP	0010	最大可靠性
EGP	0000	例行
SNMP	0010	最大可靠性
BOOTP	0000	例行

RFC 2474、RFC 2475 和 RFC 3168 提供了 TOS 字段位的新用途。

这 3 个 RFC 以及数个补充 RFC，建议用差分服务代码点（Differentiated Services Code Point，DSCP）字段来取代 TOS 和优先级字段。

Diffserv（差分服务）利用 DSCP 值使得路由器可以根据放置在 DSCP 字段中的标记为流量提供不同级别的服务。该标记可以基于数据报中的源 IP 地址或有效载荷，或基于任何其他判别条件，这可根据管理员的需要而定。通过定义用于流量优化的 DSCP 标记，Diffserv 提供了比老式 TOS 和优先级字段（它们仅限为特定值，如本章前面定义的那样）更多的选项和更大的灵活性。

此外，这些 RFC 文档建议保留 2 位，用于指明源 IP 设备能够识别和通知链路上其他 IP 设备产生了拥塞。

由于人们对 Diffserv 和拥塞通知技术日益高涨的兴趣，某些提供商现在将 TOS 与优先级位的用法称为"老式优化"位。

很多分析器提供商并不是这样识别或解码 6 位的 DSCP 字段，它们依然将其解码为优先级字段。

4.11　理解 IP 路由

下面从解释路由表开始我们的讨论。这个表是一个放置在路由器内存中的数据库。这个数据库中的记录称为"路由"，它由网络地址、"下一跳"（路由行话，指在到达目的地的路径中下一个路由器的 IP 地址）、各种度量标准，以及特定提供商信息。

路由表是有关该路由器可到达的所有网络的信息汇集。在小型网络中，路由表或许只有少数几个记录。而绝大多数大型企业网络在其路由表中拥有数百项记录。当然，最大的网络是 Internet。在编写本文时，Internet 主干路由器的路由表含有超过 100 000 项记录。

图 4-19 展示了一个 Cisco 路由器的小型路由表示例。在这个示例中，你能够看到，网

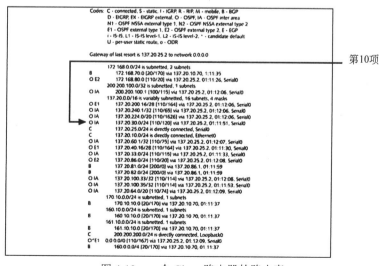

图 4-19　一个 Cisco 路由器的路由表

络目的地显示为 IP 地址，为清晰起见，后跟上了一个斜杠（/），之后的数字指明了子网掩码的长度。例如，在第 10 个记录中，137.20.30.0/24 意味着掩码为 24 位长，即 255.255.255.0。这个记录的下一跳是 137.20.25.2，连接在它的 Serial0 网卡上。还要注意路由记录前面的"O IA"。它表示该路由通过开放式最短路径优先（Open Shortest Path First，OSPF）获取，这个协议将在本章后面详细讨论。

路由表的使用如下：当从网卡上接收到一个数据包时，路由器必须首先找出该数据包想到什么地方去。为了完成这个任务，路由器读取 IP 首部中的目的地（Destination Address）字段，之后，在其路由表的网络（Network）字段查找匹配。如果找到匹配路由项，那么路由器将该数据包发送到下一跳，它通常是直接连接该网络上的另一个路由器。

要重点理解的是，在路由器中，用于转发数据包的方法依据提供商的不同而变化，并且没有针对任何协议进行标准化。

既然你已经理解了路由表，我们就能够回答问题"路由器如何知道应该把数据包发送到什么地方"了。

4.11.1　在路由表中如何存放记录

路由记录可以 3 种基本方法存放在路由表中。

第一种方法是通过直接连接。例如，连接到网络 10.1.0.0/16 和 10.2.0.0/16 的路由器知道这两个网络，原因在于它的物理网卡就连接在这些子网上。

第二种方法是它能够手工配置。要完成这个任务，先登录到路由器上，然后使用菜单或命令行定义它能够到达的网络、下一跳以及度量标准。对要到达的每一个网络都重复这一过程。

手工配置方法存在几个优点和几个缺点。主要的优点是便于控制。利用静态路由，指定了精确配置，并且这个配置不会被修改。其他显著优点是手工配置既很简单，也很安全，路由器立刻知道如何到达某个网络。缺点是在大型网络上，并不想真的在每一个路由器上都输入数百条记录，更糟糕的是，任何时候网络发生变化时，都必须记得返回到网络上每一台路由器旁边，并进行适当的修改。正如在图 4-18 中所看到的那样，这些路由表有的时候很容易被弄混淆；修改是很容易出错的，并且通常极难找出这样的错误。

将记录放置到路由表中的第三种方法是通过使用路由协议动态放置这些记录。路由器实用路由协议共享互联网络上各种网络的信息。因此，只需简单地在每一台路由器上配置协议，路由器将相互之间传送**网络层可达性信息**（Network Layer Reachability Information，NLRI）。

使用路由协议方法的优点和缺点刚好与手工配置方法相反：在大型网络中它们更易于维护，但也暴露了攻击者能够很容易利用的失效点；互连网络一侧的路由器需要花费很长的时间才会知晓互连网络上另一侧的网络，且越高级的路由协议也越令人吃惊的复杂。并且，它缺乏内在的控制。例如，如果到达某个网络存在多条路径，路由协议将决定采用哪条路径。当然，可以调整度量来使一条路径成为优选路径，但是，在这样做之前，应该完全明白这样修改所造成的后果。

4.11.2　路由协议和被路由协议

要跨越互连网络，有两种类型的协议，即路由协议（Routing Protocol）和被路由协议（Routed Protocol）。路由协议用于交换路由信息。**路由信息协议**（Routing Information Protocol，RIP）和 OSPF 都是路由协议（回忆一下图 4-18 中的路由记录时，路由是通过 OSPF 来获知的）。

被路由协议是用于通过互连网络传递数据包的第 3 层协议。IP 是用于 TCP/IP 协议簇的被路由协议。一旦接收到 TCP/IP 数据包，路由器去除数据链路首部，并检查 IP 首部，以确定如何路由该数据包。**互连网包交换**（Internetwork Packet Exchange，IPX）是用于 IPX/SPX 协议簇的被路由协议。

第 3 层交换是一种设备，能够基于 MAC 地址，并在必要时检查网络层首部来做出路由决策。本质上，第 3 层交换是交换机和路由器之间的一种混合体。

4.11.3　为路由协议分组

为路由协议分组有两种主要方法，它们有助于取得路由的有效性，以及最大限度地降低对内部组网细节的需求。

第一种分组是管理组。当机构开始连接到 Internet 上时，它们迅速意识到，由于一家公司的设计和理念经常与另一家公司不兼容，它们需要提取这一信息的方法。解决方案是创建一个路由域或自治系统，后面我们将定义这些概念。这样，每一个机构都能够完全控制自己的路由域，允许其设置适宜的安全策略和性能调整策略，而不会对其他机构造成冲击。用在路由域内部的路由协议称为**内部网关协议**（Interior Gateway Protocol，IGP），用于连接这些路由域的路由协议称为**外部网关协议**（Exterior Gateway Protocol，EGP）。

第二种分组方法是通过它们使用的通信方法进行分组。路由协议采用的两个主要"作料"是**距离矢量**（Distance Vector）和**链路-状态**（Link-State）。下面就来讨论它们。

距离矢量路由协议

目前有几种正在使用的**距离矢量路由协议**（Distance Vector Routing Protocol）。适用性最普及、最广泛流行的距离矢量协议是 RIP，它遵循 Cisco 公司的专用协议，名为**内部网关路由协议**（Interior Gateway Routing Protocols，IGRP）。**边界网关协议**（Border Gateway Protocol，BGP）也是一个距离矢量路由协议。

路径矢量协议是一种路由协议，负责维护所获得的路径信息以及动态更新该数据。距离矢量路由协议也是一种路由协议，它使用的是源网络到目的地网络之间的距离（而不是在网络之间数据流所用时间量）信息。

这些协议具备一些共同特性，使得它们不同于链路-状态协议。

主要差别是，它们周期性地向所有邻居广播其整个路由表。这是与定时器一起协调完成的，这样，当路由器从邻居那里接收到一张网络列表时，它就在路由表中安装它们，并设置定时器。如果在路由器接收到另一个广播更新之前，定时器就过期了，那么路由器就从其路由表中删除这些路由。这意味着用于网络**汇聚**（Converge）所花费的时间——网络上的所有路由器都拥有精确、稳定的路由表——是这个定时器的函数。例如，如果路由器向其邻居公告了某个网络，之后发生了导致该网络不再可用的变化，在定时器过期之前，该邻居将依然向这个无效的网络转发数据包。如果在这两者之间存在多个路由器，汇聚时间很快就会增长到数分钟的时间。

第二个主要差别是它们"依传闻路由（route by rumor）"。如果有 3 个路由器，路由器 A 连接到路由器 B 上，路由器 B 连接到路由器 C 上，路由器 A 向路由器 B 发送一条消息："我拥有一个到达网络 1 的路由"。当路由器 B 接收到这条消息时，它向路由器 C 发送一条消息，称："我拥有一个到达网络 1 的路由"，而不是消息"路由器 A 拥有一个到达网络 1 的路由，我拥有一个到达路由器 A 的路由"。在意识到路由器 C 并不知道路由器 A 是否存在之前，这种做法看起来毫无害处。路由器 C 仅仅知道路由器 B 能够到达网络 1。这种完整信息的缺失能够引发几个问题，后面将进行详细讨论。

并且，距离矢量路由协议分享有关所有网络到达目标有多远的信息。路由决策基于网络距离有多远而做出——而不是基于到达目的地要花费多长时间来做出，且这种决策被认为相当"饶舌"（这意味着它们在网络上发送了比所需量更多的数据）和低效。

如图 4-20 所示，要在 3 个路由器（A、B 和 C）上创建路由表，需采取下述步骤。

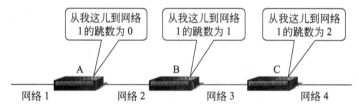

图 4-20　在距离矢量网络上，每一个路由器都跟踪到达其他网络的距离

（1）每一个路由器启动并定义自己的距离矢量为 0。

（2）每一个路由器计算到每一个已连接链路的距离成本。在这个示例中，我们假定每一跳的成本为 1。

（3）每一个路由器公告其距离矢量信息，这些信息定义了在所有直接连接链路上网络的可达性。例如，路由器 A 声明它到网络 1 和网络 2 为 0 跳。路由器 B 声明它到网络 2 和网络 3 为 0 跳。路由器 C 声明它到网络 3 和网络 4 为 0 跳。

（4）一旦从其他路由器上接收到了这些信息，每一个路由器都更新自己的路由表，以便反映新的距离信息。例如，在图 4-20 中，路由器 B 从路由器 A 的广播中知道网络 1。路由器 B 了解了到达网络 1 有 1 跳远。同样地，路由器 C 了解了到达网络 1 有 2 跳远。如果网络 4 上的设备想要与网络 1 上的设备通信，那么它必须跨越 3 个路由器，即该设备本身距离网络 1 有 3 跳远。

（5）一旦接收到新的路由信息，路由器就向直接连接的其他网络发送路由更新信息。这称为触发更新。例如，路由器 B 在从路由器 C 接收到新的路由信息之后，它就向网络 2 发送新的路由信息。在从路由器 A 接收到信息之后，路由器 B 将新的路由信息发送给网络 3。

（6）距离矢量路由器周期性地向直接连接链路广播或多播其路由信息。这称为定期更新（Periodic update）。

路由循环

在自动化路由过程中最困难的挑战之一是防止**路由循环**（Routing Loop）。有很多种不同类型的路由循环，当一个路由器认为到达某个网络的最佳路径是通过一个路由器，而与此同时，第二个路由器认为到达该网络的最佳路径是通过另一个路由器时，就发生了最简单形式的路由循环。这两个路由器将把要发送到网络上的数据包在这两个路由器相互之间来回地传送，直到该数据包的生存时间（Time To Live，TTL）过期为止。

例如，在图 4-20 所示的网络上，考虑当路由器 C 宕机时会发生什么——到达网络 4 的路由丢失了，路由器 B（它离网络 4 有 1 跳）并不认为到达网络 4 的唯一路径丢失了。它认为路由器 A 依然有一条到达网络 4 的路径（尽管它有 2 跳远）。路由器 B 重新计算其距离矢量信息并将到达网络 4 的距离测度增加 1。路由器 B 现在认为通过路由器 A 离网络 4 有 3 跳远。一旦接收到这个信息，路由器 A 重新计算到网络 4 的距离。路由器 A 现在认为它离网络 4 的距离为 4 跳远。一旦接收到这一新的计算结果，路由器 B 再一次重新计算其路由表。这一过程持续不断，直到永远——当然，实际上不会永远，但给你的感觉是永远。

循环避免方案

距离矢量协议用于防止数据包在路由循环中无限往复的方法称为**无限计数**（Count to Infinity）。通过把"无限"定义为某个具体的跳数（例如，RIP 将此值定义为 16），协议本质上说，"任何跳数为 16 的路由都是不可达的路由"，这样，到达该网络的数据包将被丢弃而不是转发。尽管这种方法并不能够防止路由循环，但它确实限制了当发生路由循环时产生的破坏性。其缺点是人为地增加了网络规模的限制。这样的网络的周长不能多于 15 跳。

路由器检查 IP 首部 TTL 字段确定数据包是为转发进行处理，还是由于它太旧而被丢弃。既然一种技术（即无限计数）定义了路由距离，那么 TTL 字段可用于定义数据包余下的生存时间。

距离矢量路由协议中另一个路由循环避免方案是水平分割（Split Horizon）。水平分割只是防止路由器公告与其知悉该网络连接在同一块网卡上的网络。经常与水平分割一起使用的另一个特性称为毒性反转（Poison Reverse）。毒性反转是"毒死路由"的一种方法，它指明你不能到达那里。在本章后面的"路由特性"一节中，将更加详细地介绍水平分割和毒性反转。

链路-状态路由协议

链路-状态路由协议（Link-State Routing Protocol）在两个主要方面不同于距离矢量路由协议。第一个方面是它们不依传言路由。每一个路由器都仅仅生成其直接连接链路的信息，这些信息在整个网络上传递，这样，该区域中的每一个路由器都拥有一致的网络拓扑视图。之后，路由器独立运行 Dijkstra 算法来确定穿越互连网络的优选路径。

第二个主要差别是它们不会周期性地广播其整个路由表。链路-状态协议与邻居路由器构建邻接，在初始交换完整信息之后，当链路-状态变化时（例如，"上线"和"下线"）它们仅仅发送更新。在变化发生后更新几乎立即发生，因此，与距离矢量协议不同，链路-状态协议不需要等待定时器过期。因此，链路-状态协议的汇聚时间相对较短。这样不仅显著地节约了时间，而且也显著地节约了带宽，原因在于邻居仅仅在短时间内发送短小的 Hello 数据包来确保邻居依然可达。仅仅发送 Hello 数据包以取代发送完整的路由表。

链路-状态路由使用下述过程。

（1）链路-状态路由器通过称为 **Hello 过程**（Hello Process）的过程与其**邻居路由器**（Neighbor Router）进行接触。

（2）每一个路由器都构建和传输**链路-状态公告**（Link-State Advertisement，LSA），它包含了邻居列表和通过网络到达每一个邻居的成本。成本通常是基于固定值，该值将根据链路带宽计算得到。

（3）随着这些 LSA 通过网络传播和被每一个其他路由器收到，每一个路由器都构造出了一幅网络图像。

（4）链路-状态路由器将该图像转换为**转发表**（Forwarding Table）。它们依据最低成本路由排序这个表。该表用于确定数据包应该如何通过路由器转发。

（5）链路-状态路由器周期性地在其直连网络上多播其链路-状态数据库的概要。

（6）如果接收路由器没有某些路由信息，或检测到其信息已经过期，该路由器能够请求更新过的信息。

图 4-21 展示了一个链路-状态网络。在这个配置中，路由器 A、B、C 通过在网络 1 上发送和接收 Hello 数据包相互发现对方。在 Hello 数据包收到的信息用于构建**邻近数据库**（Adjacencies Database）。接下来，路由器创建描述其直接连接网络的 LSA。通过发送每一个都到达所有邻居路由器的所有 LSA，这些路由器用这些 LSA "淹没" 其邻居。这些邻居路由器持续向其邻居传递 LSA，直到网络 1 上的每一个路由器都拥有一份所有 LSA 的副本为止。

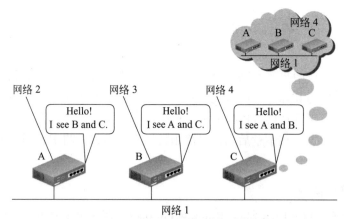

图 4-21　在链路-状态网络上的邻近数据库

在这一过程结束之后，每一个路由器都准确地知道网络 1 看起来像什么，每一个路由器独立地执行链路-状态算法以确定到达每一个网络的正确路径。由于所有路由器都使用相同算法并拥有相同的信息，它们会得出什么路径是最佳路径的相同结论，从而消除了路由循环。

前面描述的过程专门用于最流行链路-状态协议 OSPF。其他链路-状态协议——例如中间系统到中间系统（Intermediate System to Intermediate System，IS-IS，流行于欧洲）、AppleTalk 基于更新的路由协议（AppleTalk Update-Based Routing Protocol，AURP，用于路由 AppleTalk）——其行为方式基本与此相似,尽管它们采用的方法通常存在相当大的差别。

4.12　路由特性

当设计或操作路由分层结构时，重要的是理解包含其中的网络特性以及它们是如何相互连接起来的。理解可能用在中间网络上的各种路由协议的要求和限制也很重要。本章将更多地学习这些问题，但在随后的几节中，将特别关注这些主题。

4.12.1　路由汇聚

正像本章前面曾经提及的，路由汇聚是网络上所有路由器在网络发生变化后重新计算优化路径的过程。当所有路由器都知道一条到达所有其他网络的无循环路径时，该网络通常被汇聚起来。理想情况下，网络应该处于汇聚状态，其中所有的路由器都知道当前可用网络以及它们的相关成本。

在前面介绍的每一个路由设计中，如果网络 3 突然变得不可用，每一个路由器必须了解这一情况，从而停止转发目的地为网络 3 的所有数据包（请注意，距离矢量网络的汇聚速度比链路-状态网络更慢一些）。

4.12.2　IPv4 路由机制

路由机制用于帮助路由器了解到达目的地的路径。通常，路由器使用多种机制来发现路由器和构建路由表。路由器用于发现路由的方法包括直接连接的网卡、默认路由、动态路由方法和静态路由。

直接连接的网卡可以通往路由器（如连接到内部网络的子网的网关路由器）的本地路径。静态路由一般是手工加入到路由表中的，并把一个路由定义给一个特定的 IP 地址（例如，当要把数据流量转发到特定目的地时所用的下一跳路由器或网卡）。默认路由通常用于网络结点，通过定义的路由，结点数据流量可以发往本地子网之外（一般是通过网关路由器）。动态路由包括了解通往不同目的地的路由，到目的地的方式既包括通过直接连接的网卡，也包括通过其他路由器，这些路由器会公告其路由。在 IPv4 中，动态路由协议包括 RIP、RIP2、EIGRP、OSPF、IS-IS 和 BGP。

IPv4 路由协议将在本章后面的内容中介绍。

路由循环是一种特殊的网络问题，当数据包在相同的路由器中反复不断路由而不被解析，直到数据包的 TTL 值为 0 并丢弃该数据包时，就是发生了路由循环。在最坏的情况下，路由循环可以使得网络成为一种虚拟停顿状态，禁止所有的网络活动。在大型互连网络中，当某个网络发生了改变，并且在路由器从前一次修改获得路由信息汇聚之前，通常会出现路由循环。如果不是所有的路由器都在通往目的地的最佳路由上达成一致，那么路由器将根据路由表信息转发数据包，而这些信息与其他路由器的信息不一致。这类似于 Hansel 和 Gretel 试图从多条布满面包屑的小路找到走出森林的路。

避免路由循环的路由机制有好多种。这些方法通常是通过加速路由信息汇聚，或防止路由器向其源结点公告路径来解决路由循环问题。

水平分割

水平分割是旨在加速汇聚过程并在绝大多数情况下解决计数到无限大问题的方法之一。使用水平分割的原则是，路由器永远也不会公告一条折回到路由器已知路径上的路径。图 4-22 提供了一个示例。在这个图中，路由器 A 从路由器 B 知道了网络 3，路由器 B 将网络 3 公告为 1 跳远（如果必须通过路由器 B 到达网络 3 时）。路由器 A 添加上自己的成本 1 跳，并更新路由表，以表示到网络 3 为 2 跳远。路由器 A 向网络 1 公告这一信息。依据水平分割原则，路由器 A 不允许公告一条到达网络 3 的路径。

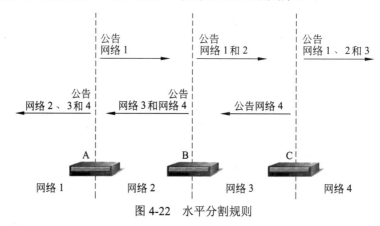

图 4-22   水平分割规则

毒性反转

毒性反转是一项为防止路由循环而设计的路由分配成本的技术。当一个路由器从另一个路由器了解了一条或一组路由时，它为这些路由分配一个无限大的成本值，以便该路由器将永不会把这些路由公告给它们的源结点。

路由 B-A 和 B-C-B-C-A 都定义了从 B 到 A 的路径。C 没有理由公告一条通过 B 到达 B 的路由。因此，当 C 知道了一条从 B 到 A 的路由时，它向 B 公告一条到 A 的路由，其度量值为无限大。换句话说，C 告诉 B："我不能到达 A，因此不要朝这边走。"毒性反转技术防止了发生这种类型的循环（并且也防止了这种循环的递归出现，原因在于重复已访问链路只能够使循环变得更长，并且在拓扑结构上是一致的）。

生存时间

为了确保数据包不能在网络中无休止地循环，每一个数据包都有一个生存时间（Time to Live，TTL）值，它定义在网络层首部中。当数据包穿越互连网络时，路由器检查 TTL 值以便确定该数据包是否有足够的生存时间来进行转发。例如，当具有 TTL 值为 8 的某个数据包到达路由器时，路由器在转发该数据包之前将其 TTL 值减少为 7。然而，如果某个到达的数据包的 TTL 值为 1，那么路由器将不转发这个数据包，原因在于不能把数据包的 TTL 值减少为 0 并进行转发。

正像将在第 5 章学习的那样，路由器发送 Internet 消息控制协议（Internet Control Message Protocol，ICMP）超时（Time Exceeded）消息来回应过期数据包。这允许接收到这样消息的路由器参考相应的可达性信息，并提供了管理路由信息或收集跳数的机制。

多播与广播的更新行为

某些路由协议仅仅能够使用广播来分发其路由更新。另一些路由协议则既可以使用广播，也可以使用多播来周期性地更新其路由。当然，广播不能穿越路由器。然而，路由器可以被配置为转发多播。

存在两种版本的 RIP。版本 1 发送广播更新。版本 2 支持非默认子网掩码（有关可变长度子网掩码[VLSM]的信息，请参阅第 2 章），能够发送多播更新。OSPF 也能够发送多播。

ICMP 路由器公告

某些路由器能够配置为周期性地发送 ICMP 路由器公告（ICMP Router Advertisement）数据包。这些周期性的 ICMP 路由器公告并不表示 ICMP 是一个路由协议。它们简单地允许主机被动地了解可用路由。

这些未经请求的 ICMP 路由器公告周期性地发送所有主机的多播地址 224.0.0.1。公告通常包括发送该 ICMP 路由器公告数据包的路由器的 IP 地址。路由器公告也包含了一个生命周期值，来指明接收主机应该把这个路由项保存多长时间。

有关 ICMP 路由器公告的更多信息，请参阅 RFC 1256 "ICMP 路由发现消息"。

黑洞

当 ICMP 被关闭，并且路由器丢弃数据包而不发送有关丢弃行为的任何通知时，网络上就出现了黑洞（Black Hole）。由于发送方并没有接收到指明该数据包已经被废弃的通知，因此它将继续重发该数据包，直到超时为止——事实上，具体动作依赖于与上层协议相关联的行为和超时方式。作为这种行为的一个示例，如果通信基于 TCP，那么 TCP 层将重新传输该数据包，并等待 ACK 响应。

存在很多种生成黑洞的路由器。图 4-23 展示了一个黑洞路由器的特别示例。在这个示例中，路由器 B 是一个路径最大传输单元（Path Maximum Transmission Unit）的黑洞路由器（称为 PMTU 黑洞路由器）。超长的 4352 PMTU 数据包到达了路由器，但该路由器并不支持 PMTU 发现；它也不会发送 ICMP 应答来指明下一跳是否支持该 PMTU 值。该路由器仅仅丢弃这些数据包。

区域、自治系统和边界路由器

为了减少链路-状态数据库中记录的条数，OSPF 使用了区域（Area）这一概念，区域是一组相邻的网络。OSPF 规范定义了对主干区域（Backbone Area）即区域 0 的需求（也可以以 IP 地址的格式书写为 Area 0.0.0.0）。所有其他区域必须与这个区域直接连接（尽管允许某些特殊的隧道连接）。连接这些区域的路由器称为区域边界路由器（Area Border Router，ABR）。这些 ABR 能够在向其他网络发送链路-状态数据包之前汇总路由信息。

图 4-24 描述了一个使用多个区域的网络。

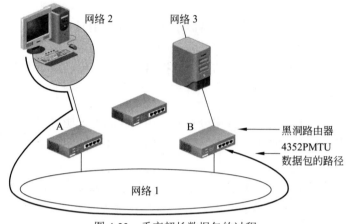

图 4-23　丢弃超长数据包的过程

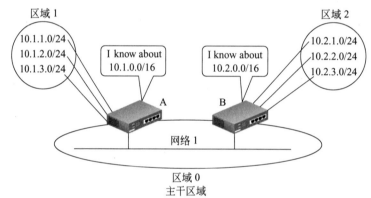

图 4-24　每一个区域都必须连接到主干区域 0 上

在这个示例中，区域 1 由 3 个变长子网组成，它们基于 CEDR 寻址方式。路由器 A 不是向所有这些子网发生公告，而是将这 3 个子网汇总一个记录——10.1.0.0/16。路由器 B 仅仅需要汇总出所有 3 个子网的单一路由记录项。同样，区域 2 也是由能够汇总为 10.2.0.0/16 的 3 个子网组成。

超大型网络能够拆分为多个区域，这些区域称为**自治系统**（Autonomous Systems，AS），自治系统是在单个管理权限下的路由器组。尽管自治系统是被设计为每单独运行的，但有时把网络拆分为几个 AS，而所有这些 AS 都在同一个控制之下是有用的。集中控制下的多个 AS 的一个示例是，当一家公司收购另一家公司时，它们的网络被同一家公司拥有且在同一个团队的控制之下，但要花费数月的时间来合并这些网络。在此期间，它们能够使用外部网关协议以独立 AS 的方式相互连接在一起。

一个 AS 内部的所有路由器都使用一个或多个内部网关协议来支持内部路由。RIP 和 OSPF 是内部网关协议的两个示例。

为了连接 AS，路由器使用外部网关协议。**边界网关协议**（Border Gateway Protocol，BGP）就是一个外部网关协议（EGP）的示例。

连接自治系统的路由器被称为**自治系统边界路由器**（Autonomous Systems Border

Router，ASBR）。

4.13　IPv6 路由的考虑因素

在 IPv6 下路由器有什么变化?简短的回答是，不多。当认识到 IPv6 在设计上很大程度就是解决 IPv4 Internet 极度爆炸性增长所遇到的路由问题时，就不会感到诧异了。IPv6 从设计基础上就把路由效率和吞吐量放在心上。

可汇聚全局单播地址的结构本质上将 CIDR 的优点构建在 IPv6 协议的原生地址空间中。IPv6 首部、选项首部以及将它们结合起来构成 IPv6 数据包的方式都在设计上考虑了优化路由器性能问题。

很多类似于 IPv4 的相同路由方法——例如 RIP、BGP-4 以及 OSPF——都能够仅仅做些许的修改就可过渡到 IPv6 上。从很多方面来说，对这些协议最重要的升级是 128 位 IPv6 地址。

从上到下、从左到右，IPv6 在设计上就考虑了减轻 Internet 路由器的有效载荷。IPv4 的经验已经表明，当地址空间与实际的网络拓扑匹配时，能够获得显著的路由优势。IPv6 地址的分配模式试图尽可能多地构建聚合而不过地"虐待"用户。正像今天依然持续的争论那样，临时性的网络重编号以付出路由效率为代价，特别是在使用 IPv6 提供的庞大地址空间时更是如此。IPv6 对自动配置的支持使得这一需求在某种程度上易于被接受。降低网络管理成本的另一个努力是结点发现自己所处环境的方法，后面将介绍这些内容。

4.13.1　IPv6 路由机制

IPv6 网络中的路由完成的是与 IPv4 网络中相同的功能：利用路由器，使来自不同网络结点的数据流量穿过不同网络段。网络主机和路由器负责确定从源结点到目的地结点的路由。这些路由就是那些可到达本地网段之内或之外的目的地的所有可能路由，或者是那些可到达本地结点或通往本地网段之外的默认网关的默认路由。

路由机制就是这样一些处理过程：利用这些处理过程，路由器可以知道通往目的地的网络路径。在 IPv6 网络路由中，网络结点在本地链路上发送其数据包之前，必须先使用 PMTU 发现来确定任意一条到达目的地的路由。这种机制包括确定通往本地网段的默认路由器，在网络结点完成其初始发现过程之后，这些路由是动态的，可以是改变的。路由公告消息可帮助网络结点确定默认路由，但路由器的配置需要有更复杂的方法。

路由器使用路由机制来构建和更新路由表，且使用不止一种路由机制。下面章节将介绍 IPv6 路由机制。IPv6 的动态路由协议包括 RIPng、EIGRPv6、OSPFv3、IPv6 的 IS-IS 以及 IPv6 的 BGP。

IPv6 路由表的项目类型

路由表是由网络结点和路由器负责维护的。路由表是存储在机器中的一个路由集合，包含有 IPv6 网络前缀数据。只有那些能直接或间接到达的网络的网络前缀才会包含在其中。在 Windows Server 2012、Windows 7 和 Windows 10 计算机中，当 IPv6 在系统中初始化时，就自动生成了路由表。netsh interface ipv6 show route 命令可用于查看 Windows 系统机器上的这些路由表。该命令无须以管理员的身份就可以在命令提示行窗口中运行。

图 4-25 为该命令运行的一个示例。

```
Command Prompt                                                         —    □    ×

C:\Users\G2TCPIP>netsh interface ipv6 show route

Publish  Type    Met  Prefix                          Idx  Gateway/Interface Name
-------  ------  ---  ------------------------------  ---  ----------------------
No       Manual  256  ::/0                              2  fe80::7a96:84ff:fe6d:f130
No       System  256  ::1/128                           1  Loopback Pseudo-Interface 1
No       Manual  256  2001::/32                         9  Local Area Connection* 5
No       System  256  2001::0:5ef5:79fd:28a2:7f:9c40:9342/128   9  Local Area Connection* 5
No       System  256  2602:306:3bf6:cbd0::/64           2  Wi-Fi
No       Manual  16   2602:306:3bf6:cbd0::/64           2  fe80::7a96:84ff:fe6d:f130
No       System  256  2602:306:3bf6:cbd0::43/128        2  Wi-Fi
No       System  256  2602:306:3bf6:cbd0:21e9:20f3:70bb:5e8/128   2  Wi-Fi
No       System  256  2602:306:3bf6:cbd0:50f3:8f1:7aeb:87c7/128   2  Wi-Fi
No       System  256  fe80::/64                         5  Ethernet
No       System  256  fe80::/64                        11  Bluetooth Network Connection
No       System  256  fe80::/64                         2  Wi-Fi
No       System  256  fe80::/64                        10  Local Area Connection* 2
No       System  256  fe80::/64                         9  Local Area Connection* 5
No       System  256  fe80::5efe:192.168.1.155/128      3  isatap.attlocal.net
No       System  256  fe80::21e9:20f3:70bb:5e8/128      2  Wi-Fi
No       System  256  fe80::28a2:7f:9c40:9342/128       9  Local Area Connection* 5
No       System  256  fe80::2d9c:86b3:95b0:667e/128     5  Ethernet
No       System  256  fe80::38e5:644a:e487:3869/128    11  Bluetooth Network Connection
No       System  256  fe80::d553:5ec2:d4a6:46ce/128    10  Local Area Connection* 2
No       System  256  ff00::/8                          1  Loopback Pseudo-Interface 1
No       System  256  ff00::/8                          5  Ethernet
No       System  256  ff00::/8                         11  Bluetooth Network Connection
No       System  256  ff00::/8                          2  Wi-Fi
No       System  256  ff00::/8                         10  Local Area Connection* 2
No       System  256  ff00::/8                          9  Local Area Connection* 5

C:\Users\G2TCPIP>
```

图 4-25 Windows 10 计算机中的路由表

当一个网络结点（不论是计算机还是路由器）接收到一个数据包时，在核对路由表之前，将先查看该数据包首部中的目的地址，然后核对其目的地缓冲区，看看是否有与该数据包目的地匹配的地址。如果没有匹配的，网络结点将核对其路由表，以确定下一跳的接口（该接口将是用来转发该数据包的）和下一跳的 IPv6 地址。下一跳 IPv6 地址可以是直接连接到路由器的同一网络链路上的结点地址（直接传输），或者是下一跳路由器的地址（间接传输），此时目的地不在本地链路中。到达下一跳接口和下一跳目的地之后，路由器将更新其目的地缓冲区，然后转发该数据包。后续到达路由器的数据包将参照路由缓冲区而不是路由表来进行转发。

IPv6 路由表可存储的路由表类型如表 4-12 所示。

表 4-12　IPv6 路由表类型

路由表类型	含　义
直接连接路由	是具有子网前缀的路由，它们可直接连接到路由器，通常具有 64 位长
远程路由	这些路由的前缀为 64 位长的子网前缀，或是汇聚一个地址空间的前缀（不到 64 位长）
主机路由	是特定 IPv6 地址的路由前缀，为 128 位长
默认路由	IPv6 默认路由前缀为::/0

每个 IPv6 路由表含有特定字段，如表 4-13 所示。

表 4-13　IPv6 路由表的字段

路由表的字段	含　义
目的地前缀	IPv6 地址前缀，可以为 0～128 位长
下一跳地址	数据包将要被转发给的 IPv6 地址
接口	用于把数据包转发给下一跳结点的网络结点的网卡
度量值	表示在多条路由中选择的最佳路由的路由成本值

IPv6 路由确定过程

为了确定选择路由表中的哪一项作为转发决策，IPv6 路由器要完成一系列的特定步骤。路由器把路由表中每个项的地址前缀与数据包的目的地址进行逐位比较，找出路由前缀长度中的位数。如果目的地址与某个路由项的所有位都匹配，那么该路由就是该数据包的正确目的地。可能会有多个匹配，因为该数据包到达目的地址可能有多条路由。

假设有多条路由通往正确的目的地址，路由器会创建一个所有匹配路由的列表，然后选择具有最大前缀长度的路由。这条路由与目的地具有最多的匹配位，这意味着它是最有可能与目的地直接连接的路由。有可能存在多条具有相同前缀地址的路由。在这种情况下，将选择最少度量值的那条路由作为最佳路由。如果有多条具有相同前缀地址和最少度量值的路由，IPv6 路由确定算法将选择某个路由表项来转发数据包。

对于任意一个目的地，使用上面描述的过程，IPv6 路由器将按下面顺序来找到与数据包目的地址匹配的路由：

（1）与整个目的地址匹配的主机路由。

（2）具有与目的地址匹配的最长地址前缀的网络路由。

（3）默认路由（网络前缀为::/0）。

一旦路由确定过程完成，路由器就从路由表中选择该路径，确定下一跳接口和地址，并转发数据包。如果发送数据包的网络结点无法确定路由，IPv6 将假定目的地在本地链路中。如果路由器无法找到路由，它将发送一个 ICMPv6 消息"目的地不可达，无到达目的地的路由"给发送数据包的主机，然后丢弃该数据包。

强主机与弱主机

通常，路由器有多个网卡，而网络上的 PC 也可以是多宿主的（有多个网卡）。这使得该结点可以在物理上与多个网络段或多种网络类型（例如内部网和 Internet）相连接。这也就出现了一个安全问题，因为多宿主结点对外部攻击更脆弱，会使得网络入侵者访问该结点的内部网。

RFC 1122 最先描述了多宿主网络结点的弱主机和强主机模型，该 RFC 文档已被 RFC 1349、RFC 4379、RFC 5884、RFC 6093 和 RFC 6398 更新。该文档描述，多宿主结点不是类似于路由器，而仅仅类似于单播 IP 数据流。尽管最初的 RFC 1122 是为 IPv4 编写的，但弱主机和强主机模型仍适用于多宿主 IPv6 结点。在过渡到 IPv6 的过程中，相当长的一段时间里，IPv4 和 IPv6 将共存在同一网络基础设施中。因此，一个结点具有两个网卡并不奇怪：一个用于 IPv4，一个用于 IPv6。

弱主机和强主机使用不同的行为来确定单播数据流量何时与如何发送和接收，以及它是否必须与传输数据流量的网卡关联。它们在计算机中维护安全服务和不安全服务的行为也是不同的。

如果某个接口并没有设置为数据包的源 IP 地址，而 IP 结点（不论是 IPv4 还是 IPv6）也可以在该接口上发送这些数据包，那么这种情况就是弱主机发送行为。如果某个接口并没有设置为接收数据包的目的地 IP 地址，主机也可以在该接口上接收这些数据包，那么这种情况就是弱主机接收行为。弱主机行为使得网络结点容易受到攻击，尤其是在计算机有两块网卡的情况下（一块网络与 Internet 连接，另一块与内部网或本地网连接）。由于弱主机可以启用两块网卡，如果防火墙允许，主机可以从与外部连接的网卡往与内部连接的网卡发送数据包。

从内部网的角度来说，来自 Internet 的网络流量就像是来自内部网的一样。外部入侵者可以使用这种条件，往与外部连接的网卡发送数据流，来攻击结点内部网上的服务。在结点与外部网连接的网卡上设置恰当的防火墙规则，会有些作用，但仍然会存在对内部服务不断的攻击访问。弱主机行为使得网络连接性更好，但是以安全性为代价的。

强主机发送与接收行为表示的是，特定地址的网卡只能发送和接收以该网卡地址为源地址或目的地址的数据包。这就是说，在强主机情况下，与 Internet 连接的网卡不能接收发往与内部网连接的网卡的数据包。它也不能从与 Internet 连接的网卡发送以与内部网连接的网卡为源 IP 地址的数据包。这样就提高了网络安全性，因为外部入侵者就不能为了攻击网络服务，而往结点的外部网卡发送一个以内部网卡为地址的恶意数据包。在多宿主的强主机上，如果某个网卡接收的数据包是以另一个网卡为地址的，都将被丢弃，在这些网卡上根本无须配置防火墙规则（但设置恰当的防火墙规则仍不失为一个好主意）。

对某些网络连接类型来说，强主机模型可能并不是最好的选择。例如，具有负载平衡的弱主机行为可能会更好一些。它们可以在任意网卡上发送和接收数据流量，因此，为了有更快的连接，可以把数据流量发送给任意其他网卡。

默认情况下，Windows Server 2012、Windows 7 和 Windows 10 在 IPv4 和 IPv6 网卡上都支持强主机发送和接收行为。但用于 Teredo 特定主机中继的 Teredo 隧道网卡除外，它使用的是弱主机发送和接收。

RFC 3484 定义了两个算法，为选择 IPv4 和 IPv6 源地址和目的地址提供了一种标准方法。第一个算法用于为目的地址选择最好的源地址，第二个算法按优先级将所有可能的目的地址列表排序。强主机算法得到的是所有可能的目的地址列表，这些地址是由单播地址构成的，是为目的地址而分配给发送网卡的。弱主机行为汇聚的是一个地址列表，这些地址可以是分配给弱主机能启用的任意网卡的地址。更多信息，可访问 www.ietf.org，并查找 RFC 3484 和 RFC 5220。

IPv6 传送过程，端到端

了解了各种 IPv6 路由考虑后，下面来介绍在 IPv6 网络上从源结点到目的地结点发送和接收数据包的过程。总的来说，如果目的地结点是在相同的本地链路上，源结点可发送一个数据包给路由器或最终的目的地结点。如果发送给路由器，那么数据包将被转发给另一个路由器或最终的目的地结点（如果该结点是位于与第一跳路由器直接连接的链路上）。当被目的地结点接收后，数据包把其数据传输给计算机上的预定应用程序。端到端的传输过程就是一个无扩展首部 IPv6 数据包传输示例。

IPv6 源结点

通常，主机使用下面步骤来发送一个数据包给任意目的地。下面步骤从计算机为目的地网络结点生成一条消息，来阐述 NDP 发现过程。

（1）为跳限制字段指定一个值。

（2）检查目的地缓冲区，看看是否有路由项与目的地址匹配。

（3）如果在缓冲区与目的地址直接找到一个匹配，网络结点得到下一跳地址和接口索引，然后继续检查邻居缓冲区。

（4）如果在目的地缓冲区中没有找到一个匹配，那么就检查 IPv6 路由表。

（5）如果没有找到路由，那么目的地结点不是位于相同的本地链路上。源结点把下一个地址字段设置为目的地址，选择用于发送数据包的网卡，然后更新目的地缓冲区。

（6）使用 PMTU 发现，检查路径中的最小链路 MTU，然后把数据包大小设置为与最小链路匹配。

（7）检查邻居缓冲区，该缓冲区含有相邻 IPv6 地址和主机的 MAC 地址，看看是否含有与目的地址匹配的项。如果有，使用在邻居缓冲区中找到的链路层地址发送数据包。

（8）如果邻居缓冲区中没有包含一个匹配项，那么就发送一个路由器请求消息，以请求获得下一跳路由器的链路层地址，并在接收到来自下一跳路由器的路由器公告消息后，使用该地址发送数据包。

 如果使用路由器请求来进行地址解析失败，将记录一个错误。

IPv6 路由器

一旦 IPv6 路由器接收到发自源结点的数据包，它将通过下面一系列步骤把该数据包转发给单播地址或任播目的地址。

（1）接收到数据包后，路由器进行错误检测，以验证该数据包首部字段含有期望的值，包括验证数据包的目的地址是否与路由器地址匹配。

（2）路由器将跳限制字段中的值减 1，如果该值小于 0，那么就丢弃该数据包，并发送一条 ICMPv6 消息"超时，或跳限制超出传输"给源结点。

（3）路由器检查其目的地缓冲区，看看是否有与数据包首部的目的地址匹配的项，如果找到一个匹配，将获得下一跳路由器或结点与网卡的地址，然后验证下一链路的 MTU 是等于或大于数据包的 MTU（如果数据包的 MTU 太大，将发送一条 ICMPv6 错误消息"数据包太大"给源结点，并丢弃该数据包）。

（4）如果在目的地缓冲区中没有找到匹配项，路由器在其路由表中检查与目的地址最长的匹配路由，如果找到，获得该地址索引和网卡以转发数据包（如果没有找到匹配项，将发送一条 ICMPv6 消息"目的地不可达，没有到达目的地的路由"给源结点，并丢弃该数据包）。

（5）如果找到一个匹配项，路由器将更新其目的地缓冲区，然后将下一链路的 MTU 与数据包的 MTU 进行比较，如果数据包的 MTU 大于链路的 MTU，将丢弃该数据包，并发送相应的消息给源结点。

（6）然后，路由器为下一跳地址检查其邻居缓冲区，然后找到一个，那么就获得下一跳结点的链路层地址，否则，就使用地址解析来获得下一跳链路层地址，并使用它把数据包转发给相应的网卡，然后更新其邻居缓冲区。

IPv6 目的地结点

目的地结点接收到数据包后，将完成如下步骤。

（1）目的地结点接收到 IPv6 数据包后，将进行一系列错误检测（可选），以验证数据包首部字段含有期望值，包括验证目的地址字段中的值是否与该结点的本地主机网卡匹配（如果不匹配，将丢弃该数据包）。

（2）目的地结点检查数据包首部的下一个首部字段，以确保在该结点中有匹配的应用程序（如果没有，将丢弃该数据包，并发送一条 ICMPv6 消息"参数问题，遇到无法识别的下一首部类型"给源结点）。

（3）如果上层协议为 UDP 或 TCP，目的地结点将检查目的地端口，如果有用于该端口的应用程序，该结点将处理其内容。

（4）如果上层协议不是 UDP 或 TCP，目的地结点将把数据传递给运行在该结点上的相应协议。

（5）如果没有相应的上层协议，目的地结点将发送一条 ICMPv6 消息"目的地不可达，端口不可达"给源结点，并丢弃该数据包。

4.13.2　IPv6 中的多播侦听器发现

IPv6 路由器使用**多播侦听器发现**（Multicast Listener Discovery，MLD）来发现任意直接连接的网络链路上的多播侦听器。它的工作原理与 IPv6 中的 Internet 组管理协议（Internet Group Management Protocol，IGMP）类似，只不过它是嵌入在 ICMPv6 中，而不是一个单独的协议。MLD 最早是在 RFC 2710（MLD）中描述的，然后在 RFC 3810（MLDv2）中更新了。RFC 4064 对 IGMPv3 和 MLDv2 的使用进行了说明。

理解 MLD 和 MLDv2

MLD 使得每个 IPv6 路由器可以发现那些要接收多播消息的结点，这些结点位于与该路由器直接连接的链路上。MLD 使得路由器可以发现这些地址中的哪些是对邻居网络结点感兴趣的，并且，这些信息会提供给该路由器所用的所有多播路由协议。在这种方式中，多播数据包可以可靠地传输给链路，而在这些链路中具有要接收这些多播数据包的接收结点。

MLD 为多播结点和路由器（因为路由器也可以是多播侦听器）指定不同的行为。如果一个路由器是一个多播侦听器，那么它就可以发送和侦听部分协议，包括侦听和响应自己的 MLD 消息。如果路由器具有与同一链路相连的多个网卡，那么只需用其中一个网卡发送 MLD 消息即可。但是，作为 MLD 侦听器的结点，必须侦听所有网卡（如果具有多个网卡，且应用程序或上层协议会使用这些网卡来请求多播信息）。

MLDv2 更新了该协议，以支持源结点过滤，或支持结点从一个或多个特定源地址请求多播数据包的能力。这支持特定源多播，如 RFC 3569 所描述的那样。MLDv2 还允许一个结点从除某个列表之外的地址请求多播数据包，这样，就可以从除某一特定组的源 IPv6 地址之外的结点接收多播数据包。

IPv6 多播行为

IPv6 多播是一种实时发送"一到多"消息的方法，通常使用 ICMPv6 作为传输机制。IPv6 路由器使用 MLD 或 MLDv2 来发现与路由器直接连接的链路上的多播侦听器，并发现哪些多播地址对邻居网络结点感兴趣。

对使用 MLD 的每个路由器网卡，路由器必须把网卡配置为可以侦听所有链路层多播地址（这些地址是由 IPv6 多播创建的），例如，连接到以太网链路上的路由器，必须把其网络配置为可以接收从 3333（十六进制）开始的所有多播地址。如果网卡不能提供过滤服务，那么就把它设置为能够接收所有以太网多播地址。

路由器可以是有查询器或无查询器的路由，对于给定的一条本地链路，只能有一个查询器。链路的查询器定期地在链路上发送一个查询，请求查询该链路上的所有多播地址报告，以便发现哪些结点是某个多播组的成员。网络结点（包括路由器）可以接收这些查询，给查询器发送报告消息，告知它们的多播组关系。能从相同源地址接收多播数据流的所有查询器和网络结点就定义为一个多播组。网络结点使用 MLD 报告来加入某个多播组，或脱离某个多播组。

一旦路由器开始从所感兴趣的网络结点接收 MLD 报告，它就会利用链路-状态或距离矢量路由机制来创建一条路由拓扑。网络结点使用 IGMP 协议来管理它们的多播组成员关系，并可以与本地多播路由器"对话"。

网络结点可以往特定的多播组发送多播消息，然后，这些消息可以穿过一个或多个路由器，因此，多播组成员关系并不仅限于一个本地链路内。多播组成员可以存在于任何地方，因此，这种成员关系是虚拟的，而不是地理位置的，其逻辑图如图 4-26 所示。

图 4-26　一条发送给多播组的多播消息的逻辑图

IPv6 使用的是请求结点地址来查询网络结点，但这种消息类型也可以被本地链路上的所有结点接收。对于与多播有关的消息，使用的是请求结点多播消息，且只有那些侦听多播数据流的结点才会接收发送给该地址的消息。RFC 4291 定义，IPv6 多播地址格式前缀含有一个作用域字段，该字段描述了多播数据流的作用域或范围。根据多播地址的范围，可以把多播数据流发送给网络的特定部分，包括从本地链路到组织机构范围甚至是全球范围的网络。表 4-14 定义了相关的作用范围。

在 RFC 3879 中废弃了本地站点作用范围。如果在一个网卡上可用，那么就不能被某个应用程序所用。在表 4-14 中之所以还包含本地站点作用范围，是因为 Windows 操作系统还在使用。

表 4-14　IPv6 多播地址格式前缀的作用范围

值	作　用　范　围	含　　　　义
1	本地网卡	其范围仅限于网络结点的一个网卡，只使用回送和多播传输
2	本地链路内	其范围为同一个网络拓扑，视为一个同类的单播范围
4	本地管理范围内	要求管理员设置（而不是自动配置或动态配置）的最小范围
5	本地站点内	其范围为同一个网络拓扑，视为一个同类的单播范围
8	本地组织机构内	可以把多个网站视为一个组织机构
E	全球范围	可以是多个网站和多个组织机构

作用域自动含有多个未分配的值，管理员可以用来定义多个多播作用域。

MLD 与 MLDv2 数据包结构与消息

MLD 与 MLDv2 的数据包结构彼此差别并不大，事实上， MLDv2 是构建在 MLD 的基础上。如前所述，MLD 已集成为 ICMPv6 的一个子协议，在 IPv6 数据包中，下一个首部字段的值为 58 的就是 MLD 消息。MLD 数据包是用本地链路源地址和跳限制为 1 来发送的。MLD 数据包可以用其逐跳选项字段值为路由器警告来发送，通知路由器查看所有发送给多播地址的 MLD 消息（通常，路由器是不会查看这些消息的）。图 4-27 描述了 MLDv1 数据包的格式。

类型	代码	校验和
最大响应延时		保留
多播地址		

图 4-27　MLDv1 数据包的结构

MLDv1 数据包字段的内容在一定程度上与 ICMPv6 数据包类型类似。表 4-15 描述了这些字段的说明。

表 4-15　MLDv1 数据包的字段

MLDv1 数据包的字段	含　　　　义
类型	有 3 种类型的 MLD 消息。在数据包的类型字段中，可以是如下一些值： 多播侦听器查询（130） 多播侦听器报告（131） 多播侦听器完成（132）
代码	由源结点设置为 0，接收结点将忽略它
校验和	这是整个 MLD 消息的标准 ICMPv6 校验和，包括 IPv6 首部字段的伪首部
最大响应延时	该字段含有一个以毫秒为单位的值，指定了在发送响应报告之前的最大延时，这是与查询消息有关的唯一一个字段
保留	由源结点设置为 0，接收结点将忽略它
多播地址	对于查询消息，如果发送的是普通查询，该字段设置为 0，如果发送的是特定多播地址查询，该字段设置为特定 IPv6 多播地址。对于报告消息，该字段含有特定 IPv6 多播地址，用于消息发送方侦听报告

　　在类型字段中，多播侦听器查询有两个子类型：一般查询（用于发现在连接的链路上哪些多播地址具有侦听器）和特定多播地址查询（用于发现在连接的链路上的特定多播地址是否有侦听器）。

　　收到的 MLD 消息长度等于 IPv6 有效载荷长度减去位于 IPv6 首部与 MLD 消息之间的 IPv6 扩展首部长度。任何大于 24 个八字节的 MLD 消息，意味着除了具有上面介绍的那些字段外，还有其他的字段，表明可以向后兼容 MLD 的后继版本（例如 MLDv2）。MLDv1 不能发送长于 24 个八字节的消息，任何准备接收 MLDv1 消息的结点，都将把 MLD 消息中前 24 个八字节之后字段忽略掉。但校验和计算的是整个 MLD 消息（而不只是前 24 个八字节）。

　　MLDv2 多播侦听器查询消息的数据包结构如图 4-28 所示。关于 MLDv2 多播侦听器查询消息的数据包结构将在本节后面介绍。有关该消息的各个字段的解释如表 4-16 所示。

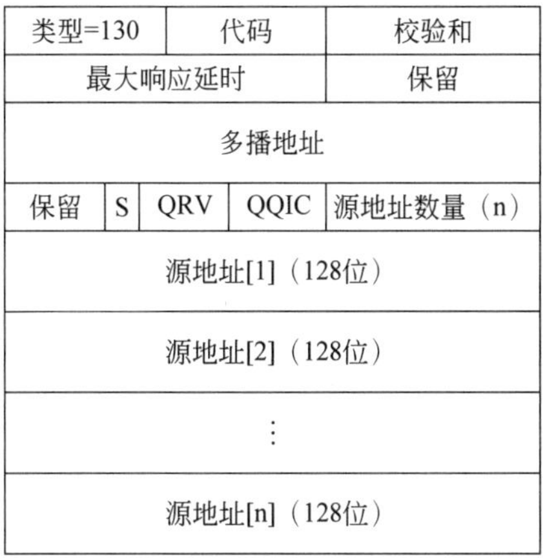

图 4-28　MLDv2 多播侦听器查询消息的数据包结构

表 4-16　**MLDv2 多播侦听器查询消息数据包的字段**

MLDv2 数据包的字段	含　义
类型	有 2 种类型的 MLDv2 消息。在数据包的类型字段中，可以是如下一些值： 多播侦听器查询（130） 多播侦听器报告（143）
代码	由源结点设置为 0，接收结点将忽略它
校验和	这是整个 MLD 消息的标准 ICMPv6 校验和，包括 IPv6 首部字段的伪首部。该字段设置为 0 以计算校验和，接收消息的结点在处理消息之前，必须验证该校验和
最大响应延时	该字段指定了在发送响应报告之前允许的最大延迟时间。实际时间（以毫秒为单位）指的是来自于最大响应代码的最大响应延时
保留	由源结点设置为 0，接收结点将忽略它
多播地址	对于查询消息，如果发送的是普通查询，该字段设置为 0，如果发送的是特定多播地址查询，该字段设置为特定 IPv6 多播地址。对于报告消息，该字段含有特定 IPv6 多播地址，用于消息发送方侦听报告

续表

MLDv2 数据包的字段	含　义
S 标志	用于抑制路由器端的处理。当该标志设置为 1 时，指定接收数据包的多播路由器抑制正常定时器的更新（当侦听到一个查询时，通常要进行更新）。如果路由器也是多播侦听器，则不会抑制查询器选择或正常网络结点端的查询处理（这是路由器要求进行的处理）
QRV （查询器的健壮性变量）	如果该值不为 0，则该字段含有查询器所用的健壮性变量值。如果该值大于 7（7 是该字段允许的最大值），则该字段设置为 0
QQIC （查询器的查询间隔码）	该字段指定了查询器所用的查询间隔。实际的间隔称为查询器的查询间隔（QQI），以秒为单位。QQI 是从 QQIC 派生而来的
源地址数量	该字段指定了出现在查询中的源地址数量。对一般查询或特定多播地址查询，该值为 0，对多播地址和特定源地址查询，该值则不为 0
源地址[i]	源地址字段是一个由 n 个单播地址组成的矢量，其中，n 为源地址数量字段的值

　　类型字段可以接收另外两种消息类型以便与 MLDv1 兼容：多播侦听器报告版本 1（131）和多播侦听器完成版本 1（132）。任何无法识别的消息类型都将被忽略掉。MLDv2 多播侦听器报告消息的格式如图 4-29 所示。

类型=143	代码	校验和
保留		多播地址记录数量（M）
多播地址记录[1]		
⋮		
多播地址记录[M]		

图 4-29　MLDv2 多播侦听器报告消息的结构

　　表 4-17 描述了多播侦听器报告消息的字段。

表 4-17　MLDv2 多播侦听器报告消息数据包的字段

MLDv2 数据包的字段	含　义
类型	有 2 种类型的 MLDv2 消息。在数据包的类型字段中，可以是如下一些值： 多播侦听器查询（130） 多播侦听器报告（143）
保留	由源结点设置为 0，接收结点将忽略它
校验和	这是整个 MLD 消息的标准 ICMPv6 校验和，包括 IPv6 首部字段的伪首部。该字段设置为 0 以计算校验和，接收消息的结点在处理消息之前，必须验证该校验和
多播地址记录数量	该字段指定了报告中具有的多播地址记录数量
多播地址记录	该字段含有一组表示多播地址记录的字段。该字段含有源结点的数据，该结点在网卡上正侦听单个多播地址，报告消息就是从该网卡传输的。每个多播地址记录都具有一个内部格式，参加 RFC 3810 的 5.2 节

　　MLD 使用 3 种类型的消息。

- 查询消息：可以是一般的、特定组的以及特定多播地址的消息。发送查询消息，以了解在特定连接的链路上哪些多播地址具有侦听器。特定组和特定多播地址查询是一样的，组地址就是多播地址。
- 报告消息：由网络结点发送，向发送查询多播状态的设备进行响应。
- 完成消息：发送该消息，表明之前进行侦听的结点不再侦听消息了。

4.14　路由协议

通常，路由协议定义了路由器相互之间进行通信的方式，以便路由器共享和更新路由信息。更具体地说，路由协议就是一个路由算法的实现，而路由算法就是使用一种度量标准，在网络中发现一条或多条到达特定目的地的路径。所用的度量标准包括带宽、延时、跳数有效载荷和 MTU。发现路径后，到达目的地的每条路径的信息就存储在路由表中，当路由信息发生变化时，路由表可以由网络管理员手工更新，也可以动态更新。

4.14.1　IPv4 路由协议

IPv4 使用的路由协议有一长串，这些协议可分为 3 种基本类型：使用链路-状态路由的内部网关路由、使用路径矢量或距离矢量的内部网关路由，以及外部网关路由。IPv4 路由协议定义在多个 RFC 文档中，包括 RFC 791、RFC 992、RFC 1716、RFC 1812 和 RFC 1930。

RIP 协议

RIP 是一个基本的距离矢量路由协议。它有两个版本。第一个是版本 1（定义在 RFC 1058 中），记作 RIPv1。第二个是版本 2（定义在 RFC 2453 中），记作 RIPv2。RIPv2 除了具有其他特性之外，还增加了对变长子网的支持。

RIP 通信是基于 UDP 的通信。基于 RIP 的路由器在 UDP 端口 520 上发送和接收数据包。

在下面几节中，我们将考察 RIPv1 和 RIPv2 的数据包结构和功能。图 4-30 描绘了 AS、IGP 与 EGP 之间的关系。

RIPv1 协议

当 RIPv1 路由器首次启动时，它们发送有关自己直接连接链路的 RIP 公告。接着，路由器发送 RIP 请求来标识其他网络。这两个步骤用于构建路由表。

RIPv1 路由器每 30 秒广播一次 RIP 网络公告。每一个 RIP 数据包都能够包含多达 25 个网络的信息。由于 RIPv1 不支持变长子网掩码（它仅仅使用定长子网掩码），路由器基于地址是否是 A、B、C 类地址来做出地址网络部分的假设。

图 4-31 展示了 RIPv1 数据包的格式。

RIP 数据包的字段定义如下。

- 命令（Command）：1 字节字段，指明该数据包是 RIP 请求（1）还是 RIP 响应（2）。
- 版本（Version）：1 字节字段，指明这是一个 RIPv1 数据包（1）还是 RIPv2 数据包（2）。

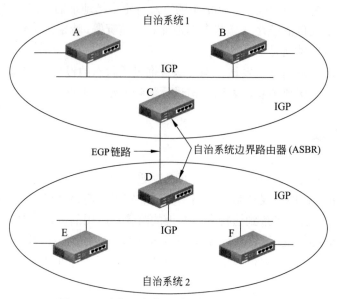

图 4-30　连接两个自治系统的外部网关协议

0		15 16	31
命令	版本	保留，但必须为0	
地址系列标识符		保留，但必须为0	
IP地址			
保留，但必须为0			
保留，但必须为0			
度量			

图 4-31　RIPv1 数据包格式

- 保留（Reserved）（或零）：2 字节字段，保留并设置为全 0（注意：某些协议分析器不显示保留字段）。
- 地址系列标识符（Address Family Identifier）：2 字节字段，用于定义使用 RIP 的协议。值 2 指明 IP 正在使用 RIP。
- IP 地址（IP Address）：4 字节字段，包含了 IP 地址。
- 度量（Metric）：4 字节字段，包含了用于指明罗列在 IP 地址字段中地址的距离度量。

图 4-32 展示了 RIPv1 数据包。

RIPv1 在提供路由信息方面做得很好。但是，它存在两个主要缺点：它不支持变长子网掩码，要花费太多的时间完成汇聚。升级到 RIPv2 解决了第一个问题。使用 OSPF 替换基于 RIP 的路由解决了第二个问题。

RIPv2 协议

RIPv1 和 RIPv2 之间的主要差别是对变长子网掩码的支持、某些很基本的认证，以及对多播路由更新的支持。RIPv2 IP 多播地址为 224.0.0.9。

图 4-33 描述了 RIPv2 数据包的结构。

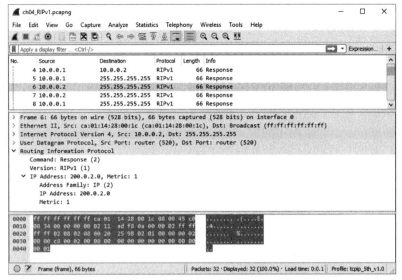

图 4-32　两个路由器之间的 RIP 交换

0	15	16	31
命令	版本	保留，但必须为 0	
地址系列		认证类型	
认证			
地址系列标识符		路由标记	
IP地址			
子网掩码			
下一跳			
度量			

图 4-33　RIPv2 数据包格式

RIPv2 数据包的字段说明如下。

- 命令（Command）：1 字节字段，指明该数据包是 RIP 请求（1）还是响应（2）。

- 版本（Version）：1 字节字段，值 2 用于指明该数据包是 RIPv2 数据包。

- 保留（Reserved）：2 字节字段，保留并设置为全 0。

- 地址系列（Address Family）：2 字节字段，用于定义使用 RIP 的协议。值 2 指明 IP 正在使用 RIP。值 0xFFFF 指明消息的剩余部分包含了认证。这仅仅在 RIP 数据报的剩余部分中为 24 个记录项留下了空间。

- 认证类型（Authentication Type）：当前仅仅定义了一种认证类型：类型 2。

- 认证（Authentication）：16 字节字段，包含了明文口令。如果口令短于 16 字节，那么它左对齐，并在右侧填充 0x00。

- 地址系列标识符（Address Family Identifier）：当这个字段包含值 0x02 时，接下来的 20 个字节包含一个路由记录项。

- 路由标记（Route Tag）：2 字节字段，能够用于指明后跟的路由信息是内部路由记录项（从这个路由区域的内部接收的）还是外部路由记录项（通过这个路由区域之外的另一个 IGP 或 EGP 获悉的）。

- IP 地址（IP Address）：4 字节字段，包含了被公告的 IP 地址。
- 子网掩码（Subnet Mask）：4 字节字段，包含了与被公告 IP 地址相关联的子网掩码。
- 下一跳（Next Hop）：典型情况下，在 RIP 中，路由器仅仅公告它们能够路由数据包的网络。但是，在 RIPv2 中，这个 4 字节的下一跳字段能够用于将另一个路由器与一个路由记录项关联起来。这是一种将流量重定向到特定路由器而无须考虑中间跳数的方法。这个字段中的值 0.0.0.0 指明这个路由器正在公告它能够向其路由数据包的网络。
- 度量（Metric）：4 字节，指明了到达被公告网络的距离，以跳数为单位。这个字段不使用在请求数据包中。

RIPv2 在其先驱 RIPv1 的基础上进行了大量改进，并且直到今天它还依然广泛应用在小型、不太复杂的网络上。由于 RIPv2 相对容易建立、配置以及管理，在可以预见的未来它应该依然会被广泛使用。然而，对于更复杂的企业级网络来说，OSPF 协议则更适合，在下一节中你将学习这个协议。

开放式最短路径优先协议

开放式最短路径优先（Open Shortest Path First，OSPF）定义在 RFC 2328 中，是用于 TCP/IP 网络的一个外围链路-状态路由协议（单词开放式（Open）指这个协议是非专用的）。OSPF 路由基于可配置的值（度量）进行，这个可配置值可以基于网络带宽、延时或经济成本。默认情况下，用于路由确定的度量基于网络带宽。

OSPF 的基本架构定义如图 4-34 所示。首先，OSPF 路由器向直接连接的链路发送多播 Hello 数据包来了解其邻居。当 OSPF 路由器侦听到相互之间的 Hello 数据包，就开始在其后继的 Hello 数据包中包含其邻居地址。根据配置和所用媒体类型，OSPF 路由器使用这些邻居中的一些邻居建立临近数据库（Adjacencies）。一旦临近数据库被建立，它们分享所有 LSA 的副本（假定它们处于相同区域中）。在 LSA 被共享之后，它们持续地每隔 10 秒（默认情况下）发送一次 Hello 数据包，以此作为一种保持活动的机制，确保其他路由器依然生存和响应，从而构造一幅局部世界的小型图。之后路由器执行 Dijkstra 算法，确定通过互连网络的优化路径，其结果放置到转发表（或数据库）中。在转发数据包之前，OSPF

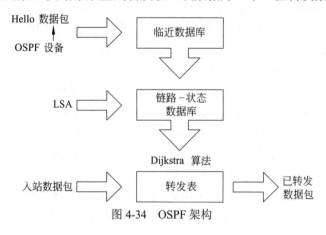

图 4-34　OSPF 架构

路由器先检查这个表。

在基于广播的网络上，可以有多于两个路由器连接到给定网络段上，每一个路由器都需要进行完整合并，以便建立与每一个其他路由器的临近数据库。由于处理和内存方面的要求，因此这不是一个可伸缩的架构。为了在某种程度上缓和这种开销，OSPF 使用了**指定路由器**（Designated Router，DR）的概念。每一个广播段都有一个 DR，它基于路由器的优先级而被选择出来（优先级是 0～255 之间的一个数字，数字越大越优先，0 指示该路由器不能成为 DR）。具有第二高优先级的路由器成为**备份指定路由器**（Backup Designated Router，BDR）。这两种路由器都与子网上所有其他使用 OSPF 的路由器建立临近数据库，但所有其他路由器都将仅仅建立两个邻近数据库条目：一个用于 DR，另一个用于 BDR。DR 的责任是通知所有其他路由器的 LSA。适宜地命名 BDR 的目的是允许服务在发生影响 DR 的停机事件时能够迅速恢复运转。

所有其他路由器向 DR 多播地址（224.0.0.6）多播一条 LSA。这个 LSA 表达了路由器及其与访问网络关联的成本。

有如下 6 种基本类型的 LSA。

- 类型 1（路由器链路公告）：这种公告传输到某个区域中，并包含了路由器邻居的信息。所有路由器都发送这种类型的 LSA。
- 类型 2（网络链路公告）：这种公告由代表 LAN 的 DR 生成。它列出了 LAN 上的所有路由器。只有 DR 发送这种类型的 LSA。
- 类型 3（网络摘要链路公告）：这种公告由 BDR 生成，以定义区域外的可达网络。BDR 发送这种类型的 LSA。
- 类型 4（AS 边界路由器摘要链路公告）：这种公告描述了从发送路由器到 AS 边界路由器的路径的成本。ABR 发送这种类型的 LSA。
- 类型 5（AS 外部链路公告）：这种公告传输到整个 AS 中的所有路由器，描述了从发送 AS 边界路由器到 AS 外部目标的成本。ASBR 发送这种类型的 LSA。
- 类型 7（非纯残域（Not So Stubby Area）网络公告）：这种公告用于描述穿过残域（Stub Area）的外部路由。残域不接收类型 5（AS 外部链路公告）。路由器必须使用其默认路由访问位于它们的 AS 之外的网络。

当路由器公告自己时，它们向最短路径优先（Shortest Path First，SPF）路由器的多播地址（224.0.0.5）发送类型 1 的数据包。

DR 代表网络发送类型 2 的 LSA。

在每一个本地网络上，OSPF 使用路由器 ID 建立一个主路由器（Master Router）。所有其他 OSPF 路由器都定义为**从路由器**（Slave Router）。周期性地，主路由器发送一个链路-状态数据库内容的**数据库描述**（Database Description，DD）数据包。其他路由器发送指明成功接收到 DD 数据包的应答。

如果主路由器不能接收来自某一个从路由器的 ACK（确认消息），那么它就直接向这个 SPF 路由器发送一份 LSA 的副本。

图 4-35 展示了用于 OSPF 的一般通信顺序。

一旦接收到这些 LSA，OSPF 路由器就构建链路-状态数据库，或构建整个网络图，这些是由路由器连接起来、利用与所有链路关联的成本组成的网络。

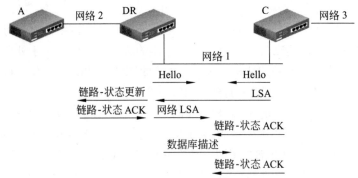

图 4-35　OSPF Hello、LSA，以及链路-状态更新过程

　　然而，这个数据库不能够有效地被用于路由数据包。当存在到达网络的多条路径时，Dijkstra 算法在优化路径之前作用在数据库内容上。结果得到转发数据库。当 OSPF 路由器想要转发数据包时，引用该表。

　　OSPF 支持变长子网掩码和路由摘要，以便减少保存在 OSPF 表中路由记录项的个数。图 4-36 展示了 OSPF 数据包首部的格式。

0	15	16	31
版本号	类型	数据包长度	
路由器ID			
区域ID			
校验和		认证类型	
认证			
认证			

图 4-36　标准 OSPF 首部结构

下面详细列出了这些首部字段的信息。

- 版本号（Version Number）：1 字节字段，包含了 OSPF 版本号。当前广泛实现的 OSPF 版本是版本 2。
- 类型（Type）：1 字节字段，定义了 OSPF 数据包的目的。类型字段值在表 4-18 中描述。

表 4-18　类型字段值

类 型 号	类 型	描 述
1	问候数据包	用于定位相邻路由器
2	数据库描述	用于传输数据库的汇总信息
3	链路状态请求	用于请求链路状态数据库信息
4	链路状态更新	用于把 LSA 发送给其他网络
5	链路状态确认	用于确认链路状态信息的接收

- 数据包长度（Packet Length）：2 字节字段，指明这个 OSPF 数据包的长度。这个长度字段的值包含了 OSPF 首部以及其后跟随的任何合法数据的长度。但它不包含任何数据包填充数据（如果使用了这些填充数据的话）。

- 路由器 ID（Router ID）：4 字节字段，包含了发送路由器的 ID。
- 区域 ID（Area ID）：4 字节字段，包含了发送路由器所属区域的编号。该字段的值能够以十进制表示，也可以使用点分十进制表示法表示。作为管理大型网络的一种方法，设计者通常分配给区域 ID 的值与该区域所在网络的网络号相同，并以点分十进制表示法显示区域 ID（例如，区域 10.32.0.0）。其他时候，使用非技术编号表示区域更简单一些，例如单位编号、客户代码或邮政编码。这些编号可以书写为十进制数字（例如，区域 95129）。
- 校验和（Checksum）：2 字节字段，包含了对 OSPF 数据包内容进行校验和计算的结果。认证字段并不包含在校验和计算中。
- 认证类型（AuType）：2 字节字段，定义了用在这个数据包中的认证类型。有关认证类型的详细信息请参考附录 D 中的 RFC 2328。
- 认证（Authentication）：认证过程使用这个 8 字节的字段。

在 OSPF 首部的后面，根据 LSA 数据包的类型，该数据包的格式会有所不同。

图 4-37 描述了 OSPF Hello 数据包。正如你所看到的那样，这个路由器指明 10.3.99.99 是 DR。

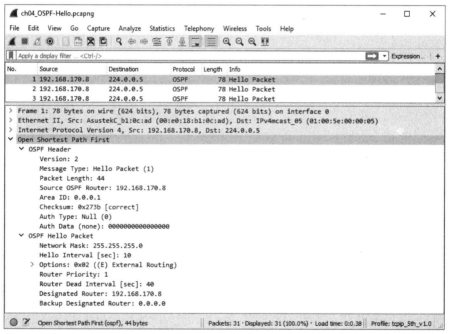

图 4-37　OSPF Hello 数据包

增强型内部网关路由协议

内部网关路由协议（Interior Gateway Routing Protocol，IGRP）由 Cisco 公司于 20 世纪 80 年代开发，试图提供一种更加高效的内部网关协议。IGRP 在 20 世纪 90 年代初期被更新——更新后的版本称为**增强型内部网关路由协议**（Enhanced Interior Gateway Routing Protocol，EIGRP）。

EIGRP 提供了路由技术的奇妙混合。它将链路-状态路由能力集成到了距离矢量路由协议中。有关 EIGRP 的更多信息，请参考 www.cisco.com。

边界网关协议

外部网关协议（Exterior Gateway Protocol，EGP）用于在独立的自治系统之间交换路由信息。这些协议也称为**域间路由协议**（Inter-Domain Routing Protocol）。有趣的是，名称外部网关协议指定给了这种类型路由协议的第一个实现。EGP 定义在 RFC 904 中。当前，**边界网关协议**（Border Gateway Protocol，BGP）取代了 EGP 路由。

BGP 是一个距离矢量协议，并且是 EGP 的取代品。BGP 的当前版本是版本 4，它定义在 RFC 1771 中。BGP 提供了 3 种类型的路由操作：

- 自治系统间路由（Inter-Autonomous System Routing）。
- 自治系统内部路由（Intra-Autonomous System Routing）。
- 直通自治系统路由（Pass-Through Autonomous System Routing）。

图 4-38 演示了 BGP 如何用于自治系统间路由。在这个配置中，BGP 路由器驻留在配置为对等实体的不同 AS 中，并交换每一个 AS 的网络拓扑结构信息。

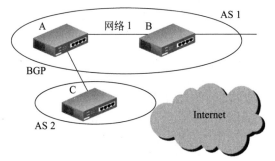

图 4-38　典型的 BGP 设计

当 BGP 被配置为自治系统内部路由时，BGP 路由器定位在同一个 AS 的内部。直通自治系统路由支持 BGP 对等路由器跨越而不支持 BGP 的 AS 交换路由信息。有关 BGP 的其他信息，请参阅本章后面的内容。

4.14.2　IPv6 路由协议

IPv6 路由协议是对 IPv4 路由协议的巨大扩展。通常，IPv6 路由协议可以分为内部网关协议（IGP）、外部网关协议（EGP）、基于距离矢量、基于链路-状态等。自治系统和**自治系统编号**（Autonomous System Number，ASN）（自治系统编号是由单个管理员控制的一个网络集合）仍然可以路由 IPv4 和 IPv6 数据流量。下面将介绍 IPv4 与 IPv6 路由协议的相同与差异。

IPv6 的 RIPng 协议

IPv6 的 RIPng 是基于 IPv4 的 RIP 当前所用的协议和算法的，RFC 2080 文档是 IPv6 的 RIPng 协议的建议标准，展示了对 RIPv2 协议的最小修改。在 ARPANET 的早期就开始使用距离矢量协议了。RIPng 设计为中型自治系统（而不是大型复杂环境）中的 IGP。

RIPng 与 RIPv2 的区域相同，都使用 15 跳的直径、距离矢量、毒性翻转和水平分割。

在 RIPng 中特别更新了的特性是使用 IPv6 进行传输，以及使用了 IPv6 前缀和 IPv6 下一跳地址。RIPng 还把多播组 FF02::9 用于所有 RIP 更新，这些更新是在 UDP 的端口 521 上进行发送的。

实现了 RIPng 的路由器具有一个路由表，给出了通过 RIPng 系统可以达到目的地的路由列表。路由表的每项最少含有如下信息。

- 目的地的 IPv6 前缀。
- 度量，表示从路由器到目的地址发送一个数据包的总成本。
- 在到目的地址的路径上的下一跳路由器的 IPv6 地址。
- 路由改变标志，表示有关路由的信息最近是否发生了改变。
- 与路由相关的计时器。

对于直接连接的网络，路由器使用的是一个简单的跳计数而不是更复杂的度量来表示成本。静态路由还可以由管理员手工输入，就像是路由系统范围之外的路由。使用 RIPng 的路由器必须在一个自治系统之内运行，且在该系统中的其他路由器使用的也是 RIPng 协议。

RIPng 用 UDP 作为其上层传输协议，使用的是端口 521。所有的路由器通信（包括更新）都是使用该端口来传输和接收的。RIPng 使用的数据包格式如图 4-39 所示。

命令（1）	版本（1）	必须为0（2）
路由表项1（20）		
⋮		
路由表项N（20）		

图 4-39　RIPng 的数据包格式

RIPng 数据包格式具有如下基本的字段。

- 命令：这是消息的类型，请求消息的值为 0x01，响应消息的值为 0x02。
- 版本：RIPng 的版本号，当前只有值 0x01（版本 1）。
- 必须为 0：该字段必须总设置为 0。
- 路由表项（RTE）：每个路由表项含有 20 个字节。

发送一个 RIPng 数据包的请求消息，以请求对该数据包做出响应的路由器发送其路由表的全部或部分。对数据包做出响应的路由器发送一个响应数据包，该数据包含有路由表的全部或部分。响应消息既可以未经请求就发送，也可以作为对请求消息的响应。

RIPng 使用如下两种类型的路由表项（RTE）。

- 下一跳 RTE：含有下一跳的 IPv6 地址。
- IPv6 前缀 RTE：它描述了路由表的 IPv6 目的地址、路由标志、前缀长度以及度量。包含在 RIPng 数据包中的所有 RTE，都含有一个目的地前缀、前缀中重要位的数量，以及到达目的地的度量或成本。目的地前缀为 128 位，且 IPv6 地址前缀按网络字节顺序存储成 16 个八字节。

RTE 中的路由标志是赋给特定路由的一个值，用于把内部 RIPng 路由与外部 RIPng 路由区分开来。外部 RIPng 路由可能是从一个 EGP 或另一个 IGP 输入的。

IPv6 的 OSPFv3 协议

IPv6 的 OSPFv3 协议在 RFC 5340（该文档废弃了 RFC 2740）中进行了说明，该文档不仅描述了 OSPF 是如何为 IPv6 而进行的更新，而且介绍了 OSPF 从版本 2 到版本 3 的修改。因此，该协议通常写作 OSPFv3。

简而言之，OSPFv3 是基于 OSPFv2 的，并增加了一些改进，可直接运行在 IPv6 上。增加到 OSPFv3 中的 IPv6 属性有 128 位地址、本地链路地址，以及管理多个网卡地址的能力。现在，OSPFv3 可以运行在非子网的链路上，使用 IPSec 来进行认证。

IPv4 的 OSPFv2 与 IPv6 的 OSPFv3 之间的主要区别，包括从 OSPF 数据包和基本链路公告（LSA）中去除了寻址语义，在每个链路而不是每个 IP 子网上运行 OSPF，一般化 LSA 泛洪范围，从协议中删除认证，取而代之的是允许 IPv6 数据包的认证首部和封装安全有效载荷（ESP）来管理认证。有了这些改进，加上更大的 IPv6 寻址，OSPFv3 数据包几乎与 OSPFv2 数据包同样简洁。

IPv6 的 OSPF 数据包有了大量的改变。如前所述，OSPFv3 可以直接运行在 IPv6 上，但是，所有的寻址语义都已从 OSPF 数据包首部中删除掉了。这使得 OSPF 数据包与网络协议是相关的，现在，所有的寻址信息都存储在 LSA 的各种类型中。

特别地，OSPFv3 数据包首部中的改变包括如下。

- 对于 Hello 数据包和数据库描述数据包，选项字段增加到了 24 位。
- 认证字段和认证类型字段从 OSPF 数据包首部中删除了。
- Hello 数据包不再包含任何地址信息，而是包含一个网卡 ID 值，该值是赋给发起路由器的网卡，以唯一标识该网卡。如果路由器成为链路的指定路由器，该网卡 ID 将用作网络-LSA 的链路状态 ID。
- 在选项字段中，增加了两个新选项字段：R 位和 V6 位。R 位可用于那些要参与路由协议的多宿主结点。

OSPF 数据包首部增加了一个网卡 ID，允许多个 OSPF 协议实例运行在一个链路上。图 4-40 显示了 OSPFv3 首部的格式。

版本	类型	数据包长度	
路由器ID			
区域ID			
校验和		实例ID	0

图 4-40 OSPFv3 首部的格式

LSA 的格式同样有了大量的改变。LSA 首部、路由器 LSA 和网络 LSA 不再含有寻址语义了。现在，路由器 LSA 与网络 LSA 用于以与网络协议无关的方式来描述路由域的拓扑。现在还有其他的 LSA 可发布 IPv6 地址数据以及下一跳解析所需的信息。

其他的 LSA 格式变化包括如下。

- 选项字段从 LSA 首部中删除了，放置到路由器 LSA、网络 LSA、链路 LSA 与域间路由器 LSA 中了。这些 LSA 中的选项字段增加到了 24 位。
- LSA 类型字段增加为 16 位，其中最高的 3 位表示泛洪范围，处理未知的 LSA 类型。

- 在 LSA 中，现在表示地址的格式为[前缀，前缀长度]，而不是[地址，掩码]。
- 现在的路由器 LSA 和网络 LSA 不再含有寻址信息，使得它们与网络协议相关。
- 可以把路由器网卡信息扩散到多个路由器 LSA。但是，接收端必须把所有路由器 LSA 连接起来（从开始计算 SPF 的路由器开始）。
- 链路 LSA 是新的，使用的是本地链路泛洪范围，这意味着数据包的泛洪不能超出与之连接的链路。这些数据包还提供路由器的本地链路地址给予该链路连接的其他路由器，告诉链路上的其他路由器，它们可以使用哪些 IPv6 前缀来与链路关联，让路由器公告一组选项位，以便与网络 LSA 关联。
- 网络 LSA 的选项字段既可以设置为合理值，也可以设置为任何在链路上发送公告的路由器。

OSPFv2 与 OSPFv3 互不兼容。在从 IPv4 转换到 IPv6 的时候，如果需要支持 IPv4 与 IPv6 网络基础设施的共存，OSPFv2 与 OSPFv3 这两种协议可以同时运行在同一链路上，但是，每个 IP 路由协议的区域是完全独立的。

IPv6 的 EIGRP 协议

IPv6 的 EIGRP 协议改变比较少。它基本上就是同样的协议，仍使用最佳的距离矢量和链路-状态。多协议 EIGRP 为 AppleTalk、IPX、IPv4 和 IPv6 使用与协议相关的模式，其配置容易、汇聚快速是人所共知的。有关该协议的更多信息，可访问 www.cisco.com。

IPv6 的 IS-IS 协议

IS-IS 表示的是媒介系统到媒介系统（Intermedia System-to-Intermedia System-to），它是一种域间路由信息交换协议。RFC 5308 是描述使用 IS-IS 来路由 IPv6 的最新 IETF 文档。IS-IS 协议最初设计是为无连接网络服务（Connectionless Network Service，CLNS）路由域间数据流量的。其主要特性大部分与 IPv4 的 IS-IS 协议相同。每个 IS 设备仍传输 LSP 数据包，邻居关系的处理与 IPv4 的相同，仍有 Cisco IOS 软件支持多拓扑 IS-IS（Multitopology IS-IS，MT-IS-IS）。

IS-IS 是扩展的**域内路由协议**（Intradomain Routing Protocol），其中，路由域中的每个路由器会发送一个**链路状态协议**（Link State Protocol，LSP）数据单元，该数据单元含有关于该路由器的信息。该信息包括有类型的变长数据（称为类型-长度-值（Type-Length-Value，TLV））。对 IPv6，IS-IS 扩展了两个新 TLV，用于携带进行 IPv6 路由的路由器信息。IS-IS 最初设计为在双重 OSI/IPv4 网络环境中，或者是在"纯"OSI 或 IPv4 网络环境中进行路由。这在 IPv6 网络也实现了，而且还增加了 IPv6 可达性 TLV、IPv6 网卡地址 TLV 以及 IPv6 协议标识符。

IPv6 可达性 TLV 与 IPv4 的 IS-IS 实现是直接相关的。图 4-41 显示了这种 TLV 的格式。

类型=236	长度	度量			
质量		U	X	S	保留	前缀长度
前缀					
子TLV长度(*)	子TLV(*)				

图 4-41　IPv6 可达性 TLV 的格式

表 4-19 定义了 IPv6 可达性 TLV 中每个字段的值。

表 4-19 IPv6 可达性 TLV 中的字段

IPv6 可达性 TLV 的字段	含 义
类型	236
长度	该 TLV 的长度
度量	这是扩展后的度量，值为 0～4 261 412 864。如果度量值大于 4 261 412 864，IPv6 可达性信息将被忽略
U 标志	这是往上/往下位，用于防止路由循环。当路由是从 2 级路由器往 1 级路由器发送公告时，该字段设置为 1，以防止路由循环
X 标志	这是路由重发布位，当路由从另一个协议重发布时，其值设置为 1
S 标志	如果该 TLV 没有包含子 TLV，那么该字段设置为 0，否则，设置为 1，表示 IPv6 前缀后跟子 TLV 信息
保留	保留字段
前缀长度	IPv6 路由前缀长度
前缀	IPv6 路由前缀
子 TLV	可选
子 TLV 长度	可选

IPv6 可达性 TLV 描述了利用各种不同因素的网络可达性，例如，路由前缀、度量、表示前缀是否是从更高级发送公告的位，以及表示前缀是否是从另一个协议发布的位。

IPv6 网卡地址 TLV 类似于 IS-IS 的 IPv4 版。图 4-42 显示了这种 TLV 的格式。

类型=232	长度	网卡地址1(*)..
网卡地址1(*)..		
网卡地址1(*)..		
网卡地址1(*)..		
网卡地址1(*)..	网卡地址2(*)..	

图 4-42 IPv6 网卡地址 TLV 的格式

这种 TLV 的类型值为 232，长度字段指定了该 TLV 的长度。网卡地址字段确定了路由器网卡的 IPv6 地址。该 TLV 的 Hello PDU 含有该网卡的本地链路 IPv6 地址。该 TLV 的 LSP 含有赋给 IS 的非本地链路 IPv6 地址，它通常是该网卡的 IPv6 全局单播地址。图中每个网卡地址字段后面的星号表示它是一个可选值。

IPv6 的 IS-IS 实际操作与最初在 RFC 1195 中描述的一样。访问 www.ietf.org 以了解更多信息。

MP-BGP 协议

RFC 4760（该文档废弃了 RFC 2858）定义了多协议扩展，这使得 BGP-4 对其他网络层协议是可用的。MP-BGP 使得 BGP-4 可以包含其他协议的信息，例如，MPLS、IPX、L3VPN，当然还有 IPv6。关于 BGP-4 的最新标准是 RFC 4271，更新文档是 RFC 6286。

为了使 BGP-4 的实现可以运行在 IPv6 网络上，唯一要做的事情是增加一些扩展，使得该协议携带一些路由信息，如前面所介绍的那样。这些扩展是向后兼容的，这样，那些支持这些扩展的路由器，就可以与不支持这些扩展的路由器进行互操作。实际上，由 BGP-4 传输的只有 3 种信息是 IPv4 特有的，它们是：

- 当表示为 IPv4 地址的 NEXT_HOP 属性。
- AGGREGATOR，它含有一个 IPv4 地址。
- NLRI，它表示为一个 IPv4 地址前缀。

为了使 BGP-4 能被 IPv6 网络支持（或者支持在其他网络层协议上的路由），只需增加如下两项：

- 把 IPv6 协议与下一跳信息关联的能力。
- 把 IPv6 协议与 NLRI 关联的能力。

为了向后兼容，BGP-4 引入了两个新属性：

- 多协议可达的 NLRI（MP_REACH_NLRI）。
- 多协议不可达的 NLRI（MP_UNREACH_NLRI）。

MP_REACH_NLRI 用于携带具有下一跳信息的可达目的地集合，下一跳信息是用于转发到这些目的地的。MP_UNREACH_NLRI 用于携带不可达目的地集合。这两个属性都是可选的，不会传递给后面结点。因此，不支持多协议的 BGP 结点会忽略由这两个属性携带的信息，而不是把它传递给其他的 BGP 结点。

多协议可达的 NLRI 属性用于把一条可行路由公告给对等设备，并允许路由器把下一跳路由器的网络层（这里是 IPv6）地址，公告给 MP_NLRI 属性的 NLRI 字段中列出的目的地。MP_NLRI 属性具有如下字段。

- 地址系列标识符（Address Family Identifier，AFI）：2 个八字节字段，当与后继地址系列标识符（Subsequent Address Family Identifier，SAFI）一起使用时，指定下一跳字段中的地址必须归属于的网络层协议、地址的编码以及 NLRI 遵循的语义。
- 后继地址系列标识符（Subsequent Address Family Identifier，SAFI）：1 个八字节字段，如 AFI 描述的那样使用。
- 下一跳网络地址的长度：1 个八字节字段，含有下一跳字段中的网络地址的长度。
- 下一跳网络地址：可变长字段，含有通往目的地址的下一跳路由器的网络地址（在这里也是 IPv6）。与该地址相关的协议是由 AFI 与 SAFI 一起标识的。
- 保留：1 个八字节字段，必须设置为 0，目的地结点将忽略它。
- 网络层可达性信息（Network Layer Reachability Information，NLRI）：可变长字段，列出了在本 MP_NLRI 属性中公告的 NLRI 或可行路由。AFI 与 SAPI 一起确定了 NLRI 的语义。

包含在 MP_REACH_NLRI 路径属性中的下一跳信息指定了路由器的网络层地址，该路由器是用作通过目的地的下一跳路由器，是在 UPDATE 消息的 MP_NLRI 属性中列出的。

多协议不可达的 NLRI（即 MP_UNREACH_NLRI）属性用于从服务中删除或撤销多个不可行路由，它具有如下字段。

- 地址系列标识符（Address Family Identifier，AFI）：如前所述。
- 后继地址系列标识符（Subsequent Address Family Identifier，SAFI）：如前所述。
- 撤销路由：可变长字段，为路由器列出要从服务中撤销的 NLRI。AFI 与 SAPI 一起确定了由本属性协议的 NLRI 语义。含有 MP_UNREACH_NLRI 属性的 UPDATE 消息不要求携带其他任何路径属性。

除了以上介绍的这些内容之外，IPv6 的扩展支持 IPv4 下的 BGP-4 所具有的相同特性。

4.15 管理内部网的路由

在内部网络上简单地配置一下 IGP，就有可能建立每一个子网之间的连通；但是，管理路由比简单地建立连通更复杂。

首先管理员必须考虑路由策略。IP 路由协议有一个缺陷，不能区分用户、流量类型等。它们只知道如何到达网络。基于策略的路由解决了这个缺陷。

假设一个网络有两条路径把点 A 和 B 相连。一条路径为直接连接这两个网络的 T1 链路（速率为 1.544 Mb/s），另一条路径是一条 T3 链路（速率大约为 45 Mb/s），它需要穿越 A 和 B 之间的其他 3 个网络。如果你正在运行的是 RIP，将会通过 T1 链路来发送所有流量，原因在于这样的跳数最少。如果你在运行的是 OSPF，将会使用基于带宽的度量，那么就更可能选择使用更高速的 T3 链路。问题的关键是，这两个结果都不是你真正想要的。例如，你或许希望这样配置自己的网络：某种类型的流量，例如 VoIP，优先使用较低延时的 T1 链路，而其他流量，例如 HTTP 和 FTP，则使用带宽更大，但延时更长的 T3 链路来发送。这种配置称为"基于策略的路由"。

策略可以基于任何东西，包括从协议类型（像前面示例那样）到源地址或目的地址，你的策略可以是："我想让来自主机 xyz 的所有流量使用链路 1，而其他流量使用链路 2。"

配置策略能够让你的网络更高效，但当发生故障时，也会让你的网络更难以诊断。

另一个要考虑因素是，在通往同一个网络的多条路径中，绝大多数 IGP 支持在这些路径之间实现负载平衡。这些路径通常以"数据流"而不是以数据包为基础进行负载平衡管理的。这意味着，主机 A 和 X 之间的所有流量将走同一条链路，而主机 B 和 Y 之间的流量将走另一条链路。以数据包为单位的负载平衡意味着第一个数据包走链路 1，第二个数据包走链路 2，第三个数据包走链路 1，以此类推。以数据包为单位的负载平衡扰乱了大量协议，原因在于数据包通常不是按顺序到达的。

网络上的路由服务也需要定期维护，特别是在大型网络上。应该监视内存的使用情况（每种类型的路由都要占用一定量的内存），以便确保路由器有能力处理任何增加的路由，并且应该部署一个管理工具，以便在发生路由问题时能发出警告。此外，绝大多数路由表都会显示路由的年龄。在链路-状态路由协议中，较小的年龄是不稳定路由的一个标志。它最近发生了变化，你应该弄清楚为什么发生了变化。例如，如果在路由表中观察到某个路由的年龄为 23 分钟，但你已经 6 个星期没有对网络做任何修改了，那么你可能遇到问题了。

最后，管理员应该维护一张网络地图，指明所用的网络地址和协议。这个地图应该用作网络设计的蓝图，并在定位可能的路由循环或配置问题时提供帮助。

4.16　广域网上的路由

当为你的企业选择路由协议时，必须考虑很多因素。本节中，我们讨论各种网络模型及其恰当的路由协议。

4.16.1　几个小型办公室

如果正在考虑的网络相对较小，可能只有十来个位置或更少，每一个都有自己的子网和 Internet 连接，那么可以考虑使用无路由协议。无论什么时候，只要有可能，最简单的方案就是最好的方案。但是，如果要求使用路由协议，那么 RIP 或许是最简单的方案，例如在下述环境中：

- 当连接到支持路由的服务器，使得该服务器能够动态选择最佳路径时。
- 当使用不支持任何其他路由协议的路由器时（在应用于小型办公/家庭办公（Small-Office/Home-Office，SOHO）防火墙、NAT、带宽设备的 Internet 访问设备（Internet Access Device，IAD）市场上，这是很常见的情况）。

4.16.2　辐射型结构

很多企业都采用一个中心办公室，再加上很多附属办公室或分支办公室的结构。通常情况下，所有的分支办公室都直接连接到企业中心上，这里，安置了企业系统（例如 ERP 软件包）、大型机以及绝大多数服务器。这个网络的不同特性是，中心位置的路由器需要知道如何到达众多站点，但分支办公室的路由器只有一条离开办公室的连接（或者，当使用一条慢速备用链路来为快速主链路提供失效备份时，或许有两条连接）。

如果只有一条连接，或者在任何时刻只有一条连接，那么使用宝贵的带宽（更不用说路由器处理器和内存资源了）向每一个分支端点公告所有路由有什么意义呢？对分支末端上的每一个路由器来说，你要做的所有工作就是设定一条指向中心位置的默认路由。在这种情况下，**按需路由**（On-Demand Routing，ODR）协议是一个良好的选择。

如果辐射型（Hub-And-Spoke）环境使用帧中继，谨慎实现任何距离矢量协议。帧中继和 ATM 使用的是虚电路，这样，一个物理接口实际上被逻辑地划分为几个逻辑接口。一般地，所有这些都在中心位置终结，以便从路由器 A 到达路由器 C，你必须在路由器 B 的同一个接口上进进出出。这样，当路由器 A 向路由器 B 公告其网络时，路由器 B 接收并在其路由表中记录这些路由，但它并不将这些路由返回给接口，因此路由器 C 永远也接收不到路由更新。为什么呢？水平分割意味着它不能进行公告，以便避免出现明显的路由循环（但实际上并不是）。

4.16.3　多协议

Cisco 公司的 EIGRP 协议能够同时支持 IPv4 和 IPv6 数据流量。这样，在某些情况下可以节省大量资源。当然，它明确要求你只能使用 Cisco 公司的设备。

4.16.4　移动用户

实现和管理最困难的网络类型之一是用户总是不停移动的网络。从笔记本电脑和 PDA 用户到频繁重新安排工作空间以适应人员变化的公司，显然，过去的 TCP/IP 并不能处理这些在新千年中涌现出来的新任务。

幸运的是，最近几年技术的显著成熟对频繁移动人员提供了支持。这包括支持数据的蜂窝设备、从 a 到 g 以及更高版本的 802.11 无线技术、宽带无线技术，以及众多用于家庭连接的拨号和宽带技术。但 IP 如何与这些东西一起工作呢？主要的是通过 DHCP。但是，有众多应用，例如语音和安全，主机要求对这些应用使用稳定的 IP 地址，而不管它们当前放在什么位置或连接到什么位置。

反过来，这提出了一个有趣的问题：如果你的主机使用一个不是本地子网一部分的 IP 地址时，你该怎样路由数据包呢？尽管这是一个可行的场景，但并不是那么简单。下面各节对"不匹配地址"问题提供了两个可能的解决方案。

4.16.5　移动 IP

移动 IP 由 IEEE 定义在 RFC 2003～2006 以及 RFC 3220（它废弃了 RRFC 2002）中。移动 IP 允许 IP 主机在具有移动 IP 代理（一个配置了协议的路由器）的任何地方移动，并且依然保持其原有 IP 地址。从更高层次上说，它以下述方式工作：主机使用 ICMP 路由器发现协议来确定它是在本地网络还是在外部网络上。如果在外部网络上，那么它注册外部代理（Foreign Agent）。之后该外部代理将数据包路由到本地代理（Home Agent）。本地代理建立一个到达外部代理的隧道，之后外部代理将数据包交付给主机。

采用该技术的应用程序可以把 IP 电话从公司网络上的一个办公室移动到另一个办公室。这项技术在军事上有很多应用，因为部队是高度移动的，但出于安全原因又需要保持静态 IP 地址。

4.16.6　本地区移动性

这项技术是 Cisco 公司的专有特性，它类似于移动 IP，但它是通过使用路由表来工作的。它十分简单，对网络几乎不造成冲击。当路由器被配置为本地区移动性（Local Area Mobility，LAM）时，它观察局域网上与其 IP 地址不匹配的流量。当发现这种流量时，路由器在其路由表的缓冲区和主机路由（一个具有 32 位子网掩码的路由记录项）中安装 ARP 记录项。然后，LAM 被重新分配到主路由协议中。本地子网上的主机依然能够与远离的结点通信，原因在于本地子网上的路由器为其代理了 ARP（RFC 826），之后将数据包路由到其路由表列出的下一跳上。

这项技术运行的关键之一是主机路由。因为，当路由器在路由表中查找地址时，它们总是使用最长匹配，因此这项技术能够正常工作。例如，如果路由表有一个用于 192.168.1.0/24 的记录项，移动主机为 192.168.1.57，那么 192.168.1.57/32 路由通过该网络进行传播。每一个路由器都在其路由表中有这两条路由。如果路由器收到了目的地为 192.168.1.42 的数据包，它并不与 192.168.1.57/32 记录项匹配（这是显而易见的），但它确实与 192.168.1.0/24 记录项匹配。反过来，当一个目标为 192.168.1.57 的数据包到达时，该数据包匹配两个路由项，但它优选最长的路由项，原因在于该路由项目更明确。

4.17 往返于 Internet 的路由

在编写本书时，BGPv4 是 Internet 上使用的一个外部路由协议。尽管 BGP 或许不再晦涩难懂，但是，如果要恰当地部署它，还是需要一些核心硬件投资的。幸运的是，只有少数公司才拥有复杂到需要使用 BGP 的网络。一条一般原则是，只有连接到多个 Internet 服务提供商的网络才应该使用 BGP。即使如此，由于 BGP 是 Internet 主干网的重要组成部分（这样的实体确实存在；正是 BGP 让大容量通信提供商发挥了独立主干的作用，虽然它的系统是由多个自治且协作的系统组成），不讲述这一基本的组网协议，那么路由的讨论就不完整。

尽管 BGP 是一个距离矢量协议，但它跟踪的是自治系统之间而不是实际路由器之间的跳数。例如，假定 AS100 向 AS200 和 AS2000 公告了一条到达 67.24.20.0/22 的路由。当该路由被公告到 AS 外部时，BGP 包含了一个 AS 编号。因此，AS200 和 AS2000 接收到了67.24.20.0/22。之后，AS200 将这个路由公告给 AS300，并携带了它的 AS 编号，这样 AS300接收到了路由 67.24.20.0/22 100。同时，AS2000 和 AS300 将这个路由公告给 AS3000，并携带它们的 AS 编号。这样，AS3000 接收到了两条路由：

- 67.24.20.0/22 2000 100。
- 67.24.20.0/22 300 200 100。

所有其他度量都相等（并且 BGP 也的确有很多其他度量），AS3000 优选通过 AS2000和 AS100 的最短 AS 路径。要重点注意的是，即使通过 AS2000 的路由拥有 20 个路由跳，而通过 AS300 的路径拥有 3 个路由跳，AS3000 依然优选最短的 AS 路径，原因在于它没有办法知道所包含的实际距离。请谨记，这个协议需要做大量的管理工作，并且，在现实世界中，这些决策通常都依据手中的金钱和与网络服务提供商之间的约定来做出，而不是依据实际的最佳路径来做出。

即使对于使用两个或多个 ISP 的企业网络来说，通常也倾向于仅仅公告来自每一个 ISP的默认路由，并配置 BGP 和 IGP 的重发布，以便确定应该采用哪一个默认路由。将 IGP重发布到 BGP 中是一种常见的做法，但是，由于很多网络现在使用专用 RFC 1918 地址，例如 10.0.0.0，以及使用网络地址转换，因此重发布到 BGP 中是没有意义的。

4.18 保护路由器和路由行为的安全

必须进行安全保护的路由服务的是路由器和路由协议。路由器包含了网络寻址信息和网络之间的出入口。这些出入口应密切防护，确保没有恶意数据包穿越它们。

保护路由器的安全类似于保护绝大多数主机系统的安全。应该关闭不必要的服务，关闭不必要的侦听端口，配置强健的访问安全性来防止篡改，当然，也要保护对路由器实体物理访问的安全。为路由器指定强口令和使用加密通信技术访问它们。以前，十分常见的情况是，网络管理员使用标准 Telnet 访问和配置他们的路由器。由于 Telnet 在网络上发送未加密的登录名称和口令，这就使得这样的路由器易于受到网络分析器窃听的威胁。更多的现代技术依赖于建立用于远程访问的 VPN 连接、使用 SSL 建立安全的 Web 会话或使用其他方法认证用户和加密网络流量。

保护路由协议安全更具有挑战性。有必要防止窥视的眼睛查看路由协议暴露的信息，因为它们包含了使内部系统更易于攻击的信息。同样重要的是，当非授权用户伪造路由数据包，试图让你的路由器创建循环或黑洞，或者更糟糕的是将流量转发给攻击者（此时攻击者有可能捕获传输的数据）时，防止拒绝服务（DoS）攻击。

不幸的是，保护路由协议安全要求协议自身的合作。例如，像在数据包首部所看到的那样，OSPF 支持几种形式的认证，包括 MD5。配置这种认证意味着路由器将不能构造与另一个路由器的邻接数据库，除非该路由器知道口令。另一方面，RIPv1 不提供安全性，而 RIPv2 有口令，但这几乎没有什么价值，因为这个口令以明文形式传送。因此，重要的问题是，考虑什么地方路由协议流量将被看到，并依据需要选择路由协议。穿越网络或另一个公共网络（例如通信公司的本地网段）的任何东西都应该使用 OSPF 或者另一个等价的安全网络路由协议。

有关 TCP/IP 安全问题以及选项的更多信息，请参阅第 12 章。

本章小结

- 由于数据链路协议管理对网络介质的访问，它们也管理跨越网络的数据报传输。正常情况下，这意味着在两个通信方之间协商一个连接并在它们之间传输数据。由于数据流从一个网卡传输到同一网段或连接上的另一个网卡，因此，这种传输称为点到点传输。

- 当 WAN 协议，例如 SLIP 或 PPP 发挥作用时，就有可能使用各种电路和技术建立一条能够把 IP 和其他数据报从发送方传输到接收方的链路，这些电路和技术包括：电话线路、数字技术（包括 ISDN、DSL、T 载波）或交换技术（如 X.25、帧中继或 ATM）。在数据链路层，这意味着协议必须传输一些服务，例如分界、位级完整性检查、寻址（对交换数据包连接来说）以及协议标识（对于在单个连接上承载多种类型协议的链路来说）。

- Ethernet II 帧是 LAN 上最常见的帧类型，但也存在其他各种各样的帧类型，它们在以太网上携带 TCP/IP。其他能够携带 TCP/IP 的以太网帧类型包括 Ethernet 802.2 LLC 帧。

- 无论所用的是何种帧类型，理解帧的结构是正确处理其内容的关键。这些帧类型通常包括起始标记或分界符（有时候称为前导码）、目的地和源 MAC 层地址、类型字段（标识帧有效载荷中的协议）以及有效载荷（有效载荷包含了帧内部的实际数据）。绝大多数 TCP/IP 帧以一个尾部结束，该尾部存储了一个帧校验序列字段，它用于提供针对帧内容的位级完整性检查。通过重新计算称之为循环冗余码（CRC）的特殊值，并将它与存放在 FCS 字段的值进行比较，网卡可接收该帧以做进一步的处理，或者在两者比较结果不同时静静地丢弃该数据包。

- 从最底层的细节来说，当比较任何特定网络介质中的各种各样的帧类型时，熟悉字段结构及其意义的差异都十分重要。读者应该熟悉不同类型的 Ethernet II 帧之间的差异。

- 由于硬件/MAC 层地址在标识任何 TCP/IP 网段上的独立主机时都十分重要，因此，有必要熟悉 TCP/IP 如何管理 MAC 层地址与 IP 数字地址之间的转换。对于 TCP/IP，地址解析协议（Address Resolution Protocol，ARP）担当了这一十分重要的角色，并协助创建和管理 ARP 缓冲区。由于 ARP 能够对主机自己的地址执行 ARP 查询，因此 ARP 能够检查分配给主机的地址的有效性，当单个网段上发生 IP 地址重复时，ARP 也能够检测这一重复。

- 理解 ARP 数据包字段能大大地帮助阐述地址解析过程，特别是目标硬件地址字段中全为 0 地址的使用，表明需要一个值。ARP 还包含了有关硬件类型、协议类型、硬件地址长度（依据硬件类型的不同而变化）、协议地址长度以及标识当前数据包是哪一种类型的 ARP 或 RAP 数据包的操作码字段的信息。

- 一种称为代理 ARP 的更高级机制支持路由器把多个网段互连起来，并使它们像单一网段那样地工作。由于这意味着来自多个网段的地址都要像单一网段上的硬件地址那样工作，因此，代理 ARP 的任务是：在需要时，将来自一个网段的 ARP 请求转发到另一个网段；支持硬件地址解析；之后将相应的应答交付给它们的原始发起者。并且，当配置为代理 ARP 的路由器接收到 ARP 广播时，它是用自己的地址作为应答。当路由器收到后继的数据包时，它依据路由表，相应地转发该数据包。

- 网络层协议通过称为数据封装的过程进入到数据链路层。因此，构建 IP 数据报与如何将 IP 数据包的内容映射到数据报有关，该数据报是以其有效载荷的形式来携带 IP 数据包的。这一过程要求得到目的地的数字 IP 地址（并且也可能包括对诸如 DNS 这样的名称解析服务的首次访问），之后使用 ARP（或 ARP 缓冲区）将目的地址映射为硬件地址（有可能使用已知路由器或默认网关的硬件地址来取代，之后开始从发送网络到接收网络的路由过程）。

- 当帧必须从一个网段传输到另一个网段时，必须进行其路由的解析过程。本地目的地能够使用数据链路层上的一次传输到达，而远程目标则要求进行转发，并经历多个跳才能将帧从发送方传输到接收方。因此，重要的是，理解本地路由表和默认网关的作用。本地路由表描述了网络上已知的所有本地路由，默认网关则是在不知道精确路由时，处理出站流量。这里，ICMP 起到了帮助管理最佳路由行为的作用，并在目的地不可达时发送报告。

- IP 数据报的其他重要特性包括：生存时间（Time to Live，TTL）值（它防止过期帧无限期停留在网络中）、入站帧分段（这发生在，当路由上的下一个链路使用比入站链路更小一些的 MTU 的时候（当所有帧最终到达目标主机时，总会发生分段的重组）），以及服务传递选项（它控制数据包和路由的优先等级（几乎不使用，但值得熟悉））。

- IP 数据流能够使用差分服务或服务类型指派来实现优先分级。尽管在最初的规范中定义了服务类型，但当前的网络优先级实现是基于差分服务的，它在 IP 首部中设置了一个 DSCP 值。路径中的路由器查看这个 DSCP 值，并依据路由器配置的 DSCP 数据流类型来转发数据流。此外，显式拥塞通告（Explicit Congestion Notification，

ECN）使得路由器可以在必须丢弃数据报之前能够告知拥塞链路上的其他路由器。这些服务使得 IP 数据流流水化，确保高优先级的数据流具有最小延时，丢失数据包的可能最小。

- 路由协议和路由器提供了能够把数据流从发送方子网转发到目的接收方子网的机制。通常，路由器依据对描述了已知路由和默认路由器信息表的访问，可以在互连网络内部为数据流定向，或把数据流转发到其他网络。

- 路由器依靠各种路由协议来管理数据包的转发过程。内部路由协议用在自治路由域的内部，例如由单个公司或机构管理的网络。外部路由协议提供了让属于多家公司或机构的路由器，能够在一条连接中涉及的多方之间安全转发数据和管理路由信息的方法。

- 诸如 RIP 这样的距离矢量路由协议代表了最古老和最简单的路由协议类型，这里，路由转换的次数（称为跳）提供了路由成本的粗略度量，并且，路由拓扑中不会出现路由循环。像 OSPF 这样的链路-状态路由协议提供了更复杂的路由度量和控制，它们不仅能够处理发送方和接收方之间的多条路由，而且还能够使用功能更强大的路由度量来平衡穿越这些链路的负载，或者能够依据需要从低成本路由到高成本路由的顺序进行故障转移。

- OSPF 协议支持更加复杂的路由结构，它将网络拆分为路由区域，以帮助优化路由表和路由行为。此外，OSPF 识别特殊类型的路由区域，例如主干区域（这里所有独立区域互相连接起来）和自治系统，它们表示的是受到专门维护和管理控制的独立路由区域。在这种情况下，区域边界路由器可以把独立的路由区域连接到主干网上，或者连接到其他路由区域上。

- 路由特性确定要花费多长时间在分享信息的路由器组之间使路由信息（和变化）稳定下来，它们也帮助确定在特定应用程序中使用什么类型的路由协议。一个重要特性是汇聚（在路由更新后，路由协议要花费多长时间来计算优化路由），包括诸如水平分割、毒性反转，以及生存期设置这样的技术。其他重要特性包括信息更新机制（采用广播还是多播）、路由器公告，以及路由域如何进行逻辑划分以帮助管理复杂性和降低路由器数据流。

- 管理复杂网络上的路由意味着如何以及何时使用外部和内部路由协议，以及如何在多个路由域之间建立正确类型的连接。专用 WAN 链路、Internet 连接，以及移动 IP 用户都需要进行特殊处理，此时的路由关注的是确保系统和服务是按需的。特别重要的是理解内部路由协议（例如 OSPF）如何以及何时必须与外部路由协议（例如 BGP）一起协作。

- 由于路由表定义了 IP 网络的拓扑结构和行为，尽可能安全地管理路由器安全和更新是主要的。因此，使用强口令和安全链路来访问和更新路由器及其配置绝对是必要的。

- IPv4 与 IPv6 的不同体现在很多方面。IPv4 使用 ARP 来请求一个链路层地址，而 IPv6 使用的是 NDP。IPv4 依赖路由器来对数据包进行分段，从而在具有不同 MTU 的链路上转换，而对于 IPv6，只能由源结点使用 NDP 发现来设置数据包的大小。IPv6 使用多播而不是广播来往多个结点发送一条消息。IPv6 结点只侦听那些发往其组或设备类型的多播。

- IPv6 路由机制完成与 IPv4 路由机制相同的功能，确保数据包成功穿过不同路由域到达目的地。路由机制包括如何进行 IPv6 路由决策，以及弱主机和强主机行为。通过把路由表项中前缀地址的位与目的地址中的相同位进行比较，IPv6 路由器确定使用其路由表中的哪个路由来做转发决策。根据数据流速度和关注的安全性，网络结点可以设置为弱主机行为或强主机行为。

- IPv6 多播侦听器发现指定了多播行为以及 MLD 数据包与消息类型。MLD 最初是为 IPv6 设计的，因为 IGMPv3 而把 MLD 更新为 MLDv2 了。路由器使用 MLD 来发现直接连接的链路上的多播侦听器。多播组中的成员可以根据该组的范围，放置在任何地方。MLD 使用 3 种消息类型：查询消息、报告消息和完成消息。

- IPv6 路由协议有 RIPng、OSPFv3、IPv6 的 EIGRP、IPv6 的 IS-IS 以及 MP-BGP。IPv6 的 EIGRP 和 BGP 实现变化很小。多协议 EIGRP 增加了协议相关的模块，以支持 IPv6，当仍然可以在 IPv4 下运行。BGP 增加了多协议扩展，使得它可以运行在 IPv6 网络上。这些扩展有下一跳、汇聚和 NLRI，当除了这些扩展外，BGP 的工作方式与在 IPv4 下的一样。RIPng 是基于 IPv4 的 RIP 之上，但 RIPng 现在是使用 IPv6 来进行传输，即使用 IPv6 前缀和 IPv6 下一跳地址进行传输。它还为了所有 RIP 的更新而使用一个多播组，这些更新是利用 UDP 来发送的。IPv6 的 OSPFv3 不同于 IPv4 的 OSPFv3，体现在它从其数据包和 LSA 中删除了寻址语义。它还运行在每条链路而不是每个子网上，使其泛洪范围归一化了，并从该协议中删除了认证。

习题

1. IPv6 结点使用 NDP 来发现下一跳路由器的链路层地址，发送的是路由器请求消息，该消息属于哪种网络消息？
   a. 任播　　　　　　　　　　b. 广播
   c. 多播　　　　　　　　　　d. 单播
2. 路由信息是存储在大多数路由器或类似设备中的何处？
   a. 路由数据库　　　　　　　b. 路由表
   c. 路由目录　　　　　　　　d. 路由查询缓冲区
3. 在 Windows 7 的命令行提示符中，使用哪个命令来显示 IPv6 网卡的路由表？
   a. `netsh interface ipv6 show all routes`
   b. `netsh interface ipv6 show route`
   c. `netsh interface ipv6 show routes`
   d. `netsh interface ipv6 show routing table`
4. 如果一个 IPv6 路由器有多条路由，可以把某个数据包发送正确的目的地址，那么该如何为这个数据包选择一条路由？
   a. 使用回环算法，选择其路由表中的一条正确路由
   b. 选择具有最大链路 MTU 值的路由

c. 选择具有最大前缀长度的路由

d. 选择其高序位与目的地址匹配最少的路由

5. 在 IPv4 和 IPv6 网络结点上都可以把主机配置为弱主机或强主机。对还是错？

6. 在接收到由源结点发送的一个数据包后，IPv6 首先要做的工作是什么？

   a. 检查路由器的目的地缓冲区　　　　　　b. 检查路由器的路由表

   c. 把跳限制字段的值减 1　　　　　　　　d. 对数据包首部字段进行错误检查

7. 当一个 IPv6 主机接收到一个发往它的数据包，如果该数据包不是使用 UDP 或 TCP 作为其上层协议，那么该主机将如何响应？

   a. 目的地主机将检查该数据包的目的地端口，如果在该结点上没有与之匹配的协议，将丢弃该数据包，并发送一条 ICMPv6 错误消息"协议被破坏或丢失"

   b. 目的地主机将检查数据包的下一首部字段，没有发现匹配的应用程序，将发送一条 ICMPv6 错误消息"参数问题，未找到协议"，然后丢弃该数据包

   c. 目的地主机将丢弃该数据包，并给发送方发送一条 ICMPv6 错误消息"协议被破坏或丢失"

   d. 目的地主机将把数据传递给运行在该主机上的恰当协议

8. 下面哪个协议是链路-状态协议？

   a. OSPF　　　　　　b. IGRP　　　　　　c. BG　　　　　　d. RIP

9. IPv6 路由表可存储下面哪些路由类型？（多选）

   a. 默认路由　　　　　　　　　　　　　　b. 直接连接的路由

   c. 下一跳路由　　　　　　　　　　　　　d. 远程路由

10. 下面哪个定义最恰当地解释了水平分割？

    a. 从其他任意地方发起的所有路由都设置为无限远

    b. 防止路由器把网络公告给提供初始网络信息的网卡

    c. 它避免了路由循环

    d. 它生成了路由循环

11. 下面哪个定义最恰当地描述了处于汇聚状态的网络？

    a. 路由器正等待路由表更新以完成消息传播

    b. 所有路由器都知道当前可用的网络及其相关的成本

    c. 所有路由器都使用静态路由表

    d. 所有路由器都使用链路-状态路由协议

12. IPv4 实现中的哪个 RIP 版本使用多播而不是广播数据包来更新？

    a. RIPv1　　　　　　b. RIPv2　　　　　　c. RIPv3　　　　　　d. OSPF

13. 是什么使得 BGP 可以运行在 IPv6 网络上？

    a. IPv6 地址增加了对下一跳属性的支持

    b. 增加了 IPX

    c. 增加了 MPLS

    d. 增加了多协议扩展

14. 哪种现象导致了黑洞的发生？

    a. 一个或多个路由器变得不可达了

  b. 未通告就发生了链路状态的改变

  c. 在路由器上禁用了 ICMP

  d. 在路由器上启用了 ICMP

15. 是什么使得 IS-IS 路由协议可以运行在 IPv6 网络上？

  a. 增加了两个新的类型长度值（TLV）作为扩展

  b. 为无连接网络服务增加了域间数据流路由

  c. 从原来的 IPv4 实现扩展了邻居关系处理

  d. 使用了 LSP 数据包

16. OSPF 路由协议的 IPv4 和 IPv6 实现都可以管理每个网卡的多地址和实例。对还是错？

17. 在管理本地路由行为时，下面哪个路由器指派使得 OSPF 比 RIP 更高效？

  a. 默认网关设置   b. 指派的路由器设置

  c. 路由器链路公告   d. 网络链路公告

18. IPv6 路由协议 RIPng 的哪个更新，是在 IPv4 的 RIP 实现中所没有的？

  a. 15 跳直径范围的使用   b. 距离矢量的使用

  c. 用于发送更新的多播使用   d. 毒性反转的使用

19. 多播侦听器发现是 IPv6 路由器用来发现多播侦听器的，它是嵌入在下面哪个协议中？

  a. ICMPv6   b. IGMPv6   c. IPv6   d. UDP

20. 当在异步连接（例如模拟电话链路）上使用时，PPP 支持下面哪种 WAN 封装服务？（多选）

  a. 寻址   b. 位级完整性检验

  c. 分界   d. 协议标识

21. 对于下面哪种链路类型，PPP 必须提供寻址（是作为 WAN 封装服务的一部分来提供的）？（多选）

  a. 模拟电话链路   b. T 载波链路

  c. X.25 连接   d. ATM 连接

22. 当接收到一个 Ethernet II 帧时，IP 主机要执行的第一步是什么？

  a. 检查硬件地址，看看是否应在后面读取

  b. 检查 FCS 值的合法性

  c. 剥离掉 FCS 字段，并把该数据包交给数据链路层

  d. 查看有效载荷，以确定实际的目的地址

23. 下面哪个陈述最好地描述了 ARP 缓冲区的作用？

  a. 是路由器上的一个特定内存区域，解析后的 IP 硬件地址存储在这里

  b. 是 IP 主机上的一个特定内存区域，解析后的 IP 硬件地址存储在这里

  c. 一个特殊的文件，当计算机关机时，解析后的 IP 硬件地址存储在这里

  d. 一个特殊的文件，从符号名到 IP 地址的转换存储在这里

24. 当为某个数据报（该数据报最终要发往远程网络）查找目的地址时，IP 主机必须检查下面哪个结构以获得必需的信息？

  a. ARP 缓冲区   b. 路由表

  c. 源路由请求   d. 代理 ARP，以获得目的地机器的硬件地址

25. 当一个 IP 主机往请求其硬件地址的 IP 主机发送一个应答时，会发生什么？

a. 什么也不会发生，只是发送了一个应答

b. 发送主机用一个 ARP 请求来响应

c. 发送主机使用应答的内容，在请求主机的 ARP 缓冲区中增加一项

d. 发送主机使用应答的内容，更新请求主机中 ARP 缓冲区的一项

动手项目

以下项目假定是工作在 Windows 7 或 Windows 10 环境下，已安装了 Wireshark 软件，并且已经有了必要的跟踪（数据）文件。

动手项目 4-1：管理本地 ARP 缓冲区

所需时间：10 分钟。

项目目标：学习如何管理本地 ARP 的内容。

过程描述：本项目介绍如何查看本地 ARP 缓冲区的内容。

（1）单击 Start（开始）按钮，单击 Run（运行），在 Open（打开）文本框中输入 cmd，之后单击 OK（确定）按钮。屏幕上显示一个命令提示符窗口。

（2）在命令提示符下，输入 arp –a 命令，按 Enter 键，浏览本地 ARP 缓冲区的内容。记录出现在 ARP 缓冲区中的任何项。

（3）输入 arp –d 命令，按 Enter 键，删除本地 ARP 缓冲区的内容。

（4）输入 arp –a 命令，按 Enter 键，再次浏览 ARP 缓冲区。记录出现在你的 ARP 缓冲区中的新项。此时缓冲区应该为空。

（5）输入 ping ip_address 命令，其中 ip_address 本地网络中的一台 IP 主机，然后按 Enter 键。

（6）在 ping 命令运行结束后，输入 arp –a 命令并按 Enter 键，再次查看 ARP 缓冲区的内容，记录出现的新项。此时的 ARP 缓冲区应只有 ping 之后的项了，如图 4-43 所示。

图 4-43　Windows 10 下的 ARP 缓冲区

动手项目 4-2：读取本地 IPv4 路由表

所需时间：10 分钟。

项目目标：学习如何查看本地计算机的 IPv4 网卡的路由表。

过程描述：本项目介绍如何使用 netsh 命令来查看本地 IPv4 网卡的路由表。

（1）单击 Start（开始）按钮，单击 Run（运行）按钮，在 Open（打开）文本框中输入 cmd，之后单击 OK（确定）按钮。屏幕上显示一个命令提示符窗口。

（2）在命令提示符下，输入 netsh 命令，并按 Enter 键。

（3）在 netsh 命令提示符后面，输入 interface ipv4 命令，然后按 Enter 键。

（4）在命令提示符下，输入 show route 命令，并按 Enter 键，查看本地 IPv4 路由表，如图 4-44 所示。

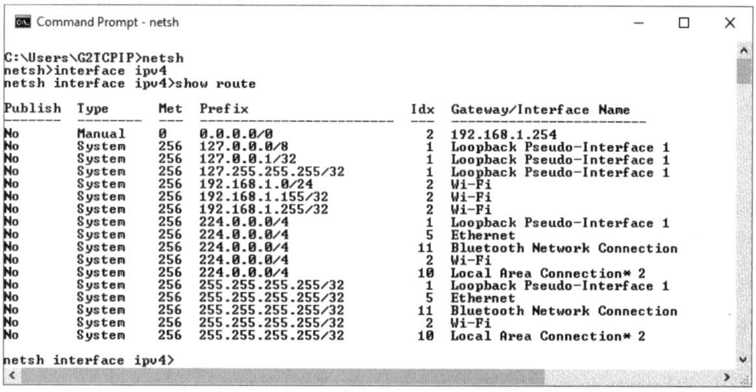

图 4-44　Windows 10 下的本地 IPv4 路由表

（5）输入 exit 命令并按 Enter 键，然后再输入 exit 命令并按 Enter 键，关闭命令提示符窗口。

动手项目 4-3：读取本地 IPv6 路由表和邻居缓冲区

所需时间：10 分钟。

项目目标：学习如何查看本地 IPv6 网卡的路由表。

过程描述：本项目介绍使用 netsh 命令显示 Windows 10 系统下本地 IPv6 网卡的路由表。

（1）单击 Start（开始）按钮，单击 Run（运行）按钮，在 Open（打开）文本框中输入 cmd，之后单击 OK 按钮。屏幕上显示一个命令提示符窗口。

（2）在命令提示符下，输入 netsh interface ipv6 show route 命令，然后按 Enter 键，查看本地 IPv6 网卡的路由表，如图 4-45 所示。

（3）在命令提示符下，输入 netsh interface ipv6 show neighbors 命令，然后按 Enter 键，查看本地 IPv6 网卡的邻居缓冲区，如图 4-46 所示。

（4）输入 exit 命令并按 Enter 键，关闭命令提示符窗口。

动手项目 4-4：用 Wireshark 软件查看 IPv4 和 IPv6 路由协议

所需时间：15 分钟。

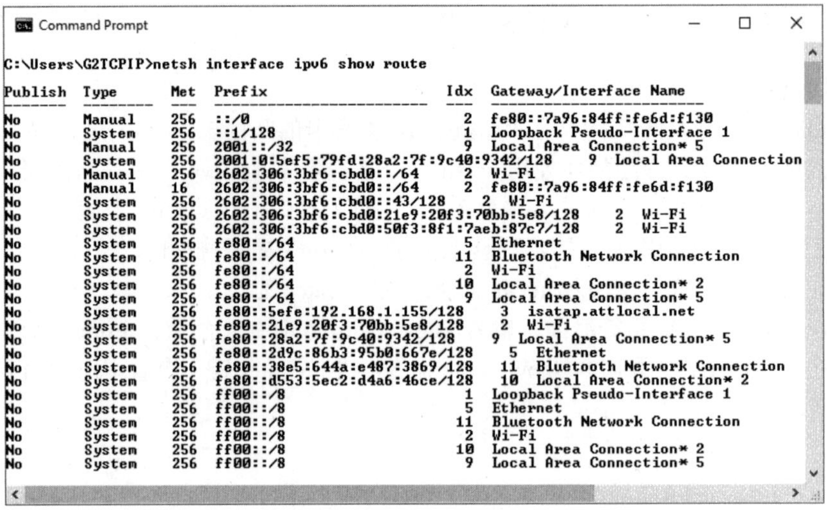

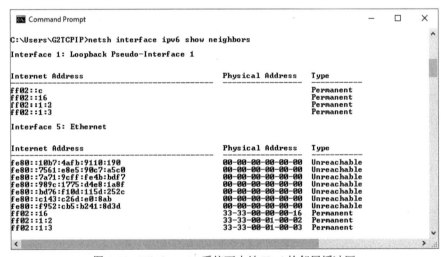

图 4-45　Windows 10 系统下本地 IPv6 的路由表

图 4-46　Windows 10 系统下本地 IPv6 的邻居缓冲区

项目目标：学习如何使用 Wireshark 软件，来认识几种不同路由协议及其数据报的差异。

过程描述：本项目介绍使用 Wireshark 软件来查看现场捕获或样本捕获文件中不同的 IPv4 与 IPv6 路由协议。

要查看 RIPv1 路由协议数据：

（1）单击 Start（开始）按钮，单击 All Programs（所有程序），然后单击 Wireshark。

（2）在 Help 下的菜单栏中，单击 Sample Captures，打开 Wireshark Sample Captures 页面。

（3）单击 Routing Protocols，下载以下文件到你的计算机中。

- eigrp-for-ipv6-auth.pcap
- ospf.cap

- RIP_v1

（4）关闭 Web 浏览器。

（5）在 Windows 资源管理器或文件管理器中，导航到保持捕获文件的目录。

（6）修改 RIP_v1 文件名，添加.cap 后缀名，即 RIP_v1.cap。

（7）在 Wireshark 中，单击 File，单击 Open，导航到保持跟踪文件的目录，双击 RIP_v1
打开该文件。

（8）单击顶部窗格的第一项，选择它，这是一个 RIPv1 响应数据包。

（9）在下面的窗格中，选择 Routing Information Protocol 展开它及其所有子项，如
图 4-47 所示。查看所有内容。

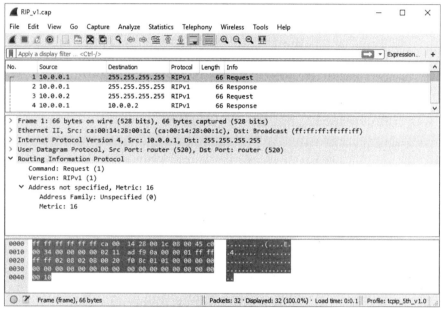

图 4-47　RIPv1 捕获文件输出

要查看 OSPF 路由协议的 Hello 数据报数据：

（1）单击 File，单击 Open，导航到保持路由捕获文件的目录，双击 ospf 文件，打开它。

（2）在数据包详细内容窗格中，展开 Open Shortest Path First。

（3）展开 OSPF Header、OSPF Hello Packet 及其子项，如图 4-48 所示。往下滚动，可
以查看全部内容。

要查看 IPv6 数据的 EIGRP 路由协议：

（1）单击 File，单击 Open，导航到保持路由捕获文件的目录，双击 eigrp-for-ipv6-auth.pcap
文件，打开它。

（2）在顶部窗格中，滚动到窗格的底部，然后选择 EIGRF Hello 数据报项。

（3）在数据包详细内容窗格中，选定并展开 Cisco EIGRP。

（4）展开所有子项，如图 4-49 所示。往下滚动，可以查看所有。

（5）关闭 Wireshark 软件。

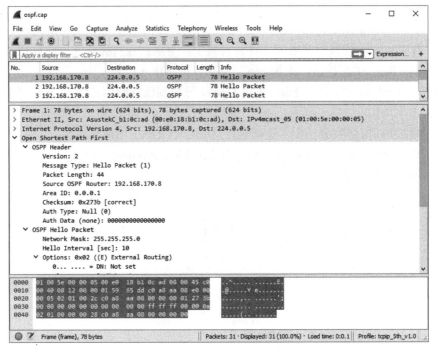

图 4-48　OSPF 路由协议的 Hello 数据报数据

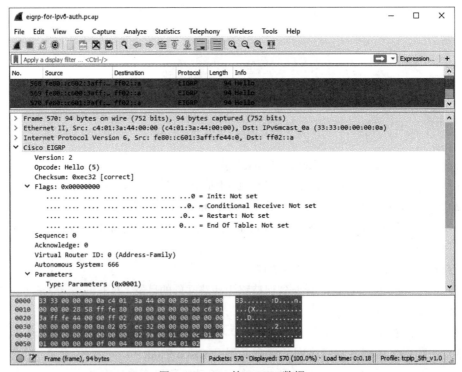

图 4-49　IPv6 的 EIGRP 数据

案例项目

案例项目 4-1：查看跟踪文件

　　你在基地位于乔治亚州亚特兰大市的一家大型制约公司的总部工作。波兰分部的一位技术人员向你发送了一个跟踪文件，让你看一看。该技术人员说，她无法接收来自本地路由器另一侧任何人的 IP 主机的通信。她的 IP 主机与所有本地系统通信不存在任何问题。这里可能发生了什么问题？在跟踪文件中应该查看些什么内容？

案例项目 4-2：基于跳限制值来确定 IPv6 数据报传输的距离

　　你希望知道 IPv6 数据包从公司网关到 Internet 需要传输多远的距离。应该查看哪一个字段来确定从源主机开始的传输距离呢？你能够描述一下基于此字段的数据包传输距离吗？

案例项目 4-3：TCP/IP 网络的 QoS

　　解释以下 TCP/IP 网络上 QoS 的作用。定义一下 IP 优先级、服务类型、差分服务以及显式拥塞通告的基本目的。请给出一个在你的网络上如何使用 QoS 特性的示例。

第5章 Internet 控制消息协议

本章内容：

- 解释 Internet 控制消息协议的基本知识，以及它在网络中所起的作用。
- 描述 RFC 792 中的规范说明，它定义了最初的 ICMPv4 协议，包括其首部格式，以及 ICMPv4 消息的不同类型和格式。
- 概述 ICMPv6 协议的基本知识，内容涉及其首部格式，以及 ICMPv6 消息的不同类型和格式，包括错误消息和信息消息的组织方式。
- 列举出不同 ICMPv6 错误消息的详细内容，包括那些在 ICMPv4 中已有的和进行了更新的，以及为 ICMPv6 新创建的消息类型。
- 描述所有不同 ICMPv6 信息消息的复杂内容，包括那些在 ICMPv4 中已有的和进行了更新的，以及为 ICMPv6 新创建的。
- 理解 ICMPv4 与 ICMPv6 之间的一般差别。
- 解释路径 MTU 发现在 IPv4 结点之间是如何操作的，包括默认数据包 MTU、数据分段，以及与 ICMPv4 消息发送有关的数据包被标识为不分段时所产生的影响。
- 描述路径 MTU 发现为 IPv6 做了什么改变，以及对 ICMPv6 消息做了什么相关的改变。
- 描述 ICMP 的各种测试和故障诊断过程，包括网络实用工具（如 ping、Traceroute 和 Pathping）的使用，以及路由序列与安全性问题。
- 解释网络协议分析数据，并使用这些数据来解码 ICMPv4 和 ICMPv6 数据包，以便理解它们的版本、类型、序列和其他信息。

尽管 IP 无疑是 TCP/IP 协议族中最著名的网络层协议，但它不是唯一的。本章介绍 **Internet 控制消息协议**（Internet Control Message Protocol，ICMP），这是一个重要的错误处理和信息处理协议，它是 TCP/IP 协议族不可或缺的一部分，也运行在网络层。本章先概要介绍 ICMP 所起的作用，接着描述了 ICMP 的能力、数据包结构，以及字段格式，并且解释 ICMP 如何处理报告错误、交付错误、路径发现、路径最大传输单元（MTU）发现，以及其他与路由相关的功能。

5.1 ICMP 基础

ICMP 是一个重要的网络层协议，因为它提供了有关网络可连接性和路由行为的信息，这些是基于数据报的、无连接协议（例如 IP 与 UDP）无法传输的。

当遇到诊断和修复 TCP/IP 连接性问题时，就必须得到，在 IP 互连网络上，数据包如何从源结点传输到目的地结点的信息。对于任何网络结点，如果要与另一个网络结点进行通信和交换数据，一定存在从发送方到接收方转发数据的某种方法。这一概念称为**可达性**（Reachability）。

正常情况下，在位于发送方与接收方之间的各种中间设备的本地 IP 路由表中，可以找到可用的转发路径。

ICMP 利用特殊类型的消息，提供了一种将信息返回给发送方的方法，这些信息是关于数据包在转发过程中所经历的路由（包括可达性信息）。ICMP 还提供了一种在因为路由或可达性问题而阻止了 IP 数据报交付时返回错误信息的方法。这种能力很好地补充了 IP 的数据包交付服务，因为 ICMP 提供了 IP 自身不能提供的东西：路由、可达性、控制信息以及交付错误报告。

ICMP 报告错误、阻塞以及其他网络状况的能力，对于增强 IP 的最大努力交付方法并没有任何好处。事实上，ICMP 消息只不过是特殊格式的 IP 数据报，它有一个 8 字节的首部，与一般网络流量中其他 IP 数据报受到相同的限制。尽管 ICMP 能够报告错误或**网络阻塞**（Network Congestion）（这会在网络流量开始超过处理能力时发生），但它也与 IP 主机（那些接收入站 ICMP 消息并操作这些消息内容的主机）有关。ICMP 的内容是什么，主机会对它做些什么，是本章的主要内容。

因此，ICMP 消息用来让主机报告网络状况和问题，也可以使得主机能够选择网络上的最佳路径。当数据报不能到达预定接收方时，会有一条 ICMP 消息告知发送方。当网关（或路由器）能够把主机导引到一条更好（通常情况下，意味着更短）的网络路由上时，将发送一条重定向消息。随着本章的学习，ICMP 消息的类型将会向你展示更多有关 ICMP 如何报告网络健康和传输问题的内容。

ICMP 在 IP 网络中的作用

如前所述，ICMP 的任务是提供有关 IP 路由行为、可达性、两个特定主机之间的路由、传输错误等各种信息的。ICMP 提供的信息对于网络监控和故障诊断相当有用。表 5-1 列出了 ICMP 消息类型，并给出了其用途和含义的简要解释。

表 5-1　ICMP 消息类型及其用途或重要性

ICMP 消息类型	用途或重要性
Echo/Echo 应答	为像 ping 和 Tracert 这样的实用程序提供功能，在安装、配置和故障诊断 IP 网络时尤其有用
目的地不可达	当路由或传输错误阻止 IP 数据报到达其目的地时记入文档；代码值极端重要。也用于两主机之间的路径 MTU 发现
源站抑制	使得网关可以引导发送主机调整（降低）其发送速度，以便缓解阻塞问题
重定向	使得在发送方和接收方之间非优化路由上的网关可以将流量重定向到一条更优化的路径上
路由器公告	支持主机请求本地路由器信息，并且支持路由器公告其在 IP 网络上的存在
超时	表示 IP 数据报的 TTL 或分段 IP 数据报的重组定时器已经超时；也可以表示 TTL 太小或在网络上出现了路由循环（路由循环必须被清除）
参数问题	表示在处理入站数据报的 IP 首部时，发生了某些问题，使得该数据报被丢弃；由于它涉及很多方面的内容，因此需要做进一步的调查

ICMP 消息类型为 TCP/IP 网络和路由器故障诊断提供了基础。本章剩余部分将更深入地探索这些 ICMP 消息类型及其应用。

5.2 ICMPv4

ICMP 是 IP 的核心协议，最初是于 1981 年 4 月在 RFC 777 文档中描述的，该文档随后于 9 月被 RFC 792 废弃。计算机操作系统使用 ICMPv4，主要是用于发送某些错误消息给其他网络结点。对普通的计算机用户来说，可能并不了解 ICMPv4，但其最常见的形式（ping 命令）是用于测试一台计算机与另一台计算机之间的连通性，即使是那些对网络技术了解甚少的人，都会使用到该命令。

 尽管 RFC 792 已经被 RFC 950、RFC 4884、RFC 6633 和 RFC 6918 替代，但它在今天仍然是有效的。因此，有必要查看这些更新，以确定它们是否符合初始的 ICMP 标准。

尽管 ICMPv4 被认为是一种传输协议，但它与 TCP 和 UDP 不同，它并不携带有效载荷，不能被计算机应用程序使用。ICMPv4 支持一系列的网络测试和错误消息。除了 ping 实用程序外，它还支持 Tracert 或 Traceroute 实用程序，该程序可跟踪从源计算机到目的地计算机之间的 IP 数据包，计算数据包在传输过程中经过的跳数，以及每跳所需的时间。ICMP 的消息类型包括 Echo 请求、Echo 应答、目的地不可达、路由器公告等。

5.2.1 RFC 792 概览

RFC 792 提供了所有合法 ICMP 消息的基础说明，并定义了 ICMP 能够传递的信息和服务的类型。该 RFC 文档还给出了有关 IP 和 ICMP 的一些要点，为了更好地理解这两个网络层 TCP/IP 协议之间的关系，这里对它们归纳如下。

- ICMP 提供了一种机制，使得网关（路由器）或目的地主机可以与源主机进行通信。
- ICMP 消息采用了特殊格式的 IP 数据报，使用了特殊的关联消息类型和编码。本章将阐述与 ICMP 消息相关的类型和代码。
- 在 TCP/IP 的某些实现中，ICMP 是一项必需的元素，最著名的那些协议栈适宜出售给美国政府，并且 ICMP 通常作为提供 IP 基础支持一部分而出现。
- ICMP 仅仅报告有关非 ICMP 的 IP 数据报处理错误。为了防止错误消息的无限循环，ICMP 不传送有关自身的任何消息，且仅仅提供任何分段数据报序列中第一个分段的消息。

尽管 RFC 792 发布于 1981 年，但它定义的 ICMP 消息的主要功能和蓝图，直到今天还在使用。本章中阐述 ICMP 消息的多个章节就是直接来自这个文档的。

5.2.2 ICMPv4 的首部

IP 首部协议（Protocol）字段的值 1 表示 ICMP 首部紧跟在该 IP 首部后面，如图 5-1 所示。ICMP 首部由两部分组成：固定部分和可变部分。本节中，我们介绍首部结构的每一部分，各种 ICMP 数据包类型的功能，并给出 ICMP 查询示例，以及在网络上可以遇到的错误消息。

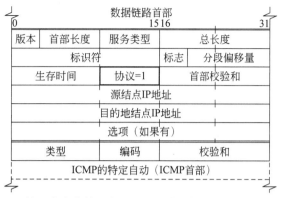

图 5-1　协议字段的值 1 表示 ICMP 首部紧跟在该 IP 首部后面

一些固定的 ICMP 字段

在 IP 首部后面，ICMP 数据包仅仅包含 3 个必需字段：类型（Type）字段、编码（Code）字段、校验和（Checksum）字段。然而，在某些 ICMP 数据包中，还有一些附加字段，它们提供了消息的信息或细节，或提供了特定消息的信息。例如，ICMP 重定向数据包需要包含用于数据包重定向的网关地址。一旦接收到这样的数据包，主机应该在其路由表中添加一个动态路由项，并立即开始使用新的路由信息。图 5-1 显示了 ICMP 首部的一些固定字段。

有关本节列出的 ICMP 帧结构的更进一步信息，请参阅 RFC 792、RFC 1191 和 RFC 1256 文档。

类型字段

类型字段标识了可在网络上发送的 ICMP 消息类型。表 5-2 列出了已分配的 ICMP 类型编号及其对应的各种 ICMP 消息类型。该表是基于 IANA 文档的。关于该列表的最新版本，请访问 www.iana.org/assignments/icmp-parameters/icmp.parameter.xml。

表 5-2　ICMPv4 类型、名称及其参考

类　　型	名　　称	参　　考
0	Echo 应答	RFC 792
1	未分配	
2	未分配	
3	目的地不可达	RFC 792
4	源结点抑制	RFC 792
5	重定向	RFC 792
6	备用主机地址	JBP
7	未分配	
8	Echo	RFC 792

续表

类　型	名　称	参　考
9	路由器公告	RFC 1256
10	路由器请求	RFC 1256
11	超时	RFC 792
12	参数问题	RFC 792
13	时间戳	RFC 792
14	时间戳应答	RFC 792
15	信息请求	RFC 792
16	信息应答	RFC 792
17	地址掩码请求	RFC 950
18	地址掩码应答	RFC 950
19	保留（出于安全性）	Solo
20~29	保留（为了健壮性试验）	ZSu
30	Traceroute	RFC 1393
31	数据报转换错误	RFC 1475
32	移动主机重定向	David Johnson
33	IPv6 Where-Are-You	Bill Simpson
34	IPv6 I-Am-Here	Bill Simpson
35	移动注册请求	Bill Simpson
36	移动注册应答	Bill Simpson
37	域名请求	Bill Simpson
38	域名应答	Bill Simpson
39	SKIP	Markson
40	Photuris	RFC 2521
41	由试验性移动协议使用的 ICMP 消息	RFC 4065
42~255	保留	JBP

当前，并非所有这些类型都在使用。某些还处于开发状态，另一些仅仅用于试验。

最初的 JBP 标识为 Jon B. Postel。Jon B. Postel 是 Internet 协议族的奠基人之一。他拥有一副长胡须和聪颖超凡的心灵，直到 1998 年 10 月去世之前，他帮助塑造了 Internet 通信系统以及数百万个专用网络。有关这个杰出人物的更多信息，请访问 www.postel.org/remembrances。

编码字段

很多 ICMP 数据包类型都有一个编码（Code）字段。表 5-3 列出了能够与目的地不可达（Destination Unreachable）ICMP 数据包一起使用的编码。

表 5-4 列出了能够与 ICMP 重定向（Redirect）数据包一起使用的编码。

表 5-5 列出了能够与 ICMP 备用主机地址（Alternate Host Address）数据包一起使用的编码。

表 5-6 列出了能够与 ICMP 超时（Time Exceeded）数据包一起使用的编码。

表 5-3　类型 3：目的地不可达编码

编 码	定 义	编 码	定 义
0	网络不可达	8	源主机孤立
1	主机不可达	9	与目的地网络的通信被强制禁止
2	协议不可达	10	与目的地主机的通信被强制禁止
3	不可达	11	由于服务类型原因目的地网络不可达
4	需要分段，但设置了不分段位	12	由于服务类型原因目的地主机不可达
5	源路由失败	13	通信被强制禁止
6	目的地网络未知	14	主机优先级冲突
7	目的地主机未知	15	优先级事实上被屏蔽

表 5-4　类型 5：重定向编码

编 码	定 义
0	为网络（或子网）重定向数据报
1	为主机重定向数据报
2	为服务类型和网络重定向数据报
3	为服务类型和主机重定向数据报

表 5-5　类型 6：备用主机地址编码

编 码	定 义
0	主机的备用地址

表 5-6　类型 11：超时编码

编 码	定 义
0	传输超时
1	分段重组超时

表 5-7 列出了能够与 ICMP 参数问题（Parameter Problem）数据包一起使用的编码。

表 5-7　类型 12：ICMP 参数问题编码

编 码	定 义
0	指针指示错误
1	丢失了所需选项
2	长度无效

表 5-8 列出了能够与 ICMP Photuris 数据包一起使用的编码。

表 5-8　类型 40：ICMP Photuris 编码

编 码	定 义	编 码	定 义
0	坏的 SPI	3	解密失败
1	认证失败	4	需要认证
2	解压缩失败	5	需要授权

Photuris 是一种会话密钥管理协议，定义在 RFC 2522 中。

校验和字段

校验和（Checksum）字段仅仅用于 ICMP 首部的错误检测。跟在校验和后面的字段依据所发送的特定 ICMP 消息而变化。在下一节中，我们考察最常用 ICMP 数据包类型、解释它们的编码，以及考察完整的 ICMP 结构。

5.2.3　ICMPv4 消息的类型

ICMP 的消息类型有很多，但可把它们分为两大类：错误消息和信息消息。所有 ICMPv4 消息都使用一种常用消息格式，并使用一组协议规则来发送和接收。但是，ICMP 消息的详细内容因特定的消息类型而不同。

路由器和网络结点使用 ICMPv4 错误消息来告知源结点，它所传输的数据报在网络上遇到了一个问题，影响了它的传输。ICMPv4 消息类型往往要求有来自发送结点的某种响应。当然，如果往源结点发送一个消息，声明其数据包是无法交付的，发送方将希望发现是什么问题，并寻找一种解决办法。下面是各种消息类型的简要描述。

目的地不可达消息

当发送的数据包不能传输给目的地址时，会给源结点返回**目的地不可达消息**（Destination Unreachable Message）。数据包传输失败的原因有不少。一些数据包含有错误参数，例如，不合法的 IP 地址。有时，路由器无法到达目的地所在的网络。由于 IPv4 是不可靠协议，尽管会进行"最大努力"传输，但它并不能保证发送的数据包肯定能到达目的地。如果数据包不能到达目的地，那么目的地不可达消息将会与无法交付的部分数据报一起返回给发送结点。然后，发送方就可以使用这些信息来决定如何改正问题。

源结点抑制消息

该消息用于告诉源结点，降低往目的地结点发送数据报的速率。通常，当输入的数据流量快过处理能力时，网络结点可以把数据包缓存起来。但一个设备的缓冲区大小毕竟是有限的，当缓存区缓存满了时，而接收结点无法快速处理数据流以减少缓冲区的内容，就会发送一个源结点抑制消息给发送结点。通常，源结点会做出响应，降低传输速率，直到不再接收到源结点抑制为止。源结点抑制消息的作用是有限的，因为它们只含有目的地拥塞的信息，它们并不能告诉源结点，它该为出现的问题做些什么。同样，也不会给源结点发送消息，告诉它目的地的缓冲区现在不是满的，从而可以接收以更快速率发送的数据了。对该消息的响应完全留给源结点负责。

更高层的 TCP 协议具有更高效的流控制机制，可用于调节两个网络设备之间的数据包传输。

超时消息

在两种情况下会发送这种消息。第一种情况是，在数据包达到其目的地之前，网络上的路由器把数据包的生存时间（TTL）字段减少为 0 了。第二种情况是，当结点的数据包重组计时器为 0 时，还有一些消息段没有到达目的地结点。

如果在一个路由循环中捕获了一个数据包，但在该路径中并没有汇聚一个能到达目的地的路由器时，就会发送第一种情况。该数据包在一组路由器之间返回，直到其 TTL 值降为 0。除路由循环外，如果在通往目的地时，TTL 值设置得过低，数据包的 TTL 也会减为 0。因此，如果 TTL 的初始值设为 7，而实际上需要经过 14 跳才能到达目的地，那么就会发送超时消息。在这种情况下，接收到跳数为 0 的数据包的路由器，将把超时消息发送给源结点。

另外，当源结点的消息必须分段时，目的地结点也会发送一个超时消息。当第一个数据段达到了目的地结点，就会为计时器设置为某个值，在这个时间内，该结点将等待接收其余的数据段，这样就可以重组该消息。如果在计时器到 0 时，还有一个或多个数据段没有接收到，那么所有数据段都被丢弃，且目的地结点发送一个超时消息给源结点。

有关路由循环的更多信息请参见第 4 章。

重定向消息

当某个第一跳路由器接收到一个数据包，该数据包可以被另一个第一跳路由器更有效地管理时，就会往源网络结点发送一个**重定向**（Redirect）消息。例如，假设某个本地网络有两台路由器。路由器 A 是通往 Internet 的默认网关。路由器 B 是通往同一公司的另一个本地网络的网关。如果某台计算机配置为使用路由器 A 作为其默认的第一跳路由器，当该计算机要发送一个数据包给该公司另一个本地网络上的计算机时，路由器 A 知道路由器 B 可以更有效地处理该数据包。路由器 A 把该数据包转发给路由器 B，并往发送该数据包的结点发送一个转发消息，告诉该结点，使用路由器 B 作为通往另一个本地网络的第一个跳路由器。从技术上来说，重定向消息并不是错误消息，但 ICMPv4 就是这样分类的（ICMPv6 则把该消息重新分类为信息消息）。重定向消息用于为结点提供数量有限的路由信息，路由器并不会给其他路由器发送重定向消息。

参数问题消息

参数问题是一种"通用"错误消息，如果网络上的任何设备在 IP 数据包的首部字段中检测到了一个错误，这些设备就会发送回一个参数问题消息给源结点。这种消息含有一个特殊的指针字段，用于告诉源结点，在数据包的首部中发生了哪种类型的问题。当网络上的一个设备发现数据包在其某个字段中含有错误参数，该结点将把该数据包丢弃，并往源结点发送回参数问题消息。

很多 ICMPv4 消息提供的消息与错误纠正没有任何关系。现在，这种类型的消息有 9 种，但大多数是成对出现的。因此，它们中的大多数是两个两个同时出现，例如 Echo 请求和 Echo 应答消息。

初始的 ICMP 标准含有两种类型的消息：信息请求和信息应答。它们并不是 ICMPv4 实现的一部分，因为它们的功能目前是由其他协议（例如 BOOTP、DHCP 和 RARP）管理的。

Echo 请求与 Echo 应答消息

这些消息类型用于网络结点间的连通性测试。网络结点 A 往结点 B 发送一个 Echo 请求消息，结点 B 接收到该请求消息后，往结点 A 发送 Echo 应答消息，以确认接收到消息了。这些消息的最常见实现是 ping 实用工具的使用。当 Echo 请求消息无法到达目的地结点时，接收 Echo 消息但无法把它转发的设备将发送错误消息。这种错误消息就是前面介绍的目的地不可达消息。

从技术上说，ICMPv4 的 Echo 请求消息指的是"Echo（请求）"或就是"Echo"。

时间戳请求与时间戳应答消息

在网络上，路由器使用这两个消息来同步化系统时钟的日期和时间。网络上的每个设备都有一个系统时钟，利用它，就可以知道日期和时间。但是，两个设备不可能具有完全一致的时间。当这些设备一起工作时，这可能会出现问题。某个设备如果想与另一个设备同步化其系统时间，就可以发送一个时间戳请求消息给第二个设备，该设备响应一个时间戳应答消息。在大型网络（尤其是 Internet）中，这种时间同步化的方法并不能很好地工作，因为这样来回传输 ICMPv4 消息是很费时间的。对于大型网络以及现代的网络基础设施来说，其中的设备使用的是**网络时间协议**（Network Time Protocol，NTP），在它们的系统时钟上创建完全一致的时间。

从技术上来说，时间戳请求就称为"时间戳（请求）"。

从 2015 年的年初到年中，NTP 及其管理员的命运很成问题，直到 NTP 资源库在 GitHub 找到了新家。详见 http://nwtime.org/master-ntp-repositories-on-github/。

路由器公告与路由器请求消息

这两个消息允许网络结点不用手工配置第一跳路由器的地址，以请求和接收本地网络中的路由器信息。当网络结点第一次启动时，如果不了解网络中的任何路由器，就会使用给"所有路由器"的多播地址 224.0.0.2 发送一个 ICMPv4 路由器请求消息。这就使得就有路由器才会接收该请求，避免与网络上的所有设备发生通信。路由器使用有关其自己的信息来响应该结点。路由器会定期地使用"所有设备"的多播地址 224.0.0.1 来发送路由器公告消息。需要路由器信息或需要更新其路由器信息的结点，接收该公告并更新本地路由器信息。尽管利用路由器公告消息也可以了解本地路由器的信息，但通过路由器请求消息，可以使得计算机在启动后要发现路由器地址时，无须等待和侦听这些路由器消息。这种路由器发现方法不是必需的。通常，计算机是使用 DHCP 动态地接收默认路由器的 IP 地址。要记住的重要一条是，路由器公告消息并不是用于在路由器之间交换路由器信息的，也不会把复杂的路由表植入网络结点。网络结点只含有与本地网络中的计算机进行通信所需的信息，以及明白如何与路由器进行联系，以便与其他网络上的结点进行通信。路由器是使用路由协议（例如 RIP 和 OSPF）来与其他路由器交换路由信息的。

关于路由器、路由表与路由协议的更多信息，请参见第 4 章。

地址掩码请求与地址掩码应答

这两个消息用于为发送地址掩码请求的结点提供关于网络中其他计算机的子网掩码信息。网络中的某个结点可能知道另一个结点的 IP 地址，但它并不知道如何解释该 IP 地址，除非知道了应用于该地址的子网掩码。毕竟，使用子网掩码 255.255.255.0 还是 255.255.255.240 划分的地址 192.168.0.3 是不一样的。发送地址掩码请求消息的结点，通常是通过单播或广播来把消息发送给路由器的。路由器使用应答消息来响应该结点，告诉该结点本地网络所使用的子网掩码（该结点的子网掩码也与本地网络中每台计算机的子网掩码相同）。与路由器公告和路由器请求消息不同，路由器并不会有规律地公告子网信息。它们只有在响应网络结点的一个请求时，才会发送子网掩码信息。地址掩码请求和地址掩码应答消息也不是必需的。大多数计算机是通过 DHCP 来获得子网掩码信息的。

Traceroute 消息

Traceroute 消息类似于 Echo 请求和 Echo 应答消息，但它不只是用于测试基本的网络连通性。这种 ICMPv4 消息可跟踪数据包所经过的一系列路由器，通过这些路由器，逐跳地把数据包从源结点发送到目的地结点。在 Windows 系统的计算机中，这些消息是利用 Tracert 实用工具来发送的。在其他操作系统中（例如 Linux），使用的是 Traceroute 程序。尽管名称不一样，但底层的 ICMPv4 消息格式是相同的。一个 Traceroute 消息是作为单个数据包来发送的，它含有一个特定的 Traceroute IP 选项，通过对这个选项的辨识，路由器把该数据包接收为一个测试消息。路由器沿路由路径把该数据包转发到目的地结点，每个转发了该消息的路由器，都会用一个 Traceroute 消息来应答源结点，这个 Traceroute 消息含有该路由器的 IP 地址和（或）名称，以及经过该路由器所需的时间（以毫秒为单位）。

以单个数据包的形式来发送一个 Traceroute 消息，实际上是在 RFC 1393 中定义的一种试验性方法。最初的方法是发送一组消息，每个消息对应于路径中的一个路由器，且每个消息的 TTL 字段值，等于到达对应路由器的跳数（即依次是 1，2，3，等等），利用超时错误消息来"跟踪"路由跳。这需要大量的数据流量和时间，而且，在运行 Traceroute 实现时，源结点与目的地结点之间的路由可能已发生了变化。

5.2.4 可变的 ICMP 结构和功能

一些 ICMP 数据包（例如 ICMP 重定向）必须在数据包的 ICMP 部分中发送特定的信息。这些数据包支持本节中定义的附加字段。

类型 0 和 8：Echo 应答和 Echo 请求数据包

ICMP 类型 0 用于 Echo 应答数据包；ICMP 类型 8 用于 Echo 请求数据包。在这些数据包中的编码字段总是设置为 0。这两个 ICMP 数据包使用相同的结构，如图 5-2 所示。

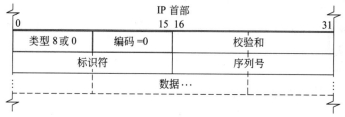

图 5-2 ICMP Echo 应答和 Echo 请求数据包的结构

RFC 792 规定，标识符（Identifier）和序列号（Sequence）字段用于协助将 Echo 应答与 Echo 消息匹配起来。例如，RFC 792 规定：“标识符可以像 TCP 或 UDP 中的端口号那样用于标识会话，在发送每一个 Echo 请求时应该增加序列号。回应者在 Echo 应答中返回相同的值。”

Windows Server 2012、Windows 7 和 Windows 10 的 ping 数据包含有下述特性：

- 标识符（LE）字段被设置为十进制 256（或 0x100）。
- 在发送第一个 Echo 消息时，序列号字段的值被设置为十进制 256（0x100）的倍数。在后续的每一次 Echo 消息中，该字段增加为十进制 256（0x100）。
- 数据字段包含值 “abcdefghijklmnopqrstuvwxyzabcdefghi”。

图 5-3 显示了从 192.168.0.2 到 173.194.33.180 的 Echo 请求数据报解码。请注意数据包

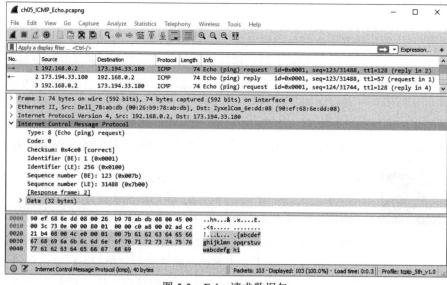

图 5-3 Echo 请求数据包

列表窗格（最顶部的窗格）和数据包详细内容窗格（中间窗格）中的序列号。对于第一个 Echo 请求（数据包 1），LE 序列号是 31488。第二个请求（数据包 3）的是 31744。因此，系列号（Sequence Number，LE）字段增加 256，即 31488+256=31744。

正像在图 5-3 和图 5-4 所看到的，标识符和序列号字段匹配了请求和应答。包含在 ICMP 数据包中的数据也是匹配的。

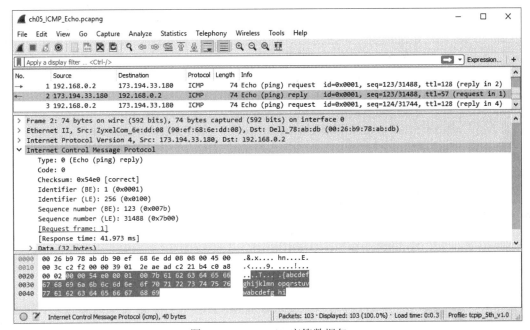

图 5-4　ICMP Echo 应答数据包

类型 3：目的地不可达数据包

网络故障诊断器经常密切跟踪 ICMP 目的地不可达（Destination Unreachable）数据包。像你在本节要学习的那样，这些数据包的某些版本能够表明网络上某个地方发生了配置和服务失效的情况。ICMP 目的地不可达数据包使用如图 5-5 所示的结构。

如图 5-5 所示，发送目的地不可达数据包的主机必须返回 IP 首部和触发该响应的原始数据报的 8 个字节。例如，如图 5-6 所示，如果 IP 主机往不支持 DNS 的主机发送一个 DNS 请求（图 5-6 中的步骤 1），ICMP 目的地不可达应答包含了 IP 首部和位于原始 DNS 查询中 UDP 首部里的前 8 个字节的数据（图 5-6 中的步骤 2）。通过单独查看 ICMP 数据包，我们能够精确地区分什么东西触发了 ICMP 应答、谁发送了原始的问题数据包，以及包含在原始数据包中的源端口和目的端口号（因为这些端口号包含在 IP 首部后面的 8 个字节中）。

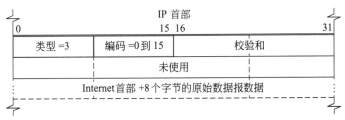

图 5-5　ICMP 目的地不可达数据包的结构

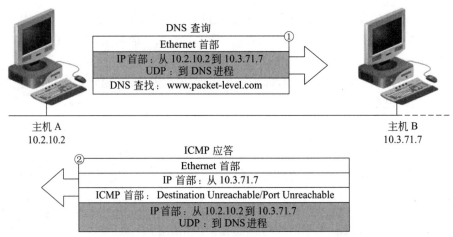

图 5-6　许多 ICMP 数据报类型在 ICMP 应答中包含了触发数据包的一部分

RFC 文档交替使用术语"Internet header（Internet 首部）"和"IP header（IP 首部）"，而很多协议分析器（包括 Wireshark）则就使用术语"IP header（IP 首部）"或"Header（首部）"。

在查看这些数据包时，可能会对一个数据报中出现两个 IP 首部感到困惑。请记住，从头至尾阅读数据包，识别出用于在网络上传输数据报的 IP 首部（数据包中第一个 IP 首部），以及只是用于标识问题的 IP 首部（第二个 IP 首部）。

尽管 RFC 792 仅仅要求在 ICMP 应答中包含 IP 首部后面的 8 个字节，但是，返回尽可能多的数据也是可以接受甚至是必要的。

正如图 5-5 所示，当前，共有 16（0～15）种可能的编码分配给了 ICMP 目的地不可达类型编号。并非所有这些编码都很常用，RFC 定义它们，以便在需要时可使用它们。下面是每个编码的定义。

- 编码 0：网络不可达（Net Unreachable）　路由器可能发送编码 0 的数据包，表明路由器知道入站数据包所用的网络号，但认为路由此刻不可达，或认为过于遥远而不可到达。
- 编码 1：主机不可达（Host Unreachable）　路由器发送这个应答，表明路由器无法定位目标主机。现在，当目标网络未知时，也会发送这个应答。图 5-7 显示了一个

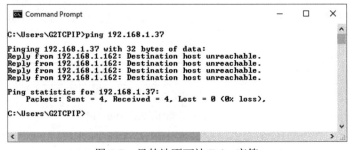

图 5-7　目的地不可达 Echo 应答

Echo 应答消息，表示 Echo 请求数据包的目的地是不可达的。当主机离线，或交换
机或路由器的部分网络发生故障，或主机 IP 地址不存在时，会发生这种情况。

- 编码 2：协议不可达（Protocol Unreachable）　主机或路由器能够发送这种错误消息，
  表明定义在 IP 首部的协议不能被处理。例如，如果 **Internet 组管理协议**（Internet
  Group Management Protocol，IGMP）数据包发送给某主机，该主机使用的 TCP/IP
  栈不支持或不理解 IGMP，该主机就会发送协议不可达消息。这个应答消息与包含
  在 IP 首部协议（Protocol）字段的值相关联。

- 编码 3：端口不可达（Port Unreachable）　主机或路由器发送这个应答，表明发送
  方不支持你正在试图到达的进程或应用。例如，如果主机往不支持 NetBIOS 名称
  服务（NetBIOS Name Services）的主机发送一个 NetBIOS 名称服务数据包（端口
  137），那么 ICMP 应答会被构造为类似于图 5-8 所示的结构。

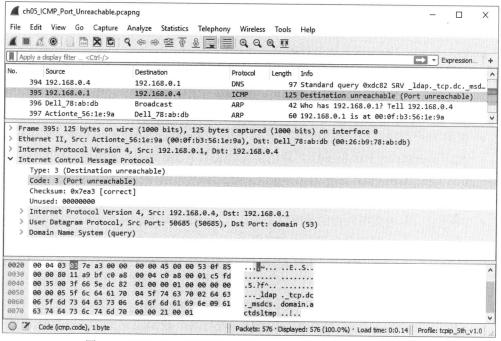

图 5-8　ICMP 数据包表明目的地端口 111 在目标主机上不被支持

- 编码 4：需要分段但设置了不分段位（Fragmentation Needed and Don't Fragment was
  Set）　这个 ICMP 应答存在两个版本：标准版本和 PMTU 版本，标准版本只是说
  明，当数据包到达某个要对该数据包分段的路由器时，而该数据包设置了不分段
  （Don't Fragment）位；PMTU 版本包含了限制链路的信息。
  如图 5-9 所示，支持 PMTU 发现（PMTU Discovery）的路由器将限制链路的 MTU
  放入到先前被 RFC 792 标记为"未用" 4 字节区域中。

- 编码 5：源路由失败（Source Route Failed）　路由器发送这个 ICMP 应答，表明路
  由器不能使用原始数据包中指定的严格或松散源路由。如果原始数据包定义了严格
  源路由，或许路由器不能访问严格路由路径列表中指定的下一个路由器。如果原始
  数据包定义了松散源路由，或许路由器没有能转发该数据包的下一跳路由器。

图 5-9　用于 PMTU 发现的 ICMP 目的地不可达的结构

- 编码 6：目的地网络未知（Destination Network Unknown）　这个 ICMP 数据包已经被废弃。当路由器不了解或不能够把数据包转发到所需网络时，路由器发送编码 1，即主机不可达消息。

- 编码 7：目的地主机未知（Destination Host Unknown）　路由器发送这个 ICMP 数据包，表明它不能到达直接连接的链路，例如点到点链路。

- 编码 8：源主机孤立（Source Host Isolated）　这个 ICMP 数据包已经被废弃。以前，路由器发送这个数据包来表明主机是孤立的，其数据包不能被路由传输。

- 编码 9：与目的地网络的通信被强制禁止（Communication with Destination Network is Administratively Prohibited）　路由器发送这个 ICMP 数据包，表明该路由器被配置为阻塞队所需目的地网络的访问。由于出于安全性考虑，这些通信被阻塞，因此绝大多数路由器不产生这些 ICMP 消息。

- 编码 10：与目的地主机的通信被强制禁止（Communication with Destination Host is Administratively Prohibited）　路由器发送这个 ICMP 消息，表明无法到达期望的主机，原因是路由器被配置为阻塞期望主机的访问。同样，出于安全性考虑，很多路由器不产生这一消息。

- 编码 11：服务类型的目的地网络不可达（Destination Network Unreachable for Type of Service）　路由器发送这个 ICMP 消息，表明入站 IP 首部请求的服务类型或默认服务类型（0）通过这个路由器无法到达目的地网络。只有支持服务类型的路由器才能发送这类 ICMP 消息。

- 编码 12：服务类型的目的地主机不可达（Destination Host Unreachable for Type of Service）　路由器发送这个 ICMP 消息，表明入站 IP 首部请求的服务类型通过这个路由器无法到达目的地网络。只有支持服务类型的路由器才能发送这类 ICMP 消息。

- 编码 13：通信被强制禁止（Communication Administratively Prohibited）　路由器发送这个 ICMP 消息，表明该路由器不能转发数据包，因为数据包过滤器禁止这一活动。由于数据包过滤器通常出于安全理由而应用，因此很多路由器不发送这个应答，以保护与过滤器配置相关的秘密。

- 编码 14：主机优先级冲突（Host Precedence Violation）　路由器发送这个 ICMP 消息，表明定义在发送方原始 IP 首部的优先级值不允许用于源主机或目的地主机、网络或端口。这也导致了该数据包被丢弃。

- 编码 15：优先级事实上被屏蔽（Precedence cutoff in effect）　路由器发送这个 ICMP 消息，表明网络管理员实施最低优先级从路由器获得服务，并且收到了更低优先级的数据包。这样的数据包被丢弃，并且也导致出现这个 ICMP 消息。

类型 5：重定向

路由器向主机发送 ICMP 重定向（ICMP Redirect）消息，表明存在一条更佳路由。ICMP 重定向数据包使用如图 5-10 所示的结构。ICMP 重定向数据包拥有一个 4 字节字段，表示更佳网关地址。

图 5-10　ICMP 重定向数据包的结构

理想情况下，客户端应该更新其路由表，表明后继通信将要使用的最佳路径。有 4 个编码，它们定义了 ICMP 重定向数据报包含的新路由是完整的主机地址还是网络地址。此外，某些重定向信息指向了用于特定服务类型的路径。

- 编码 0：网络（或子网）重定向数据报（Redirect Datagram for the Network（or subnet））路由器能够发送这个 ICMP 消息，表明存在一条到达指定网络的更佳路径。由于路由器不能确定目的地址的哪一部分是网络地址部分，哪一部分是主机地址部分，因此它们在 ICMP 重定向应答消息中使用编码 1。
- 编码 1：主机重定向数据报（Redirect Datagram for the Host）　路由器能够发送这个 ICMP 消息，表明存在一条到达指定主机的更佳路径。这是在网络上最常见的 ICMP 重定向消息。
- 编码 2：服务类型与网络的重定向数据报（Redirect Datagram for the Type of Service and Network）　路由器能够发送这个 ICMP 消息，表明存在一条使用期望服务类型到达指定网络的更佳路径。同样，由于路由器不能确定目的地址的哪一部分是网络部分、哪一部分是主机部分，因此它们在 ICMP 重定向应答消息中使用编码 3 来解决服务类型问题。
- 编码 3：服务类型和主机的重定向数据报（Redirect Datagram for the Type of Service and Host）路由器能够发送这个 ICMP 消息，表明存在一条使用所需服务类型到达指定主机的更佳路径。

类型 9 和 10：路由器公告和路由器请求

主机发送路由器请求数据包，路由器使用路由器公告数据包进行响应。ICMP 路由器请求数据包使用如图 5-11 所示的结构。

图 5-11　ICMP 路由器请求数据包的结构

这种请求数据包的结构很简单。它只含有 ICMP 类型和编码编号。这种数据包默认情况下发送到全路由器多播地址 224.0.0.2 上。在某些情况下，可以把主机配置为将这些数据包发送到广播地址上（在本地路由器不能处理多播数据包的情况下）。ICMP 路由器公告数据包使用如图 5-12 所示的结构。

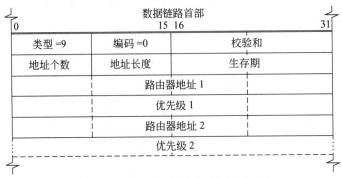

图 5-12　ICMP 路由器公告数据包的结构

ICMP 路由器公告数据包在 ICMP 校验和字段之后还含有下述字段。

● 地址个数：在这个数据包中公告的路由器地址个数。

● 地址长度：用于定义所公告的每一个路由器地址的 4 字节增量个数。由于这个版本包括了一个 4 字节的优先级字段，以及 4 字节的 IP 地址字段，因此地址长度值为 2（2+2+4 字节）。

● 生存期：这个路由信息可以被认为有效的最大秒数。

● 路由器地址 1：发送路由器的本地 IP 地址。

● 优先级 1：所公告的每一个路由器地址的优先级值。值越大表示优先级越高。可以在路由器上配置更高的优先级（如果路由器支持这个选项的话），以便确保路由器更可能成为用于本地主机的默认网关。

● 路由器地址 2 和优先级 2：如果存在其他的路由器值，它们将后随上其优先级。

类型 11：超时

路由器（当传输中生存时间超时）或主机（当分段重组超时）能够发送这些 ICMP 数据包。ICMP 超时数据包使用如图 5-13 所示的结构。

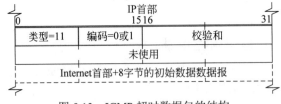

图 5-13　ICMP 超时数据包的结构

有两个编码能够用于 ICMP 超时数据包：编码 0 和编码 1。

● 编码 0：传输中生存时间超时（Time to Live exceeded in Transit）　路由器能够发送这些 ICMP 消息，表明到达了一个 TTL 值为 1 的数据包。路由器不能把 TTL 值减少为 0 并转发这个数据包，因此它们必须丢弃这个数据包并发送这个 ICMP 消息。

● 编码 1：分段重组超时（Fragment Reassembly Time Exceeded）　当主机没有在所收

到的第一个分段 TTL 值过期之前（以秒为单位的持有时间）收到所有分段部分时，发送这个 ICMP 消息。

 当路由器作为一个主机并重组数据包时，也可以发送编码 1，即分段重组超时消息。

当分段集合中的第一个数据包到达目的地时，TTL 值就相当于是"剩余生命时间的秒数"。定时器开始以秒为单位向下计数。如果分段集合中的所有分段在定时器过期之前没有全部到达，那么整个分段集合被认为无效。接收方将这一消息发送回分段集合的原始发起方，从而使得原始数据包重新发送。

类型 12：参数问题

这些错误表明发生了其他 ICMP 错误消息没有涵盖的其他问题。ICMP 参数问题数据包使用如图 5-14 所示的结构。

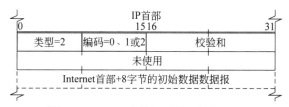

图 5-14　ICMP 参数问题数据包的结构

在 ICMP 参数问题消息中有 3 个代码可用。

- 编码 0：指针指示错误（Pointer indicates the error）　这个 ICMP 错误包含了一个指针（Pointer）字段，它表明错误发生在所返回的 IP 首部和数据报的什么地方。
- 编码 1：遗失所请求选项（Missing a Required Option）　这个 ICMP 错误消息表明发送方期待在原始数据包选项字段中包含某些附加信息。
- 编码 2：无效长度（Bad Length）　这个 ICMP 错误消息表明原始数据包结构存在无效长度。

类型 13 和 14：时间戳和时间戳应答

这个 ICMP 消息被定义为 IP 主机获取当前时间的一种方法。所返回的值是自午夜开始计时的世界时间毫秒数，世界时间（Universal Time，UT）以前称为格林尼治时间（Greenwich Mean Time，GMT）。ICMP 时间戳和时间戳应答数据包都使用相同的结构，如图 5-15 所示。

时间戳请求方将当前发送时间放入到原始时间戳（Originate Timestamp）字段。接收方在数据包处理过程中将自己的当前时间值放入到接收时间戳（Receive Timestamp）字段。接下来接收方在将数据报发送回请求方时刻将当前时间戳放入到传输时间戳（Transmit Timestamp）字段中。

其他协议，例如网络时间协议（Network Time Protocol，NTP），可提供更健壮、用途更广泛的时间同步方法。

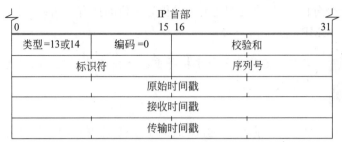

图 5-15　ICMP 时间戳和时间戳应答数据包的结构

5.3　ICMPv6

ICMPv6 为网络设备之间的错误报告与信息交换提供了与 ICMPv4 相同的基本机制。有关 ICMPv4 的规范说明已经有 30 多年了，ICMPv6 适应了现代网络管理的需求。ICMPv6 消息类型仍分为两个组：错误消息和信息消息。但是，这些分类中的消息类型发生了变化，一些的变化还比较大。

5.3.1　ICMPv6 概述

ICMPv6 最初是在 RFC 1885 中描述的，该文档随后被 RFC 2463 废弃。当前的规范说明是 RFC 4443。ICMPv6 是用于 IPv6 协议的最新消息类型和消息类型格式。并不是所有的消息类型都是由这个 RFC 文档定义的。例如，RFC 4443 定义了目的地不可达与数据包太大消息，而 RFC 4861 则定义了路由器重编号与重定向消息。

以前用于其他协议的消息类型，现在使用的是 ICMPv6，并且还创建了 ICMPv4 中没有的新消息类型。例如，多播侦听器发现（MLD）就被集成为 ICMPv6 的一个子协议了。ICMPv6 所起的作用比 ICMPv4 大多了。

5.3.2　ICMPv6 消息的类型

为了阐述当前定义的 ICMPv6 消息数量和类型，表 5-9 给出了这些消息的类型、名称以及所在的 RFC 文档。类型编号 0～127 涵盖的是错误消息，类型编号 128～255 涵盖的是信息消息。一些消息的名称与 ICMPv4 中相应消息的相同，但很多则已经完全是新的了。

表 5-9　ICMPv6 消息类型

类　型	名　　称	涉 及 文 档
0	保留	RFC 4443
1	目的地不可达	RFC 4443
2	数据包太大	RFC 4443
3	超时	RFC 4443
4	参数问题	RFC 4443
100	专用试验	RFC 4443
101	专用试验	RFC 4443

续表

类　型	名　　称	涉　及　文　档
102～126	未分配	无
127	为 ICMPv6 错误消息扩展而保留	RFC 4443
128	Echo 请求	RFC 4443
129	Echo 应答	RFC 4443
130	多播侦听器查询	RFC 2710
131	多播侦听器报告	RFC 2710
132	多播侦听器完成	RFC 2710
133	路由器请求	RFC 4861
134	路由器公告	RFC 4861
135	邻居请求	RFC 4861
136	邻居公告	RFC 4861
137	重定向消息	RFC 4861
138	路由器重编号	RFC 2894
139	ICMP 结点信息查询	RFC 4620
140	ICMP 结点信息响应	RFC 4620
141	逆向邻居发现请求消息	RFC 3122
142	逆向邻居发现响应消息	RFC 3122
143	多播侦听器报告第 2 版	RFC 3810
144	宿主代理地址发现请求消息	RFC 6275
145	宿主代理地址发现公告消息	RFC 6275
146	移动前缀请求	RFC 6275
147	移动前缀公告	RFC 6275
148	认证路径请求消息	RFC 3971
149	认证路径公告消息	RFC 3971
150	试验性移动协议所用的 ICMP 消息，例如 Seamoby	RFC 4065
151	多播路由器公告	RFC 4286
152	多播路由器请求	RFC 4286
153	多播路由器终止	RFC 4286
154	FMIPv6 消息	RFC 5568
155	RPL 控制消息	RFC-ietf-roll-rpl-19.txt
156～199	未分配	N/A
200	专用试验	RFC 4443
201	专用试验	RFC 4443
255	为 ICMPv6 信息消息扩展而保留	RFC 4443

在表 5-9 中可以看到，在描述不同的 ICMPv6 消息时，涉及了很多不同的 RFC 文档。

在编写本书时，表 5-9 的内容是最新的，要了解最新更新，可以访问这个网站

www.iana.org/assignments/icmpv6-parameters/icmpv6-parameters.xhtml#icmpv6-parameters-2。

表 5-9 列出的所有消息类型都是作为标准、信息或试验的 IETF RFC 发布。

5.3.3 ICMPv6 首部

RFC 4443 描述了 ICMPv6 消息的一般格式。一些特殊的消息类型可能具有自己特定的格式。在 ICMPv6 消息的前面，是 IPv6 首部以及一个或多个扩展首部。ICMPv6 首部的下一个首部值为 58，位于首部的前面。图 5-16 显示了 ICMPv6 消息首部的一般格式。

图 5-16　ICMPv6 消息首部的一般格式

类型字段含有消息的类型，其值决定了其他数据的格式。不同消息类型的类型字段值见表 5-9 的类型列。编码字段含有消息类型的值，用于进一步细分消息类型。例如，对于 Echo 请求、Echo 应答和邻居公告消息，编码值设置为 0。校验和字段用于检测 ICMPv6 消息的数据损害以及 IPv6 首部的部分数据损害。消息主体的内容取决于消息类型。如前所述，ICMPv6 消息分为两大类：错误消息与信息消息。下面介绍更常用的 ICMPv6 错误消息和信息消息。

5.4 ICMPv6 错误消息

如表 5-9 所示，ICMPv6 错误消息的类型值为 0～127，这些类型值定义在 RFC 4443 中。这里要介绍的错误消息包括目的地不可达、数据包太大、超时以及参数问题。其他错误消息要么保留，要么未分配或留作专用试验。除数据包太大消息外，其他错误消息都有对应的 ICMPv4 错误消息（至少它们的名称是相对应的）。但是，这种协议的第 6 版对数据包结构以及每个消息的特性进行了更新。

5.4.1　目的地不可达消息

与 IPv4 一样，IPv6 也是不可靠的协议，这意味着它不会保证 IP 数据包的交付，但会尽"最大努力"来交付数据包。因此，数据包经常会丢失或不可交付，这就出现了 ICMPv6 的目的地不可达消息。当数据包由于各种原因无法传输到目的地时，例如，数据包包含的是不合法的目的地址，路由器遇到这种数据包时，将发回一个目的地不可达消息给源结点。该消息含有一个代码，表明无法传输该数据包（包括无法传输部分或全部数据包）的基本原因。

一旦源结点接收到目的地不可达消息，该结点将做出一个响应。在这种情况下的一个问题可能是，就像源结点的数据包不能到达目的地一样，目的地不可达消息也可能无法达到源结点。在这种情况下，源结点就不知道发生问题了，会继续发送数据包给目的地结点，直到接收到一个错误消息为止。图 5-17 显示了 ICMPv6 目的地不可达消息类型。表 5-10 显示了该消息格式中各个字段的值。

类型	编码	校验和
未使用		
AS MUCH OF THE INVOKING PACKET AS POSSIBLE WITHOUT ICMPv6 PACKET EXCEEDING THE MINIMUM IPv6 MTU		

图 5-17　目的地不可达消息类型

表 5-10　目的地不可达消息的字段

字　段　名	描　　述
类型	1
编码	0：无到达目的地的路由 1：与目的地的通信被强制禁止 2：超出了源地址的范围 3：地址不可达 4：端口不可达 5：源地址输入输出策略失败 6：拒绝通往目的地的路由
未使用	

目的地不可达消息通常是由路由器或源结点的 IPv6 层产生的，是对遇到数据包由于除网络拥塞外的其他原因而无法传输到目的地做出的响应。编码字段中的值告诉发送数据包的结点，是什么原因使得无法传输该数据包。当目的地结点遇到一个数据包，而该结点并没有用于侦听该数据包的上层传输协议（例如 UDP）的侦听器，且无其他传输协议告知源结点时，目的地结点通常会发送一个编码为 4 的目的地不可达消息。

5.4.2　数据包太大消息

数据包太大是一种新的 ICMPv6 错误消息，之所以需要这个消息，原因在于 IPv6 管理数据分段和重组的方式。IPv6 路由器并不会对数据包分段以适应下一跳的链路 MTU。源结点必须使用路径 MTU（PMTU）发现，确定从源结点到目的地结点的所有链路中的最小MTU。这在理论上是可行的，但实际上，在计算机完成最初的路径发现且数据包发出后，路由可能会发生改变的，源结点的消息可能会遇到一个链路的 MTU 比数据包的 MTU 更小。在这种情况下，路由器接收的数据包对下一跳链路来说太大了，该路由器将把该数据包丢弃，并往源结点发送一条数据包太大消息。然后，源结点修改其 MTU，以适应更小的链路MTU，并重新发送该消息。

数据包太大消息的格式与图 5-17 所示的目的地不可达消息相同，只不过目的地不可达消息的未使用字段换成了数据包太大消息的 MTU 字段。表 5-11 显示了数据包太大消息的字段。

表 5-11　数据包太大消息的字段

字　段　名	描　　述
类型	2
编码	0：源结点把它设置 0，目的地结点会忽略它
MTU	下一跳链路的最大传输单元值

数据包太大消息必须是由无法转发数据包的路由器来发送的，因为该数据包超过了输出链路的 MTU 限制。发送回源结点的部分信息为 PMTU 发现数据，这些数据会告诉源结点"重新划分"其数据包，使得它们可以穿过更小链路 MTU。数据包太大消息是发送ICMPv6 错误消息规则的一个例外。与其他错误消息类型不同，数据包太大消息可以对含有 IPv6 多播目的地址、链路层多播或广播地址的消息做出响应。通常，ICMPv6 消息只能

对 IPv6 单播数据包进行响应。

5.4.3　超时消息

这种消息类型大体上与 ICMPv4 的超时消息类似。如果数据包在传输给目的地结点之前，超过了跳限制字段的值，就会往源结点发送回一个超时消息。如果路由器接收到一个数据包，并把跳限制字段的值减为了 0，那么该路由器将丢弃该数据包，并往源结点发送超时消息。同样，如果 IPv6 源结点对消息进行了分段，当目的地结点接收到第一个分段时，将设置一个计时器，这样，它就不会为接收所有用于重组的分段而永远等下去。如果在所有分段到达之前，计时器为 0 了，那么就会丢弃该数据包，并发送超时消息给源结点。

有关超时消息的更多内容，请参见本章前面的 5.2.3 节。

超时消息的格式与目的地不可达消息的相同，也具有未使用字段。超时消息的类型字段设置为 3，编码字段的值可以是如下一些：

- 0：传输时超过了跳限制。
- 1：超过了分段重组时间。

路由器在传输之前会把数据包的跳限制字段减为 0 的常见原因，是为了防止出现路由循环。另一个原因是，源结点把跳限制字段的值设置得过低，例如，从源结点到目的地结点的跳数为 9，但跳限制字段被设置为 7 了。

5.4.4　参数问题消息

与 ICMPv4 的参数问题消息一样，ICMPv6 参数问题消息也认为是"通用"消息，而不是一个消息针对于某个错误。当在 IPv6 首部的某个数据包字段或参数中遇到某种类型的数据包问题时，就会往源结点发送这种消息类型。这种错误比较严重，会使得发送这种消息的设备丢弃该数据包。

之所以认识参数问题消息是通用的，是因为它是由数据包首部字段中的任何严重错误触发的，而特殊的指针字段用于表明在特定的字段中发现了错误。由于在参数问题消息中包含了全部或部分原始数据包，因此可以为源结点提供有关该错误的信息。编码值也提供了发生问题的类型信息。

参数问题消息的格式与目的地不可达消息的相同，只不过在目的地不可达消息中的未使用字段换成了参数问题消息中的指针字段。表 5-12 显示了参数问题消息格式中的字段。

表 5-12　参数问题消息的字段

字　段　名	描　　述
类型	4
编码	0：遇到了错误首部字段 1：遇到了无法识别的下一个首部类型 2：遇到了无法识别的 IPv6 选项
指针	如果具有错误的字段超出了 ICMPv6 错误消息的最大尺寸，该指针可以扩展到 ICMPv6 数据包尾部之外

编码 1 和 2 是编码 0 的更详细子集。指针标识的是发现错误的原始 IPv6 数据包首部的八字节位置。可以使用指针在 IPv6 数据包首部和扩展首部中定位和标识错误。

5.5　ICMPv6 信息消息

信息消息的类型编码为 128～255（详细请参见表 5-9），包括了由多个 RFC 文档描述的一长串消息类型。本节介绍最常见的 ICMPv6 信息消息：Echo 请求与 Echo 应答，路由器公告与路由器请求，邻居公告与邻居请求，重定向，以及路由器重编号。尽管这些消息表现的是 8 种消息类型，但大多数是成对出现的，例如，Echo 请求与 Echo 应答消息，因此，这些成对消息的信息也是一前一后出现的。

与 ICMPv4 信息消息类型一样，ICMPv6 消息并不用于报告错误，而是为源结点提供一些信息，这些信息是关于 IPv6 网络中结点之间所进行的测试、支持或诊断功能。根据消息类型以及产生该消息的条件，信息消息可以包含强制的、推荐的以及可选的参数。

5.5.1　Echo 请求与 Echo 应答消息

这些消息类型是在 RFC 4443 中描述的，执行两个网络结点之间的基本连通性测试，就像 ICMPv4 所做的那样。每个 IPv6 网络结点要求实行一个 ICMPv6 Echo 响应器函数，该函数可以接收 Echo 请求消息，并产生相应的 Echo 应答消息。网络结点还应实现一个应用层接口，用于生成和接收这些诊断消息。

　不影响技术特性或性能的 ICMPv6 消息改变，就是一个名称改变。在 ICMPv4 中，该消息最初称为 Echo 或 Echo（请求）。在 ICMPv6 中，该名称改为了 Echo 请求。

图 5-18 显示了 Echo 请求与 Echo 应答消息的格式。

类型	编码	校验和
标识符		序列号
数据		

图 5-18　Echo 请求与 Echo 应答消息的格式

表 5-13 显示了这些消息字段的值。

表 5-13　Echo 请求与 Echo 应答消息的字段

字 段 名	描　　述
类型	128：Echo 请求消息 129：Echo 应答消息
编码	0：两种消息类型
标识符	对于 Echo 请求消息，标识符用于把 Echo 应答与 Echo 请求匹配，可以把它设置为 0 对于 Echo 应答消息，它就是来自激活 Echo 请求消息的标识符

字 段 名	描　　述
序列号	对于 Echo 请求消息，它是用于把 Echo 应答与 Echo 请求匹配的数字，可以把它设置为 0 对于 Echo 应答消息，它就是来自激活 Echo 请求消息的数字

Echo 请求消息的数据可以由 0 或多个任意数据的八字节组成。Echo 应答消息的数据来自于激活 Echo 请求消息的数据。用于响应单播 Echo 请求的 Echo 应答消息的源地址，必须就是 Echo 请求消息的目的地址。还会发送 Echo 应答消息以响应发送给 IPv6 多播与任播地址的 Echo 请求。在这种情况下，应答的源地址必须是响应 Echo 请求的结点的单播地址。

5.5.2　路由器公告与路由器请求消息

IPv6 路由器请求与路由器公告消息是在 RFC 4861 中描述的。就像之前学习的 ICMPv4 的路由器公告与路由器请求消息那样，当一个网络结点启动时，如果不知道默认路由器的位置，就会发送一个路由器请求消息以引发路由器响应。路由器定期地发送路由器公告消息给结点，在每个本地网络上宣告它们的存在和位置。ICMPv6 路由器请求与路由器公告消息的功能与 ICMPv4 的这些消息相同。

IPv6 的路由器发现与 IPv4 的路由器发现工作类似，只不过路由器发现功能集成到了邻居发现（ND）协议中了，并成为了发现实用工具集的一部分，这些实用工具可用于网络结点与路由器之间。但路由器请求与路由器公告消息的格式不同。图 5-19 显示了由 IPv6 网络结点发送的路由器请求消息的格式。

图 5-19 是常见的 ICMPv6 消息格式。表 5-14 描述了 ICMPv6 路由请求消息的字段值。

表 5-14　路由请求消息的字段

字 段 名	描　　述
类型	133
编码	0
校验和	专用于 ICMPv6 消息的校验和
保留	这是未使用的字段，由源结点设置为 0，目的地结点将忽略它
选项	RFC 4861 指定源链路层地址为该消息的唯一合法选项

图 5-20 显示了路由器公告消息的格式，它与路由器请求消息的差别不小。

类型	编码	校验和
保留		
选项		

图 5-19　ICMPv6 路由器请求消息的格式

类型	编码		校验和
当前跳限制	M	O　保留	路由器生存时间
可到达时间			
重传计时器			
选项			

图 5-20　ICMPv6 路由器公告消息的格式

表 5-15 描述了 ICMPv6 路由公告消息的字段值。

表 5-15　路由公告消息的字段

字 段 名	描　　　述
类型	134
编码	0
校验和	ICMPv6 消息的校验和
当前跳限制	为一个 8 位的无符号整数，对所有出站数据包来说，默认值为 IPv6 数据包的跳限制字段中的值。如果路由器没有指定，那么该值就设置为 0
M 标志	为 1 位的"受管地址配置"标志，如果设置了该字段，表示地址可以通过 DHCPv6 得到。如果设置了 M 标志，O 标志就是冗余的，可以忽略掉它，因为 DHCPv6 将提供所有可用的配置信息
O 标志	为 1 位的"其他配置"标志，如果设置了该字段，表示其他配置信息可以通过 DHCPv6 得到，例如 DNS 或其他服务器相关的信息
保留	为 6 位的未使用字段，发送数据包的路由器必须把该字段设置为 0，接收数据包的结点则必须忽略掉该字段
路由器生存时间	为 16 位的无符号整数，表示默认路由器的生命时间（以秒为单位）。该字段可含有的最大值为 65 535。但是，数据包的发送规则把该值限制为 9000。该字段的值为 0，表示路由器不是默认路由器，不应出现在默认路由器列表中
可到达时间	为 32 位的无符号整数，表示结点在接收到一个可达到确认后，估计可到达邻居的时间（以毫秒为单位）。如果该字段值为 0，那么就表示路由器未指定可达到时间
重传计时器	为 32 位的无符号整数，表示在重传邻居请求消息之间的时间（以毫秒为单位）。如果该字段值为 0，那么就表示路由器未指定重传时间
选项	可用选项包括源链路层地址、MTU 以及前缀信息

路由器请求消息通常是发往"所有路由器"的 IPv6 多播地址，网络上的其他设备则会忽略掉该消息。路由器公告消息是发往本地链路上"所有结点"的 IPv6 多播地址。如果某个路由器公告消息是作为对某个特定路由器请求消息的响应而发送的，那么它就是作为一个单播消息发送给请求网络结点的。

5.5.3　邻居请求与邻居公告消息

邻居请求与邻居公告消息是在 RFC 4861 中描述的，是 IPv6 邻居发现协议的一部分。

IPv6 网络结点发送邻居请求消息，是为了请求目标结点的链路层地址，同时，向目标结点发往自己的链路层地址。当结点需要解析邻居的地址时，邻居请求消息是作为多播来发送的，当结点需要验证它是否可以达到邻居结点时，邻居请求消息则是作为单播来发送的。图 5-21 显示了邻居请求消息的格式。

类型	编码	校验和
保留		
目标地址		
选项		

图 5-21　邻居请求消息的格式

该消息的类型值为 135，编码值为 0。校验和与保留字段的值，本节前面已介绍过了。目标地址值是请求消息的目标结点的 IPv6 地址，且不能是多播地址。

该消息唯一可能的选项是源链路层地址，当源地址未指定时，是不允许增加的。但是，该地址必须包含在所有单播和多播请求中。

IPv6 网络结点发送邻居公告消息，以响应邻居请求消息。它们还会发送主动的邻居公告消息，以便更快地传播新信息。当发送邻居公告消息以响应特定的邻居请求消息时，该消息是作为一个单播发送给请求结点的。当邻居公告消息是主动发送时，该消息是作为一个多播发送给"所有结点"地址的。

邻居公告消息的格式与邻居请求消息的格式几乎相同，但在保留字段中它有如下 3 个可能的标志：

- R 标志：这是路由器标志，当发送它时，表明发送方是一台路由器。该标志通常用于邻居不可达检测消息，以确定路由器变成了一台主机。
- S 标志：这是请求标志，当发送它时，表明该公告是为响应来自目的地址的邻居请求消息而发送的。该标志用于可达性确认，不能在多播公告或主动的单播公告中发送。
- O 标志：这是重载标志，当发送它时，表明该公告应重载已有的缓冲区项，并更新缓存的链路层地址。不能在用于任播地址的请求公告中发送，也不能在请求代理公告中发送，必须在其他请求公告或主动公告中发送。

对于邻居公告消息，其类型字段的值设置为 136。

在该消息的当前实现中，唯一可能的选项是目标链路层地址，该地址是源结点的地址。该地址必须在链路层上设置。

5.5.4 重定向消息

重定向消息是由 RFC 4861 在其 ICMPv6 实现中描述的。在 ICMPv4 中，重定向消息被认为是错误消息。这些消息并不真的描述一个错误，而是为网络结点提供信息，告诉它需要更换它所用的本地链路上的路由器，以便把消息发送到特定的目的地。该消息使用在具有多个本地路由器的网络上。网络结点并没有关于哪个数据包（根据其目的地址）要发送给哪个路由器的信息，因此，网络结点通常是把所有数据包发送给默认路由器。

一个典型的场景是，网络使用一个路由器作为通往 Internet 的网关，另一个路由器则是负责把数据流发送给位于组织中不同本地链路上的其他内部网络。如果某个结点发送的数据包是以网关路由器作为其默认路由器，而该数据包的目的地址表示的是不同本地链路的内部地址，那么，网关路由器将把该数据包转发给其他路由器，并且同时发送一条重定向消息给源结点，告诉它："对于发往那个网络的数据流，使用其他路由器作为默认路由器。"

图 5-22 显示了 ICMPv6 重定向消息的格式。

该消息的类型字段值为 137，编码值为 0。校验和就是典型的 ICMPv6 校验和功能，保留字段为未使用的，操作与本节其他地方描述的一样。

目标地址是默认或"更佳"第一跳路由器的 IPv6 地址，结点使用该路由器把其数据流转发给目的地址。如果认为目标是本次网络通信的终点，那么该字段可以含有与目的地址相同的地址。如果目标是路由器，那么该字段含有的是路由器网卡的本地链路地址，该路由器与源结点所在的本地链路是直接连接的。

类型	编码	校验和
保留		
目标地址		
目标地址		
选项		

图 5-22　ICMPv6 重定向消息的格式

目的地址是目的地结点的 IPv6 地址。该消息当前实现的唯一可能选项是目标链路层地址，如果对源结点是可知的，应包含该地址。在重定向消息中，应尽可能多地包含源结点的初始数据包，直到等于该 ICMPv6 消息的最大限制。

5.5.5　路由器重编号消息

IPv6 的路由器重编号消息是在 RFC 2894 中描述的，利用网络结点的邻居发现与地址自动配置功能，允许配置或重新配置路由器的前缀地址。这使得管理员可以更新整个网站中的 IPv6 路由器所使用或所公告的前缀。

路由器重编号充分利用了巨大的 128 位 IPv6 地址空间，它提供了很大的灵活性，允许网络管理员为地址结构中的不同位赋予不同的"含义"。实际上，路由器重编号是一个很简单的过程。网络管理员至少生成一个路由器重编号消息，给出一个要重编号的路由器前缀列表。当路由器接收到这样一个消息，它就会检查其网卡是否有与该消息中的前缀相匹配的地址。如果有，路由器就按照该消息把相匹配的前缀修改为新的。在路由器重编号消息中有一个选项，可以要求路由器发送一个路由器重编号结果消息，来响应发送方，证明重编号消息成功完成了。

有 3 种类型的路由器重编号消息：

- 命令：发送给路由器，编码值为 0。
- 结果：路由器发送的响应，编码值为 1。
- 序列号重置：用于同步化系列号的重置，以及取消加密密钥，编码值为 255。

在 ICMPv6 首部编码字段和消息主体字段的内容中，这些消息类型都有不同的值。

路由器重编号消息的格式很简单，只由如下 3 个字段构成：

- IPv6 首部与扩展首部。
- ICMPv6 与路由器重编号首部（16 个八字节）。
- 路由器重编号消息主体。

路由器重编号消息是在 ICMPv6 数据包中携带的，具有特殊的格式。图 5-23 显示了路由器重编号消息首部的格式。

类型	编码	校验和
序列号		
分段号	标志	最大延时
保留		

图 5-23　路由器重编号消息首部的格式

表 5-16 显示了该消息格式的字段值。

表 5-16　ICMPv6 路由器重编号消息首部的字段

字　段　名	描　　　述
类型	138
编码	● 0：路由器重编号命令 ● 1：路由器重编号结果 ● 255：序列号重置
校验和	ICMPv6 消息的校验和
序列号	32 位无符号序列号，在序列号重置间必须为非递减的
分段号	8 位无符号字段，含有路由器重编号消息（这些消息具有相同的序列号）的不同类型值

字 段 名	描 述
标志	● T＝测试命令，0 表示路由器配置要修改，1 表示是一个测试消息 ● R＝请求的结果，0 表示不必发送结果，1 表示在处理命令消息后，必须发送一个结果消息
标志	● A＝所有网卡，0 表示命令不必应用于被强制关闭的网卡，1 表示命令必须应用于所有网卡（无论它们处于什么状态） ● S＝特定网站，0 表示命令必须应用于所有网卡，1 表示命令只应用于同一网站的网卡 ● P＝之前已处理，0 表示结果消息含有处理命令消息的完整报告，1 表示命令消息之前已处理，路由器不再处理它了
最大延时	16 位无符号字段，指定路由器给命令消息发送响应的最大延迟时间（以毫秒为单位）。一些实现可能赋给的是一个随机延时
保留	该字段必须由发送方设置为 0，所有接收方忽略它

正如本节前面所介绍的那样，还有其他很多 ICMPv6 信息消息，它们是在不同的 RFC 文档中描述的。完整列表请参见表 5-9。

5.5.6 ICMPv4 与 ICMPv6 消息的简单比较

ICMPv4 与 ICMPv6 执行同样的基本功能，但 ICMPv6 增加了一些功能。ICMPv4 与 ICMPv6 共有如下消息类型：
- 连接性检测消息
- 错误检测消息
- 要求分段消息

只有 ICMPv6 提供的消息如下：
- 地址分配消息
- 地址解析消息
- 多播组管理消息
- 移动 IPv6 支持消息

这两种 ICMP 协议的主要不同是，在 ICMPv6 协议下对不同消息类型的集成。在 IPv4 中，不同消息类型使用不同传输类型，但在 IPv6 中，都是使用 ICMPv6 进行传输。ICMPv4 不会对消息类型值与实际的消息类型之间的关系进行分类。ICMPv6 则把所有错误消息归于类型值为 0～127，所有信息消息则归于类型值 128～255 之间，因此，在 ICMPv6 中，消息"归类"组织得更加好了。

5.6 路径 MTU 发现

如果需要修改那些通过 ICMPv4 消息发送的数据包的 MTU 大小时，IPv4 网络中的路径 MTU（PMTU）发现允许路由器通过 ICMPv4 消息通知网络结点。每个 PMTU 是由源结点与目的地结点之间的链路组成的，每条链路具有不同的 MTU 大小。PMTU 是链路中最小的 MTU。数据包的大小通常是利用分段或 PMTU 发现来管理的。如果链路连接的出站网卡具有比数据包大小更小的 MTU，IPv4 常见的做法是对数据包进行分段。根据源结点与目的地结点之间的不同链路，有时会对数据包进行多次分段。一旦所有分段都达到了目的地，目的地结点就会把分段重组成原始消息，然后再处理该消息。

理想情况下，网络结点会发送尽可能大的数据包，如果这些数据包无须分段就可以穿过网络路径，就能以最高的效率传输消息。最初，所有数据包设置为 576 字节的 MTU。即使是现在，发送数据包的计算机也必须询问目的地结点，以便发送更大的数据包，而这往往是允许的。发送数据包的结点能更高效地传输数据包的另一种方式是，在数据包上设置不分段（Don't Fragment，DF）标志。网络结点没有太多的路由信息，也不知道该在本地子网上设置多大的数据包 MTU。如果这些数据包可以无误地通过，那么这些结点就继续发送具有该 MTU 的数据包并通过其默认路由器。

如果数据包 MTU 太大，网络结点将接收到目的地不可达的 ICMPv4 消息。数据包不能交付的一个常见原因是，它们具有太大的 MTU，且设置了 DF 标志，这样路由器不能对它们分段。当设置了 DF 标志而数据包 MTU 太大时，无法转发这些数据包的路由器，就会把这些数据包丢弃，然后给源结点发送一条需要分段的消息。该结点就可以把数据包 MTU 设置得更小些，或者去除 DF 标志，这样，重新发送的数据包在需要时就可以分段了。

PTMU 的变化

IPv6 的 MTU 大小与分段已经进行了更新，以提高发送和接收网络数据流的效率和质量。一种方法是把数据包的默认 MTU 设置为 1280 字节。另一种方法是一旦数据包从源结点发送出去，就不允许对数据包分段。在传输中，IPv6 路由器不能对数据包分段。如果需要对数据包分段，以便把它交付给目的地，那么必须由源结点来完成。

PMTU 发现已经在 IPv4 网络上使用了，但针对 IPv6，PMTU 进行了很大改进。现在，源结点可以使用 PMTU 来得知任意网络路径上的最小链路 MTU，并相应地设置数据包的MTU。但这并不是完美的，因为在传输的过程中，路由会发送变化，可能会把数据包路由到具有更小 MTU 的链路中去。由于路由器不能对这些数据包分段，因此将会丢弃它们，并发送数据包太大的 ICMPv6 消息给源结点。一旦源结点接收到数据包太大消息，它就会减小数据包的 MTU 大小，并重新传输。如果源结点随后又接收到数据包太大消息，它将继续减小数据包的 MTU 大小，直到错误消息没有了为止。

如果源结点需要对其数据包分段，那么它进行分段的方法，与结点和路由器对 IPv4 数据包进行分段的方法大体相同，只不过由于 IPv6 扩展首部的使用，使得这个过程更复杂些。这是因为，扩展首部（例如目的地和逐跳选项）是不能分段的。IPv6 数据包中任何不可分段的部分，都必须包含在原始数据包的每个分段中。然后，发送分段后的数据包，并且，如果成功交付，由目的地结点把这些分段重组。

 在第 3 章介绍了 IPv6 PMTU 发现与数据包 MTU 大小和分段。本章后面还将介绍其他相关内容。

5.7 ICMP 测试和故障诊断顺序

ICMP 最常见的用法是测试和故障诊断。两个最著名的实用程序 ping 和 Traceroute 就是利用 ICMP 来完成可连接性测试和路径发现的。

5.7.1 使用 ping 进行可连接性测试

尽管许多人已经熟悉了 ping 实用程序，但他们可能并不清楚 ping 实际上是 ICMP Echo 通信的一种形式。ICMP Echo 请求数据包由以太网首部、IP 首部、ICMP 首部，以及一些不确定的数据组成。实际上，ping 过程相当简单。首先，客户端将这个数据包发送给目标网络。目标一旦接收到后，就回应数据，如图 5-24 所示。

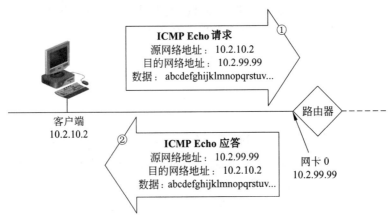

图 5-24　ping 实用程序使用 ICMP Echo 请求和 ICMP Echo 应答

ICMP Echo 请求是一个不保证成功交付的无连接过程，它其实是一个尽最大努力传输的过程。

绝大多数 ping 实用程序向目标发送一连串的多个 Echo 请求，目的是得到平均响应时间。这些响应时间跟在 "time=" 后面，以毫秒（1 毫秒等于千分之一秒）为单位，如图 5-25 所示，但这些时间不作为设备之间往返时间的证据。这些时间应该被认为是当前往返时间的一个快照。Microsoft ping 实用程序列出了响应设备的 IP 地址、包含在 ping 响应中的字

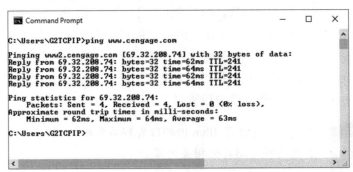

图 5-25　ping 实用程序提供了成功操作的反馈和往返时间

节数、往返时间，以及响应数据包的 TTL 值。

　　包含在 Windows Server 2012、Windows 7 和 Windows 10 中的 ping 实用程序发送 4 个 ICMP Echo 请求，该请求的 ICMP Echo 应答超时值为 1s。该 Echo 应答在一个可分段 IP 数据包中包含了 32 字节数据（一种作为数据负载的字母顺序模式）。ping 实用程序支持 IP 地址和名称，并在可能的时候，使用传统的名称解析过程将符号名称解析为 IP 地址。

　　绝大多数 TCP/IP 栈不允许 ping 广播地址，因为如果那样的话，所有接收主机都会响应发送方，并极有可能淹没它。绝大多数 TCP/IP 栈典型情况下不响应发送到多播或广播地址的 ICMP Echo 请求（这是对由于某种原因将 ICMP Echo 请求发送到了广播地址或多播地址时防止淹没主机的另一种防护）。

　　ping 的命令行参数能够影响这些 ICMP Echo 数据包的外观和功能。下面列出了几个 ping 实用程序可用的参数：

- -l size，这里 size 是要发送的数据的字节数。
- -f，设置不分段（Don't Fragment）位。
- -I TTL，这里 TTL 设置 IP 首部中 TTL 字段的值。
- -v TOS，这里 TOS 设置 IP 首部中 TOS（服务类型）字段的值。
- -w timeout，这里 timeout 设置等待应答的毫秒数。

5.7.2　使用 Traceroute 进行路径发现

　　Traceroute 实用程序使用**路由跟踪**（Route Tracing）来标识从发送方到目标主机的路径。使用 ICMP Echo 请求和 IP 首部中 TTL 值的某些操作，Traceroute 结果提供了一张沿着路径的路由器列表，并给出了到达每一个路由器的往返时间。Traceroute 的某些实现也试图解析沿着路径的路由器的名称。

　　下面描述了 Traceroute 用于标识互联网络上从本地主机（主机 A）到远程主机（主机 B）路径的步骤，如图 5-26 所示。

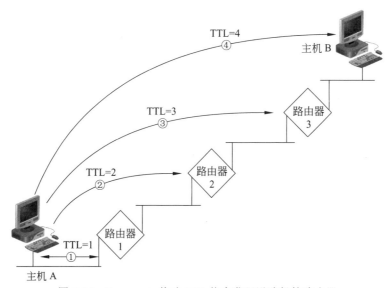

图 5-26　Traceroute 修改 TTL 值来发现沿路径的路由器

（1）主机 A 向主机 B 的 IP 地址发送 ICMP Echo 请求数据包，其 TTL 值为 1。路由器 1 不能把 TTL 值减为 0 并转发该数据包，因此路由器 1 丢弃该数据包，并向主机 A 回送一条"ICMP 超时，在传输中 TTL 超时"（ICMP Time Exceeded-TTL Exceeded in Transit）消息。路由器 1 将这个 ICMP 超时消息的 TTL 值设为某个默认值，例如 128。主机 A 记录响应路由器（路由器 A）的 IP 地址。

（2）主机 A 向主机 B 的 IP 地址发送 ICMP Echo 请求数据包，其 TTL 值为 2。路由器 1 将 ICMP Echo 请求数据包的 TTL 值减为 1，并把这个数据包转发到下一跳路由器（路由器 2）。路由器 2 不能把 TTL 值减为 0 并转发该数据包，因此路由器 2 丢弃该数据包，并向主机 A 回送一条"ICMP 超时，在传输中 TTL 超时"（ICMP Time Exceeded-TTL Exceeded in Transit）消息。路由器 2 将这个 ICMP 超时消息的 TTL 值设为某个默认值，例如 128。主机 A 记录沿着路径的第二个路由器（跳）的 IP 地址。

（3）主机 A 向主机 B 的 IP 地址发送 ICMP Echo 请求数据包，其 TTL 值为 3。路由器 1 将 ICMP Echo 请求数据包的 TTL 值减为 2，并把这个数据包转发到下一跳路由器（路由器 2）。路由器 2 将 ICMP Echo 请求数据包的 TTL 值减为 1，并把这个数据包转发到下一跳路由器（路由器 3）。路由器 3 不能把 TTL 值减为 0 并转发该数据包，因此路由器 3 丢弃该数据包，并向主机 A 回送一条"ICMP 超时，在传输中 TTL 超时"（ICMP Time Exceeded-TTL Exceeded in Transit）消息。路由器 3 将这个 ICMP 超时消息的 TTL 值设为某个默认值，例如 128。主机 A 记录沿着路径的第三个路由器（跳）的 IP 地址。

（4）主机 A 向主机 B 的 IP 地址发送 ICMP Echo 请求数据包，其 TTL 值为 4。路由器 1 将 ICMP Echo 请求数据包的 TTL 值减为 3，并把这个数据包转发到下一跳路由器（路由器 2）。路由器 2 将 ICMP Echo 请求数据包的 TTL 值减为 2，并把这个数据包转发到下一跳路由器（路由器 3）。路由器 3 将 ICMP Echo 请求数据包的 TTL 值减为 1，并把这个数据包转发到最终目的地上（主机 B）。主机 B 发送一个 ICMP Echo 应答数据包。主机 A 记录 ICMP Echo 测试到主机 B 的往返时间。

Tracert（Traceroute 的 Windows 版本）使用的命令行参数能够影响这个过程的外观和功能。下面的列表提供了包含在 Windows Server 2012、Windows 7 和 Windows 10 中的 Traceroute 实用程序的少数几个可用参数：

- –d，指示 Tracert 不对路由器执行 DNS 反向查询。
- –h max_hops，这里 max_hops 定义了要用的最大 TTL 值。
- –w timeout，这里 timeout 表明在显示星号（*）之前等待应答多长时间。

有关所支持 Tracert 参数的完整列表，请参考附录 C。

5.7.3 使用 Pathping 进行路径发现

从 Windows 2000 发布之后该实用程序就可用，Pathping 实用程序是一个命令行实用程序，它使用 ICMP Echo 数据包测试路由器和链路反应时间，以及数据包丢失率。有关 Pathping 的更多信息，请访问 https://technet.microsoft.com/en-us/library/Cc958876。

5.7.4 使用 ICMP 的路径 MTU 发现

RFC 1191 定义了一种使用 ICMP 发现路径 MTU（PMTU）的方法。在第 3 章着重介绍了路由器如何把要发往具有较小 MTU 的网络的 IP 数据包进行分段。由于使用多个首部在网络上传输一块数据时要求很高的过载，因此分段并不能优化使用带宽。PMTU 发现使得源结点能够了解整个路径上当前支持的 MTU，而无须进行分段。

使用 MTU，主机总是将 IP 首部中的不分段（Don't Fragment）位设置为 1（表明该数据包不能被路径上的路由器分段）。如果某个数据包太大而不能在网络上被路由时，接收路由器丢弃该数据包，并发送一个"ICMP 目的地不可达：需要分段，但设置了不分段位"（ICMP Destination Unreachable：Fragmentation Needed and Don't Fragment was Set）消息返回给源结点。支持 PMTU 的路由器也在 ICMP 应答中包含了受限链路（一种不支持基于当前数据包格式和配置转发的链路）的 MTU。

一旦收到指示受限链路 MTU 长度的"ICMP 目的地不可达：需要分段，但设置了不分段位"（ICMP Destination Unreachable：Fragmentation Needed and Don't Fragment was Set）ICMP 应答，PMTU 主机必须或者相应地缩小消息的 MTU 长度并重新传输消息，或者去除 IP 首部中的不分段（Don't Fragment）标志并使用原来的长度重新传输数据包。基于受限链路 MTU 长度减少数据包的长度可以确保该数据包能够通过先前会丢弃它的路由器。

在这一过程中，PMTU 主机可能从一台路由器上接收到一个"需要分段，但设置了不分段位"（Fragmentation Needed and Don't Fragment was Set）ICMP 响应，缩小其 MTU 长度，并重新发送，只有可能再收到传输路径上更远一点的另一个路由器发回的另一个"需要分段，但设置了不分段位"数据包。MTU 发现过程持续进行，直到发现端到端的最小 MTU 长度为止。最后，主机应该能够发送一个包含适宜 MTU 的数据包，该数据包能够穿越整条路径而不被路由器丢弃或分段，从而提高网络的传输效率。

在 PMTU 被发现后，为了应对另一条路径变为可用的情况，PMTU 发现过程不断地重新检查自己。例如，考虑图 5-27 描述的网络。主机 A 和主机 B 都可以使用相同的 MTU，即 18000 字节。它们的通信使用路径#1，大于 1500 字节的数据包必须分段。

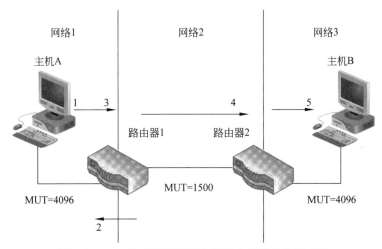

图 5-27　PMTU 发现自动确定免除分段路径的 PMTU

下面逐步考察一下图 5-27 所示的 PMTU 过程。

（1）主机 A，在 MTU 为 4096 字节的网络 1 上，向主机 B 发送一个 4096 字节的数据包。该数据包被发送到路由器 1（主机 A 的默认网关）。

（2）路由器 1 知道这个 4096 字节的数据包不能发送到网络 2 上，因为网络 2 的链路 MTU 只能容许 1500 字节或更小的数据包。路由器 1 丢弃该数据包，并向主机 A 发送一个 "需要分段，但设置了不分段位"（Fragmentation Needed and Don't Fragment was Set）ICMP 数据包，表明下一个链路的 MTU 为 1500 字节。

（3）主机 A 使用最大 MTU 长度 1500 字节重新发送数据包。

（4）路由器 1 把数据包转发，穿过网络 2，到达路由器 2。

（5）路由器 2 接收数据报，并把它转发到网络 3，在这里，数据包到达主机 B。

定义在 RFC 1191 中的 PMTU 规范要求 PMTU 主机周期性地尝试更大一些的 MTU，了解允许的数据长度是否已经增加。

看看使用 ICMPv6 和 PMTU 发现的相同场景，主机 A 应使用发现过程来确定它与主机 B 之间这个 PMTU 的最小链路 MTU，然后把数据包的 MTU 设置为 1500 字节。假设该路由在主机 A 发送其数据包之前没有发生改变，主机 A 的消息应该可以成功地穿过路由器 1，并被路由器 2 转发，安全地到达网络 3，交付给主机 B。

如果在主机 A 把数据包 MTU 设置为 1500 字节后，网络 2 的链路 MTU 变小了（例如成了 1000 字节），那么，当主机 A 的数据包到达路由器 1 时，该路由器确定数据包的 MTU 太大了，将丢弃该数据包，并发送回一条数据包太大的 ICMPv6 消息给主机 A。然后，主机 A 把其数据包的 MTU 重置为 1000 并重新发送该消息。如果网络 2 的链路 MTU 仍为 1000，那么，该数据包将从路由器 1 转发到路由器 2，然后成功地交付给主机 B。

回到原来的 ICMPv4 示例，如果路由器 1 使用能够识别网络 1 和网络 2 之间吞吐量差异的路由协议，路由器 1 应使用一条单独的链路，在转发数据包时可容纳这个差异。这个路径变化对 PMTU 客户端（主机 A）是透明的。

Windows 2000 之后的 Windows 操作系统默认启用 PMTU 发现，在 Windows Server 2012、Windows 7 和 Windows 10 中能够设置两个可选的 PMTU 参数（EnablePMTUDiscovery 和 EnablePMTUBHDetect），在需要时禁用 PMTU 发现。默认情况下，这两个选项都没有提供，必须手工把它们添加到注册表中；要是这些参数发挥作用，必须重新启动计算机。EnablePMTUDiscovery 注册表设置可以启用或禁用 Windows 主机上的 PMTU 发现，如表 5-17 所示。

表 5-17　EnablePMTUDiscovery 注册表设置

注册表信息	细　节
位置	HKEY_LOCAL_MACHINE \SYSTEM\CurrentControlSet\Services\Tcpip\Parameters
数据类型	REG_DWORD
有效值范围	0 或 1
默认值	1
默认提供	否

设置 EnablePMTUDiscovery 值为 0 可禁用 PMTU 发现。

如果 Windows Server 2012、Windows 7 和 Windows 10 主机应该检测黑洞路由器（Black Hole Router）时，就定义 EnablePMTUBHDetect 注册表设置。黑洞路由器默默地丢弃数据包而不会给出任何理由，从而阻碍了自动恢复或自动重配置尝试。很多管理员出于安全理由禁用 ICMP 响应。

例如，如果某个路由器不支持 PMTU 但这样配置了的话，那么它将不会发送 ICMP 目的地不可达数据包，PMTU 主机可能发送永远也不会被路由的大数据包。没有路由器的某些反馈，主机就不能确定是 PMTU 出了问题。主机将只会重发数据包，直到超时或重试计数器过期为止，而通信并不能成功。如果启用 EnablePMTUBHDetect 设置，PMTU 主机会尝试发送几次大的 MTU，如果没有收到响应，那么 PMTU 主机自动将 PMTU 设置为 576 字节。

有关 EnablePMTUBHDetect 注册表设置的更多信息，请参见表 5-18。

表 5-18　EnablePMTUBHDetect 注册表设置

注册表信息	细　　节
位置	HKEY_LOCAL_MACHINE\SYSTEM\CurrentControlSet\Services\Tcpip\Parameters
数据类型	REG_DWORD
有效值范围	0 或 1
默认值	0
默认提供	否

EnablePMTUBHDetect 设置默认是禁用的。

5.7.5　ICMP 的路由序列

路由协议——例如路由信息协议（Routing Information Protocol，RIP）和开放式最短路径优先（Open Shortest Path First，OSPF）——为网络上的路由器提供了路由信息，而 ICMP 为主机提供了一些路由信息。路由器能够使用 ICMP 向主机提供默认网关设置（如果主机请求援助的话）。路由器还能发送 ICMP 消息——称为 ICMP 重定向消息——将主机重定向到被认为拥有更优路由的另一台路由器上。本章后面将进一步讨论这个问题。

RFC 1812 的 4.3 节描述了 IP 路由器应该如何处理 ICMP 错误消息和 ICMP 查询消息。

路由器发现

通常情况下，IP 主机通过默认网关参数的手工配置和重定向消息获悉路由。当主机启动时没有设置默认网关，该主机会发送一个 ICMP 路由器请求数据包来定位本地路由器。Windows Server 2012、Windows 7 和 Windows 10 主机在启动时如果没有默认网关设置，会自动发送 ICMP 路由器请求数据包。正如在本章后面将会看到的那样，这种行为对应于一个可配置参数。这一过程称为 ICMP 路由器请求和 **ICMP 路由器发现**（ICMP Router Discovery）。IP 主机发送 ICMP 路由器请求，路由器使用 ICMP 路由器公告进行应答。

默认情况下，ICMP 路由器请求数据包发送到所有路由器的 IP 广播地址 224.0.0.2 上。尽管 RFC 1812 要求 IP 路由器"必须在路由器支持 IP 多播或 IP 广播寻址的所有已连接网络上支持 ICMP 路由器发现协议的路由器部分"，但很多路由器并不是这样。如果路由器不支持 ICMP 路由器发现协议的路由器部分，主机的 ICMP 路由器请求将得不到应答。

对于驻留在支持多个 IP 路由器的网络上的主机来说，IP 主机可能收到多个应答——从每一个本地连接的路由器上得到一个应答。通常，主机作为默认网关接收和使用第一个应答。图 5-28 描述了一个由多个路由器和没有设置默认网关的主机组成的网络。在这个环境中，主机 B 地址为 10.2.10.2，向作为本地默认网关的本地路由器发送一个 IP 多播。由于路由器 1 支持 ICMP 路由器发现协议的路由器部分，它使用自己的 IP 地址进行应答。主机 A 把路由器 1 的 IP 地址添加到自己的路由表中。

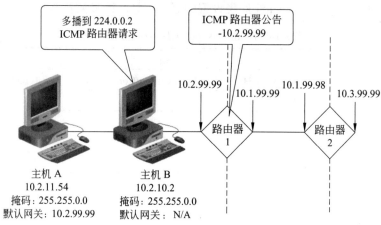

图 5-28　主机能够使用路由器发现过程发现本地路由器

在图 5-28 中，只有一个路由器——本地路由器——应答。路由器 2 与主机 B 不在同一个网络上，并且 IP 多播不会被路由器 1 转发。主机 A 已经配置了默认网关——它不需要执行 ICMP 路由器请求。

这个过程描述了在 ICMPv4 下的路由器发现操作，它同样适用于 ICMPv6 的操作。但是，关于这个过程的最新描述是在 RFC 4861 中。IPv6 邻居发现的规范说明也可用于描述 ICMPv6 路由器发现消息。

Windows Server 2012、Windows 7 和 Windows 10 主机能够重新配置，以便它们能够不使用 ICMP 路由器请求。通过编辑 PerformRouterDiscovery 注册表设置，可完成这种重新配置，如表 5-19 所示。

表 5-19　PerformRouterDiscovery 注册表设置

注册表信息	细　节
位置	HKEY_LOCAL_MACHINE\SYSTEM\CurrentControlSet\Services\Tcpip\Parameters\Interfaces\<网卡名称>
数据类型	REG_DWORD
有效值范围	0 或 1
默认值	1
默认提供	否

将 PerformRouterDiscovery 值修改为 0 将禁用 ICMP 路由器发现过程。

Windows Server 2012 有一个额外的合法范围选项：（2）支持只有在 DHCP 发送执行路由器发现（Perform Router Discovery）选项时启用。

在 Windows Server 2012、Windows 7 和 Windows 10 主机上，能够配置 Solicitation-AddressBCast 注册表设置，在路由器发现过程中使用子网广播（例如 10.2.255.255），而不是使用所有路由器多播地址。表 5-20 给出了 SolicitationAddressBCast 注册表设置的信息。

表 5-20　**SolicitationAddressBCast 注册表设置**

注册表信息	细　　节
位置	HKEY_LOCAL_MACHINE\SYSTEM\CurrentControlSet\Services\Tcpip\Parameters\Interfaces\<网卡名称>
数据类型	REG_DWORD
有效值范围	0 或 1
默认值	0
默认提供	否

将 SolicitationAddressBCast 的值修改为 1，将允许 Windows Server 2012、Windows 7 和 Windows 10 主机使用 IP 子网广播来执行 ICMP 路由器请求。

路由器公告

如前所述，IP 主机通常通过手工配置的默认网关设置和重定向过程（将在下一节介绍）来获悉路由。此外，某些路由器能够配置为周期性地发送 ICMP 路由器公告（ICMP Router Advertisement）数据包。这些周期性的 ICMP 路由器公告并不意味着 ICMP 是一个路由协议。它们只是允许主机被动地知悉可用路由。

路由器能够周期性地发送这些 ICMP 路由器公告来响应 ICMP 路由器请求数据包。如果配置为这样做的话，路由器周期性地向所有主机多播地址 224.0.0.1 发送主动的 ICMP 路由器公告。这些公告通常包括发送 ICMP 路由器公告数据包的路由器的 IP 地址。路由器也包含了一个生命时间（Lifetime）值，指示接收主机应该保持该路由项多长时间。路由器项的默认生命时间值为 30min。在 30min 过去之后，过期路由项从路由表中删除，主机可以发送一个新的路由器请求数据包，或者等待并被动地侦听 ICMP 路由器公告数据包。默认的公告速率为 7～10min。

RFC 1256 更详细地介绍了 ICMP 路由器公告。

重定向到更佳路由器

需要时，ICMP 能够用于把主机指向更佳路由器。例如，在使用 ICMPv4 的场景中，如图 5-29 所示，10.2.99.99 是用于主机 A（10.2.10.2/16）的默认网关设置。这台主机希望与 IP 地址为 10.3.71.7 的主机 B 通信。

主机 A 的路由解析过程经历了下述步骤。

（1）主机 A 将自己的网络掩码（255.255.0.0）作用在目标地址 10.3.71.7 上，以确定主机 B 位于另一个网络上。

主机 A 检查自己的路由表来定位路由项。主机 A 将查找一个具有最长匹配的路由（也就是说，与网络掩码 255.255.255.255 匹配的目的地主机 IP 地址的路由项，或与最短子网掩码匹配的目的地主机地址的一部分）。不存在这样的路由。

主机 A 检查其路由表定位默认网关项。主机 A 的默认网关设置为 10.2.99.99。

主机 A 检查其 ARP 缓冲区以定位 10.2.99.99 的硬件地址项。主机 A 找到与 10.2.99.99 IP 地址相关联的硬件地址 00:10:7B:81:43:E3。

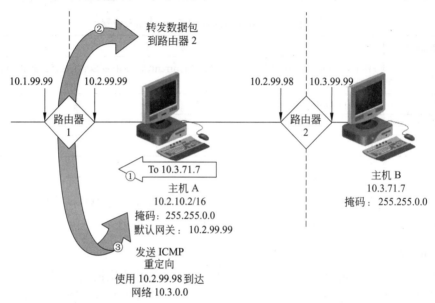

图 5-29　路由器发送 ICMP 重定向消息到主机，表明离开本地网络的更佳路径

主机 A 构造一个寻址到 IP 地址 10.3.71.7 的数据包，并把这个数据包发送给默认网关的硬件地址。

（2）当路由器 1 接收到这个数据包时，它完成所需的错误检测任务，去除数据链路首部，并确保数据包的 TTL 大于 1。一旦这个过程成功完成，路由器 1 检查其路由表，以确定如何转发该数据包。此时，路由器 1（在其路由表中找到到达目的地网络、将数据包转发到路由器 2 的路由项）注意到沿着路径的下一跳返回到主机 A 到路由器 2 的同一个子网。路由器 1 将数据包转发给路由器 2。

（3）之后路由器 1 发送 ICMP 重定向数据包到主机 A。ICMP 重定向数据包表明 10.2.99.98 是在试图到达网络 10.3.0.0 时要使用的更佳路由器地址。主机 A 不需要重新发送该数据包。下一次主机 A 与主机 B 通信时，它将把数据包寻址到 10.2.99.98 的硬件地址。

重定向过程仅仅针对于 IP 主机；它并不针对 IP 路由器，换句话说，如果一台路由器把数据包转发到没有提供更佳路由的另一台路由器，那么不会往第一台路由器发送回 ICMP 重定向数据包，以通知它采用更佳路径。该数据包只是被转发。我们依靠健壮的路由协议，使用度量来确定最佳路由。第 4 章介绍了 IP 路由协议的更多信息。

5.7.6　ICMPv4 的安全问题

由于 ICMP 提供了网络配置和连接状态的信息，可以利用它了解网络是如何设计和配置的。不幸的是，黑客也能够把 ICMP 用作侦探过程的一部分，了解活动网络地址和活动进程。这些侦探过程通常先于网络闯入。由于 ICMP 能够用作信息收集工具，某些公司限制穿越其网络的 ICMP 数据总量。

当**黑客**（Hacker）决定渗透某个网络时，典型情况下，会从网络上一系列 IP 主机作为起点（除非目标是某个已知系统）。**IP 地址扫描**（IP Address Scanning）过程是获得网络上一系列活动主机的一种方法。通过发送 ping 数据包（ICMP Echo 请求数据包）到某个范围内的每一台主机并关注其响应，实行 **IP 主机探查**（IP Host Probe）。做出了响应的设备就可能是黑客的有效目标。通常情况下，黑客的下一个步骤是端口扫描。

一旦黑客知道了网络上活动设备的地址，会把下一个侦探过程（即端口扫描）瞄准这些设备。由于很多系统并不响应发送到广播地址的 ping 消息，因此，IP 主机扫描通常以单播方式发送给每一个可能的主机地址。这种类型的扫描过程通常采用编程方式完成而不是手工方式完成，一次扫描一个地址。这就解释了为什么如此多的 IP 工具 Web 网站（例如 www.snapfiles.com/freeware/network/fwscanner.html）和黑客网站，提供能够很容易设置扫描指定 IP 地址范围的工具（通常情况下，仅仅提供开始和结束地址）。

也有高级的 ICMP 攻击，大多数是 ICMP 协议规范说明预期之外的用法，或采用技巧，欺骗路由设备提供它所标识的网络拓扑信息。这里仅仅扼要描述了少数几个方法。

ICMP 重定向攻击

如前所述，ICMP 能够用于操纵主机之间的流量。攻击者能够轻易地将流量重定向到他自己的机器上，并完成任意次的中间人攻击，这通常包含基于信任的服务利用。此刻，攻击者对目标机器执行多种形式的网络攻击，例如连接劫持、拒绝服务，并可能通过嗅探获取登录凭据。

ICMP 路由器发现攻击

这个协议规范也易于受到本地网段上的攻击，实行了另一种中间人攻击。在路由器发现过程中，路由器请求消息寻找到达攻击者机器的路径。定时很关键，由于攻击者必须干净地截获请求，抑制来自中间路由器的原始响应，或者在路由器响应之前使用伪造的响应应答目的地主机。攻击者使用响应欺骗目的地主机，表明它自己的机器实际上就是发出请求的中间路由器，而不是网段上的实际路由器。这个过程中不会进行认证，因此接收方没有办法知道这个响应是伪造的响应。

反向映射攻击

有的时候，攻击者了解网络布局的更多内容来自于边界设备。确定网络中活动目标的一种方法是借助于**反向映射**（Inverse Mapping），其工作原理为：当在攻击者与其潜在目标之间检测到过滤设备时，能够以非寻常方式询问路由设备——它故意地将数据包发送给空的网络地址。一旦接收到目的地为不存在主机的数据包，中间路由器将会放其通行（ICMP 是一个无状态协议，路由器并不知道更多东西）。然而，一旦该数据包到达内部路由器——该路由器对有效和可用网络地址了解得更多，它将对每一个伪造请求立即用主机不可达消息进行应答。之后，攻击者可以从逻辑上推论出对应于活动主机的地址。

趟火墙攻击

趟火墙（Firewalking）技术是一种穿越防火墙 ACL 或规则集以确定防火墙过滤什么以及如何过滤的过程。这是一种两阶段攻击方法，首先使用 Traceroute 以发现到防火墙设备的跳数。一旦该过滤设备被 Traceroute 识别出来，攻击的第二波接踵而至，这一步会发送一个数据包，该数据包的 TTL 比最终的跳数（攻击者到防火墙之间）大 1。目的是从防火墙后面探出一个超时响应，表明一个活动的和响应的目标。

既然你已经理解了 ICMP 支持的各种用法以及 ICMP 的滥用，现在到了深入探讨 ICMP 消息格式，以及 ICMP 支持的各种消息类型的时候了。

5.7.7　ICMPv6 的安全问题

ICMPv6 具有内置的安全特性，防止从另一个网段发送攻击。这些特性包括跳限制字段的值设置为 255。同样，对所有路由器公告和邻居请求消息，ICMPv6 数据包的源地址必须是本地链路或未指定的（::/128）。然而，现在并没有哪种机制能防止本地网络上的攻击者通过分析 ICMPv6 以实施对网络的攻击。

ICMPv6 数据包的认证交换是利用 IP 认证首部（IPv6-AUTH）或 IP 封装安全有效载荷首部（IPv6-ESP）来管理的。IPv6-ESP 还可以为这些信息的交换提高保密。

ICMPv6 是由 IPSec 保护的，但这里有一个安全自举问题，因为当计算机处于启动状态时，IPSec 是不可用的。当网络结点启动时，它会发送一个路由器请求消息，以获得来自所有本地路由器的路由器公告消息。不幸的是，路由器请求消息是完全不安全的，就像 IPv4 网络中的 ARP 一样。邻居发现消息也有同样的问题，在启动阶段，它们也无安全性可言。对请求消息的路由完全决定于 IPSec 认证首部的安全性。

总之，除了上面介绍的这些外，ICMPv6 的安全性类似于 ICMPv4。ICMPv6 运行在 IPv6 协议的顶部，使用的安全特性也很像 IPv4 的 ARP（它是不安全的）。ICMPv6 脆弱性的解决方案还没有作为标准进行描述，但一些网络设备提供商可能实现了他们自己的解决方案。

5.8　解码 ICMP 数据包

当用图表查看或叙述时，ICMP 与其他网络数据包的结构看起来理论性很强，但用诸如 Wireshark 之类的工具就可以捕获并对 ICMP 数据包进行解码。尽管正如本章前面所述的那样，ICMP 协议可以携带很多不同的消息类型，但 ICMP 数据包是由一个基本的格式组成的。使用 Wireshark 软件，就可以查看其结构，有关数据包版本号、首部长度、类型、ID 等的信息以及其他信息就可以很容易解码。

5.8.1　ICMPv4

基本 ICMPv4 数据包已经有 30 年没有发生过改变了，其格式也是人所共知的。要查看 ICMPv4 数据包格式，只需使用 Windows 系统下的 ping 实用工具或 Tracert 工具（在 Linux 系统下是 Traceroute），生成 Echo 请求和响应消息的 ICMPv4 数据流即可，然后使用 Wireshark 软件捕获这些数据流。这样做之后，就可以在 Wireshark 软件的用户界面中选取某个 ICMP 数据包，并查看其详细内容。作为演示，可以从某个网络结点往 www.cisco.com 发送一个 Tracert 消息，并对 Echo 应答消息进行解码，如图 5-30 所示。

一个接收网络结点（它可以是一台个人计算机、服务器、路由器或其他网络设备）可以发送 ICMPv4 Echo 应答消息，作为对源结点发送的 Echo（请求）消息的响应。表 5-21 描述了图 5-30 中所示的每个 ICMPv4 数据包字段的详细内容。

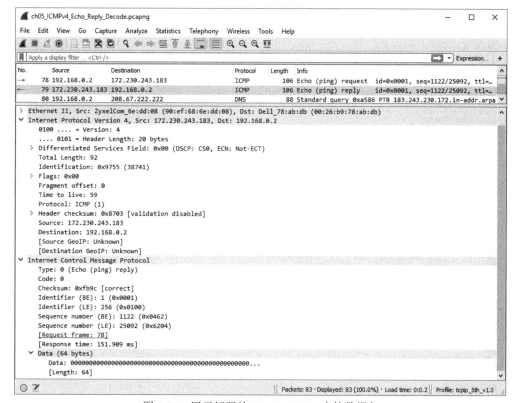

图 5-30　用于解码的 ICMPv4 Echo 应答数据包

表 5-21　ICMPv4 Echo 请求与 Echo 应答消息格式的字段

字　段　名	描　　述
类型	0（Echo 应答），表明 ICMPv4 消息的类型
编码	0，是 Echo（请求）和 Echo 应答消息的编码
校验和	0x53dd[correct]，表示在 ICMPv4 首部中没有发现错误
标识符	BE（大端）和 LE（小端），每个都具有一个单独的项，表示在多字节数据类型中，哪个字节是最高有效位，哪个是最低有效位，并描述了字节序列在计算机的内存中是如何存储的
序列号	BE（大端）和 LE（小端），每个都具有一个单独的项，表示在多字节数据类型中，哪个字节是最高有效位，哪个是最低有效位，并描述了字节序列在计算机的内存中是如何存储的
响应时间	51.190ms，或主机对 Echo（请求）消息响应的总时间（以毫秒为单位）（注意，本字段上面是一种表示方法，表明是对哪个 Echo（请求）数据包进行响应的）
数据	Echo 响应消息表示的封装数据有效载荷，32 字节长

5.8.2 ICMPv6

读者肯定希望对 ICMPv4 与 ICMPv6 进行比较,尤其是在试图描述这两个版本的 ICMP 协议及其数据包的结构和功能差异时。Wireshark 软件可以很容易捕获 ICMPv6 Echo 请求与 Echo 应答消息,并对它们进行解码,以阐述 ICMPv6 数据包格式的构成,并提供一个与 ICMPv4 数据包格式进行比较的形象参考。

假设有两个安装了 Windows 7 系统的网络结点用于交换 ICMPv6 Echo 请求与 Echo 应答数据包,生成必需的数据流以便用 Wireshark 软件进行捕获。在 Wireshark 软件的用户界面中选择一个消息应答数据包,展示其输出。图 5-31 显示了详细内容。表 5-22 描述了 ICMPv6 数据包的字段。

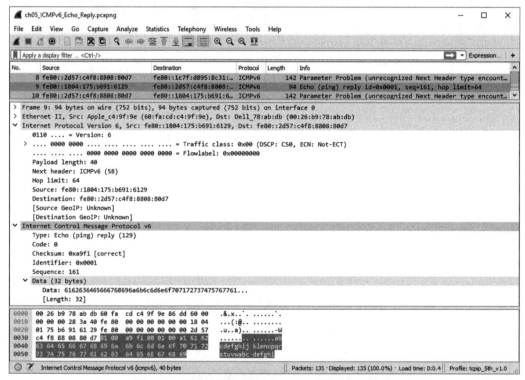

图 5-31 用于解码的 ICMPv6 Echo 应答数据包格式

表 5-22 ICMPv6 Echo 请求与 Echo 应答消息格式的字段

字段名	描　述
类型	129（Echo 应答）,表明是一个 ICMPv6 Echo 应答消息
编码	0,是 Echo 请求和 Echo 应答消息的编码
校验和	0xdc56[correct],表示在 ICMPv6 首部中没有发现错误
标识符	ICMPv6 Echo 请求和应答消息使用一个唯一的标识符,Wireshark 不会提供 BE 和 LE 项
序列号	387 是该数据包的序列号
响应时间	0.263ms,或主机对 Echo（请求）消息响应的总时间（以毫秒为单位）（注意,本字段上面是一种表示方法,表明是对哪个 Echo（请求）数据包进行响应的）
数据	Echo 响应消息表示的封装数据有效载荷,32 字节长

从格式上来说，用于 Echo 应答消息的 ICMPv4 与 ICMPv6 数据包几乎是相同的。最明显的差别是每个数据包的类型值的使用。ICMPv6 是把类型值与消息的实际功能相关联的，而 ICMPv4 则不然。Wireshark 软件显示了 ICMPv4 数据包的标识符与系列号，以及 BE 和 LE 的值，而对 ICMPv6 数据包则没有显示。

本章小结

- ICMP 提供了 IP 路由和交付问题的关键反馈信息。ICMP 还提供了重要的 IP 诊断和控制能力，包括可达性分析、拥塞管理、路由优化，以及超时错误报告。

- 尽管 ICMP 消息拥有各种规定的类型，并在 TCP/IP 网络层以独立协议运行，但是，ICMP 确实是 IP 的一部分，并在任何与标准兼容的 IP 实现中都要求对它进行支持。RFC 792 描述了 ICMP，但大量其他 RFC（例如 950、1191 和 1812）描述了有关 ICMP 应该如何操作、其消息应该如何生成和处理的其他细节。

  ICMPv4 与 ICMPv6 消息都可分为两大类：错误消息与信息消息。在这两个版本的 ICMP 协议中，很多消息是类似的，例如 Echo 请求与 Echo 应答消息，PMTU 发现，路由器请求与路由器公告以及 Traceroute。ICMPv6 的其他消息，如数据包太大、路由器重编号等则是全新的。

- 两个关键的 TCP/IP 诊断程序——称为 ping 和 Traceroute（在 Windows 环境中使用 Tracert）——使用 ICMP 来度量发送和接收主机之间的往返时间，并为发送主机和位于发送方与接收方之间的所有中间主机或路由器完成路径发现。

- ICMP 也支持发送方和接收方之间的 PMTU 发现，它通过避免在路由器上对数据包进行分段，来优化通信双方或主机之间数据传递的性能。通过确定发送方和接收方之间路径所要求的最小 MTU，之后发送主机以这个长度或比这个长度更小一些的长度传输所有数据报，就实现了性能优化。

  ICMPv6 对 MTU 管理与 PMTU 发现引入了大量变化，例如默认 IPv4 数据包 MTU 为 576 字节，而 IPv6 的 1280 字节。IPv6 路由器不会对数据包进行分段，因此，发送数据包的主机必须使用 PMTU 来创建 PMTU 中的最小链路 MTU，并在传输之前把正确的数据包 MTU 告知消息。如果 IPv6 数据包对链路 MTU 来说太大了，路由器会发送一条 ICMPv6 数据包太大消息给源结点，该结点将做出响应，减小其数据包的 MTU，并重新发送该消息。

- 来自 ICMP 的路由和路由错误信息从各种类型的 ICMP 消息中得到。这些消息包括 ICMP 路由器请求（主机使用该消息定位路由器）、ICMP 路由器公告消息（路由器使用这个消息公告其存在和能力），以及用于 ICMP 目的地不可达消息的各种编码，它给出了交付失败的各种可能原因。

  ICMPv6 错误消息与信息消息是按字节组织的，错误消息为 1～127，信息消息为 128～255。ICMPv4 消息没有把消息的功能与类型值关联起来。

- ICMP 还通过其 ICMP 重定向消息类型来支持路由优化，但这种能力通常仅仅限制在受信信息源上，因为不受控制地接收这类消息可能引发潜在的安全问题。

- 尽管 ICMP 作为诊断和报告工具具有很大的正面价值，但这些能力也能够被用于邪恶的目的，从而使得安全问题成为 ICMP 的重要问题。当黑客调查网络时，ICMP 主机探查通常体现了攻击的早期阶段。

- 理解 ICMP 类型与编码字段的意义和重要性，主要是为了认识单个 ICMP 消息，以及它们试图进行什么样的通信。依据 ICMP 消息试图传递的信息，ICMP 消息结构和功能可以产生变化。

- 当在 Wireshark 网络协议分析器中对 ICMPv4 与 ICMPv6 Echo 消息进行解码时，可以发现它们具有非常类似的格式，只有一些小差异，例如类型值，以及标识符与序列号所表示的方式。

习题

1. 只有 IPv6 中才有路径 MTU 发现。正确还是错误？

2. 表明互联网络上两台 TCP/IP 主机之间存在一条路径的概念名是什么？
   a. 路径发现　　　　　　b. PMTU　　　　　　c. 可达性　　　　　　d. 路由跟踪

3. 哪个 RFC 文档描述了 ICMPv6 错误消息类型数据包太大？
   a. 2710　　　　　　　b. 2894　　　　　　c. 4443　　　　　　d. 4861

4. 只有收到入栈 ICMP 消息的主机才会依据这些消息的内容采取行动。正确还是错误？

5. 下述哪一个 RFC 描述了 ICMP？
   a. 792　　　　　　　　b. 950　　　　　　　c. 1191　　　　　　d. 1812

6. ICMPv6 消息是按类型编码来组织的。下面哪个编码范围用于 ICMPv6 信息消息？
   a. 0 ~ 127　　　　　　b. 64 ~ 128　　　　c. 128 ~ 255　　　　d. 256 ~ 512

7. ICMP 仅仅报告有关 IP 数据报的错误。有关错误消息的错误并不报告。正确还是错误？

8. 下述哪一个 ICMP 消息类型与可达性分析相关？
   a. 目的地不可达消息　　　　　　　　　b. Echo 与 Echo 应答消息
   c. 重定向消息　　　　　　　　　　　　d. 源站点抑制消息

9. 下述哪一个 ICMP 消息类型用于报告交付错误？
   a. 目的地不可达消息　　　　　　　　　b. Echo 与 Echo 应答消息
   c. 重定向消息　　　　　　　　　　　　d. 源站点抑制消息

10. 下述哪一个 ICMP 消息类型与拥塞控制相关？
    a. 目的地不可达消息　　　　　　　　　b. Echo 与 Echo 应答消息
    c. 重定向消息　　　　　　　　　　　　d. 源站点抑制消息

11. 下述哪一个 ICMPv6 信息消息在 ICMPv4 中被归类于错误消息？
    a. Echo 应答消息　　　　　　　　　　b. 重定向消息
    c. 路由器公告消息　　　　　　　　　　d. 路由器重编号消息

12. 下述哪一个 Windows 命令行实用程序完成可连接性或可达性测试？
    a. ping　　　　　　　　　　　　　　b. Tracert
    c. Traceroute　　　　　　　　　　　d. ipconfig

13. 下述哪一个 Windows 命令行实用程序完成路径发现测试？
    a. ping　　　　　　　　　　　　　　b. Tracert

  c. Traceroute   d. ipconfig

14. 下述哪一个 ping 命令的命令行参数控制生存时间（TTL）的值？

  a. -f   b. -i   c. -l   d. -w

15. 下述哪一个 ping 命令的命令行参数控制应答超时的值？

  a. -f   b. -i   c. -l   d. -w

16. 下面哪一个路径发现命令行参数关闭反向 DNS 查找？

  a. -a   b. -d   c. -h   d. -w

17. Pathping 提供了什么附加功能？

  a. 报告发送方和接收方之间所有经过的主机和路由器

  b. 对访问过的结点，将所有可能 IP 地址解析为符号名

  c. 使用 ICMP Traceroute 消息类型

  d. 测试路由器和链路延迟

18. 下述哪一个陈述最佳地定义了 PMTU 过程的意图？

  a. 确定在发送方和接收方之间路径上最大可能的 MTU

  b. 确定在发送方和接收方之间路径上最小可能的 MTU

  c. 告诉发送方应该使用什么 MTU 来避免被路由器分段

  d. 证明在 ICMP 消息中包含不分段标志的正确性

19. 下述哪一个陈述最佳地描述了黑洞路由器？

  a. 丢弃所有入站流量的路由器

  b. 不支持 PMTU，但被配置为发送目的地不可达消息的路由器

  c. 不支持 PMTU，但被配置为不发目的地不可达消息的路由器

  d. 不支持 PMTU 的路由器

20. IPv6 数据包的默认 MTU 为多少（以字节为单位）？

  a. 512   b. 576   c. 1024   d. 1280

21. 下述哪一个陈述精确地表示了用于主动请求的 ICMP 路由器公告的默认公告速率？

  a. 每 30s 公告一次   b. 每 60s 公告一次

  c. 每 2~5min 公告一次   d. 每 7~10min 公告一次

22. ICMP 重定向过程仅用于 IP 路由器，而不用于 IP 主机。正确还是错误？

23. 当对某个范围的 IP 地址执行一系列的 ping 请求时，发生了什么类型的扫描？

  a. 端口扫描   b. 协议扫描

  c. 主机探查（扫描）   d. 网络映射

24. 下述哪一些 ICMP 类型编号标识了 Echo 和 Echo 应答消息？（多选）

  a. 0   b. 1   c. 3   d. 8

  e. 30

25. 下述哪一些 ICMP 类型编号与路由器公告和路由器请求消息有关？（多选）

  a. 8   b. 9   c. 10   d. 11

  e. 12

动手项目

下述动手项目假定你正工作在 Windows 7 或 Windows 10 专业版环境下，已安装了 Windows 版本的 Wireshark 软件，并已经获取了完成本书很多动手项目所需的跟踪（数据）文件。

动手项目 5-1：在网络上使用 ICMPv4 Echo 请求消息 ping 另一个设备

所需时间：10 分钟。

项目目标：往网络中的某个主机发送 Echo 请求消息，接收 Echo 应答消息，并在 Wireshark 软件中捕获这个处理过程。

过程描述：本项介绍如何在 Windows 命令提示符下使用 ping 实用工具，测试与另一台本地计算机的连通性，使用 Wireshark 数据包分析器捕获 ICMPv4 数据包的交换。

（1）单击"开始"按钮，单击"运行"，在"打开"文本框中输入 cmd，之后单击"确定"按钮。打开一个命令提示符窗口。

（2）在命令提示符下，输入 ping 命令并按 Enter 键，查看可用的命令行参数。在遵循下述步骤打开 Wireshark 程序的过程中，保持命令行提示符窗口为打开状态。

（3）单击"开始"按钮，将鼠标指针移动到"所有程序"上，然后单击 Wireshark。

（4）在菜单栏单击 Capture，然后单击 Interfaces。

（5）确定活动网卡，然后单击右侧的 Start 按钮（可能会有多个网卡，这也没有问题）。

（6）单击任务栏上的"命令提示符"按钮切换到命令提示符窗口，或使用 Alt+Tab 键让命令提示符窗口处于活动状态。

（7）输入 ping ip_address 命令，其中 ip_address 是网络上另一台设备的地址。在 Wireshark 跟踪缓冲区中应该有一些数据包。

（8）不要关闭命令提示符窗口。单击任务栏上的 Wireshark 按钮，或使用 Alt+Tab 键让 Wireshark 窗口处于活动状态。

（9）单击菜单栏的 Capture，然后单击 Stop 按钮，使 Wireshark 停止捕获更多的数据包。

（10）滚动浏览捕获在跟踪缓冲区中的数据包。你应该能够看到几个 ICMP Echo 请求和 ICMP Echo 应答数据包。由于在运行这次捕获之前没有应用任何过滤器，或许在缓冲区中会有其他流量以及你自己生成的流量。

（11）单击菜单栏的 File，然后单击 Close。在 Wireshark 对话框中，单击 Continue without saving（不保存继续）。让 Wireshark 和命令行提示符窗口保持打开状态，立刻前进到下一个项目。

动手项目 5-2：为你的数据流构建一个过滤器

所需时间：10 分钟。

项目目标：在 Wireshark 软件中使用一个临时捕获过滤器，以查看只与某个本地主机有关的数据流。

过程描述：本项假定你从动手项目 5-1 继续往下做，为自己的数据流构建一个临时过滤器。

（1）在 Wireshark 软件中，在屏幕的 Capture 部分，单击 Capture Filters，显示 Capture Option 窗口。在 Interface 文本框下方是一个 IP 地址，如图 5-32 所示。记下这个地址，以便下一步使用。

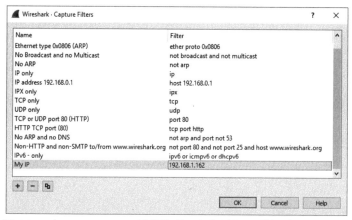

图 5-32　在 Capture Filters 捕获选项（留意网卡下面的目标 IP 地址）

（2）在 Capture Filters 按钮的右边，输入 host ip_address，其中，ip_address 为你的计算机的 IP 地址，也就是在上一步中记下的地址，参见图 5-32。

（3）单击右下角的 Start 按钮，开始使用临时过滤器捕获数据包。

（4）切换到命令提示行，ping 本地网络上的另一个主机。

（5）切换回 Wireshark 软件，注意，只有发送给你的计算机的 IP 地址的数据流量才在 Wireshark 中显示。

（6）单击 Capture，然后单击 Stop 以停止捕获数据包。

（7）关闭 Wireshark 软件。因为过滤器是临时的，在下一次使用 Wireshark 软件时，它是不可用的。

动手项目 5-3：捕获 ICMPv6 Echo 请求与 Echo 应答数据包

所需时间：10 分钟。

项目目标：在 Wireshark 软件中捕获 ICMPv6 Echo 请求与 Echo 应答数据包，用于分析。

过程描述：在本项目中，使用 ping 实用工具往具有 IPv6 功能的本地主机发送 ICMPv6 Echo 请求数据包，接收 ICMPv6 Echo 应答消息，并在 Wireshark 软件中捕获这些数据流（如果在 Wireshark 中已经创建了捕获过滤器，你可以选用该过滤器）。

（1）打开 Wireshark 软件，然后打开命令提示行窗口。

（2）如果已经创建了捕获过滤器，你可以选用它。否则，跳过此步。

（3）在 Wireshark 软件中，单击 Capture，然后单击 Interfaces，最后单击网卡右边的 Start 开始捕获数据流。

（4）输入 ping -6 ipv6_address%<interface_id>命令，ping 本地网络中的另一台计算机的 IPv6 地址，其中，ipv6_address 是该计算机的本地 IPv6 地址，interface_id 是该计算机上的 IPv6 网卡的唯一标识符，例如 fe80::d810:c168:7d19:ee8b%14（这里需要使用%来把 IPv6 地址与网卡 ID 分隔开了）。

（5）在 Wireshark 软件中，单击 Capture，然后单击 Stop 以停止捕获数据流。

（6）在列表中选择一个 ICMPv6 Echo 请求捕获。在下面显示的数据中，展开 Internet Protocol Version 6 和 Internet Control Message Protocol v6，如图 5-33 所示。

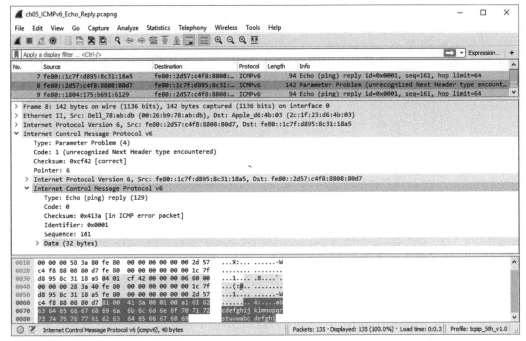

图 5-33　ICMPv6 Echo 请求数据流

（7）关闭 Wireshark 软件，保持命令提示符窗口为打开状态，以供动手项目 5-4 所用。

动手项目 5-4：捕获 ICMPv6 邻居请求与邻居公告消息

所需时间：10 分钟。

项目目标：观察 IPv6 主机发送 ICMPv6 邻居请求与邻居公告消息。

过程描述：在本项目中，当一个 IPv6 主机第一次在线时，可以使用 Wireshark 软件来观察 ICMPv6 邻居请求与邻居公告数据流。理想情况下，你应该已经在 Wireshark 软件中创建了一个 IPv6 过滤器。本项目要求你的计算机在线，而另一台具有 IPv6 地址的计算机则处于关机状态。在做本项目时，该计算机将启动。

（1）启动 Wireshark 软件，应用 IPv6 捕获过滤器（如果有）。

（2）启动另一台计算机。

（3）在 Wireshark 软件中，单击 Capture，单击 Interfaces，然后单击网卡右边的 Start。

（4）观察网络中的 IPv6 数据流，直到看到了 ICMPv6 邻居请求与邻居公告数据流。

（5）一旦有了捕获的 ICMPv6 邻居发现数据流，停止捕获过程。

（6）选择一个邻居请求数据包，观察其结构。图 5-34 显示了一个示例。

（7）选择一个邻居公告数据包，观察其结构。图 5-35 显示了一个示例。

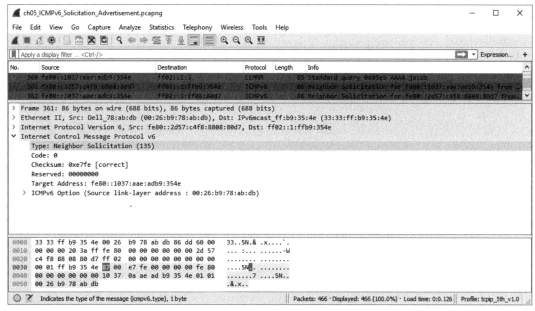

图 5-34　ICMPv6 邻居请求数据包结构

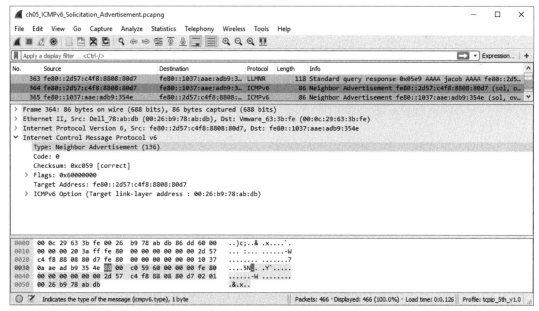

图 5-35　ICMPv6 邻居公告数据包结构

（8）关闭 Wireshark 软件和命令行提示符窗口。

案例项目

案例项目 5-1：确定默认网关设置

你使用新品牌的路由器重新配置了网络。你不能确定是否为主机配置了最适宜的默认网关设置。如何使用分析器来确定默认网关设置是否合适呢？

案例项目 5-2：ICMPv6 安全性问题

你被要求检查一下本公司的配置，确定是否应该创建一些过滤器来阻止某些 ICMPv6 数据流。你的指导老师要求给出一张相关的 ICMPv6 数据流表，并给出为什么这些数据包可能会产生问题的理由。为你的指导老师构建一张这样的表。如果包含了数据包类型或在特定环境下，ICMPv6 数据流可能引起安全性问题。

案例项目 5-3：测试路径 MTU 发现

你搬到了圣地亚哥，开始在一家大型体育服装公司工作。它的网络通过各种各样的公司并购建立起来——这是一个真正的介质、速度、计算机以及应用程序的混合体。你不能肯定这个网络的主机和路由器是否支持 PMTU 发现，以便减少网络分段。编写一份简明扼要的计划，定义如何能够测试这个网络是否支持 PMTU。

案例项目 5-4：研究一下 Jon Postel

贯穿在 RFC 的各个部分，你会注意到缩写 JBP 和名字 Jon B. Postel。访问 IANA 的 Web 网站（www.iana.org），并搜索有关 Jon Postel 的信息。编写一段短评，阐述 Jon Postel 对 IP 和其他与 Internet 相关协议发展的影响。

第6章 IPv6 中的邻居发现

本章内容:

- 描述 IPv6 中的邻居发现,并可以与 IPv4 的 ARP 进行对比。
- 解释主机与路由器之间的邻居发现消息交互作用。
- 描述结点如何确定其 IPv6 地址的唯一性,以及如何与 IPv6 网络进行通信的处理流程。
- 解释主要的邻居发现消息,它们为结点提供了一些什么信息。
- 指出主机在其本地内存中存储了哪些数据部分,以便于与其他结点的 IPv6 通信。
- 描述主机如何接收有关更佳第一跳的更新信息,以访问离线结点。
- 指出当使用网络协议分析器来捕获和查看 ICMPv6 数据时,在这些数据包中的邻居发现消息与选项字段使用的特定解码过滤器。

ICMPv6 具有与 ICMPv4 类型的操作,其中很多已经在第 5 章介绍了。本章主要介绍**邻居发现**的详细内容,这是 ICMPv6 专门用来发起和维护网络中结点对结点的通信。

邻居发现有 5 种功能过程,结点运行它们,以便与网络中的邻居结点进行通信,不论邻居结点是在线还是离线(在线的意思是,结点是活动的,可以与当前网络交互)。这些过程包括:路由器请求、路由器公告、邻居请求、邻居公告以及**重定向**。

本章介绍数据包格式、**邻居发现**消息和选项的格式,以及**邻居发现**过程的操作详情,并给出了数据包捕获示例。

6.1 理解邻居发现

IPv6 **邻居发现**(Neighbor Discovery, ND)协议是在 RFC 4861 中描述的,在 RFC 5942、6980、7048、7527 和 7559 中进行了其他更新,它定义了多种发现机制。这些机制允许结点得出它们所在的链路,了解链路地址前缀,了解链路的工作路由器所处位置,发现链路邻居,以及发现哪些邻居是活动的。ND 协议甚至可以把链路层地址(例如以太 MAC 地址)与 IPv6 地址关联起来。在启动的时候,ND 还给出一些信息,告诉结点应如何配置其 IPv6 地址,以便在网络上进行通信。

要完成这些工作及其相关的目标,ND 使用了如下 5 种 ICMPv6 消息类型。

- **路由器请求**(RS)(ICMPv6 的类型值为 133):当某个网卡成为活动时,网络结点会发送一条**路由器请求**消息,询问任何与本地链路连接的路由器,这些路由器通过立即发送**路由器请求**消息来确认它们自己(而不是等待下一次计划好的公告)。
- **路由器公告**(RA)(ICMPv6 的类型值为 134):路由器定期或根据请求,往外发送消息,这些消息含有至少一个也可能多个自己的链路层地址、本地子网的网络前缀、本地链路的最大传输单元（MTU）、建议的跳限制值，以及对本地链路上的结点有用的其他参数。**路由器公告**消息还可以包含加标志的参数，表示加入网络中的新结点应使用哪种类型的地址自动配置过程。

- **邻居请求**（NS）（ICMPv6 的类型值为 135）：结点可以发送一条**邻居请求**消息，以找到（或验证）某个本地结点的链路层地址，看看该结点是否仍然可用，或者核实它自己的地址没有被其他结点占用，这就是**重复地址检测**（Duplicate Address Detection，DAD）。

- **邻居公告**（NA）（ICMPv6 的类型值为 136）：当其他结点对某个结点发送**邻居请求**消息，或自己的链路层地址发生了改变时，该结点将发送一条**邻居公告**消息，该消息包含了它的 IPv6 地址和链路层地址。这有助于创建与相邻结点的物理邻接（这往往比通过地址的逻辑邻接更重要）。

- **重定向**（ICMPv6 的类型值为 137）：当路由器知道了有一条通过某个目的地址（该地址可能是离线状态）的更佳第一跳时，会发送一条**重定向**消息给发送方，表示发送方应使用另一个路由器来发送后续的数据包。另一种情况是，一个结点第一次发送数据包给一个路由器，试图与同一网络段中的另一个结点通信，路由器发现有更佳的路由，于是给该结点发送**重定向**消息。在**重定向**消息中，路由器会确定目的地与发送方是在同一网络段中。路由器还可能使用**重定向**消息来平衡多个网卡之间的数据载荷。

IPv6 结点就是那些实现了 IPv6 协议的设备。有两种类型的 IPv6 结点：路由器与主机。路由器把目的地不是它们自己的数据包转发出去，主机就是除路由器之外的其他任何结点。

ND 使用消息很节约。尽管邻接请求消息是发往某个特定的多播地址的，但作为响应的邻接公告消息则是一个单播消息，直接发送给请求结点。而且，结点不会像路由器那样定期地公告自己的存在。

ND 使用的是多播地址，例如本地链路范围内的 "所有路由器" 地址（FF02::2），本地链路范围内的 "所有结点" 地址（FF02::1），以及某个特定地址（称为**被请求结点地址**（Solicited-node Address））。被请求结点地址是本地链路范围的一个多播地址，它有助于减少结点必须发送消息给它们的多播组数量。某一个结点也可能具有多个单播地址和多个任播地址。这些地址的高位（前缀）可能不同。例如，某个结点可能有多个提供访问的地址。为了有效地掩饰这些不同（它们与邻接请问无关），要求每个结点为赋给它的每个单播或任播地址计算和加入被请求结点地址。被请求结点地址为 FF02::1:FFxx.xxxx，其中 xx.xxxx 与网卡的单播或任意地址的最低（最右）24 位有关。

6.2 IPv6 邻居发现协议与 IPv4 协议的比较

ND 替代了 IPv4 中的 ARP 和反向 ARP 的功能。它还负责 IPv4 中 ICMP 路由器发现与 ICMP **重定向**的很多功能，是一种管理本地地址和邻接信息的更紧凑、更高效的机制。表 6-1 把 IPv6 ND 协议与相应的 IPv4 协议进行了比较。

表 6-1 **IPv6 ND 协议与 IPv4 协议的比较**

IPv6	IPv4
邻居请求	ARP 请求
邻居公告	ARP 应答
路由器请求	路由器请求
路由器公告	路由器公告
重定向	重定向
重复地址检测	无偿 ARP
邻居缓冲区	ARP 缓冲区

6.3 邻居发现消息的格式

本节介绍**邻居发现**的 5 种基本消息类型，描述它们的功能与作用。另外，本节还介绍增加到初始**邻居发现**操作的新选项，以及相关 RFC 文档的信息；介绍数据包格式图与数据包解码示例。这些消息为用于结点对结点通信的 IPv6 操作过程提供了基础。

6.3.1 路由器请求消息

当某个主机的网卡初始化时，它不会等待下一条**路由器公告**消息，而是发送一条**路由器请求**消息，以确定在网络段中是否有 IPv6 路由器，如果有，则获得网络前缀以及与地址自动配置有关的其他参数。

对于以太网卡，**路由器请求**消息的组成如下。

- 以太首部：
  - ◆ 源地址是主机网卡的 MAC 地址。
  - ◆ 目的地址是 33:33:00:00:00:02。
- IPv6 首部：
  - ◆ 源地址是网卡的 IPv6 地址，或未指定地址（如果网卡还没有 IPv6 地址）。
  - ◆ 目的地址是本地链路范围的所有路由器多播地址 FF02::2。
- 跳限制：
  - ◆ 设置为 255（一个 8 位的整数值）。

表 6-2 描述了 ICMPv6 **路由器请求**消息格式的字段及其值。

表 6-2 **ICMPv6 路由器请求消息格式**

ICMP 字段	描 述
类型	133
编码	0
校验和	ICMPv6 消息的特定校验和
保留	为未使用字段，由源结点设置为 0，目的地结点会忽略它
选项	RFC 4861 指定源链路层地址作为该消息的唯一合法选项（如果已经知道了该地址）。如果没有指定源链路层地址，则不包含该地址，但应包含在具有地址的链路层上。该协议的未来版本可能会为该字段定义新的合法选项，但目的地结点不能识别的任何选项都会被它忽略掉

图 6-1 显示了 ICMPv6 **路由器请求**数据包的结构。

图 6-1 ICMPv6 路由器请求数据包的结构

图 6-2 显示了一个 ICMPv6 **路由器请求**数据包，其中的 ICMPv6 字段设置如下：

- 类型设置为 133。
- 编码设置为 0。
- 校验和是经过计算所得的。
- ICMPv6 选项是源结点的 MAC 地址。

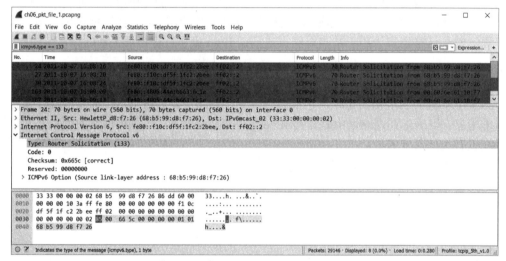

图 6-2 一个 ICMPv6 路由器请求数据包

默认情况下，所有 IPv6 结点在启动时，都会立即发送一个**路由器请求**多播消息，以进行参数配置。这为主机加入到本地网络提供了网络层配置信息。

6.3.2 路由器公告消息

路由器定期地发送**路由器公告**消息，向主机告知链路前缀（如果启用了地址自动配置）、链路 MTU、合法与恰当的生命时间，以及其他可能的选项。路由器还通过**路由器公告**消息，对它接收到的由结点发送的**路由器请求**消息做出响应。

对于以太网卡，**路由器公告**消息的组成如下：

- 以太首部：
  - ◆ 源地址是主机网卡的 MAC 地址。
  - ◆ 目的地址是 33:33:00:00:00:01。
- IPv6 首部：
  - ◆ 源地址是网卡的本地链路地址。

◆　目的地址是本地链路范围的所有结点多播地址 FF02::1，或是网卡的源地址。

● 跳限制：

◆　设置为 255（一个 8 位整数值）。

表 6-3 描述了 ICMPv6 路由器公告消息格式的字段及其值。

表 6-3　ICMPv6 路由器公告消息格式

ICMP 字段	描　　述
类型	134
编码	0
校验和	ICMPv6 消息的特定校验和
当前跳限制	为无符号的 8 位整数，对所有出站数据包，默认值应为 IPv6 数据包的跳计数字段中的值。如果路由器没有指定，那么该值就应为 0
M 标志	为 1 位的受管地址配置标志，设置它，表示地址可以通过 DHCPv6 来获得。如果设置了 M 标志，那么 O 标志就是冗余的，可以被忽略，因为 DHCPv6 将提供所有可用的配置信息
O 标志	为 1 位的其他配置标志，当设置了该标志时，表示可以通过 DHCPv6 来获得其他配置信息，例如 DNS 或其他服务器相关的信息
H 标志	为 1 位的宿主智能体标志，当设置了该标志时，向主机表示，路由器也可以作为一个移动 IPv6 宿主智能体（RFC 6275）
优先标志	为 2 位的默认路由器优先标志，当设置了该标志时，它告诉主机优先使用该路由器而不是其他路由器。如果路由器的生命时间设置为 0，那么必须把该标志设置为 00。该标志的合法值有 11（低）、00（中，为默认值），以及 01（高）。10 被保留，当某个结点接收后，必须把它当作是值 00（RFC 4191）
P 标志	为 1 位的代理标志，是一个试验性的定义，不要求使用它（在写作本书时）（RFC 4389）
保留	为 2 位的未使用字段，必须由发送结点设置为 0，接收结点必须忽略它
路由器生命时间	为 16 位无符号整数，表明默认路由器的生命时间（以秒为单位）。该字段的最大值为 65535，但是，发送规则限制该值为 9000。该字段的值为 0 表明该路由器不是默认路由器，不应出现在默认路由器表中。路由器生命时间值只应用于作为默认路由器的路由器中，不会影响该消息的其他字段中包含的任何信息的合法性
可达性时间	为 32 位的无符号整数，是结点在接收了一条可达确认后，该结点假定某个邻居可达的时间（以毫秒为单位）。如果该字段的值为 0，表明路由器没有指定可达时间
重传计时器	为 32 位无符号整数，是重传邻居请求消息之间的时间（以毫秒为单位）。如果该字段的值为 0，表明路由器没有指定重传时间
选项	可用选项包括源链路层地址、MTU、前缀信息、公告间隔、宿主智能体信息以及路由信息： 源链路层地址是发出公告的网卡地址，只使用在具有地址的链路层上。路由器可能会省略这个选项，使得入站有效载荷可以共享多个链路层地址 MTU 必须在具有可用 MTU 的链路上发送，也可以在其他链路上发送 前缀信息选项指定在线链路前缀，以及（或）用作无状态的地址自动配置。这种信息应包含所有路由器的在线前缀，这样，多宿主主机就具有完整前缀信息 公告间隔是路由器所发送的**路由器公告**消息之间的时间（以毫秒为单位） 宿主智能体信息所用结点提供两个选项，如果路由器作为一个宿主智能体，且如果设置了宿主智能体标志，路由器只能发送该信息（RFC 6275） 路由信息含有通往结点的其他路由前缀(如果有)，该结点已包含在路由表中（RFC 4191） 该协议的未来版本可能会为该字段定义新的合法选项，但目的地结点不能识别的任何选项都会被它忽略掉

图 6-3 显示了 ICMPv6 **路由器公告**数据包的结构。

IP首部		
类型=134	编码=0	校验和
当前跳限制	M|O|H|优先级|P|保留	路由器生命时间
可达时间		
重传时间		
选项		

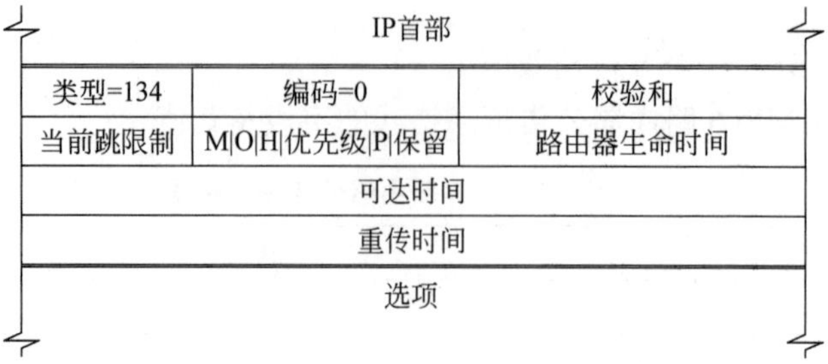

图 6-3　ICMPv6 路由器公告数据包的结构

图 6-4 显示了一个 ICMPv6 **路由器公告**数据包，其中的 ICMPv6 字段设置如下：

- 类型设置为 134。
- 编码设置为 0。
- 校验和是经过计算所得的。
- 当前跳限制为 64。
- 所有标志都设置为 0。
- 路由器生命时间设置为 1800s。
- 可达时间设置为 0s。
- 重传时间设置为 0s。
- ICMPv6 选项：一个是源结点的 MAC 地址，另一个是 2001:db8:1ab:ba5e::/64 的（网络）前缀。

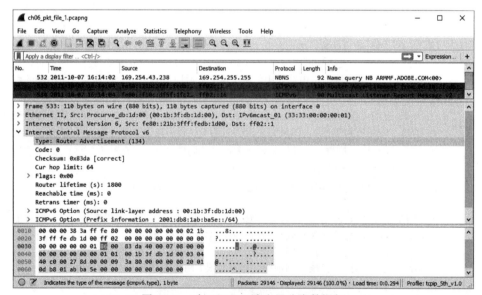

图 6-4　一个 ICMPv6 路由器公告数据包

路由器用**路由器公告**消息来响应**路由器请求**消息，但会忽略在规定间隔时间里发送的相同消息（配置成这样做的）。不论是发送**路由器请求**消息，还是接收**路由器公告**消息，网络主机都可以用这些信息为自己创建一个工作网络配置。

6.3.3　邻居请求消息

结点可以发送一条**邻居请求**消息来找出（或验证）本地结点的链路层地址，看看某个结点是否还可用，或检测它自己的地址是否被另一个结点所用（重复地址检测，即 DAD）。当某个结点解析一个地址时，它会发送一条多播消息，当结点要验证某个邻居结点的可达性时，发送单播消息。

对于以太网卡，**邻居请求**消息的组成如下：

- 以太首部：
  - ◆ 源地址是主机网卡的 MAC 地址。
  - ◆ 目的地址是目标的被请求结点地址的 MAC 地址（多播**邻居请求**），或是目标的单播地址的 MAC 地址（单播**邻居请求**）。
- IPv6 首部：
  - ◆ 源地址是网卡的 IPv6 地址，或是 DAD 的未指定地址。
  - ◆ 目的地址是目标的被请求结点地址（多播**邻居请求**），或是目标的单播地址（单播**邻居请求**）。
- 跳限制：
  - ◆ 设置为 255（一个 8 位整数值）。

表 6-4 描述了 ICMPv6 邻居请求消息格式的字段及其值。

表 6-4　ICMPv6 邻居请求消息格式

ICMP 字段	描　　述
类型	135
编码	0
校验和	ICMPv6 消息的特定校验和
保留	为未使用字段，由源结点设置为 0，目的地结点会忽略它
目标地址	目标的 IPv6 地址。不能是多播地址
选项	RFC 4861 指定源链路层地址作为该消息的唯一合法选项（如果已经知道了该地址）。如果没有指定源链路层地址，则不包含该地址，但应包含在具有地址的链路层上。该协议的未来版本可能会为该字段定义新的合法选项，但目的地结点不能识别的任何选项都会被它忽略掉

图 6-5 显示了 ICMPv6 **邻居请求**数据包的结构。

图 6-5　ICMPv6 邻居请求数据包的结构

图 6-6 显示了一个 ICMPv6 **邻居请求**数据包，其中的 ICMPv6 字段设置如下：

- 类型设置为 135。
- 编码设置为 0。
- 校验和是经过计算所得的。
- 保留字段设置为 0。
- 目标地址设置为 fe80::21b:3fff:fedb:1d00 的邻居 IPv6 地址。
- ICMPv6 选项是源结点的。

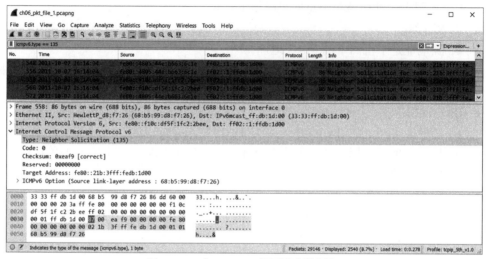

图 6-6　一个 ICMPv6 邻居请求数据包

邻居请求试图确定结点的邻居的链路层地址，该邻居用自己的**邻居公告**消息（参见下一节）响应**邻居请求**消息。网络结点还会发出**邻居请求**，以便它们自己的网络地址在加入到链路中时，确保它们所选的地址没有被占用。

6.3.4　邻居公告消息

当有**邻居请求**消息发往某个结点时，该结点会发送一个被请求的**邻居公告**消息，来响应**邻居请求**消息。如果结点自己的链路层地址发生了改变，或者它的作用发生了改变，该结点会发送一条未被请求的**邻居公告**消息，以便更快地传播新地址信息。

对于以太网卡，**邻居公告**消息的组成如下：

- 以太首部：
  - 源地址是主机网卡的 MAC 地址。
  - 目的地址是**邻居请求**的单播 MAC 地址，或是非请求的**邻居公告**的 33:33:00:00:00:01。
- IPv6 首部：
  - 源地址是网卡的 IPv6 地址。
  - 目的地址是**邻居请求**的源地址，或者，如果**邻居请求**的源地址是未指定地址，那么目的地址就是所有结点多播地址 FF02::1。
- 跳限制：
  - 设置为 255（一个 8 位整数值）。

表 6-5 描述了 ICMPv6 邻居公告消息格式的字段及其值。

表 6-5　ICMPv6 邻居公告消息格式

ICMP 字段	描　　述
类型	136
编码	0
校验和	ICMPv6 消息的特定校验和
R 标志	为 1 位的路由器标志，当设置了该标志时，它告诉结点，消息是来自路由器的。如果路由器变成了主机，它也会在邻居不可达检测过程中使用该标志
S 标志	为 1 位的被请求标志，当设置了该标志时，该消息是对**邻居请求**消息的响应。在未请求的单播或多播公告消息中，不能设置该标志
O 标志	为 1 位的覆盖标志，当设置了该标志时，通知结点更新缓冲的链路层地址，或覆盖一个已有的缓冲项。如果结点接收了该消息，不具有该链路层地址的缓冲项，那么结点将更新起缓冲区，不论是否设置了该标志。如果该标志设置为 1，那么可把它用于被请求或未被请求的消息（任播和被请求的代理公告消息除外）
保留	为未使用字段，由源结点设置为 0，目的地结点会忽略它
目标地址	发送**邻居请求**消息的结点的 IPv6 地址。如果该消息是未被请求的**邻居公告**，那么该地址就是修改后的链路层地址
选项	RFC 4861 指定目标链路层地址（为源结点的地址）作为该消息的唯一合法选项（如果已经知道了该地址）。当响应多播请求消息时，该地址必须在具有地址的链路层上设置。该协议的未来版本可能会为该字段定义新的合法选项，但目的地结点不能识别的任何选项都会被它忽略掉

图 6-7 显示了 ICMPv6 **邻居公告**数据包的结构。

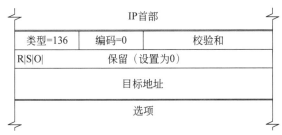

图 6-7　ICMPv6 邻居公告数据包的结构

图 6-8 显示了一个 ICMPv6 **邻居公告**数据包，其中的 ICMPv6 字段设置如下：

- 类型设置为 136。
- 编码设置为 0。
- 校验和是经过计算所得的。
- 设置路由器标志，表明该消息来自路由器。
- 设置被请求标志，表明该数据包用于响应**邻居请求**消息。
- 设置覆盖标志，表明接收方更新或覆盖其路由表中的一个缓冲项。
- 目标地址设置为 fe80::21b:3fff:fedb:1d00 的邻居 IPv6 地址。
- ICMPv6 选项是目标的 MAC 地址。

邻居公告消息的关键作用是声明链路层地址已被占用了，因此网络结点可以了解其邻居的地址，或进行检测，以确保为自己选择的地址没有被占用。

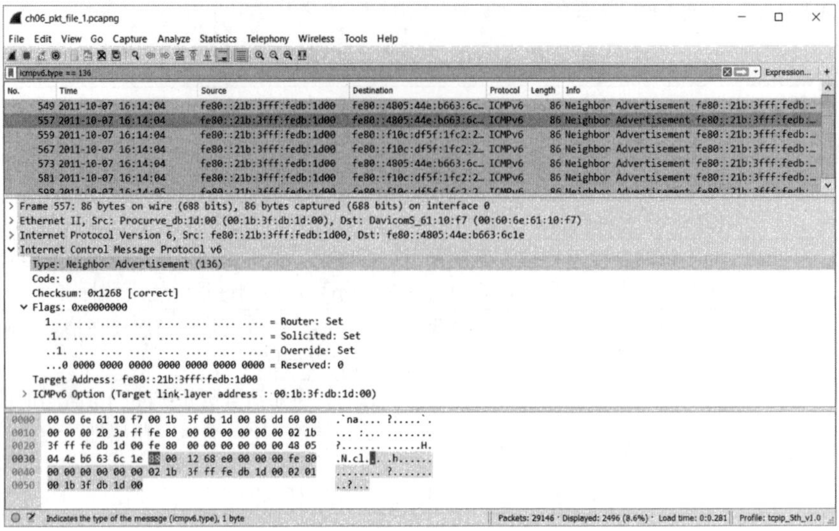

图 6-8　一个 ICMPv6 邻居公告数据包

6.3.5　重定向消息

路由器发送**重定向**消息，告诉主机，有更佳的第一跳路由器通往目的地。路由器也会发送**重定向**消息，告诉主机，目的地结点在线（当发生这种情况时，往往是因为发送主机与目的地结点之间的前缀有差别）。

对于以太网卡，**重定向**消息的组成如下：

- 以太首部：
  - ◆ 源地址是主机网卡的 MAC 地址。
  - ◆ 目的地址是 33:33:00:00:00:01。
- IPv6 首部：
  - ◆ 源地址是网卡的本地链路地址。
  - ◆ 目的地址是本地链路范围的所有结点多播地址 FF02::1，或是网卡的源地址。
- 跳限制：
  - ◆ 设置为 255（一个 8 位整数值）。

表 6-6 描述了 ICMPv6 **重定向**消息格式的字段及其值。

表 6-6　ICMPv6 重定向消息格式

ICMP 字段	描　　述
类型	137
编码	0
校验和	ICMPv6 消息的特定校验和
保留	为未使用字段，由源结点设置为 0，目的地结点会忽略它
目标地址	目标地址是默认或"更佳"第一跳路由器的 IPv6 地址，结点就是使用该路由器来把它的数据转发给目的地址。如果目标是网络通信的终端，该字段可以含有与目的地址字段相同的地址。如果目标是路由器，那么该字段含有的是该路由器网卡的链路层地址，该网卡直接连接到源结点所在的本地链路上

ICMP 字段	描　　述
目的地址	目的地址是目标结点的 IPv6 地址
选项	可用选项包括目标链路层地址与**重定向**首部： ● 目标链路层地址是目标的地址，如果该地址对源结点是已知的，那么就应包含它 ● **重定向**首部包含尽可能多的原始数据包数据，但不能超过 1280 字节

图 6-9 显示了 ICMPv6 **重定向**数据包的结构。

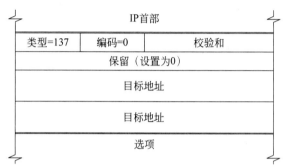

图 6-9　ICMPv6 重定向数据包的结构

图 6-10 显示了一个 ICMPv6 **重定向**数据包，其中的 ICMPv6 字段设置如下：

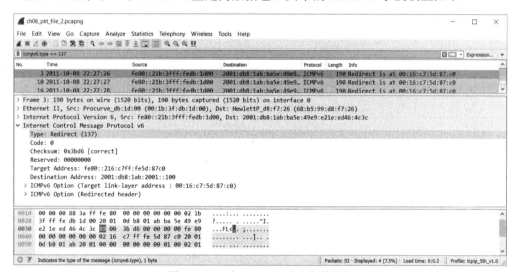

图 6-10　一个 ICMPv6 重定向数据包

- 类型设置为 137。
- 编码设置为 0。
- 校验和是经过计算所得的。
- 保留字段设置为 0。
- 目标地址设置为 IPv6 地址 fe80::216:c7ff:fe5d:87c0，是"更佳"路由器的链路地址，结点就是使用该路由器来与目的 IPv6 地址进行通信。
- 目的地址 2001:db8:1ab:2001::100。

- ICMPv6 选项：一个设置为目标 MAC 地址 00:16:c7:5d:87:c0（"更佳"路由器），另一个表明这是一个**重定向消息**。

当路由器告诉主机有一个更好的路由器（该路由器具有通往目的地的更短跳数），或通知主机目的地在线时，会发送一条**重定向消息**。**重定向**有利于在发生变化的情况下保持路由优化，并且可以反映不同目的地的在线或离线状态。

6.4 邻居发现选项的格式

邻居发现（ND）消息可以（但不要求）包含一个或多个选项，并且，在一个消息中，某个选项可以重复出现多次。类型字段是 8 位的标识符，表示选项的类型。表 6-7 列出了 ICMPv6 邻居发现消息选项的类型，以及相关的 RFC 文档。长度字段是 8 位的无符号整数字段，是由选项的类型与（或）选项中的功能来确定的。值 0 是不合法的，如果结点接收的**邻居发现**消息的选项长度设置为 0，那么将丢弃该消息。其他字段是由单个选项定义的。

表 6-7 ICMPv6 邻居发现消息选项的类型

类　　型	选　项　名	参　考　文　档
1	源链路层地址	RFC 4861
2	目标链路层地址	RFC 4861
3	前缀信息	RFC 4861
4	**重定向首部**	RFC 4861
5	MTU	RFC 4861
7	公告间隔	RFC 6275
8	宿主智能体信息	RFC 6275
24	路由信息	RFC 4191

6.4.1 源链路层地址与目标链路层地址选项

源链路层地址选项用于邻居请求、路由器请求和重定向消息中。该选项含有发送方的链路层地址。表 6-8 描述了 ICMPv6 源链路层地址选项的格式字段及其值。

表 6-8 ICMPv6 源链路层地址选项的格式字段及其值

字　段　类　型	描　　述
类型	1
长度	1（如果是以太网）
源链路层地址	数据包发送方的链路层地址

图 6-11 显示了 ICMPv6 源链路层地址选项的结构。

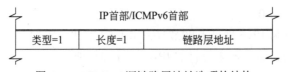

图 6-11　ICMPv6 源链路层地址选项的结构

图 6-12 显示了 ICMPv6 源链路层地址选项数据包，其中的选项字段设置如下：

- 类型设置为 1，表示源链路层地址。
- 长度设置为 1。
- 链路层地址是源结点的 MAC 地址。

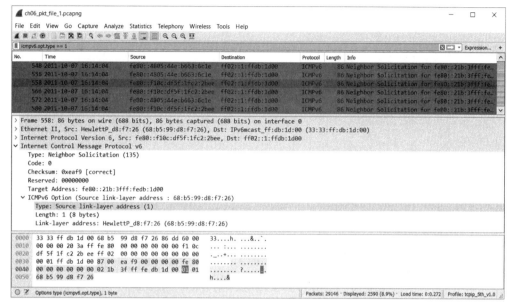

图 6-12　ICMPv6 源链路层地址选项数据包

目标链路层地址选项用于邻居公告和路由器公告消息中。该选项含有目标的链路层地址。表 6-9 描述了 ICMPv6 目标链路层地址选项的格式字段及其值。

表 6-9　ICMPv6 目标链路层地址选项的格式字段及其值

字 段 类 型	描　　　述
类型	2
长度	1（如果是以太网）
目标链路层地址	目标的链路层地址

图 6-13 显示了 ICMPv6 目标链路层地址选项的结构。

图 6-13　ICMPv6 目标链路层地址选项的结构

图 6-14 显示了 ICMPv6 目标链路层地址选项数据包，其中的选项字段设置如下：

- 类型设置为 2，表示目标链路层地址。
- 长度设置为 1。
- 链路层地址是目标结点的 MAC 地址。

6.4.2　前缀信息选项

前缀信息选项用于路由器公告消息中。该选项含有在线结点地址的前缀信息以及用于地址自动配置的前缀信息。表 6-10 描述了 ICMPv6 前缀信息选项的格式字段及其值。

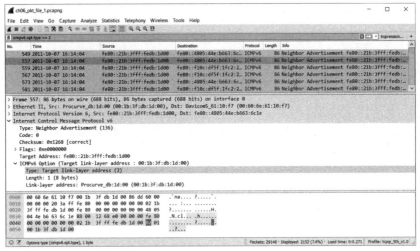

图 6-14　ICMPv6 目标链路层地址选项数据包

表 6-10　ICMPv6 前缀信息选项的格式字段及其值

字 段 类 型	描　　述
类型	3
长度	4
前缀长度	8 位无符号整数，表示构成前缀地址的最前面的位数。合法范围为 0～128。当与 L 标志一起使用时，为在线的确定提供必需的前缀信息
L 标志	1 位的在线标志。当设置了该标志时，表示前缀地址可用于在线确定。如果没有设置该标志，公告消息不会暗示前缀是否在线
A 标志	1 位的自动地址配置标志。当设置了该标志时，表示前缀地址可用于无状态的地址自动配置
R 标志	1 位的路由器地址标志。当设置了该标志时，表示前缀地址是一个完整的路由器地址。如 RFC 6275 所描述的那样，当路由器作为一个宿主智能体路由器时，使用这个标志（参见本章前面介绍的路由器公告消息）。结点对该标志的解释与在线标志（L）和自动地址配置标志（A）无关
保留 1	一个未使用字段，由源结点设置为 0，目的地结点将忽略它
合法生命时间	32 位无符号整数，表示在线前缀与无状态地址配置的合法生命时间（以秒为单位）。把所有位设置为 1 表示的是无限的合法时间
最佳生命时间	32 位无符号整数，表示作为最佳地址的在线前缀与无状态地址配置的合法生命时间（以秒为单位）。把所有位设置为 1 表示的是无限的合法时间
保留 2	一个未使用字段，由源结点设置为 0，目的地结点将忽略它
前缀	前缀字段含有结点所用的在线网络段的 IPv6 地址或 IPv6 前缀地址，用于无状态自动配置。该字段的位与前缀长度的位值构成了完整的 IPv6 前缀地址。如果这两个字段的组合值小于 128 位，那么其余位必须设置为 0，且这些位会被结点忽略。路由器无须发送本地链路前缀，主机应忽略掉该前缀（如果接收到了）

图 6-15 显示了 ICMPv6 前缀信息选项数据包的结构。

图 6-15　ICMPv6 前缀信息选项数据包的结构

图 6-16 显示了 ICMPv6 前缀信息选项数据包,其中的选项字段设置如下:

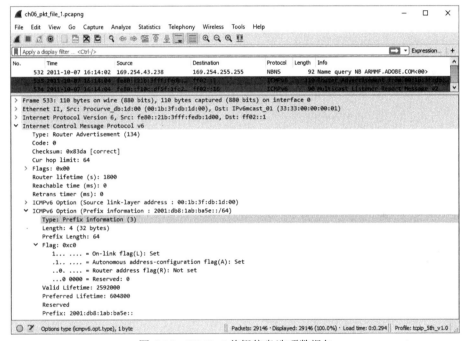

图 6-16　ICMPv6 前缀信息选项数据包

- 类型设置为 3,表示前缀信息。
- 长度设置为 4。
- 前缀长度为 64。
- 如果设置了 L 标志,表示该前缀可用于在线确定。
- 如果设置了 A 标志,表示该前缀地址可用于无状态地址自动配置。
- 第 1 个保留标志设置为 0。
- 合法生命时间设置为 2592000s。
- 最佳生命时间设置为 604800s。
- 第 2 个保留字段未设置,表示不使用它。
- 前缀设置为 2001:db8:1ab:ba5e::,这是网络前缀。

6.4.3 重定向首部选项

重定向首部选项是在重定向消息中发送的，含有被重定向的初始 IPv6 数据包的全部或部分内容。表 6-11 描述了 ICMPv6 重定向首部选项的格式字段及其值。

表 6-11　ICMPv6 重定向首部选项的格式字段及其值

字 段 类 型	描　　述
类型	4
长度	整个选项的长度（以 8 字节块为单位）
保留	为未使用字段，由源结点设置为 0，目的地结点会忽略它
IP 首部+数据	重定向首部包含尽可能多的初始数据包，但不超过 1280 个字节

图 6-17 显示了 ICMPv6 重定向首部选项的结构。

图 6-17　ICMPv6 重定向首部选项的结构

图 6-18 显示了 ICMPv6 重定向首部选项数据包，其中的选项字段设置如下：

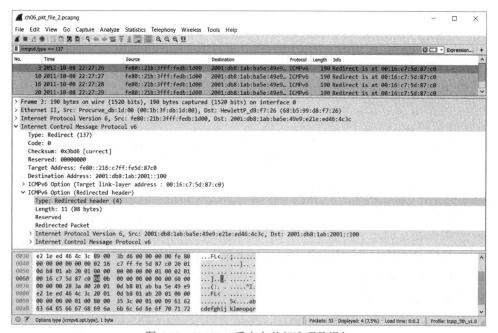

图 6-18　ICMPv6 重定向首部选项数据包

- 类型设置为 4，表示重定向首部。
- 长度设置为 1。

- 保留字段未被设置，表示没有使用。
- IP 首部和数据最多设置为 1280 个字节。

6.4.4　MTU 选项

MTU 选项是在路由器公告消息中发送的，表示同一网络段中的网络结点的常用 MTU 值。表 6-12 描述了 ICMPv6 MTU 选项的格式字段及其值。

表 **6-12**　ICMPv6 MTU 选项的格式字段及其值

字 段 类 型	描　述
类型	5
长度	1
保留	为未使用字段，由源结点设置为 0，目的地结点会忽略它
MTU	32 位无符号整数，表示的是链路的推荐 MTU

图 6-19 显示了 ICMPv6 MTU 选项的结构。

图 6-19　ICMPv6 MTU 选项的结构

图 6-20 显示了 ICMPv6 MTU 选项数据包，其中的选项字段设置如下：

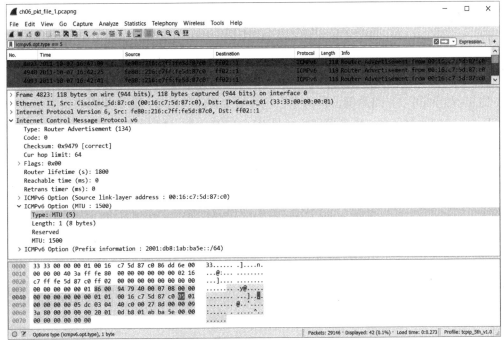

图 6-20　ICMPv6 MTU 选项数据包

- 类型设置为 5，表示在路由器公告消息中发送的 MTU 选项。
- 长度设置为 1。
- 保留字段未被设置，表示没有使用。
- MTU 值为 1500。

6.4.5 公告时间间隔选项

在移动 IPv6 中，移动结点使用公告时间间隔选项（如果包含了）来接收路由器公告消息，用于结点移动检测算法，如 RFC 6275 所描述的那样。表 6-13 描述了 ICMPv6 公告时间间隔选项的格式字段及其值。

表 6-13　ICMPv6 公告时间间隔选项的格式字段及其值

字 段 类 型	描　　述
类型	7
长度	1
保留	为未使用字段，由源结点设置为 0，目的地结点会忽略它
公告时间间隔	32 位无符号整数，表示的是路由器发送的未被请求的路由器公告消息间隔（以毫秒为单位）

图 6-21 显示了 ICMPv6 公告时间间隔选项的结构。

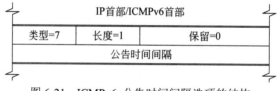

图 6-21　ICMPv6 公告时间间隔选项的结构

6.4.6 宿主智能体信息选项

宿主智能体可以在路由器公告消息中包含宿主智能体选项，但如果没有设置宿主智能体（H）位，则不能包含。更多信息可参见 RFC 6275。表 6-14 描述了 ICMPv6 宿主智能体信息选项的格式字段及其值。

表 6-14　ICMPv6 宿主智能体信息选项的格式字段及其值

字 段 类 型	描　　述
类型	8
长度	1
保留	为未使用字段，由源结点设置为 0，目的地结点会忽略它
宿主智能体优先级	16 位无符号整数，用于确定可用宿主智能体的优先顺序
宿主智能体生命时间	16 位无符号整数，表示宿主智能体的合法生命时间（以秒为单位）。最大值为 18.2 小时，值 0 是不合法的

图 6-22 显示了 ICMPv6 宿主智能体信息选项的结构。

图 6-22　ICMPv6 宿主智能体信息选项的结构

6.4.7　路由信息选项

路由信息选项是在路由器公告消息中发送的，指示主机把每个路由添加到它们的默认路由器列表中，如 RFC 4191 所描述的那样。表 6-15 描述了 ICMPv6 路由信息选项的格式字段及其值。

表 6-15　ICMPv6 路由信息选项的格式字段及其值

字 段 类 型	描　　　述
类型	24
长度	1
前缀长度	8 位无符号整数，表示构成前缀地址的最前面的位数
保留	为未使用字段，由源结点设置为 0，目的地结点会忽略它
优先级	2 位标志，表示主机优先选择的路由器。如果接收到的保留值为 10，那么结点必须忽略掉路由信息选项
保留	为未使用字段，由源结点设置为 0，目的地结点会忽略它
路由生命时间	32 位无符号整数，表示路由信息的前缀的合法生命时间（以秒为单位）。把所有位设置为 1 表示的是无限的合法时间
前缀	前缀字段含有在线网络段的 IPv6 地址或 IPv6 前缀地址。如果该字段小于 128 位，那么其余位必须设置为 0，且这些位会被结点忽略

图 6-23 显示了 ICMPv6 路由信息选项的结构。

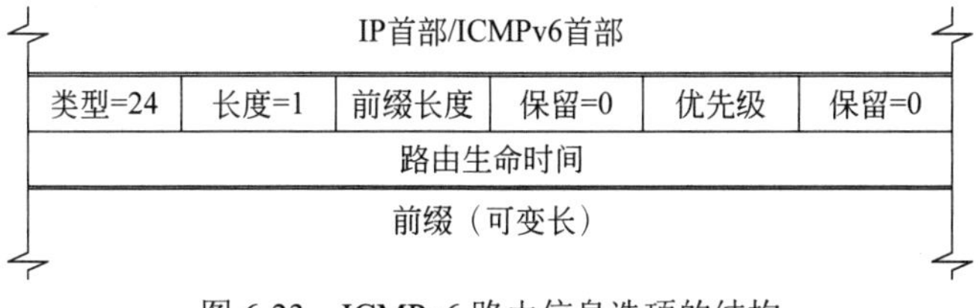

图 6-23　ICMPv6 路由信息选项的结构

6.5　概念主机模型

RFC 4861 没有强制规定邻居发现（ND）过程在所有结点上的操作方式，而是定义了 ND 操作成功的结果。这种操作的 ND 定义就称为**概念主机模型**（Conceptual Host Model），它表示了主机必须以某种形式维护的信息，以便在 IPv6 网络中进行高效通信。一些制造商在其 IPv6 协议栈中选择不同的方法，在 ND 中实现某些组件过程，使得可以与其他 IPv6 网络结点进行正确通信。

概念主机模型主要关注的是主机的操作行为。路由器有很多相同的操作要求，但它们还需要有另外一些操作，例如有路由协议控制的路由操作（如果实现了），以及一些其他的数据组件，这些数据可以以不同的方式获得和存储。

本节将介绍结点与邻居结点进行通信的两个主要元素：结点数据（在 RFC 4861 中称为概念数据结构），结点如何获得该数据（在 RFC 4861 中称为概念发送算法）。

6.5.1 在主机上存储邻居数据

对于一个要通过 IPv6 与邻居结点通信的结点，需要了解这样一些内容：邻居结点的链路层地址，如果该邻居是一台主机或路由器，有结点最近与该邻居进行过通信，且如果结点自己有一个路由器列表（例如，默认网关）。结点可能还需要知道其他协议和（或）系统（例如移动 IPv6）的参数。

对每个主动网络接口，结点需要存储如下所有信息：

- 邻居缓存：一张信息表，含有每个结点的在线地址。它可能包含链路层地址、邻居的可达性状态，以及邻居是一台主机还是路由器。
- 目的地缓存：一张信息表，含有数据要发往的目的地，包括在线和离线结点。目的地 IPv6 地址映射到邻居的下一跳地址。与邻居发现无关的数据也可以存储在目的地缓存中，例如，PMTU 和往返计时器。这个列表也可以由重定向消息更新。
- 前缀列表：一张信息表，含有的数据来自在线前缀地址的路由器公告消息。此外，每项都有一个失效计时器，这样，当前缀变成无效时，可以是这些前缀成为过期的。本地链路前缀有一个永远失效计时器，不管路由器公告消息是否是为本地链路前缀接收的。
- 默认路由器列表：该列表含有那些发送了路由器公告消息的路由器的 IP 地址。列表的每项也含有自己的无效计时器值。

6.5.2 概念发送算法

对于一个要与邻居结点进行通信的结点，它需要找出下一跳的 IP 地址，这可以通过查看其目的地缓存来得到相关的链路层地址，而链路层地址有可以通过查看其邻居缓存来得到。如果结点没有这些可用的地址，它将调用一个称为"下一跳确定"的过程，把其邻居的地址信息存储到它的缓存和列表中。这个过程就称为**概念发送算法**（Conceptual Sending Algorithm）。

概念发送算法遵循如下步骤。

（1）查看目的地缓存的每一项，看是否与目的地址匹配。

（2）如果在目的地缓存中找到一个匹配项，那么就跳到步骤（5）。

（3）如果在目的地缓存没有匹配项，那么就调用下一跳确定过程：

a. 查看前缀列表，看是否有与目的地址前缀匹配的前缀。

b. 如果在前缀列表中有与目的地址前缀匹配的前缀，那么就把下一跳地址设置为目的地址，然后跳到步骤（4）。

c. 如果没有匹配前缀，那么就查看路由器列表，看是否有一个默认路由器。

d. 如果路由器列表有一个用作默认路由器的路由器项，那么就把下一跳地址设置为默认路由器地址，然后跳到步骤（4）。

　　e. 如果在路由器列表中没有任何路由器项，那么就出现一条"ICMP 目的地不可达"的错误消息。

　　（4）创建一跳具有新值的目的地缓存项（从 3b 或 3d）。

　　（5）从目的地缓存获得下一跳地址。

　　（6）查看邻居缓存，看是否有下一跳的链路层地址。

　　（7）如果在邻居缓存中有下一跳地址的链路层地址，跳到步骤（9）。

　　（8）如果在邻居缓存中没有下一跳地址的链路层地址项，那么就调用地址解析过程，以确定链路层地址。

　　a. 如果链路层地址解析成功，那么就用该链路层地址更新邻居缓存，然后跳到步骤（9）。

　　b. 如果链路层地址解析不成功，就出现一条"ICMP 目的地不可达"的错误消息。

　　（9）把数据包发送给邻居缓存中的链路层地址。

图 6-24 显示了概念发送算法过程的流程图。

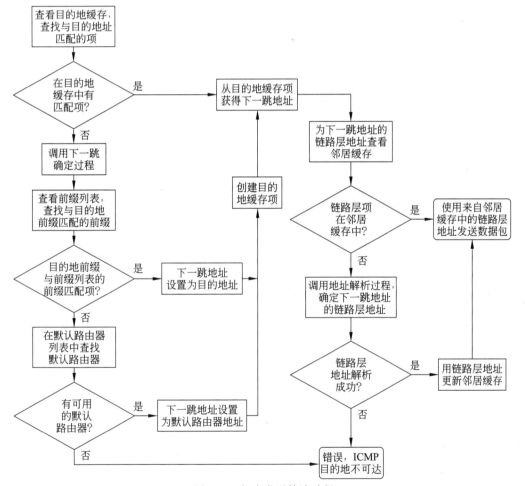

图 6-24　概念发送算法过程

6.6　邻居发现过程

如前所述，邻居发现涉及如下多个过程。

- 地址解析：利用邻居请求和邻居公告消息，发现在线邻居结点。
- 邻居不可达检测：确定之前与之通信过的邻居结点是否仍可用。
- 重复地址检测：确定分配的 IPv6 地址是否被当前网络（在线）的某个结点所使用，如果是，向系统给出一个错误，以便获得另一个 IPv6 地址。
- 路由器发现：结点发现它们的默认网关及其前缀（如果有可用的）。
- 重定向：路由器告知主机，有一个更佳的下一跳可以把数据包发送给其他结点。

所有这些过程都有助于结点快速且高效地更新其本地缓存数据，例如邻居和路由器的链路层地址、网络前缀，以及目的地址路径。当某个路由器发生故障时，这尤其有用，因为主机可以快速地找到另一个路由器来转发其数据流量（这是假定在网络段中有不止一个路由器，但情况不总是如此）。

6.6.1　地址解析

当结点要发送一个数据包给在线的邻居结点，但又不知道这个目标结点的链路层地址时，可以调用地址解析过程。这可能需要使用多个邻居请求和邻居公告消息来解析目标结点的链路层地址。注意，地址解析并不用于解析多播地址，因为它们是不在线的。

发送结点发送一条邻居请求消息给邻居的被请求结点的多播地址，这是从目标结点的 IPv6 地址派生而来的，在源链路层选项字段中包含了自己的链路层地址。

首部的 IPv6 部分含有 FF02::1:FF，构成了目标 IPv6 地址的最后 24 位，该目标地址就是被请求结点的多播地址。对于以太首部，33:33:构成了被请求结点的多播地址的最后 32 位。这些就是发送结点用来发送邻居请求消息的目标地址。

如果目标结点在线，会发送回一个邻居公告（应答）消息给邻居请求消息的发送方，在目标链路层选项字段中包含了链路层地址。

当发送方接收到来自目标结点的邻居公告消息，就用目标结点的链路层地址更新其邻居缓存。然后，结点就可以把数据包发送给邻居。

如果在某个时间里，发送方没有接收到一个应答，那么地址解析失败，发送方将给出一个"ICMP 目的地不可达"错误消息。

图 6-25 显示了地址解析过程的第一步，即邻居请求，它是基于如下假设地址数据的：

- 结点 A 具有链路层（以太 MAC）地址 00:11:22:33:44:55 和本地链路地址 FE80::1:2:3:1。
- 结点 B 具有链路层地址 00:55:66:77:88:99 和本地链路地址 FE80::5:6:7:2。

图 6-26 显示了地址结点过程的第二步，即邻居公告，其中，结点 B 发送一条单播邻居公告消息给结点 A。

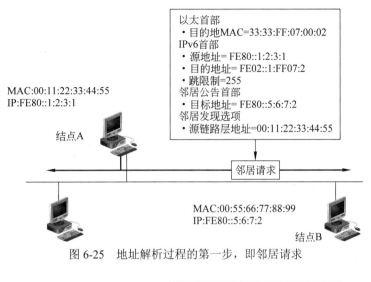

图 6-25　地址解析过程的第一步，即邻居请求

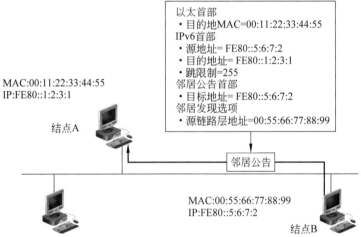

图 6-26　地址结点过程的第二步，即邻居公告

6.6.2　邻居不可达检测

邻居不可达检测（Neighbor Unreachability Detection，NUD）用于验证结点对邻居结点的在线通信能力，包括主机对主机、主机对路由器以及路由器对主机的可达性。路由器可以使用邻居不可达检测来验证与其他路由器的可达性，但在路由器对路由器的链路上，通常实现了路由协议，因此对路由器与路由器之间的可达性检测，往往并不需要邻居不可达检测。

如果结点最近利用上层协议（例如 TCP）进行了通信，或者如果结点最近发送了一条邻居请求消息并从邻居接收了一条邻居公告消息（被请求标志设置为 1，且随后更新其邻居缓存），那么就认为邻居是可达的。

邻居缓存对表中的每一项有一个状态赋值，包含有一个计时器值，用于确定邻居的"可到达"能力。如果可达计时器过期，那么结点需要发送一个数据包给相关的邻居，结点将调用地址解析过程来相应地更新其邻居缓存表。

如果结点接收到一条未被请求邻居公告消息或一条路由器公告消息，其中的被请求标志设置为 0，那么结点并不会把这些消息看作是邻居真实可达的一个确认信号。这只是让发送方知道有这么一个发送方，但路由器公告消息的发送方并不知道接收方，因为接收方并不需要有应答消息。

RFC 4861 为邻居缓存项定义了如下 5 种状态。

- 不完整（INCOMPLETE）：在该项上进行了地址解析。往被请求结点的多播地址发送了邻居请求消息，但还没有接收到相应的邻居公告消息。如果在 MAX_MULTICAST_SOLICIT（3 次传输的默认值）之后仍没有收到邻居公告消息，那么地址解析就是失败，该邻居项从缓存中删除。
- 可达（REACHABLE）：如果接收到一条被请求邻居公告消息，或在 REACHABLE_TIME 值（每次接收到一个表示转发过程的数据包时，都会更新该值）之内，接收到一个表示转发过程的上层协议通信，那么就认为该邻居是可达的。
- 失效（STALE）：与邻居的通信处于休止状态超过 30000 毫秒的 REACHABLE_TIME 之后，邻居缓存项就改为失效。另外，如果接收到一条未被请求邻居发现消息（它也公告其链路层），那么邻居缓存项也改为失效，以确保当结点需要给邻居发送数据包时，能完成正确的地址解析过程。
- 延时（DELAY）：当缓存项改为失效，且结点发送第一个数据包给邻居后，其状态改为延时，且 DELAY_FIRST_PROBE_TIME 变量设置为默认的 5s。如果在计时器时间内，接收到了一条可达消息，那么状态改为可达，否则，状态改为探测。延时状态使得上层协议时间可用来提供可达性确认。
- 探测（PROBE）：当缓存项改为探测状态时，结点基于 MAX_UNICAST_SOLICIT 变量（这是 3 次传输的默认值）和 RETRANS_TIMER（默认值为 1000ms），往邻居的缓存链路层地址发送单播邻居请求消息。如果超过最大重传次数和时间，邻居没有接收到响应，那么就从缓存表中删除这个邻居项。

6.6.3　重复地址检测

当某个结点首次加入到通信链路中时，必需首先确定其单播 IPv6 地址是否已被其他结点使用。不论是结点的 IPv6 地址是通过无状态的、有状态的还是手工配置的，都必须进行重复地址检测（Duplicate Address Detection，DAD）。邻居请求和邻居公告消息用于重复地址检测过程，详细内容请参见 RFC 4861 和 RFC 4862。

要进行重复地址检测，结点发送一条邻居请求消息，含有由目的地 MAC 地址和目的地 IPv6 地址构成的试探性 IPv6 地址，IPv6 首部中的源地址为未指定地址"::"（在源链路层地址选项字段中没有含有自己的链路层地址）。

图 6-27 显示了重复地址检测的第一步，即邻居请求，它是基于如下假设地址数据的：

- 结点 A 具有试探性本地链路地址 FE80::1:2:3:1。
- 结点 B 具有链路层地址 00:55:66:77:88:99 和本地链路地址 FE80::1:2:3:1。

结点 A 发送一条邻居请求消息，目的地 MAC 地址为 33:33:FF:03:00:01，目的地 IPv6 地址为 FF02::1:FF03:1，源 IPv6 地址为::。

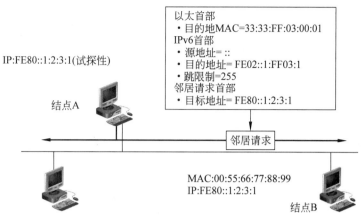

图 6-27　重复地址检测的第一步，即邻居请求

如果邻居结点具有与多播邻居请求消息中相同的多播 MAC 地址，那么它将接收并处理该消息。该邻居结点将发送一条邻居公告消息，该消息含有本地链路范围内所有结点的多播地址的目的地 MAC 和 IPv6 地址。而且，被请求标志将设置为 0。

图 6-28 显示了重复地址检测的第二步，即邻居公告。

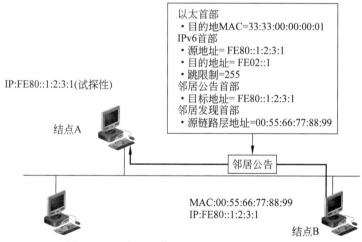

图 6-28　重复地址检测的第二步，即邻居公告

结点 B 发送一条多播邻居公告消息。

当发送结点检测到一条多播邻居公告消息，该消息的目标地址与试探性 IPv6 地址相同，它就不能把期望的 IPv6 地址赋给它的网卡，并生成一个错误消息。

如果结点没有接收到一条表示邻居正在使用相同 IPv6 地址的多播邻居公告消息，那么它就可以把期望的 IPv6 地址赋给它的网卡。

6.6.4　路由器发现

路由器发现是结点用来发现本地链路上的路由器，了解网络前缀，配置它们的默认网关，以及其他对结点有用的与自动配置（无状态或有状态）有关的各种可能配置参数。

路由器发送一条路由器公告消息，告知它们的可用性和地址。路由器在发送 3 个最初的数据包（默认情况）后，根据计时器变量，将以随机的时间间隔发送路由器公告消息。这些公告消息提供了各种配置参数，包括默认跳限制、网络前缀、可用的路由器、本地链路的 MTU，以及一些标志（这些标志可以使结点改用地址协议（例如 DHCPv6）来获得一个 IPv6 地址和其他网络服务设备（例如 DNS））。此外，公告消息还含有一个路由器生命时间字段，该字段告诉结点，该路由器在多长的时间里可以作为默认路由器。

结点一启动，就会发送多播路由器请求消息，并不会等待路由器来发送路由器公告消息。路由器用多播路由器公告消息来对这些多播路由器请求消息进行响应，为结点提供配置参数。这就决定了结点配置其 IPv6 地址的方式，使用所包含的网络前缀信息（无状态的），使用 DHCPv6（有状态的），或使用这两者的组合（例如，为 IPv6 地址使用网络前缀信息，为其他网络服务信息（如 DNS 地址）使用 DHCPv6 服务器）。

如果路由器对结点是不可用的，那么结点将调用邻居不可达检测过程，从其路由器列表中选择一个新的默认路由器，或发送一条路由器请求消息，以发现一个新的默认网关。

结点启动时，发送一条多播路由器请求消息，该消息含有本地链路范围内所有结点的多播地址的目的地 MAC 和 IPv6 地址，并以未指定地址作为源 IPv6 地址（除非它已经有一个单播地址，在这种情况下，将使用这个地址作为其源 IPv6 地址）。

图 6-29 显示了路由器发现过程的第一步，即路由器请求，它是基于如下假设地址数据的：

- 结点 A 具有链路层（以太 MAC）地址 00:11:22:33:44:55，但无本地链路地址。
- 结点 B 具有链路层地址 00:55:66:77:88:99 和本地链路地址 FE80::5:6:7:2。

结点 A 发送一条路由器请求消息，目的地 MAC 地址为 33:33:00:00:00:02，目的地 IPv6 地址为 FF02::2，源 IPv6 地址为未指定地址::。该结点在源链路层地址选项字段中没有包含自己的链路层地址。

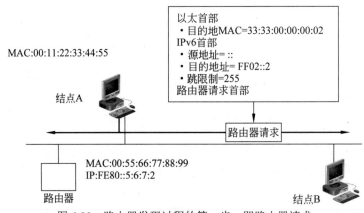

图 6-29　路由器发现过程的第一步，即路由器请求

如果路由器在其本地链路上接收到一条多播路由器请求消息，那么就会发送一条多播路由器公告消息给所有结点的多播地址（除非路由器请求消息是发自含有单播地址的某个结点，此时，路由器将发送路由器公告消息给该结点）。此外，路由器还会根据其配置，在消息中包含网络前缀和其他配置参数。

图 6-30 显示了路由器发现过程的第二步，即路由器公告，它是基于如下假设地址数据的：

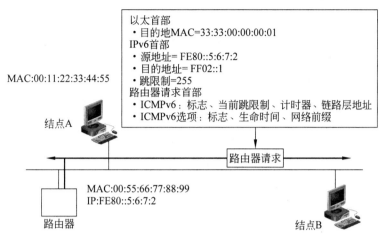

图 6-30 路由器发现过程的第二步，即路由器公告

- 路由器发送一条多播路由器公告消息，其中，目的地 MAC 地址为 33:33:00:00:00:01，目的地 IPv6 地址为 FF02::1，源 IPv6 地址为 FE80::5:6:7:2。
- 其他配置参数和前缀信息。

6.6.5 重定向

路由器发送重定向消息，告诉主机有一个更佳的下一跳路由器，可以把数据包发送到特定的目的地。此外，路由器还使用重定向消息来告诉主机，目的地结点是一个在线的邻居。

通常，结点在其默认路由器列表中只有一个项，所有发送离线结点的数据包都将发给默认网关。如果网络有多个路由器，某个路由器接收到来自某个结点的数据包，它将确定它是不是通往目的地结点的最佳路由，如果不是，它将给原始结点发送一条重定向消息，告诉该结点有一个更近的路由器。该路由器还会把来自原始结点的第一个数据包转发给下一跳路由器。

由于目的地结点的前缀不在源结点的前缀列表中，那么源结点就认为目的地结点不在线，从而把数据包发送给默认网关。路由器可能能确定目的地结点的确在线，于是发送一条重定向消息给原始结点，从而使得它可以更新其前缀列表。

重定向过程的基本步骤如下。

（1）主机发送一个单播数据包给它的默认网关。

（2）路由器接收数据包，并确定原始主机的源地址是一个邻居结点。另外，路由器还会确定目的地址在另一个路由器上有一个更佳的下一跳，且这个下一跳的地址也是一个邻居结点。

（3）路由器发送一条重定向消息给原始主机，该消息包含如下内容：

a. 目标地址字段设置为主机将要把后续数据包发往地址。

i. 如果目标是下一跳路由器，那么目标地址就是该路由器的本地链路地址。

ii. 如果目标是一个主机，那么目标地址就设置为与所接收的数据包的目的地址字段中相同的地址。

b. 还有如下选项设置或值。

i. 目标（如果路由器知道了目标）的目标链路层地址选项设置为链路层地址。

ii. 重定向首部字段尽量合并尽可能多的原始数据包（最多为 1280 字节）。

（4）当主机接收到一个重定向消息，它将用目标地址字段中的地址更新其目的地缓存，这样，后继数据包就被定向到恰当的结点。此外，如果重定向消息包含了目标链路层地址选项，那么它就应创建或更新其邻居缓存项。

如果路由器接收了一条重定向消息，不会更新其路由表，主机也不会发送重定向消息。

图 6-31 显示重定向过程的第一步，即主机发送，这里假设了如下地址信息：

- 结点 A 的链路层（以太 MAC）地址为 00:11:22:33:44:55，本地链路地址为 FE80::1:2:3:1，全局地址为 2001:db8:0:1:1:2:3:1。
- 路由器 1 的链路层地址为 00:55:66:77:88:99，本地链路地址为 FE80:5:6:7:2，全局地址为 2001:db8:0:1:5:6:7:2。
- 路由器 2 的链路层地址为 00:55:66:22:88:34，本地链路地址为 FE80:5:6:2:4，全局地址为 2001:db8:0:1:5:6:2:4。在其第二个网卡上，链路层地址为 00:55:66:33:77:56，本地链路地址为 FE80:5:6:3:4，全局地址为 2001:db8:0:2:5:6:3:4。
- 结点 B 的链路层地址为 00:11:22:66:22:77，本地链路地址为 FE80::1:2:6:7，全局地址为 2001:db8:0:2:1:2:6:7。

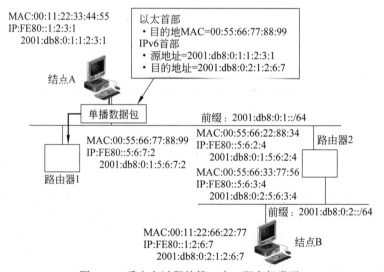

图 6-31　重定向过程的第一步，即主机发送

结点 A 往另一个离线的结点发送一个数据包，因此，它往其默认网关发送一个单播数据包，其目的地 MAC 地址为 00:55:66:77:88:99，目的地 IPv6 地址为 2001:db8:0:2:1:2:6:7，源 IPv6 地址为 2001:db8:0:1:1:2:3:1。

图 6-32 显示了重定向过程的第二步，即重定向消息：路由器 1 接收了来自结点 A 的数据包，为目的地址 2001:db8:0:2:1:2:6:7 进行地址解析。路由器 2 告诉路由器 1，它就是目的地结点的下一跳。路由器 1 发送一条重定向消息给结点 A，告诉它，目的地为 2001:db8:0:2:1:2:6:7 的后继数据包应发往地址为 2001:db8:0:1:5:6:2:4 的路由器 2。

图 6-33 显示了重定向过程的第三步，即路由器转发初始数据包：路由器 1 把从结点 A 接收来的要发往 2001:db8:0:2:1:2:6:7 的初始数据包转发给地址为 2001:db8:0:1:5:6:2:4 的路

由器 2，因为它是目的地结点的下一跳，将相应地路由该数据包。

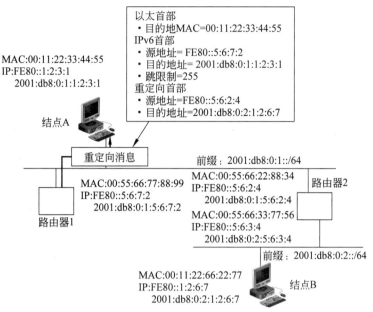

图 6-32　重定向过程的第二步，即重定向消息

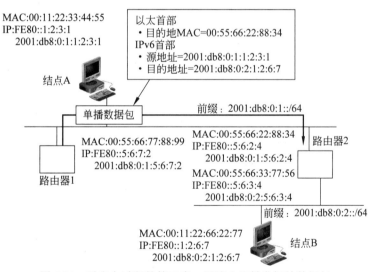

图 6-33　重定向过程的第三步，即路由器转发初始数据包

本章小结

- IPv6 引入了邻居发现协议，用于支持无状态自动配置，并为移动用户提供更好的支持。
- 概念主机模型表示的是主机应该维护某种形式的信息，以便与 IPv6 网络进行高效通信。
- 路由器请求与路由器公告消息有助于结点了解网络前缀，以及其他无状态和（或）

有状态地址自动配置的能力。这使得网络上的结点可以找到更佳的第一跳路径和替代的路由器（如果需要）。

● 邻居请求和邻居公告消息有助于结点发现在线或离线的邻居结点，进行重复地址检测，或验证某个结点是否仍可用于通信。

习题

1. 下面哪个 ICMPv6 类型值与路由器请求和路由器公告消息有关？（多选）

    a. 133   b. 135   c. 137   d. 134

    e. 136

2. 主机是如何解释路由器公告消息中的受管地址配置标志的？

    a. 当设置为 0 时，主机必须使用一个地址配置协议（例如 DHCPv6），以获得无地址配置信息。

    b. 当设置为 1 时，主机无须使用一个地址配置协议（例如 DHCPv6），以获得无地址配置信息。

    c. 当设置为 1 时，主机必须使用一个地址配置协议（例如 DHCPv6），以获得地址配置信息。

    d. 当设置为 0 时，主机必须使用一个地址配置协议（例如 DHCPv6），以获得地址配置信息。

3. 下面哪个是本地链路范围内所有结点的多播地址？

    a. FF02::1   b. FF01::1   c. FF02::2   d. FF01::2

4. 调用重复地址检测过程的主机，发送哪种类型的消息？

    a. 路由器公告   b. 邻居请求   c. 邻居公告   d. 广播查询

5. 某个结点启动且没有 IPv6 地址，当它发送路由器请求消息时，使用哪个地址作为其源地址？

    a. 被请求结点地址   b. MAC 地址

    c. 特定地址   d. 非特定地址

6. 结点往另一个在线结点发送的是哪种类型的数据包？

    a. 单播   b. 多播   c. 广播   d. 任播

7. 当结点发送一条邻居请求消息以进行地址解析时，发送的是哪种类型的数据包？

    a. 单播   b. 多播   c. 广播   d. 所有播

8. 当路由器发送一条重定向消息给主机时，下面哪个最能表示这种消息的意图？

    a. 告诉主机，有一个更佳的第一跳路由器可用

    b. 告诉主机，有两个路由器可供它使用

    c. 告诉主机，没有用于这些消息的路由器

    d. 告诉主机，应把所有数据包发送给核心路由器

9. 结点的前缀列表为下面哪种类型项使用永远无效计时器？

    a. 在线邻居   b. 在线路由器   c. 链路层   d. 本地链路

10. 根据主机发送算法，为了让主机发送一个数据包给目的地结点的链路层地址，必须满足下面哪两个条件？（多选）

    a. 目的地缓存中的目的地址　　　　b. 前缀列表中的目的地址

    c. 路由器缓存中的链路层项　　　　d. 目的地缓存中的链路层项

    e. 邻居缓存中的链路层项

11. 在接收了路由器公告消息中的其他配置标志后，下面哪个最能表示主机应进行的响应？

    a. 当设置为 1 时，主机不能使用一个地址配置协议（例如 DHCPv6），以获得无地址配置信息。

    b. 当设置为 1 时，主机可能使用一个地址配置协议（例如 DHCPv6），以获得无地址配置信息。

    c. 当设置为 1 时，主机必须使用一个地址配置协议（例如 DHCPv6），以获得地址配置信息。

    d. 当设置为 1 时，主机不能使用一个地址配置协议（例如 DHCPv6），以获得地址配置信息。

12. 在哪种情况下，结点将发送一条非请求邻居公告消息？

    a. 当下一跳路由器的链路层地址发生变化时

    b. 当结点自己的本地链路地址发生变化时

    c. 当结点的最近邻居的链路层地址发生变化时

    d. 当结点自己的链路层地址发生变化时

13. 在接收了路由器公告消息中前缀选项的 L 标志后，下面哪个最能表示主机应进行的响应？

    a. 当设置为 1 时，主机应为在线地址确定使用所接收的前缀

    b. 当设置为 0 时，主机应为在线地址确定使用所接收的前缀

    c. 当设置为 1 时，主机应为离线地址确定使用所接收的前缀

    d. 当设置为 0 时，主机应为离线地址确定使用所接收的前缀

14. ICMPv6 重复地址检测消息与哪个 ICMP 消息最有关联？

    a. 反向 ARP　　　b. 转发 ARP　　　　c. 免费 ARP　　　　d. 栅格 ARP

15. 下面哪个 RFC 文档最全面地定义了 IPv6 的邻居发现？

    a. 4191　　　　　b. 4361　　　　　　c. 4862　　　　　　d. 4861

16. 如果使用 Wireshark 软件来分析一个从网络捕获而来的大型数据包，应配置哪种过滤器，使得只显示是邻居公告消息的数据包？

    a. icmpv6.type == 136　　　　　b. icmpv6.type == 135

    c. icmpv6.type == 134　　　　　d. icmpv6.type == 133

17. 下面哪个表示了邻居缓存项的 5 种状态？

    a. 不完整（INCOMPLETE），不可达（UNREACHABLE），失效（STALE），延时（DELAY），探测（PROBE）

    b. 不完整（INCOMPLETE），可达（REACHABLE），失效（STALE），延时（DELAY），

探测（PROBE）

    c. 不兼容（INCOMPATIBLE），可达（REACHABLE），失效（STALE），延时（DELAY），探测（PROBE）

    d. 不完整（INCOMPLETE），可达（REACHABLE），健壮（STRONG），及时（ON-TIME），探测（PROBE）

18. 路由器是如何不断发生未请求的路由器公告消息的？

    a. 开始发送 3 个数据包，然后每隔 60 秒发送一次

    b. 开始发送 2 个数据包，然后随机发送

    c. 开始发送 1 个数据包，然后每隔 60 秒发送一次

    d. 开始发送 3 个数据包，然后随机发送

19. 对于与重定向消息有关的结点（路由器和主机），下面哪个是其基本的操作规则？

    a. 如果路由器接收了重定向消息，将更新其路由表。主机可以发送重定向消息。

    b. 即使路由器接收了重定向消息，也不会更新其路由表。主机可以发送重定向消息。

    c. 即使路由器接收了重定向消息，也不会更新其路由表。主机不会发送重定向消息。

    d. 如果路由器接收了重定向消息，将更新其路由表。主机不会发送重定向消息。

20. 下面哪些选项使得结点认为邻居是可达的？（多选）

    a. 在 REACHABLE_TIME 变量值之内，接收到未请求的路由器请求消息

    b. 在 REACHABLE_TIME 变量值之内，上层协议表示回退过程

    c. 在 REACHABLE_TIME 变量值之内，接收到被请求邻居公告消息

    d. 在 REACHABLE_TIME 变量值之内，上层协议表示转发过程

    e. 在 REACHABLE_TIME 变量值之内，接收到未被请求的邻居公告消息

21. 下面哪个 ICMPv6 类型值与邻居请求消息有关？

    a. 134   b. 136   c. 133   d. 135

    e. 137

22. 下面哪个是本地链路范围内所有结点的多播地址？

    a. FF01::1   b. FF02::1   c. FF01::2   d. FF02::2

23. 在路由器公告消息中，哪两个组合的前缀信息选项构成了 IPv6 前缀地址？

    a. 前缀长度与最佳生命时间   b. 前缀与长度

    c. 前缀与前缀长度   d. 前缀长度与 L 标志

24. 哪种邻居发现消息会在其选项字段中包含发送方的源链路层地址？（多选）

    a. 邻居公告   b. 重定向   c. 路由器公告   d. 邻居请求

    e. 应答请求

25. 在接收了路由器公告消息中前缀选项的 H 标志后，下面哪个最能表示主机应进行的响应？

    a. 当设置为 1 时，路由器的作用就是一个移动 IPv6 宿主智能体

    b. 当设置为 0 时，路由器的作用就是一个移动 IPv6 问候智能体

    c. 当设置为 1 时，路由器的作用就是一个移动 IPv6 问候智能体

    d. 当设置为 0，路由器的作用就是一个移动 IPv6 宿主智能体

动手项目

动手项目 6-1～6-5 假设是工作在 Windows 7 或 Windows 10 专业版环境下，已经安装了 Wireshark for Windows 软件，并从本书配套网站获得了跟踪（数据）文件。

动手项目 6-1：查看 ICMPv6 邻居发现消息

所需时间：10 分钟。

项目目标：使用 Wireshark 软件查看一个跟踪文件，并设置过滤器来查看 ICMPv6 邻居发现消息。

过程描述：本项目介绍如何使用 Wireshark 软件来设置特定的过滤器，实现只查看 ICMPv6 邻居发现消息。使用过滤器，可以很容易也更快速地查看大型跟踪文件和（或）实时捕获的数据中的某部分内容。当然，也可以查看路由器请求、路由器公告、邻居请求和邻居公告消息。

（1）打开 Wireshark 软件。

（2）单击菜单栏中的 File，单击 Open，选取 ch06_Hands-on_Project_trace_file.pcapng 文件，并单击 Open。

（3）在 Filter 工具栏的字段中（这里原来显示的是 Apply a display filter...<Ctrl-/>），输入 icmpv6.type == 133，然后单击 Filter 工具栏右端的右向箭头按钮，应用所输入的过滤器字符串，使得在数据包显示窗格中只显示路由器请求消息。图 6-34 为 Wireshark 软件过滤器设置与输出的一个示例。

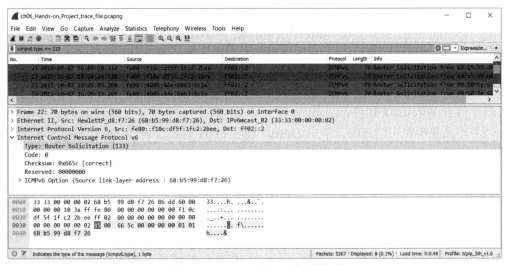

图 6-34　ICMPv6 路由器请求数据包

（4）选择其中一个数据包，观察其结构。在数据包详细内容窗格中，选择 Internet Control Message Protocol v6 旁边的大于号（>），查看其类型字段。

（5）在 Filter 工具栏的右端，单击 X 按钮，清除过滤器字符串，并更新显示内容。在 Filter 工具栏的字段中（这里原来显示的是 Apply a display filter...<Ctrl-/>），输入 icmpv6.type

== 134，然后单击 Filter 工具栏右端的右向箭头按钮，应用所输入的过滤器字符串，使得在数据包显示窗格中只显示路由器公告消息。

（6）选择其中一个数据包，观察其结构。在数据包详细内容窗格中，选择 Internet Control Message Protocol v6 旁边的大于号（>），查看其类型字段。

（7）在 Filter 工具栏的右端，单击 X 按钮，清除过滤器字符串，并更新显示内容。在 Filter 工具栏的字段中（这里原来显示的是 Apply a display filter...<Ctrl-/>），输入 icmpv6.type == 135，然后单击 Filter 工具栏右端的右向箭头按钮，应用所输入的过滤器字符串，使得在数据包显示窗格中只显示邻居请求消息。

（8）选择其中一个数据包，观察其结构。在数据包详细内容窗格中，选择 Internet Control Message Protocol v6 旁边的大于号（>），查看其类型字段。

（9）在 Filter 工具栏的右端，单击 X 按钮，清除过滤器字符串，并更新显示内容。在 Filter 工具栏的字段中（这里原来显示的是 Apply a display filter...<Ctrl-/>），输入 icmpv6.type == 136，然后单击 Filter 工具栏右端的右向箭头按钮，应用所输入的过滤器字符串，使得在数据包显示窗格中只显示邻居公告消息。

（10）选择其中一个数据包，观察其结构。在数据包详细内容窗格中，选择 Internet Control Message Protocol v6 旁边的大于号（>），查看其类型字段。

（11）关闭 Wireshark 软件。

动手项目 6-2：创建一个过滤器，查看特定主机的邻居公告消息

所需时间： 10 分钟。

项目目标： 使用 Wireshark 软件，查看一个跟踪文件，并设置过滤器，以查看邻居公告消息。

过程描述： 本项目介绍如何使用 Wireshark 软件来设置特定的过滤器，实现只查看 ICMPv6 邻居发现消息。使用过滤器，可以很容易也更快速地查看大型跟踪文件和（或）实时捕获的数据中的某部分内容。设置特定的过滤器，以便只查看特定源主机的邻居公告消息。

（1）打开 Wireshark 软件。

（2）单击菜单栏中的 File，单击 Open，选取 ch06_Hands-on_Project_trace_file.pcapng 文件，并单击 Open。

（3）在 Filter 工具栏的字段中（这里原来显示的是 Apply a display filter...<Ctrl-/>），输入 icmpv6.type == 136 && ipv6.addr == fe80:4805:44e:b663:6c1e，然后单击 Filter 工具栏右端的右向箭头按钮，应用所输入的过滤器字符串，使得在数据包显示窗格中只显示邻居公告消息。图 6-35 为 Wireshark 软件过滤器设置与输出的一个示例。

（4）选择其中一个数据包，观察其结构。在数据包详细内容窗格中，选择 Internet Protocol v6 旁边的大于号（>）以及 Internet Control Message Protocol v6 旁边的大于号（>），查看其类型字段。

（5）关闭 Wireshark 软件。

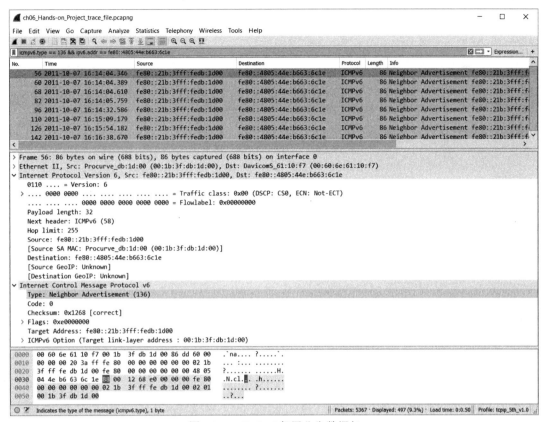

图 6-35　ICMPv6 邻居公告数据包

动手项目 6-3：创建一个过滤器，查看邻居公告消息，该消息是对邻居请求重复地址检测消息的应答消息

所需时间： 10 分钟。

项目目标： 使用 Wireshark 软件查看跟踪文件，设置一个过滤器，查看邻居公告消息，该消息是对邻居请求重复地址检测消息的应答消息。

过程描述： 本项目介绍如何使用 Wireshark 软件来设置特定的过滤器，实现只查看 ICMPv6 邻居发现消息。使用过滤器，可以很容易也更快速地查看大型跟踪文件和（或）实时捕获的数据中的某部分内容。设置一个过滤器，只查看邻居公告消息，该消息是对邻居请求重复地址检测消息的应答消息。

（1）打开 Wireshark 软件。

（2）单击菜单栏中的 File，单击 Open，选取 ch06_Hands-on_Project_trace_file.pcapng 文件，并单击 Open。

（3）在 Filter 工具栏的字段中（这里原来显示的是 Apply a display filter...<Ctrl-/>），输入 icmpv6.type＝＝136 && ipv6.addr == ff02::1，然后单击 Filter 工具栏右端的右向箭头按钮，应用所输入的过滤器字符串，使得在数据包显示窗格中只显示邻居公告消息。图 6-36 为 Wireshark 软件过滤器设置与输出的一个示例。

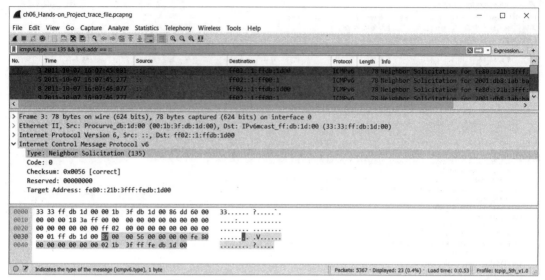

图 6-36　另一个 ICMPv6 邻居公告数据包

（4）选择其中一个数据包，观察其结构。在数据包详细内容窗格中，选择 Internet Control Message Protocol v6 旁边的大于号（>），查看其类型字段。

（5）关闭 Wireshark 软件。

动手项目 6-4：创建一个过滤器，查看设置了 M 和 O 标志的路由器公告消息

所需时间：10 分钟。

项目目标：使用 Wireshark 软件查看跟踪文件，设置一个过滤器，查看路由器公告消息。

过程描述：本项目介绍如何使用 Wireshark 软件来设置特定的过滤器，实现只查看 ICMPv6 邻居发现消息。使用过滤器，可以很容易也更快速地查看大型跟踪文件和（或）实时捕获的数据中的某部分内容。设置一个过滤器，只查看设置了 M 和 O 标志的路由器公告消息。

（1）打开 Wireshark 软件。

（2）单击菜单栏中的 File，单击 Open，选取 ch06_Hands-on_Project_trace_file.pcapng 文件，并单击 Open。

（3）在 Filter 工具栏的字段中（这里原来显示的是 Apply a display filter...<Ctrl-/>），输入 icmpv6.nd.ra.flag.m == 1 && icmpv6.nd.ra.flag.o == 1，然后单击 Filter 工具栏右端的右向箭头按钮，应用所输入的过滤器字符串，使得在数据包显示窗格中只显示路由器公告消息。图 6-37 为 Wireshark 软件过滤器设置与输出的一个示例。

（4）选择其中一个数据包，观察其结构。在数据包详细内容窗格中，选择 Internet Control Message Protocol v6 旁边的大于号（>），并选择 Flags 旁边的大于号（>），查看其类型字段。

（5）关闭 Wireshark 软件。

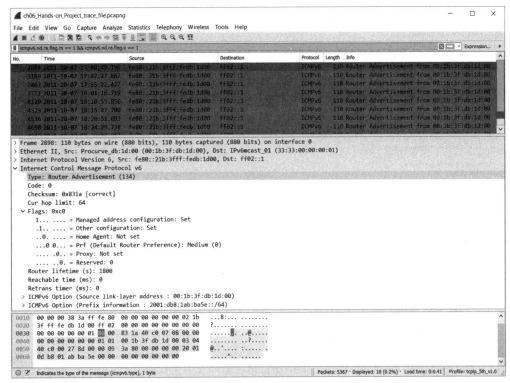

图 6-37　ICMPv6 路由器公告数据包

动手项目 6-5：创建一个过滤器，查看具有前缀信息的路由器公告消息

所需时间：10 分钟。

项目目标：使用 Wireshark 软件查看跟踪文件，设置一个过滤器，查看路由器公告消息。

过程描述：本项目介绍如何使用 Wireshark 软件来设置特定的过滤器，实现只查看 ICMPv6 邻居发现消息。使用过滤器，可以很容易也更快速地查看大型跟踪文件和（或）实时捕获的数据中的某部分内容。设置一个过滤器，只查看含有前缀选项且设置了 On-link 标志的路由器公告消息。

（1）打开 Wireshark 软件。

（2）单击菜单栏中的 File，单击 Open，选取 ch06_Hands-on_Project_trace_file.pcapng 文件，并单击 Open。

（3）在 Filter 工具栏的字段中（这里原来显示的是 Apply a display filter...<Ctrl-/>），输入 icmpv6.opt.type == 3，然后单击 Filter 工具栏右端的右向箭头按钮，应用所输入的过滤器字符串，使得在数据包显示窗格中只显示路由器公告消息。图 6-38 为 Wireshark 软件过滤器设置与输出的一个示例。

（4）选择其中一个数据包，观察其结构。在数据包详细内容窗格中，选择 Internet Control Message Protocol v6 旁边的大于号（>），选择 ICMPv6 Option（for Prefix）旁边的大于号（>），并选择 Flags 旁边的大于号（>），查看其类型字段。

（5）关闭 Wireshark 软件。

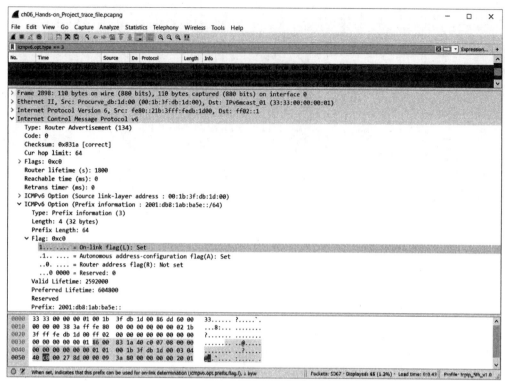

图 6-38　另一个 ICMPv6 路由器公告数据包

案例项目

案例项目 6-1：理解邻居请求和邻居公告消息

你的公司准备实现 IPv6，由你来负责为台式计算机支持团队提供基本的 IPv6 操作信息。你的文档的主题内容之一是，描述邻居发现操作的总体功能，特别是邻居请求和邻居公告消息，以及它们为网络上的 IPv6 结点提供些什么。

请详细描述一下邻居请求和邻居公告过程的内容，并介绍一下如何设置 Wireshark 过滤器，以便在捕获网络数据流量时快速地查看这些过程。

案例项目 6-2：排除网络问题

在 IPv6 实现后不久，就出现了网络问题，请你协助排除一下网络问题。

一些网络主机看起来具有网络访问，但它们的浏览器不能解析输入的 URL。诊断这个问题的网络技术人员发现，有问题的主机可以 ping 另一网络段上的其他网络主机，但只能通过 IPv6 地址。其他网络段上的主机可以解析输入到浏览器中的 URL。注意，所有网络主机的 IPv6 地址都是使用无状态地址自动配置的。

这可能是什么问题？可以使用 Wireshark 的哪种过滤器来快速地确定这个网络问题？

案例项目 6-3：描述初始的 IPv6 主机通信

　　你的公司准备实现 IPv6，由你来负责为台式计算机支持团队提供基本的 IPv6 操作信息。你的文档的主题内容之一是，描述初始的 IPv6 通信过程，当主机网卡活动时，主机将调用这个过程。主机在本地要保存些什么信息，作为它在这个过程中所得到的结果。给出相应的描述，记录在这个过程中所得到和保存的内容。

IP 地址自动配置

本章内容:

- 解释 DHCP/DHCPv6 为其客户端提供的基本服务并解释其背景。
- 解释使用 DHCP/DHCPv6 管理 IP/IPv6 地址的特殊性。
- 解释 DHCP 发现、更新和释放过程。
- 理解基本 DHCP/DHCPv6 数据包结构和所用的 DHCP/DHCPv6 消息类型。
- 描述 IPv4 的广播和单播寻址,以及 IPv6 的多播寻址。
- 描述 IPv4 与 IPv6 的中继代理通信。
- 讨论 IPv4 的 Microsoft DHCP 范围,以及在 IPv6 范围配置中的差异。

如果说有那个特定 TCP/IP 应用层协议和服务竞争 "TCP/IP 网络管理员最佳朋友奖" 设计的话,那么获奖者一定是**动态主机配置协议**(Dynamic Host Configuration Protocol,DHCP)。由于 DHCP 免除了手工管理 IP 地址所需的琐碎劳作,因此它拥有了这样的地位。老式的手工管理要求管理员手工配置每一个 IP 主机或网卡,并跟踪哪一台机器(或多宿主机器上的网卡)使用哪一个 IP 地址。利用 DHCP,希望继续手工管理地址的管理员依然可以手工完成这些工作,但能够在单个容器中更容易地访问地址信息。管理员也可以使用 DHCP 在需要时为客户分发地址,同时对关键主机(例如 IP 网关、无线访问点、数据库或其他应用服务器,以及其他设备)继续维持固定或静态的地址分配。

自动配置允许主机通过查询其他结点,找到创建自己的 IP 网络参数所需的信息。BOOTP 就是这种能力的一个早期尝试。DHCP 是一种常见的自动配置工具,今天,已部署在 Internet 的很多地方。

有 3 件事情,使得自动配置对 Internet 尤为重要。第一是需要配置的结点数量。如果管理员必须手工配置每个结点,那么他们将会非常繁忙。第二是发送改变的速率和重新编号的频率。改变 ISP 意味着要给很多网络结点重新编号。如果不重新编号以匹配实际的网络拓扑,路由性能深受其害。自动配置工具越好,网络管理员对主机重新编号的效率就越高。第三且可能对自动配置来说是最迫切的原因是用户的移动性。从网络的某个部分漫游到另一个部分的移动结点,不仅包括笔记本电脑,还包括蜂窝移动电话、智能电话以及其他个人设备。如果系统允许这些设备能从任何位置无缝连接到 Internet,那么其潜在的优点是巨大的。

本章详细介绍 DHCP 和 DHCPv6,包括 IP 地址管理和用于地址发现、租借或分配、更新以及释放的机制。在全面解释 DHCP/DHCPv6 数据包结构和字段之后,本章还将阐述 IPv4 的广播和单播寻址,IPv6 的多播寻址,描述中继代理通信,并讨论 Windows 系统的 DHCP 范围。最后,将向你介绍一些 DHCP/DHCPv6 故障诊断技巧和实用程序。

7.1　理解自动寻址

尽管 DHCP 被认为是最常见的地址自动配置形式（尤其是对 IPv4），但它并不是客户端自动获得地址的唯一机制。在 DHCP 成为网络客户端自动获得其 IP 地址的基本"常用操作模式"后的若干年，微软公司引入了一种机制，客户端无须系统交涉就可"自己获得地址"，也就是说，不用"寻址服务器"了。这种方法允许在没有 DHCP 服务器的情况下，与网络连接的客户端也可以进行通信，但能力有限。这种"无状态自动配置"寻址模式不能路由到其他相连的网络。其正式名称为**自动专用 IP 寻址**（Automatic Private IP Addressing，APIPA）。当 IPng（即下一代 IP，称为 IPv6）的设计者在正式描述新 IP 操作时，希望有更健壮、更可控的系统用于地址自动配置。尽管 IPv6 地址自动配置操作的方法与 IPv4 地址自动配置的类似，但还是有一些不同。它仍然有 DHCP，称为有状态的 DHCP 或 DHCPv6，它还有一种无状态自动配置方法。在 IPv6 中，主要的不同是，结点可以使用其中某一种方法或这两种方法的组合。在 IPv6 地址自动配置的所有情况下，路由公告是由客户端使用的一种控制机制，告诉它们使用的是哪种自动配置方法，包括客户端可以中途改变方法的能力。这种能力就是自动网络重编号的基础，无须人工交互就可以完成目标。

本章将介绍所有这些能力及其详细内容。首先介绍的是高层的 DHCP，然后介绍每种协议及其描述。

7.2　动态主机配置协议介绍

动态主机配置协议（Dynamic Host Configuration Protocol，DHCP）是一种服务，它为缺少 IP 地址分配的客户端计算机提供了从任何侦听 DHCP 服务器请求地址的一种方法，且无须管理员的帮助。对客户端或桌面计算机来说，这是一个很好的解决方案，因为它们的用户无须经常维持相同的 IP 地址。但是，DHCP 还提供了一种将某些 IP 地址保留给特定主机的机制：这种方法称为静态地址分配，它将地址分配给地址不能变化的设备，除非 DHCP 管理员手工强制修改地址。对于要求固定 IP 地址的设备来说，这种做法是理想的，这些设备包括网关、无线访问点，以及许多类型的服务器（Web、数据库、存储等）。因此，对能够想象到的使用场景来说，DHCP 把 IP 地址都管理得很好。

除了提供可用 IP 地址之外，DHCP 向客户端交付了必要的配置信息，告诉它们其 IP 网关的地址、用于域名解析的一个或多个 DNS 服务器的地址等。DHCP 也一直管理地址分配，这样，一组数量大于某个特定 IP 地址范围的机器能够共享该地址范围，并且依然获得对网络和 Internet 的访问。

事实上，DHCP 的核心是它有可能在一个单一的、集中的服务器上管理客户端 IP 地址分配和配置数据，不用管理员一次手工配置一台主机。随着组织机构的增长和必需管理的主机数量的增加，DHCP 迅速成为必要而不是奢华的工具。

DHCP 的起源可以追溯到早期一个名称为 BOOTP（Bootstrap Protocol 的缩写）的协议。该协议于 20 世纪 70 年代开发，为无盘工作站能够在网络上访问启动信息提供了有效访问的方法，无须从本地硬盘上读取启动信息。今天，DHCP 数据包使用的消息格式与 BOOTP 最初使用的类似，但 BOOTP 几乎不再使用了。BOOTP 定义在 RFC 951 中，DHCP 为 BOOTP 客户端提供了向后兼容性。因此，如果网络上出现 BOOTP 请求，DHCP 服务器能够处理这样的服务请求，其规范定义在 RFC 1534 中（它定义了 DHCP 和 BOOTP 之间的互操作性）。

微软公司对 DHCP 有着一如既往的兴趣，把它看作是为大量桌面计算机管理 IP 数据的关键要素。来自微软公司的代表协助定义了 RFC 1534、2131、2132 以及 2241 文档，所有这些 RFC 文档对于 DHCP 的定义和操作都很重要。因此，毫不奇怪，微软公司的 DHCP 实现受到高度关注，并且支持上述提及的所有 RFC 文档。

DHCP 能够管理一个或多个 IP 地址范围，每一个地址范围都称为一个地址池（如果把它考虑为一个可用地址范围，从其中可以分配未使用地址），或地址范围（如果把它考虑为在 DHCP 控制下的一组 IP 地址）。在任何单个 IP 地址范围中（通常表现为一个连续的 IP 地址范围），DHCP 都能够排除独立地址或地址范围，不把它们动态分配给客户端，通常采用把地址范围划分为两个不相交的池：一个动态池，另一个静态池。这种方法允许 DHCP 管理已经分配的 IP 地址，通常是路由器、网关以及某种类型服务器这样的设备。DHCP 能够把所有剩下的未分配地址按需分配给客户端，每一个这样的分配都称为一个地址租用（简称租用）。

7.2.1 DHCP 的工作原理

从客户端的角度来看，DHCP 的工作原理简要概述如下。

（1）当在客户端计算机上配置 TCP/IP 时，"自动获得 IP 地址"是唯一需要设置的选项在 Windows 7、Windows 10 和 Windows Server 2012 R2 中，这是默认配置（参看图 7-1）。DHCP 服务是自动服务，这就是 DHCP 同样适用于网络管理员和用户的原因。

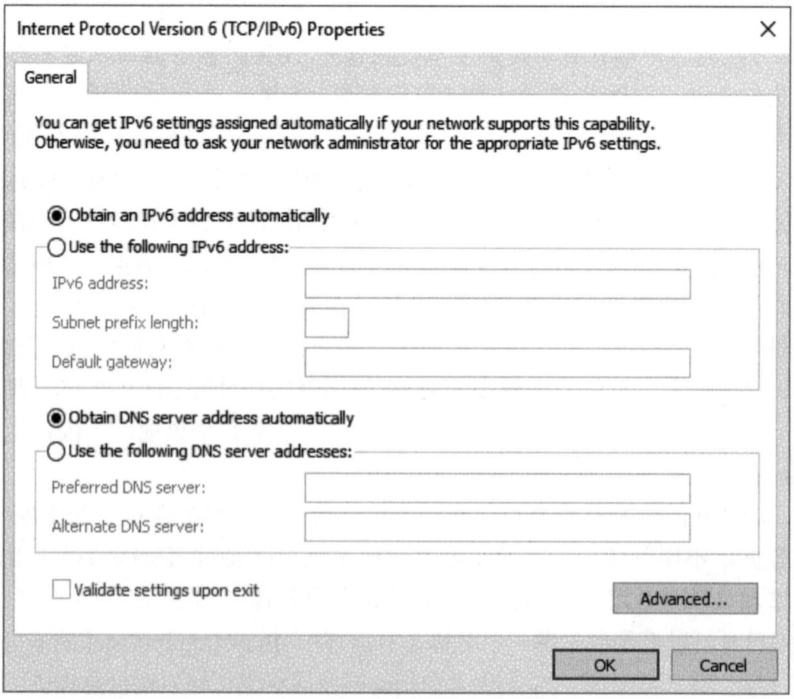

图 7-1 在 Internet 协议（TCP/IP）属性对话框中启用 DHCP

（2）当工作站试图访问网络时，它会向网络广播一个 DHCP 地址请求，因为它还没有任何 IP 地址。工作站能够发出这个广播，是原因它现在被配置为 DHCP 的客户端。

（3）在同一个广播域上的所有 DHCP 服务器都收到该请求，并发送回一条消息，表明有可用地址的话，愿意授予地址租用。

> 如果在某个广播域中没有 DHCP 服务器，那么在该域中必须提供一个称之为 DHCP 中继代理的专用软件。DHCP 中继代理将地址请求转发给其地址已知的 DHCP 服务器。这样的中继代理可以在 Windows Server 2012 R2 上安装，或者在连接到其他子网、不是 DHCP 广播域一部分的路由器上安装。之后，中继代理担当了 DHCP 服务器和客户端之间的桥梁。

（4）客户端接受地址租用提议（通常是它接收到的第一个提议），并向给出该提议的服务器发送一个数据包。

（5）在应答中，服务器提供一个用于特定时间段（这就是要把它称为租用的原因）的 IP 地址，之后客户端可以使用这个地址。

（6）当过了一半的租用期限时，客户端试图更新租用。一般情况下，授权租用的 DHCP 服务器将更新租用，但如果它没有响应，那么客户端在租用期内的其他时间将试图再次更新。只有当客户端在过期之前不能更新其租用时，客户端才必须重复 DHCP 请求过程，如步骤（2）所描述的那样。

7.2.2　租用的作用

再说一次，租用是一段时间内的地址"租借"。它们在网络如何运行上发挥着重要作用。租用的时间长度可以变化，如下述列表所述：

- 时间为 1～3 周的租用通常是用在机器基本上不移动、员工总数也是稳定的网络上。在这种情况下，长时间的租用并不会引发"地址饥饿症"（由于所有可用地址都在使用，用户不能够获得 IP 地址）。
- 租用周期平均在 1～3 天的情况用于大量临时用户有规律进出网络的状况。
- 租用周期 4～8 小时常常用于 ISP 网络，它的客户端在不断地进进出出。

> 默认情况下，Windows Server 2012 R2 将 DHCP 租用设置为 8 天。有大量 Linux 系统的 DHCP 服务器，它们的默认 DHCP 租用通常为 12～24 小时。

你能够使用前面列表中的数据作为指南，指导你如何在 Windows DHCP 服务器上设置自己的租用期。

你能够使用分析器查看 DHCP 数据包中的租用信息，例如 Ethereal for Windows。详细信息请参看本章后面的内容。

7.2.3　DHCP 软件部件

下述三个软件一起工作，定义了完整的 DHCP 组网环境：

- DHCP 客户端：DHCP 客户端软件（或者可用于绝大多数其他现代操作系统的其他类似软件），当你在如图 7-1 所示的"Internet 协议版本 4（TCP/IPv4）属性"窗口中选择"自动获得 IP 地址"选项时，就在客户端启动了该软件。这个软件代表客户端广播服务请求和租用更新请求，并且当地址租用被授予时，为客户端处理地址和配置数据。事实上 Windows 7、Windows 10、Windows Server 2012 R2、Macintosh、Linux，以及 UNIX 机器都包含了内置的 DHCP 客户端软件。事实上，DHCP 是现代网络技术的一个重要支柱。
- DHCP 服务器：DHCP 服务器软件侦听和响应客户端，并中继地址服务请求。DHCP 服务器还管理地址池和相关的配置数据。当今绝大多数的 DHCP 服务器（UNIX 和 Windows Server 2012 R2）都能够管理多个地址池。
- DHCP 中继代理：DHCP 客户端向其所在网络段广播地址请求。由于正常情况下广播不能够通过路由器转发，DHCP 中继代理软件的工作就是截获本地网络段上的地址请求，并重新打包这些请求，作为单播数据传递给一个或多个 DHCP 服务器。DHCP 中继代理软件被配置为 DHCP 服务器的地址，以便中继代理软件能够把 DHCP 请求直接发送给 DHCP 服务器。服务器将其对这些请求的应答发送给中继代理，之后中继代理使用请求者的 MAC 层地址将应答转发给请求该地址的客户端。请注意，绝大多数后继的 DHCP 请求——例如更新或退还——作为单播消息出现，这是因为一旦机器获得了 IP 地址和默认 IP 网关地址，它就能够直接与 DHCP 服务器通信，而不再需要中间人。

7.2.4　DHCP 租用类型

DHCP 服务器是如下两种类型的地址租用。

- 手工：使用手工地址租用，通过将客户端的硬件地址与要租用给该客户端的特定 IP 地址关联起来，管理员能够明确地手工分配 IP 地址。如果想让 DHCP 管理所有 IP 地址，并且还想直接控制某些地址分配时，使用这种类型的地址租用。在大型网络上，这种方式比为各个独立机器分配固定 IP 地址更容易。但是，由于配置手工地址租用是一件劳动密集型的工作，只有在绝对必要时才采用这种技术，例如为路由器、网关、无线访问点，以及服务器等所有能够从持久、不变 IP 地址上得到益处的设备分配地址的时候。手工地址租用来自 DHCP 服务器的静态地址池。
- 动态：DHCP 服务器为地址分配一个特定的时间周期。当不要求使用固定 IP 地址时，使用动态地址租用将地址分配给客户端或其他设备。对绝大多数网络上的流行客户端来说，这是最流行的 DHCP 地址租用类型。动态地址租用来自动态地址池，并代表了没有已经保留给静态分配的那些地址。

网络上的典型地址模式或许是这样的：

- 服务器使用静态 IP 地址，原因在于它们的 DNS 条目必须保持一致性。这一原则适用于 DNS 名称服务器、电子邮件服务器、登录主机、文件和打印服务器、数据库服务器，以及用户经常访问其资源的任何服务器。如果这些设备通过 DHCP 管理，那么它们必须从静态地址池中分配地址。
- 路由器（或 IP 网关，它们可以是路由器或其他机器，以及其他作为网络资源使用的设备，例如网桥、无线访问点等）使用静态 IP 地址，原因在于它们的地址是任何 IP 子网配置的关键组成部分。同样，任何边界路由器都必须以这种方式处理，原因在于它们代表了内部和外部网络之间的入口（和出口）点。

- 客户端使用动态 IP 地址，原因在于它们向服务器发起连接，服务器基于客户端的 IP 地址简单地响应客户端。服务器不需要在表格中维护一张客户端名称和 IP 地址列表。客户端能够多次修改它们的 IP 地址并且依然能够从服务器收到响应。

7.2.5 DHCP 租用的更多信息

即使客户端通常无限期地保持其地址，它们也能够随时取消其地址租用，从而将地址返还给 DHCP 服务器管理的空闲 IP 地址池。在 Windows 计算机上（Windows 9x 及更新版本），ipconfig 命令支持/release 和/renew 开关，允许客户端随意地释放或更新它们的当前 DHCP 租用。客户端通常试图默认地更新现有租用，但可以在必要时指示 DHCP 服务器拒绝租用更新，甚至取消租用。

下面是 DHCP 如何与 DNS 集成的概要解释：

- 服务器地址（有时候还包括它们的相关服务）使用 DNS 公布，它将域名解析为 IP 地址，或者进行反方向的解析。
- DNS 不是一个动态的环境，因此所有的地址更新都必须手工输入（在 Windows Server 2012 R2 中使用图形用户界面输入，或在 UNIX 系统中通过编辑文本文件输入）。
- 只有当形式为 user@domain.name 的电子邮件地址必须被解析时，客户端地址通常才会发挥作用。电子邮件服务器能够从与客户端域名（而不是其 IP 地址）相关联的 MX 记录中解析这一信息，因此动态地址解析对于客户端和电子邮件工作得十分完美。这样，客户端地址通常不影响 DNS，反过来也一样，并且能够依据需要进行改变。

老式的 DNS 实现不具备动态更新其域名到 IP 地址（A），以及 IP 地址到域名记录的能力，这就是为什么 DHCP 一直主要用于管理客户端地址。正如第 8 章所提及的，DNS 的新版本（包括 Windows 2000 以后的操作系统的动态 DNS，或称为 DDNS）能够建立 DHCP 将名称到地址映射的变化通知 DNS 服务器的途径。即使这样，等待变化传播到整个全局 DNS 数据库内在的延迟问题依然没有改变，因此公用 IP 地址（及其它们的映射）趋向于尽可能少地发生变化（在老地址完全过期、并被新地址完全取代之前 DNS 花费 48 小时或更长时间的传播延迟并非不常见）。目前，只有客户端不会被使用动态地址所影响，这解释了为什么直到今天 DHCP 对于客户端 IP 地址管理依然十分重要的原因。

7.3 IPv4 自动配置

在主机的网卡上，有两种类型的 IPv4 地址自动配置机制：DHCP 与自动专用 IP 寻址（Automatic Private IP Addressing，APIPA）。

大多数现代的操作系统都设置为利用 DHCP 从 DHCP 服务器自动获得 IP 地址。如果 DHCP 服务没有对主机的 DHCP 请求做出响应，通常会在主机中设置 APIPA，作为自分配本地链路 IP 地址的一个备用操作。

7.3.1 自动专用 IP 寻址（APIPA）

IPv4 本地链路地址的动态配置也称为 APIPA。最初是由微软公司在 Windows 98 中实现的，其思想也被其他生产商采纳，后来，制定了 RFC 3927 草案以正式标准化这种操作。

如 RFC 3927 所描述的那样，地址块 169.254.0.0/16 保留为其所用。但是，只有 169.254.1.0～169.254.254.255 允许用作主机地址，前 256 和后 256 个地址保留。169.254/16 地址不能设置为 DHCP 和 DNS 服务器使用，也不能手工设置为通往其他网络的网卡或路由。这些地址只能用于本地链路通信。

如果初始的 DHCP 请求没有得到应答，网卡就 APIPA 作为自分配本地链路 IP 地址的一种备用机制。但是，网卡继续会大约每隔 5 分钟发送 DHCP 请求。如果 DHCP 服务器随后用赋给该主机的 IP 地址给予了响应，就会释放 APIPA 地址而使用 DHCP 提供的 IP 地址（如果在自动配置模式下，网卡只允许分配有一个 IPv4 地址）。APIPA 只运行在为 DHCP 配置的网卡上，这意味着，如果为网卡手工分配一个 IP 地址，那么 APIPA 就失效。

APIPA 地址分配使用了一个伪随机数生成器（从前面所述的地址范围）来获得一个唯一地址。该地址在网络上的唯一性验证过程，与 DHPC 分配地址的验证过程相同。

 有关重复 IP 地址的 ARP 广播的更多信息，请参见第 4 章。

APIPA 的价值体现在允许主机与网络中的本地链路进行通信，但这些地址不能与其他网络上的主机进行通信（如 RFC 3927 所述），因此，如果服务器和（或）服务不是本地的，可能就没那么好用了。这种只限于本地链路的地址主要是为小型网络设计的，在这种网络中，所有设备、服务器和（或）服务都是可用的。

7.3.2 DHCP

当 DHCP 客户端没有 IP 地址时（第一次启动，或者过了租用时间），它必须广播一个 IP 地址请求，以便得到一个 IP 地址，这一初始行为称为 DHCP 发现（DHCP Discovery）。能够侦听到这个发现广播的 DHCP 服务器向客户端提供一个维持特定时间量（租用时间）的 IP 地址。默认的 DHCP 租用时间依据所使用的服务器而变化。从客户端到服务器的 DHCP 消息使用端口 67 发送给 DHCP 服务器。从服务器到客户端的 DHCP 消息使用端口 68 发送给 DHCP 客户端。

DHCP 发现依赖于初始 DHCP 广播。自然，路由器并不转发这些发现广播，因此整个 DHCP 发现被限制在本地广播域中。因此，在任何可能发生此类广播的网络段上都必须存在某个侦听 DHCP 发现消息的进程。由于在每一个网络段上都放置一台 DHCP 服务器不切实际，DHCP 规范包含了中继代理进程，以便把 DHCP 发现广播路由到另一个网络段上。中继代理进程的细节在本章后面详细介绍。

多个 DHCP 服务器可以放置在一个网络上，以分担地址分配的责任并提供某种程度的出错冗余。在这种情况下，地址池必须在 DHCP 服务器之间进行划分，以便它们不会给多台设备提供相同的地址。微软公司建议把一台服务器配置为分配 70%～80%的地址，第二个服务器应该配置为分配剩下 20%～30%的地址。如果地址池产生重叠，两个客户端有可能得到相同的地址（一个客户端从第一个 DHCP 服务器上得到地址，另一个客户端从第二个 DHCP 服务器上得到地址）。服务器和客户端使用 PING 和 ARP 作为错误预防方法，以便确保客户端得到唯一的地址。

　　DHCP 服务器在把地址提供给客户端之前，通常 PING 这个地址，客户端广播 ARP 数据包来确定地址是否已经在用。如果地址在用，客户端向 DHCP 服务器发送一条 DHCP 拒绝消息。DHCP 服务器必须阻止该地址再次被分配，并向客户端提供一个新的 IP 地址。

　　Windows Server 2012 R2 也提供了 Windows 群集（Windows Clustering），它允许把两台或多台服务器作为一个单一系统进行管理。Windows 群集提供了应用或服务器的失效检测功能，并自动将服务器角色传送到替代服务器上。

DHCP 地址发现

　　当 DHCP 客户端启动时，执行一个标准地址发现过程，以便使其能够与网络通信。在发现过程成功完成之后，DHCP 客户端使用一个重复 IP 地址 ARP 广播或免费 ARP 来测试其 IP 地址。

　　DHCP 发现实际上使用 4 个数据包：

- DHCP 发现数据包（DHCP Discovery）。
- DHCP 提供数据包（DHCP Offer）。
- DHCP 请求数据包（DHCP Request）。
- DHCP 应答数据包（DHCP Acknowledgement）。

　　图 7-2 展示了 DHCP 发现的概要数据包。数据包#1 是来自 DHCP 客户端的发现数据包。数据包#5 是来自服务器的提供数据包。数据包#6 是来自客户端的请求数据包。数据包#7 是完成这个过程的应答数据包。

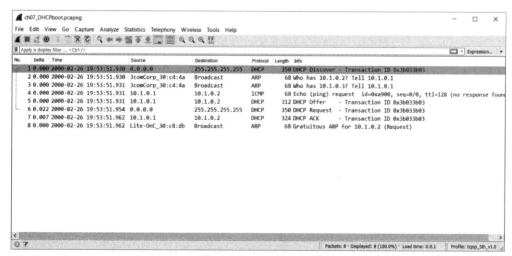

图 7-2　DHCP 发现序列

　　在 DHCP 发现序列（也称为启动序列）执行期间，DHCP 客户端接收到 IP 地址和租用时间。客户端基于租用时间的值决定更新和重新绑定时间。

　　在下面的 4 小节中，我们将考察发现过程中的每一个数据包（发现、提供、请求和应答数据包），并学习 DHCP 客户端如何获得 IP 地址和租用时间。

发现数据包

在 DHCP 发现执行过程中，客户端广播一个标识客户端硬件地址的发现数据包。发现数据包的 IP 首部包含了源 IP 地址 0.0.0.0，因为此时客户端还不知道自己的地址。IP 首部包含全网广播目的地址 255.255.255.255，如图 7-3 所示。

如果 DHCP 客户端以前就在网络上，该客户端也可以定义**首选地址**（Preferred Address），它通常是客户端使用的最近一个地址（但这是一个最新改进，主要应用于 Windows 2000 及更新版本的系统上）。

在 IPv6 中，术语"首选地址"是这样的一个地址，在与同一个网卡相关联的众多地址中，高层协议对它的使用不受限制。

图 7-3 展示了一个包含首选地址 10.0.99.2 的发现数据包。在这个数据包中，我们压缩了数据包信息（Packet Info）首部、Ethernet 首部、IP 首部以及 UDP 首部，以便将精力集中在 BOOTP 和 DHCP 数据包内容上。UDP 首部包含了源端口 68 和目的地端口 67。

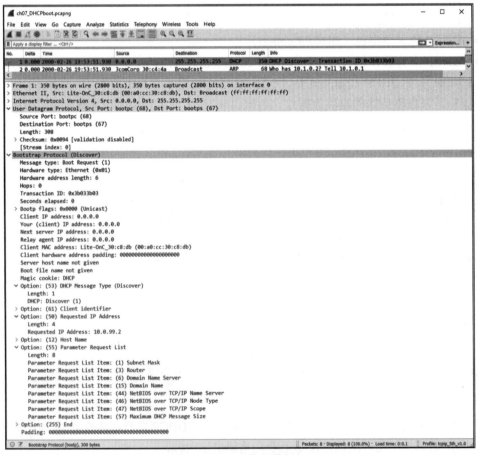

图 7-3 DHCP 发现数据包

由于 DHCP 以 BOOTP 为基础构建，很多分析器提供商在定义端口号和标题值时依然使用术语 BOOTP。Wireshark 软件在其解码中将术语 BOOTP 用于其顶级标题。

在图 7-3 所示的 DHCP 发现数据包中，消息类型（Message Type）值为 1；它表明该数据包是 DHCP 发现数据包。

客户端标识符（Client Identifier）字段值基于客户端的硬件地址（00-A0-CC-30-C8-DB）。

在 IP 地址请求期间（如果需要的话，甚至可以单独地），DHCP 客户端能够请求其他配置数据。请注意图 7-3，客户端在标准 DHCP 发现请求后面包含了一系列请求。这些请求是 DHCP 选项，它们在 RFC 2132 中给予了解释。这些选项完整地罗列在 www.iana.org 上。

图 7-3 中列出的选项包括下述内容：

- 选项 1：客户端的子网掩码。
- 选项 3：客户端子网上的路由器。
- 选项 6：域名服务器。
- 选项 15：域名。
- 选项 44：TCP/IP 上的 NetBIOS 名称服务器（即，用微软术语来说，就是 WINS）。
- 选项 46：TCP/IP 上的 NetBIOS 结点类型。
- 选项 47：TCP/IP 上的 NetBIOS 范围。
- 选项 57：最大 DHCP 消息长度。

在客户端接收 IP 地址之前，DHCP 服务器可能不回答任何配置选项请求。这些选项在本章后面将详细介绍。

提供数据包

DHCP 服务器发送提供数据包，向 DHCP 客户端提供 IP 地址。如果 DHCP 服务器能够通过 ARP 获得工作站的 MAC 地址，它就通过单播向 DHCP 客户端发送这个数据包；否则，整个 DHCP 发现序列将使用广播方法。

提供数据包包括提供给客户端的 IP 地址，以及有的时候，对 DHCP 发现数据包中所请求选项的应答。

图 7-4 展示了用 Wireshark 软件解码的 DHCP 提供数据包。在这个数据包中，我们压缩了数据包信息首部、Ethernet 首部和 IP 首部。

请注意，在 IP 地址字段中，DHCP 服务器向客户端提供了 10.1.0.2。显然，服务器不能提供首选地址。DHCP 提供数据包还包括了 DHCP 服务器的 IP 地址（10.1.0.1）、IP 租用时间（1800 秒，也就是 30 分钟），以及子网掩码（255.255.255.0）。

在 IP 地址首部，DHCP 服务器将这个数据包的地址标记为所提供的 IP 地址 10.1.0.2，尽管此时 DHCP 客户端还不认识这个地址。数据链路首部将这个数据包的地址直接填写为目标硬件地址；这也正是将这个数据包传递到目的地所需要做的所有事情。假定 DHCP 服务器能够通过 ARP 到达目标客户端，IP 首部甚至不需要路由该数据包，原因在于这个数据包可以从一台设备发送到同一子网上的另一台设备。

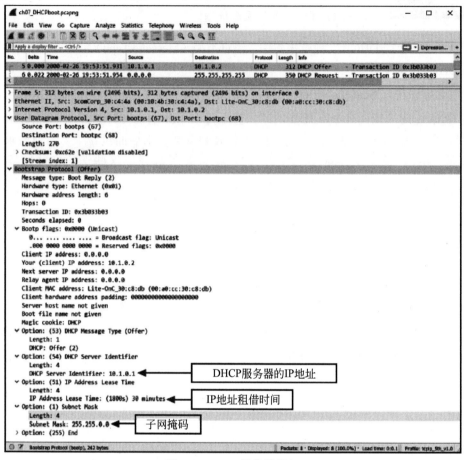

图 7-4　DHCP 提供数据包

请求数据包

一旦接收到提供数据包，客户端可以通过发送一个 DHCP 请求数据包来接收提供的地址，或通过发送一个 DHCP 拒绝数据包来拒绝所提供的地址。例如，如果子网上有多个 DHCP 服务器，那么客户端可能收到多个应答。客户端可以使用请求数据包响应第一个提供数据包，而对第二个或随后收到的其他提供数据包则发送拒绝数据包。

图 7-5 展示了 DHCP 请求数据包。在这个请求数据包中，可以看到客户端现在请求对列举在原始发现数据包中的相同参数予以回答。客户端现在知道了 DHCP 服务器的地址，并把所提供的地址放在请求数据包的 IP 字段中。

在 IP 首部，这个数据包被发送到 IP 广播地址，即使客户端知道 DHCP 服务器的 IP 地址。有关 DHCP 服务器什么时候使用单播、什么时候使用广播的更多信息，请参看本章的章节。

同样，客户端从 DHCP 服务器请求众多参数。如果可能的话，服务器应该使用回答响应客户端的参数查询。

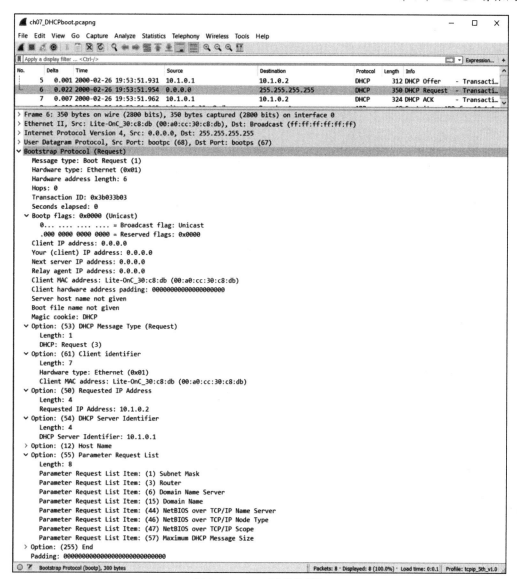

图 7-5　DHCP 请求数据包

确认数据包

确认数据包从服务器发送到客户端，表明完成了 4 个数据包的 DHCP 发现过程。这个应答包含了客户端在先前请求数据包中请求的任何配置选项的回答。图 7-6 展示了 DHCP确认数据包。

图 7-6 中展示的确认数据包包含了对客户请求信息的一些回答，内容罗列如下。

- 客户端子网掩码是 255.255.255.0。
- 客户端的路由器（默认网关）地址为 10.0.0.1。
- 客户端的 DNS 服务器地址为 10.0.0.1。

然而，成功完成了这 4 个数据包过程并不意味着客户端开始立即使用该 IP 地址。绝大多数主机在收到确认数据包之后立即执行重复 IP 地址检测。例如，在发现数据包序列成功完成之后，DHCP 客户端发送 ARP 数据包，在这个数据包中，将 IP 地址 10.1.0.2 作为目标 IP 地址和源 IP 地址。

图 7-6　DHCP 确认数据包

地址更新过程

当 DHCP 客户端从 DHCP 服务器接收到一个地址时，客户端也同时收到了租用时间，并标注该地址被接收的时间。租用时间定义了客户端能够保留这个地址多长时间。之后，DHCP 客户端基于租用时间计算更新时间（T1）和重新绑定时间（T2）。在租用期的中间，客户端启动一个更新过程，以便确定在租用时间到期后是否能够继续保持这个地址。如果客户端不能在预定租用周期内从 DHCP 服务器上更新该地址，那么客户端必须启动一个从另一台 DHCP 服务器上更新地址的过程（假定原有的 DHCP 服务器不再有效）。这个过程称为**重新绑定过程**（Rebinding Process）。如果重新绑定失败，那么客户端必须彻底释放其地址。

更新时间（T1）

T1 定义为客户端试图通过联系向客户端发送最初地址的 DHCP 服务器来更新其网络地址的时间。更新数据包是一个直接到 DHCP 服务器上的单播。

DHCP 规范 RFC 2131 文档将 T1 的默认值定义为：

`0.5 *` 租用周期（也就是租用时间）

这个值等于租用时间的一半。

如果 DHCP 客户端没有收到更新请求的应答，那么它将当前时间与 T2 时间之间的剩余时间折半，然后重试更新请求。

重新绑定时间（T2）

T2 定义为客户端开始广播更新请求的时间，该请求用于从另一个 DHCP 服务器上扩展租用时间。DHCP 规范 RFC 2131 文档将 T2 的默认值定义为：

`0.875 *` 租用周期

如果 DHCP 客户端没有收到重新绑定请求的应答，DHCP 客户端就减少当前绑定时间与租用过期时间之间的剩余时间，并进行重试。DHCP 客户端持续重试绑定过程，直到离租用过期时间还有一分钟为止。如果客户端在更新租用时不成功，那么在租用时间过期时就必须放弃所使用的地址，并重新初始化（使用源 IP 地址 0.0.0.0，从头启动 DHCP 发现过程）。

图 7-7 展示了租用时间、T1、T2 以及最终的地址过期时间之间的关系。

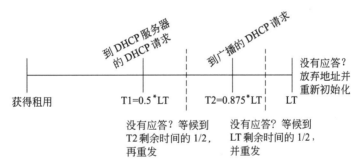

图 7-7　DHCP 时间轴包括租用时间（LT）、更新时间（T1），以及重新绑定时间（T2）

图 7-8 给出了在最终放弃和重新初始化之前执行更新和重新绑定过程的客户端的概要。正如在该图中看到的那样，直接到 DHCP 服务器的重复 DHCP 通信表明 DHCP 客户端正处于更新过程中。当我们看到客户端开始从一个有效 IP 地址开始发送广播时，我们可以认为客户端现在正处于重新绑定过程中。最后，当重新绑定过程失败时，客户端将其源 IP 地址修改为 0.0.0.0，并且它必须重新广播 DHCP 发现数据包。

DHCP 地址释放过程

尽管规范没有要求，客户端也应该通过向服务器发送 DHCP 释放（Release）数据包来释放其地址（称为释放过程）。DHCP 释放数据包使用 UDP 发送，DHCP 服务器不发送任何确认。如果客户端没有发送 DHCP 释放数据包，那么在租用时间到期时 DHCP 服务器自动释放该地址。

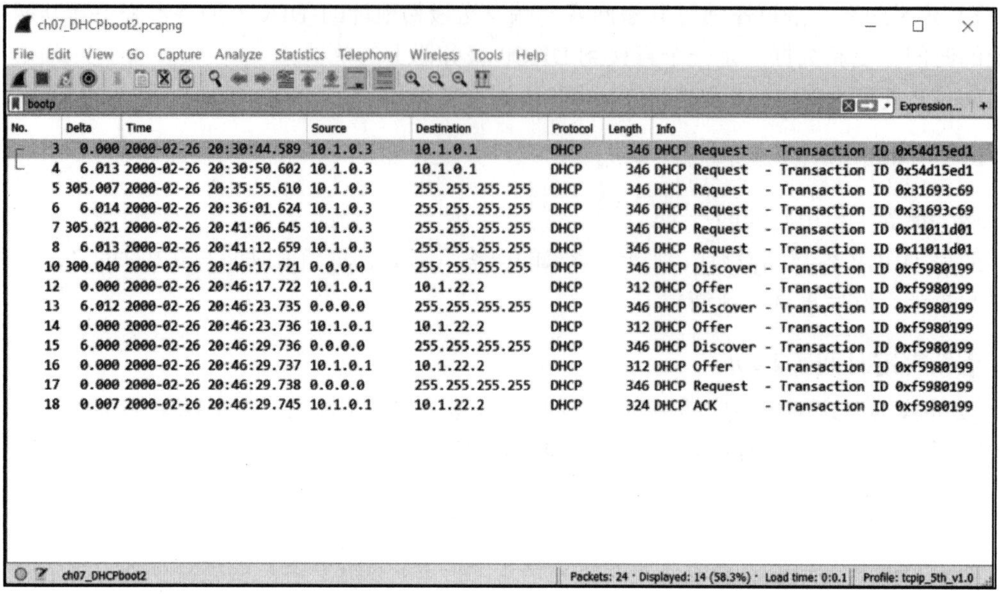

图 7-8　DHCP 更新、重新绑定和重新初始化的过程

在 Windows 环境下，ipconfig 命令同时包含了/release 和/renew 选项，/release 强制使用 DHCP 得到其地址的任何主机释放这个地址，/renew 发出更新现有地址租用期的请求。

> 无论什么时候，只要 DHCP 客户端释放其 IP 地址租用，随后就自动引发立即启动 DHCP 发现过程。这一做法基于下面的假定：任何工作网络接口都需要 IP 地址来完成其预定功能——事实上，这是一个要被完全确保的假定。

DHCP 数据包结构

在这一节中，我们讨论 DHCP 数据包结构，并定义字段值和选项。图 7-9 展示了标准 DHCP 数据包结构。

- 操作码（OPCODE）或消息类型字段：1 字节字段，表明该数据包是 DHCP 请求（0x01）还是 DHCP 应答（0x02）数据包。请求或应答类型的细节作为消息类型定义在 DHCP 选项节中。更多详细内容请参看本章后面的内容。
- 硬件类型字段：1 字节字段，标识硬件地址类型并匹配分配给 ARP 硬件类型定义的值。硬件地址类型列表由 IANA 定义，并在 www.iana.org 上维护。值 1 表明硬件为 10MB 以太网。
- 硬件长度字段：1 字节字段，表明硬件地址的长度。例如，值 6 用于 10 MB 以太网，表明 6 个字节的硬件地址。
- 跳数字段：这个字段被客户端设置为 0，可以被中继代理使用，它们协助客户端获取 IP 地址和/或配置信息。更多详细信息，请参看本章后面的内容。
- 事务 ID 号字段：4 字节字段，包含了一个由客户端选择的随机数，并被用于匹配客户端与服务器之间的请求和应答。

图 7-9　DHCP 数据包结构

- 启动以来的时间秒数或已流失时间秒数字段：2 字节字段，表明从客户端开始请求新地址或从现有地址更新以来已经过去的时间秒数。
- 标志字段：2 字节，该字段的第一位能够被设置为 1 来表明 DHCP 客户端在 IP 软件被完全配置之前不能接受单播 MAC 层数据报。正像本章前面所描述的那样，DHCP 客户端广播初始发现数据包。DHCP 服务器能够使用单播或多播提供（Offer）数据包进行应答。在图 7-4 中，服务器使用单播数据包做出应答。

  如果客户端不能够接受这些单播数据包，它就将标志字段中的广播位设置为 1。如果 DHCP 服务器或中继代理向客户端发送单播数据包，那么它可以丢弃它。这个两字节字段的其他位被设置为 0。
- 客户端 IP 地址字段：4 字节字段，DHCP 客户端在分配了 IP 地址和绑定到 IP 栈之后将这个 IP 地址填充到该字段中。这个字段也在更新和重新绑定状态期间被填充。但是，当 DHCP 客户端首次启动时，这个字段被填充为 0.0.0.0。
- 你的 IP 地址字段：4 字节字段，包含了 DHCP 服务器提供的地址。只有 DHCP 服务器能够填充这个字段。
- 服务器 IP 地址字段：4 字节字段，包含了启动过程中使用的 DHCP 服务器的 IP 地址。DHCP 服务器将其地址放在这个字段中。
- 网关 IP 地址字段：4 字节字段，包含了 DHCP 中继代理的地址，如果使用代理的话。
- 客户端硬件地址字段：16 字节字段，包含了客户端的 MAC 地址。DHCP 服务器一旦接收到这个地址，它将被维持，并与分配给客户端的 IP 地址相关联。一旦这个字段被认为不够用的话，客户端标识符（Client Identifier）选项（61）可以被用于提供机器的唯一标识。

- 服务器主机名称字段：64 字节字段，能够包含服务器主机名称，但这样的信息是可选信息。这个字段能够包含空结尾字符串（全 0）。
- 启动文件字段：这个字段包含可选的启动名称或空结尾字符串。
- DHCP 选项字段：用于可选参数（参见下面的介绍）。

DHCP 选项字段

DHCP 选项用于扩展包含在 DHCP 数据包中的数据。表 7-1 列出了 DHCP 选项。随着你对这个表格的浏览，你将开始认识到 DHCP 的强大。

表 7-1　DHCP 选项

标　记	名　　称	长度	意　　义
0	Pad	0	无
1	Subnet Mask	4	子网掩码值
2	Time Offset	4	来自 UTC、以秒为单位的时间偏移量
3	Router	N	N/4 路由器地址
4	Time Server	N	N/4 时间服务器地址
5	Name Server	N	N/4 IEN-116 服务器地址
6	Domain Server	N	N/4 DNS 服务器地址
7	Log Server	N	N/4 日志服务器地址
8	Quotes Server	N	N/4 引语服务器地址
9	LPR Server	N	N/4 打印服务器地址
10	Impress Server	N	N/4 Impress 服务器地址
11	RLP Server	N	N/4 RLP 服务器地址
12	Hostname	N	主机名称字符串
13	Boot File Size	2	启动文件长度，以 512 字节块为单位
14	Merit Dump File	N	客户端转储和命名的要转储文件
15	Domain Name	N	客户端的 DNS 域名
16	Swap Server	N	交换服务器地址
17	Root Path	N	根磁盘的路径名
18	Extension File	N	用于更多 BOOTP 信息的路径名
19	Forward On/Off	1	打开/关闭 IP 转发
20	SrcRte On/Off	1	打开/关闭源路由
21	Policy Filter	N	路由策略过滤器
22	Max DG Assembly	2	最大数据报重组长度
23	Default IP TTL	1	默认的 IP 生存时间
24	MTU Timeout	4	路径 MTU 老化超时
25	MTU Plateau	N	路径 MTU Plateau 表
26	MTU Interface	2	接口 MTU 长度
27	MTU Subnet	1	所有子网都是本地子网
28	Broadcast Address	4	广播地址

标　记	名　　称	长度	意　　义
29	Mask Discovery	1	执行掩码发现
30	Mask Supplier	1	向其他需要者提供掩码
31	Router Discovery	1	执行路由器发现
32	Router Request	4	路由器恳求地址
33	Static Route	N	静态路由表
34	Trailers	1	尾部封装
35	ARP Timeout	4	ARP 缓冲区超时
36	Ethernet	1	以太网封装
37	Default TCP TTL	1	默认 TCP 生存时间
38	Keepalive Time	4	TCP 保持活动时间间隔
39	Keepalive Data	1	TCP 保持活动垃圾数据
40	NIS Domain	N	NIS 域名
41	NIS Servers	N	NIS 服务器地址
42	NTP Servers	N	NTP 服务器地址
43	Vendor Specific	N	厂商专用信息
44	NETBIOS Name Srv	N	NETBIOS 名称服务器
45	NETBIOS Dist Srv	N	NETBIOS 数据报分发
46	NETBIOS Node Type	1	NETBIOS 结点类型
47	NETBIOS Scope	N	NETBIOS 范围
48	X Window Font	N	X Window 字体服务器
49	X Window Manager	N	X Window 显示管理器
50	Address Request	4	所请求的 IP 地址
51	Address Time	4	IP 地址租用时间
52	Overload	1	覆盖"sname"或"file"字段
53	DHCP Msg Type	1	DHCP 消息类型
54	DHCP Server Id	4	DHCP 服务器标识
55	Parameter List	N	参数请求列表
56	DHCP Message	N	DHCP 出错消息
57	DHCP Max Msg Size	2	DHCP 最大消息长度
58	Renewal Time	4	DHCP 更新（T1）时间
59	Rebinding Time	4	DHCP 重新绑定时间（T2）
60	Class ID	N	类标识符
61	Client ID	N	客户端标识符
62	NetWare/IP Domain	N	NetWare/IP 域名
63	NetWare/IP Option	N	NetWare/IP 子选项
64	NIS-Domain-Name	N	NIS+ v3 客户端域名
65	NIS-Server-Addr	N	NIS+ v3 服务器地址

续表

标 记	名 称	长度	意 义
66	Server-Name	N	TFTP 服务器名称
67	Bootfile-Name	N	启动文件名
68	Home-Agent-Addrs	N	宿主代理地址
69	SMTP-Server	N	简单邮件服务器地址
70	POP3-Server	N	邮局服务器地址
71	NNTP-Server	N	网络新闻服务器地址
72	WWW-Server	N	WWW 服务器地址
73	Finger-Server	N	Finger 服务器地址
74	IRC-Server	N	Chat 服务器地址
75	StreetTalk-Server	N	StreetTalk 服务器地址
76	STDA-Server	N	ST 目录协助地址
77	User-Class	N	用户类信息
78	Directory Agent	N	目录代理信息
79	Service Scope	N	服务位置代理范围
80	Naming Authority	N	命名认证
81	Client FQDN	N	完整限定域名
82	Relay Agent Information	N	中继代理信息
83	Agent Remote ID	N	代理远程 ID
84	Agent Subnet Mask	N	代理子网掩码
85	NDS Servers	N	Novell 目录服务
86	NDS Tree Name	N	Novell 目录服务
87	NDS Context	N	Novell 目录服务
88	IEEE 1003.1 POSIX	N	IEEE 1003.1 POSIX 时区
89	FQDN	N	完整限定域名
90	Authentication	N	认证
91	Vines TCP/IP	N	Vines TCP/IP 服务器选项
92	Server Selection	N	服务器选择选项
93	Client System	N	客户端系统架构
94	Client NDI	N	客户端网络设备接口
95	LDAP	N	轻型目录访问协议
96	IPv6 Transitions	N	IPv6 过渡
97	UUID/GUID	N	基于 UUID/GUID 的客户端标识符
98	User-Auth	N	公开组的用户认证

*长度栏中的"N"表示变化的数字。

DHCP 选项的完整列表可以在 IANA Web 网站上找到（http://www.iana.org/assignments/bootp-dhcp-parameters）。

DHCP 选项 53：消息类型

只有一个在所有 DHCP 数据包中都需要的 DHCP 选项——选项 53：消息类型。这一选项必须表明任何 DHCP 消息的通用类型。

表 7-2 列出了 8 个 DHCP 消息类型。

表 7-2　DHCP 消息类型

编　号	消息类型	描　　述
0x01	DHCP 发现	DHCP 客户端发送，用于定位可用服务器
0x02	DHCP 提供	DHCP 服务器发送到 DHCP 客户端，以便响应消息类型 0x01（这个数据包包含了所提供的地址）
0x03	DHCP 请求	DHCP 客户端发送给 DHCP 服务器，从特定服务器请求提供参数——在数据包中定义该服务器
0x04	DHCP 拒绝	DHCP 客户端发送给 DHCP 服务器，指示无效参数
0x05	DHCP 确认	DHCP 服务器发送到 DHCP 客户端，带有配置参数，包括已分配网络地址
0x06	DHCP 无应答	DHCP 客户端发送给 DHCP 服务器，拒绝配置参数请求
0x07	DHCP 释放	DHCP 客户端发送给 DHCP 服务器，放弃网络地址并取消剩余的租用
0x08	DHCP 通告	DHCP 客户端发送给 DHCP 服务器，仅仅请求配置参数（客户端已经拥有 IP 地址）

如前所述，DHCP 启动序列使用下述消息类型：

- DHCP 消息类型 1：发现（客户端到服务器）。
- DHCP 消息类型 2：提供（服务器到客户端）。
- DHCP 消息类型 3：请求（客户端到服务器）。
- DHCP 消息类型 5：确认（服务器到客户端）。

这一消息序列代表了客户端第一次请求地址或者客户端必须协商新的租用时所发生的交换过程。

由于 ipconfig 参数/release、/renew、/showclassid，以及/setclassid 都涉及 DHCP，因此它们每一个参数都与一个或多个 DHCP 消息类型相关联（除了几个其他选项之外，主要在 DHCP 消息类型 3 的上下文环境中）。

DHCP 中的广播和单播

当你考察 DHCP 通信时，你将注意到它们使用了一种陌生的混合多播和单播寻址方式。DHCP 客户端必须广播服务请求，直到它们成功完成 DHCP 发现、提供、请求、确认过程后获得 IP 地址为止。DHCP 客户端在其获得本地 DHCP 服务器或中继代理的地址之后使用单播寻址。这一完整行为在 RFC 2131 中给出了描述。

DHCP 服务器检查来自客户端的 DHCP 数据包，确定在其响应中应该使用广播还是单播数据包。

表 7-3 分类给出了什么时候 DHCP 服务器使用广播、什么时候 DHCP 服务器使用单播。

表 7-3　DHCP 广播和多播规则

网关 IP 地址设置	客户端 IP 地址	设置使用地址
非零	不可用	来自 DHCP 服务器的单播数据包到中继代理上
0	非零	单播 DHCP 提供和 DHCP 确认消息到客户端 IP 地址
0	0	[广播位设置] DHCP 服务器广播 DHCP 提供和 DHCP 确认消息到 0xFF.FF.FF.FF 上
0	0	[广播位未设置] DHCP 服务器单播 DHCP 提供和 DHCP 确认消息到客户端 IP 地址上，并且其值包含在你的 IP 地址字段

使用 DHCP 中继代理通信

DHCP 启动过程严重依赖于广播，但绝大多数路由器并不转发广播。这就迫使在每一个网络段上都需要一个 DHCP 服务器，或者在没有直接连接 DHCP 服务器的网络段上使用中继代理将发现广播发送给远程 DHCP 服务器。

中继代理功能通常在连接到包含 DHCP 客户端的网络段的路由器上加载。这个中继代理设备被配置为 DHCP 服务器地址，并能够使用单播数据包直接与该服务器通信。

图 7-10 展示了支持 DHCP 中继代理的网络的通用设计。

图 7-10　在路由器上使用 DHCP 中继代理软件的网络配置

在图 7-10 中，DHCP 客户端在网络 10.2.0.0 上广播 DHCP 发现消息。路由器被配置为使用 DHCP 中继代理软件。这个中继代理收到 DHCP 广播，并代表 DHCP 客户端向位于 10.1.0.1 的 DHCP 服务器发送一个单播数据包。中继代理在 DHCP 发现数据包中包含了 DHCP 客户端的硬件地址。还要注意，中继代理从其在 DHCP 客户端所在网络的 IP 地址（10.2.99.99）发送这个请求。

DHCP 服务器注意到了 IP 源地址，并使用这一信息确定真正的请求者所在的 IP 网络。DHCP 服务器直接对 DHCP 中继代理做出响应，反过来，中继代理再应答 DHCP 客户端。

图 7-11 展示了在支持 DHCP 中继代理的网络上的通信序列。

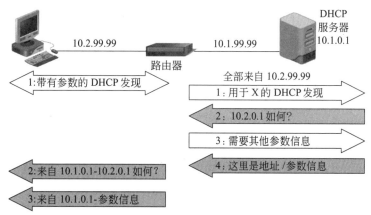

图 7-11　DHCP 中继通信过程

7.4　IPv6 自动配置

　　IPv6 自动配置有两种基本方法：无状态和有状态。**无状态自动配置**（Stateless Autoconfiguration）只为所有进入者展示所需的路由器信息。IPv6 的 DHCP 称为 DHCPv6，被认为是**有状态自动配置**（State Autoconfiguration），因为 DHCPv6 服务器维护其可用地址池的状态情况，对客户的网络是否可用，以及各种其他参数。每种方法都有其优缺点，如下所述。

　　尽管自动配置主要是针对主机而不是路由器的，但链路上的所有网卡，包括所连接的路由器的网卡，在初始化时，都必须至少进行一次重复地址检测。

7.4.1　IPv6 自动配置的类型

　　本节将介绍无状态自动配置、有状态自动配置，以及这两者的组合。

无状态地址自动配置

　　对于支持多播的网络段和结点，RFC 4862 建议了几种工具，以支持所连接结点的无状态自动配置。邻居发现协议允许把路由器配置为在主机加入网络链路时，只提供主机所需的最少信息。这些信息包括网络段的网络前缀与路由器自己的地址，还可能包括该网络段的 MTU，以及各种路由器的最佳"最大跳数"。

　　路由器不会提供其他任何信息，例如 DNS 服务器地址。如果需要这种信息，路由器可以把使用无状态自动配置的结点，定向到 DHCP 服务器，以获得结点完成其配置所需的其他信息。这就是无状态与有状态自动配置的组合，后面将详细介绍。

　　当网卡在 IPv6 网络段或链路上初始化时（通常是在结点启动时），首先配置其自己的本地链路地址。这意味着要计算它自己的 64 网卡标识符（使用 EUI-64 或专用方法，这两者方法将在本章后面介绍），并通过把该网卡标识符添加到已知本地链路的网络前缀 FE80::（定义在 RFC 4291）后面来构成本地链路地址。

在进行重复地址检测时，主机（而不是路由器）还将发送一条路由器请求消息，提示所有相连接的路由器发送路由器公告消息。尽管路由器会定期地发送路由器公告消息，但主机也可以主动发送一条或多条路由器请求消息，以便"加速"确定某个 IPv6 路由器是否真的在网络段中，从而可以使用路由器公告消息中的地址配置参数（标志）。路由器可以提供一个网络前缀，以便主机的网卡标识符添加到该网络前缀中，创建一个"全局"单播地址。IPv6 主机知道，有可能会有多个对路由器请求消息的响应，从而需要对这些响应进行缓存，并对来自多个相连接的路由器的响应结果进行更新。如果在本地链路中没有路由器，主机就应使用有状态自动配置方法，例如 DHCPv6。

为了预防欺骗攻击，当主机遇到某个路由器公告消息试图把其合法生命时间设置为小于两小时的值时，主机就使用默认值两小时。这里有一个例外是当路由器公告消息使用 IPv6 认证首部时。如果某个路由器公告消息是经过认证的，那么结点就按指定更新其地址的合法生命时间。

有关邻居发现的功能，以及路由器公告消息中可用的特定标志，请参见第 6 章。

图 7-12 显示了一个 ICMPv6 路由器公告数据包，其中无状态地址自动配置的结点的 A 和 L 标志设置为"开"。

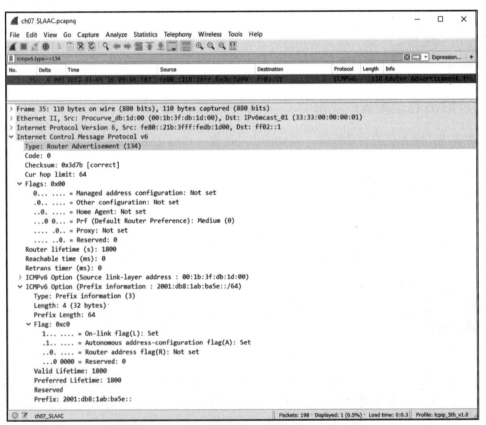

图 7-12　ICMPv6 路由器公告数据包——SLAAC

有状态地址自动配置

路由器可能会配置为不在路由器公告消息中提供网络前缀,而是为主机提供一些标志,以便通过 DHCPv6 获得 IPv6 地址。从基本任务和大致框架来说,DHCPv6 很像 IPv4 中的 DHCPv4。DHCPv6 和 DHCPv4 都是配置主机的有状态方法。两者都依靠专用服务器来存储主机及其 IP 以及其他配置参数的信息数据库。主机作为客户端连接到 DHCP 服务器,并下载设置 IP 所需的信息。

除了在地址本身长度和格式的明显不同之外,DHCPv6 与之前的版本还有一些重要的不同。最重要的可能是,无须 DHCPv6 的帮助,IPv6 结点至少也能获得一个本地地址。实际上这就意味着,所有 DHCPv6 客户端都是功能完整的主机,可以利用多播请求消息来主动地搜索服务器。例如,DHCPv6 客户端可以发现它们的 DHCPv6 服务器是否在本地链路上。此外,它们还可以使用本地链路上的中继服务器接收来自离线服务器的配置信息。与 DHCPv4 另一个重要的不同是,DHCPv6 服务器不会为主机提供默认网关地址。主机是从路由器公告消息中获得这种信息的。

在有状态自动配置操作中,路由器设置其路由器公告消息的 A 标志为“关”,M 和 O 标志为“开”,告知主机可以从 DHCPv6 服务器获得其 IPv6 地址。然后,主机发送 DHCPv6 请求消息,以便定位 DHCPv6 服务器,获得地址以及 DHCPv6 服务器可能提供的其他信息,例如 DNS 服务器地址。

在 IPv6 网络中,DHCPv6 还具有一些与无状态自动配置相同的基本特性。所有自动配置的地址都是租借的,为名称租借更新使用的是相同的“双重生命时间”。IPv6 下的所有网卡自动支持多地址(有时候是多个全局地址,且总有一个本地地址)。要支持动态重新编号,不论使用哪种自动配置的 IPv6 主机都必须不断侦听路由器公告消息,该消息可能包括:

- 新的和(或)更新的计时器信息。
- 一些标志,这些标志可以指示主机配置或开始使用新地址。

从路由器公告消息接收了新的或更新信息后,IPv6 主机开始执行一个进程,根据接收到的或已知的计时器信息,停止使用旧地址,按要求开始使用新地址。

通常,可以把 DHCPv6 设置为动态更新 DNS 记录。这是维护高效路由的关键部分。网络可以重新编号,且这些重新编号的信息将快速地反映在 DNS 中,从而免除(或者至少是减轻)了整个自动重新编号中最繁重的工作,从而避免出现数据流中断的情况。

图 7-13 显示了一个 ICMPv6 路由器公告数据包,其中,有状态自动配置结点的 A 和 L 标志设置为“关”,M 和 O 标志设置为“开”。

有状态与无状态地址自动配置的组合

无状态自动配置可以单独使用,也可以与有状态自动配置一起使用,例如 DHCPv6,那么,就可以称它为 DHCPv6 无状态自动配置。本地链路中的路由器可以配置为提供指向 DHCPv6 服务器的指针,这些服务器可以只提供一些其他类型的网络配置信息,例如 DNS 和时间服务器地址。在这种情况下的路由器配置为,其路由器公告消息的 A 和 L 标志设置为“开”,M 标志设置为“关”,O 标志设置为“开”。路由器为主机提供网络前缀,DHCPv6 服务器为主机提供 DNS 服务器信息。这很像通常的部署策略,因为此时,路由器并没有准备向主机提供 DNS 服务器信息。RFC 6106 指出,路由器可以为 DNS 服务器地址提供一个字段，但在编写本书时，该文档还没有标准化。

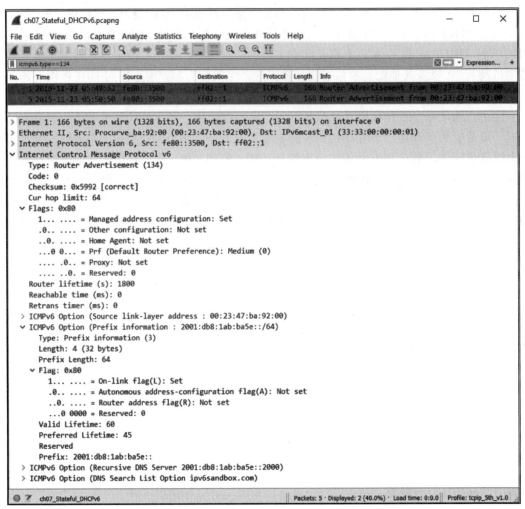

图 7-13　ICMPv6 路由器公告数据包——有状态自动配置

　　图 7-14 显示为结点的 DHCPv6 无状态地址自动配置提供信息的 ICMPv6 路由器公告数据包，其中，A、L 和 O 标志设置为"开"，M 标志设置为"关"。

　　表 7-4 描述了 IPv6 地址自动配置选项，在路由器公告（RA）消息中设置些什么标志，网络前缀从何而来，结点网卡标识符从何而来，以及其他选项（例如 DNS 服务器地址）从何而来。

表 7-4　IPv6 地址自动配置选项

地址自动配置方法	RA 的 ICMP 字段		RA 的前缀信息选项		前缀来自	网卡标识符来自	其他配置选项
	M 标志	O 标志	A 标志	L 标志			
SLAAC	0	0	1	1	RA	M-EUI-64 或专用	手工
有状态（例如 DHCPv6）	1	1	0	1	DHCPv6	DHCPv6	DHCPv6

续表

地址自动配置方法	RA 的 ICMP 字段		RA 的前缀信息选项		前缀来自	网卡标识符来自	其他配置选项
	M 标志	**O 标志**	**A 标志**	**L 标志**			
SLAAC 和 DHCPv6 的组合	0	1	1	1	RA	M-EUI-64 或专用	DHCPv6
无状态与 DHCPv6 的组合（将得到 3 个 IPv6 地址	1	1	1	1	RA 和 DHCPv6	M-EUI-64 或专用，DHCPv6	DHCPv6

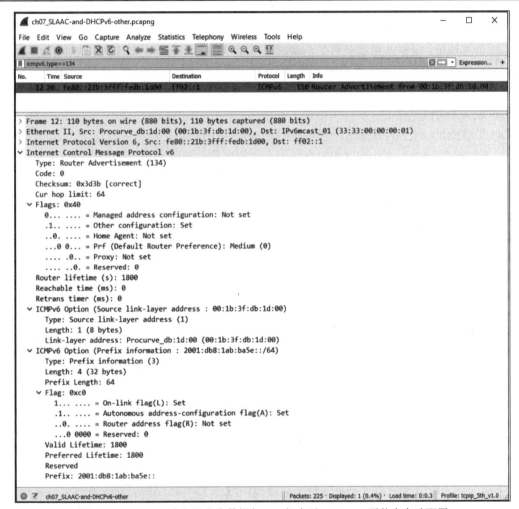

图 7-14　ICMPv6 路由器公告数据包——组合了 DHCPv6 无状态自动配置

7.4.2　IPv6 自动配置的地址的功能状态

IPv6 自动配置的地址的功能状态与 IPv4 中的区别很大。在 IPv4 中，必须手工给网络中的主机重新编号（是耗时间的方法），或从 DHCP 服务器获得地址，但在已有的计时器过期之前，要等几个小时到几天。IPv6 地址自动配置非常有价值，因为它可以让你在路由器公告消息中配置生命时间计时器，从而自动地进行全部重新编号，大大地减少了等待时间。

功能状态可以认为是试验性的、最佳的或废弃的。根据生命时间计时器的配置，地址可以认为是合法的或不合法的。下面是每种地址的介绍（按操作顺序）。

- 试验性地址：出现在结点初始化 IPv6 网络段或链路上的网卡时，以便配置其自己的本地链路地址。要验证这种"试验性"地址是在本地链路中真正唯一的，结点发送一条以该地址为目的地的结点请求消息。如果另一个结点做出了响应，结点必须停止自动配置本地链路地址，且必须随后手工进行配置。如果没有发现重复地址，那么该地址现在就是合法地址，结点把该地址分配给网卡。这种验证过程就是重复地址检测，参见第 6 章的介绍。如果在试验阶段，结点接收到发往该地址的数据包，那么结点就应丢弃这些数据包（除非这些数据包是与重复地址检测过程有关的）。

- 合法地址：根据路由器公告的前缀信息选项中的合法生命时间字段，或 DHCPv6 IA 地址选项中的合法生命时间字段，地址是可用的，这些地址可以是最佳或被废弃的。合法生命时间值必须等于或大于最佳生命时间值。当合法生命时间过期，地址也就成为不合法的了。

- 最佳地址：对于所有通信，根据路由器公告的前缀信息选项中的合法生命时间字段，或 DHCPv6 IA 地址选项中的合法生命时间字段，地址是可用的。当最佳生命时间过期，但合法生命时间仍然合法时，地址就被废弃。

- 废弃地址：该地址允许结点在更新地址的租用时，仍然能继续发挥作用。废弃地址可以使用，但在地址被废弃之前，不能用于除会话完成之外的任何地方。但是，在废弃状态下，如果结点初始化了一个新会话，主机将继续接收和发送数据流。当合法生命时间过期时，该地址就成为不合法的了。

- 不合法地址：当合法生命时间过期时，该地址既不能用作源地址，也不能用作目的地址。

7.4.3 结点网卡标识符

用于 IPv6 寻址的结点网卡标识符（ID），可用来确保 IPv6 地址对其他所有 IPv6 地址来说是唯一的，这些标识符通常是 64 位长。结点网卡标识符可以从不同的渠道来构建，最常见的 3 种是：修订的 EUI-64 格式、创建一个 64 位数的随机数生成器以及加密生成地址过程。在计算出网卡标识符后，就将利用各种自动配置选项，继续进行创建完整 IPv6 地址的过程。

修订的 EUI-64 定义在 RFC 4291 中，是基于 IEEE 定义的 64 位扩展唯一标识符（EUI-64），其中，在 MAC 地址的最左边 3 字节与最右边 3 字节之前，用 0xFF 和 0xFE 进行填充。此外，首字节的第 7 个位（称为 u 或通用/本地位）被颠倒，允许地址表示通用范围。这种"通用范围"还没有定义特定的用途，留作以后使用。

RFC 4291 还介绍了在不具有 48 位 MAC 地址的网卡上创建网卡标识符，例如串行链路和隧道端点。

创建主机网卡标识符的另一种方法在 RFC 4941 中进行了讨论，该文档介绍了使用随机数生成器来计算一个唯一的 64 位数。该文档还讨论了没有 MAC 地址的网卡如何使用这种过程，以及使用这种方法作为一种安全措施，因为修订后的 EUI-64 方法使用网卡的 MAC 地址作为 IPv6 地址的一部分，从而使得可以探测结点。

最新的 Microsoft 操作系统（Windows 7、Windows 10 和 Windows Server 2012 R2）默认情况下，使用随机数生成器方法来创建标识符。这种功能可以用命令行来禁用：netsh interface ipv6 set global randomizeidentifiers = disabled。此时，操作系统为主机的所有网卡标识符使用修订的 EUI-64 方法。

图 7-15、图 7-16 和图 7-17 显示了 Windows 10 客户端中的随机化标识符选项的默认设置，如何把默认启用改为禁用，以支持修订的 EUI-64 格式，以及在客户端网卡启用网络配置新的本地链路地址后 ipconfig 的输出。

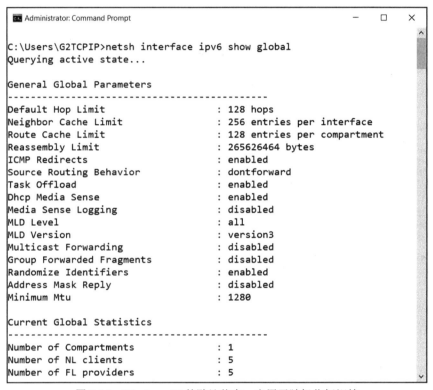

图 7-15　Windows 10 的默认状态，启用了随机化标识符

RFC 4941 还约定，使用 SLAAC 作为其自动配置方法的结点，将计算一个额外的 IPv6 地址（称为"临时"地址），并把该地址赋为"最佳"状态。该地址用于来自结点的所有出站通信。为了安全性的需要，还会定期重新计算临时地址。但是，在实际的部署中，如果网络中不同的结点不停地改变其 IPv6 地址，出现故障就很难诊断。RFC 4941 约定，结点软件应可以禁用临时地址的创建过程。通常，这种功能默认是启用的。图 7-17 显示了 ipconfig 的输出，其中就配置了临时 IPv6 地址。

对于那些关心安全性的，有一种方法来创建网卡标识符，即加密生成地址（CGA）过程（定义在 RFC 3972 中）。该过程的工作原理是，生成结点（公钥与私钥对中的）公钥的加密散列以及网络前缀（由路由器公告消息提供的）。然后，使用私钥为发自结点的消息进行签名。在这种环境下，网络上不需要公钥基础设施（PKI）。

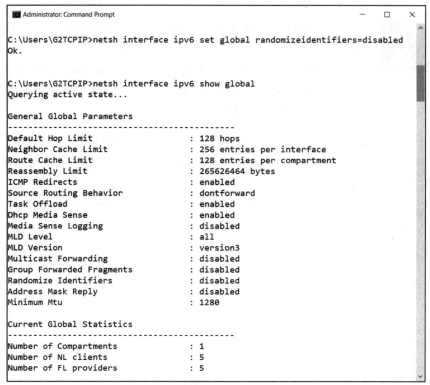

图 7-16　禁用随机化标识符以支持修订的 EUI-64 格式

```
Administrator: Command Prompt                                          —    □    ×

Ethernet adapter Ethernet 3:

    Connection-specific DNS Suffix  . : ipv6sandbox.com
    Description . . . . . . . . . . . : ASIX AX88772 USB2.0 to Fast Ethernet Adapter #2
    Physical Address. . . . . . . . . : 00-14-D1-DA-95-C1
    DHCP Enabled. . . . . . . . . . . : Yes
    Autoconfiguration Enabled . . . . : Yes
    IPv6 Address. . . . . . . . . . . : 2001:db8:1ab:ba5e:214:d1ff:feda:95c1(Preferred)
    Temporary IPv6 Address. . . . . . : 2001:db8:1ab:ba5e:7d3e:317d:48de:68f4(Preferred)
    Link-local IPv6 Address . . . . . : fe80::214:d1ff:feda:95c1%16(Preferred)
    IPv4 Address. . . . . . . . . . . : 10.1.0.100(Preferred)
    Subnet Mask . . . . . . . . . . . : 255.255.255.0
    Lease Obtained. . . . . . . . . . : Monday, November 23, 2015 7:19:37 AM
    Lease Expires . . . . . . . . . . : Monday, November 23, 2015 7:49:37 AM
    Default Gateway . . . . . . . . . : fe80::3500%16
                                        10.1.0.1
    DHCP Server . . . . . . . . . . . : 10.1.0.200
    DHCPv6 IAID . . . . . . . . . . . : 268440785
    DHCPv6 Client DUID. . . . . . . . : 00-01-00-01-1D-9A-FF-47-CC-3D-82-D1-61-F4
    DNS Servers . . . . . . . . . . . : 2001:db8:1ab:ba5e::2000
                                        10.1.0.200
    NetBIOS over Tcpip. . . . . . . . : Enabled
    Connection-specific DNS Suffix Search List :
                                        ipv6sandbox.com
```

图 7-17　显示客户端中修订的 EUI-64 IPv6 地址

　　为了使由 CGA 计算而来的地址能在网络上工作，必须在网络上运行安全邻居发现（Secure Neighbor Discovery，SEND）协议，如 RFC 3971 所述。该协议为邻居发现进行密钥交换提供了额外的字段。

　　然而，目前很少有操作系统支持 SEND，因此，很难在网络上部署 CGA。此外，CGA

是很耗 CPU 的，很容易受发往启用了 SEND 的结点的邻居请求泛洪攻击，使得它试图去处理所有公钥操作，从而降低系统的运行速度。

7.4.4　DHCPv6

DHCPv6 定义在 RFC 3115 中。然而，其他一些 RFC（例如 4861、4862 以及相关的更新文档）也定义了完整操作该过程所需的一些组件。正如本章前面所述，路由器需要某些配置信息，以便支持有状态自动配置，或无状态与有状态自动配置的组合。DHCPv6 服务与路由器公告配置为系统提供了支持有状态自动配置所需的信息。这里也不要求 DHCPv6 服务器对所有主机都是在线的，在路由器上配置的 DHCPv6 中继服务，可以把客户端的 DHCPv6 请求转发给 DHCPv6 服务器，服务器也可以用恰当的 IPv6 地址进行响应。

在 IPv4 中使用的是 DHCP，而 DHCPv6 使用的是不同的 UDP。客户端在 UDP 端口 546 上侦听 DHCPv6 消息，而服务器和中继代理则在 UDP 端口 547 上侦听 DHCPv6 消息。

DHCPv6 使用如下两个特殊的多播地址：

- FF02::1:2——是一个链路范围内的多播地址，客户端用来位于同一组中的在线服务器和中继代理进行通信。
- FF05::1:3——是一个站点范围内的多播地址，中继代理用来与服务器以及同一组中的服务器进行通信。

在 DHCPv6 中，IPv6 地址不会与 MAC 地址进行绑定，而在 DHCPv4 中则会进行绑定。IPv6 地址与 **DHCP 唯一标识符**（DHCP Unique Identifier，DUID）进行绑定。DUID 必须是全局唯一的，每个客户端和服务器都必须有一个 DUID，而且，在初始分配后，即使是硬件发生了改变，DUID 也不能改变。

由于 IPv6 地址绑定到了 DUID，DHCPv6 绑定表或日志文件对故障诊断可能就没有什么帮助了，因为 DUID 中没有能唯一标识特定硬件网卡或设备的信息。

DUID 定义了以下 3 种类型（未来可能会定义更多的 DUID 类型）：

- DUID-LLT：链路层地址加时间。
- DUID-EN：由生产商分配的基于企业编号的唯一标识符。
- DUID-LL：链路层地址。

IPv6 寻址的另一个不同点是**身份关联**（Identity Association，IA）。IA 是服务器和客户端用于标识和管理一组 IPv6 地址的一种机制。它由**身份关联标识符**（Identity Association Identifier，IAID）和相关的配置信息构成。每个主机对其所拥有的网卡都必须有一个唯一的 IAID。主机启动以后，某个 IA 的 IAID 必须维持不变。

当主机往 DHCPv6 服务器发送一条请求消息时，客户端同时还要提供分配给发送该消息的网卡的 IAID。DHCPv6 捕获并在租借表中存储 IAID。图 7-18 显示了 Windows Server 2012 R2 中 DHCPv4 与 DHCPv6 的租借表。

当网络需要重新分配地址时，IPv6 地址自动配置的强大性就能体现出来，它对网络操作的影响非常小。通过修改计时器值和路由器的路由器公告配置中的网络前缀（如果需要），并在 DHCPv6 服务器中创建新的范围，当具有自动配置地址的每台主机都接收路由器公告时，就会更新计时器，使得"旧"地址慢慢被废弃，开始使用"新"地址进行新的通信。

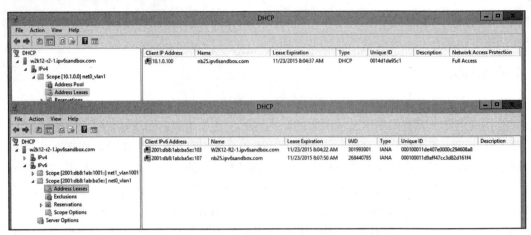

图 7-18　Windows Server 2012 R2 的 DHCP 地址租借表

DHCPv6 消息

在主机、服务器与中继代理之间，有大量的 DHCPv6 消息类型。表 7-5 描述了 DHCPv6 消息格式字段，以及这些字段在结点与服务器之间的消息中的值。

表 7-5　结点与服务器之间的消息中的 DHCPv6 消息格式字段

字段	描　　述
消息类型	1 字节字段，定义了在结点、服务器与中继代理之间发送的消息。详细信息参见表 7-6
事务处理 ID	3 字节字段，构成了某个消息交换的事务处理 ID
选项	可变长字段，由结点发送用来请求 IPv6 地址和其他可能的信息，例如 DNS 地址

图 7-19 显示了结点与服务器之间的 DHCPv6 消息格式。

消息类型	事务处理ID
选项（可变长）	

图 7-19　结点与服务器之间的 DHCPv6 消息格式

表 7-6 列出了 DHCPv6 消息类型、消息类型的各种数值、哪个设备发送和接收该消息，以及消息的描述。

表 7-6　IPv6 的 DHCPv6 消息类型

消 息 类 型	值	来自	发往	描　　述
SOLICIT	1	结点	服务器	由结点发送的，用于定位 DHCPv6 服务器
ADVERTISE	2	服务器	结点	由服务器发送的，用于响应结点的请求消息
REQUEST	3	结点	服务器	由结点发送的，用于请求 IPv6 地址以及其他可能的信息，如 DNS 地址
CONFIRM	4	结点	服务器	由结点发送给服务器的，用于验证它拥有的地址在连接的链路上仍然合法
RENEW	5	结点	服务器	由结点发送给 DHCPv6 服务器的，按需求扩展生命时间计时器和其他信息

续表

消息类型	值	来自	发往	描　　述
REBIND	6	结点	服务器	（当没有接收到重新更新请求的响应时）由结点发送给服务器的
REPLY	7	服务器	结点	由服务器发送的，以响应请求、重新更新、重新绑定、释放、拒绝以及信息请求消息，并含有关于结点的一些信息
RELEASE	8	结点	服务器	由结点发送的，告知服务器，不再使用所分配的地址了
DECLINE	9	结点	服务器	由结点发送的，告知服务器，所分配的地址已占用
RECONFIGURE	10	服务器	结点	由服务器发送给结点的，使得结点可以运行一个重新更新或信息请求，以便接收新信息或更新信息
INFORMATION-REQUEST	11	结点	服务器	由结点发送的，只用于请求信息而不是 IPv6 地址。这些信息指的是"其他"信息，当路由器公告中的 O 标志设置为"开"，M 标志设置为"关"时就出现这种情况
RELAY-FORW	12	中继代理	服务器	当服务器不是在线时，由一个中继代理发送的，该中继代理代表一个结点请求或另一个中继代理
RELAY-REPL	13	服务器	中继代理	由服务器发送的，对中继代理发送的消息进行响应
LEASEQUERY	14	结点	服务器	由结点发送给任何可用服务器的，以获得租借信息，定义在 RFC 5007 中
LEASEQUERY-REPLY	15	服务器	结点	由服务器发送的，以告知其租借信息，定义在 RFC 5007 中
LEASEQUERY-DONE	16	服务器	结点	由服务器发送的，表示一组 LEASEQUERY 响应的结束，定义在 RFC 5460 中
LEASEQUERY-DATA	17	服务器	结点	（当有多个客户端发送 LEASEQUERY 数据时）由服务器发送的，定义在 RFC 5460 中

表 7-6 的消息都定义在 RFC 3315 中（特别标明的除外）。关于这些消息的最新更新，可访问 www.iana.org/assignments/dhcpv6-parameters/dhcpv6-parameters.xml。

表 7-7 描述了 DHCPv6 的可选字段。

表 7-7　DHCPv6 的可选字段

字　　段	描　　述
选项编码	2 字节字段，表示特定的选项。更多信息参见表 7-8
选项长度	2 字节字段，表示选项数据字段的长度
选项数据	可变长字段，含有选项的数据

图 7-20 显示了 DHCPv6 选项数据包的结构。

选项编码	选项长度
选项数据 （选项长度的八字节）	

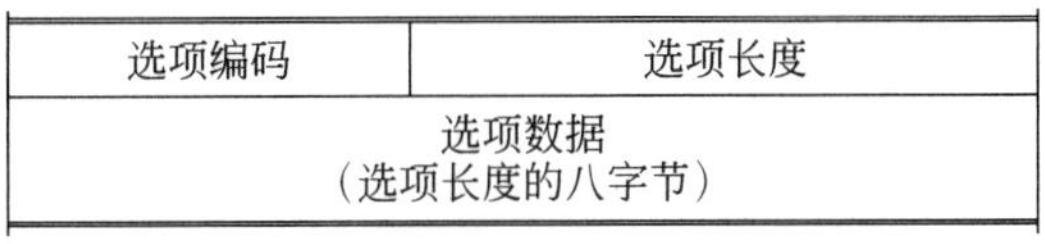

图 7-20　DHCPv6 选项数据包的结构

表 7-8 列出了 DHCPv6 选项、选项的各种数值，以及选项的描述。

表 7-8　DHCPv6 选项类型

选　　项	值	描　　述
OPTION_CLIENTID	1	客户端用于为服务器提供它的 DUID
OPTION_SERVERID	2	服务器用于为客户端提供它的 DUID
OPTION_IA_NA	3	用于为非临时地址和参数携带身份关联
OPTION_IA_TA	4	用于为临时地址和参数携带身份关联
OPTION_IAADDR	5	为 IA_NA 或 IA_TA 指定一个 IPv6 地址或其他选项
OPTION_ORO	6	客户端用于指定要从服务器请求的一系列选项
OPTION_PREFERENCE	7	服务器用于影响客户端对服务器的选择
OPTION_ELAPSED_TIME	8	客户端用于表明该客户端要花费多长时间来完成 DHCPv6 事务处理
OPTION_RELAY_MSG	9	在中继转发或中继应答消息中包含 DHCPv6 消息
OPTION_AUTH	11	包含有认证 DHCPv6 消息的内容和身份所需的信息
OPTION_UNICAST	12	服务器用于告知客户端，它可以通过单播地址与服务器通信
OPTION_STATUS_CODE	13	返回一个与 DHCPv6 消息相关的状态码
OPTION_RAPID_COMMIT	14	客户端用于告知服务器，它可以支持用于 IPv6 地址分配的两个消息交换
OPTION_USER_CLASS	15	客户端用于告知服务器它的用户或应用程序的类型，这样，服务器可以提供特定的配置信息
OPTION_VENDOR_CLASS	16	客户端用于标识它所操作的硬件提供商
OPTION_VENDOR_OPTS	17	服务器和客户端用于交换特定提供商信息
OPTION_INTERFACE_ID	18	中继代理用于发送网卡信息，客户端信息就是在该网卡上接收的
OPTION_RECONFIGURE_MSG	19	服务器用于给客户端发送重新配置消息时，以告知客户端它是否应该用重更新或请求信息消息进行应答
OPTION_RECONF_ACCEPT	20	客户端用于告知服务器它是否接收重新配置消息。服务器使用这个选项来告知客户端它是否接收重新配置消息
OPTION_SIP_SERVER_D	21	SIP 服务器域列表。由客户端的出站代理服务器使用，定义在 RFC 3319 中
OPTION_SIP_SERVER_A	22	客户端使用的 SIP 服务器 IPv6 地址，定义在 RFC 3319 中
OPTION_DNS_SERVER	23	DNS 递归名称服务器的 IPv6 地址，定义在 RFC 3646 中
OPTION_DOMAIN_LIST	24	域列表，定义在 RFC 3646 中
OPTION_IA_PD	25	用于携带前缀代理身份关联，以及与之相关的参数和前缀，定义在 RFC 3633 中
OPTION_IAPREFIX	26	用于 IA_PD 的特定 IPv6 地址前缀，定义在 RFC 3633 中
OPTION_NIS_SERVERS	27	结点的 NIS 服务器列表，定义在 RFC 3898 中
OPTION_NISP_SERVERS	28	结点的 NIS+服务器，定义在 RFC 3898 中
OPTION_NIS_DOMAIN_NAME	29	NIS 服务器用于把 NIS 域名告知客户端，定义在 RFC 3898 中
OPTION_NISP_DOMAIN_NAME	30	NIS+服务器用于把 NIS+域名告知客户端，定义在 RFC 3898 中
OPTION_SNTP_SERVERS	31	结点通过 IPv6 可用的 SNTP 服务器，定义在 RFC 4075 中

选　项	值	描　　述
OPTION_INFORMATION_REFRESH_TIME	32	服务器用于告知客户端刷新它的其他配置信息,因为当使用 O 标志时, 没有计时器可用来刷新 DHCPv6 配置信息, 定义在 RFC 4242 中
OPTION_BCMCS_SERVER_D	33	BCMCS 控制服务器域名列表, 定义在 RFC 4280 中
OPTION_BCMCS_SERVER_A	34	BCMCS 控制服务器 IPv6 地址, 定义在 RFC 4280 中
OPTION_GEOCONF_CIVIC	36	定于客户端或 DHCPv6 服务器的本地位置, 定义在 RFC 4776 中
OPTION_REMOTE_ID	37	由 DHCPv6 中继代理添加, 终止参数或交换电路, 以标识电路的远程客户端, 定义在 RFC 4649 中
OPTION_SUBSCRIBER_ID	38	由提供者用于分别标识订购系统, 定义在 RFC 4580 中
OPTION_CLIENT_FQDN	39	允许客户端向 DHCPv6 告知其 FQDN, 定义在 RFC 4704 中
OPTION_PANA_AGENT	40	含有对 PANA 客户端可用的 PANA 认证代理的 IPv6 地址,定义在 RFC 5192 中
OPTION_NEW_POSIX_TIMEZONE	41	含有 POSIX TZ 字符串, 以基于字符的字符串来表示时区信息
OPTION_NEW_TZDB_TIMEZONE	42	从 TZ 数据库的时区项引用一个名称, 定义在 RFC 4833 中
OPTION_ERO	43	由中继代理发送给 DHCPv6 服务器, 从该服务器请求一个选项列表, 定义在 RFC 4994 中
OPTION_LQ_QUERY	44	用于标识 LEASEQUERY 消息中的一个查询, 定义在 RFC 5007 中
OPTION_CLIENT_DATA	45	由链路中的一个客户端用来把数据封装在一条 LEASEQUERY-RELAY 消息中, 定义在 RFC 5007 中
OPTION_CLT_TIME	46	标识服务器在多久之前与客户端进行了通信, 定义在 RFC 5007 中
OPTION_LQ_RELAY_DATA	47	标识客户端在多久之前与服务器进行了通信, 定义在 RFC 5007 中
OPTION_LQ_CLIENT_LINK	48	客户端在 LEASEQUERY-RELAY 消息中用于标识它所绑定的一条或多条链路, 定义在 RFC 5007 中
OPTION_MIP6_HNINF	49	允许移动结点用于与 DHCPv6 服务器交换宿主网络信息, 定义在 draft-ietf-mip6-hiopt-17.txt 文件中
OPTION_MIP6_RELAY	50	允许中继代理用于与 DHCPv6 服务器交换宿主网络信息, 定义在 draft-ietf-mip6-hiopt-17.txt 文件中
OPTION_V6_LOST	51	允许客户端获得 LoST 服务器域名, 定义在 RFC 5223 中
OPTION_CAPWAP_AC_V6	52	含有一个或多个 CAPWAP_AC 的 IPv6 地址, 这些 CAPWAP_AC 对 WTP 是可用的, 定义在 RFC 5417 中
OPTION_RELAY_ID	53	含有来自中继代理的 DUID, 定义在 RFC 5460 中
OPTION_IPv6_Address_MoS	54	DHCPv6 服务器的 MoS IPv6 地址, 定义在 RFC 5678 中

续表

选 项	值	描 述
OPTION_IPv6_FQDN_MoS	55	MoS 域列表，定义在 RFC 5678 中
OPTION_NTP_SERVER	56	为 NTP 或 SNTP 服务器提供一个地址，定义在 RFC 5908 中
OPTION_V6_ACCESS_DOMAIN	57	为一个接入网络提供域名，定义在 RFC 5986 中
OPTION_SIP_UA_CS_LIST	58	为 SIP 用户代理配置服务域提供一个域名列表，定义在 RFC 6011 中
OPTION_BOOTFILE_URL	59	由 DHCPv6 服务器用于发送一个 URL，供客户端用作一个启动文件，定义在 RFC 5970 中
OPTION_BOOTFILE_PARAM	60	由 DHCPv6 服务器用于指定客户端的启动文件中的参数，定义在 RFC 5970 中
OPTION_CLIENT_ARCH_TYPE	61	允许客户端告知 DHCPv6 服务器它所支持的体系结构类型，这样，服务器就可以提供大部分正确的启动文件，定义在 RFC 5970 中
OPTION_NII	62	允许客户端告知 DHCPv6 服务器它所支持的统一网络设备接口（UNDI），定义在 RFC 5970 中
DHCPv6 地理位置选项	63	允许客户端向 DHCPv6 服务器告知它的基于坐标的地理位置，定义在 RFC 6225 中
OPTION_AFTR_NAME	64	用于向 B4 元素提供地址族转换路由器（AFTR）的 FQDN，定义在 RFC 6334 中
OPTION_ERP_LOCAL_DOMAIN_NAME	65	客户端用于向 DHCPv6 服务器请求 ERP 本地域名，定义在 RFC 6440 中
OPTION_RSOO	66	由中继代理在中继转发消息中向 DHCPv6 服务器发送 RSOO，这样，客户端请求的选项就会由 DHCPv6 服务器发送，并在中继代理中穿过，定义在 RFC 6422 中

表 7-8 的选项都定义在 RFC 3315 中（特别标明的除外）。关于这些选项的最新更新，可访问 www.iana.org/assignments/dhcpv6-parameters/dhcpv6-parameters.xml。

表 7-9 描述了 DHCPv6 的中继转发消息格式字段，以及用于中继代理与服务器之间的消息的值。

表 7-9 DHCPv6 的中继转发消息格式字段

字 段	描 述
跳数	1 字节字段，表示中继该消息所经历的中继代理数量
链路地址	16 字节字段，构成了中继代理的全局地址，该中继代理与请求结点在同一个网络段上，以便服务器在响应消息中提供正确范围的地址
对等体地址	16 字节字段，构成了发出消息的结点地址
选项	可变长字段，包括应答消息选项，还可能包括来自中继代理的其他选项

表 7-10 描述了 DHCPv6 的中继应答消息格式字段，以及用于中继代理与服务器之间的消息的值。

表 7-10　DHCPv6 的中继应答消息格式字段

字　　段	描　　述
跳数	为初始中继转发消息中的相同
链路地址	为初始中继转发消息中的相同
对等体地址	为初始中继转发消息中的相同
选项	可变长字段，包括应答消息选项，还可能包括来自中继代理的其他选项

图 7-21 显示了中继代理与服务器之间的消息的 DHCPv6 消息数据包结构。中继转发与中继应答消息的数据包结构相同。

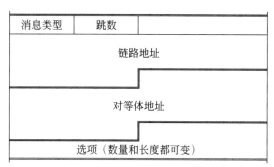

图 7-21　中继代理与服务器之间的消息的 DHCPv6 消息数据包结构

DHCPv6 有状态消息交换

为了使有状态自动配置过程成功，主机要定位一个路由器，告知它"做什么"。然后，路由器公告消息告诉主机，向 DHCPv6 服务器请求其 IPv6 地址以及"其他"信息。路由器应把其 A 标志设置为"关"，L、M 和 O 标志设置为"开"。如果主机没有接收到对其路由器请求消息的应答，它将继续这个过程，查询一个在线的 DHCPv6 服务器。

基本的 DHCPv6 有状态过程包括如下 6 个步骤。

（1）主机发送一条路由器请求消息。

（2）路由器用路由器公告消息应答主机，其中，A 标志设置为"关"，L、M 和 O 标志设置为"开"。

（3）主机发送一条请求消息，查找位于链路范围内的多播地址 FF02::1:2 的 DHCPv6 服务器。

（4）DHCPv6 服务器用公告消息应答主机，告诉主机，它可以提供 IPv6 地址以及它可能有的其他配置选项。

（5）主机发送一条请求消息，请求 IPv6 地址和其他配置选项（例如 DNS 地址和域名）。

（6）DHCPv6 服务器向主机发送一条含有 IPv6 地址、可用的其他配置选项（例如 DNS 地址和域名）和计时器信息的应答消息。

图 7-22 显示了 DHCPv6 有状态消息交换，其中含有上面介绍的 6 种消息，以及主机接收的应答数据包的特定信息。数据包 1 和 6 为路由器交换，数据包 16 和 19 为初始的 DHCPv6 交换，数据包 198 和 199 为主机与服务器之间的最终 DHCPv6 交换。

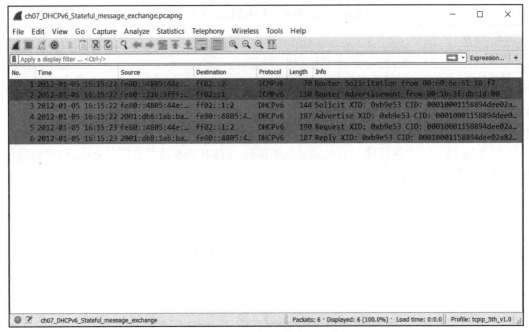

图 7-22　DHCPv6 有状态消息交换

DHCPv6 无状态消息交换

为了使无状态自动配置过程成功，主机要定位一个路由器，告知它"做什么"。然后，路由器公告消息告诉主机，路由器公告消息告诉主机网络前缀信息，向 DHCPv6 服务器请求"其他"信息。路由器应把其 A、L 和 O 标志设置为"开"，M 标志设置为"关"。如果主机没有接收到对其路由器请求消息的应答，它将继续这个过程，查询一个在线的 DHCPv6 服务器。确保在线路由器或中继代理的配置很重要，因为在这种情况下，结果可能是客户端接收了"太多的"信息。

基本的 DHCPv6 无状态过程包括如下 4 个步骤。

（1）主机发送一条路由器请求消息。

（2）路由器用路由器公告消息应答主机，其中，A、L 和 O 标志设置为"开"，M 标志设置为"关"。

（3）主机发送一条信息请求消息，只请求其他配置选项（例如 DNS 地址和域名），查找位于链路范围内的多播地址 FF02::1:2 的 DHCPv6 服务器。主机还使用为其网络前缀提供的前缀信息来生成网卡标识符。

（4）DHCPv6 服务器向主机发送一条应答消息，该消息含有它可用的其他配置选项（例如 DNS 地址和域名）。

图 7-23 显示了 DHCPv6 无状态消息交换，其中含有上面介绍的 4 种消息，以及主机接收的应答数据包的特定信息。数据包 3 和 12 为路由器交换，数据包 22 和 23 为主机与服务器之间的 DHCPv6 交换。

DHCPv6 中继消息交换

DHCPv6 中继处理基本上与 DHCPv6 有状态消息交换相同。但 DHCPv6 服务器并不在线，因此，DHCPv6 中继代理必须与主机在同一链路上。在这种情况下，路由器是用与主机在同一网络段中的 DHCPv6 中继（在 IPv4 中称为帮助器地址）进行配置的，且路由器可以连接到不同网络段中的 DHCPv6 服务器。

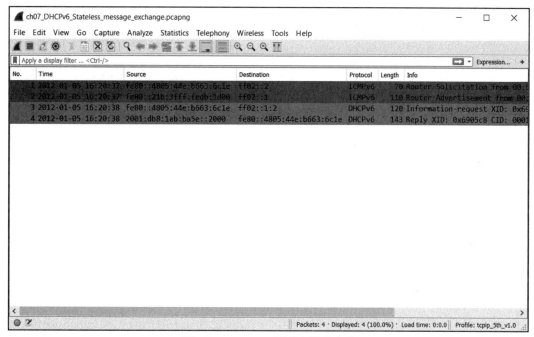

图 7-23　DHCPv6 无状态消息交换

　　基本的 DHCPv6 中继过程包括如下 10 个步骤。

　　（1）主机发送一条路由器请求消息。

　　（2）路由器用路由器公告消息应答主机，其中，A 和 L 标志设置为"关"，M 和 O 标志设置为"开"。

　　（3）主机发送一条请求消息，查找位于链路范围内的多播地址 FF02::1:2 的 DHCPv6 服务器。

　　（4）路由器把主机的请求消息中继转发给 DHCPv6 服务器。

　　（5）DHCPv6 服务器用公告消息中继应答主机，告诉主机，它可以提供 IPv6 地址以及它可能有的其他配置选项。

　　（6）路由器用公告消息应答主机。

　　（7）主机发送一条请求消息，请求 IPv6 地址和其他配置选项（例如 DNS 地址和域名）。

　　（8）路由器把主机的请求消息中继转发给 DHCPv6 服务器。

　　（9）DHCPv6 服务器用一条应答消息中继应答路由器，该消息含有 IPv6 地址、可用的其他配置选项（例如 DNS 地址和域名）和计时器信息的应答消息。

　　（10）路由器用应答消息应答主机。

　　图 7-24 显示了 DHCPv6 应答消息交换，其中含有上面介绍的 10 种消息，以及主机接收的应答数据包的特定信息。数据包 1 和 2 为路由器交换，数据包 3～6 为初始的中继 DHCPv6 交换，数据包 7～10 为主机与服务器之间的最终中继 DHCPv6 交换。

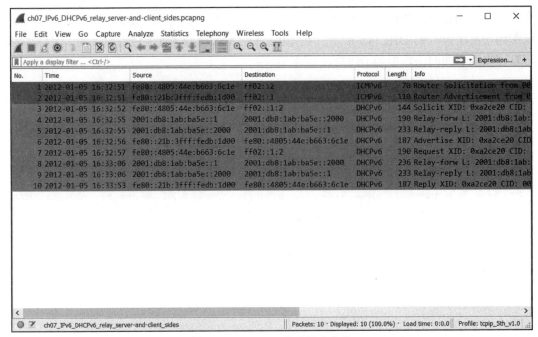

图 7-24　DHCPv6 应答消息交换

在 IPv6 地址自动配置的所有情况下，都必须运行重复地址检测过程，以验证所分配 IPv6 地址的唯一性。上面介绍的 3 种 DHCPv6 过程是进行了简化的，只显示了 DHCPv6 操作过程中所需的 DHCPv6 及其相关的 ICMPv6 消息（路由器公告）。其他消息（如邻居请求和邻居公告）交换这里就不再介绍了。

7.4.5　IPv6 自动配置过程

IPv6 自动配置过程主要定义在 RFC 4862（无状态地址自动配置）和 RFC 3315（有状态地址自动配置）中。整个 IPv6 地址配置过程通常要使用这两种方法，开始时使用无状态地址自动配置，然后转移到有状态地址自动配置，当然得假定结点是在其默认配置情况下。

一般的 IPv6 地址自动配置过程遵循如下步骤。

（1）结点（通常）使用修改的 EUI-64 方法或随机数生成器创建一个网卡标识符。

（2）已知本地链路前缀 FE80::与新创建的网卡标识符一起构成完整的本地链路地址。该地址在等待验证的时期为试验性的。

（3）结点发送一条邻居请求消息，其目的地为本地链路地址（这是重复地址检测验证过程）。该网卡的地址是试验性的，它只接收对其邻居请求消息的响应。

（4）如果没有接收到邻居公告消息，那么就认为该地址是唯一的，从而进入最佳状态，并把它分配给该网卡。如果接收到邻居公告消息，那么该地址就是重复的，自动配置过程结束。此时，网卡需要手工配置。

 根据 RFC 4862，在结点上创建了本地链路地址后，后继的 IPv6 自动配置过程只能应用于主机而不是路由器。因为路由器要提供路由器公告消息，该消息含有主机在自动配置过程中所用的信息，因此路由器必须手工配置。按照上面步骤，路由器会生成自己的本地链路地址，但路由器的所有其他 IPv6 地址应手工配置。

（5）主机会发送路由器请求消息给所有路由器多播地址 FF02::2 以确认在链路上是否有路由器。如前所述，尽管路由器会定期发送路由器公告消息，但一旦网卡认为本地链路地址进入最佳状态后，主机就会发送一个请求（最多 3 个请求）。

（6）如果没有接收到路由器公告消息，那么主机就启动有状态自动配置过程，如前面章节所述。

（7）如果接收到路由器公告消息，主机就查看该消息以获得变量和标志值，从而确定其设置和下一步要做的事情。设置值（如跳数、可达计时器、重传计时器以及 MTU（如果有））用于设置网络。

（8）如果 L 标志（在线标志）设置为"开"，主机就把网络前缀添加到前缀缓存中，并继续进行下一步。如果 L 标志设置为"关"，则直接进行下一步。

（9）如果 A 标志（自动地址配置标志）设置为"开"，那么就创建如下两个地址（如果 A 标志为"关"，则跳到第（12）步）。

a. 使用来自路由器公告消息中的网络前缀和第（1）步中创建的网卡标识符，生成一个无状态地址。还要根据路由器公告消息中所提供的，设置前缀长度、合法生命时间和最佳生命时间计时器。

b. 先使用一个随机数生成器和路由器公告消息中的网络前缀创建一个新的网卡标识符，然后利用整个网卡标识符生成一个临时的无状态地址。

（10）主机发送一条邻居请求消息，其目的地为其全局单播地址或临时全局单播地址（这就是重复地址检测）。尽管网卡的这些地址每一个都是试验性的，但这些地址都只接收对其邻居请求消息的响应。

（11）如果没有接收到邻居公告消息，就认为该地址是唯一的，进入最佳状态，并分配给网卡。如果接收到邻居公告消息，该地址就是重复的，不能在网卡上初始化。如果临时地址是重复的，就可以多次重新生成并测试它，以便找到一个唯一地址。无论哪种情况，就将继续下一个步骤。

（12）如果 M 标志（受管地址配置标志）设置为"开"，那么就开始有状态自动配置过程，以接收一个 IPv6 地址和 DHCPv6 服务器可能提供的其他信息。如果没有，则继续下一个步骤。

（13）如果 O 标志（其他配置标志）设置为"开"，那么就开始有状态自动配置过程，以接收 DHCPv6 服务器可能提供的其他信息（如 DNS 服务器地址）。如果没有，那么就结束 IPv6 地址自动配置过程。

图 7-25 显示了 IPv6 地址自动配置过程的流程图。该流程图是一个简化的过程图，可能还需要启用其他选项或标志，还可能需要重复一些子过程。

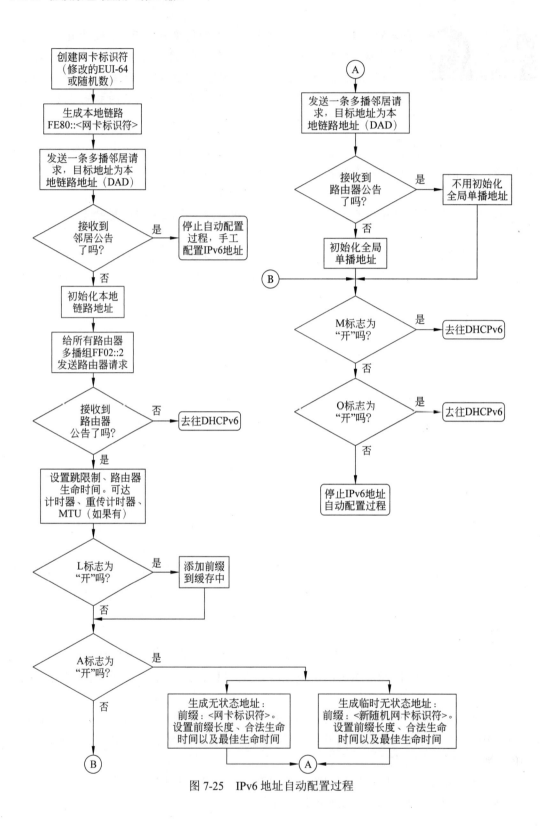

图 7-25　IPv6 地址自动配置过程

7.5　Microsoft Windows 2012 R2 的 DHCP 范围

地址范围（经常简称为"范围"）定义了 DHCP 服务器可以分配给客户端的一组地址。

Windows Server 2012 R2 支持 DHCP **超级范围**（Superscope）的创建。超级范围是一组范围，它们包含了一组不连续的 IP 地址，这些 IP 地址能够被分配给单个网络，但经常与连续的公用 C 类地址在超级网络或当 CIDR 有效时使用。例如，要把 10.2.3.x 和 10.4.3.x 地址分配给同一个网络，必须创建两个范围（一个范围分配 10.2.3.x 地址，第二个范围分配 10.4.3.x 地址）。这两个范围必须合并成一个超级范围，以便使得 DHCP 服务器能够把两个网络范围中的地址分配给该网络上的客户端。老版本的 DHCP 服务器软件（Windows NT 4.0 Server SP4 之前的发行版）不能构建超级范围。超级范围只能用于 IPv4，因为 IPv6 不支持 CIDR。

在 Windows Server 2012 R2 中，IPv6 的范围与 IPv4 的范围有一些不同。首先，在 IPv4 范围中，可以配置地址池，这些地址是 DHCP 服务器所能提供给主机的合法地址范围。在 IPv6 中，可以配置一个禁用区，其中的地址不能提供给主机。另一个不同是，在 IPv4 范围中，可以在范围选项字段中配置路由器选项。而在 IPv6 范围中，则没有提供路由器地址的选项。图 7-26 显示了配置了 IPv4 地址池和 IPv6 禁用区的 Windows Server 2012 R2。

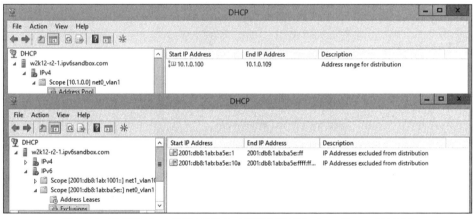

图 7-26　配置了 IPv4 地址池和 IPv6 禁用区的 Windows Server 2012 R2

7.6　创建一个简单的 DHCP 服务器

更复杂和特性更全面的 DHCP 服务器（例如内置在 Windows Server 2012 R2 中的 DHCP 服务器）或在 UNIX 或 Linux 服务器上可以安装的软件包含了很多工具，且不只是具有简单地址池定义以及静态或动态地址分配的能力。然而，考察一个简单的 DHCP 服务器，从而在直观上感受使用这个服务器管理 IP 地址过程中涉及的内容是一件有趣的事情。这里举例介绍 D-Link 无线访问点中缺少的内容，如超级范围（像前一节讨论的那样）、搭配的目录服务等。在下面的截屏图和讨论中，我们使用 D-Link Xtreme N Gigabit Router（型号为 DIR-655）作为信息的来源（从 www.dlink.com/DIR-655 可以找到有关该设备的更多信息）。之所以选用这种无线路由器，是因为它支持 WAN 和 LAN/WLAN 的 IPv6。我们配置一个通往 IPv6 隧道代理的 IPv6-in-IPv4 隧道，以便提供通往 Internet 的完整 IPv6 连接性。注意，DIR-655 必须是硬件版本 B1 或更新版本，因为旧版本的不支持 IPv6，也不能升级以支持 IPv6。

要开始使用这个实用程序，必须与该设备建立一个 Web 会话。这是一个两步骤的过程，它要求在 Web 浏览器的地址栏输入该设备的 URL，之后提供管理员账户名和口令，以便获取对该软件的访问。接下来，必须单击 SETUP 选项卡，之后单击左边窗格中的 NETWORK SETTINGS 按钮。

当 NETWORK SETTINGS 第一次打开时，默认显示如图 7-27 所示的屏幕。该屏幕显示了本地网络的设置（Networking Settings）、DHCP Server 和 Advanced Settings。下面来介绍前两个。

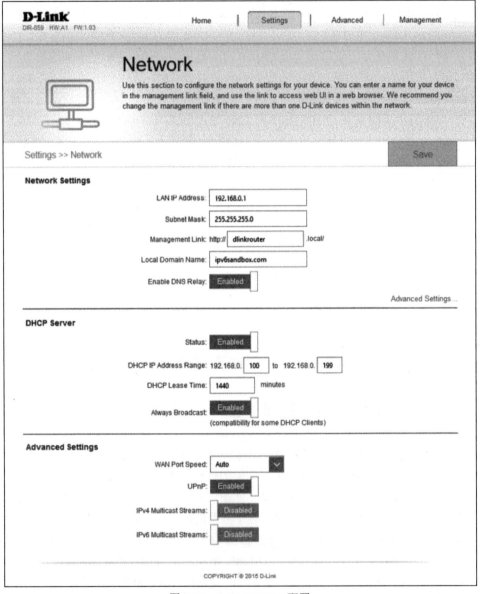

图 7-27　D-Link DHCP 配置

首先介绍 Networking Settings，如图 7-27 所示，在这里可以为内部网络设置设备的基本 IPv4 地址：

- LAN IP 地址（LAN IP Address）：默认的 LAN IP 地址是 192.168.0.1。这是通过 DHCP 服务器提供给所有客户端的默认网关。该路由器的地址不能是下节将要介绍的 DHCP IP 地址范围中地址。
- 子网掩码（Subnet Mask）：默认子网掩码是 255.255.255.0。这里配置的子网与 DHCP 服务器所用的相同。
- 管理链路（Management Link）：设备的默认主机名为 dlinkrouter。这是一个逻辑名，不会使用在 DHCP 服务器中。
- 本地域名（Local Domain Name）：这是一个可选字段，你可以在其中配置一个域名。当需要为客户端提供域名选项时，DHCP 服务器就会使用它。
- 启用 DNS 中继（Enable DNS Relay）：默认情况下该选项是选中的。DHCP 服务器会为客户端提供一个 DNS 地址，并且，在这种情况下，将提供路由器的 IP 地址作为 DNS 地址。然后，路由器将把 DNS 请求转播给 DNS 服务器。

下面来查看屏幕中 DHCP Server 下面的字段，解释它们是如何工作的，讨论它们的作用。但是，在开始之前，需要注意的重要一点是，这种 DHCP 服务器软件会区分 DHCP IP 地址范围（就是那些如果合适 DHCP 服务器自己能处理的地址，主要是在正常的租借时期、重新更新和释放时）和 DHCP 保留地址（就是那些如果合适管理员就处理的地址，这些地址称为静态的，因为一旦分配后，就不会过期，也不会要求重新更新，除非管理员手工修改相关的设置）。如图 7-27 所示，在 DHCP Server 区域，有如下字段值：

- 状态（Status）：默认情况下，选择启用 DHCP 服务器，取消选择该框，将停止 DHCP 服务器。
- DHCP IP 地址范围（DHCP IP Address Range）：该选项有两个字段（起始地址和终止地址），用于动态 IP 地址的分配。本地子网的默认设置是，起始地址为 192.168.0.100，终止地址为 192.168.0.199（本地子网的末端）。
- DHCP 租借时间（DHCP Lease Time）：指定动态地址的租用持续时间。持续时间依据用法特点而变化，正像本章前面所解释的那样。这里，其值为 1440 分钟或 24 小时，这在网络是相当常用的一个值。
- 总是广播（Always broadcast）：选中该框，将把 DHCP 服务器广播给 LAN/WAN 客户端（默认是选中的）。

接下来，单击 Settings 选项卡，然后依次单击 Internet、IPv6、Advanced Settings，展开列表，看看所有选项。根据 ISP 的不同，这里允许进行不同的 IPv6 设置。如图 7-28 所示，已经有了一个 IPv6-in-IPv4 隧道，它与 IPv6 隧道代理连接。这使得网络的 LAN/WLAN 端可以实现 IPv6 连接，通过 IPv4 隧道传输 IPv6 数据流。此外，IPv6 连接也可以在 DIR-859 的 LAN/WLAN 端实现 IPv6/64 网络。

在 IPv6 DNS SETTINGS 区域，可以配置对有状态自动配置的支持。选中 Use the following DNS address 选项，可以手工配置让 DHCPv6 发送 IPv6 DNS 地址给主机。如图 7-28 所示，配置了一个主要 IPv6 DNS 服务器地址。

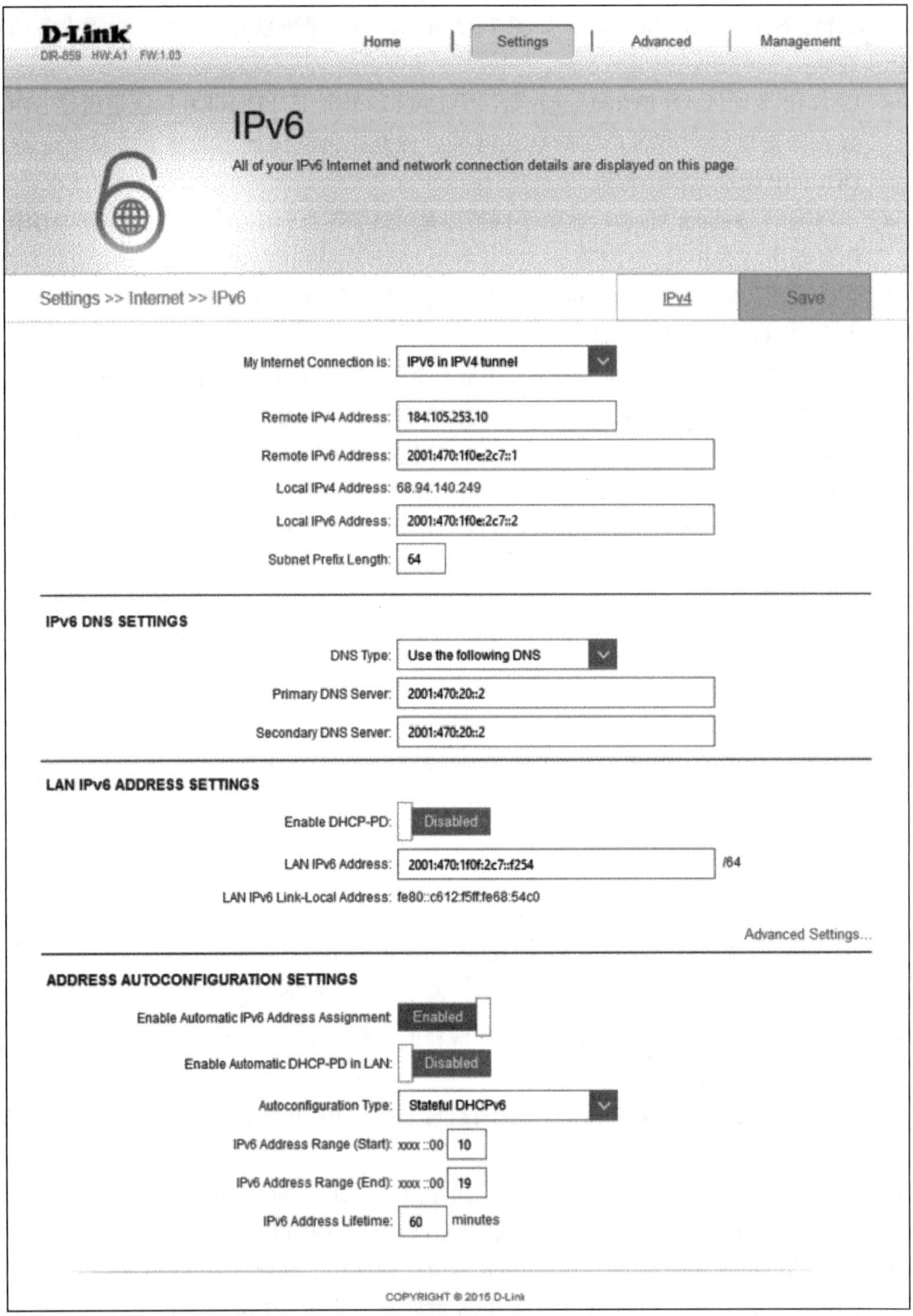

图 7-28　D-Link DHCPv6 配置

在 LAN IPv6 ADDRESS SETTINGS 区域，可配置 LAN/WLAN 端的 IPv6 全局单播地址：

- 启用 DHCP-PD（Enable DHCP-PD）：如果 ISP 的路由器支持前缀委派功能，选中
  该框。对于 IPv6 隧道，将手工配置 LAN 端的 IPv6 地址，以路由到该隧道。

- LAN IPv6 地址（LAN IPv6 Address）：输入 LAN 端的 IPv6 地址。注意，只支持/64 IPv6 地址。

- LAN IPv6 本地链路地址（LAN IPv6Link-Local Address）：这是使用修改的 EUI-64 格式自动生成的 IPv6 地址。

ADDRESS AUTOCONFIGURATION SETTINGS 是进行 DHCPv6 配置的最后区域。在这里可以进行无状态和有状态 DHCPv6 配置。这里与 Microsoft DHCPv6 配置不同的一个选项是，这里可以定义提供给客户端的起始和终止 IPv6 地址。配置以下选项可支持有状态 DHCPv6：

- 启用自动 IPv6 地址分配（Enable automatic IPv6 address assignment）：选中该框启用 DHCPv6 服务器。

- 在 LAN 中启用自动 DHCP-PD（Enable Automatic DHCP-PD in LAN）：选中该选项，为可能在线的其他路由器提供前缀委派。

- 自动配置类型（Autoconfiguration Type）：选中该框，并选择 SLAAC+RDNSS、SLAAC+无状态 DHCPv6 或有状态 DHCPv6。由于在 LAN 端有了一个/64 IPv6 子网，这里选择有状态 DHCPv6。

- IPv6 地址范围（起始）（IPv6 Address Range (Start)）：当在前面的区域中配置了 LAN IPv6 地址时，该选项的前缀部分已预先填充。这些所需要配置的只是 IPv6 地址的主机部分的起始地址。

- 有状态 DHCPv6（Stateful DHCPv6）：当在前面的区域中配置了 LAN IPv6 地址时，该选项的前缀部分已预先填充。这些所需要配置的只是 IPv6 地址的主机部分的终止地址（尽管其名称没有恰当地表示，但有状态 DHCPv6 实际上就是终止主机地址）。

- IPv6 地址生命时间（IPv6 Address Lifetime）：该选项指定在路由器公告中提供的地址的生命时间。持续时间依据用法特点而变化，正像本章前面所解释的那样。这里，其值为 1440 分钟或 24 小时。

图 7-29 显示了连接到 DIR-859 的客户端的 ipconfig 输出，包括 IPv4 和 IPv6 配置。

Home 选项卡的 Connected Clients 选项可以用来查看与路由器连接的所有客户端详情及其相应的 IPv4 地址，在这里可以把静态 IPv4 地址分配给特定的客户端设备。如图 7-30 所示，单击铅笔图标，可以编辑客户端的设置，从而可以为客户端创建一个保留的 IPv4 地址，如图 7-31 所示：

- Name：为客户端输入一个用户名。

- Vendor：显示设备的提供商。

- MAC Address：这是烧制在网卡固件中的 MAC 或硬件地址。在 Windows 主机上，使用 ipconfig /all 命令，可以查看网卡的 MAC 地址，在列表中还会显示与物理地址有关的值。

- IP Address (Reserved)：如果启用了 Reserve IP 选项，那么，具有在上一个字段中指定的 MAC 地址的网卡，将与这个地址关联。注意，在无线接入点中，这种地址分配是一种非常重要的安全措施，因为它使得管理员可以把合法的本地 IP 地址只与具有已知 MAC 的网卡关联。除此之外，试图获取地址接入网络的其他网络设备都将被拒绝。很多网络采用这种方法，把无线网络的外部人员拒之门外。

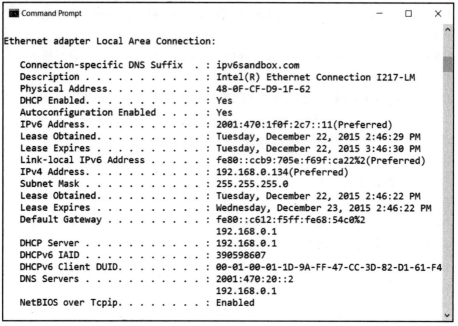

图 7-29 通过 IPv4 和 IPv6 连接到 D-Link 的 Windows 10 客户端

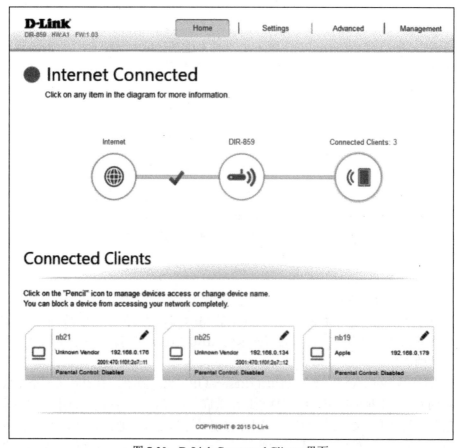

图 7-30 D-Link Connected Clients 界面

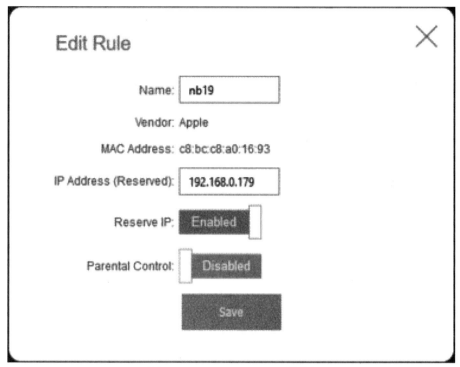

图 7-31　D-Link Edit Rule 对话框

- Reserve IP：如果要为客户端保留某个 IP 地址，就启用这个选项。这样，当该设备每次加入网络中时，就将获得该 IP 地址。

本章小结

- DHCP 为计算机提供了获取可用的唯一 IP 地址和必要的 TCP/IP 配置的一种途径，即使在还没有 IP 地址分配给这些机器的情况下也是如此。只要 DHCP 服务器或中继代理在初始 DHCP 请求消息广播的网络段上可用，DHCP 服务就使得在 TCP/IP 网络上加入计算机变得容易和自动化起来。

- 从管理员的角度看，DHCP 使得定义和管理 IP 地址池变得很容易，在 DHCP 管理中，当引用一组 IP 地址时，微软公司将其称之为“范围”，当引用一个地址范围集合时，称之为“超级范围”。

- DHCP 最初发源于早期的一个 TCP/IP 应用层协议，称为 BOOTP，它用于让无盘工作站能够在网络上远程启动。基本的 BOOTP 和 DHCP 格式完全相同，因此，通过配置路由器转发 BOOTP，它也就能够转发 DHCP 了。

- DHCP 支持两种类型的地址分配：手工地址分配，这种方式下管理员直接管理地址；以及动态地址分配，这种方式下使用称为租用的过期间隔来分配地址。很多 DHCP 功能和消息都与获取、更新以及释放动态地址租用相关，它们主要用于客户端机器。

- 当 DHCP 客户端启动时，它发起 DHCP 发现过程，在这个过程中，客户端接收 IP 地址和租用。在租用期的中间阶段，客户端发起租用更新过程，确定在租用时间用尽后是否能够继续保持已有的地址。如果不能继续使用这个地址的话，客户端释放其 IP 地址，并重新启动发现过程。

- DHCP 支持多种类型的消息和选项，但对于任何给定的 DHCP 消息来说，只有消息类型 53（DHCP 消息）是强制性的。

- 由于 DHCP 支持大量各种配置信息（包括所有类型的网络服务，例如电子邮件和 TCP/IP 上的 NetBIOS），该协议使用了多种消息选项。

- 当诊断 DHCP 和 DHCPv6 故障时，特别是与 DHCP/DHCPv6 启动序列相关的故障时，协议分析器效果显著。在诊断 DHCP 服务故障时，服务器状态信息和 DHCP/DHCPv6 日志也是同样有用的工具。

- 支持 IPv6 的客户端具有一些新的地址自动配置操作,这些操作与网络路由器和(或) DHCPv6 服务器提供的全局单播地址有关，但 IPv6 结点总可以使用本地链路地址来进行本地通信。

- DHCPv6 操作很像 IPv4 下的 DHCP，但在消息类型、可用的选项等有所不同。

- DHCPv6 既可以单独用于客户端的地址配置，也可以与 SLAAC 一起使用。注意，这时候，在 DHCPv6 服务器中没有预设默认网关配置，后面可以修改。

- DHCPv6 可作用于多播消息，因为在 IPv6 中没有广播消息。

- 与原来的 DHCP 相比，DHCPv6 是一种全新的服务。

习题

1. DHCP 仅仅管理 IP 地址。正确还是错误？
2. 当结点接收一个路由器公告消息时，为了是结点能执行 SLAAC，要求哪个标志设置为"开"？
   - a. A   b. M   c. R   d. S
3. 下述哪一个术语描述了由 DHCP 管理的单组 IP 地址？（多选）
   - a. 地址池   b. 地址组   c. 地址范围   d. 地址超级范围
4. 当主机的 IPv6 地址从最佳状态废弃状态时，会发生哪种事件？
   - a. 最佳生命时间计时器过期，而合法生命时间计时器为合法的
   - b. 最佳生命时间计时器合法，而合法生命时间计时器为过期的
   - c. 最佳生命时间计时器过期，合法生命时间计时器也为过期的
   - d. 最佳生命时间计时器合法，而合法生命时间计时器也为合法的
5. 下述哪一些是合法的 DHCP 软件部件？（多选）
   - a. DHCP 客户端   b. DHCP 解析器
   - c. DHCP 服务器   d. DHCP 主要主服务器
   - e. DHCP 次要主服务器   f. DHCP 中继
6. 下面哪个体现了在 IPv6 环境中 DHCPv6 的有效提高或相对有效提高？（多选）
   - a. 在 DHCPv6 中，IPv6 地址支持多地址
   - b. IPv6 地址必须侦听地址更新，以支持自动重新编号
   - c. 无须与 DHCP 交互，IPv6 下的结点就可以获得本地链路地址

  d. DHCPv6 服务器和路由器可以配置为以认证的形式发送公告消息

  e. 可以把 DHCPv6 设置动态地更新 DNS 记录

7. 当与 DHCP 客户端同一网络段上的 DHCP 服务器不可用时，哪一些技术允许 DHCP 客户端的初始广播请求被服务？（多选）

  a. 无。DHCP 服务器必须在 DHCP 客户端所位于的任何网络段或广播域上可用

  b. 在 DNS 服务器没有直接连接的任何网络段或广播域上安装 DHCP 中继代理

  c. 在 DNS 服务器没有直接连接的任何网络段或广播域上安装远程 DHCP 中继代理

  d. 配置中间路由器，将 BOOTP 从 DHCP 客户端所在的网络段或广播域转发到 DHCP 服务器所在的网络段或广播域

  e. 配置中间路由器，将 BOOTP 从 DHCP 服务器所在的网络段或广播域转发到 DHCP 客户端所在的网络段或广播域

8. DHCP 中继是如何把 DHCP 服务器的应答转发到客户端的初始地址请求上的？

  a. 它使用为这个请求者创建的临时 IP 地址

  b. 它使用提供给请求者的 IP 地址

  c. 它使用请求者的 MAC 地址

  d. 它广播应答，请求者侦听应答

9. IPv6 中的邻居发现协议支持相连结点的无状态配置。对还是错？

10. 当某个结点创建一个本地链路地址时，下面用于创建接口 ID 的哪种方法可添加到已知本地链路前缀 FE80:: 的后面？

  a. 随机生成的 64 位地址　　　　　　　b. 64 位 MAC 地址

  c. 修改后的 64 位 EUI-64 地址　　　　d. 加密生成的 64 位地址

11. 下述哪一个问题解释了为什么 DHCP 传统上不用于管理服务器和路由器的地址？

  a. 路由器和服务器需要静态 IP 地址分配

  b. DHCP 是一个仅解决客户端的方案

  c. DHCP 或许只能够手工更新，因此它不适合用于服务器或路由器

  d. 服务器和路由器通常依赖于 DNS，当地址变化时它必须被手工更新

12. 下述哪一种类型的机器最适合于使用动态 IP 地址分配？（提示：某些类型的机器要求持久性的 IP 地址，以便保持在 Internet 上易于找到它；另一些及其则不是这样。）

  a. 服务器　　　　b. 路由器　　　　　c. 客户端　　　　　d. 上述都不是

13. 在 IPv6 自动配置过程中，会发生哪些活动？（多选）

  a. 结点用邻居请求检测其计算的本地链路地址，确保该地址没有被使用

  b. 结点发送一个路由器请求，以获得来自相连路由器的路由器公告

  c. 结点试图计算本地链路地址，把其 EUI-64 接口 ID 添加到已知本地链路前缀后面

  d. 一旦确定了 DHCP 服务器，该服务器就会提供所需的全部信息，以完成自动配置过程

  e. 上述都不是

14. 下述哪一个 UDP 端口号与 DHCP 相关联？

  a. 57 和 58　　　　b. 67 和 68　　　　　c. 77 和 78　　　　　d. 116 和 117

15. 下述条目中的哪一个条目最佳地解释了为什么 DHCP 发现数据包广播到本地网络段？

a. 由于 DHCP 服务器的地址未知

b. 由于客户端没有地址并且不能够发送单播

c. 由于客户端网络地址未知

d. 由于客户端的主机地址未知

16. DHCP 服务器发送什么类型的数据包到 DHCP 客户端来响应发现数据包？

a. 应答数据包

b. 提供数据包

c. 释放数据包

d. 更新数据包

17. 主机向 DHCPv6 发送一个请求时，要求把哪个标志设置为"开"？

a. A 标志

b. L 标志

c. N 标志

d. M 标志

18. DHCP 客户端如何从 DHCP 服务器接收提供内容？

a. 通过发出 DHCP 接收数据包

b. 通过发出 DHCP 请求数据包

c. 通过发出 DHCP 拒绝数据包

d. 通过发出 DHCP 更新数据包

19. 当结点发送一个路由器请求时，这是哪种类型的消息？

a. 任播消息

b. 广播消息

c. 单播消息

d. 多播消息

20. 在 Windows 7 主机中，如果该主机没有接收到对其路由器请求响应的路由器公告消息，在 IPv6 地址自动配置过程中，接下来要进行的是哪个步骤？

a. 停止 IPv6 地址自动配置过程

b. 继续发送路由器请求消息，直到接收的路由器公告消息

c. 发送一条 DHCPv6 请求消息

d. 使用本地链路前缀自动配置全局单播地址

21. 服务器向客户端发送什么类型的数据包来表明完成了 DHCP 发现过程？

a. DHCP 接收数据包

b. DHCP 请求数据包

c. DHCP 确认（ACK）数据包

d. DHCP 更新数据包

22. 下面哪个 UDP 端口号与 DHCPv6 有关？

a. 117 和 118

b. 67 和 68

c. 546 和 547

d. 47 和 48

23. Windows Server 2012 R2 DHCPv6 服务器可以向结点提供下面哪项以响应 DHCPv6 请求？（多选）

a. IPv6 地址

b. IPv6 默认网关地址

c. DNS 服务器 IPv6 地址

d. 域名

24. 在 DHCPv6 服务器中，IPv6 地址可以与下面哪个绑定？

a. 主机的 MAC 地址

b. 主机的本地链路地址

c. 主机的 DUID

d. 主机的 IPv4 地址

动手项目

动手项目 7-1～7-4 假定正工作在 Windows 7 或 Windows 10 专业版环境下。对于动手

项目 7-1～7-3，必须已经安装了 Wireshark for Windows 程序，并且你已经获得了用于本书的跟踪（数据）文件。

动手项目 7-1：查看 DHCP 启动序列

所需时间：10 分钟。

项目目标：查看 Windows 客户端计算机上的 DHCP 启动序列。

过程描述：本项目介绍当客户端从 DHCP 服务器请求一个 IP 地址时，提供和请求的不同选项。此外，还探讨在客户端与 DHCP 服务器之间交换的不同消息。

（1）启动 Wireshark 软件。

（2）单击菜单栏的 File，然后单击 Open 按钮，打开 ch07_Hands-on_Project_trace_file_DHCPboot.pcapng 文件，并单击 Open 按钮。

（3）单击 Packet #1 打开解码窗口。回答下述问题：

a. 客户端标识符字段中包含了什么值？

b. 如何验证客户端标识符的值是否与客户端的硬件地址相同？

c. 主机名是什么？

d. 客户端在启动过程中能够接收单播应答吗？

e. 列出使用在这个 DHCP 数据包中的选项码。

（4）在摘要窗口中单击每一个数据包，直到找到 DHCP 提供、请求，以及确认数据包为止。查看每一个 DHCP 数据包。这是一个正常的 DHCP 启动序列。

（5）关闭 Wireshark 软件。

动手项目 7-2：查看 DHCP 更新、重新绑定和重新初始化序列

所需时间：15 分钟。

项目目标：查看在与网络相连的客户端上 DHCP 更新、重新绑定和重新初始化序列的过程。

过程描述：在本项目中，通过在 Wireshark 软件中考查一个跟踪文件，查看 DHCP 更新、重新绑定和重新初始化序列的过程。

（1）启动 Wireshark 软件。

（2）单击 File，单击 Open 按钮，选择 ch07_Hands-on_Project_trace_file_DHCPboot.pcapng 文件，然后单击 Open 按钮。

（3）单击 Pakcet #3 来填充解码窗口。回答有关这个数据包的下述问题：

a. 这个 DHCP 客户端已经有 IP 地址了吗？

b. 这个数据包中使用了什么消息类型？

c. 这个数据包的目的是什么？

d. 客户端收到对这个数据包的应答了吗？

e. 此时客户端正在执行什么 DHCP 过程？

（4）单击数据包捕获摘要窗口，直到看到 Packet #5 为止。回答有关这个数据包的下述问题：

a. 这个 DHCP 客户端依然有 IP 地址吗？

b. 这个数据包中使用了什么消息类型？

c. 这个数据包与 Packet #3 之间的主要差异是什么？

d. 客户端收到对这个数据包的应答了吗？

e. 此时客户端正在执行什么 DHCP 过程？

（5）单击数据包捕获摘要窗口，直到看到 Packet #10 为止。回答有关这个数据包的下述问题：

a. 这个 DHCP 客户端依然有 IP 地址吗？

b. 这个数据包中使用了什么消息类型？

c. 客户端收到对这个数据包的应答了吗？

d. 此时客户端正在执行什么 DHCP 过程？

（6）考察这个跟踪文件中的其余 DHCP 数据包。客户端得到了请求的 IP 地址了吗？

（7）关闭 Wireshark 软件。

动手项目 7-3：查看 DHCPv6 启动序列

所需时间：15 分钟。

项目目标：查看 Windows 客户端计算机上的 DHCPv6 启动序列。

过程描述：本项目介绍当客户端从 DHCPv6 服务器请求一个 IP 地址时，提供和请求的不同选项。此外，还探讨在客户端与 DHCPv6 服务器之间交换的不同消息。

（1）启动 Wireshark 软件。

（2）单击 File，单击 Open 按钮，选择 ch07_Hands-on_Project_trace_file_DHCPboot.pcapng 文件，然后单击 Open 按钮。

（3）单击 Packet #4 打开解码窗口。回答下述问题：

a. DHCPv6 客户端有了 IPv6 全局单播地址吗？

b. 在该数据包中使用了什么消息类型？

c. 主机名是什么？（提示：查看域）

d. 客户端接收到了该数据包的应答吗？

e. 此时，客户端执行的是什么 DHCPv6 过程？

（4）在摘要窗口中单击每一个数据包，直到找到 DHCPv6 请求、公告、请求，以及应答数据包为止。查看每一个 DHCPv6 数据包。这是一个正常的 DHCP 启动序列。

（5）哪个数据包是客户端的全局单播地址的重复地址验证过程？

（6）关闭 Wireshark 软件。

动手项目 7-4：查看和管理 DHCP 与 DHCPv6 租借信息

所需时间：15 分钟。

项目目标：在 Windows 计算机上查看和管理 DHCP 与 DHCPv6 租借信息。

过程描述：在本项目中，将在运行 Windows 7 或 Windows 10 操作系统的计算机上查看和管理 DHCP 与 DHCPv6 租借信息。这里假定计算机已连接到支持 DHCP 与 DHCPv6 服务器的网络上。

（1）要在 Windows 桌面上打开命令行提示窗口，单击"开始"按钮，在"打开"文本框中输入 cmd，然后按 Enter 键。

（2）为了查看机器上当前 DHCP 与 DHCPv6 租用信息，在命令提示符下输入 ipconfig /all，然后按 Enter 键，将显示图 7-32。请注意，列出的信息表明 DHCP 和自动配置被打开，并且它提供了 DHCP 服务器的地址，还可以看到 DHCPv6 DUID 号和 DHCPv6 客户端 DUID 号。

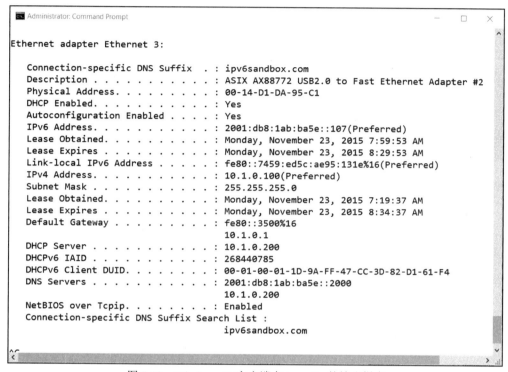

图 7-32　Windows 10 客户端中 ipconfig 的输出样本

（3）要更新当前 IPv4 地址的租用，在命令窗口中输入 ipconfig /renew 命令。然后输入 ipconfig /all 命令观察租用信息如何变化。

（4）要强制释放当前 IPv4 地址的租用，输入 ipconfig /release 命令。然后输入 ipconfig /all 命令观察租用信息如何变化。

（5）要更新当前 IPv4 地址的租用，在命令窗口中输入 ipconfig /renew6 命令。然后输入 ipconfig /all 命令观察租用信息如何变化。

（6）要强制释放当前 IPv4 地址的租用，输入 ipconfig /release6 命令。然后输入 ipconfig /all 命令观察租用信息如何变化。

（7）在命令行上输入 exit 命令关闭命令提示符窗口，并结束这个练习。

案例项目

案例项目 7-1：DHCP 设计与实现

你是一家大型百吉饼制造商的网络管理员，该制造商拥有 32 家面包店，遍布美国、英国以及瑞士各地。你的公司想使用专用 IP 地址改变为 DHCP 网络设计。每一家面包店仅由三台计算机组成，但所有的面包店都与位于纽约扬克斯的公司总部通信。你能够如何为这些场所设计一个 DHCP 解决方案？

案例项目 7-2：静态与动态 IPv4 地址问题

你为各种大型组网公司提供咨询。你的客户之一报告说，笔记本电脑用户在晚上不能连接到网络上。他们知道网络设置为 DHCP 寻址方式，然而，他们已经为笔记本电脑配置了一个静态地址。该地址在网络所定义的有效地址范围内。你如何确定这个问题的原因？

案例项目 7-3：解决 DHCP 地址问题

你的设计公司安装了两台微软 DHCP 服务器——在奥地利维也纳办公大楼的两层中每一层一台。当下一层楼的客户试图启动进入网络时，他们得到了一条 IP 地址在用的消息。请确定这个问题的原因，并给这个网络一个推荐解决方案。

案例项目 7-4：DHCPv6 设计与实现

你是一家大型百吉饼制造商的网络管理员，该制造商拥有 32 家面包店，遍布美国、英国以及瑞士各地。在设计和实现了 IPv4 的 DHCP 一年后，现在必须设计和实现 IPv6 的 DHCPv6 解决方案。由于已经有了一个 DHCP 服务系统在使用，需要研究哪些关键部件，以验证当前基础设施是否支持 IPv6？

第8章 IP 网络中的名称解析

本章内容:

- 描述不同名称解析协议（例如 WINS、DNS 和 LLMNR）的特性。
- 解释在 IPv4 网络中名称解析的工作原理，包括 DNS 数据库结构、DNS 名称空间、DNS 数据库记录、DNS 认证的委派，以及不同类型的 DNS 服务器，并阐述名称服务器的工作原理。
- 描述 IPv6 网络中名称解析的工作原理，包括 AAAA 记录的使用、前向和逆向映射的工作原理、源地址与目的地址选择的使用、源地址与目的地址算法的组织规则，以及端到端地址选择过程。
- 阐述在 Windows 操作系统中是如何支持名称解析的，包括如何使用主机文件，DNS 服务器服务与 DNS 动态更新的功能，Windows 如何管理源地址与目的地址选择，LLMNR 支持，使用 ipv6-literal.net 名称，以及使用对等名称解析协议。
- 描述名称解析失败的常见来源，使用常见名称解析故障诊断工具，如 NBTSTAT、NETSTAT 以及 NSLOOKUP。

域名系统（Domain Name System，DNS）是把整个 Internet 连接在一起的 TCP/IP 应用层服务。DNS 实现了将符号域名（例如 microsoft.com 或 course.com）转换为相应的数字 IP 地址（例如 207.46.130.108 和 69.32.148.124）。没有这样的转换服务，我们人类将不得不记住所有 Internet 目的地的数字 IP 地址。DNS 还支持其他服务，例如电子邮件，它通过把形式为 etittel@edtittel.com 的地址转换为能够处理这种流量的服务器的 IP 地址。可以这么说，没有 DNS，Internet 不可能成功，或者不容易使用。

事实上，DNS 本身就是一个技术创举。所有 DNS 数据库都是所有域名到相应有效 IP 地址的完整映射，并且这些数据库分布在 Internet 的各个地方。每个数据库都独立运行，并且，从某种意义上说，每个数据库都管理和控制着它所包含的数据。

尽管采用的是广泛分布和非集中化的结构，DNS 的工作仍然很好，并为 Internet 寻址提供了健壮、可靠和稳定的基础。这是"Internet 模型"的充分验证，这里，通过遵从一组共同的规则和行为，成千上万的独立域就繁荣昌盛，而且，不需要建立稳固地建立集中化的管理与控制，就能够非同寻常成功地共享信息。在你阅读完本章之后，就会由衷地赞赏非凡实现的 DNS 到底多么不同寻常。

8.1 理解名称解析的基础

名称解析是计算机把人们为设备命名的人类可读的名称，映射成计算机用来可标识这些设备的数字地址。为了以人们可理解的方式来标识计算机，人类创建了名称空间或名称体系结构，在网络系统中用来描述如何给计算机命名，以及如何使用。在名称结构空间中，把名称赋给特定设备的过程称为名称注册。名称空间的使用是为了人类的方便，它需要一个名称解析过程，这样，当人们用一个名称（例如 www.google.com）来标识计算机（例如 Web 服务器）时，网络设备具有把该名称解析成 IP 地址（例如 74.125.127.104）的方式，网络设备就是使用 IP 地址来与其他设备进行通信的。

在网络设备把一个 IP 数据包发送给目的地之前，必须进行从名称到地址的解析，这样，源设备就可以正确地为该数据包选址。源设备开始一个进程，求助于某个源，以便发现已命名设备的地址。在名称解析过程中一般使用 3 种方法。

第一种方法是计算机求助于其硬盘上的一个从名称到地址的文件或表。这种文件除非不断动态地更新，否则，要进行的映射很可能不存在。由于静态名称表必须手工更新，因此只是在很小的本地网络中才适用，在这种网络中，其名称空间很少或根本就不会发生变化。

第二种方法是计算机发送一条网络广播，声明它要发送一个数据包给特定的计算机名，并请求该计算机的 IP 地址。如果目的地设备接收到这个广播，它将把其地址发送回发送方，这样就进行了名称解析，数据包就可以发送了。在本地网络中，这种方法很有效，但如果目的地设备在同一个网络中的另一个子网中，或者在一个远程网络中（例如，计算机试图连接到位于世界上不同地方的服务器），这种方法就不适用了。

第三种方法是源计算机与一个服务器进行联系，该服务器维护着一个大型且动态更新的具有从名称到地址项的数据库，它为源设备提供查询服务，发送正确的地址映射，并允许发送计算机传输其数据包。这种方法允许计算机为世界上任意相连的设备（只要可以访问这些设备就行）进行名称解析。

8.2　网络名称解析协议

当技术人员和管理员在 UNIX 系统上一个/etc/hosts 文件中手工添加记录项时，名称解析就变得非常复杂了。20 世纪 70 年代，ARPANET（现代 Internet 的鼻祖）非常小，这样，所有的名称解析数据都可以在每个设备的 hosts.txt 文件中进行管理。然而，随着 ARPANET 的不断增长，手工为每台计算机添加和删除信息变得非常吃力了，因此需要有更加自动化的方法。如果没有现代的名称解析协议，在今天的中型到企业级网络和 Internet 上的名称解析就不可能实现。

名称解析协议（Name Resolution Protocol）就是在网络环境中，为名称解析系统提供手工或动态解析的规则和约定的过程。这些协议提供了客户端与服务器应用程序在名称解析中所使用到的定义和机制，指定了名称解析客户端与服务器程序的通信行为，以及每种协议在 OSI 模型中的哪层以及如何操作。

8.2.1　LLMNR

本地链路多播名称解析（Link-Local Multicast Name Resolution，LLMNR）由 RFC 4795 定义，是一种基于 DNS 数据包格式的协议。LLMNR 允许 IPv4 和 IPv4 网络结点为连接到同一本地链路的其他设备进行名称解析。Windows Server 2012 和 Windows 7 都支持 LLMNR。LLMNR 的使用限制在单个网络段中，因为这种协议的设计是不能跨越路由器边界的。这种协议的目标是，在不能使用 DNS 的环境下提供名称解析服务。

　　对于小型网络，以及不能或无法提供 DNS 名称解析但又要求为 IPv4 和 IPv6 结点进行名称解析的其他环境，LLMNR 是非常理想的。该协议只使用一个请求/应答消息交换就可以把计算机名称解析成 IPv4 或 IPv6 地址。在只有 IPv4 的网络中，Windows 计算机可以在本地链路中使用 NetBT 来提供名称解析，但如果还有 IPv6 结点，这种方法就不行。

　　下面是使用 LLMNR 时所涉及的一个典型的消息交换。

　　（1）LLMNR 发送结点把 LLMNR 查询发送给链路范围内的多播地址。

　　（2）响应结点应答该查询，但只有真正拥有查询中的那个名称的结点才应答。该结点用一个单播 UDP 数据包来响应发送结点。

　　（3）当发送结点接收到响应，它将处理这些信息，完成名称到地址的解析。

　　LLMNR 消息也可以使用 TCP 来发送。

　　对于 IPv4 结点，链路范围内的多播地址为 224.0.0.252。侦听该地址的结点指示其以太网络适配器，侦听含有目的地多播地址为 33-33-00-01-00-03 的帧。对于 IPv6 结点，链路范围内的多播地址为 FF02:0:0:0:0:0:1:3（FF02::1:3）。侦听该地址的结点指示其以太网络适配器，侦听含有目的地多播地址为 01-00-5E-00-00-FC 的帧。IPv4 和 IPv6 的链路范围内的多播地址都是在本地范围之内的，这样，启用了多播地址的路由器不会把查询消息转发到本地子网之外去。

　　地址范围 224 通常用于多播。然而，224.0.0.252 专用于 LLMNR。

　　DNS 服务器的名称有一部分是由 DNS 名称空间分配给它们的，且以所分配的名称开头。而 LLMNR 主机在只有特别分配给它们的名称。例如，某个 LLMNR 结点分配的名称为 tcpip4e.example.com，但其他结点的名称在不必以 tcpip4e.example.com 开头。

　　LLMNR 数据包格式是基于 DNS 数据包格式的，DNS 数据包格式是在 RFC 1035 中描述的，可用于查询和响应。LLMNR 应发送 UDP 查询和响应消息，这些消息足够大，无须分段就可以在本地链路上传输。当链路的 MTU 不确定时，所用的默认数据包大小为 512 个八字节。LLMNR 实现要求能接收 UDP 查询和响应消息的大小为最小链路 MTU 或 9194 个八字节。这是从以太超大包计算而来的，即该数据包的大小为 9216 个八字节，减去首部的 22 个八字节。LLMNR 的首部格式与 DNS 首部格式类似，但并不相同。图 8-1 显示了 LLMNR 首部格式。

ID								
QR	Opcode	C	TC	T	Z	Z	Z	RCODE
QDCOUNT								
ANCOUNT								
NSCOUNT								
ARCOUNT								

图 8-1　LLMNR 首部格式

8.2.2　DNS

　　域名系统（Domain Name System，DNS）是由 RFC 1034 和 RFC 1035 描述的。DNS

既可认为是含有资源记录（Resource Record，RR）的数据库，也可以认为是用于请求和接收名称到地址映射的客户/服务器应用程序，但本节是从协议的角度来进行介绍。DNS 是一个用于给计算机和网络服务进行命名的系统，使用分层结构把这些对象组织成域。DNS 是 TCP/IP 网络（包括 Internet）常用的命名系统，通过人类可读的名称来定位网络对象。当网络结点向 DNS 服务器提交了名称解析查询，以进行计算机或服务名称解析时，该服务器在其数据库中执行一个查找，如果在服务器的本地数据库中存在名称到地址的映射，就把该对象的 IP 地址返回给发送请求的网络结点。然后，网络结点就可以使用正确的 IP 地址来向计算机或服务发送消息了。

RFC 3596 描述了用于 IPv6 的 DNS 扩展。IPv6 扩展是需要的，因为使用 DNS 当前实现的应用程序期望地址查询返回 32 位的地址。IPv6 使用的是 128 位地址空间，这完全超出了使用 IPv4 的网络 DNS 客户端的范围。要在 DNS 中支持 IPv6 地址，所需的扩展有：

- 资源记录类型，用于把域名或计算机名称映射到 IPv6 地址。
- 域，定义为支持基于地址的查找。
- 查询，在当前 DNS 系统下，为 IPv4 和 IPv6 地址实施额外的处理。

DNS 的 IPv6 扩展没有创建一个新版本的 DNS，设计为可以兼容现有的应用程序，继续支持 IPv4 地址。DNS 是一个巨大的主题，由于要实现 IPv4 和 IPv6 环境，增加了更多的复杂性。在本章后面将更详细地介绍 DNS 以及 DNS 的 IPv6 扩展。

Paul Mockapetris 创建了用于 DNS 的原始 RFC 文档（也就是 RFC 882 和 RFC 883）来给予解决。他建立了 DNS 的第一个参考实现，将这个实现命名为 JEEVES。Kevin Dunlap 于 1988 年为 BSD UNIX 版本 4.3 编写了 DNS 的另一个实现，称为 BIND（Berkeley Internet Name Domain，Berkeley 互联网名称域）。自此之后，BIND 已经成为在用的最流行 DNS 实现，可以用于绝大多数的 UNIX 版本，并且也可以用于 Windows Server 2012。

开始的时候，DNS 就被设计为有关域名和地址信息的分布式数据库。这些数据库的单个部分有时候称为**数据库段**（Database Segment），这意味着它们仅仅包含（或定义）DNS 能够为其客户端访问的整个名字空间的一部分。

DNS 结合了很多优点，例如，它允许本地控制域名数据库段。这种方式让服务器能够控制在其职责范围内的域名和相关 IP 地址。DNS 允许控制全球数据库的不同部分，将 Internet 作为一个整体，这些独立部分负责管理特定域名和地址——一个称之为 DNS 对话中的维护职责的角色——能够完成它们自己的职责，而不受外部的干扰。

来自所有数据段的数据每一个地方都可以访问。由于 Internet 上的任一台主机都能够与 Internet 上的另外任何一台主机通信，因此名称到地址的转换也必须对所有主机可用。除了其他服务之外，DNS 使得查找 Internet 上任何地方的有效域名和得到这些名称所对应的 IP 地址成为可能。这一功能正是让 Internet 成为当今模样的真正原因。

数据库信息健壮并且高度可用。 DNS 是 Internet 上的一项关键服务。没有名称解析，访问远程主机将十分困难甚至不可能（曾经遇到过 DNS 偶尔发生问题的人能够证明这一点）。因此，DNS 既健壮（面对错误和失效能够迅速恢复）又高度可用（快速响应服务请求）是基本要求。对复制的支持，使得相同数据的副本可以在独立的服务器上维护，从而避免了单一副本可能出现的、潜在的数据访问丢失。

通过集成这种支持，DNS 高度健壮。通过在一个或多个 DNS 服务器上缓存来自一个或多个数据库段的 DNS 数据，DNS 提供了一种机制：在尝试使用远程服务器进行名称解析之前，它能够尝试首先使用本地服务器来完成名称解析请求，从而极大地提高了这种名称解析的速度。这种做法确实引出了更新传播的有趣问题，当旧的名称到地址的转换被新的转换取代，或者当某些域名已经退役和不再使用时，更新传播就是一项必要的操作。本质上，将这些变化传播到整个 Internet 上所有 DNS 服务器确实要花一些时间，在修改或删除发生之后，旧的引用依然要持续存在一段时间。这也正是为什么普遍的说法是，在授权 DNS 服务器（Authoritative DNS Server）修改后，其修改传播到其他可能缓存了老信息副本的 DNS 服务器，以及在原始 DNS 记录和它在 Internet 上其他地方的所有副本之间重新建立一致性之前，人们应该等待 30 分钟到 48 小时。

尽管 DNS 是在近 20 年前设计的，并且经历了各种各样的增强和改进，它依然代表了当今世界上分布式数据库技术（Distributed Database Technology）的最有效应用之一。第一眼看上去这很复杂，但其基本功能和能力却相当简单，尤其是考虑到所包含的数据量时更是如此。

8.2.3 DNS 数据库结构

DNS 数据库结构是域名名称空间本身的一个镜像。它可以最佳地理解为树型结构（实际上，这是一棵倒长的树，原因在于树根通常画在示意图的顶部）。在域名名称空间中，所有的域在根部汇聚，根部使用单个圆点（.）来标识。在根部下面，你会找到顶级域或主域。在美国，这些顶级域通常采用下述三字母编码的形式：

- .com：主要用于商业机构。
- .edu：用于教育机构，例如学校、学院以及大学。
- .gov：用于美国联邦政府。
- .mil：用于美国军队。
- .net：主要用于服务提供商和联机机构。
- .org：主要用于非营利组织、协会，以及专业学会。

这里需要补充的是，其实，三字母编码最好表示为[dot]com[dot]或[dot]org[dot]。从后往前，DNS 根是[dot]，再是顶级域（例如 com 或 org），然后是顶级域的根，也就是[dot]com。因此，[dot]com 或[dot]实际上是[dot]com[dot]或[dot]org[dot]。

你也能够见到以两个或三个字母的国家或地区代码结尾的域名，国家或地区代码在 ISO 标准 3166 中指定。在这个规范中，.us 代表美国，.ca 代表加拿大，.fr 代表法国，.de 代表德国，以此类推。有关这些代码的完整列表，请参阅 www.iana.org/cctld/cctld-whois.htm。最近，这个顶级域名列表已经被大大扩充，包括了新的三个或更多字母代码，例如.biz、.info、.name，如此等等（与此相关的更多信息，请参阅 www.internic.net/faqs/new-tlds.html）。

机构域名的层次位于顶级域名的下面。对于小型机构，例如作者的工作单位——edtittel.com 和协议分析研究所有限责任公司（Protocol Analysis Institute，LLC）——它可以使用单个域名，例如 edtittel.com 或 www.packet-level.com。对于大型机构，例如 IBM，你或许会看到包含四个或五个部分的域名，各部分之间使用圆点分隔，例如 houns54.clearlake.ibm.com（请注意这个域名不再能够解析，但我们保留了这个示例，原因在于它运作良好，并且很好地展示了我们的观点）。这些部件在本节后面阐述。

houns54.clearlake.ibm.com 的树型图如图 8-2 所示。认为域名中的前导项——例如 www、ftp、nntp 等）——专门和完全设计用于指明特定的服务器角色（Web、FTP、新闻等）有点用词不当。虽然这种设计是一种常见的实践，但根本不存在一条明确的规则，正像很多机构在其 Web 服务器地址中排除这样的命名所展示的那样（例如，http://slashdot.org）。

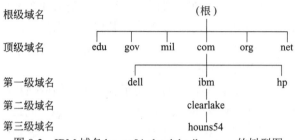

图 8-2　IBM 域名 houns54.clearlake.ibm.com 的树型图

Internet 的整个域名空间都位于根的下面。13 个根名称服务器（名称为 A.ROOT-SERVERS.NET、B.ROOT-SERVERS.NET 等）担当了世界范围内 DNS 层次结构的顶部。正如你在本章将会学到的,它们提供了通过其他方法不能解析的所有名称的终极查找根源。

请注意，域名从树的底部开始并向上延伸，每一个名称后面都跟着一个圆点，它将名称的一个部分与另一个部分区别开来。因此，图 8-2 中的树就转换成了 houns54.clearlake.ibm.com。当检查 DNS 数据库文件中的记录数据时，将看到每一个域名末尾的最终圆点，它表示 DNS 分层结构中的根，而不是一句话的结束。当构造**完整限定域名**（Fully Qualified Domain Name，FQDN）时，最终的圆点就十分重要了。事实上，FQDN 由域名的所有元素组成，每一个元素后面都跟着一个圆点，最终的圆点代表 DNS 分层结构根本身。

要使 DNS 工作，还需要一个重要组成部分——必须至少存在一个有效的 IP 地址与唯一的域名协同工作。直到今天，维持名称到地址的对应关系依然是 DNS 最重要的功能。

8.2.4　DNS 名称空间

DNS 名称空间中的每一个位置都对应于描述其结构的图形树中的某个结点，像在图 8-2 中所展示的那样。事实上，树中的每一个结点都构成了整个层次结构中一颗新子树的根，每一个这样的子树都代表了整个域名称空间中的一个数据库段（也称为域）。

DNS 从对数据库信息任意划分树和在需要时创建子树中得到了它的巨大威力和灵活性。事实上，域（例如 ibm.com）能够根据需要拆分为子域（例如 clearlake.ibm.com）。这就允许本地控制数据库段；本质上，这是授权代理（Delegation Of Authority）的一种形式。此外，虽然域要求在中央授权机构注册（需要付费），但本地管理员可以轻易地创建子域，而且不用付费。

作为数据库段的管理人而不仅仅是划分为域的分层结构，本地管理组能够负责他们所管理的所有名称和地址。通过整个名字空间拆分为大量较小的子域，管理巨大、复杂（整个 Internet 的）名字空间的问题就变成了一个更易于控制的问题，子域实际上担当了容器的角色，用于容纳特定的一组 DNS 服务器、地址、用户和机器，这些内容的规模划分到足够小的程度，一名或两名管理员就能够进行管理。

作为一项基础知识，重要的是要认识到，任何一个有效的域名最终都要驻留在某个特定的 DNS 数据库中（尽管可以存在这样的数据的多个副本，但只有一个副本发挥了主数据的作用，并担当了主引用角色，它的所有变化都必须被应用）。只有一个特定服务器控制该项。下一节将详细解释这个概念，同时也将学习 DNS 数据库中可以存在的记录类型的更多信息。

8.2.5 DNS 数据库记录

与域名、地址记录相关的数据以及域名系统感兴趣的其他数据都以称之为**资源记录**（Resource Record，RR）的特殊数据库记录形式存储在 DNS 服务器中。资源记录划分为四类，其中只有 Internet 类对绝大多数用户来说才会感兴趣（存在其他一些类仅仅用于 MIT，另外一个特殊的类现在已经不再使用了）。

在 Internet 类内部，记录划分为记录类型，如 RFC 1035 第 13～21 页的归档所示。下面以字母顺序列出了 9 个最常用 RR 类型，并给出了解释：

- 地址（A）记录：地址记录（Address Record，A）存储域的名称到 IP 的地址转换数据。
- 别名（CNAME）记录：别名记录（Canonical Name Record，CNAME）用于建立别名。
- 主机信息（HINFO）记录：主机信息记录（Host Information Record，HINFO）存储了特定 Internet 主机的描述性信息。
- 邮件交换（MX）记录：邮件交换记录（Mail Exchange Record，MX）用于路由 Internet 上基于 SMTP 的电子邮件，并标识域的主电子邮件服务器的 IP 地址。
- 名称服务器（NS）记录：名称服务器记录（Name Server Record，NS）用于标识域中所有的 DNS 服务器。
- 指针（PTR）记录：指针记录（Pointer Record，PTR）存储了 IP 地址到域名的转换数据，并支持称之为逆向 DNS 查找（Reverse DNS Lookup）的操作。
- 授权开始（SOA）记录：授权开始记录（Start of Authority Record，SOA）标识用作特定 DNS 数据库段授权的名称服务器；换句话说，它标识了用作特定域或子域的主 DNS 服务器。
- 服务位置（SRV）记录：服务位置记录（Service Location Record，SRV）有时候也简单地称为服务记录，设计用于提供可用服务的信息，这些服务用在 Windows 活动目录环境下，将服务的名称映射为提供这些服务的服务器的名称。活动目录的客户端和域控制器使用 SVR 记录确定（其他）域控制器的 IP 地址。这个记录类型在 RFC 2052 中描述。
- 文本（TXT）记录：文本记录（Text Record，TXT）可以用于向 DNS 服务器添加任意文本信息，通常用于形成文档。
- 公认服务（WKS）记录：公认服务记录（Well-Known Service Record，WKS）列出了 Internet 主机能够提供的、基于 IP 的服务，例如 Telnet、FTP、HTTP 等。

在后面的章节中，将学习各种记录类型的更多信息，以及如何使用这些记录类型，包括来自实际 DNS 数据库文件的数据片断。正像其他众多源自 UNIX 的数据文件一样，DNS

数据库文件也完全是纯文本（ASCII）数据，从而易于使用所选择的文本编辑器进行观察。

8.2.6 委托 DNS 授权

像 IBM 这样规模的公司，或者像美国空军这样规模的机构，会毫不迟疑地同意，有些域实在太大、太复杂了，以至于不能放置在单个数据库容器中。这也正是 DNS 允许把用于 ibm.com 的主 DNS 服务器的数据库记录，委托授权给域名称空间中用于各种子域的 DNS 服务器的主要原因。

这种授权委托将子域的授权分配转换为不同的域名服务器，它们通常遍布在整个机构范围和地理布局的各个位置。一旦这样的授权被委托，用于 ibm.com 名称服务器的数据库就包含了 NS 记录，这些记录指向作为特定子域授权的名称服务器。此外，ibm.com 服务器的数据库可以包含一些其地址并不落入任何特定子域的数据库记录。这些记录可以包括某些地址信息和企业总部的其他信息，或者包括用于缺乏持久站点联系人员的现场人员信息。这种结构相当灵活，几乎能够适应任意类型的公司或任意类型的地理布局。

全球 DNS 数据库的组织被设计为当第一个名称服务器不是特定子域的授权服务器时，名称服务器能够迅速且容易地指向其他名称服务器。因此，导航 DNS 服务器管理的域名称空间的绝大部分工作由指向用于特定子域的特定授权名称服务器的下述记录组成。这也正是当名称解析请求起源于 DNS 分层结构根部时允许名称服务器转发适宜 DNS 记录的内容。

8.2.7 DNS 服务器的类型

在任何给定 DNS 子域中都有可能遇到三种类型的 DNS 服务器。下述各节讨论这些服务器类型。

主 DNS 服务器

首要主名称 DNS 服务器（Primary Master DNS Server）（也称为首要或主 DNS 服务器）是域或子域的主 DNS 数据库文件驻留的地方，该服务器是域或子域的授权。主 DNS 数据库文件是服务器运行过程中加载到内存中的 DNS 数据库的 ASCII 快照。这个数据库段称为区域（Zone）；因此，这个文件有时候称为区域文件（Zone File）或区域数据文件（Zone Data File）。首要主名称服务器与域的其他名称服务器的区别在于，当 DNS 服务启动时，首要主名称服务器有能力总是从磁盘上的区域文件中读取其数据。当建立任何类型的 DNS 服务器时，首要主名称服务器也是一个重要的配置项目。对于任何 DNS 区域，只能够存在一个首要主名称服务器。

在"Internet 协议（TCP/IP）属性"窗口中，某些 Windows 客户端使用首选 DNS 服务器和备用 DNS 服务器这样的术语，也可以把第一个服务器称为主服务器——本质上，这对 DNS 服务器的角色并无任何实质影响，而仅仅是客户端在使用 DNS 服务器进行名称解析时的一个顺序。事实上，在可用的时候，指定客户端使用仅用作缓存的服务器是一个良好的实践，并且，依据定义，这样的服务器永远也不会成为主 DNS 服务器。

从 DNS 服务器

从 DNS 服务器（Secondary DNS Server）（也称为从主服务器（Secondary Master Server）

或从服务器（Slave Server））从该区域的主服务器上得到其区域数据。在绝大多数 DNS 实现中，从服务器能够从本地文件中读取数据，但总要进行检查，看其磁盘版本的数据是否与主服务器上版本的数据一样新。其做法是，检查 SOA 记录中的特定字段，并将其与主服务器数据库中对应的值作比较。在发现差别的地方，从服务器能够从主域名服务器上更新其数据库。这个过程称为区域传送（Zone Transfer）。理解从服务器上的区域数据总是来源于主服务器这一点很重要。然而，绝大多数 DNS 实现都包含了将更新仅仅限定在主服务器已经发生变化的数据上（这些数据必须复制到从服务器上）。这种处理方式称为增量区域传送（Incremental Zone Transfer），与之相对的是，将区域文件从主 DNS 服务器完整地拷贝或称为复制到一个或多个从 DNS 服务器上。任何 DNS 区域都至少应该有一个从主名称服务器（尽管可以存在多个从主名称服务器），以及（必须）有一个主名称服务器。

从 DNS 服务器很重要，原因在于它们提供了特定区域的域数据库的备份副本。这样，即使主名称服务器停止服务，从 DNS 能够继续处理其区域的名称服务请求。此外，从服务器也能够在可用时协助分担 DNS 查询负载。通常情况下，用于特定区域的授权或主 DNS 服务器同时也担当了其他邻近区域的从 DNS 服务器。这就允许在一个区域中的主机能够很容易地访问来自其他区域的 DNS 数据。

缓存服务器

缓存服务器（Caching Server）存储来自其他域的、最近已访问 DNS 记录，目的是避免每次访问本地域之外的资源时都发送远程查询所带来的性能开销。理解缓存如何工作的最佳方法是对照你的冰箱和食品店之间的区别。就像你的冰箱决定了你马上能够吃什么一样，你的缓存区中的内容决定了本地域之外的什么名称能够马上被解析。同样地，食品店定义了一组庞大的、你可以吃到的食物，全局 DNS 数据库定义了你可以试图解析的一组庞大的所有名称和地址。

虽然主或从 DNS 服务器都能够提供缓存功能，也可以在特定域内建立和配置独立的仅缓存服务器（Caching-Only Server）。仅缓存服务器的目标是，通过本地存储查找数据的副本，加速对特定域名的访问，它同时既不提供主 DNS 服务器的功能，也不提供从 DNS 服务器的功能。规模和 Internet 访问量是决定机构是否实现独立仅缓存服务器的因素。通常情况下，只有大型机构和服务提供商需要专门定制它们的 DNS 服务来提供这种扩展。对于小型机构来说，将入站查询的主或从响应结合起来就能够产生出站流量的缓存查找，而不会显著地影响性能。

在 Windows 环境中，提供活动目录服务或与定义和应用组策略机制、访问控制、用户和账户信息，以及诸如此类的其他能力相关的服务器，称为域服务器。虽然很多 Windows Server 2012 和 Windows Server 2016 域控制器实际上也担当了 DNS 服务器，但这种组合既不是必需的，也不是推荐的。但当 Windows Server 和活动目录（Active Directory，AD）成为网络基础设施的组成部分时，活动目录与 DNS 之间的重要关系就是典型和必需的。

8.3 域名服务器的工作原理

TCP/IP 客户端通常是某个应用程序或服务，它遇到了需要转换为 IP 地址的域名。当 TCP/IP 客户端使用解析器向 DNS 服务器发送一个名称查询时，该客户端从其 TCP/IP 配置数据中得到它所查询的 DNS 服务器的地址。依据服务器出现在 TCP/IP 配置文件（或相关的注册表项，这是在现代 Windows 版本中的工作方式）中的顺序自顶向下依次被查询。这也就解释了为什么当手工配置客户端来平衡跨越多个 DNS 服务器时你想修改所列出的 DNS 服务器顺序的原因。

DHCP 自动完成的另一项服务是提供一个或多个 DNS 服务器地址，这是作为 DHCP 服务器"选项"的一部分提供给客户端的。

要生成对一个域名服务器查询的应答，其查找顺序工作方式如下。

（1）DNS 服务器从通用域名空间中检索名称数据。

（2）如果某个给定的名称服务器是授权服务器，它就提供自己为其授权的那些区域的数据。

（3）当进行查询时，任何给定的 DNS 服务器将搜索其已缓存域名数据，并回答该服务器不是其授权的查询，除非该查询由根服务器发起（它要求该区域的授权 DNS 服务器做出响应）。

（4）当本地服务器在其数据库或名称缓存区中没有可用信息时，它可以转向仅缓存服务器或"邻居"中的其他已知名称服务器（这里，术语"邻居"指一组域，任何给定的服务器可以是它们的首要主名称服务器或从主名称服务器，或者是它们的仅缓存服务器）。

（5）如果这些搜索都没有产生结果，名称服务器就向根服务器发送一个名称解析请求，根服务器将查询导向到所提问数据库段的授权服务器上。通过联系该域的根服务器、之后沿 NS 指针抵达正确的授权服务器，根服务器完成授权服务器的定位。这一过程总会产生某种应答（一般来说，得到与要解析的名称相对应的 IP 地址，但有时候也会得到出错消息）。

这一过程称为**域名解析**（Domain Name Resolution），或**名称解析**（Name Resolution）。有趣的是，在解析器发出请求的过程中，DNS 服务器实际处理发生在解析这些查询活动中的真正名称解析。

在 DNS 狂热者之间流行的说法是，"所有的名称查询在根部终结"。这是因为根是 DNS 分层结构的顶部，它知道如何抵达整个层次结构中的任何子域。这一说法也说明，任何本地不能处理或者在邻居中不能处理的名称解析，都必须上升到根服务器来获得进一步的解析。

真正的过程实际上有点复杂，因此我们首先解释一些相关术语。

8.3.1 递归查询

绝大多数 DNS 解析器从客户端一侧发出**递归查询**（Recursive Query）。这意味着它们委托它们所联系的第一个 DNS 服务器代表它们自己去寻找必要的地址转换（或出错消息）。

用计算机术语来说，递归查询是一种持续不断、直到得到某种类型答案的查询。因此，如果所联系的第一个 DNS 服务器不能解析域名，那么接下来就请求其邻居中"最接近的已知"名称服务器予以帮助。当其他名称服务器响应第一个名称服务器的查询时，它们或者从自己的数据库或缓存区中提供答案，或者提供指向其他名称服务器的指针，这些服务器被评估为更接近所寻找的域名。

第一个 DNS 服务器持续地请求信息，直到找到信息为止，原因在于这一查询是递归查询。通过沿着指针抵达其他名称服务器（这些服务器可以在域名层次结构中的更高层次，也可以在 DNS 名称层次结构中的不同子树上），第一个 DNS 服务器发出重复的迭代查询。（例如，如果某个引用服务器最近访问了接近请求名称驻留的域名空间，该服务器能够短路导航域名空间的过程，向上抵达请求服务器的层次，通过根部，再下行到层次结构的另一部分）。这一过程重复进行，直到收到确定性的回答、联系到根服务器或者因某种出错条件而终止查询为止（在本节后面，将会提供有关在搜索遇到根服务器时会发生什么的更多信息）。在庞大的 DNS 服务器层次结构中，任何 DNS 服务器都能够发出迭代查询，但只有 DNS 客户端或根服务器能够发出递归查询。

8.3.2   迭代或非递归查询

当一台 DNS 服务器收到递归查询时，该服务器就向在其层次结构中的名称服务器或向作为先前迭代查询应答指针的服务器发出迭代查询（Iterative Query）或非递归查询（Nonrecursive Query），直到收到答案为止。迭代查询并不引发其他查询，因此，发出递归查询的客户端（或根 DNS 服务器）可以看作是驱动迭代查询进程。它导航名称层次结构，朝被请求域名所在域的授权 DNS 服务器方向前进，或者直到它抵达一个能够对其查询给除非授权应答的服务器为止。

换句话说，如果 DNS 服务器收到了一个递归查询，它就发出迭代查询，直到发生下述两个事件之一：它所查询的服务器回答了查询，或者返回了一条出错消息，例如"unknown domain（未知域）""unknown domain name（未知域名）""invalid domain name（无效域名）"。

从另一个角度来看，递归查询和迭代查询之间的差别是，处理递归查询的名称服务器必须产生某种类型的一个答案，而处理迭代查询的名称服务器可以简单地使用一个指向另一个服务器的指针作为应答，这个另一个服务器或许能够（或许不能够）提供所请求的信息。你可以认为处理递归查询的名称服务器能够发出自己的递归查询，将解析名称请求的责任传递给另一个服务器。但是，在实践中，只有一台服务器处理递归查询，并不断发出迭代查询，直到得到某种类型的确定性答案（匹配域名的 IP 地址）或另一种类型的确定性答案（解释为什么不能提供 IP 地址的出错消息）为止。

某些递归名称查询包含根服务器的原因不是因为根服务器就在自己那里保存了整个 DNS 名称空间中的所有名称，而是根服务器总是知道如何查找域（或子域）的实际数据所驻留的授权 DNS 服务器。因此，如果所有其他手段都失效的话，根服务器一定能够协助解析查询。

事实上，每当一个名称查询抵达根服务器时，该服务器不能从自己的缓存区中处理查询，该根服务器对自己权限范围内的所有域发起自己的递归查询。这一查询向下遍历域名称空间，直到它抵达所请求域的授权服务器为止——或者该根服务器收到了一个指明查询不能被解析的应答为止，不管这个应答出现的原因是什么。请注意，这种类型的查询不能够用非授权回答来解决；它必须与所查询域的授权名称服务器联系。然后，根服务器使用其递归查询的应答来回答发起 DNS 服务器的迭代查询（反过来，满足了解析器的原始递归查询），名称解析过程终于结束了。

由于根拥有访问名称空间中所有元素的能力，对任意域或域段，它都能够抵达授权名称服务器。其做法是，沿着区域数据库中的 NS 记录前进，这些区域数据库是根服务器朝拥有适宜 SOA 记录的 DNS 服务器遍历过程中经历的数据库。事实上，这就是所有名称都终结在根服务器说法的真实解释。

8.4 DNS 缓存的重要性

如前所述，大多数 DNS 服务器都能够使用称之为缓存的本地数据存储来保存先前名称查询的结果。只有当服务器需要解析的名字或地址不在缓存中时，才真正需要为名称或地址解析发出进一步的查询。

因此，收到寻找在其数据库区域之外信息的递归查询的第一台 DNS 服务器首先检查其缓存区，查看解析请求所需信息是否已经存在。如果已经存在，那么从缓存中抓取数据，这就不需要再发起任何迭代查询来定位所请求信息了。并且，由于迭代查询遍历名称层次结构来解决解析问题，其他相联系名称服务器除了使用自己的区域数据库之外，也检查是否能够从自己的缓存区中回答查询。这就产生了对名称查询的非授权响应（Non-authoritative Response），但它能够显著地加速解析过程。然而，根服务器请求总是抵达包含了所请求名称或地址的域的授权名称服务器，以便真正确保数据直接从真实数据源得到。这也正是为什么把这样的应答称为授权响应（Authoritative Response）的原因。

DNS 缓存中数据的价值和你冰箱中食品的新鲜程度十分相似，随着时间的流逝数据也开始变得不新鲜了。请注意，DNS 缓存中的所有数据都有一个过期时间，超过该值后数据被自动删除。实际上，DNS 数据值包含了各种定时信息，在本章后面考察 SOA 记录时你就会看到这一点。很多 DNS 服务器实现完成有规律的数据库清理工作，此时，它们系统地检查每一个 DNS 数据库记录，并基于检查结果信息决定保持该记录、刷新该记录还是删除该记录。在 Windows DNS 服务器上，删除过期记录的过程称为清理（Scavenging），如果 DNS 管理器 MMC 控制台（DNS Manager MMC Console）中的清理（Scavenging）选项打开的话，默认是每七天执行一次。

DNS 服务器缓存它们所解析地址的名称和地址对，它们保留产生出错消息的名称请求的信息。这种信息称为**负缓存**（Negative caching），但它达到了与正缓存相同的效果。也就是说，负缓存值允许出错消息在本地访问，以此来取代发送查询、之后等待出错消息返回的方式。从 IP 服务得到出错消息通常意味着等待一个漫长的超时时间间隔的流失，因此上述方法能够节省用户的大量时间！

事实上，你已经知道存在一种称之为仅缓存服务器的特殊 DNS 服务器。尽管这种特殊用途的服务器并非在所有 DNS 实现中都可以使用，但它们是在将 Windows 服务器配置为 DNS 时的一个选项。重要的是，要理解仅缓存服务器的唯一功能就是查找本地区域之外的数据，并把结果保存在它的缓存中。随着时间的流逝，这个缓存的价值显然日益增加，原因在于用户不必等待来自本地区域之外服务器的信息来获取众多名称查询的结果。

8.5 DNS 配置文件和资源记录格式

将思绪拉回到 DNS 的起源上，可以容易地把组织 DNS 数据的数据库文件的内容描述为表达 HOSTS 文件的一种方式，这种表达采用了等价的 DNS 记录的形式，同时提供了 DNS 本身使用的其他必要信息。这些附加信息包括标记授权源、处理邮件交换记录，以及提供有关公认服务的信息。

将主机名称映射为地址的文件通常被命名为 domain.dns。在这种情况下，domain 是 DNS 服务器覆盖区域的本地域名或子域名。例如，用于 edtittel.com 的 DNS 服务器被命名为 edtittel.com.dns。

将地址映射为域名用于逆向查找的文件通常命名为 addr.in-addr.arpa.dns，这里，addr 是颠倒了顺序的域的网络号，不包括结尾的 0（如果有）。对于 ipv6testlabs.com 来说，它的网络号是 75.32.168.188，其文件被命名为 188.168.32.75.in-addr.arpa.dns。有的时候，这样的文件也被命名为 in-addr.arpa 文件，这个名称放在文件的 PTR 记录中每一个颠倒地址末尾出现的标签后面。请注意，DNS 的其他实现（主要是 BIND）对这些文件使用不同的命名约定，但所有 DNS 实现都要求这些文件能够适宜地发挥作用，而不管它们如何被命名。本质上，这些文件包含了当数据库被复制到磁盘上或者在 DNS 服务器被关闭之前静态形式存储的 DNS 数据库的一个快照。

每一个 DNS 区域文件都必须包含 SOA 和 NS 记录，再加上有关该区域中主机名称或地址的记录。"A"（地址）记录提供了名称到地址的映射数据，或称为正向映射，而 PTR 记录提供了地址到名称的映射数据，或称为逆向映射。CNAME 记录允许你定义在你的区域中的主机的别名，主要作用是为在区域文件中输入这样的数据更加高效方便。因此，你可以定义 h54.clearlake.ibm.com 作为 houns54.clearlake.ibm.com 的别名，这样只需要敲击键盘 21 次，而不是 25 次。

接下来，你将考察在绝大多数常用 DNS RR 类型中可以看到的数据。

8.5.1 授权开始记录

任何 DNS 文件中的第一个项目——这意味着包括 domain.dns 和 addr.in-addr.arpa.dns 文件——必须是 SOA（Start of Authority）记录。SOA 记录将当前名称服务器（或者同一个域或子域中的其他名称服务器）标识为其区域中数据信息的最佳来源。重要的内容是要理解，即使从名称服务器从域的主名称服务器那里得到自己的数据，从名称服务器和主名称服务器都能够在自己的 SOA 记录中把自己设计为授权服务器。事实上，这一功能支持在域的主 DNS 服务器与一个或多个从 DNS 服务器之间实现负载平衡。

下面是一个展示了其内容的样本 SOA 记录：

```
tree.com.   IN SOA apple.tree.com.sue.pear.tree.com(
  1; Serial
```

```
10800; Refresh after 3 hours
3600 ; Retry after 1 hour
604800  ; Expire after 1 week
86400 ) ; Minimum TTL of 1 day
```

这里按行拆分了这个记录（请注意，每一个分号都表示一段嵌入注释，注释提供了简单的文档，帮助读者解释代码）：

- tree.com. IN SOA apple.tree.com. sue.pear.tree.com：所有 DNS 记录都遵从这一行的基本格式，这里，tree.com.是区域文件所应用的域的名称；IN 指示该记录属于记录类型中的 Internet 类；SOA 指明记录类型是授权开始（Start of Authority）记录；apple.tree.com.是域的主名称服务器的 FQDN（完整限定域名，Fully Qualified Domain Name）；sue.pear.tree.com 是表达负责该服务器的管理员的电子邮件地址 sue@pear.tree.com 的一种方式。在开括号和闭括号之间出现的其他一切内容都提供了用于这个特定 SOA 记录的特殊属性，在下面的列表项目中介绍这些属性。

  - Serial（序列号）：这是一个用于原始值的无符号 32 位数（这是从名称服务器用于与主名称服务器的值比较，以便确定它们是否需要更新其记录的东西）。每当值在主服务器上被更新时，这个数就增加（并且，每当从名称服务器检查其记录需要被更新时，这个序列号也被复制到从名称服务器上）。

  - Refresh（刷新）：它指定了在区域数据库需要被刷新前能够流失的秒数（10 800 秒等于三小时，因此注释字段这样书写）。这确保从服务器与主要的主服务器之间失去同步的时间不会超过三个小时。它也指定了从名称服务器检查主名称服务器、以便了解区域定义或信息是否变生了变化的时间间隔。

  - Retry（重试）：它指定了在失败的更新被再次尝试之前允许度过的时间秒数（3600 秒等于一小时）。

  - Expire（过期）：它指定了在区域数据库不再是授权数据库之前应该允许度过的时间秒数。这展示了一个计数器值，它允许 DNS 服务器计算自上次更新以来已经过去了多长时间。如果在这个时间间隔内不能完成刷新的话，从 DNS 服务器也将放弃区域数据。其道理是，手中没有老的数据比手中拥有一些陈腐、或许不正确或不相干的数据要更好一些。

  - Minimum TTL（最小 TTL）：它指定了任何资源记录应该被允许待在另一个非授权 DNS 服务器缓存中的时间长度是多少。换句话说，这是一个设置缓存项能够在区域外的 DNS 服务器上持续多长时间的值，从记录的发起时刻算起（86 400 秒，也就是一天）。调整这个数值将影响 DNS 服务器隔多长时间更新其缓存，因此，重要的是要理解，该值越长意味着服务器必须处理的查询越少，但用户等待信息更新、使其变为可用的时间越长。反之，更短的这个值会使更新可用的速度更快，但也增加了服务器活动的整体水平——一种典型的这种环境。

8.5.2 地址和别名记录

在下面的示例中，我们展示了如何使用地址（A）和别名（CNAME）记录，这些通常出现在 domain.dns 文件中（例如用于 tree.com 的 tree.com.dns）。之后，和前面一样，我们详细解释每一个记录类型示例，并说明如何使用注释来注解 DNS 配置文件：

```
; Host Address(主机地址)
localhost.tree.com.IN A  127.0.0.1
pear.tree.com.    IN A   172.16.1.2
apple.tree.com.   IN A   172.16.1.3
peach.tree.com.   IN A   172.16.1.4
; Multi-homed host(多宿主主机)
hedge.tree.com.  IN A  172.16.1.1
hedge.tree.com.  IN A  172.16.2.1
; Aliases (别名)
pr.tree.com.      IN CNAME  pear.tree.com
h.tree.com.       IN CNAME  hedge.tree.com
a.tree.com.       IN CNAME  apple.tree.com
h1.tree.com.      IN CNAME  172.16.1.1
h2.tree.com.      IN CNAME  172.16.2.1
```

给定前面的文本，考虑下面的内容：

```
localhost.tree.com.  IN A  127.0.0.1
```

上述定义设置域名"localhost"的 FQDN 地址，它被转换为 localhost.tree.com.，等价于回送地址。该值是需要的，以便允许用户在 IP 命令和查询中引用名称"localhost"或"loopback"。由于这些名称通常在诊断 IP 连接性问题时使用（特别是在 ping 命令中），提供这些名称的定义就很重要了。

现在，考虑这一行：

```
pear.tree.com.  IN A  172.16.1.2
```

上述定义设置 FQDN pear.tree.com.的地址，等于 IP 地址 172.16.1.2。

接下来，考虑下述行：

```
h1.tree.com.  IN CNAME  172.16.1.1
h2.tree.com.  IN CNAME  172.16.2.1
```

为独立接口（网卡）定义名称很重要，原因在于这样允许在路由器上按名称访问这些接口，或者在通过多块网卡连接到多个子网的任何其他主机按名称访问这些接口（这样的设备称之为多宿主设备，原因在于它们连接了多个子网）。这比请求它们的数字 IP 地址要方便得多。对于查询 SNMP 统计或者当 ping 独立接口时，接口名称很有用。默认情况下，当单个域名定义了多个登记项时（正像多宿主设备的情况那样），DNS 仅仅访问主机的第一个 IP 地址。将名称与每一个接口关联起来让你能够按名称访问这些接口，而不必记住每一个接口的独立数字 IP 地址。

另一方面，配置 DNS 服务器如何响应在一个域名对应于多个 IP 地址时名称到地址解析的请求是一项称之为 DNS 循环（DNS Round Robin）的负载平衡技术的核心。简单地说，这项技术支持 DNS 服务器跟踪对特定转换最近提供了哪一个 IP 地址，并在可用地址池或列表中旋转 IP 地址。DNS 服务器能够分布处理解析这些请求所产生的负载（例如，当一组多个 Web 服务器可用于处理入站用户连接请求时），以便不让任何一台服务器过载。

尽管实现起来很容易，循环 DNS 也存在一些重大缺陷。这些缺陷继承自 DNS 层次结构本身以及来自 DNS 记录 TTL 时间，它使得不需要的地址缓存难以管理。更进一步地，它的简单性意味着一旦任何远程服务器非预期地关机，在 DNS 表中就可能引入不一致性。这就是说，当与其他 DNS 负载平衡和群集技术一起使用时，这项技术在某些情况下会产生良好的效果，特别是在 DNS 服务器必须处理庞大查询量的情况下更是如此。

负载平衡通常是指把工作分布在多台服务器上的过程。DNS 负载平衡指的是把客户端的 DNS 查询分布在多台 DNS 服务器上。

CNAME 记录首先列出别名，之后给出真正的域名，这两个域名都不使用圆点作为结尾（因此，它不是一个真正的 FQDN；仅存在于 A 和 PTR 记录中）。

8.5.3　将地址映射为名称

db.addr 文件中的记录被用来支持逆向 DNS 查找（这里，你从 IP 地址开始，想得到它所对应的域名）。出于这个原因，记录中独立名称地址部分八位字节的次序被颠倒过来。换句话说，正像当规定域名时从域名层次结构中最下部的名称开始一样，你从 IP 地址的"后部"（第四个八位字节）开始，并向地址的"前部"（第一个八位字节）延伸。这样，域名的分层结构与对应的 IP 地址的分层结构相匹配，以逆向的顺序，从主机部分开始延伸到网络部分。

逆向地址查找主要用于确定用户提供的 IP 地址是否与用户声称从其发起的域名相匹配（当不能匹配时，就可能是一种假冒企图的信号，有时候称为 IP 欺骗（IP spoofing），即一个声称来源于某个网络的数据包，该网络与其真实地址并不相同）。这项功能内建在许多 UNIX 应用程序中，例如 rlogin，几家 OS 厂商在其解析器中实际上包含了逆向查找。

这里是一个名称为 16.172.in-addr.arpa.dns 的样本文件：

```
1.1.16.172.in-addr.arpa.IN  PTR  hedge.tree.com
2.1.16.172.in-addr.arpa.IN  PTR  pear.tree.com
3.1.16.172.in-addr.arpa.IN  PTR  apple.tree.com
4.1.16.172.in-addr.arpa.IN  PTR  peach.tree.com
```

请留意地址如何与来自先前 tree.com.dns 文件的地址相匹配，它采用了颠倒顺序的方式。还要注意，每一个反序地址如何以字符串.in-addr.arpa.结束，它在末尾包含了一个圆点。这是因为所有这些地址都在为 Internet 定义的 IP 地址空间中，最初称之为 ARPANET。

在左侧的地址与右侧的域名之间存在直接的对应关系。如果你想指定用于 hedge 的其他接口（前面文件中提到的 172.17.1.1），你就必须在名称为 17.172.in-addr.arpa.dns 的文件中完成这个任务，而不是在名称为 16.172.in-addr.arpa.dns 的文件中完成这个任务。每一个子网都有自己的此类文件。

处理逆向 DNS 查找时还存在另一个警告，就是逆向 DNS 查找的文件结构是分类的（这就是说，这样的文件必须遵从 IP 地址分为 A 类、B 类、C 类的逻辑划分）。如果你的网络没有完全按照 /8、/16 或 /24 子网进行组织的话（它们分别对应于 A 类、B 类和 C 类地址），那么 DNS 会变得相当困惑。如果你需要为无类网络配置逆向查找的话（这是一种子网划分并非落入 A 类、B 类或 C 类边界的地址方式，例如基于 CIDR 的实现就是这样），请阅读 RFC 2317 中 "最佳实践" 节建议的方案。总的来说，按该文档所述，通过向下扩展 in-addr.arpa 树，能够引入额外的委托点，相应地址空间中的第一个地址（或第一个地址与网络掩码长度）构成了用于每一个附属区域名称的第一个组成部分。RFC 2317 中项目 4 的示例展示了建立和使用这个层次的所有必要细节。

8.6　IPv6 网络中的名称解析

在 IPv6 环境中，域名系统（Domain Name System，DNS）继续使用，但进行了扩展，这意味着 DNS 必须还能在 IPv4-IPv6 混合环境下运行，因为在可预计的将来，IPv4 与 IPv6 网络将是共存的。在支持 IPv6 的实现中，DNS 的基本机制仍没有改变，但名称解析的任务更加复杂了，因为 IPv6 主机和网卡可以具有多个地址。与进行其他形式的 IPv6 地址处理与管理一样，这使得当在 IPv6 环境中分解 DNS 时，作用范围信息非常重要。同样，巨大的 IPv6 地址空间使得在分解 IPv6 名称查询时分层结构比在 IPv4 中更加重要。另外的一个变化是，引入了一个新的逆向分层树 ip6.arpa 取代了旧的 in-addr.arpa 树，用于逆向查询和 DNS PTR 记录。

 你可能看到或听到业界中用 DNSv6 来表示 DNS 对 IPv6 的支持。然而，没有哪个 RFC 文档使用过 "DNSv6" 术语。此外，不是某一个 RFC 文档就能完整地描述在 IPv6 上运行的 DNS。涉及 DNS 和 IPv6 的 RFC 文档有 RFC 2847、RFC 3901 以及 RFC 4339。

一些专家以充足的理由声称，DNS 是任何 IPv6 实现的起点，因为 IPv6 客户端需要名称解析服务，就像 IPv4 那样。很多实现需要创建一个只进行缓存的 DNS 服务器来处理纯 IPv6 的站点，在混合网络中使用 IPv4 机制来支持 DNS（有必要指出的是，在这种连接中，DNS 的数据与 DNS 服务器本身使用什么版本的 IP 没有关系）。2004 年，ICANN 宣布往 DNS 区增加了一个 IPv6 名称服务器地址，当前支持 IPv6 的顶级域包括法国（.fr）、日本（.jp）、韩国（.kr）以及其他很多国家和地区。

IPv6 提供了但 IPv4 没有提供的是备份服务，当在客户端中没有配置 DNS，或者 DNS 由于某些原因不能响应服务请求时，备份服务可以替代 DNS。LLMNR 协议使用与常规 DNS 相同的消息格式，但运行在不同的端口上。对 LLMNR 来说，每个结点对其自己的名称是可信的，服务请求使用的是本地链路多播，响应者使用一个单播数据包进行应答。这使得即使是在没有 DNS 服务器的情况下，本地操作也可以继续进行（当然，这对远程或非本地访问是没有帮助的）。微软公司已开始提供支持 IPv6 的 DNS 服务器实现，并把它作为 Windows Server 2003 的一部分了，在 Windows Server 2012、Windows 7 和 Windows 10 中可以支持 IPv6。在 BIND（8.2.4 或以后的版本）和各种 UNIX 发布版本中也实现了支持 IPv6 的 DNS。

在本章的开始介绍了 LLMNR，本章后面还将更详细地介绍它。

下面章节将介绍在 DNS 中的 IPv6 支持、IPv6 的源地址与目的地址选择算法以及端到端的 IPv6 地址选择。

8.6.1 IPv6 中的 DNS

当认识到 IPv4 地址将耗尽时，IETF 首先描述了 IPv6，DNS 被扩展以支持更长的 IPv6 地址空间。这主要是通过添加新记录类型来完成的，因为 DNS A 记录不再支持 128 位的 IPv6 地址。

最初，RFC 1886 定义了支持 IPv6 的 DNS 扩展，但 RFC 3596 随后废弃了最初的说明。人们开发了 AAAA 记录以容纳更大的 IPv6 地址，创建了 ip6.int 以支持 IPv6 逆向映射域，ip6.int 随后被废弃，现在，ip6.arpa 是用于逆向查找的特殊域。

AAAA 记录专用于 Internet，每个记录可以存储单个 IPv6 地址。图 8-3 显示了 AAAA 记录的格式。

ipv6-host IN AAAA 2001::2D57:C4F8:8808:80D7

图 8-3　AAAA 记录的格式

在 Internet 上用于特定域名的 AAAA 查询，将返回所有相关的 AAAA 记录，这些记录包含了响应的回答部分，但不会触发任何其他的选择处理。如前所述，ip6.arpa 是一个特殊的域，用于 IPv6 地址名称空间的逆向映射，以 ip6.arpa 作为域的根。ip6.arpa 下的每级子域表示了 128 位 IPv6 地址中的 4 个位，从左到右为最小到最高（低序到高序）位。

ip6.arpa 域中的 IPv6 地址是由一系列半位元组表示的，之间用句点分隔开，且以 ip6.arpa 作为名称前缀。每个半位元组是一个十六进制字符。按照 RFC 3596 规范，IPv6 地址 2001:db8:4321:12:34:567:89ab:ef 表示为域名 f:e:0:0:b:a:9:8:7:6:5:0:4:3:0:0:1:2:3:4:8:b:d:0:0:2. ip6.arpa。每个域名有一个 PTR 记录，以与 in-addr.arpa 相同的方式添加。对于前面的示例，PTR 记录就是：

```
f:e:0:0:b:a:9:8:7:6:5:0:4:3:0:0:2:1:0:0:1:2:3:4:8:b:d:0:1:0:0:0:2.ip6.
arpa  IN  PTR sample.ip6.domain.com
```

一个字节或八字节是由 8 个位构成的。一个半位元组就是一个字节的一部分，由 4 个位构成。后面章节中将介绍，在逆向映射中，IPv6 地址字符串中的每个字符是由一个半位元组构成的。

所有 A 记录查询类型，例如，名称服务器（NS），服务的位置（SRV）以及邮件交换（MX），都必须重新定义，以便可以执行 A 和 AAAA 的其他处理。名称服务器必须添加相关的 IPv4 和 IPv6 地址，这些地址在处理和应答请求时，对响应的其他选择是局部可用的。A 和 AAAA 记录在前向映射区中可以共存，但一些解析器会在查找 A 记录之前先查找 AAAA 记录，即使主机并没有真正与所有 IPv6 地址通信也是如此。如果域名既有 IPv4 地址，也有 IPv6 地址，那么具有先查询 AAAA 记录的解析器的计算机，必须等到 IPv6 地址超时（假设该设备不能使用 IPv6 连接），然后才能用 IPv4 进行连接。除非所有解析器都能查询最快响应的地址，否则，解决这个问题的办法是为不同的域名赋予 IPv4 和 IPv6 地址，如图 8-4 所示。

```
domain-name      IN   A      72.246.164.170
domain-name.v6   IN   AAAA   2001::2D57:C4F8:8808:80D7
```

图 8-4　域名的 A 和 AAAA 记录

前向映射包括向远程主机发送一个含有其域名的请求，并请求其 IP 地址，逆向映射则正好相反。你发送一个含 IP 地址的请求，并请求一个含远程计算机的主机名的应答。如果主机具有域名 sample.domain.com，且 IPv6 地址为 2001:db8:4321:12:34:567:89ab:ef，那么逆向映射区就是 f:e:0:0:b:a:9:8:7:6:5:0:4:3:0:0:1:2:3:4:8:b:d:0:0:2. ip6.arpa。

DNS 服务器上的 IPv6 逆向映射区含有大量 PTR 记录，且必须含有一个 SOA 记录，以及一个或多个 NS 记录，就像 IPv4 逆向映射区一样。但是，与 IPv4 不同的是，很少把逆向映射委派给服务器管理员，尽管 IPv6 支持委派逆向映射。这意味着，管理员可以使用 ip6.arpa，为分配给机器的地址范围创建逆向映射区文件。要手工往 IPv6 逆向映射区添加大量的 PTR 记录，可以使用$ORIGIN 控制语句，如图 8-5 所示。该图只是显示了一部分逆向区文件，且其中的地址和记录是虚构的。

```
$ORIGIN f:e:0:0:b:a:9:8:7:6:5:0:4:3:0:0:2:1:0:0:1:2:3:4:8:b:d:0:1:0:0:2.ip6.arpa
1.a      PTR      sample.domain-v6.com
1.b      PTR      mail.domain-v6.com
```

图 8-5　使用$ORIGIN 控制语句的 IPv6 逆向映射区文件示例

对主机来说，更常用的是使用动态更新来注册它们的 AAAA 和 PTR 记录，这样就很少需要手工添加项了。对 IPv6 来说，使用 AAAA RR 进行前向映射的任何地址，也都需要使用 RR PTR 进行逆向映射，因为 PTR 记录必须指回到一个合法的 AAAA 记录（或者是 IPv4 地址情况下的 A 记录）。这听起来很简单，但在 IPv6 中有两个潜在的问题。如果 IPv6 地址是使用**无状态地址自动配置**（Stateless Address Autoconfiguration，SLAAC）或 DHCPv6 来配置的，那么这些也会为前向映射区和逆向映射区提供动态 DNS（DDNS）。这意味着一个 DNS 管理员并不能真正去验证在逆向区中，每个 PTR 记录是否真的指向了一个合法的 AAAA 记录。同样，默认情况下，Windows Vista 及其后面的版本可以为每个网络连接会话生成一个随机分配的 IPv6 地址，这只能使用 DDNS 来映射。这两种情况都允许从 PTR 到 AAAA 记录的不精确映射。

RFC 5855 讨论了用于 IPv4 和 IPv6 逆向查找区的名称服务器，为 in-addr.arpa（IPv4）和 ip6.arpa（IPv6）区规定了安全且稳定的名称服务器的名称集。在命名模式中的区别是，允许 in-addr.arpa 和 ip6.arpa 委派给两个不同的名称服务器集，目的是为每个区提供所用的基础设施操作分离。例如，如果 in-addr.arpa 名称服务器发生故障，不会影响

ip6.arpa 服务器或 IPv6 逆向查询操作。访问 www.ietf.org 并查找 RFC 5855 可了解更详细信息。

8.6.2 源地址与目的地址选择

IPv6 默认地址选择是由 RFC 3484 描述的建议标准。IPv6 寻址的体系结构允许把多个单播地址分配给计算机的网卡。这些地址可以有不同的可达性范围。这些范围是本地链路的、本地站点的和全局的。这些地址还可以是最佳的或废弃的。

本地站点范围在 RFC 3879 中被废弃，尽管仍在使用它，但应该忽略它。本地站点的使用仍可以在支持 IPv6 的设备的老式 TCP/IP 栈中见到。

因为这个，IPv6 的名称解析比 IPv4 中的更复杂。使用 IPv4 联网的计算机，通常只有一个网卡，且只分配一个 IPv4 地址。而只有一个物理网卡的 IPv6 计算机，则可以有分配给该网卡的如下地址范围：

- 本地链路地址范围，通往本地子网。
- 某组织机构中一个或多个网站内的专用网络的唯一本地地址。
- 全局地址范围，通往 Internet。

唯一本地地址定义在 RFC 4193 中，类似于 IPv4 专用网络，不能接入 Internet，也不能从 Internet 访问它。

没有要求网卡拥有所有 3 种地址范围，但可以为网卡配置所有这 3 种地址范围。如果计算机是多宿主的，那么该计算机上的每个网卡都一个分配多达 3 种地址范围。如果计算机必须与 IPv4 结点通信，那么它可以有一个或多个分配了本地链路和全局地址范围的网卡。不同的网卡可以指派为不同的用途。出于安全考虑，全局地址前缀可以具有分配的临时地址和公用地址。临时地址使用一个随机确定的网卡标识符。如果计算机是一个移动 IPv6 结点，那么它也可以既有一个宿主地址，也可以有一个转交地址。

对于一个 IPv6 结点，如果为其网卡分配了多个地址，那么将在 DNS 名称查询应答消息中返回多个地址，使得源地址与目的地 IPv6 地址的选择更加复杂。源地址和目的地址在地址范围和作用上都必须相互匹配。换句话说，IPv6 结点必须选择匹配的本地链路源地址与本地链路目的地址，以及匹配的全局源地址与全局目的地址。目的地址还必须按优先级进行排序。

RFC 6724 描述了确定源地址和目的地址的两个算法：

- 源地址选择算法：选择与目的地址匹配的最佳源地址。
- 目的地址选择算法：给可能的目的地址分类，并按优先级对它们进行排序。

应用程序开发人员不用创建实现他们自己的选择算法应用程序，但如果应用程序具有源地址和目的地址选择算法，那么这些算法就会覆盖掉 IPv6 选择算法。换句话说，如果某个应用程序具有一个源地址选择算法，那么该应用程序将选择源地址，而不会使用

IPv6 默认算法。但是，如果应用程序指定了一个目的地址，不会弃用 IPv6 默认目的地址选择算法。如果应用程序只提供一个目的地名称，IPv6 算法仍会对目的地址按优先级进行排序。如果应用程序提供了目的地址，那么它就可以覆盖掉 IPv6 默认算法的默认优先级顺序。

计算机为目的地址分类提供了一个策略表。该表按地址前缀、优先级和标签来组织地址。在该表中，具有最高优先级的地址前缀是最优先的目的地址。地址标签及其分类与标签值用于把源地址优先级与目的地址进行匹配。图 8-6 所示为 Windows 10 计算机上的一个典型策略表。Windows Vista 及其以后的版本、Windows Server 2012 以及 Windows Server 2016 都维护有默认 IPv6 网卡策略表。

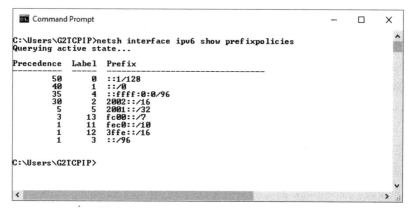

图 8-6　Windows 10 计算机上的默认策略表

8.6.3　源地址选择算法

该算法创建单个源地址的输出，用作一个目的地址。如果网络分配了多个 IPv6 源地址，该算法为给定的 IPv6 目的地址提供最高优先级的地址。对网络结点，该算法会选择与可能的单播目的地址列表中某一个相匹配的源地址，这些单播目的地址是分配给通过目的地的下一跳设备的网卡的。对路由器，该可能的目的地址列表可以包括那些分配给路由器上的前向网卡的地址。

在候选集中的地址如何排序，是由如下 8 个规则定义的。每个规则根据两个源地址的相互关系以及本规则，确定这两个源地址之间的次序是大于、等于或小于。如果结果分不出次序，就应用其余的规则，直到决定两个源地址之间的次序。如果从中选出一个地址，另一个地址就丢弃，在后继的规则中不再考虑该地址了。在对候选集中的两个地址（例如是 Source1 和 Source2）进行比较时，如果对某个目的地址（D-Addr）而言，Source1 大于 Source2，那么就认为它是优选 Source1。

在算法中，这些规则是依次处理的，因此，当执行源地址选择的计算时，该算法从规则 1 开始，试图满足该规则的需求，然后再继续下一个规则。

规则 1：优选等于目的地址的源地址。

- 如果 Source1 等于 D-Addr，那么优选 Source1。
- 如果 Source2 等于 D-Addr，那么优选 Source2。

规则 2：优选具有与 D-Addr 相适应范围的源地址。

- 当 Source1 范围小于 Source2 范围时：如果 Source1 范围小于 D-Addr 范围，优选 Source2，否则，优选 Source1。
- 当 Source2 范围小于 Source1 范围时：如果 Source2 范围小于 D-Addr 范围，优选 Source1，否则，优选 Source2。

规则 3：优选没被废弃的地址。

- 如果 Source2 被废弃，而 Source1 没有，优选 Source1。
- 如果 Source1 被废弃，而 Source2 没有，优选 Source2。
- 如果两个源地址都没有被废弃，则这两个源地址具有相同的优先级。

规则 4：优选宿主地址（对 IPv6 移动）。

- 如果 Source1 既是宿主地址又是转交地址，而 Source2 不是，优选 Source1。
- 如果 Source1 是宿主地址，而 Source2 是转交地址，优选 Source1。
- 如果 Source2 既是宿主地址又是转交地址，而 Source1 不是，优选 Source2。
- 如果 Source2 是宿主地址，而 Source1 是转交地址，优选 Source2。
- 如果 Source1 和 Source2 都不是宿主地址，则这两个源地址具有相同的优先级。

规则 5：对路由器，优选分配给通往 D-Addr 的下一跳网卡的源地址。

- 如果 Source1 是分配给用于把数据包发送给 D-Addr 的网卡的地址，优选 Source1。
- 如果 Source2 是分配给用于把数据包发送给 D-Addr 的网卡的地址，优选 Source2。
- 如果 Source1 和 Source2 都是把数据包发送给 D-Addr 的网卡的地址，或者 Source1 和 Source2 都不是把数据包发送给 D-Addr 的网卡的地址，则这两个源地址具有相同的优先级。

规则 6：优选在前缀策略表中具有与 D-Addr 相同标签的源地址。

- 如果 Source1 的标签与 D-Addr 的匹配，而 Source2 的标签与 D-Addr 的不匹配，优选 Source1。
- 如果 Source2 的标签与 D-Addr 的匹配，而 Source1 的标签与 D-Addr 的不匹配，优选 Source2。
- 如果 Source1 和 Source2 的标签都与 D-Addr 的相同，或者 Source1 和 Source2 的标签与 D-Addr 的都不相同，则这两个源地址具有相同的优先级。

规则 7：优选使用公用地址的源地址，而不是使用临时地址的源地址。

- 如果 Source1 使用的是公用地址，而 Source2 使用的是临时地址，优选 Source1。
- 如果 Source2 使用的是公用地址，而 Source1 使用的是临时地址，优选 Source2。
- 如果 Source1 和 Source2 使用的都是公用地址，或者 Source1 和 Source2 使用的都是临时地址，则这两个源地址具有相同的优先级。

规则 8：优选与 D-Addr 具有最长匹配前缀的源地址。

- 如果 Source1 与 D-Addr 相匹配的前缀长度大于 Source2 与 D-Addr 相匹配的前缀长度，优选 Source1。
- 如果 Source2 与 D-Addr 相匹配的前缀长度大于 Source1 与 D-Addr 相匹配的前缀长度，优选 Source2。
- 如果 Source1 和 Source2 与 D-Addr 相匹配的前缀长度相同，则这两个源地址具有相同的优先级。

图 8-7 显示了源地址选择算法的流程图。

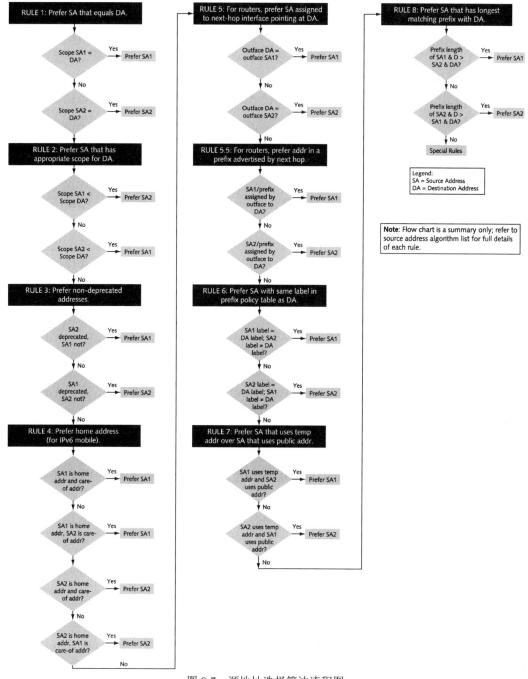

图 8-7　源地址选择算法流程图

规则 2 必须实现，且应赋予一个较高的优先级，因为其影响是相互作用的。对规则 7，它表明，必须使用一种机制，允许应用程序优选临时地址而不是公用地址，可以使用 API 扩展。如果某个实现具有另一种选择源地址的机制，则可以用它来替代规则 8。

8.6.4 目的地址选择算法

目的地址选择算法的作用是，对可能的 IPv4 和 IPv6 目的地址分类，并按从高到低优先级对它们进行排序。IPv4 目的地址表示为 IPv4 映射地址，这样，该算法就可以在策略表中定位 IPv4 地址的属性。IPv4 映射地址是以::ffff:w:x:y:z 格式来表示的，范围如下：

- 公用 IPv4 地址的范围是全局的。
- 自动专用 IP 寻址（Automatic Private IP Addressing，APIPA）地址的范围是本地链路的。

该算法使用目的地址列表，对这些地址分类，并通过两两比较（在原来的列表中，地址 Dest1 位于地址 Dest2 之前），生成一个新列表。Source（D）表示是为特定目的地址（D）选择的源地址。

如果对某个目的地址不存在源地址，则认为 Source（D）是未定义的。对 IPv6 地址，这意味着 CandidateSource（D）为空集。

候选列表中的地址的排序，是由如下 10 个两两比较规则确定的。如果某个规则确定了地址选择，那么其他的规则后被忽略。如果出现优先级相同，那么就接着使用后面的规则。

像源地址选择算法那样，这些规则是依次处理的，因此，当执行目的地址选择时，该算法从规则 1 开始，试图满足该规则的需求，然后再继续下一个规则。

规则 1： 优选目的地址可达的，而不是不可达的。

- 如果已知 Dest2 是不可达的，或者如果 Dest2 的源地址是不确定的，优选 Dest1。
- 如果已知 Dest1 是不可达的，或者如果 Dest1 的源地址是不确定的，优选 Dest2。
- 如果 Dest1 和 Dest2 都是可达的，或都是不可达的，那么 Dest1 和 Dest2 的优先级相同。

规则 2： 优选与源地址范围匹配的目的地址。

- 如果 Dest1 的范围与源地址的范围相同，而 Dest2 的范围与源地址的范围不相同，优选 Dest1。
- 如果 Dest2 的范围与源地址的范围相同，而 Dest1 的范围与源地址的范围不相同，优选 Dest2。
- 如果 Dest1 和 Dest2 的范围与源地址的范围都相同，或者 Dest1 和 Dest2 的范围与源地址的范围都不相同，那么 Dest1 和 Dest2 的优先级相同。

规则 3： 优选其源地址没被废弃的目的地址。

- 如果 Dest1 的源地址没有被废弃，而 Dest2 的源地址被废弃，优选 Dest1。
- 如果 Dest2 的源地址没有被废弃，而 Dest1 的源地址被废弃，优选 Dest2。
- 如果 Dest1 和 Dest2 的源地址都没有被废弃，或者 Dest1 和 Dest2 的源地址都被废弃，那么 Dest1 和 Dest2 的优先级相同。

规则 4： 优选其源地址为宿主地址的源地址（对 IPv6 移动）。

- 如果 Dest1 的源地址既是宿主地址又是转交地址，而 Dest2 不是，优选 Dest1。
- 如果 Dest1 的源地址是宿主地址，而 Dest2 的源地址是转交地址，优选 Dest1。

- 如果 Dest2 的源地址既是宿主地址又是转交地址，而 Dest1 不是，优选 Dest2。
- 如果 Dest2 是宿主地址，而 Dest1 是转交地址，优选 Dest2。
- 如果 Dest1 和 Dest2 都不是宿主地址或转交地址，那么 Dest1 和 Dest2 的优先级相同。

规则 5：优选前缀策略表中与其源地址有相同标签的目的地址。

- 如果 Dest1 的源地址的标签与 Dest1 的标签匹配，而 Dest2 的源地址的标签与 Dest2 的标签匹配，优选 Dest1。
- 如果 Dest2 的源地址的标签与 Dest2 的标签匹配，而 Dest1 的源地址的标签与 Dest1 的标签匹配，优选 Dest2。
- 如果 Dest1 和 Dest2 与其各自的源地址的标签相匹配或者不匹配，那么 Dest1 和 Dest2 的优先级相同。

规则 6：优选在前缀策略表中具有最高优先级的目的地址。

- 如果 Dest1 的优先级高于 Dest2 的优先级，优选 Dest1。
- 如果 Dest2 的优先级高于 Dest1 的优先级，优选 Dest2。
- 如果 Dest1 与 Dest2 相同，那么 Dest1 和 Dest2 的优先级相同。

规则 7：优选本地 IPv6 目的地址，而不是经转换的 IPv6 目的地址。

- 如果某个经转换的 IPv6 目的地址是用于 Dest2 而不是 Dest1 的，优选 Dest1。
- 如果某个经转换的 IPv6 目的地址是用于 Dest1 而不是 Dest2 的，优选 Dest2。
- 如果 Dest1 和 Dest2 使用的都是经转换的 IPv6 目的地址，或使用的都是本地 IPv6 目的地址，那么 Dest1 和 Dest2 的优先级相同。

规则 8：优选具有最小范围的目的地址。

- 如果 Dest1 的范围小于 Dest2 的范围，优选 Dest1。
- 如果 Dest2 的范围小于 Dest1 的范围，优选 Dest2。
- 如果 Dest1 和 Dest2 的范围相同，那么 Dest1 和 Dest2 的优先级相同。

规则 9：优选与其源地址具有最长匹配前缀长度的目的地址。

- 如果 Dest1 与其源地址的匹配前缀长度长于 Dest2 与其源地址的匹配前缀长度，优选 Dest1。
- 如果 Dest2 与其源地址的匹配前缀长度长于 Dest1 与其源地址的匹配前缀长度，优选 Dest2。
- 如果 Dest1 和 Dest2 与其各自源地址的匹配前缀长度相同，那么 Dest1 和 Dest2 的优先级相同。

规则 10：否则，保持顺序不变。

- 如果在原来的列表中 Dest1 位于 Dest2 之前，优选 Dest1。
- 如果在原来的列表中 Dest2 位于 Dest1 之前，优选 Dest2。

如果实现有给目的地址排序的其他方法，那么就可以撤换掉规则 9 和规则 10。

8.6.5 使用地址选择

有关如何使用源地址和目的地址选择的示例有很多，全部介绍它们（甚至介绍其中的一部分）超出了本书的范围。但是，下面一些场景对于在实际的网络环境中如何使用地址选择是有所帮助的。

端到端地址选择

明白如何从端开始进行源地址和目的地址选择，有助于理解在实际网络环境中，前面所述算法的规则是如何操作的。假设一个 IPv4/IPv6 网络结点为 Node1。Node1 有多个物理网卡，每个网卡配置了多个地址。下面是 Node1 与远程主机进行通信的端到端处理过程。

（1）Node1 的操作者使用一个应用程序往远程 Web 服务器发送一个消息，请求其配置地址的远程主机。

（2）远程主机用多个地址（包括一个 IPv4 地址和多个 IPv6 地址）进行应答。

（3）Node1 使用源地址选择算法，选择一个与远程主机的每个 IPv6 目的地址进行通信的最佳源地址。

（4）Node1 使用目的地址选择算法对 IPv4 和 IPv6 目的地址按优先级排序。

（5）为 Node1 的操作者所用的应用程序提供排序后的目的地址及其相关源地址。

（6）应用程序尝试使用源地址/目的地址对来与远程主机创建通信，直到使用某个源地址/目的地址对成功为止。

下面来详细看看所涉及的地址，从 Node1 的网卡开始。Node1 有两个网卡：LAN 网卡和 ISATAP 隧道网卡。

LAN 网卡有如下 5 个地址：

- 一个 IPv6 全局地址，未弃用，公用的。
- 一个 IPv6 全局地址，被弃用，供临时使用。
- 一个未弃用的 IPv6 本地链路地址。
- 一个未弃用的公用/全局 IPv4 地址。

ISATAP 隧道网卡有两个地址：

- 未弃用的全局地址。
- 未弃用的本地链路地址。

现在，所有源地址都列出来了。下面来看看从远程主机返回的目的地址：

- 一个公用/全局 IPv4 地址。
- 一个 IPv6 全局地址。
- 一个 IPv6 ISATAP 全局地址。

源地址选择算法执行远程主机的 IPv6 全局地址与 Node1 的 IPv6 全局地址匹配的计算。这些地址必须是未弃用的，且为公用的，因为源地址的范围要与目的地址的匹配，且源地址为公用的。该算法还要进行目的地的 ISATAP 全局地址与 Node1 的全局地址匹配，因为需要有匹配的范围。

在对远程主机的目的地址排序时，目的地址选择算法把它们按如下顺序排列（从最高到最低优先级）：

（1）IPv6 全局地址，因为本地 IPv6 地址优于隧道地址（例如 ISATAP）。

（2）ISATAP，因为 IPv6 隧道地址优于 IPv4 地址。

（3）IPv4 公用地址。

因此，当 Node1 试图与远程 Web 主机通信时，将首先尝试使用 IPv6 全局地址对，然后是 IPv6 ISATAP 隧道地址对，最后才是匹配的 IPv4 源地址与目的地址。

改变目的地址范围优先级

在上面从开始到结束的示例中了解了地址选择的工作方式，下面来更深入地探讨一下更小更具体的任务。在本章前面已经知道，计算机会为目的地址排序保持一个策略表，该表是按前缀、优先级和标签组织。通常，目的地址选择算法规则（规则 8）会为具有最小范围的目的地址赋予优先级。作为管理员，可能会要修改该策略表，以颠倒默认优先级。

图 8-6 在命令行显示了策略表。

例如，在支持本地站点的老式 TCP/IPv6 栈中，本地链路目的地址通常排在本地站点目的地址的前面，因为本地链路目的地址的范围更小。同样，本地站点目的地址排在全局目的地址的前面。假如某公司有一个商业情况，要求更大范围的目的地址排在更小范围的目的地址前面。使用 Windows 命令 netsh interface ipv6 set prefixpolicy，就可以改变默认顺序。默认顺序是通过把更高优先级赋给更小地址范围来对地址范围排序的。

一旦这样做后，当目的地址排序算法运行时，就会从最大范围的地址开始排序，然后是更小范围的地址。

可能的源地址候选包括 2001:db8::2、fec0::2 或 fe80::2。未排序的目的地址包括 2001:db8::1、fec0::1 或 fe80::1。通过把策略表配置为从最大范围到最小排序，目的地址的选择结果就是顺序为 2001:db8::1（源地址为 2001:db8::2）、fec0::1（源地址为 fec0::2），然后是 fe80::1（源地址为 fe80::2）。

记住，本地站点是在 RFC 3879 中描述的。它还可以使用在其他环境中，例如上面描述的情况下，但结点应把它忽略掉。

8.7　Windows 操作系统对名称解析的支持

尽管有多种机制用于网络主机把名称解析为 IP 地址，但 Windows 操作系统使用的是一个特定的方法。由于 Windows 是家庭、小公司和企业领域中的卓越的计算机操作系统，因此，理解 Windows 客户端和服务器计算机如何管理名称到地址的解析是很重要的。

正如本章前面所述，NetBIOS 和 WINS 是 Windows 中比较有历史且原本具有的名称解析方法，但这些技术随着 DNS 的普遍出现而被荒废。尽管这样，在 Windows 环境中，仍有一些技术是名称解析过程的一部分，理解它们仍是很重要的。

8.7.1　DNS 解析器

DNS 有两个基本的组件：服务器组件和客户端组件。在客户端计算机上，DNS 的名称解析器（Name Resolver）负责初始化和序列化 DNS 查询，为在计算机上运行的应用程序得到名称解析。该解析器可以发出如下两种不同类型的查询：

- 对 DNS 服务器的非递归查询：这使得服务器用域的记录进行响应，对于这种记录，该服务器是权威的，无须为了提供响应而去查询其他 DNS 服务器。
- 对 DNS 服务器的递归查询：这使得该服务器通过查询其他 DNS 服务器（如果需要）来进行响应，以便用该查询的完整结果来应答。

简而言之，DNS 解析器就是这样的计算机：可以对 DNS 服务器系统进行递归查找，以便用正确的名称解析数据对发送 DNS 查询的计算机进行响应。

DNS 的客户端

如前所述，名称解析器（又称为解析器）是 Windows 客户端计算机上访问 DNS 名称服务器的一个软件。解析器向域名服务器发出服务请求，称为**名称查询**（Name Query）或**地址查询**（Address Query）。地址查询是为了把域名解析为相应的数字 IP 地址：它只是提供一个符号形式的域名，希望返回一个数字 IP 地址。这种处理使得终端用户可以在 Web 浏览器的地址文本框中输入 URL，最终连接到运行了 Web 站点的服务器（在这种连接中，把 URL 翻译成 IP 地址是关键步骤）。名称查询，也称为**逆向 DNS 查询**（Reverse DNS Query）或**逆向 DNS 查找**（Reverse DNS Lookup），是把地址解析成域名。它主要是要获得符号形式的域名，该域名与数字 IP 地址匹配。通常，逆向查找用于确保假定请求者与实际请求者属于同一个域，这时通过把数据包所包含的域名与实际发送方的数字 IP 地址进行比较来实现的。

解析器还会对来自它们所查询的名称服务器的响应进行转换，不论这些响应包含记录数据还是错误消息。这些错误可能来自以下原因：

- 不合法的域名。
- 不合法的 IP 地址。
- 无法定位与所请求域名对应的 IP 地址。
- 无法到达所请求域的权威名称服务器。

每台 Windows 计算机都维护了一个 DNS 客户端解析器缓存。这是一个表，含有主机文件以及该计算机试图使用 DNS 进行解析的主机名。缓存中没有解析成功的项称为负缓存项。之所以在缓存中保存这些项，是因为 DNS 查询不是持久的。这些项只在缓存中维持一个生命时间（TTL）值，该值是有 DNS 服务器设置的，该 DNS 服务器在其本地数据库中存储了名称解析。计算机主机文件中的缓存项没有 TTL 值，被认为是持久的，除非从该主机文件中把它删除。要在 Windows 计算机上查看 DNS 客户端解析器的缓存表，在命令提示符下输入 ipconfig/displaydns 命令，然后按 Enter 键。该命令显示的结果如图 8-8 所示，这里只是显示了该表的其中一部分。

根据查询响应是 IP 地址、域名、其他资源记录（Resource Record，RR）或错误消息，解析器发送相应的信息给请求通过域名来访问资源的应用程序。在大多数情况下，解析器是内置到 TCP/IP 栈中了，不论所使用的是什么操作系统，就像 Windows 的最新版本（包括 Windows 7、Windows 10、Windows Server 2012 和 Windows Server 2016）那样。

8.7.2 DNS 服务器服务

老版本的 Windows 服务器（例如 Windows NT）是依靠 NetBIOS 和 WINS 来进行名称解析，而新版本的 Windows 服务器实现（Windows Server 2012 和 Windows Server 2016）

使用的则是 DNS。对于需要使用活动目录（Active Directory，AD）的 Windows 环境，DNS 是绝对需要的。

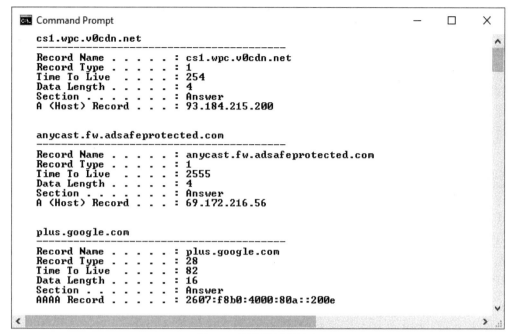

图 8-8　解析器缓存输出

配置了 DNS 服务器功能的 Windows Server 2012 计算机可以提供 IPv6 支持，包括：

- 更长的地址空间。
- 后台加载区域数据，以加速对客户端查询的响应。
- 只读域控制器（Read-only Domain Controller，RODC）。
- GlobalNames 区域，对不适合使用单个标签名称解析时有用。
- 全局查询块列表。

由于 DNS 是一种开放的协议，其标准已由 RFC 文档定义，起 DNS 服务器作用的 Windows 服务器必须支持和遵循所有 DNS 标准。这使得 Windows 服务器可以与任何其他 DNS 服务器实现进行互操作，包括 BIND。BIND 是 Internet 上使用最普遍的 DNS 软件，通常运行在 UNIX 系统中。

如前所述，没有 DNS，活动目录所提供的众多优点就完全不可用了。Windows Server 2012 和 Windows Server 2016 本身就支持 DNS，为某个域创建的第一个域控制器，可以在该服务器上自动安装和配置 DNS 服务器服务。对 Windows Server 2012，在活动目录改进中增加了 DNS 区域存储。这使得 DNS 区域可以存储在域中，或是在活动目录应用程序的目录分区中，它们是存储在活动目录中的数据结构，可供各种复制之用。区域可以存储在特定的分区中，这样就可以控制域控制器的哪些部分将复制哪些区域的数据。Windows DNS 服务器还集成了其他服务，例如 DHCP 和 WINS。

Windows 服务器还支持存根区域，它们是区域的副本，该区域只含有标识此区域的权威 DNS 服务器所需的资源记录。这使得 Windows DNS 服务器寄主一个父区域以及一个存根区域（该区域是父区域委派给子区域的，用来解接收权威 DNS 服务器为子区域进行的更新）。Windows 上的 DNS 服务器服务支持 DNS 动态更新，如 RFC 2136 所描述的那样，这使得 DNS 客户端计算机可以利用 DNS 服务器来自动注册其 DNS 名称和 IP 地址。管理员还可以配置与活动目录集成的动态更新区域，以便实现安全的更新，这样，只有已授权的计算机才可以对服务器的资源记录进行修改。

Windows 上的 DNS 服务器服务支持在服务器之间实现增量区域的传输，这样，只会复制发生了改变的区域部分，从而节约了网络带宽。最近创建的资源类型，如异步传输模式地址（Asynchronous Transfer Mode Address，ATMA）和服务定位（SRV）资源记录现在也得到了支持，这扩展了 DNS 名称数据库服务。

要启用 Windows 网络上的 DNS，要求所有 Windows 客户端和服务器计算机都配置好了 DNS。DNS 服务器在网络上广播其名称和 IP 地址，这样就可以定位它们。Windows Server 2012 支持 IPv4 和 IPv6 的 DNS 数据流。默认情况下，IPv6 把 DNS 服务器的本地站点地址配置为 fec0:0:0:ffff::1、fec0:0:0:ffff::2 和 fec0:0:0:ffff::3。命令行实用工具 dsncmd 也支持 IPv4 和 IPv6 地址的使用。Windows Server 2012 DNS 服务器还支持向只支持 IPv6 的 DNS 服务器发送递归查询，并支持对 ip6.arpa 域名称空间的逆向查找。该服务器的转发器列表也支持 IPv4 和 IPv6 地址。

8.7.3 DNS 动态更新

如前所述，动态 DNS（Dynamic DNS，DDNS）是 Windows 服务器用来允许自动机在 DNS 服务器上注册和记录更新的一种方法，在 RFC 2136 中对它进行了描述。任何 Windows 计算机，包括 Windows 7、Windows 10、Windows Server 2012 和 Windows Server 2016，都可以利用 Windows DNS 服务器自动为其主机名和 IPv4 地址注册一个 A 记录。

从上层的角度来看，动态更新的过程相当简单：

（1）客户端计算机发送一个 DNS 查询，以定位权威 DNS 服务器。

（2）本地名称服务器用 IP 地址、主机名以及该区域的权威 DNS 服务器的区域名进行响应。

（3）客户端计算机尝试动态更新该权威 DNS 服务器。

（4）权威 DNS 服务器用成功或失败消息进行响应。

在上面第（3）步中，由客户端计算机发送给权威名称服务器的请求可以包括一系列的先决条件，在进行更新之前，必须满足这些条件。这些先决条件包括：

- 资源记录集已存在。
- 不存在资源记录集。
- 名称正在使用中。
- 名称不在使用中。

权威名称服务器查看这些先决条件，确定它们是否已完成。如果完成了，该服务器就响应更新请求。如果这些先决条件没有满足，更新失败。在这两种情况下都会给发送请求的客户端计算机发送一条成功或失败消息，而且，如果是失败，客户端计算机会在其系统事件日志中记录该事件。

客户端计算机从 DHCP 服务器动态地接收其 IP 地址是非常常见的。在这种情况下，客户端只是在 DNS 服务器的前向查找区域中注册其 A 记录，因为，默认情况下，由 DHCP 服务器负责在名称服务器的逆向查找区域中注册 PTR 资源记录。一旦计算机的主机名或 IP 地址发生了变化，就会进行更新处理。当计算机重新启动时，当计算机的 DHCP 租期更新了，当管理员在计算机上的命令提示符运行了 ipconfig /registerdns 命令，或者在上一次 DNS 注册过去了 24 小时以后，都会进行动态注册。如果计算机是用一个 IP 地址进行静态配置的，那么一旦这个静态地址发生了变化，就会进行 DNS 注册。当在域控制器上启动了网络登录服务，或者当一个成员服务器提升为域控制器时，都会触发自动注册。

对于使用 IPv4 的客户端计算机，DHCP 客户端服务发送的是更新，而不是 DNS 客户端服务。不论客户端计算机是具有通过 DHCP 动态配置的 IP 地址，还是配置的静态 IP 地址，都是如此，因为是 DHCP 客户端服务负责向网际协议（TCP/IP）组件提供 IP 地址信息的。对于使用 IPv6 寻址的计算机，当计算机启动，或者当添加或修改计算机的 IPv6 地址时，IPv6 协议将发送更新。

正如本章前面所述，只有当区域集成到活动目录中时，才能获得安全的动态 DNS 更新。在 Windows Server 2012 或 Windows Server 2016 上，一旦某个区域被集成了，就可以使用 DNS snap-in 为该区域或记录在 ACL 中添加或删除用户和组。一旦某个区域被集成了，只有已授权的计算机才允许对 DNS 服务器进行动态 DNS 更新。而且，管理员还可以修改该区域，允许按所希望的那样进行安全和非安全的动态更新。当客户端计算机试图进行一个动态更新时，它首先尝试一个非安全的更新，如果该更新被拒绝，那么它将进行一个安全的更新。

要查看有关 Windows Server 2012 对 DNS 服务器服务的最新改进，可访问 http://technet.microsoft.com/en-us/network/bb629410。

8.7.4　源地址与目的地址选择

运行 IPv4 的 Windows 网络结点通常只有一块网卡，该网卡分配一个 IPv4 地址，使用 DNS 进行名称解析。对于这种 Windows 计算机，源地址和目的地址选择非常简单。源地址就是分配给网卡的 IPv4 地址。目的地址就是当该计算机试图创建一个连接并往目的地计算机发送一个数据包时，由 DNS 名称查询响应消息返回的地址。

Windows 7、Windows 10 和 Windows Server 2012 使用与前面版本的 Windows 不同的 TCP/IP 栈。当 Windows 计算机为网卡配置了不止一个 IP 地址时，这种新栈会选择单播地址来用作该计算机的源 IP 地址，这遵循的是 RFC 3484 中的标准集。当为 IPv6 编写该 RFC 文档时，Windows TCP/IP 栈试图把这种规范同样应用于 IPv4 地址，尽管并没有遵循源地址选择算法的某些规则。

对于 IPv4 地址，仅当应用程序没有指定源地址时，才应用下面源地址选择算法：

- 如果目的地址与源地址相同，优选该地址。
- 如果源地址与分配给发送数据包的网卡的地址相同，优选该地址。
- 如果源地址与下一跳 IP 地址具有最长的匹配前缀，优选该地址。
- 如果源地址与目的地址具有最长的匹配前缀，优选该地址。

在具有多个 IP 地址的 Web 服务器上，而且当防火墙规则设置为查看源 IP 地址时，使用这种源地址选择算法很可能会遇到问题。

目的地址选择就是计算机在查询名称服务器之后，如何确定哪个目的地址用作远程主机。对于 IPv4，DNS 服务器返回一个地址列表，客户端计算机选择该列表顶部的作为目的地 IP 地址。该列表的选择是由服务器来完成的，这样，它就可以控制使用哪个 IPv4 目的地址。

在 IPv4 网络中，目的地址选择的方法是 DNS 循环带。当客户端向 DNS 服务器查询目的地址时，服务器通过提供由多个服务器（如果在网络上有多个服务器提供相同的服务）的 IP 地址构成的一个系列来响应。客户端总是选择该列表顶部的 IP 地址，但对于每个请求的计算机，该列表的结果是随机的，这样，不同的计算机在网络上进行相同的请求，接收到的是一个顶部有不同 IP 地址的列表。这可以在网络上冗余服务的主机（例如 FTP 服务器和 Web 服务器）之间实现负载平衡，这样，在该网络上不会存在某个服务器接收全部或大多数的服务请求。

如 RFC 3484 所定义的那样，Windows 7 和 Windows 10 计算机支持 IPv6 目的地址选择。这种 IPv6 目的地址选择规范也影响着 IPv4 目的地址选择。尽管目的地址选择算法使用了10 条规则，但规则 9（优选与其源地址具有最长匹配前缀长度的目的地址）与 DNS 循环带（它要求客户端就选择由 DNS 服务器提供的列表中的第一个地址）相抵触。当应用目的地址选择算法时，Windows 7 或 Windows 10 计算机将选择满足最长匹配前缀要求的 IPv4 目的地址，该地址并不一定是在所提供地址列表的顶部。

要理解这是如何工作的，让我们来看一个示例。假设某台计算机的源 IP 地址是192.168.0.1。用点分二进制表示就是 11000000.10101000.00000000.00000001。该计算机为获得网络上的一个服务器的目的地址发送一个请求，并从名称服务器接收到一个列表。下面是用 IPv4 点分表示和点分二进制表示的列表示例：

```
192.168.0.214  = 11000000.10101000.00000000.11010110
192.168.0.47   = 11000000.10101000.00000000.00101111
192.168.0.4    = 11000000.10101000.00000000.00000100
192.168.0.10   = 11000000.10101000.00000000.00001010
192.168.0.55   = 11000000.10101000.00000000.00110111
```

如果计算机使用 DNS 循环带，那么它应该选择 192.168.0.124 作为目的地址并试图创建连接。然而，如果应用目的地址选择算法，规则 9 总是会选择 192.168.0.4，因为该地址具有与源地址最长匹配的前缀。

如果优先使用 DNS 循环带方法，管理员可以覆盖这种默认行为，如 RFC 3484 所述，但这要求往每台计算机中添加一个注册键。如前所述，Windows 7 具有 IPv6 更新，Windows 8 和 Windows 10 都遵循 RFC 6724，自动遵循更新策略。

8.7.5　LLMNR 支持

正如本章前面所述，本地链路多播名称解析（Local-Link Multicast Name Resolution，LLMNR）是一种名称解析方法，当在网络中 DNS 服务器不可用时使用它。LLMNR 由 RFC 4795 描述，Windows 7、Windows 10、Windows Server 2012 和 Windows Server 2016 默认情

况下支持和启用 LLMNR。该方法在本地网络段上为 IPv4 和 IPv6 地址进行名称解析。

客户端计算机上的 LLMNR 除了完成名称解析之外，如果该计算机是位于活动目录环境中，还会试图查找域中的域控制器（Domain Controller，DC）。通过为该计算机指定本地的域控制器，这种查找可以防止客户端计算机与一个更远距离的域控制器关联，或者与某个较慢链路上的域控制器关联。LLMNR 主要用在当网络中有 DNS 但由于网络或服务器问题而发生了故障时，或者当该计算机位于活动目录域中但本地域控制器发生了故障时。

如前所述，LLMNR 有一个特殊优点，可以作用于 IPv4 和 IPv6。尽管 NetBIOS 和 WINS 能够为 IPv4 网络进行名称解析，但不能用于 IPv6 计算机。LLMNR 除了可以用于更大型网络上 DNS 发生故障的情况下，还可以用于家庭、小型办公环境以及自治网络，在这些情况下，并不需要 DNS，或者如果部署 DNS 的话管理成本太高。然后，LLMNR 只是在本地网络上的效率才高，如果需要与其他子网或 Internet 进行通信时，它并不能取代 DNS。只有在使用 DNS 进行名称解析的各种努力都失败后，Windows 7 及其以后版本、Windows Server 2012 和 Windows Server 2016 才会使用 LLMNR 来尝试名称解析。

除了使用 UDP 多播发送名称解析请求外，LLMNR 还可用于逆向映射，往特定 IP 地址发送一个单播地址以请求其主机名。目的地计算机必须启用 LLMNR 以进行应答，如果启用了 LLMNR，响应计算机就会向请求计算机发送其主机名。LLMNR 计算机还必须验证其主机名在本地子网中是唯一的。这种检验通常是在计算机启动时、重新启动或其网卡设置发生改变时来完成的。如果计算机不能验证它是否有唯一的主机名，那么当对 LLMNR 查询进行响应时，会表明这一点。

LLMNR 名称解析的典型请求-响应动作如下：

（1）主机计算机通过往主 DNS 服务器发送一个查询来尝试进行名称解析。

（2）如果该主机无法从主 DNS 服务器接收到一个响应，那么它就尝试查询它有记录的其他 DNS 服务器。

（3）如果该主机无法连接到主 DNS 服务器和其他 DNS 服务器，且没有出现错误，那么 LLMNR 就成为该主机的名称解析方法。

（4）该主机使用 UDP 发送一个多播 LLMNR 查询，传输目的地 IP 地址并请求主机名。

（5）本地子网上具有 LLMNR 功能的每台计算机都可以侦听到这个 LLMNR 查询，但该查询不会被网关路由器转发给其他子网。

（6）所有具有 LLMNR 功能的计算机都把由请求主机发送来的 IP 地址与自己地址的进行比较，如果不匹配，就丢弃该查询。

（7）如果某个具有 LLMNR 功能的计算机的 IP 地址与在 LLMNR 查询中发送的地址相匹配，那么该计算机就用含有其主机名的一个单播消息对请求主机进行响应。

尽管 Windows 7 及其以后版本、Windows Server 2012 和 Windows Server 2016 默认情况下是启用 LLMNR 的，但可以使用活动目录域中的组策略或对每台计算机使用注册器来禁用它。对不在活动目录域中的单个计算机，可以创建和编辑注册键 HKEY_LOCAL_MACHINES\SOFTWARE\ Policies\Microsoft\Windows NT\DNSClient\ EnableMulticast = 0x0 来禁用 LLMNR。利用组策略，设置 Computer Configuration\Administrative Templates\

Network\DNS Client\Turn off Multicast Name Resolution = Enabled 可禁用 LLMNR。详细信息可参见 Windows Vista 论坛：www.vistax64.com/ vista-networking-sharing/152250-how-disable-llmnr.html。也可以禁用网络发现来禁用 LLMNR，如 Windows 7 的示例文档所示：http://windows.microsoft.com/en-US/ windows7/Enable-or-disable-network-discovery。

8.7.6 使用 ipv6-literal.net 名称

Windows 7、Windows 10、Windows Server 2012 和 Windows Server 2016 支持 ipv6-literal.net 名称的使用，如 RFC 2732 所述。这些名称可以被无法识别 IPv6 地址语法的应用程序和服务所使用。ipv6-literal.net 名称通过用连字符（-）替代分号（:），对计算机的 IPv6 地址进行小转换，并在该名称的末尾添加.ipv6-literal.net。

例如，可以这样把全局地址 2001:db8::adc2:2131 转换成 ipv6-literal.net 名称：2001:db8-adc2-2131.ipv6-literal.net。要在 URL 中使用同一个 ipv6-literal.net 名称，可以把它写作 http://[2001:db8::adc2:2131]。注意，当地址位于方括号中时，不用把分号转换成连字符。在 Windows 中支持方括号的使用，但在一些老式软件中不支持，因此，要想确保所有软件类型都能读取该地址，必须使用该全局地址的文本名称：http://2001:db8-adc2-2131.ipv6-literal.net。

如果要指定一个本地链路地址及其区域 ID，需要用"s"来替代百分号（%）。例如，本地链路地址及区域 ID 为 fe80::d810:c168:7d19:ee8b%15，当转换成 ipv6-literal.net 名称时，就成了 fc80-d810-c168-7d19-ee8bs15.ipv6-literal.net。一个更实际的示例是，如果需要使用 ipv6-literal.net 名称来为具有本地链路地址的计算机上名为"documents"的目录指定一个**统一命名规定**（Universal Naming Convention，UNC）路径，那么其路径就是这样的：\\fe80-d810-c168-7d19-ee8bs15.ipv6-literal.net\documents。该地址的其他路径可能是这样的：\\fe80-d810-c168-7d19-ee8bs15.ipv6-literal.net\windows\system32\drivers\etc。对于同样这个地址，使用方括号就是\\[fe80::d810:c168:7d19:ee8b%15]\windows\system32\drivers\etc。

RFC 2732 被 RFC 3986 废弃。RFC 3986 为统一资源标识符（Uniform Resource Identifier，URI）和地址提供了一般语法，不只是提供了 ipv6-literal.net 名称，而是更一般的 URL 和 URN（Uniform Resource Name，统一资源名称）。这意味着 RFC 3986 废弃了很多其他的 RFC 文档，只有 RFC 3986 文档的其中一部分才涉及 IPv6 文本名称。Windows 系统也支持 RFC 3986 中描述的 URI 语法形式的 IPv6 文本地址实现。但是它没有描述包括区域 ID 的方法，当出现区域 ID 时，就认为 URI 是不统一的。Windows 应用程序（如 WinINet）支持更旧的 IPv6 文本使用。这包括为全局地址使用 http://[2001:db8::adc2:2131]，当需要支持区域或范围 ID 时，可使用\\[fe80::d810:c168:7d19:ee8b%15]或 http://[fe80::d810:c168:7d19: ee8b%15]。

有关 RFC 3986 和 IPv6 文本的更详细信息，可访问 http://ietf.org，查找 RFC 3986，然后查找有关"IPv6"的文档。

8.7.7 对等体名称解析协议

对等体名称解析协议（Peer Name Resolution Protocol，PNRP）是 Microsoft Windows IPv6

具有的对等体名称解析系统，首先是为 Windows2003 开发的。在 Windows 7 中，当要创建一个简易连接时，Windows 远程协助使用 PNRP。在 Windows Server 2012 中，PNRP 是一个标准特性。在无服务器的环境中，PNRP 提供了安全的动态名称注册。该系统可以任意扩展到几十亿个名称，具有容错能力，自诩没有性能瓶颈。名称注册是实时的，无须管理员参与，可以解析地址、端口，有时甚至是扩展载荷，允许 PNRP 为网络上的设备和服务进行名称解析。PNRP 使用公钥加密，允许进行安全的名称发布，也允许不安全的名称发布。

有关 PNRP 和 Windows 7 的更详细信息，请访问 http://blogs.msdn.com/ b/p2p/archiver/2008/11/19/peer-to-peer-based-features-in-win-7.aspx。

PNRP 允许主机在 PNRP 云中发布其对等体名称和 IPv6 地址。其他具有 PNRP 能力的主机可以解析对等体名称，接收对等体的 IPv6 地址和其他任何的发布信息，然后创建一个对等连接。对等体名称发布在 PNRP 云中，根据范围，可以归入到某些组。

- 全局云：映射到 IPv6 全局地址范围。使用全局云，可以把具有 PNRP 能力的计算机的对等体名称发布到 Internet 上。只能有一个全局云。
- 本地链路云：映射到 IPv6 本地链路地址范围。具有 PNRP 能力的计算机的对等体名称，可以在与该计算机相连的子网中发布。有多少个子网，就有多少个本地链路云。
- 特定站点云：映射到 IPv6 本地站点范围，尽管在 PNRP 中还能支持这种云，但这种类型的云已经被废弃。

PNRP 名称是进行网络通信的终端，几乎可以是要解析成 IPv6 地址的任何东西，如计算机、组、服务或用户。对等体名称可以包含 IPv6 地址，以及对等体的其他可能信息。当其他主机解析对等体名称时，这些主机不仅可以获得对等体的地址，还可以获得有关该对等体的任何其他信息。对等体名称可以注册为安全的或不安全的。不安全的对等体名称是以明文形式发布的，这意味着它们很容易被欺骗，任何人无须验证就可以发布。可能会有不止一个网络实体发布相同的对等体名称，例如，某个组的成员发布与该组有关的对等体名称。

PNRP 对等体名称是由一个权限和修饰符构成。权限为安全的应用程序使用以十六进制字符表示的相关公钥的 SHA1（Secure Hash Algorithm 1）散列。对于不安全的对等体名称，用值 0 替代安全散列。修饰符是一个 Unicode 字符串，可以达到 150 个字符，允许为不同的服务发布不同的对等体名称。

创建 PNRP ID 时要求使用对等体名称，PNRP ID 有 128 位长，由如下内容组成：

- 点对点（peer-to-peer，P2P）ID，是 128 个高序位，有一个赋给网络终端的对等体名称。
- 终端的对等体名称，是以 authority.classifier 形式发布的。
- 服务位置，是 128 个低序位，是一个生成好的数值，表示云中相同 P2P ID 的不同实例。

图 8-9 显示了 PNRP ID 的结构。

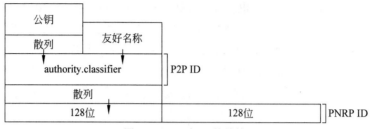

图 8-9　PNRP ID 的结构

PNRP ID 与服务位置的这种组合，使得同一台计算机可以注册多个 PNRP ID。位于 PNRP 云中的每台主机维护一个 PNRP ID 缓存表，包括它自己的已注册 ID 和已发布到该云中的 ID。存储在云的所有主机中的所有 PNRP ID 构成一个分布式散列表。在给定主机的缓存中的每个项，含有一个对等体的 PNRP ID、已认证的对等体地址（Certified Peer Address，CPA）及其 IPv6 地址。CPA 是一个自签名的认证，为 PNRP ID 提供认证，含有 IP 地址、协议号和端口号等数据。

PNRP 名称解析过程有两个部分：端点确定和 PNRP ID 解析。要确定云中某个端点的存在和可用性，请求对等体要执行这样两种动作中的一种：确定目的地对等体的 IPv6 地址以创建一个连接，或者确定发布了一个服务、组或其他所期望元素的对等体的 IPv6 地址。在这个阶段，PNRP 使用一个迭代过程以定位发布了 PNRP ID 的对等体结点，在每次迭代中，不断与云中更靠近目标对等体的对等体结点进行联系。

一旦确定了目标端点，就尝试进行 PNRP 名称解析。为此，请求对等体查看其对等体缓存，看看在其缓存中是否有与所获得的端点的 PNRP ID 相匹配的项。如果找到一个匹配，请求对等体就给目标对等体的 PNRP ID 发送一条 PNRP 请求消息，以请求其名称和其他任何可用信息，然后等待应答。如果没有找到一个匹配，请求对等体就给其缓存中与所发现目标最接近匹配的 PNRP ID 发送一条 PNRP 请求消息。接收到该消息的对等体就会查看其自己的缓存，看看是否正好有一个与请求对等体正在查找的 PNRP ID 匹配的项。如果找到一个匹配，那么就在应答中把数据发送给请求对等体。如果没有找到，就把最接近的匹配发送给请求对等体。请求对等体继续这个过程，以定位具有那个已注册 PNRP ID 的目标对等体，不论需要多少次迭代。一旦找到目标对等体，就返回其名称和其他任何可用的信息。

8.8　解决名称解析问题与失败的故障

尽管 DNS 很健壮，也有很多优点，但它还是有一些缺点。主要缺点是 DNS 数据库的更新通常要求合格的管理员（这些人应具有适当的知识，以及访问区域文件所需的必要权限）直接操作 DNS 数据库文件，或使用特殊用途的工具（如 UNIX 环境下的 nsupdate）。对 DNS 数据库进行编辑，从而使得管理更新工作很繁杂。从 Windows 2000 以后的所有 Windows 操作系统都支持动态 DNS（DDNS），但为了最大限度地利用它，必须把 Windows DNS 实现链接到活动目录数据库（DHCP 也要能与活动目录进行通信）。

DNS 与活动目录之间的 Windows 链接基本上不需要对 DNS 本身做什么改变（除了创建这样一种链接外）。在 DHCP 的帮助下，当一个域的名称到地址的关系随时间变化时，活动目录会跟踪这种关系，当发生变化时，向 DNS 服务器提交所需的更新请求。因此，活动目录是自动进行的，如果没有它，就需要 DNS 管理员手工进行了。这种实现与具有活动目录的微软操作系统一起工作得最好。标准的 DDNS 实现使用的是在 RFC 2136 中描述的一种动态更新工具，可与 Windows Server 2012 和 Windows Server 2016 中的微软 DNS 实现进行互操作，使得这些服务器可以管理集成了活动目录的 DNS 区域。尽管 DNS 有了这些改进，但有时候仍然需要直接对 DNS 区域文件进行操作，这可以在 ASCII 编辑器（使用命令行工具，如 nsupdate）中通过编辑区域文件来实现，或者使用 GUI 界面（就像 Windows 中的实现那样）来实现。

DNS 的另一个问题是"传播延时"，即是在对 DNS 的记录做了修改后，被缓存的值反映这种变化所需的时间。这也就解释了为什么服务提供商常常会警告其客户，从名称到地址的转换要完全影响 Internet 可能需要花费 3 天的时间，当把一个域名从一个提供商转换到另一个提供商时也是如此（这肯定意味着要修改与该域名有关的底层 IP 地址）。

这种延时来自于与数据库项有关的 TTL 值的影响，当发生改变时，可能会持续比有效生命更长的时间。假设已修改记录的前一个版本在发生更新的前一秒被读取。如果标准的默认 TTL 值保持 24 小时不变，这意味着当值发生改变后，TTL 还要持续 23 小时 59 分 59 秒。而来自另一个缓存的该值的其他副本可能又会为该值添加另一个 24 小时。而且，一些服务器把 TTL 值设置为更长的周期，因此，在发生改变后，出现不正确值的窗口更大。结果是，旧值从 Internet 的缓存中消失要花费 3 天的时间。但在这种情况下，2 天是更常见的上限。

8.8.1 故障的常见原因

名称解析故障通常有两个常见原因。可能会返回对查询的一个负面响应（例如"名称未找到"），或者用一个不正确的名称返回对查询的正面响应。

负面结果的一个常见原因是，往查询的名称添加了不正确的域后缀。这种情况的解决办法是，使用一个**完整限定域名**（Fully Qualified Domain Name，FQDN），它指定了在 DNS 树形分层结构中的确定位置，包括顶层域和根域。例如，可能给本地主机名 samplehost 添加了不正确的后缀。FQDN 的一个示例是 samplehost.domain.com。

"名称未找到"错误的其他原因包括客户端或服务器上不正确的 IP 配置，查询的名称服务器中没有要查找的名称，或者由于服务器或网络问题无法连接到正确的名称服务器。

无法连接到名称服务器的问题也可能是由已解约的授权或其他递归问题所引起的。当递归查询过程中一个或多个 DNS 服务器不能响应和转发正确信息时，就会发生这种情况。递归问题可能是在查询完成之前就已经超时，查询时服务器发生故障而无法响应，或者查询时服务器提供的是不正确的信息等原因而引起的。

出现正面但不正确的名称服务器响应的原因包括，在该名称服务器的解析器缓存中存储的是不正确的数据，这需要刷新该缓存。如果这不是问题所在，那么可能是权威数据问题，出现这种问题的原因能是，当名称服务器是主服务器时，在主区域中存储了不正确的数据。这可能是由于在输入区域信息时操作员出现错误，活动目录复制问题，或动态更新出现问题而引起的。如果服务器存储的是区域的次副本，那么它可能会从主服务器中引入错误数据。

如果次服务器无法从主服务器引入区域转移，将导致不正确数据响应，主服务器可能会拒绝把区域转移发送给次服务器。主服务器可能会仅限于把区域转换发送给特定的服务器组（而不是必需的次服务器）。这还需要验证 DNS 解析器服务已经启动，名称服务器正在运行中，并且已连接到网络中。

8.8.2　解决 DNS 问题的工具

解决 IPv4 与 IPv6 的 DNS 问题的过程基本相同。主要的区别是要知道如何指定一个 IPv6 名称服务器，以及如何格式化每种 IP 的前向和逆向映射。要记住的一个重要事情是，当使用 DNS 故障解决工具时，默认情况下是针对 IPv4 寻址的。例如，当使用 nslookup 命令并查询 www.example.com 时，返回的是有关 A 记录的信息。要查看 AAAA 记录数据，需要明确指定 IPv6 查询。如果使用 nslookup 命令，需要知道 Web 服务器的域名，且可以通过 IPv6 来访问名称服务器，然后使用如下命令：

```
nslookup  -type = AAAA ipv6.domain.com ns1.domain.com
```

输出为如下所示：

```
Name:    ipv6.domain.com
Address:  ipv6 formatted address
```

8.8.3　netstat

netstat 命令提示符实用工具可显示活动的 TCP 连接、侦听端口、以太网卡的统计信息、IPv4 的统计信息以及 IPv6 的统计信息。针对 IPv4 的数据包括 IP、ICMP、TCP 和 UDP 协议的统计信息。针对 IPv6 的数据包括 IPv6、ICMPv6、IPv6 上的 TCP 以及 IPv6 上的 UDP 协议的统计信息。当在命令提示符下输入不带任何参数的 netstat 命令并按 Enter 键时，可返回该计算机上的所有活动 TCP 连接。netstat 在 Windows、UNIX 以及类似于 UNIX 的计算机上可用，但 Windows 版本的 netstat 不如*nix 版本的健壮。

表 8-1 显示了用于 netstat 命令的常用参数。

表 8-1　netstat 命令的常用参数

参　　数	描　　述
-a	列出所有当前连接并打开这些连接，侦听本地系统上的端口
-e	显示数据链路层的统计信息（也可以与-s 参数一起使用）
-n	以数字形式显示地址和端口号
-p	显示特定协议的连接。该协议可以是 UDP 或 TCP。当与-s 参数一起使用时，还可以使用协议定义 IP
-r	显示路由表（也可参见 ROUTE 命令）
-s	默认情况下，显示基于协议（如 IP、UDP 和 TCP）组织的统计信息（也可以与-p 参数一起使用来定义默认子网）
interval_seconds	显示 interval_seconds 值之间的统计信息。按 Ctrl+C 可停止显示

8.8.4　nslookup

Windows、UNIX 以及其他操作系统包含有对这种通用实用工具的支持，它提供了常用名称服务器查找能力（nslookup 中的 "ns" 来自 DNS 数据库的 NS 记录中名称服务器信息的缩写）。默认情况下，nslookup 查询的是在当前计算机的 TCP/IP 配置中指定的默认名称服务器。

nslookup 命令提供对所有 DNS 信息的访问，包括来自当前默认服务器，或者来自在该命令中以参数形式为其提供名称或 IP 地址的服务器。在配置或解决 DNS 服务器故障时，它是进行测试的一种基本工具。

nslookup 命令的语法使用如下形式，其中 domain-name 是要查找的域名，[name-server] 是要在其上进行查找的名称服务器：

```
nslookup domain-name [name-server]
```

这里，方括号表明 name-server 是可选的，因为如果没有指定其他服务器，nslookup 就使用默认的名称服务器。图 8-10 显示了两个示例，第一个使用的是默认的名称服务器，第二个使用的是为该域指定的权威名称服务器（注意这两个示例的不同输出）。

注意，在第一个命令中，默认名称服务器标识为 aus-dns-cac-01-dmfe0.austin.rr.com，在显示 ns1.io.com 的名称和地址之前提供了一个 "Non-authoritative answer" 标签。在第二个命令中，引用了 io.com 域中的另一个名称服务器，显示了名称和地址（无 "Non-authoritative answer" 标签）。

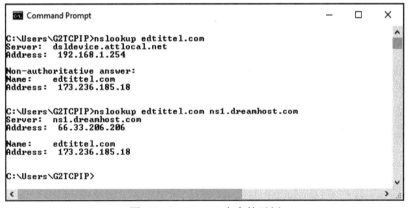

图 8-10　nslookup 命令的示例

这个细小的差别是告诉你某个名称服务是否是某个域名的权威名称服务器的唯一方法（没有说明就是权威名称服务器）。还要注意的是，在每个响应中，首先显示的发生查询的名称服务器的名称和 IP 地址，然后是查询的结构。

nslookup 的详细内容

显示有关 nslookup 的帮助信息，可以在命令行中输入 nslookup。在 Windows 计算机中，这意味着是在命令窗口中输入不带参数的 nslookup。此时，nslookup 实用工具接管了命令行，显示 > 提示符而不是之前的 C:\>提示符了。这样，就可以输入 help 字符串，显示如图 8-11 所示的屏幕。Linux 用户可直接进入 shell 程序。

图 8-11　ICMP nslookup 帮助窗口

如你所见，使用 nslookup 命令可以获得很多信息。下面将介绍一些 nslookup 命令更常见的使用。

使用 nslookup

你已经知道如何确定默认的域名服务器了（只需在命令提示符下输入不带参数的 nslookup 命令）。在进入 nslookup 的命令模式（由 > 提示符标示）后，就可以使用 set option 命令来指定资源记录的类型。图 8-12 显示的是把报告的记录类型设置为 NS（名称服务器），此时显示的是该域的 DNS 数据库中的所有 NS 记录，这里使用的语法是 set type = ns。

图 8-12　查看 edtittel.com 的 NS 记录

你可能会想从一些知名的名称服务器中抽取一些信息。而且，你可能会尝试运行 ls –a（列出规范名称和别名）或 ls –d（列出所有记录）命令。你可能可以得到一些临时名称服务器，但大多数情况下，你所得到的输出会是如图 8-13 所示的。

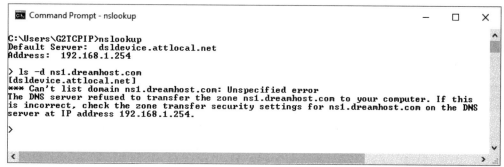

图 8-13 nslookup 错误消息

如果你了解管理 IP 安全性是保护你的地址和资源的一部分，那么你就会明白为什么大多数名称服务器不会为任何人（除非是那些具有特权的一些管理员）提供这些信息。这是因为，如果随便向外人显示这些数据，正好为他们提供了该 DNS 区域中所使用的 IP 地址和域名的映射关系。这正是黑客工具网络所需的，这也是为什么你不能访问任何 DNS 服务器上的信息（除非那些你自己管理的服务器）。事实上，在默认情况下，大多数网站都会拒绝这种请求，拒绝来自请求者的任何 DNS 更新记录（除非是来自一些"受信任主机"或"受信任用户"的 IP 地址）。如果忽视了阻止这种请求，那么网站就很容易受到中间人或其他攻击（这些攻击会故意弄错或误导地址转换）。

如果要求你来管理一台 DNS 服务器，应确保你已经完全弄懂了 nslookup 命令。如果能够正确使用 nslookup，那么它就可以是一种无价的故障解决工具。在下面章节中，将查看网络中典型的 DNS 数据流数据包跟踪。这样，你就可以看到，在本章中介绍的一些机制在实际中是如何工作的。

nslookup 与 IPv6

当在命令提示符下输入 nslookup 命令并进入交互模式后，就可以看到 nslookup 提示符，此时，可以输入域名类型或主机的 IP 地址，接收到默认服务器（如果有）的名称和地址。对于 IPv6 主机，必须指定全局 IPv6 地址或 IPv6 专用的域名。例如，在 nslookup 提示符下输入 www.cisco.com 将返回 cisco.com 域所使用的名称、地址和别名。使用域名 www.ipv6.cisco.com 执行同样的任务，将得到使用 IPv6 的 cisco.com 服务器。

如果你的 ISP 和主 DNS 服务器不支持 IPv6，当你在 nslookup 提示符下输入 www.ipv6.cisco.com，DNS 请求超时也不会返回所期望的数据。

如果 nslookup www.ipv6.cisco.com 命令对你不能工作，可以尝试使用非交互模式。在命令提示符下，输入 nslookup –type = aaaa www.ipv6.cisco.com。其结果应该为如图 8-14 所示（此时应以管理员的身份运行命令提示符）。

如果想让 nslookup 命令只显示 AAAA 记录，那么就可以在 nslookup 交互式提示符下，输入 set q = aaaa，然后输入服务器的域名。要使用 nslookup 命令显示 PTR 记录，可以在交互式提示符下，输入 set q = PTR 并按 Enter 键。然后，输入逆向映射区域，例如 f:e:0:0:b:a: 9:8:7:6:5:4:3:0:0:2:1:0:0:1:2:3:4:8:b:d:0:1:0:0:2:ip6:arpa。

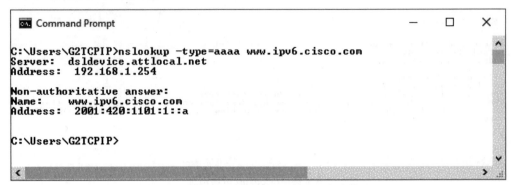

图 8-14　对 IPv6 主机名的 nslookup 命令输出

本章小结

- 由于域名系统提供了从符号化的、人类可读域名得到对应于数字的、机器可读的 IP 地址 Internet 位置的基本方法，因此域名系统提供了使得今天的 Internet 成为可能的关键地址解析服务。怎么夸耀这一服务对于任何大规模 TCP/IP 互联网络发挥恰当功能的重要性都不为过的。

- DNS 的推动力源自 ARPANET 上主机数量攀升到了千个以上时，维护计算机的静态 HOSTS 文件存在的困难。设计 DNS 用来创建灵活、可靠、健壮的名称和地址解析服务，它能够扩展到处理超大型的地址空间。它的设计者取得了比他们预想的、更大的成功。

- DNS 名称服务器有多种不同的变体。对于每一个区域，都必须有一个主名称服务器；它包含了用于该区域的数据库的主副本。对于每一个区域，可以创建一个或多个次名称服务器（建议每一个区域至少有一个次名称服务器，以便确保提高可靠性）。对于大型或流量很大的网络来说，只用于缓存的名称服务器分担了为区域外用户解析名称和地址的任务，从而解放了该区域的主名称服务器和次名称服务器，使它们能够高效地处理从外部入站的名称解析请求。

- DNS 在 Internet 上使用很大一群名称服务器以维护其数据，方法是将域空间划分为一组分散的域或子域数据库，称为数据库段，也称为数据库区域，每一个数据库都属于用于该区域的某个权威名称服务器。这使得数据库段可以在本地进行控制，而在全局可用。DNS 设计也包括为每一个区域提供一个首要主名称服务器和一个或多个次主要名称服务器，以便帮助提高可靠性（如果一个 DNS 失效，其他 DNS 继续发挥作用）和可用性（适宜的配置将在区域的所有名称服务器之间平衡查询负载，而不仅仅使用主名称服务器）。

- DNS 数据库由一组资源记录（RR）组成，这些数据库也由一组表示这些数据库静态快照的区域文件组成。每一个区域文件必须包括一个授权开始（SOA）记录，以便标识主要负责它所管理数据库段的名称服务器。每一个区域文件中的其他记录与其功能相对应，可以是用于正常域名解析的地址到名称的映射，也可以是用于逆向 DNS 查找的名称到地址的映射。

- DNS 客户端依赖称为解析器的软件部件与用于名称解析服务的可用名称服务器交互。解析器发出抵达目标 DNS 服务器的递归查询，DNS 服务器或者回答查询，或者查询其他名称服务器，直到得到查询结果为止。普通的 DNS 服务器将接受对它们查询的授权应答或非授权应答，但根 DNS 服务器仅仅接受授权应答，以便确保它们提供给域名层次结构中低层 DNS 服务器的数据的有效性。

- DNS 数据包结构嵌入了类型信息，它标识所携带 RR 的类型，并描述记录的内容和有效性。理解了 DNS 应用层数据包结构，就更容易体会到 DNS 的简单性和优美性。

- IPv6 网络使用 DNS 扩展，但必须能在 IPv4 与 IPv6 混合的环境中。IPv6 环境下的 DNS 服务器是在 AAAA 记录而不是在 A 记录中存储名称解析数据，这意味着 DNS 服务器和解析器必须维护这两种类型的记录。这也可能会引起问题，因为一些 DNS 解析器默认情况下是首先查找 A 记录，且可能在查找 AAAA 记录之前就已经超时了。

- IPv6 源地址和目的地址选择是有一些算法来管理的，这些算法使用一些规则来确定如何管理这种地址选择过程。由于某个设备可能具有一个已分配了多个 IPv6 地址类型（如本地链路的、本地站点的和全局的）的网卡，因此地址选择过程比在 IPv4 网络中的更复杂。此外，尽管这些算法是为了在 IPv6 地址空间中工作而编写的，它们也会影响着 IPv4 地址选择操作，有时会引起出乎预期或不是所期望的选择结果。

- Windows 操作系统支持多种名称解析技术，例如主机文件、NetBIOS、WINS 和 DNS。Windows 客户端计算机使用 DNS 解析器向 DNS 服务器发送服务请求，以便进行名称解析。Windows DNS 服务器使用 DNS 服务器服务来管理名称解析，这需要与活动目录服务交互作用。DNS 动态更新是一种服务，允许在 DNS 服务器上进行自动的计算机注册和记录更新。Windows 支持本地链路多播名称解析（LLMNR），它允许在没有使用 DNS 的子网中进行名称解析。Windows 还支持使用 ipv6-literal.net 名称以及对等体名称解析协议（PNRP）。

- 名称解析问题和故障的常见原因有很多，例如硬件或网络问题，以及完整限定域名后缀的错误配置。两个最常见的错误是名称未找到错误，以及含有不正确信息的正面错误。用于诊断名称解析错误的最常见工具有 nbtstat、netstat 和 nslookup。

习题

1. 在 DNS 引入之前，Internet 使用的是什么名称解析方法？
   - a. 动态名称解析
   - b. 静态名称解析
   - c. 主动名称解析
   - d. 被动名称解析
2. 本地链路多播名称解析（LLMNR）是一种名称解析协议，它工作在哪种环境下？
   - a. 只有 IPv4
   - b. 只有 IPv6
   - c. 在一个子网中
   - d. 在本地站点和全局网络中
3. IPv6 环境中用于 DNS 扩展的逆向分层树的名称是什么？

    a. in-addr.arpa   b. ip6.arpa

    c. ipv6.arpa   d. ipv6-addr.arpa

4. 下述哪一个陈述勾勒了 DNS 的合法性（多选）？

    a. 本地控制域名数据库段

    b. 可选主名称服务器和强制的次名称服务器的设计

    c. 数据来自所有数据库段，每个地方都可用

    d. 高度健壮和可用的数据库信息

5. 在 Windows 7，可以通过注册表来禁用 LLMNR。正确还是错误？

6. 顶级域名包含两个或三个字母的国家代码，以及组织机构代码，例如.com、.edu 和.org。正确还是错误？

7. 位于域名层次结构中更高层的 DNS 服务器将管理全局数据库一部分的职责授予域名层次结构中较低层 DNS 服务器的过程是什么？

    a. 从属授权   b. 数据库合并

    c. 授权委托   d. 数据库分段

8. IPv6 使用哪种方式来提供源地址和目的地址选择？

    a. 使用单个源地址和目的地址选择算法

    b. 使用一个源地址选择算法和一个目的地址选择算法

    c. 对于源地址选择，使用 8 种算法，对于目的地址选择，使用 10 种算法

    d. IPv6 使用与 IPv4 相同的源地址和目的地址选择过程

9. 哪种 DNS 资源记录用于 IPv6 主机地址？

    a. A   b. AAAA   c. PTR   d. MX

10. 下面哪种 ipv6-literal.net 名称可以被 Windows 和任何老式的软件读取？

    a. http://2001:db8-adc2-2131.ipv6-literal.net

    b. http://[2001:db8::adc2:2131]

    c. http://[2001:db8- -adc2-2131]

    d. http://2001:db8- -adc2-2131-ipv6-literal.net

    e. CNAME

11. 对于 Windows 计算机，IPv6 目的地址选择可能干涉到哪种 IPv4 DNS 目的地址选择？

    a. LLMNR   b. nststat   c. PNRP   d. 循环带

12. 哪一种 DNS 资源记录将域名映射为 IPv4 地址？

    a. A   b. SOA   c. PTR   d. MX

13. 任何类型的 DNS 服务企业都可以是仅用于缓存的服务器。正确还是错误？

14. 缓存 DNS 数据的主要好处是什么？

    a. 更快速的查找   b. 减少了远程网络流量

    c. 平衡了 DNS 服务器负载   d. 增加了服务器的可靠性

15. 对于一个 DNS 数据库区域是主服务器的 DNS 服务器也能够是一个或多个其他数据库区域的次 DNS 服务器。正确还是错误？

16. 在任何单个数据库区域中允许的主数据库服务器的最大数量是什么？

    a. 1   b. 2   c. 4   d. 8

　　e. 16

17. 对于任何 DNS 数据库区域来说，都必须拥有一个或多个次 DNS 服务器。正确还是错误？

18. 什么规模或类型的组织机构最可能从仅用于缓存的 DNS 服务器上受益？（多选）

　　a. 小型　　　　　　　　　　　　b. 中型

　　c. 大型　　　　　　　　　　　　d. 服务提供商

19. 什么类型的数据最有可能体现任意类型 DNS 查询的响应？（多选）

　　a. 地址转发指令　　　　　　　　b. DNS 资源记录

　　c. 地址假冒警告　　　　　　　　d. 出错消息

20. 下述哪一个查询序列代表了一个典型的 DNS 查找？

　　a. 迭代，之后递归　　　　　　　b. 递归，之后迭代

　　c. 静态，之后动态　　　　　　　d. 动态，之后静态

21. 为什么"所有 DNS 查询都在根部结束"？

　　a. 根维护了一个全局 DNS 数据库的副本

　　b. 根能够访问用于任何数据库段的任何以及所有授权名称服务器

　　c. 任何 DNS 服务器都能够在任何时刻访问根

　　d. 多个根服务器防止了域名层次结构的根陷入请求的泥潭

22. 当使用 nslookup 时，授权应答是？

　　a. 明确地标记为这样的应答

　　b. 只有在授权名称服务器被明确为查找服务器时可用

　　c. 只有使用-a 选项的请求可用

　　d. 被应答中不出现"Non-authoritative Response"所蕴含

23. 在初始配置和安装期间将 DNS 根服务器的资源记录添加到任意 DNS 服务器的缓存中是必需的。正确还是错误？

24. 下面哪种 Windows 操作系统支持对等体名称解析协议（PNRP）？（多选）

　　a. Windows 7　　　　　　　　　b. Windows 8

　　c. Windows 10　　　　　　　　　d. Windows Server 2012

25. 在运行 Windows 7 的计算机上，发现 www.ipv6testlabs.com 的名称和地址的正确命令是 -aaaa www.ipv6testlabs.com。正确还是错误？

动手项目

动手项目 8-1：作用于 DNS 解析器缓存

所需时间：10 分钟。

项目目标：介绍如何查看和管理计算机的 DNS 解析器缓存。

过程描述：本项目将学习在 Windows 命令提示符中使用基本的 ipconfig 命令来查看、刷新和重置 PC 上的 DNS 解析器缓存。

（1）打开一个命令提示符窗口（单击"开始"按钮，在"开始"菜单的搜索框中输入 cmd）。

（2）右击命令提示符窗口，并单击 Run as administrator。

（3）当出现提示时，单击 Yes 按钮。

（4）要查看 DNS 解析器的缓存，在命令提示符下输入 ipconfig/displaydns 命令，然后按 Enter 键。输出应该类似于图 8-15 所示。

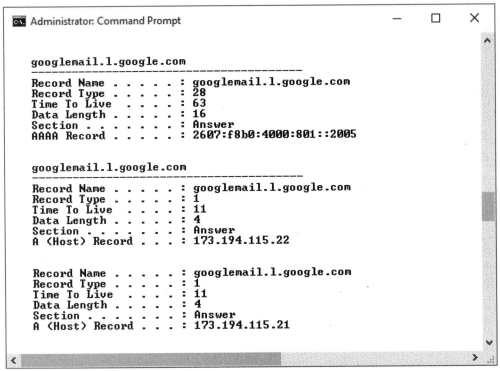

图 8-15　DNS 解析器缓存

（5）在命令提示符下，输入 ipconfig/flushdns 命令，然后按 Enter 键。

（6）一旦接收到成功消息，那么缓存中的内容就被全部刷新，在命令提示符下，输入 ipconfig/displaydns 命令，然后按 Enter 键。

（7）在接收到一个消息，表明无法显示解析器缓存，那么就打开一个 Web 浏览器，访问几个 Web 站点，如 www.google.com 和 www.microsoft.com。

（8）关闭 Web 浏览器，在命令提示符下，输入 ipconfig/displaydns 命令并按 Enter 键，然后注意到在你的解析器缓存中，应与图 8-16 类似。

（9）在命令提示符下，输入 ipconfig/registerdns 命令并按 Enter 键，以刷新计算机的 DHCP 租期并重新注册其 DNS 名称。你将收到一条消息，声明该过程已经开始，任何错误将于 15 分钟后在事件查看器中报告。

（10）要查看计算机的 IPv6 前缀策略，在命令提示符下，输入 netsh interface ipv6 show prefixpolicies 命令并按 Enter 键。

（11）在命令提示符下，输入 exit 命令并按 Enter 键，将关闭命令提示符窗口。

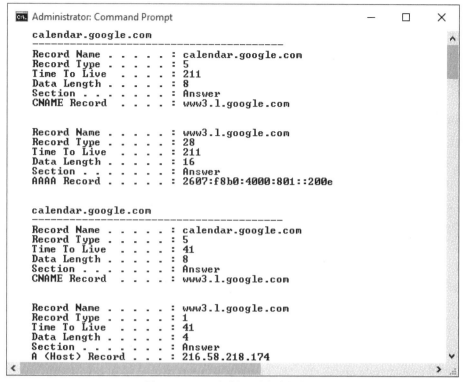

图 8-16　DNS 解析器缓存中的新项

动手项目 8-2：设置 Windows 计算机来使用 DNS 动态更新

所需时间：10 分钟。

项目目标：学习如何配置 Windows 7 或 Windows 10 来使用 DNS 动态更新。

过程描述：本项目将学习如何使用 Windows 7 或 Windows 10 计算机中 IPv4 的 Ethernet 属性来动态配置计算机的 IP 地址、主机名以及具有 DNS 服务器的域名。

（1）在 Windows 7 中，单击"开始"按钮，然后单击"控制面板"。在 Windows 10 中，右击"开始"按钮，然后单击"控制面板"。

（2）当控制面板打开后，如果需要，可以选择"大图标"。

（3）单击"网络和共享中心"。

（4）单击"更改适配器设置"。

（5）在 Windows 7 中，右击"本地连接"，然后单击"属性"。在 Windows 10 中，右击活动的本地连接（可能以 Ethernet 或 Wi-Fi 为标签），然后单击"属性"。

（6）在"本地连接属性"对话框中，选择"Internet 协议版本 4（TCP/IPv4）"，然后单击"属性"按钮。

（7）在"常规"选项卡中，单击"高级"按钮。

（8）在"高级 TCP/IP 设置"对话框中，单击 DNS 选项卡。

（9）要使用 DNS 动态更新来注册 IP 地址、该计算机用于此连接的完整计算机名，选中"在 DNS 中注册此连接的地址"（默认情况下应该已选中了）。

（10）如果要为此连接使用 DNS 动态更新来注册 IP 地址和域名，选中"在 DNS 注册中使用此连接的 DNS 后缀"。

（11）单击"取消"按钮，这样就不会保存所做的修改。

（12）关闭其他的对话框和控制面板。

动手项目 8-3：把 IPv6 地址转换为一个 ipv6-literal.net 名称

所需时间：10 分钟。

项目目标：学习如何把 IPv6 地址转换为一个 ipv6-literal.net 名称。

过程描述：本项目将使用一个 Web 应用程序把一个或多个 IPv6 地址转换为 ipv6-leteral.net 名称，包括文本窗口、URL 文本、UNC 文本、ip6.arpa 等。

（1）打开 Web 浏览器，在地址栏中输入或粘贴 http://ipv6-literal.com/，然后按 Enter 键。

（2）打开命令提示符窗口，输入 ipconfig /all 命令，然后按 Enter 键。

（3）在命令提示符窗口的输出中，找到你的计算机的本地链路 IPv6 地址。

（4）单击"开始"按钮，然后在查找框中输入 notepad，然后单击 Notepad 程序。

（5）在命令提示符窗口中右击，然后单击"全选"按钮。

（6）按 Enter 键来复制。

（7）在记事本程序中，在空白区域右击，然后单击"粘贴"按钮。

（8）找到本地链路 IPv6 地址，高亮显示它，然后按 Ctrl+C 把它复制到剪切板。

（9）在 ipv6-literal.com 站点，使用 Ctrl+V 把 IPv6 地址粘贴到 IPv6 地址字段中，然后单击"转换"按钮。

（10）在结果区域，查看所显示的信息，应该如图 8-17 类似。

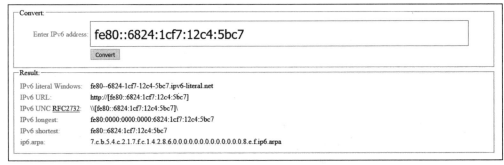

图 8-17　在 ipv6-literal.com 的输出

（11）你也可以输入其他 IPv6 地址并查看输出。完成后，关闭命令提示符窗口、Web 浏览器以及记事本（不保存）。

动手项目 8-4：捕获并查看你的 DNS 数据流

所需时间：10 分钟。

项目目标：介绍如何查看你的计算机上的 DNS 数据流。

过程描述：本项目将捕获你自己网络中的 DNS 数据流，并查看其数据包。本项目假设你是工作在 Windows 7 或 Windows 10 环境下，并已经安装了 Wireshark 软件。

（1）启动 Wireshark 软件。

（2）打开一个 Web 浏览器。

（3）在 Wireshark 工具栏中，单击 Capture，然后单击 Interface。

（4）选择计算机的当前以太网卡，然后单击 Start 按钮。

（5）使用 Web 浏览器访问几个 Web 站点，例如 www.microsoft.com、www.cisco.com 和 www.juniper.net，然后关闭该 Web 浏览器。

（6）在 Wireshark 工具栏中，单击 Capture，然后单击 Stop 按钮以停止捕获数据包。

（7）在 Wireshark 主面板中，往下滚动，直到在 Protocol 列看到第一个 DNS 查询，在 Info 列看到标准查询。选择第一个项。

（8）在该面板的下面，选择并展开 Domain Name System (query)。

（9）展开 Queries，然后展开查询下面的域名，如图 8-18 所示。

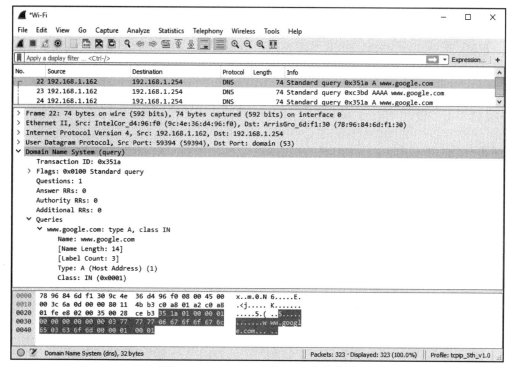

图 8-18　Wireshark 中的 DNS 查询数据

（10）在 Wireshark 主面板中，在 Info 列，选择对标准查询的一个响应项。

（11）在该面板的下面，展开 Domain Name System (response)，并展开 Answers，然后展开应答下面的任何一个域名。

（12）查看信息结束后，关闭 Wireshark 软件。

动手项目 8-5：找出 Linux 计算机的 DNS 解析器

所需时间：5 分钟。

项目目标：通过查看/etc/resolv.conf 文件，找出 Linux 计算机中的 DNS 解析器。

过程描述：DNS 解析器是 Internet 服务提供商（Internet service providers，ISP）用来对请求做出响应的计算机，把 IP 地址解析为域名。Linux 计算机中的/etc/resolv.conf 文件是一个文本文件，含有解析器的 IP 地址和其他信息。在本项目中，将使用命令行终端程序来找出 Linux 计算机中的 DNS 解析器的 IP 地址。本项目使用的是 Ubuntu 14.04 LTS，你也可以使用不同的 Linux 发行版和终端外壳程序。

（1）单击 Ubuntu 计算机的查找图标以打开它。在文本区域中，输入 terminal，然后按 Enter 键。

（2）单击终端程序图标以打开它。

（3）在命令提示符窗口中，输入/etc/resolv.conf 命令，然后按 Enter 键。结果应如图 8-19 所示。

（4）保持终端程序为打开状态，以供下一项目使用。

```
ubuntu@ubuntu: ~
ubuntu@ubuntu:~$ cat /etc/resolv.conf
# Dynamic resolv.conf(5) file for glibc resolver(3) generated by resolvconf(8)
#     DO NOT EDIT THIS FILE BY HAND -- YOUR CHANGES WILL BE OVERWRITTEN
nameserver 127.0.1.1
search Home
ubuntu@ubuntu:~$
```

图 8-19   /etc/resolv.conf 的输出

动手项目 8-6：使用 dig 工具来进行 DNS 查询任务

所需时间：10 分钟。

项目目标：使用 Linux 中的 DNS 查找工具 dig 来进行不同的 DNS 服务器查询。

过程描述：在本项目中，将学习使用域信息查询工具 dig 来查询一台或多台 DNS 服务器，并查看相关的输出。

（1）如果终端外壳程序还没有打开，那么就像动手项目 8-5 介绍的那样打开它。

（2）在命令提示符下，先输入 dig 命令，然后输入一个域名，例如 dig www.google.com，然后按 Enter 键。结果应如图 8-20 所示。

```
ubuntu@ubuntu: ~
ubuntu@ubuntu:~$ dig www.google.com

; <<>> DiG 9.9.5-3ubuntu0.4-Ubuntu <<>> www.google.com
;; global options: +cmd
;; Got answer:
;; ->>HEADER<<- opcode: QUERY, status: NOERROR, id: 56900
;; flags: qr rd ra; QUERY: 1, ANSWER: 1, AUTHORITY: 0, ADDITIONAL: 0

;; QUESTION SECTION:
;www.google.com.                    IN      A

;; ANSWER SECTION:
www.google.com.         280    IN      A       216.58.216.164

;; Query time: 136 msec
;; SERVER: 127.0.1.1#53(127.0.1.1)
;; WHEN: Thu Oct 29 23:29:43 UTC 2015
;; MSG SIZE  rcvd: 48

ubuntu@ubuntu:~$
```

图 8-20   dig 命令的输出

（3）要查询 DNS 服务器的 MX 记录，在命令提示符下，输入 dig google.com MX+noall+answer 命令，然后按 Enter 键（不是输入 www.google.com）。输出应如图 8-21 所示。

```
ubuntu@ubuntu: ~
ubuntu@ubuntu:~$ dig google.com MX +noall +answer

; <<>> DiG 9.9.5-3ubuntu0.4-Ubuntu <<>> google.com MX +noall +answer
;; global options: +cmd
google.com.              476     IN      MX      40 alt3.aspmx.l.google.com.
google.com.              476     IN      MX      50 alt4.aspmx.l.google.com.
google.com.              476     IN      MX      10 aspmx.l.google.com.
google.com.              476     IN      MX      30 alt2.aspmx.l.google.com.
google.com.              476     IN      MX      20 alt1.aspmx.l.google.com.
ubuntu@ubuntu:~$
```

图 8-21　dig MX 命令的输出

（4）要查询 DNS 服务器的 NS 记录，在命令提示符下，输入 dig google.com NS+noall+answer 命令，然后按 Enter 键。输出结果应如图 8-22 所示。

```
ubuntu@ubuntu: ~
ubuntu@ubuntu:~$ dig google.com NS +noall +answer

; <<>> DiG 9.9.5-3ubuntu0.4-Ubuntu <<>> google.com NS +noall +answer
;; global options: +cmd
google.com.              2776    IN      NS      ns3.google.com.
google.com.              2776    IN      NS      ns4.google.com.
google.com.              2776    IN      NS      ns2.google.com.
google.com.              2776    IN      NS      ns1.google.com.
ubuntu@ubuntu:~$
```

图 8-22　dig NS 命令的输出

（5）要查看DNS服务器上的所有记录（如A、MX和NS），在命令提示符下，输入dig google.com ANY +noall +answer global options: +cmd命令，然后按Enter键。结果将显示比前面命令更多的输出，如图8-23所示。

（6）要获得 www.google.com 的 IP 地址，在命令提示符下输入 ping www.google.com 命令，然后按 Enter 键。等待几秒钟，然后按 CTRL+C 来停止 ping 响应。

（7）要进行反向 DNS 查找，可以这样做：在命令提示符下，输入 dig –x 命令以及从 ping 命令输出中所得的 IP 地址，例如，输入 dig -x 216.58.216.174 +short 命令，然后按 Enter 键。输出如图 8-24 所示。

（8）完成以上操作后，关闭终端窗口。

（9）要了解dig命令的更多信息，可以使用在线搜索引擎，查找dig dns lookup。

```
ubuntu@ubuntu: ~
ubuntu@ubuntu:~$ dig google.com ANY +noall +answer global options: +cmd

; <<>> DiG 9.9.5-3ubuntu0.4-Ubuntu <<>> google.com ANY +noall +answer global opt
ions: +cmd
;; global options: +cmd
google.com.              191      IN       A        216.58.216.174
google.com.              193      IN       AAAA     2607:f8b0:400a:807::200e
google.com.              2585     IN       NS       ns4.google.com.
google.com.              2585     IN       NS       ns1.google.com.
google.com.              2585     IN       NS       ns3.google.com.
google.com.              2585     IN       NS       ns2.google.com.
;; Got answer:
;; ->>HEADER<<- opcode: QUERY, status: NOERROR, id: 9012
;; flags: qr rd ra; QUERY: 1, ANSWER: 0, AUTHORITY: 1, ADDITIONAL: 1

;; OPT PSEUDOSECTION:
; EDNS: version: 0, flags:; udp: 4096
;; QUESTION SECTION:
;global.                                 IN       A

;; AUTHORITY SECTION:
global.                  900      IN       SOA      a0.nic.global. noc.afilias-nst.i
nfo. 1000027441 10800 3600 2764800 900

;; Query time: 134 msec
;; SERVER: 127.0.1.1#53(127.0.1.1)
;; WHEN: Thu Oct 29 23:48:31 UTC 2015
;; MSG SIZE  rcvd: 98

;; Got answer:
;; ->>HEADER<<- opcode: QUERY, status: NOERROR, id: 24822
;; flags: qr rd ra; QUERY: 1, ANSWER: 2, AUTHORITY: 0, ADDITIONAL: 0

;; QUESTION SECTION:
;options:.                               IN       A

;; ANSWER SECTION:
options:.                10       IN       A        198.105.254.23
options:.                10       IN       A        198.105.244.23

;; Query time: 57 msec
;; SERVER: 127.0.1.1#53(127.0.1.1)
;; WHEN: Thu Oct 29 23:48:31 UTC 2015
;; MSG SIZE  rcvd: 58

ubuntu@ubuntu:~$
```

图 8-23　dig ANY 命令的输出

```
ubuntu@ubuntu: ~
ubuntu@ubuntu:~$ dig -x 216.58.216.174 +short
sea15s02-in-f174.1e100.net.
sea15s02-in-f14.1e100.net.
ubuntu@ubuntu:~$
```

图 8-24　dig -x 命令的输出

案例项目

案例项目 8-1：收集 IPv6 地址数据以配置名称服务器

假设你是你公司本地 DNS 服务器的管理员，由你负责手工把 IPv6 逆向映射区域添加到服务器的配置文件中。你公司的 Web 站点的 IPv4 域名为 abcxyz.com，IPv6 域名为 abcxyz-v6.com。你必须知道你公司的域名和任何子域名的 IPv4 和 IPv6 地址，例如 marketing.abcxyz.com 与 marketing.abcxyz-v6.com，或者 sales.abcxyz.com 与 sales.abcxyz-v6.com，那么，就可以为每个 IPv6 地址配置相应的 A 和 AAAA 记录以及 ip6.arpa 逆向映射区域名称。确认你可以从哪里找到这些数据，然后，一旦收集了这些信息，就可以基于这些信息开始构建 IPv6 逆向映射区域。使用$ORIGIN 控制语句和如下格式：

```
$ORIGIN ip6.arpa name
PTR record
PTR record
```

更多信息请参见本章 8.6 节。

案例项目 8-2：请解释一下只用于缓存的服务器的使用

解释是什么通信架构和 TCP/IP 流量流使得只用于缓存的服务器对 ISP 很有用。在阐述回答时，请考虑 IP 客户端链接到绝大多数 ISP 的方式以及 TCP/IP 栈是如何配置的。

案例项目 8-3：理解在网络基础设施中所需要的最少 DNS 服务器数量

解释为什么两个名称服务器是在已联网 IP 环境中运行的最少服务器数量。考虑下述因素，它们将影响在典型组织机构的互连网络上使用的名称服务器的总量：

● 如果在本地互连网络中每一个网络或子网上都直接有一个可用的名称服务器，那么路由器就不会变成潜在的失效点。也请考虑多宿主主机是 DNS 的理想场所，原因在于它们能够直接向连接到其上的所有子网提供服务。

● 在一个无盘结点或网络计算机依赖服务器进行连网和文件访问的环境中，从最低限度上讲，在特定服务器上安装名称服务器将使得 DNS 为所有这些机器直接使用。

● 在运行大型分时系统的机器上，例如大型主机、终端服务器或群集计算机，附近有一个 DNS 服务器将减轻大型机上名称服务的负载，并且依然提供合理的响应时间和服务。

● 在场地之外运行附加名称服务器——合乎逻辑地，在你的机构从其得到 Internet 连接的 ISP 现场位置——那么即使你的 Internet 链路中断，或者名称服务器不可用，但 DNS 数据依然保持可用。远程从名称服务器提供了备份的一致格式，并有助于确保 DNS 的可靠性。

给定前述信息，以及 XYZ 公司在印第安纳的每一个位置都运行三个子网，再加上每一个位置都有一个大型群集终端服务器，解释 XYZ 该如何为其网络环境运行多达 9 台名称服务器。

第9章 TCP/IP 传输层协议

本章内容：

- 阐述用户数据报协议和传输控制协议的关键特性和功能。
- 详细阐述 UDP 数据包的首部字段及其功能，以及端口号、处理进程、当传输协议由 IPv6 使用时 UDP 的行为。
- 详细解释驱使 TCP 分段、重组以及重传的机制，以及当由 IPv6 使用时 TCP 的行为。
- 描述如何用 IPv6 首部和扩展首部组织 UDP 和 TCP 伪首部。
- 阐述无连接与面向连接的传输机制的差异。
- 在使用用户数据报协议和传输控制协议之间做出选择。

在 TCP/IP 网络层协议提供网络地址、路由、交付功能的同时，TCP/IP 传输层协议提供了将任意长度的消息通过网络从发送方传输到接收方的必要机制。尽管传输控制协议（Transmission Control Protocol，TCP）比另一个 TCP/IP 传输层协议（即用户数据报协议（User Datagram Protocol，UDP））更重要，但这两个协议在支持通过网络传输任意数据方面都发挥着至关重要的作用。在学习本章的过程中，将介绍无连接和面向连接传输的关键概念，以及这些机制对复杂性、健壮性、可靠性和总开销的影响。

下面首先介绍这两种协议的比较。

9.1 理解 UDP 与 TCP

UDP 和 TCP 的功能实际上是一样的，在网络传输中都非常重要，但它们的作用完全不同。要理解 UDP 与 TCP 是如何工作的，需要简要地介绍一些什么是网际协议（Internet Protocol，IP），因为 UDP 和 TCP 都是为 IP 提供传输服务的。

IP 运行在 OSI 模型的网络层中，负责提供用于传输不同长度的数据序列的方法，在单个网络或多个网络上从源主机传输到目的地主机。有好多服务 IP 是没有提供的。IP 被认为是无连接、无确认和不可靠的。这意味着尽管网络数据流是发往了要去的地方，但并不能保证一定到达了。发送的消息有可能到达了目的地，也有可能没有到达目的地，如果基于 IP，无法明确知道是否到达了。

如果所有应用程序都要求有已确认的交付，那么唯一需要的协议就是 TCP 了。但是，TCP 带来的是时间和带宽成本，因为它是面向连接的、可靠的传输层寻址，它要管理消息到达的确认，这些都需要耗费时间。UDP 也可以为 IP 提供传输层寻址，但它只用于那些无须验证交付的应用程序。信息可能会丢失，但这提高了速度，减少了对网络带宽的使用。使用 UDP 还是 TCP，要根据在网络上发送数据的应用程序的需求而定。

9.1.1　IPv4 与 IPv6 上的 UDP

无连接协议（Connectionless Protocol）提供了最简单的传输服务，因为它们只是把来自于 TCP/IP 应用程序的消息打包成数据报。数据报往更高层数据中添加一个首部，并把它传给网际协议（IP）层，在网际层，用 IP 首部调整数据报并打包，然后就把它在网络上进行传输。这种方法称为**最大努力交付**（best-effort delivery），因为它没有内置的错误检测，也没有为提供可靠性的重传能力。

UDP 是一种简单的协议，那些自己有面向连接过时值和重复计数（类似于 TCP 提供的那些功能）的应用程序可以使用 UDP。在现代大多数网络中，已经证明这是一种聪明的设计决策，因为像 TCP 那样提供过多的交付保证和可靠性机制会带来成本。更多的能力意味着更大的负担，因为需要收集、交换和管理信息以提供这种能力。

在某些情况下，UDP 的运行速度比 TCP 快多达 40%，因为它后面不需要做任何事情了。在实际应用中，UDP 序列中的数据报通常要与计算机上的介质的最大传输单元（MTU）相匹配。最后一个数据报除外，该数据报的长度等于最后剩余的载荷和所需的首部信息。应用程序层协议只要求来自于 UDP 的一些简单服务，因为应用程序层协议为数据处理自己的重组和错误管理。

无连接协议通常用于处理以下类型的任务：

- 消息校验和：尽管无连接协议不会跟踪传输行为或交付的完成情况（这就是最大努力交付方法），它们可以有选择地为每个数据报包含一个校验和。这使得传输层协议可以很容易地向更高层协议报告，它发送到目的地的数据包是否与留在发送方的相同，无须处理那些要涉及的潜在详细细节。
- 更高层协议标识：通常来说，所有 TCP/IP 传输层协议在其首部中使用源端口地址和目的地端口地址字段，以便标识发送主机和接收主机的特殊应用程序层协议。这种协议标识机制通过与大多数更高层 TCP/IP 协议和服务关联的公认端口号，来标识应用程序层协议。这种机制还允许使用这些协议或服务的应用程序进程交换数据，以唯一标识彼此，同时，发送方与接收方之间的单个或多个通信数据流在进行之中。这样，即使一个无连接协议内部没有创建、管理和终止连接的方法，它也提供了一种机制，可以在应用程序层上进行这些动作。本章将详细学习端口地址及其各种用法。

运行在 IPv4 上的 UDP 与运行在 IPv6 上的 UDP 差别很少或没有差别。在新版本的 IP 协议中，UDP 协议并没有单独更新。但是，根据 IPv6 的要求，UDP 的功能有所不同。例如，当在 IPv6 中使用超大包时，要求比标准有效载荷更长，UDP 和 TCP 都需要进行调整以适应这种需求。这些是在 RFC 2675 中描述的。有关 IPv6 的超大包，请参见第 3 章。

其他协议为 IPv6 进行了更新，例如 ICMPv4 更新为 ICMPv6，但 UDP 没有，因此，更准确地说，UDP 是"IPv6 上的 UDP"，而不是"UDPv6"。

有关 IPv4 与 IPv6 的 UDP 互操作性的更多信息，可参看 RFC 3493。

在 Windows 命令提示符下运行 netstat 命令就可以明白这点。输入 netstat –sp udp 将返回 IPv4 的 UDP 统计信息，如图 9-1 所示。

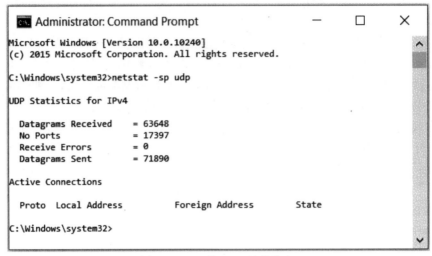

图 9-1　IPv4 的 UDP 连接信息

输入 netstat –sp udpv6 可得到相同的信息，但是 IPv6 的 UDP 统计信息，如图 9-2 所示。

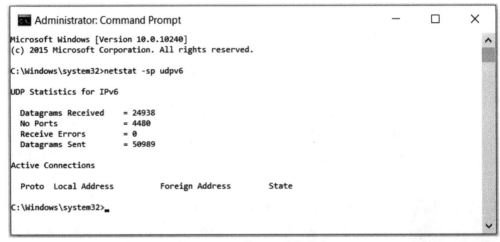

图 9-2　IPv6 的 UDP 连接信息

RFC 2460（该文档描述了 IPv6）介绍了 UDP 在 IPv4 上与在 IPv6 上不同的操作。一个不同是，与在 IPv4 上的 UDP 不同，当一个 IPv6 网络结点使用 UDP 发送数据时，要求有 UDP 校验和（而不是可选的）。IPv6 计算机必须为数据包计算一个 UDP 校验和与伪首部。但是，在 IPv6 上 UDP 的操作大多与在 IPv4 上的相同。本章后面将详细介绍 UDP 作为一个上层协议是如何在 IPv4 和 IPv6 上运行的。

9.1.2 IPv4 与 IPv6 上的 TCP

TCP 是一种面向连接的协议，需要确保把数据传输到目的地的应用程序应使用 TCP，而不是 UDP。

注意，面向连接的协议可以完成如下工作：

- 在内部网的两个对等体之间直接创建一个逻辑连接。
- 跟踪数据的传输，通过确认消息和序列号跟踪，确保数据成功到达。一个确认消息就是一个正面响应，显式地表明数据的特定集完整地到达了。
- 使用序列号跟踪以确定所传输的数据数量，以及任何无序的数据包。
- 有一个超时机制，当主机接收一个通信等待太长时间时，就认为这个通信已丢失了。
- 有一个重传机制，通过重新传输特定的次数，来恢复丢失的数据。

TCP 提供具有序列化、错误恢复和滑动窗口机制的面向连接的服务。由于 TCP 具有端到端的可靠性和灵活性，因此，对于那些需要传输大量数据和要求可靠交付服务的应用程序，TCP 是优先选择的传输方法。

TCP 主机创建一个**虚拟连接**（Virtual Connection），每台主机都使用一个**握手进程**（Handshake Process）。在握手进程中，主机交换一个序列号，用于跟踪从一台主机传输到另一台主机的数据。

TCP 以连续字节流的形式传输数据，在这种字节流中，可能并不包含对基本消息与消息边界的区分。被接收后，上层应用程序将对字节流进行翻译，以读取包含在其中的消息。

最大的 TCP 段为 65 495 字节。这个数字是从总长度大小字段值减去 IP 首部的 20 字节和 TCP 首部的 20 字节后得到的。图 9-3 描述了数据的分段方法，以及位于数据前面的各种首部，包括 TCP 首部、IP 首部和以太首部。

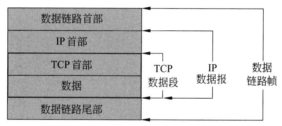

图 9-3 数据包首部与不同的协议分层

如前所述，UDP 和 TCP 没有与 IPv6 相匹配的第 6 版。在为 IPv6 传输时，UDP 和 TCP 基本上都未做修改。但是，IPv6 根据自己的需求（例如 IPv6 超大包），对 TCP 的使用有所不同。因此，更准确地说，TCP 是 "IPv6 上的 UDP"，而不是 "TCPv6"。就像 UDP 那样，这可以在 Windows 命令提示符下使用 netstat 命令来阐明。输入 netstat –sp tcp 可查看 IPv4 的 TCP 统计信息，如图 9-4 所示。

输入 netstat –sp tcpv6 可查看 IPv6 的 TCP 统计信息，如图 9-5 所示。

尽管 TCP 本身没有改变，但根据 IPv6 与 IPv4 的特征，其操作方式进行了调整。例如，在计算最大有效载荷大小时，TCP 必须调整为更大的 IPv6 首部。当为 IPv4 执行这个功能时，TCP 的最大分段大小（Maximum Segment Size，MSS）选项是通过最大数据包大小减去 40 个八字节（其中 20 个为最小长度的 IPv4 首部，另外 20 个为 TCP 首部）而得到的。当 IPv6 结点使用 TCP 时，MSS 是通过最大数据包大小减去 60 个八字节（其中 20 个为 TCP 首部，40 个为最小长度的 IPv6 首部，这里假设 IPv6 首部没有扩展首部）而得到的。本章将详细介绍 TCP 作为一种上层协议，是如何在 IPv4 和 IPv6 上运行的。

图 9-4　IPv4 的 TCP 网络信息

图 9-5　IPv6 的 TCP 网络信息

9.2　UDP

用户数据报协议（User Datagram Protocol，UDP）是 1980 年在 RFC 768 中描述的。由于 UDP 只是一种传输层上的无连接 TCP/IP 协议，因此，不用奇怪，无连接 TCP/IP 协议的所有特征都直接且完整地体现在 UDP 上了。下面是 UDP 的特征和局限性。

- 无可靠性机制：数据报是无序的，也不会进行确认。使用 UDP 的大多数应用程序或服务为数据报提供自己的可靠性机制或跟踪超时值，当数据报的超时计时器过期时，进行重传。

- 无交付保证：数据报的发送没有任何交付保证，因此，应用层必须提供跟踪和重传机制。

- 无连接处理：每个数据报就是发送方传送的一个单独消息，UDP 不会提供在发送方与接收方之间创建、管理或关闭连接的任何方法。

- 标识应用层协议：如前所述，UDP 首部包括标识端口地址（也称为端口号）的字段，用于发送和接收应用层服务或进程。

- 用于在 UDP 首部中携带的整个消息的校验和：在打包时，每个 UDP 首部可以选择包含一个校验和值，该值在交付时可以重新计算，并与发送时的值进行比较。这是由应用层服务或协议来负责的，UDP 只是提供这些数据，并不要求每段都计算校验和。

- 无缓冲服务：UDP 不负责管理交付前输入数据存储在内存的哪里，也不负责管理传输前输出数据存储在哪里。数据的所有内存管理都是由使用 UDP 的应用层服务来处理的，UDP 每次只处理一个数据报。

- 无分段：UDP 不负责把任意大小的消息分解成离散的、加上了标签的分段以便于传输，在接收端也不负责把加标签的分段序列进行重组。UDP 只是发送和接收数据报，应用层协议或服务必须按需要处理分段和重组。

注意，UDP 正如它所定义的那样，为更高层的使用提供了校验和机制以及对端口地址的标识。

9.2.1 UDP 首部字段和功能

当 IP 首部的协议字段含有值 17（0x11）时，表示 UDP 首部位于 IP 首部的后面。UDP 首部短小而且简单，只有 8 个字节的长度。UDP 首部的主要功能是定义使用 IP 和 UDP 网络和传输层的进程或应用程序。图 9-6 显示了 UDP 首部的结构。

图 9-6 UDP 首部的结构

UDP 定义在 RFC 768 中。事实上，UDP 首部仅仅包含 4 个字段：

- 源端口号（Source Port Number）字段。
- 目的地端口号（Destination Port Number）字段。
- 长度（Length）字段。
- 校验和（Checksum）字段。

下面分别介绍 UDP 首部的字段值和功能。

源端口号字段

源端口号字段定义了使用该 UDP 首部发送数据包的应用程序或进程。

端口号定义在 3 个范围中：公认端口号、已注册端口号和动态端口号。

公认端口号（0～1023）

公认端口号分配给系统提供的关键或核心服务。公认端口号为 0～1023。在 1992 年之前，公认端口号是 1～255。表 9-1 列出了一些常用的公认端口号。

表 9-1　常用公认端口号

UDP 端口号	应用或进程
67	Bootstrap 协议服务器（DHCP 服务器也使用）
68	Bootstrap 协议客户端（DHCP 客户端也使用）
161	简单网络管理协议（SNMP）
162	简单网络管理协议（SNMP）陷阱
520	路由信息协议

有关公认端口号的更多信息，可参看 RFC 1700。端口号的完整列表可参看 www.networksorcery.com/enp/protocol/ip/ports00000.htm。

已注册端口号（1024～49 151）

已注册端口号分配给企业应用程序和进程。例如，1433 分配给了 Microsoft SQL Server 进程。如下面所述，尽管 IANA 推荐将端口号空间中最上面的端口号用于动态端口，但某些 TCP/IP 系统依然将 1024～5000 的值用作临时端口号。

动态端口号（49 152～65 535）

动态端口（也称为即时端口）用作特定通信进程中的临时端口。当使用动态端口的通信结束时，4 分钟之后，这些端口就可以被重新使用。IANA 定义这个范围的编号（即动态端口号范围）来标识动态端口。

在绝大多数情况下，同一个应用程序或进程分配的是相同的 UDP 和 TCP 端口号。然而，在某些少见情况下，相同的 UDP 和 TCP 端口号并不支持同一个应用程序或进程，UDP 端口 520 就是这样一个示例。UDP 的端口号 520 分配给了路由信息协议（Routing Information Protocol，RIP），TCP 的端口号 520 分配给了扩展文件名称服务器（Extended File Name Server，EFS）进程。要了解完整的已分配端口号，请参考 www.iana.org/assignments/port-numbers/。

表 9-1 列出了一些最常用的 UDP 端口号。当可靠性不是问题时，UDP 就有了用武之地，其原因或是发送主机可能没有足够的"智能"提供或理解可靠性机制（像在 DHCP 中的情况），或是不需要有规律的管理、路由、轮询或公告。当用于验证功能的持续通信会降低交付速度时，就可以使用 UDP。在其他环境中，运载的数据或提供的服务十分重要（非

常需要一次性成功的传输），对可靠性或交付保证的需求不同提高。这也正是需要面向连接传输的时候（本章后面将予以讨论）。

目的地端口号字段

这个字段的值定义了使用 IP 和 UDP 首部的目的地应用程序或进程。在某些情况下，源端口号和目的地端口号与客户端和服务器进程来说都是相同的。在另一些情况下，你会发现客户端和服务器使用不同且唯一的端口号（例如在 DHCP 的情况下）。最常见的变化是，允许客户端对于通信的自己一方使用动态端口号，而对于通信的服务器一方使用公认端口号或注册端口号。

长度字段

长度字段定义了从 UDP 首部到有效数据结束的数据包的长度（不包括任何数据链路填充数据，如果需要填充的话）。这个字段提供了一种冗余度量，原因在于这一信息能够使用 IP 首部值来确定。例如，考虑如图 9-7 所示的数据包。

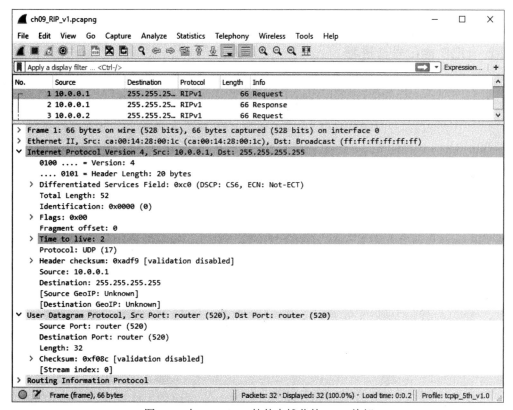

图 9-7　在 Wireshark 软件中捕获的 UDP 首部

下面解释一下图 9-7 所示的长度字段：

- IP 首部长度＝20 字节。
- IP 总长度＝52 字节。
- UDP 长度＝32 字节。IP 首部后面的数据（包括 UDP 首部）为 32 字节，这一点从 IP 首部中的总长度字段就可以获知。减去 8 字节的 UDP 首部，就可以知道在 UDP

首部后面的数据一定是 4 字节。

校验和字段

UDP 校验和字段是一个可选字段，如图 9-7 的情况，发送方生成了一个校验和。如果使用校验和，那么校验和是根据整个数据报的内容计算而得到的，也就是说，包括 UDP 首部（除 UDP 校验和字段外）、数据报有效载荷，以及从 IP 首部派生而来的**伪首部**（Pseudo-Header）。UDP 伪首部并不是真正包含在数据包中，UDP 伪首部仅仅用于计算 UDP 首部的校验和以及将 UDP 首部与 IP 首部关联起来。这个伪首部由 IP 首部的源地址字段、目的地址字段、一个未用字段（设置为 0）、协议字段，以及 UDP 长度字段组成。图 9-8 展示了 UDP 伪首部。

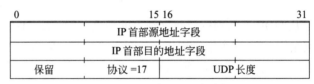

图 9-8　UDP 的 IPv4 伪首部

9.2.2　UDP 端口号与进程

UDP 和 TCP 使用端口号定义源进程和目的地进程或应用程序。正如本章前面所述，源端口号和目的地端口号在两个主机之间的一次会话中并不一定要求相同。第一台主机可以打开一个动态端口号向标准端口 53 发送一条 DNS 查询（事实上，UDP 是用于 DNS 查询的首选格式，这样的消息长度限制在 512 字节）。一旦收到 DNS 查询数据包，第二台主机检查 IP 首部，标识所使用的传输层协议。接着，第二台（接收）主机检查目的地端口号字段，确定如何处理入站数据包（这里，公认端口 53 表示这是一个 DNS 查询）。

图 9-9 展示了如何基于类型号、协议号和端口号多路分离数据包。

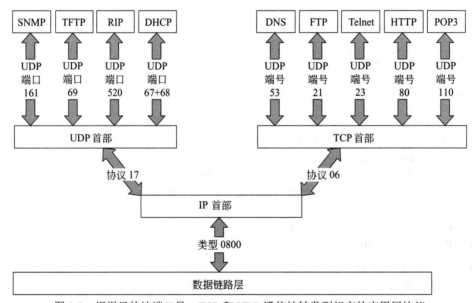

图 9-9　根据目的地端口号，TCP 和 UDP 通信被转发到相应的应用层协议

Windows 7、Windows 10、Windows Server 2012 和 Windows Server 2016 默认情况下支持的端口范围为 49 152～65 535。以前版本的 Windows 默认情况下支持的端口范围为 1025～5000。

通过在注册表中添加 MaxUserPort 注册表项，可以增加所支持的最大用户端口号，如表 9-2 所示。

表 9-2 MaxUserPort 注册表项

注册表信息	细 节
位置	HKEY_LOCAL_MACHINE\SYSTEM\CurrentControlSet\Services\Tcpip\Parameters
数据类型	REG_DWORD
有效值范围	5000～65 534
默认值	5000
默认提供	否

UDP 的简洁性清晰地反映在 Windows Server 2012、Windows Server 2016、Windows 7 和 Windows 10 相对较小的 UDP 注册表值和设置上。

9.2.3 UDP 与 IPv6

UDP 首部格式并没有为了与 IPv6 相符而特意进行更新为新版本。IPv6 把 UDP 看作是一个上层传输协议，根据需要对 UDP 进行管理。UDP 并没有发生变化，但 IPv6 和 IPv4 处理 UDP 有所不同。有关 UDP 首部、端口号和进程的所有信息，在 IPv4 下合法，在 IPv6 下仍保持合法。

为了阐述在 IPv6 下 UDP 是如何操作的，假设 UDP 协议在计算其校验和时，包含有来自 IPv6 首部的地址，该协议必须进行修改以包含 128 位的 IPv6 地址（而不是 32 位的 IPv4 地址）。对 TCP 协议也是如此。当计算校验和时，要使用一个 IPv6 伪首部来镜像或模拟实际的 IPv6 首部。

有关 IPv6 伪首部的详细信息，请参见第 3 章。

图 9-10 显示了用于 UDP 的 IPv6 伪首部结构。

UDP 首部提供源端口、目的地端口、长度以及校验和，它还包含有数据。UDP 首部被扩充，这样它就成为 IPv6 伪首部的一部分。该伪首部中的各个字段描述如下。

- 源地址是源结点从 IPv6 首部获得的地址。
- 目的地址是数据包的最终目的地。如果 IPv6 数据包没有路由首部，那么这就是 IPv6 首部中的目的地址。如果有路由首部，那么该地址就是初始结点的路由首部中的

源地址	
目的地址	
UDP长度	
0	下一首部
源端口	目的地端口
长度	校验和
数据	

图 9-10 用于 UDP 的 IPv6 伪首部结构

最后一个元素。在接收结点，该地址就是 IPv6 首部的目的地址。

- UDP 长度就是 UDP 首部长度加上该 UDP 数据包包含的数据。因为 UDP 携带了自己的长度信息，那么这就是 UDP 长度字段中的值。
- 下一首部是上层协议的值，这里上层协议是 UDP，因此具有值 17。
- 源端口是发送结点用于传输数据包的端口号。如果要求从接收结点返回一个应答，那么源端口就很有用。如果不需要应答，那么该值就应为 0。
- 目的地端口是接收结点用来接收数据包所使用的端口（只要有合法的端口号）。
- 长度是 UDP 首部和数据的长度（以字节为单位），它还是用在伪首部的 UDP 长度字段中的值。
- 校验和是用于对首部和数据进行错误检测的字段，在 IPv4 是可选的，但在 IPv6 下是必需的。
- 数据字段包含从源结点发送到目的地结点的所有数据。

伪首部中的下一首部字段含有标识 UDP 首部的信息。在 IPv6 首部中，下一首部字段含有关于下一扩展首部的信息（如果有），它位于 IPv6 首部与上层首部之间。当计算校验和时，如果所得结果为 0，必须把它改为十六进制值 FFFF，并放在 UDP 首部中。如果该值不是从 0 改变而来，那么当数据包到达目的地结点时，该结点将丢弃该 UDP 数据包，并记录错误。

9.3 TCP

TCP 是用于大型网络（包括 Internet）的传输层服务的核心协议之一。它是传输层与 IP 一起工作的最早协议之一，提供从源到目的地的网络数据流的可靠传输。TCP 负责提供从一个网络结点的应用程序到另一个网络结点的应用程序的字节流的有序交付。两台计算机之间的通信是通过 TCP 使用三次握手（Three-way Handshake）进程来创建的。

9.3.1 TCP 与 IPv4

本节将介绍 TCP 通信的主要功能和特性：
- TCP 启动连接进程（TCP 握手）。
- TCP 保持活动进程。
- TCP 连接终止。
- TCP 序列和确认进程。
- TCP 错误检测和错误恢复进程。
- TCP 阻塞控制。
- TCP 滑动窗口。
- TCP 首部字段和功能。

TCP 启动连接进程

TCP 启动连接进程（TCP 握手）从两台主机之间握手开始。一台主机向另一台主机发起握手：（a）确保目标主机是可用的；（b）确保目标主机正在侦听目的地端口号；（c）通知目标主机发起方的序列号，以便双方在数据传输过程中能够跟踪它。

TCP 握手使用一种两台主机之间的三阶段过程，如图 9-11 所示。

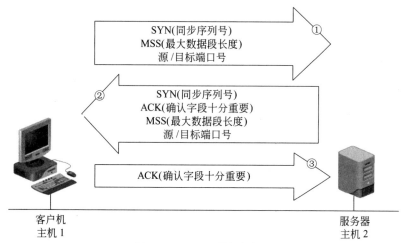

图 9-11　TCP 三数据包握手

（1）主机 1 向主机 2 发送一个 TCP 数据包。这个数据包不包含任何数据；它仅仅包含主机 1 的起始序列号（通过 SYN 位设置为 1 来指示）、源端口号和目的地端口号，以及一个可适合每一个数据包最大数据段长度（Maximum Segment Size，MSS）的指示。

（2）主机 2 使用它自己的起始序列号（通过在数据包的 SYN 位设为 1 来指示）和最大数据段的长度指示作为响应。在这个应答中，确认（Acknowledge）位被设置为 1，并确认收到了握手的第一个数据包。主机 2 也使用对应于第 1 步定义的源和目的地端口号。

（3）主机 1 确认收到了主机 2 的序列号和数据段长度信息。这第三个数据包完成了握手进程。

有关序列号以及它们如何增长的细节，请参看本章后面。接下来，我们剖析一下数据包内部，感受一下连接建立阶段包含在数据包中的内容。

1. 握手数据包 #1

图 9-12 展示了握手进程中数据包#1 的 TCP 首部。

在数据包#1 中，发送方（即机 1）在 TCP 首部序列号（Sequence Number）字段插入自己赋值的起始序列号。这个序列号用于跟踪发送到主机 2 的数据序列，并确保数据包不丢失。这个数据包有一个标志位（即 SYN（用于同步序列号）），指明该数据包用于同步主机之间的序列号。

首部长度（Header Length）字段定义了 TCP 首部的长度，在握手进程的前两个数据包中，以 24 字节计数，在最后一个数据包中，以 20 字节计数。

在这个数据包中，主机 1 将 MSS 定义为 1460 字节。这个值是适宜于以太数据包的值，其长度能够以下述方式计算得到：

```
1460    TCP 首部之后的数据
20      典型的 TCP 首部长度
20      典型的 IP 首部长度
18      典型的以太首部长度
1518    最大的以太数据包长度
```

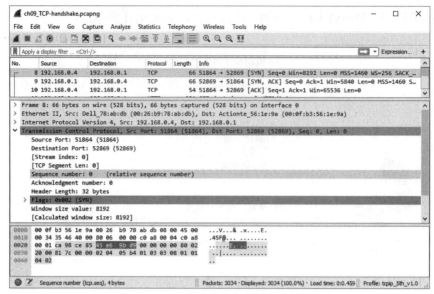

图 9-12　TCP 握手进程中的第一个数据包

MSS 和 MTU 经常被人混淆。MSS 是能够容纳在数据包的 TCP 首部后面的数据量。MTU 是能够放在 MAC 首部的数据量。例如，以太帧通常使用的 MTU 是 1518 字节。MSS 值为 1460 字节。

　　TCP 首部还定义了用于这一连接的所需进程或应用程序——端口 52869，这是一个动态的专用端口号，为局域网上两台主机之间的专用连接而创建的。

2. 握手数据包 #2

图 9-13 展示了握手进程中数据包#2 的 TCP 首部。

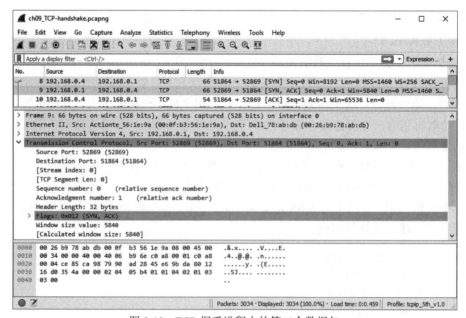

图 9-13　TCP 握手进程中的第二个数据包

　　主机 2 将自己的起始序列号定义为 0。确认号字段的值为 1，这是主机 2 期待从主机 1
接收到的下一个序列号。这个数据包设置了两个标志位：AYN 和 ACK（主机 1 第一个数
据包的同步和确认收据）。这个数据包也指明这个主机的 MSS 为 1460 字节。

3. 握手数据包 #3

　　图 9-14 展示了握手数据包#3 的 TCP 首部。

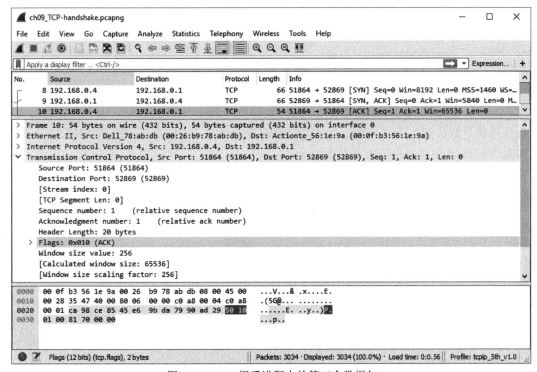

图 9-14　TCP 握手进程中的第三个数据包

　　主机 1 的序列号现在是 1。确认号字段的值现在被设置为 1。这表示来自主机 2 的下一
个期待序列号是 1。握手进程中最后一个数据包设置了 ACK 标志，指明收到了主机 2 的序
列号信息，这里，ACK 序列号等于原始 SYN 序列号加 1（ACK#= SYN # + 1）。

　　有两个注册表设置能够用于控制 TCP 连接的建立。第一个是 TcpMaxConnect-
Retransmissions 注册表设置，其定义如表 9-3 所示。

表 9-3　**TcpMaxConnectRetransmissions** 注册表项

注册表信息	细　节
位置	HKEY_LOCAL_MACHINE\SYSTEM\CurrentControlSet\Services\Tcpip\Parameters
数据类型	REG_DWORD
有效值范围	0-0xFFFFFFFF
默认值	2
默认提供	否

TcpMaxConnectRetransmissions 注册表项定义了在试图建立 TCP 连接时发送的 SYN 重试次数。第二个设置是 TcpNumConnections 注册表项，其定义如表 9-4 所示。

表 9-4 **TcpNumConnections 注册表项**

注册表信息	细　　节
位置	HKEY_LOCAL_MACHINE\SYSTEM\CurrentControlSet\Services\Tcpip\Parameters
数据类型	REG_DWORD
有效值范围	0-0xFFFFFE
默认值	0xFFFFFE（16 777 214）
默认提供	否

TcpNumConnections 注册表项定义了一次能够打开的 TCP 连接数量。由于可能的最大连接数量也是默认值，因此几乎没有任何合理的理由修改这个注册表项的值。所以，在绝大多数 Windows 注册表中都不会找到这个值。

TCP 半开连接

当握手进程没有以最后一个 ACK 成功地结束时，就发生了 TCP 半开连接（TCP half-open connection）。半开连接通信序列以下述顺序发生：

```
SYN   >>>>>
<<<<< ACK SYN
<<<<< ACK SYN
<<<<< ACK SYN
```

在这种情况下，主机 1 向主机 2 发送第一个握手数据包（即 SYN 数据包）。主机 2 使用 ACK SYN 数据包应答。主机 1 应该通过发送第三个数据包（即 ACK 数据包）以完成握手，但它并没有这样做。可能是主机 1 丢失了网络连接或发生了死机。主机 2 重新发送 ACK SYN 数据包，试图完成握手进程。这个连接就认为是半开连接。它正在消耗主机 2 的资源，我们并不知道主机 1 的状态。这种失败的通信进程就是**两次握手**（Two-way Handshake）。

 拒绝服务攻击（DoS）——SYN 攻击——就是使用了两次握手进程，它通过增加源端口号来使目标过载。如果你看到接二连三的连接创建进程，那么就应该怀疑问题的原因。

TCP 保持活动进程

一旦建立了 TCP 连接，保持活动进程就能够在线路上没有数据发送时维持这个连接。维持这个连接，就不需要在线路上发送的每一位数据都重复执行握手进程。应用层可以完成保持活动进程，例如 NetWare 的 watchdog 进程，它维持了 NetWare 主机和服务器之间的连接。如果应用程序不能维持连接，那么就需要由 TCP 来负责保持活动进程。如果这样实现的话，那么就只有服务器进程才能发起 TCP 保持活动进程。

如果程序员需要，任何应用程序都能够打开 TCP 保持活动进程，但默认情况下 TCP 保持活动进程在 Windows 7、Windows 10、Windows Server 2012 和 Windows Server 2016 中是关闭的。这些操作系统有两个保持活动的注册表项。KeepAliveTime 注册表项定义了在发送第一个 TCP 保持活动数据包之前会等待多长时间。默认情况下，KeepAliveTime 设置为长达两个小时，对于任何计算机应用程序来说这都是一个十分漫长的时间间隔（因此，使用连接另一端所期待或假定的任何最大值也是可以的）。超长的时间间隔也解释了为什么把将 Windows 中保持活动行为描述为"默认关闭"的原因，它实际上并没有被关闭，仅仅是时间间隔长得有点不实用了而已。要建立短一些的时间间隔，应该在 Windows 注册表中定义这个键（如表 9-6 所示），并给出一个更常用的值，例如 30 000（表示半分钟）或 60 000（表示一分钟）。KeepAliveInterval 注册表项定义了在没有收到确认时，两次保持活动重传的时间间隔。默认情况下，它被设置为 1 秒（1000 毫秒），这一设置对于绝大多数 TCP/IP 实现来说都相当常用了。通常情况下，不需要修改保持活动设置，除非应用程序具有明确的保持活动要求。

可以修改 KeepAliveTime 注册表项，如表 9-5 所示。

表 9-5　**KeepAliveTime** 注册表项

注册表信息	细　节
位置	HKEY_LOCAL_MACHINE\SYSTEM\CurrentControlSet\Services\Tcpip\Parameters
数据类型	REG_DWORD
有效值范围	0-0xFFFFFFFF
默认值	0x6DDD00（7 200 000 毫秒或 2 小时）
默认提供	否

也可以通过设置注册表项来修改 KeepAliveInterval 时间，如表 9-6 所示。

表 9-6　**KeepAliveInterval** 注册表项

注册表信息	细　节
位置	HKEY_LOCAL_MACHINE\SYSTEM\CurrentControlSet\Services\Tcpip\Parameters
数据类型	REG_DWORD
有效值范围	0-0xFFFFFFFF
默认值	0x3E8（1000 毫秒或 1 秒）
默认提供	否

重试次数由 TcpMaxDataRetransmiddions 注册表项定义（本章后面的"TCP 错误检测和错误恢复进程"一节将介绍）。

TCP 连接终止

TCP 连接终止进程需要 4 个数据包。如图 9-15 所示，主机 1 发送一个带有 FIN 和 ACK 标志设置的 TCP 数据包。主机 2 在应答中发送一个 ACK。此时，主机 2 发送一个带有 FIN 和 ACK 标志设置的 TCP 数据包。最后，主机 1 返回一个 ACK 应答。

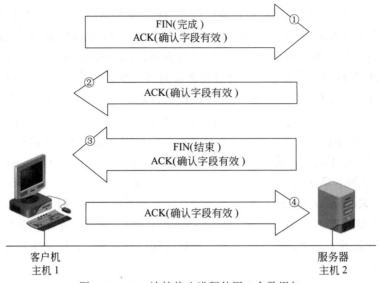

图 9-15　TCP 连接终止进程使用 4 个数据包

TCP 连接状态

TCP 通信要经历一系列的连接状态，如表 9-7 所示。

表 9-7　TCP 连接状态

连 接 状 态	描　　述
CLOSED	没有 TCP 连接
LISTEN	主机正在侦听端口并准备好接收端口连接
SYN SENT	主机发送一个 SYN 数据包
SYN RECD	主机收到 SYN 数据包，并发送一个 SYN-ACK 应答
ESTABLISHED	三次握手成功完成（无论哪一台主机发起握手）。可以传输数据了（假定存在可接收大小的窗口长度可用）
FIN-WAIT-1	发送用于关闭连接的第一个 FIN-ACK 数据包
FIN-WAIT-2	主机发送 FIN-ACK 数据包并收到 ACK 应答
CLOSE WAIT	主机收到 FIN-ACK 并发送一个 FIN-ACK。如果服务器仅仅收到来自客户端的第一个 FIN 时,这可能表示是一种被动关闭(这里会尽可能明确地展示其完整过程)
LAST ACK	为了响应收到的 FIN-ACK，主机发送 ACK
CLOSING（已关闭）	收到 FIN-ACK 数据包，但 ACK 值与发送的 FIN-ACK 不匹配。这表明双方正在同时试图关闭连接
TIME WAIT	双方发送 FIN-ACK 和 ACK。连接被关闭，但是，在主机重新使用任何该连接的参数之前，必须等待

你能够控制**时间等待延迟**（Time Wait Delay），这是 TCP 主机在重用参数之前必须等待的时间量。

要控制时间等待延迟，可设置注册表项 TcpTimedWaitDelay 的值，如表 9-8 所示。

表 9-8　**TcpTimedWaitDelay** 注册表项

注册表信息	细　节
位置	HKEY_LOCAL_MACHINE\SYSTEM\CurrentControlSet\Services\Tcpip\Parameters
数据类型	REG_DWORD
有效值范围	30~300
默认值	0xF0（240 秒）
默认提供	否

下面将考察如何跟踪数据以确保可靠传输。

TCP 序列和确认进程

序列和确认进程确保了数据包已恰当排序，并防止分段丢失。在握手进程中，连接的每一方都选择自己的起始序列号。每一方都增加其序列号值，增加量是出站数据包中包含的数据的长度。

例如，图 9-16 显示了一个文件传输进程的概要。箭头把确认与它们正确认的数据链接起来。数据包#1 和#5 是先前收到数据的确认，但并没有捕获在跟踪文件中。

No.	Source	Destination	Protocol	Length	Info
1	10.3.71.7	10.3.30.1	TCP	64	wfremotertm → cma [ACK] Seq=1 Ack=1 Win=8760 Len=0 [ETHERNET FRAME CHE…
2	10.3.30.1	10.3.71.7	TCP	1518	cma → wfremotertm [ACK] Seq=4381 Ack=1 Win=8760 Len=1460 [ETHERNET FRA…
3	10.3.30.1	10.3.71.7	TCP	1518	cma → wfremotertm [ACK] Seq=5841 Ack=1 Win=8760 Len=1460 [ETHERNET FRA…
4	10.3.30.1	10.3.71.7	TCP	1518	cma → wfremotertm [ACK] Seq=7301 Ack=1 Win=8760 Len=1460 [ETHERNET FRA…
5	10.3.71.7	10.3.30.1	TCP	64	wfremotertm → cma [ACK] Seq=1 Ack=2921 Win=8760 Len=0 [ETHERNET FRAME …
6	10.3.30.1	10.3.71.7	TCP	1518	cma → wfremotertm [ACK] Seq=8761 Ack=1 Win=8760 Len=1460 [ETHERNET FRA…
7	10.3.30.1	10.3.71.7	TCP	1518	cma → wfremotertm [ACK] Seq=10221 Ack=1 Win=8760 Len=1460 [ETHERNET FR…
8	10.3.71.7	10.3.30.1	TCP	64	wfremotertm → cma [ACK] Seq=1 Ack=5841 Win=8760 Len=0 [ETHERNET FRAME …
9	10.3.30.1	10.3.71.7	TCP	1518	cma → wfremotertm [ACK] Seq=11681 Ack=1 Win=8760 Len=1460 [ETHERNET FR…
10	10.3.30.1	10.3.71.7	TCP	1518	cma → wfremotertm [ACK] Seq=13141 Ack=1 Win=8760 Len=1460 [ETHERNET FR…
11	10.3.71.7	10.3.30.1	TCP	64	wfremotertm → cma [ACK] Seq=1 Ack=8761 Win=5840 Len=0 [ETHERNET FRAME …
12	10.3.71.7	10.3.30.1	TCP	64	wfremotertm → cma [ACK] Seq=1 Ack=11681 Win=2920 Len=0 [ETHERNET FRAME…
13	10.3.71.7	10.3.30.1	TCP	64	[TCP ZeroWindow] wfremotertm → cma [ACK] Seq=1 Ack=14601 Win=0 Len=0 […
14	10.3.71.7	10.3.30.1	TCP	64	[TCP Window Update] wfremotertm → cma [ACK] Seq=1 Ack=14601 Win=8760 L…

These are ACKs for earlier data.

Set window to 0
Set window back to 8760

图 9-16　确认序列号

 数据包#2、#3 和#4 包含数据（每个数据包包含 1460 字节的数据）。数据包#8 的确认号字段值指明它确认了直到数据包#2 收到的所有数据（直到字节 8 412 531）。数据包#1 确认了直到字节 8 415 451 的数据（数据包#4）。

有趣的是，在这个跟踪文件中，主机发送了一个 ACK，注明窗口长度（接收方可用的缓冲区空间）当前设置为 0。它几乎是立即发送另一个 ACK，将这次文件传输的窗口长度设置回 8760。

当分析序列和确认进程时，把这个公式牢记心中：

收到的序列号+收到数据的字节数=发送的确认号

图 9-17 描述了一次简单的序列化通信（请谨记，确认号字段包含了另一方期待的下一个序列号的值）。

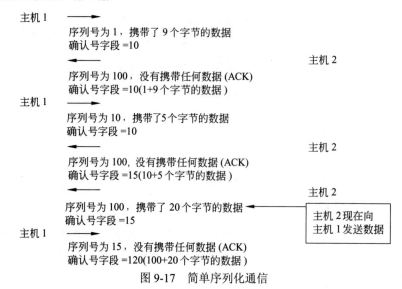

图 9-17　简单序列化通信

除了在 TCP 启动和拆除序列之外，确认号字段仅仅在收到数据时增加。由于数据流能够改变方向（主机 1 向主机 2 发送数据，之后主机 2 向主机 1 发送数据），每一方的序列号字段都可以增加一段时间，之后随着通信另一方序列号字段开始增加而暂停增加一段时间。

图 9-17 从主机 1 发送数据开始，之后，当主机 2 有要发送的数据时，传输方向颠倒过来（参看图中列出的第 5 个通信序列）。这是一种典型的双向通信。

TCP 错误检测和错误恢复进程

通信序列失败的原因有很多。例如，发送方的数据包可能包含了某个冲突，或者由于沿途的路由器存在问题而从来没有回复确认。无论通信错误的原因是什么，TCP 被设计为使用错误恢复进程检测这些错误并从这些错误中恢复过来。

第一种错误检测和错误恢复机制是**重传定时器**（Retransmission Timer）。由该定时器指定的值称为重传超时（Retransmission Timeout，RTO）。每次数据发送时，重传定时器启动。当收到应答时，重传定时器停止。主机测量**往返时间**（Round-Trip Time，RTT）。这个 RTT，以及由 RTT 得到的平均差，用于确定 RTO 设置。

当重传定时器超时时，由于没有收到所传送数据的 ACK 应答，发送方首先重新传送第一个未确认 TCP 数据段。之后发送方将其 RTO 值加倍。每次发送方重传 TCP 数据段时都将 RTO 值加倍。这一过程持续进行，直到发送方达到了它的重传限制值为止。

在 Windows 7、Windows 10、Windows Server 2012 和 Windows Server 2016 中，最大重传计数值在注册表项 TcpMaxDataRetransmissions 中定义，如表 9-9 所示。

表 9-9　**TcpMaxDataRetransmissions 注册表项**

注册表信息	细 节
位置	HKEY_LOCAL_MACHINE\SYSTEM\CurrentControlSet\Services\Tcpip\Parameters
数据类型	REG_DWORD
有效值范围	0-0xFFFFFFFF

注册表信息	细　　　节
默认值	5
默认提供	否

依据 TCP 重传进程，重传操作以下增量发生：

- 第 1 次重传：RTO 秒。
- 第 2 次重传：2×RTO 秒。
- 第 3 次重传：4 × RTO 秒。
- 第 4 次重传：8 × RTO 秒。
- 第 5 次重传：16 × RTO 秒。

图 9-18 提供了一个重传定时器示例和实际的进程。在这个示例中，主机 10.3.30.1 发送数据包#2，但从未接收到确认数据包。确认数据包应该包含确认号字段，其值为 5405497。这次跟踪表明，重传进程在重传之间的时间间隔以指数方式增长。

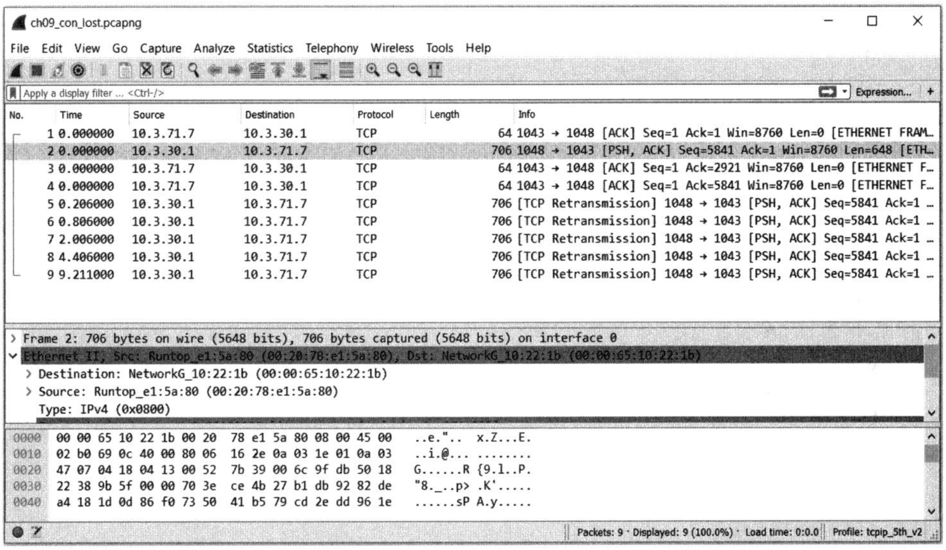

图 9-18　服务器以指数时间间隔增长方式发送 TCP 数据包

请注意，重传并非恰好落在指数时间边界上——这种情况并不常见。有时候重传进程并不发生在精确的时间边界上；而另一些时候分析器处理时间影响时间戳。

在 Windows 7、Windows 10、Windows Server 2012 和 Windows Server 2016 中，TcpInitialRTT 注册表项将初始的 RTT 设置为 3 秒，如表 9-10 所示。

表 9-10　**TcpInitialRTT 注册表项**

注册表信息	细　　　节
位置	HKEY_LOCAL_MACHINE\SYSTEM\CurrentControlSet\Services\Tcpip\Parameters
数据类型	REG_DWORD
有效值范围	0-0xFFFF（s）
默认值	3（s）
默认提供	否

TCP 阻塞控制

阻塞（Congestion）是网络或接收方的过载行为。当网络介质中存在太多的数据时，就会发生网络过载。增加更多数据肯定产生过载并引起数据包丢失。当数据的字节量大于公告的窗口时（定义在接收方 TCP 首部的窗口（Window）字段中），就会使接收方过载。当前窗口总是网络和接收方能够处理的长度中的较小者。

图 9-19 描述了网络和接收方阻塞的要素。网络阻塞易于理解，这只是网络能够处理的事情。而接收方窗口的大小更难以确定。接收方窗口大小由接收方的可用缓冲区空间定义。当接收到 TCP 数据时，这些数据放在这个 TCP 缓冲区域中。应用层协议以自己的速率从缓冲区中提取数据。

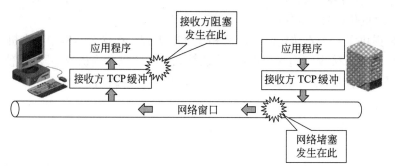

图 9-19　网络窗口和接收窗口确定了当前阻塞窗口的长度

TCP 提供了 4 种已经定义的阻塞控制机制，以便确保有效地利用带宽，并迅速地完成错误和阻塞恢复。TCP 支持滑动窗口（Windowing）——这是一个依次发送数个数据包，而无须等待相应确认的过程。窗口的大小基于网络能够处理的流量的大小（阻塞窗口）以及接收方可用缓冲区空间的大小（接收方的公告窗口）。在 RFC 5681 中详细定义的两种机制为：

- 慢启动（Slow Start）/阻塞避免（Congestion Avoidance）。
- 快速重传（Fast Retransmit）/快速恢复（Fast Recovery）。

在下述各节中，我们将详细考察每种机制。

1. 慢启动与阻塞避免

当 TCP 主机启动时，阻塞窗口的长度未知。所用窗口的初始值为发送方 MSS 值的两倍。例如，如果主机的 MSS 值为 1460，主机使用的初始窗口是 2920 字节。对收到的、确认新数据的每一个 ACK，MSS 增加这个窗口。

一旦使用**慢启动算法**（Slow Start Algorithm）增加了窗口长度，如果发生错误（超时），窗口长度就减半。然后采用**阻塞避免算法**（Congestion Avoidance Algorithm）以线性方式增加窗口长度。当发生三个或更多重复数据包（称为三重 ACK）或超时时，就认为检测到阻塞，并且认为超时事件是比重复确认更严重的事件。当发生三重 ACK 时，最常用的算法折半阻塞窗口（这称为 Reno 算法），其他情况下，将阻塞窗口减少到等于当前 MSS 长度（这称为 Tahoe 算法）。

2. 快速重传/快速恢复

当接收到无序数据段时，快速重传进程要求接收方立即发送重复的 ACK。这些重复的

ACK 都指明了期待的序列号。快速恢复进程是指，当主机收到三个重复的 ACK 时，它必须立即开始重新传送丢失的数据段，而无须等待重传定时器超时。

　　窗口长度会逐渐地增加，见 RFC 2581 的描述。可以使用 GlobalMaxTcpWindowSize 注册表项来设置最大接收窗口长度，如表 9-11 所示。

表 9-11　**GlobalMaxTcpWindowSize** 注册表项

注册表信息	细　　节
位置	HKEY_LOCAL_MACHINE\SYSTEM\CurrentControlSet\Services\Tcpip\Parameters
数据类型	REG_DWORD
有效值范围	0-0x3FFFFFFF（字节）
默认值	0x4000（16 384 字节）
默认提供	否

　　网卡的最大接收窗口长度可以使用 TcpWindowSize 注册表项来设置，如表 9-12 所示。如果提供了这个注册表项，那么它将覆盖所配置网卡的 GlobalMaxTcpWindowSize 注册表项。

表 9-12　**TcpWindowSize** 注册表项

注册表信息	细　　节
位置	HKEY_LOCAL_MACHINE\SYSTEM\CurrentControlSet\Services\Tcpip\Parameters\Interface\接口名称
数据类型	REG_DWORD
有效值范围	0-0xFFFF（字节）
默认值	0xFFFF（或网络上最大 TCP MSS 长度的四倍与 8192 字节中的较大者）
默认提供	否

TCP 滑动窗口

　　TCP 支持滑动窗口机制，这是一种用于确定任意发送方能够发送到线路上的、未确认数据量的数据传输管理方法。不要与公告窗口相混淆。公告窗口指接收方缓冲区空间的可用数据量。为了更好地理解滑动窗口，考虑一个数据流，它在概念上被划分为如图 9-20 所示的一些片段。如果观察被发送的数据，并且从左到右移动着观察它，窗口的左侧是已确认的数据，右侧定义了基于接收方公告窗口能够发送数据的边界。

　　正如在图 9-20 所看到的，数据集合 A+B 已经被发送并得到确认。当前的数据集合是 C+D+E+F，发送方正在等待确认。随着数据的成功发送，网络上未确认数据量也在增长。现在窗口向右侧移动，这个示例中的下一个数据集 G＋H＋I＋J 被发送。随着确认的接收，窗口持续向右侧滑动。

　　对标准窗口操作存在一些有趣的例外。例如，Nagle 算法（名称取自 John Nagle，他是 RFC 896 的作者）定义，当小数据段正被发送但尚未得到确认时，不能再发送其他小数据段。小数据的出现可以在诸如 Telnet 这样的交互式应用程序中出现。

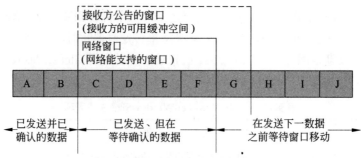

图 9-20　基于收到的确认滑动窗口

　　TCP 滑动窗口的另一个有趣方面是**糊涂窗口综合征**（Silly Window Syndrome，SWS）。当把足够的数据发送给 TCP 主机来填充其接收缓冲区，从而将接收方推入**零窗口状态**（Zero-Window State）时，就引起了 SWS。接收方公告窗口长度为 0，直到应用层协议从接收缓冲区中提取数据为止。在 SWS 情况下，应用层协议仅仅从缓冲区中提取一个字节。这使得主机公告其窗口长度为 1。一旦收到这一窗口信息，发送方传送单个字节的信息。新的窗口大小无疑是一种最没有效率的数据传输方法。通过在接收方的缓冲区至少达到 MSS 值之前不再公告新的窗口长度，接收方就能够避免 SWS。发送方通过在公告窗口至少达到 MSS 值之前不再发送数据，也能够避免产生这个问题。

TCP 首部字段和功能

　　现在来考察如图 9-21 所示的 TCP 首部结构。读者应该能够认出 TCP 首部的一些特征，例如源端口号和目的地端口号字段。下面来考察 TCP 首部的结构。

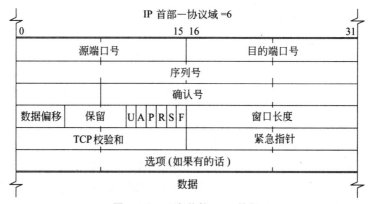

图 9-21　20 字节的 TCP 首部

1. 源端口号字段

参看本章前面"UDP 首部字段和功能"一节中的源端口号字段的定义。

2. 目的地端口号字段

参看本章前面"UDP 首部字段和功能"一节中的目的地端口号字段的定义。

3. 序列号字段

这个字段包含了一个唯一标识 TCP 数据段的数字。这个序列号提供了一个标识符，使得 TCP 接收方在通信流的某些部分缺失时，能够标识这些缺失部分。序列号每次增加**数据**

包中所包含字节的数量。例如，在图 9-22 中，当前 TCP 序列号是 69151887，数据包包含 256 字节的数据（像在 IP 首部中看到的那样，这是总长度字段值 305 减去 20 个字节的 IP 首部字段长度，再减去 20 个字节的 TCP 首部长度得到的）。

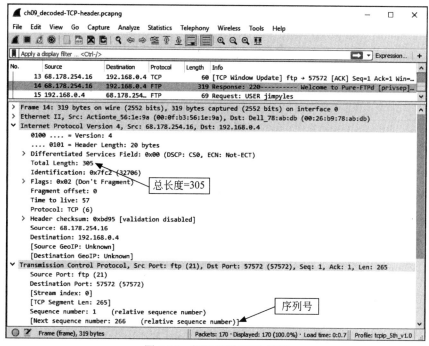

图 9-22　解码后的 TCP 首部

每台 TCP 主机自己分配自己的序列号。这个序列号的增加进程在本章"TCP 序列和确认进程"一节中给出了详细描述。

> 在 TCP 连接中使用的初始序列号是由主机定义的，出于安全目的，初始序列号应该随机选取。序列号预测是一种通过猜测主机所用初始序列号来劫持 TCP 连接的方法。今天，大多数 TCP 栈的实现都采用随机算法生成难以猜测（如果说不是不可能猜测的话）的初始序列号。不安全的 TCP 栈实现可能通过使用一种静态的、可预测的计数来生成用于新连接的初始序列号。

4. 确认号字段

确认号（Acknowledge Number）字段指明下一次希望得到的、来自通信另一方的序列号。例如，在图 9-22 中，发送方表明所期待的、来自另一台主机的下一个 TCP 序列号为 1706873924。

5. 首部长度字段

这个字段定义了 TCP 首部的长度，它以四字节增量为单位（某些协议分析器将这个字段标记为偏移（Offset）字段）。依据 TCP 首部所用的选项，TCP 首部的长度也会发生变化，所以需要这个字段。尽管 UDP 选项字段很少使用，但在 TCP 连接建立进程中，为了建立能够放在 TCP 首部后面的数据的最大数量，几乎总要使用 TCP 选项（Option）字段。

6. 标志字段

表 9-13 描述了使用在 TCP 首部中的标志设置值。

表 9-13　TCP 标志设置值

标志设置	描　　述
URG（紧急）	指明应该检查紧急指针字段。如果这个标志被设置，紧急指针字段告诉接收方应该从该数据包数据部分的什么地方开始读取字节
ACK（确认）	与确认号字段相关。确认号指明了所期待的、来自 TCP 连接另一方的下一个序列号
PSH（推）	数据立即穿越出站缓冲区（在发送主机上）和入站缓冲区（在接收主机上）。这被用于时间关键或单次输入的应用程序。一旦接收到带有 PSH 标志位的数据包，接收方不能缓冲数据——它必须将数据直接传递给应用层协议。这就解释了为什么这种处理方式通常保留用于一系列分段中的最后一个 TCP 分段：这样就强制把完整的数据集交付给要求即刻服务的应用程序
（复位）	关闭连接。这个标志用于完全关闭连接。它也用于拒绝连接（无论出于什么原因）
SYN（同步）	同步序列号——握手进程。在握手进程指明发送方通知 TCP 对等方其序列号字段值期间使用这个标志
FIN（完成）	事务被完成。这个标志用于指明主机完成了一项事务。FIN 标志本身并不明确地关闭连接。然而，如果对等双方都发送 TCP FIN 数据包并且以适宜的 ACK 响应，那么连接将被关闭

7. 窗口长度字段

这个字段指明了 TCP 接收方缓冲区的长度，以字节为单位。例如，在图 9-22 中，发送方指明它能够接收长度达 5840 字节的数据流。窗口长度 0 指明发送方应该停止发送——接收方的 TCP 缓冲区已满。

8. TCP 校验和字段

这个 TCP 校验和有点奇怪，就像 UDP 校验和的那样。该校验和对 TCP 首部和数据的内容（不包括数据链路填充）以及由 IP 首部导出的伪首部进行计算。TCP 伪首部类似于 UDP 首部（它仅仅用于校验和计算），而并不是一个实际的首部。TCP 伪首部由取自 IP 首部的三个字段（IP 源地址字段值、IP 目的地址字段值，以及协议字段值）组成。TCP 伪首部也包括 TCP 长度（Length）字段的值。

可以从 RFC 793 中获取有关 TCP 伪首部的更多信息。

9. 紧急指针字段

这个字段只有在设置了 URG 指针时有效。如果 URG 指针被设置，接收方必须检查这个字段，以便确定首先查看/读取数据包是什么地方的数据。RFC 1122 对紧急指针（Urgent Pointer）字段值的解释不同于 RFC 793。如果需要的话，Windows 7、Windows 10、Windows Server 2012 R2 和 Windows Server 2008 能够被配置为按照 RFC 1122 解释的紧急指针字段。

有关 TcpUseRFC1122UrgentPointer 注册表项的信息，请参阅表 9-14。

默认情况下，上述 Windows 操作系统的主机被配置为使用定义在 RFC 793 中的紧急指针字段的解释，也称为 BSD 模式（原因在于它首先在 UNIX 的伯克利系统发行版中实现）。

表 9-14　**TcpUseRFC1122UrgentPointer 注册表项**

注册表信息	细　　节
位置	HKEY_LOCAL_MACHINE\SYSTEM\CurrentControlSet\Services\Tcpip\Parameters
数据类型	REG_DWORD
有效值范围	0-1
默认值	0
默认提供	否

10. TCP 选项字段

这一选项（Options）字段含有在 TCP 首部中为可选的数据。你肯定会看到的一个在用选项是 MSS 选项，它用于三次握手进程中的前两个数据包。这个选项的目的是定义主机支持多大的分段长度。主机使用两个 MSS 值之间的最小公分母。

表 9-15 列出了一些 TCP 选项。

表 9-15　**TCP 选项**

选项	定　　义	参　考
2	最大分段长度——定义发送方在 TCP 首部后面放置的最大数据量	RFC 1323
3	窗口比例——在使用 16 位字段期间，将 TCP 窗口长度值扩展为 32 位	RFC 2018
4	允许选择性 ACK（SACK）——规定发送方能够使用选择性确认来自 ACK 一组数据段中的特定数据包	
5	SACK——用在 SACK 数据包中	RFC 2018
8	时间戳选项——专门设置 RTO 值并覆盖任何计算得到的 RTO 值	RFC 1323

完整的"TCP 选项编号"列表可以在 www.iana.org/assignments/tcp-parameters 查到。再次提醒读者，TCP 的复杂性和广阔的能力意味着这个列表中的选项既不短小，也不十分简单。幸运的是，只有很少的机会需要使用到本节所列之外的其他 TCP 选项。

9.3.2　TCP 与 IPv6

正如在"UDP 与 IPv6"一节所介绍的那样，也没有新版本的 TCP 对应于 IPv6。TCP 作为一种传输协议仍未改变。唯一不同的是 IPv6 与 IPv4 处理 TCP 的方式。这使得这种上层协议的行为发生了变化。像 UDP 那样，如果 TCP 必须包含来自 IPv6 首部的 128 位地址，那么就必须对它进行改变。由于在 IPv6 下 UDP 与 TCP 的校验和计算是必需的，因此 TCP 为此使用了一个 IPv6 伪首部。该伪首部由源地址、目的地址、TCP 长度、零、下一首部字段加上在 TCP 首部中发现的字段，如图 9-23 所示。

在伪首部的 TCP 长度字段（也称为上层数据包长度字段）中，由于 TCP 没有提供它自己的长度信息，因此使用来自 IPv6 首部的有效载荷长度字段的值，减去在 IPv6 首部与上层首部之间所具有的任何扩展首部的长度。下一首部字段中的值为 6，表示这个上层协议是 TCP。此外，用于 TCP 的 IPv6 伪首部中的其他字段与用于 UDP 的 IPv6 伪首部中的相同。而且，IPv6 下的 TCP 与 IPv4 下的也相同。

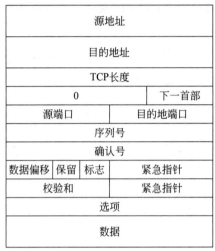

图 9-23　用于 TCP 的 IPv6 伪首部

正如本章前面所述，上层协议（如 TCP）在计算最大有效载荷大小时，必须包含比 IPv4 首部更大的 IPv6 首部。对于 MSS 选项，IPv4 首部用 20 个八字节的最小长度首部加上 20 个八字节的最小长度 TCP 首部来计算，而 IPv6 首部大小为 40 个而不是 20 个八字节。最小长度 TCP 首部大小则保持一样。

9.4　UDP、TCP 与 IPv6 扩展首部

正如在第 3 章所介绍的那样，IPv6 首部把所有可选数据放在了扩展首部中。扩展首部含有可选的网际层数据，这些数据存储在位于 IPv6 首部与上层传输伪首部之间的单独首部中。第 3 章详细介绍了这些扩展首部，这里只是解释清楚 IPv6 首部与 UDP 或 TCP 伪首部之间的结构型关系。

IPv6 首部和每个扩展首部（如果有）都含有下一首部字段。在 IPv6 下一首部字段中，如果没有出现扩展首部，那么下一首部字段就含有 IPv6 所使用的上层协议（如 UDP 或 TCP）的值。图 9-24

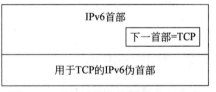

图 9-24　无扩展首部且使用 TCP 作为传输协议的 IPv6 首部

显示了无扩展首部且使用 TCP 作为传输协议的 IPv6 首部，并显示了下一首部字段是如何指向 TCP 伪首部的。

IPv6 数据包可以包含一个或多个扩展首部，如果有扩展首部，那么该数据包的结构就如图 9-25 所示。例如，一个数据包可能有 3 个扩展首部，并使用 UDP 作为传输协议。

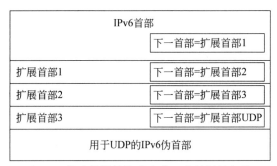

图 9-25　以 UDP 作为传输协议且含有 3 个扩展首部的 IPv6 首部

　　IPv6 首部中的下一首部字段将确定第一个扩展首部。第一个扩展首部的下一首部字段将确定第二个扩展首部。第二个扩展首部中的下一首部字段将确定第三个扩展首部。第三个扩展首部中的下一首部字段将确定传输协议，这里是值 17，表示是 UDP。

9.5　在 TCP 和 UDP 之间做出选择

　　既然 TCP 既健壮又可靠，而 UDP 并不是这样，但为什么应用层协议或服务在 TCP 可用的情况下依然选择 UDP 作为传输协议呢？答案是开支的。由于 TCP 既健壮又可靠，它携带了众多的装备，包括额外的首部字段，以及以传输连接信息的 TCP 消息形式表现的显式元消息，而不仅仅是要在连接上传递的数据。

　　对于某些轻型服务来说，例如 Microsoft Messenger Service（可以在命令行中使用 net send 命令运行这个服务，它将在目标显示器上弹出一条消息），TCP 有的多余，取而代之的使用 UDP。对于在引导期间调用的其他应用程序来说，或者对于计算机仅仅只有有限网络能力（或许该计算机仅仅能够广播）的情况来说，UDP 为 BOOTP 传输引导请求和为 DHCP 传输地址请求提供了显而易见的运输工具。

　　同样，对于像 RIP 这样的应用程序，它依赖于有规律地更新路由表和作为日常行为一部分的跟踪超时值，并不必要 TCP 的附加可靠性，而是使用 UDP 取而代之。最后，某些应用程序开发人员决定建立自己的专用可靠性和交付机制，例如在 NFS 中使用的机制，来确保文件在网络上的交付，而不是依赖于 TCP 的通用机制。在大多数此类情况下，不必要的复杂性或提高整体性能驱使了 UDP 的选择。

　　另一方面，TCP 是在以 300 b/s 通信就认为是快速通信的年代设计的，在那个年代，由于噪音线路或间歇通信问题，使得如果没有健壮而可靠的传输服务，就会造成数据可靠传输存在风险。对于纯粹的局域网用途来说，TCP 或许在所有情况下都是多余的。但是，一旦走向互联网（互联网上一切都可能发生，并且也经常发生（无论错误还是正确）），TCP 的可靠性和健壮性依然拥有巨大的使用价值。这就解释了为什么设计用于 Internet 的绝大多数信息交付服务都倾向于使用 TCP 而不是 UDP，简单的理由是，它们支持应用程序开发人员把精力集中在提供服务，而不是处理可靠性和交付问题上。例如，NFS 最初设计为（并且现在依然主要用于）本地文件的访问方法。该设计使用的是 UDP，原因在于它提供了更快的性能；FTP（实现在 Internet 上提供类似于文件访问的机制）采用的是 TCP，以便确保全球任意两点之间的可靠交付。

历史上，TCP 是一种比 UDP 更重要的传输方式，并且现在依然是用于 TCP/IP 应用层协议和服务的主力。但它已经不再像过去那样重要了，原因在于，与 TCP/IP 刚刚出现时的情形相比，长距离和局域网都显著提高了速度、容量以及可靠性。尽管 TCP 作为传输协议依然流行，但需要重点记住的是，在硬件层而不是软件层管理健壮性和可靠性的速度总是更迅捷。由于有了面向信元的传输技术（例如 ATM 和 SONET），有人认为 TCP 的日子屈指可数了，原因在于这些低层传输技术使得 TCP 的能力变得不再是必需的了。然而，只要 Internet 基础设施依然采用今天使用的混合传输技术，那么 TCP 就会在确保重要数据正确和完整交付上依然发挥至关重要的作用。

本章小结

- 传输层协议分两种类型：无连接协议和面向连接的协议。无连接协议是一种轻型的、不可靠的协议，它仅仅提供尽最大努力交付服务。面向连接的协议提供了健壮的、可靠的端到端服务，包括显式确认、分段、任意长度消息的重组、连接协商和管理机制，以及丢失或错误分段的重传。由于无连接协议是轻型协议，降低了内部消息的开销，并且不需要控制和管理消息流量（确认、重传、阻塞控制等），因此它们胜过面向连接的协议。

- 用户数据报协议（UDP）是 TCP/IP 协议族中的无连接协议。它常与这样的应用层协议和服务相关联，例如 BOOTP、DHCP、SNMP、NFS 以及 RIP，这些应用层协议和服务或者自己提供可靠性机制，或者不需要这样的机制。

- 为了保持其简单性，UDP 首部既简短又简单，它主要由 IP 首部的协议标识符、可选的校验和值，以及用于传输的发送方和接收方机器上应用层协议或进程的源端口地址和目的端口地址组成。

- 传输控制协议（TCP）是一种重型的、面向连接的协议，其名称成为了 TCP/IP 协议族名称的一部分。这个协议与主要的 TCP/IP 应用层协议相关联，例如 Telnet、FTP、SMTP，特别是那些要求可靠数据交付的协议。

- 为了与其多样性、更健壮的能力相匹配，TCP 首部更长，也更复杂，包括各种各样的标志、数值、用于交付确认的消息类型、管理流量流、请求重新传输，以及在主机之间协商连接。

- UDP 适宜（和历史上）的用途集中在管理自己的可靠性和连接的应用层服务上，例如 NFS，以及集中在需要频繁通信的协议和服务上，例如 DHCP、SNMP 以及 RIP。需要频繁通信的协议和服务依靠简单的控制和故障安全装置、周期性的传输来处理潜在的可靠性、可交付性或可达性问题。

- TCP 适宜（和历史上）的用途集中在提供用户服务的可靠交付上，例如终端仿真（Telnet 和远程实用程序）、文件传输（FTP）、电子邮件（SMTP），以及新闻（NNTP）等，这里，潜在的重要数据必须要么完整和原封不动地交付，要么就根本不交付（并使用错误消息标记之）。

习题

1. 下述哪一些 TCP/IP 协议是传输层协议？（多选）

    a. IP   b. TCP   c. UDP   d. FTP

2. 下述服务的哪一些特性是面向连接协议的特性？（多选）

    a. 连接处理   b. 交付保证

    c. 分段和重组   d. 首部里的消息级校验和

    e. 明确的传输确认

3. UDP 提供了下述哪一些服务？（多选）

    a. 分段   b. 可选的首部校验和

    c. 源和目的端口地址标识   d. 显式的传输确认

    e. 重组

4. 在有 5 个扩展首部和一个 UDP 伪首部的 IPv6 首部中，谁的下一首部字段指向 UDP 伪首部？

    a. IPv6 首部的下一首部字段   b. 第一个扩展首部的下一首部字段

    c. 最后一个扩展首部的下一首部字段   d. UDP 伪首部的下一首部字段

5. 传统上公认端口地址定义在哪一个地址范围？

    a. 0～1023   b. 1～512   c. 10～4097   d. 0～65 535

6. 哪一个地址范围对应于注册端口号？

    a. 0～1023   b. 1024～65 535

    c. 1024～47 999   d. 1024～49 151

7. 哪一个地址范围对应于动态端口号？

    a. 0～1023   b. 1024～49 151

    c. 49 152～65 535   d. 49 152～64 000

8. 相同的 UDP 和 TCP 端口号总是映射到相同的 TCP/IP 协议或服务。正确还是错误？

9. 当为 IPv6 计算 UDP 校验和时，如果校验和值为 0，结果是下面哪个？

    a. 这个 0 改为十六进制的 FFFF，并放置在 UDP 首部中

    b. 这个 0 放置在 IPv6 首部的零字段中

    c. 这个 0 表示在校验和计算中发生了错误，数据包在源结点中被丢弃

    d. 这个 0 是校验和计算的正确结果，然后，数据包成功地发送到目的地

10. TCP 使用什么东西跟踪数据的传输及其成功的交付？（多选）

    a. 对等方之间的逻辑连接   b. 确认

    c. 序列号   d. 重试机制

11. 是什么使得 TCP 成为可靠传输需求更偏爱的协议？

    a. 序列化   b. 错误恢复

    c. 端到端的可靠性   d. 握手进程的运用

12. 用于维持对等体之间活动连接的 TCP 进程的名称称为＿＿＿＿＿＿。

    a. TCP 启动连接   b. TCP 连接终止

    c. 保持激活　　　　　　　　　　　　　d. 阻塞控制

13. TCP 握手进程有多少步？

    a. 3　　　　　　　　b. 4　　　　　　　　c. 5　　　　　　　　d. 上述都不对

14. 下述哪一个陈述最佳地定义了半开连接？

    a. 握手进程没有以最终的 SYN 结束

    b. 握手进程没有以最终的 ACK 结束

    c. 握手进程没有以最终的 FIN 结束

    d. 握手进程没有以最终的 RST 结束

15. 当使用 TCP 作为传输协议时，IPv6 伪首部从哪里获得上层数据包长度字段的信息？

    a. TCP 首部的长度字段中的值

    b. IPv6 首部的有效载荷长度字段中的值

    c. 从校验和计算中得到的值

    d. IPv6 首部的下一首部字段中的值

16. 对 TCP 连接终止的适宜响应是什么？

    a. 主机 1 发送不带数据的 TCP 数据包，但携带了 FIN 和 ACK 标志位

    b. 主机 2 发送不带数据的 TCP 数据包，但携带了 FIN 和 ACK 标志位

    c. 主机 2 发送 ACK 响应，后跟一个不带数据，但设置了 FIN 和 ACK 标志位的 TCP
　　数据包

    d. 主机 1 返回 ACK 响应

17. 当使用 UDP 作为传输协议时，IPv6 伪首部中 UDP 长度字段的值从哪里而来？

    a. UDP 首部的长度

    b. UDP 首部的长度加上数据

    c. UDP 首部的长度加上校验和值

    d. UDP 首部的长度减去 IPv6 首部的长度

18. 下述哪一种机制是 TCP 错误检测和错误恢复能力的一部分？

    a. 序列和重组　　　　　　　　　　　　b. 重传定时器

    c. 明确的确认　　　　　　　　　　　　d. 阻塞控制

19. 当前的 TCP 窗口长度总是网络和接收方任意给定时刻能够处理的长度中的较大者。正确还是错误？

20. 当被接收后时，TCP 数据存储在什么地方？

    a. 在接收方的网卡中　　　　　　　　　b. 在 TCP 窗口中

    c. 在 TCP 缓冲区域中　　　　　　　　　d. 在网络窗口中

21. TCP 阻塞窗口的初始长度是什么？

    a. 最大接收缓冲区长度的两倍　　　　　b. 最大传输单元长度的两倍

    c. 发送方 MSS 的两倍　　　　　　　　　d. 接收方 MSS 的两倍

22. TCP 快速恢复进程中发生了一系列什么事件？

    a. 重复的 ACK　　　　　　　　　　　　b. 三组重复的 ACK

    c. 重复的 FIN　　　　　　　　　　　　d. 三组重复的 FIN

23. 哪一些陈述定义了 TCP 滑动窗口机制的边界？（选择出两个正确答案）

    a. 被确认数据加上接收方的窗口长度

    b. 接收到的所有数据

    c. 未发送的所有数据

    d. 被确认的所有数据

24. 下述哪一些值是有效的 TCP 标志设置？（多选）

    a. SYN   b. ACK   c. NUL   d. FIN

    e. PSH

25. 当计算 TCP 的最大分段大小（MSS）时，IPv4 首部大小与 IPv6 首部大小之间的差别是什么？

    a. IPv6 首部比 IPv4 首部大 10 个八字节

    b. IPv6 首部比 IPv4 首部大 20 个八字节

    c. IPv6 首部比 IPv4 首部大 30 个八字节

    d. 在大小上没有不同

动手项目

下面的动手项目假定你正在使用 Windows 7 或 Windows 10 系统，还安装了 Wireshark 软件，并且你已经得到了本书的跟踪（数据）文件。

动手项目 9-1：查看 UDP 首部结构

所需时间：20 分钟。

项目目标：在 Wireshark 软件中查看 UDP 数据包的结构。

过程描述：本项目介绍在使用 FTP 连接的网络上捕获数据，定位使用 UDP 进行传输的上层协议（如 DNS），并查看 UDP 首部。另外，也可以使用本书提供的捕获文件。要自己捕获数据，需要有一个 FTP 客户端连接到 FTP 服务器（在本地网络或 Internet 上）。诸如 Filezilla 之类的 FTP 客户端就可以，还需要有 IP 地址或域名，以及登录相应服务器的指示方法。也可以使用命令行来进行 FTP 连接。

（1）启动 Wireshark 软件。

（2）在 Wireshark 菜单栏中，单击 Capture，然后单击 Options。

（3）在 Capture Interfaces 窗口中，选择要查看的网卡（例如本地网卡），然后单击 Start 按钮。

（4）打开 FTP 客户端，按指示方法连接到 FTP 服务器（如果使用本书提供的捕获文件，则不需要这一步）。

（5）在 FTP 客户端中，浏览一下 FTP 服务器的目录结构，然后关闭 FTP 客户端以结束与 FTP 服务器的连接。

（6）在 Wireshark 软件中，单击 Capture，然后单击 Stop 按钮以停止捕获过程。

（7）在 Wireshark 的顶层面板中，滚动数据包列表，并在 Protocol 列中选择一个表示

DNS 的数据包，如图 9-26 所示。

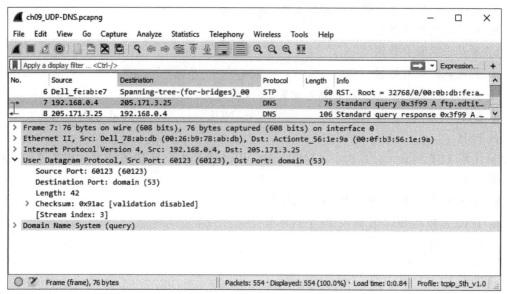

图 9-26　在 Wireshark 中捕获的 DNS 数据包

（8）在主面板中（位于顶层面板的下面），展开 User Datagram Protocol，并回答如下问题：

　　a. 该通信使用的是哪种类型的源端口？

　　b. 该通信使用的是哪种类型的目的地端口？

　　c. UDP 首部的长度是多少？

　　d. 如何确定目的地端口所用的上层协议信息？

（9）关闭 FTP 客户端。

（10）关闭 Wireshark 软件（如果需要，首先保存你所捕获的内容）。

动手项目 9-2：查看 IPv4 与 IPv6 的 TCP 首部

所需时间： 15 分钟。

项目目标： 使用 Wireshark 软件查看 TCP 数据包的结构。

过程描述： 本项目介绍如何查看在使用 6to4 的网络中捕获的 TCP 数据包结构。6to4 是一种允许 IPv6 数据包在 IPv4 网络上发送和接收的机制。这允许 IPv4 和 IPv6 以 TCP 作为上层传输协议。本项目要求禁用 Wireshark 软件的编号序列化。

（1）启动 Wireshark 软件。

（2）在 Wireshark 软件中，单击 File，然后单击 Open 按钮，导航到 ch09_6to4.pcapng 文件，然后打开该文件。

（3）在 Wireshark 软件的顶层面板中，在 Protocol 列，定位第一个 TCP 数据包，并打开它。

（4）在主面板中（位于顶层面板的下面），展开 Internet Protocol Version 4。

（5）往下滚动该面板，展开 Transmission Control Protocol，如图 9-27 所示。

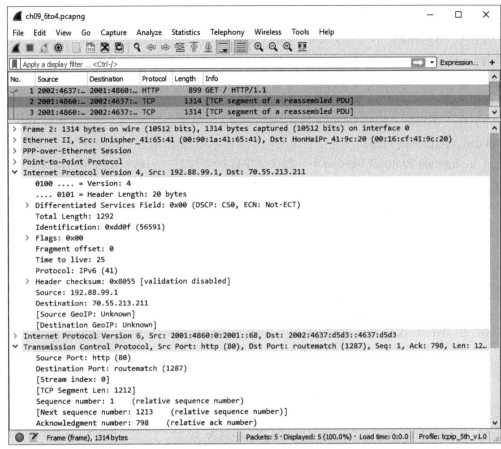

图 9-27　IPv4 下捕获的 TCP 数据包

（6）回答有关 TCP 首部的下面问题：

a. TCP 的源端口是什么？使用 TCP 进行传输的协议类型是什么？

b. 目的地端口是什么？该端口号表明了什么？

c. 源端口希望来自目的地端口的确认号是什么？

d. 首部长度是多少？

（7）要查看 IPv6 下的 TCP，关闭 Internet Protocol Version 4，展开 Internet Protocol Version 6。

（8）随着你选择并展开 IPv6，发现在 TCP 下的数据与前面的是否发生了变化？如果是，有什么变化？如果不是，为什么没有变化？

（9）完成上述操作后，关闭 Wireshark 软件。

动手项目 9-3：查看 TCP 握手进程

所需时间：15 分钟。

项目目标：查看两个网络结点之间的 TCP 握手。

过程描述：本项目使用一个样本捕获文件，查看网络上两个网络结点之间在 TCP 握手过程中涉及的数据包交换。这里需要知道 ch09_TCP-handshake.pcapng 文件的位置。

（1）打开 Wireshark 软件。

（2）在 Wireshark 软件中，单击 File 按钮，单击 Open 按钮，导航到 ch09_TCP-handshake.pcapng 文件的位置，打开该文件。

（3）在 Wireshark 软件的顶层面板中，选择第 8 个数据包，它是三方握手过程中的第一个数据包。

（4）在主面板中，展开 Internet Protocol Version 4 和 Transmission Control Protocol，展开 Options。回答下述问题：

　　a. Internet Protocol Version 4 下的什么字段指明这是一个基于 TCP 的通信？

　　b. 这个通信使用了什么类型的源端口？

　　c. TCP 首部的长度是多少？

　　d. 源端口使用的序列号是什么？

　　e. 窗口大小的值是多少？

（5）在 Wireshark 软件的顶层面板中，选择第 9 个数据包，回答下述问题：

　　a. 第 9 个数据包的发送方使用的序列号是什么？

　　b. 该通信的双方使用的是相同的 MSS 吗？

（6）在 Wireshark 软件的顶层面板中，选择第 10 个数据包，回答下述问题：

　　a. 这个握手进程正确完成了吗？

　　b. 该 TCP 首部的长度是多少？

　　c. 该数据包中定义了任何 TCP 选项吗？

　　d. 窗口大小的值是多少？

（7）关闭这个捕获文件，然后关闭 Wireshark 软件。

案例项目

案例项目 9-1：使用 Wireshark 软件清查网络

某公司雇用你清查其网络。你必须归档所有的网络设备、它们的地址（硬件和网络），以及运行在网络上的应用程序。描述如何使用 Wireshark 软件得到一张网络应用程序列表。

案例项目 9-2：发现动态端口号

你的工作任务之一是清查运行在网络上的所有软件。你已经在自己的网络上连续运行 Wireshark 软件数个星期了。已经建立了一个长长的在网络上能够看到的源端口号和目的地端口号列表。在检查这张列表时，发现有超过 100 个端口号没有罗列在 IANA 端口号列表中。有大约 20 个端口号不属于你网络上的应用程序。发生了什么事情？为什么你的研究结果错得如此离谱呢？

案例项目 9-3：TCP 窗口大小问题

你在一家总部位于纽约的大型金融公司工作。其网络由超过 100 台主服务器和分散在美国东海岸的大约 3000 台客户端组成。在过去的一个月中，你一直在观察网络和关键设备的性能统计。今天，你正在检查进出主服务器之一的文件传输流量。你注意到，所有进出这个设备的文件传输都使用了很小的窗口大小。原因是什么？你该如何做进一步的调查呢？

案例项目 9-4：理解重复 ACK

一家基于 Internet 的药品物资批发商雇用你做网络工程师。其网络由 20 台 Web 服务器组成，它们驻留着公司的电子商务系统。其中几台电子商务服务器突然收到了来自维护世界范围运输费率的服务器的重复 ACK。这是一个值得调查的问题吗？如果是这样的话，你将寻找些什么呢？

第10章　从 IPv4 转换到 IPv6

本章内容:

- 描述 IPv4 与 IPv6 网络相互作用的方法, 包括双重栈技术和通过 IPv4 云的隧道技术。
- 阐述 IPv4 与 IPv6 混合网络与网络结点, 包括基本的混合网络、嵌套的混合网络以及真实的混合网络。
- 阐述 IPv6 转换地址的工作原理。
- 描述各种 IPv4 与 IPv6 的转换机制, 如双重栈技术、IPv6-over-IPv4 隧道技术。
- 描述不同隧道配置类型及其设备交互作用。
- 阐述 ISATAP 隧道机制, 包括其组件、寻址、路由与路由器配置。
- 介绍 6to4 隧道机制, 包括其组件、寻址与路由、通信过程以及其最新发展。
- 阐述 Teredo 隧道系统, 包括其组件、寻址与路由以及进程。

IPv6 的实现任重而道远, 在今天的 Internet、公司与个人网络中, IPv6 鲜有作为一种网络技术而出现。从 IPv4 到 IPv6 的转换不仅仅是安装一些新的网络硬件、增加适当的软件更新, 然后切换一个交换机这么简单。构成 Internet、公用与专用商业网络, 以及家庭网络的全球网络基础设施, 是不可思议的巨大。要全部实现和切换到 IPv6 功能的 Internet, 需要花费好几年的时间。

此时, 所有 IPv4 网络必须继续发挥作用。任何企业也无法承受多长时间的离线, 否则它将丢失业务。每个大学都要求有不间断的网络访问。非营利组织、小学、图书馆以及个人家庭也是如此。任何时候也不能断网, 用 IPv6 设备和软件来取代 IPv4 组件。这两个版本的 IP 必须共存。

在介绍 IPv6 网络基础设施的组件时会发现, 它们其实已经存在于大多数的 IPv4 网络中了, 但它们必须要能够通过 IPv4 与 IPv6 设备进行通信。随着越来越多的 IPv6 设备和网络的出现, 跨域的 IPv4 与 IPv6 数据流会越来越多, 越来越复杂, 任何人都可以使用任一种版本的协议与其他人进行通信。从 IPv4 到 IPv6 的转换最终肯定将完成, IPv6 将成为世界上的主导 IP 版本。但在这之前, 必须开发和维护实现 IPv4 与 IPv6 相互作用的方法。

10.1　IPv4 与 IPv6 如何相互作用

IPv6 与 IPv4 可能将共存多年。不可能一下子完全启用新的 Internet 而关闭旧的, 新旧之间的过渡是渐进的。2011 年 6 月 8 日, 国际互联网协会(Internet Society)主办了世界 IPv6 日(World IPv6 Day)。近 400 家大型公司(包括 Google、Yahoo! 和 Facebook)发布了 IPv4 和 IPv6 版的 Web 网站, 可以在线访问一般的商业网络基础设施和 Internet, 作为对

IPv6 数据流的一个整体支持。结果是令人鼓舞的，但 IPv6 在成为主流的 IP 协议之前，还有很长的路要走。

IPv6 的设计者期望这种过渡是一个缓慢的过程，设计出一系列的技术，使得 IPv6 能够在由 IPv4 主导的世界中充分地发挥作用。设计者还设计了一些工具，使得 IPv6 能够支持旧的 IPv4 安装程序，作为最终完全转换到 IPv6 的过渡过程。

10.1.1　双重栈技术

让 Internet 运行两个 IP 版本的明显解决办法是，使主机和路由器也可以运行两个 IP 版本。电缆、频道和光纤并不关心它们所传送的是哪个版本的 IP。如果主机，更主要的是路由器可以支持两个 IP 版本，那么同一网络也就可以支持。

几乎从一开始，IPv6 就得到主要制造商的广泛支持，这些制造商仍然继续在支持它，并且正在向市场推出产品，分阶段实现完整 IPv6 协议的不同部分。根据实现整个协议的部分及其实现方法，几乎所有主机平台都有支持实验版和产品版的 IPv6 栈。

用于个人或小型办公的**双重栈实现**（Dual-stack Implementation）可以作为一种实验而运行，但作用有限，因为位于 Internet 边界的 ISP 缺少双重栈路由器。最主要的双重栈机器就是路由器本身。双重栈路由器可以在 IPv4 的 Internet 与已经切换到 IPv6 的办公室（或 ISP 的客户）之间提供连接。正如下面将要介绍的，那些早期采用 IPv6 的客户，可以利用 IPv4 云的隧道技术来相互通信。

10.1.2　通过 IPv4 云的隧道技术

Internet 可能是"从边缘"开始过渡到 IPv6。这就是说，具有更大的灵活性、对初期困难有更大容忍度的小型组织将有可能首先采用 IPv6。从路由汇集与带宽使用的角度来看，这些小型组织是位于边界的，而更高容量的网络则位于中心。那么，这些漂浮在由 IPv4 路由器与主机构成的巨大海洋中的 IPv6 孤岛是如何支持相互通信的呢？答案是通过隧道技术。

要通过 IPv4 路由器发送一个 IPv6 数据包到远程 IPv6 网络，该 IPv6 数据包像正常情况一样构成，并发送到能够把 IPv6 数据包封装成 IPv4 数据包的路由器。隧道两端的路由器都必须是双重栈路由器，可以理解 IPv4 和 IPv6。当从 IPv6 封装成 IPv4 的数据包到达远程 IPv6 双重栈路由器时，该路由器将剥离这个 IPv4 数据包，并在本地 IPv6 网络上正常路由该数据包。与 IPv4 兼容的 IPv6 地址就是为这种情形设计的，其中的 IPv6 路由器需要理解 IPv4。

另一种模式是 6to4 隧道技术，如 RFC 3056 所述。对于 IPv4 结点或具有公用 IPv4 地址的网络，一个合法的 IPv6 地址是通过把 32 位的 IPv4 地址添加到网络前缀 2002::/16 来构成的。这就得到这种形式的地址：2002::IPv4 地址:SLA:网卡标识符。该网卡标识符是正常的 48 位，加上所添加的 16 位 0xFFFE，以及第一个字节颠倒后的第 7 位，构成 EUI-64 格式的 64 位 IPv6 地址（参见 RFC 4291）。站点级别的地址是正常的 16 位，以及前缀 2002::/16 与 32 位的 IPv4 地址组合构成新地址的前 48 位。

从长远来看，这种模式在 IPv4 路由到 IPv6 路由器时会造成很多问题。但是，从目前来说，由于 IPv6 地址还比较少，而且彼此之间相距较远，它为连接广泛分散的 IPv6 孤岛而无须配置隧道的情形提供了一种方法。

10.1.3 采用 IPv6 的进展

IP 地址危机并没有远去，而 IPv4 下的地址分配已经结束。采用 IPv6 的最大推动力来自欧洲和北美以外的一些国家或地区（尤其是东亚地区），它们没有参与 20 世纪 90 年代 Internet 的最初发展。切换到 IPv6 意味着 Internet 设计者未曾考虑的整个技术都必须进行开发。

一些技术（如蜂窝电话和智能手机）的创造者欢迎 IPv6 的原因有两点。首先，移动网络提供商要求访问由 IPv6 提供的地址空间，因为通信技术需要巨大数量的连接用户以获得网络效应。网络效应是信息访问与互换的一个关键因素，当大多数用户平等地参与到一个通信或信息系统时就会出现网络效应。例如，2006 年纽约市有 3500 万部电话，而 1902 年堪萨斯州的 Dodge 市有 3 部电话，在这两种情况下电话的用途完全不一样。有时，越多的用户会使得一个技术越有用，因为大量的用户可以形成一个强大的兴趣组和虚拟经济体，服务提供商和零售商会更愿意参与其中。

第二个原因是，新技术可能更欢迎 IPv6，因为通信技术需要 IPv6 协议族的增强功能，尤其是需要保持用户在移动中也能连接到他们要访问的服务和信息，可以快速发展物联网。

有关物联网的更多信息，请参见第 2 章。

10.1.4 转换到 IPv6 的实际问题

在完全转换到 IPv6 之前，我们或许并不能完全意识到，Internet 的拥堵是路由问题和分享稀有 IPv4 地址的结果。但是，IPv6 的部署速度并没有像其开发的早期阶段所预计的那样快。在一个企业或服务提供商网络中部署 IPv6 是具有挑战性，也是有风险的，因为 IPv6 协议本身具有技术障碍，而且还要考虑到 IPv6 与 IPv4 的互操作性。

正如第 2 章所介绍的，开发 IPv6 是对日益缩小的 IPv4 地址空间的一种解决办法。业界以多种方式对 IPv6 的潜在性做出反应。最初，服务提供商之所以推进 IPv6，是因为把 IPv6 看作是流线化全局路由表，以及最终消除专用地址空间的一种机制。路由器和交换机生产商把 IPv6 看作是一个市场机遇，并很快开始支持 IPv6。服务提供商的工程人员把 IPv6 看作是解决某个特定问题的一种解决办法。

除了业界对广泛部署 IPv6 的积极性不高之外，还有其他一些困难，详见下面章节的介绍。

10.1.5 互操作性

互操作性（Interoperability）意味着一种技术可以与另一种技术一同工作。这是任何一种技术的一个关注点，因为有时候生产商基于标准开发的技术，不能与其他生产商基于同样标准开发的技术一同工作。这同样适用于 IPv4 和 IPv6，IP 层的成功通信，可能要求所有设备能够在 IPv4 或 IPv6 上运行，或者需要某种类型的地址转换，使得这两种协议能够一同工作。

网络地址转换（Network Address Translation，NAT）已使用在今天的整个业界中，在专用 IP 地址和公用 IP 地址之间提供地址转换。在 IPv4 与 IPv6 之间使用 NAT 肯定也是一种可能性，但一些技术，如 IP 语音（VoIP）和实时音频/视频，并不能与 NAT 一同工作，从而进一步加剧了创建既能一同工作又是通用的有效转换问题的严重性。

在单个组织中，转换到 IPv6 需要一定的时间和资源投资。而且，根据组织类型的不同，转换策略也不同。事实上，在开发一个迁移计划之前，公司应了解转换到 IPv6 的各种可选方法。这里推荐一种结构化的方法，其第一步是搭建一个实验环境，以测试网络服务和应用。从高层的角度来看，当创建这种 IPv6 实验环境时，首先开发针对 IPv6 网络的网络管理过程，然后把该实验环境连接到另一个 IPv6 网络以测试互操作性。

所有转换计划都涉及一些中间解决办法，它们为 IPv6 环境的框架提供一定的扩展。然而，这会失去一些更主要的东西，因为它们只涉及网络基础设施，而没有涉及网络要提供的服务。

例如，假设决定把某个企业环境移植到 IPv6。这种转换相对复杂，但这会使得在网络上出现具有 IPv6 地址的主机。问题是，这是否有助于满足企业的业务需要，因为所有路由器、交换机和网络基础设备都能路由和传输 IPv6 数据包。如果 IPv6 定位为是 IPv4 的一个备用，而不是为了扩展地址空间，情况如何？这可能是 IPv6 部署的最大障碍。IP 地址表示的是在操作系统内、在路由表或嵌入到应用程序代码中的传送服务的端点。这里就有问题。如果提供服务的端点不能与 IPv6 兼容，那么部署 IPv6 就没有价值。

10.1.6　网络元素

当要转换到 IPv6 时，必须考虑以下网络元素和软件工具，它们是支持网络基础设施和服务所需要的。

- 客户端。
- 服务器。
- 路由器。
- 网关。
- VoIP 网络。
- 网络管理结点。
- 转换结点。
- 防火墙。

10.1.7　软件

在软件方面，需要设计大量实用工具，以监视、报告和管理网络基础设施，包括：

- 网络管理实用工具。
- 网络 Internet 基础设施应用。
- 网络系统应用。
- 网络端点用户应用。
- 网络高可用性软件。
- 网络安全软件。

如果不从 IPv4 转换到 IPv6，应用服务（如 DNS、DHCP 和 FTP）不能与 IPv6 地址空间兼容。而且，IPv6 主机也无法达到 IPv4 地址空间中的 Internet Web 服务器。因此，为了高效地转换到 IPv6，所有主机、服务器和应用程序都必须转换到 IPv6。

针对 IPv4 与 IPv6 地址空间的并行部署，IEFT 已设计了一些转换计划。然而，这些计划并不能解决互操作问题。例如，这些计划定义了在如邮件服务之类的网络元素上部署 IPv6 的指导意见，但如果要与 IPv6 进行互操作，所有网络元素都必须通过 IPv6 来通信。由于 NAT 当前是为 IPv4 部署的，因此建议把 NAT 作为一种长远解决方法。

10.1.8 从 Windows 的角度看 IPv6 转换

今天，Windows Server 2012、Windows Server 2016、Windows 7 和 Windows 10 支持的 TCP/IP 实现，以双重栈配置形式集成了 IPv4 和 IPv6，微软公司称之为下一代 TCP/IP 栈。

微软公司还在其 Web 站点 http://technet.microsoft.con/en-us/network/bb530961 提供有关从 IPv4 转换到 IPv6 的学习材料和信息。在其"IPv6 转换技术"白皮书中，重点介绍了如何从两端支持隧道技术（通过 IPv4 网络从 IPv6 主机回到 IPv6 主机，以及通过 IPv6 网络从 IPv4 主机回到 IPv4 主机）。

微软公司进一步表示，其支持有时候也称为"6over4"地址。这里为网卡标识符（形如::WWXX:YYZZ）预先准备了一个合法的 64 位单播前缀，它映射为形如 w.x.y.z 的单播 IPv4 地址。例如，IPv4 地址 131.107.4.92 映射为 FE80::836B:45C。这支持自动隧道技术，如 RFC 2529 所述。微软公司还支持"6to4"地址，它具有前缀 2002: WWXX:YYZZ::/48，这是从形如 w.x.y.z 的公用 IP 地址转换而来的。它也支持自动隧道技术，如 RFC 3056 所述。

此外，微软公司还支持**站内自动隧道寻址协议**（Intra-Site Automatic Tunnel Addressing Protocol，ISATAP），如 RFC 5214 所述，其中的地址是由一个合法的 64 位单播地址前缀和一个 IPv4 网卡标识符构成的，这样，::0:5EFE:w.x.y.z 映射为形如 w.x.y.z 的标准 IPv4 网卡地址。

微软公司支持名为 Teredo 的隧道技术（如 RFC 4380 所述），该技术允许 IPv6 和 IPv4 数据流穿越一个或多个 NAT。这种解决方法通过把数据流封装成 IPv4 UDP 消息而不是把 IPv4 首部的协议字段设置为 41（这通常表示的是用于实验性移动协议的 ICMP 消息，大多数 NAT 服务器都不会转换或转发这类消息），巧妙地回避了 NAT 中的协议转换问题。Teredo 地址使用前缀 2001:0000::/32，并且，除了前 32 位之外，所有 Teredo 服务器的 IPv4 地址、标识以及 Teredo 客户端的已加密外部地址和端口，都将进行加密。

微软公司的 DirectAccess 技术允许远程用户安全访问 Internet 网络共享文件、Web 网站以及应用程序，不用使用虚拟专用网（VPN），被认为是一种纯 IPv6 技术，与 IPv6 转换技术完全兼容。除了以上列举的转换方法外，DirectAccess 还支持 IP-HTTPS（IP over HTTPS）隧道协议以及 NAT64 与 DNS64。

IP-HTTPS 是为 Windows 7 编写的，通过把 IPv6 数据包封装在 IPv4 首部中，允许 DirectAccess 客户端在 IPv4 Internet 上与 DirectAccess 服务器连接。当其他转换方法不可用，而 DirectAccess 客户端有不能与 DirectAccess 服务器连接时，使用 IP-HTTPS。更多信息请参见 https://msdn.microsoft.com/en-us/library/dd358571.aspx。

NAT64 是一种网关技术，可以作为 IPv4 与 IPv6 协议之间的转换器。IPv6 客户端把接收方的 IPv4 地址进行封装,得到一个 32 位的 IPv6 地址(该地址是经封装后的 IPv4 地址)。NAT64 网关包含有 IPv6 与 IPv4 地址之间的映射关系,这种映射可以自动或手工配置。为了使用 DirectAccess,可以把微软公司的 UAG(Unified Access Gateway)配置成一个 NAT64 网关。

DNS64 是一种允许 IPv6 客户端接收特殊 IPv6 地址的技术,这种特殊的 IPv6 地址是由 NAT64 网关提供的已转换后的 IPv4 地址。有关 DirectAccess 和 IPv6 转换技术的更多信息,可访问 https://techontip.wordpress.com/2012/12/23/microsoft-direct-access-ipv6-transition-technologies/ 和 http://blogs.technet.com/b/edgeaccessblog/archive/2009 /09/08/deep-dive-into-directaccess-nat64-and-dns64-in-action.aspx。

总而言之,微软公司非常致力于对 IPv4 与 IPv6 之间的互操作性的支持,同时提供相关技术,使得转换更容易。对大多数其他主要的平台提供商(例如苹果公司),以及开源社区(主要是广泛使用的 Linux 发布版本),也是如此。

10.1.9　可用性

IPv6 地址的可用性与组件支持是部署 IPv6 的其他障碍。尽管大多数服务提供商都开始更新其基础设施以支持 IPv6,但地址的分配和发布仍没有广泛实现。这是因为 IPv6 开发的消费市场还不成熟。因此,我们就有这样一种场景:消费者只有在被迫的情况下才部署 IPv6,如果没有市场,提供商也不愿意花费可观的资金以支持 IPv6。

因此,直到现在,仍没有开发 IPv6 解决方法的巨大推动力,完全互操作所需的大量网络元素和软件解决方法也仍然没有开发。大多数的 IPv6 部署是在亚洲和欧洲,这些地区在当时的 IPv4 基础设施部署上相对晚了一些。这些网络环境也是困难的拦路虎,原因有两点。一是,市场把 IPv6 强加给了消费者,这就要求提供商给予支持。二是,最初的很多解决方法是以 IPv6 部署的。互操作性问题仍然存在,而部署的时间更具挑战性。在美国,可用性的变化非常快,Comcast 公司是使用双重栈技术来铺开 IPv6 的,而 AT&T 公司和其他提供商则以另一些形式(通常是隧道技术)为消费者提供 IPv6。

10.1.10　下一步的工作

要说服管理者明白,部署 IPv6 解决方法是一个健壮和必要的策略,其障碍在其自身,因为这种受益(如投资回报)并不是可容易预见的。然而,这并不意味着 IPv6 的部署是可以忽略的。加速 IPv6 部署的一个主要事件是,到 2012 年,美国国防部(DoD)将支持 IPv6。从 2005 年开始,IPv4 和 IPv6 就是 DoD 的强制标准。最初的计划是,到 2010 年完全支持 IPv6,但 IPv6 的实现被推迟,因为提供商把 DoD 看作是整个通信市场中很小的一部分。如果 DoD 实现了其目标,那么当提供商意识到它们必须完成对 DoD 提供服务时,就会加速新技术和解决方法的部署。

 访问 http://ipv6.com/articles/military/Military-and-IPv6.htm,可了解有关 DoD 采用 IPv6 的历史介绍。

通往全 IPv6 的世界还有很多困难,但这些困难最终都得克服。当你哪天需要 IPv6 时,理解这些困难有助于为你提供一个指导方向。

10.2　IPv4/IPv6 混合网络与网络结点

如前所述，网络管理员并不能简单地切换一下交换机就可以把网络从 IPv4 转换到 IPv6。这将有一个相当长的转换时间，在这个时间里，两种版本的 IP 共存于同一环境中。在软件和硬件升级时，IPv6 设备需要通过 IPv4 基础设施来与其他设备通信。IPv4 与 IPv6 网络结点也需要通过 IPv4 核心网络或 IPv6 核心网络，或者通过不同的子网（其中一些是 IPv4 网，一些是 IPv6 网）来相互通信。通常，这些混合的网络环境就是称为混合网络。

IPv4/IPv6 混合网络和网络结点的各种配置开始看起来有些让人困惑，但从 IPv4 到 IPv6 的网络发展必须以一种有序的方式进行，这样，在转换过程中，组织就可以不间断地为客户服务。各种转换网络设计的详尽介绍超出了本书的范围，下面章节只介绍一些 IPv4/IPv6 混合网络模型的示例。

10.2.1　基本的混合网络模型

基本的混合网络模型（Basic Hybrid Network Model）是 IPv6 站点通过 IPv4 Internet 主干网进行相互通信的一个示例。假设每个站点都含有 IPv6 网络结点，每个站点都具有一个负责管理 IPv6-to-IPv4 转换数据流的网关。IPv6 网络结点把它们的 IPv6 数据包封装成 IPv4 数据包，然后传送到默认本地站点网关。该网关使用隧道技术，把这些来自 IPv6 网络的数据包，通过 IPv4 Internet 转发出去。在接收站点，也假定使用了一个 IPv6 网关，并假定也具有 IPv6 功能，该站点接收数据包后，去除来自 IPv4 的封装，并把它路由到特定的目的地。

在 IPv6 站点上，单个网络结点用网关路由器注册其 IPv6 站点本地地址。当所有 IPv6 网络结点发布后，它们的地址就映射成一个 IPv6 静态地址，这样，在其他站点中的 IPv4 网络就可以根据地址把这些数据流发送给 IPv6 站点中的网络结点。网关维护着一个 IPv4-to-IPv6 地址映射表，这样，IPv6 网络结点就可以接收使用 IPv4 地址发送而来的信息。图 10-1 显示了基本的混合网络模型的简要图示。

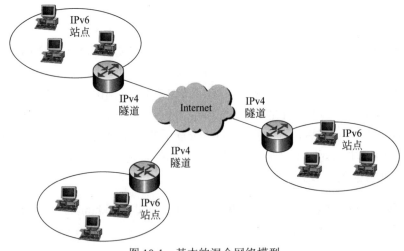

图 10-1　基本的混合网络模型

把该模型的组件颠倒过来，就可以看出单个 IPv4 站点是如何通过 IPv6 Internet 主干网来相互通信的。然而，在企业级，实现 IPv4-to-IPv6 转换更可行。完全支持 IPv6 的最后一个网络可能就是 Internet 自己了。

10.2.2　嵌套的混合网络模型

嵌套的混合网络模型（Nested Hybrid Network Model）可以认为是基本的混合网络模型的改写。核心 IPv4 Internet 保持不变，但站点可以是 IPv4、IPv6 或嵌套了这两者的组合。在嵌套的模型下，最可能的设计是有一个小型的 IPv6 "孤岛"存在于一个更大的 IPv4 网络中。就像在基本的混合网络模型中那样，IPv6 网络结点要注册其地址，但这里使用的是本地网关，它位于 IPv6 子网与更大的 IPv4 站点之间。IPv6 网络结点把它们的数据包封装成 IPv4 数据包，并把它们发送到本地网关，然后，该网关读取路由信息，并把该数据包转发给位于 IPv4 站点中不同子网的 IPv4 结点，或者转发给通往 Internet 的默认网关。图 10-2 显示了 IPv4/IPv6 站点如何嵌入到更大的其他站点或 Internet 中。

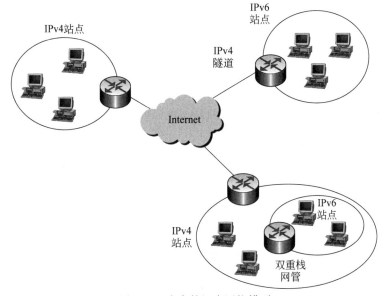

图 10-2　嵌套的混合网络模型

嵌套模型也能用于 IPv6 站点中要求有一个或多个 IPv4 子网的"孤岛"。这种类型的模型最有可能部署到需要使用旧应用程序或操作系统的环境中，在这种环境中，要转换到 IPv6 平台很困难或很昂贵。IPv4 网络结点把它们的数据包发送给可以映射 IPv4-to-IPv6 地址的双重栈网关，然后把这些数据转发给 IPv6 网络结点或纯 IPv6 网络。

10.2.3　真实的混合网络模型

真实的混合网络模型（True Hybrid Network Model）可以表示很多混合配置，但前提是假定站点有各种不同的子网，是基于 IP 实现的。该站点中的一些子网只含有 IPv4 网络结点，一些只含有 IPv6 网络结点，还有一些则含有 IPv4 与 IPv6 混合的网络结点。每个子网必须使用一个能够管理 IPv4 和 IPv6 数据流的双重栈网关。为方便和组织结构简单起见，这种模型假设每个子网含有的网络结点彼此相同。这就是说，在同一个子网中，没有只能用于 IPv4 或 IPv6 的网络结点，如果没有某种类型的转换机制，这些结点之间不能通信。

该模型还假定主干网为 IPv4。站点网络也需要具有与每个子网网关相同的双重栈功能，因为它也需要管理站点中的 IPv4 和 IPv6 数据流。从 Internet 而来的数据流可能是原始 IPv4 数据包，也可能是已封装成 IPv4 数据包的 IPv6 数据包。一旦从外部站点接收数据包之后，网关就需要查看这些数据包，如果这些数据包是要发往 IPv6 子网的，就要去除所有封装信息（如果有），然后再转发这些数据包。当然，对于那些要发送 IPv4 子网中的网络结点的 IPv4 数据包，没有任何封装或转换服务，可以直接转发。图 10-3 显示了这种连接到 Internet 的混合站点。

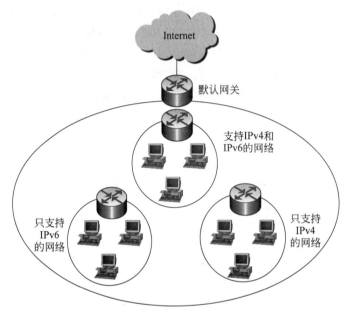

图 10-3 混合了 IPv4 和 IPv6 子网的站点

这是一种真实的混合网络环境，没有哪一种版本的 IP 在其中占主导。在该站点的网络基础设施中，所有互连设备都必须能够管理 IPv4 和 IPv6 数据流。具有 IPv4 与 IPv6 能力的子网既有 IPv4 网络结点，也有 IPv6 网络结点，子网中的每个网络结点都具有 IPv4 与 IPv6 能力。就像站点中其他子网一样，每个网络结点所有的 IP 版本彼此是相同的。由于假定 Internet 是 IPv4，发往该站点的默认网关的所有数据流，都必须是原始 IPv4 数据包或是已封装成 IPv4 的 IPv6 数据包。

这种混合环境可以容纳专用于某种 IP 版本的核心基础设施。在这种情况下，基本网络基础设施的硬件和软件要么使用 IPv4，要么使用 IPv6，且该站点含有如图 10-3 所示的混合子网。例如，如果核心基础设施为 IPv4，那么 IPv6 子网就必须把其数据进行封装，以便与核心基础设施进行通信，并通过默认网关把数据流发送到 Internet。具有 IPv4 与 IPv6 能力的子网就可以从子网往外把数据流（以 IPv4 数据包的形式）发送给它们的本地网关。

10.3 IPv6 转换地址

在 IPv4 与 IPv6 之间通信的挑战之一是地址问题。IPv4 寻址与 IPv6 寻址在格式、大小和内存需求上有很多的差别。正如在第 2 章所学习的那样，IPv4 使用的是 32 位地址，而 IPv6 使用的是 128 位地址。IPv4 使用点分表示法，如 192.168.0.4，而 IPv6 使用的是冒号分隔表示法，如 FE80::2D57:C4F8:8808:80D7。另一个复杂问题是，当某些 IPv4 地址需要表示 IP 地址和端口号时（如 192.168.0.1:80），会包含有冒号。**IP 地址解析器**（IP Address Parser）在把一个 IPv4 地址转换成相应的 IPv6 地址时，会出现问题。这就需要有一种地址格式，IP 解析器可以用来区分 IPv4 与 IPv6 地址格式，以管理多种混合的网络类型。

 在这种上下文中，IP 地址解析器是互连网络设备（如路由器）的一个组件，可以分析输入 IP 数据包的首部，以确定其源地址、目的地址，以及在该数据包首部中所使用的 IP 版本。

一种转换地址方法是在 URL 中使用 IPv6 文本地址。正如 8.7.6 节所述，在 URL 或 FQDN 中，IPv6 地址可以以文本格式来表示，这样就可以在 Web 浏览器中使用它们，无须把 IPv6 地址完全转换成相应的 IPv4 地址。"文本地址"也允许诸如端口号、前缀和长度等信息合并到地址中，不会导致任何歧义，因而也不会使得地址不可理解。有关 IPv6 文本地址的详细介绍，请参见第 8 章。

另一种地址转换方法是**无态 IP/ICMP 转换算法**（Stateless IP/ICMP Translation Algorithm，SIIT），如 RFC 6145 所述。SIIT 是作为 NAT-PT 的一个替代而创建的。NAT-PT 最初是在 RFC 2766 中描述的，随后在 RFC 4966 中进行了描述。SIIT 规范描述了两个域（一个 IPv4 域，一个 IPv6 域），这两个域是由一个或多个 TP/ICMP 转换器（称为 XLAT）来加入的。SIIT 定义了一种称为 IPv4 转换地址的 IPv6 地址，这些地址的格式为::ffff:0:0:0/96 或::ffff:0:a.b.c.d，其中，a.b.c.d 是 IPv4 地址表示法。这种地址转换方法使得 IPv6 网络结点可以与纯 IPv4 网络结点进行通信，IPv6 网络结点无须在其网卡中拥有一个永久的 IPv4 地址。这种转换方法可以双向工作，使得纯 IPv4 网络结点可以通过 XLAT 转换器把数据流发送给 IPv6 计算机。RFC 6144 和 RFC 6145 描述了关于 IPv4-to-IPv6 转换和 IP/ICMP 转换算法的完整信息。

10.4　IPv4/IPv6 转换机制

IPv4/IPv6 转换机制是一些转换技术，可以把协议和网络基础设施的各种元素从一种 IP 版本转换成另一种。更具体地说，它们是各种方法和地址类型，实现纯 IPv4 或纯 IPv6 网络结点之间的相互通信或与其他网络资源的相互通信。理想情况下，要在网络上铺开一种新协议，需要在特定基础设施内的所有网络结点和互连设备上安装和配置该协议。这就意味着需要把整个网络从一种旧协议全部转换成一种新协议。在小型或中等规模的公司中，这可能是一种合理的解决方法，但对于企业级的组织则完全不具备可操作性，对 WAN 环境，特别是 Internet，是不可能的。

由于这个原因，在从纯 IPv4 网络环境通往只使用 IPv6 的过程中，从 IPv4 到 IPv6 的转换需要分多个阶段进行。在这些转换阶段中，组织机构会同时使用 IPv4 和 IPv6 设备，这些设备必须能够相互通信，以维持在转换阶段时的网络使用和组织机构的生产率，这个转换过程可能要持续几个月，甚至是几年。现在有多种 IPv4/IPv6 转换机制，每种机制都有优点和难题。

用于 IPv4 与 IPv6 的双重栈协议

用于主机或路由器的双重栈协议是在这些设备的操作系统一级上实现的，作为独立的协议或以混合形式，使得这些设备可以支持 IPv4 和 IPv6。Windows 10 就是一种实现了双重栈协议的操作系统，因为它允许计算机使用 IPv4 或 IPv6 在网络上进行通信。一些支持双重栈协议的设备可以在同一个网络上与只支持 IPv4 的设备和只支持 IPv6 的设备进行通信。双重栈协议实现使用的是特殊的寻址（如前所述的 SIIT），使得支持双重栈协议的设备可以只用某一种 IP 版本来与其他设备进行通信。

大多数的现代操作系统（包括 Windows 7 及其后继版本，Mac OS X 10.4 及其后继版本，以及最新的 Linux 发布版）默认情况下是启用 IPv6 的。但是，很多网络基础设施的设备（如路由器）并没有启用 IPv6，而是有一个选项，允许启用 IPv6，或者购买已启用 IPv6 的设备。另外，很多网络设备仍然不支持 IPv6。

RFC 4213 为 IPv6 主机和路由器描述了大量基本的转换机制，包括双重 IP 层操作。支持双重栈协议的网络结点可以发送和接收 IPv4 和 IPv6 数据包形式的网络数据流。然而，支持双重栈协议的网络结点并不是就自动启用这两种协议。这些设备可能两个栈都启用了，也可能只启用 IPv4 而禁用了 IPv6，或者只启用 IPv6 而禁用了 IPv4。显然，如果支持双重栈协议的设备只启用了一种协议（假如是 IPv4），那么它就像是只支持一种协议的设备。

到目前为止，我们交替地使用术语双重栈和双重层，但它们其实是不同类型的体系结构。要理解其中的差别，请记住，在基础设施从 IPv4 转换到 IPv6 时，混合 IPv4/IPv6 网络上的网络数据流必须是可以使用其中一种或两种协议版本，在设备之间进行路由。对于那些只支持 IPv4 或只支持 IPv6 的设备试图访问可用的应用和服务时，也是如此。为了使得一个网络结点在这些情况下能够与设备和应用连接，该结点必须是双重 IP 层体系结构或双重栈体系结构。

10.5 双重 IP 层体系结构

具有双重 IP 层体系结构的网络结点，在单个传输层实现中就具有 IPv4 和 IPv6 协议操作。查看这种体系结构的另一种方法是，想象 OSI 模型中的单个栈可连接到网络层和传输层。网络层含有 IP 协议（包括 IPv4 和 IPv6），传输层含有多种不同传输协议（包括 TCP 和 UDP）。在双重 IP 层体系结构中，传输层中的 TCP 和 UDP 可以同时访问网络层中的 IPv4 或 IPv6。图 10-4 显示了其构造。

注意，传输层是单个栈，而网络层是双重层（IPv4 和 IPv6），每种 IP 版本都可以访问单个传输层，而不是为每种 IP 协议使用两个传输栈。双重 IP 层体系结构允许网络结点创建如下类型的 IP 数据包：

- IPv4 数据包。
- IPv6 数据包。

● IPv6-over-IPv4 数据包。

要在单个传输层栈下完成这些，需要有一个上层传输协议来访问 IPv4、IPv6 或这两种 IP 版本，如图 10-5 所示。

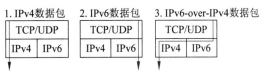

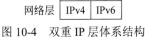

图 10-4　双重 IP 层体系结构　　　　图 10-5　单个传输层访问两种 IP 版本

如果源设备上的纯 IPv4 或 IP6 应用程序需要与目的地设备上的对等体进行通信，传输层就使用网络层上相应的 IP 版本来创建所需的数据包，然后进程传输。如果源设备上支持 IPv6 的应用程序需要与支持 IPv4 的接收方进行通信，那么传输层先访问网络层的 IPv6，然后在传输之前，把 IPv6 数据包封装到 IPv4 首部中，详细内容请参见后面的 10.9 节。

10.6　双重栈体系结构

与双重 IP 层体系结构相反，具有**双重栈体系结构**（Dual-stack Architecture）的计算机在网络层和传输层维护两个单独的栈。换句话说，网络层的每种 IP 版本在传输层都有自己的上层协议栈，如图 10-6 所示。

传输层	TCP/UDP	TCP/UDP
网络层	IPv4	IPv6

图 10-6　双重栈体系结构

这种计算机仍可以生成相同类型的 IP 数据包，但是根据应用层协议的需要来生成的，不同的栈访问不同的传输层和网络层。双重栈体系结构允许网络结点创建如下类型的 IP 数据包：

● IPv4 数据包。

● IPv6 数据包。

● IPv6-over-IPv4 数据包。

图 10-7 阐述了应用层根据源网络结点和目的地网络结点的应用需求，访问传输层的两个栈，以生成不同 IP 版本的数据包。

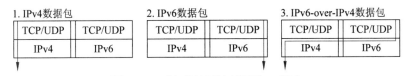

图 10-7　两个传输层访问两种 IP 版本

尽管这个过程与双重 IP 层体系结构的不同，但结果是一样的。在混合的 IPv4/IPv6 网络基础设施中，网络结点允许与相同的目的地结点和应用进行通信，不论该结点在操作系统一级使用的是哪种双重体系结构。注意，尽管传输层与网络层维护的是独立的栈，一旦应用层为 IPv6 网络数据包而访问了传输层，并生成了 IPv6 数据包，IPv6 网络栈就仍然可以访问 IPv4 网络栈，并在 IPv6 数据包传输到网络上之前把它封装到 IPv4 首部中。然而，支持双重栈体系结构的计算机通常是既连接到 IPv4 网络也连接到 IPv6 网络了，创建的数据包类型与这两种网络都兼容。

10.6.1 双重体系结构与隧道技术

双重 IP 层体系结构和双重栈体系结构都不需要用 IPv6-over-IPv6 隧道技术来作为一种转换机制。双重体系结构的网络结点可以生成 IPv4 或 IPv6 数据包，并把它们转发给网关路由器。例如，如果网络结点正在为另一个子网中的 IPv6 目的地网络结点构建一个消息，那么它就可以创建一个 IPv6 数据包并把它转发给支持双重栈的网关路由器。该路由器知道这是一个 IPv6 数据包，其目的地是远程网络中的一个 IPv6 网络结点。该路由器把 IPv6 数据包封装到一个 IPv4 首部中，这样就可以在 IPv4 网络基础设施上发送。该数据包由目的地网络中的网关路由器拆封，并以纯 IPv6 数据包的形式发送给 IPv6 网络结点。

支持双重体系结构的发送结点，如果要把数据发往 IPv4 目的地，就可以构建一个 IPv4 数据包并把它发往网关。该网关在 IPv4 网络基础设施上传输 IPv4 数据包，无须任何形式的封装。目的地 IPv4 网络接收并以相同的方式传送数据包，就像该数据包是来自只支持 IPv4 的网络结点一样。

双重体系结构的另一个实现是作为一种转换机制而工作的，根本不需要任何隧道技术。支持双重体系结构的结点需要两个网卡，一个用于 IPv4，另一个用于 IPv6。对于在 IPv4 网络基础设施上发往 IPv4 目的地结点是"正常"网络通信，IPv4 网卡使用的是通向 IPv4 网关的默认路由。IPv6 网卡只在其自己的子网上发送数据流，这样，数据包发送结点在其子网上创建和传输 IPv6 数据包，这些数据包是发往只支持 IPv6 目的地结点的。如果有 IPv6 网关路由器（或者有支持 IPv4/IPv6 的网关，且具有分别连接到相应子网的 IPv4 和 IPv6 网卡），且其 IPv6 网卡连接到 IPv6 网络基础设施，那么，支持双重体系结构的数据包发送结点，不需要任何形式的隧道技术，就可以把 IPv6 数据包发送给远程子网中的 IPv6 目的地结点。

10.6.2 IPv6-over-IPv4 隧道技术

在大多数情况下，支持双重体系结构的网络结点，使得计算机无须任何隧道技术，就可以与只支持 IPv4 和只支持 IPv6 的目的地网络结点通信，但往往必须部署某种形式的隧道技术。**IPv6-over-IPv4 隧道技术**（IPv6-over-IPv4 Tunneling）允许 IPv6 网络结点在 IPv4 网络基础设施上发送数据包。当某个网络中的网络结点只支持 IPv4、只支持 IPv6 或两种都支持时，要求使用这种隧道技术。然而，核心的互连路由器基本上只支持 IPv4，这些设备转换到 IPv6 的过程很缓慢。尽管一些路由器可能支持 IPv6，但在这个网络基础设施转换到 IPv6 之前，都需要隧道技术，以确保 IPv6 数据包能够穿过那些只支持 IPv4 的网络部分。

源网络结点创建 IPv6 数据包后，必须把它封装在一个 IPv4 首部中。在创建 IPv4 首部时，协议字段的值设置为 41，表明它是一个已封装的 IPv6 数据包。IPv4 首部的源地址和目的地址字段设置为 IPv6-over-IPv4 隧道端点的 IPv4 地址，这样，该数据包就可以安全地在 IPv4 网络基础设施上传输。图 10-8 显示了 IPv6 数据包的有关字段封装到 IPv4 首部的示例。有关 IPv4 和 IPv6 首部结构的详细内容，请

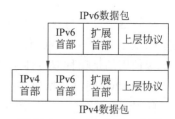

图 10-8　IPv6-over-IPv4 封装

参见第 3 章。

图 10-9 显示了一个包含有协议嵌套的 Wireshark 数据包窗口。在图 10-9 中，可以注意到 7 号数据包使用了 ICMPv6 协议，表明它是 IPv6 数据流。同样，在主 Wireshark 窗口中，IPv6 表示的是协议。然而，可以看到，源结点和目标结点是 IPv4 地址。这里显示了 IPv6 数据流是如何封装在 IPv4 虚拟隧道中的，从而可以在 IPv4 网络上进行传输。

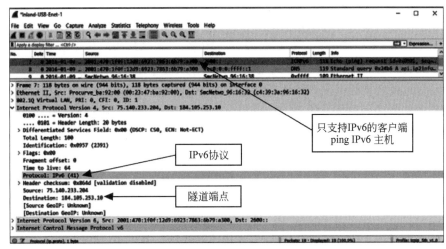

图 10-9　含有协议嵌套的 Wireshark 窗口，显示了 IPv6-over-IPv4 封装

IPv6-over-IPv4 隧道技术对 IPv6 首部结构提出了一个挑战。目的地的 IPv6 路径 MTU 值比 IPv4 目的地的路径 MTU 值小 20。IPv6 网络结点为数据包设置了路径 MTU，以确保数据包不会分段就可以到达目的地，但隧道不会设置 IPv4 的路径 MTU，要求在沿该路径传输时，IPv4 路由器对数据包进行分段。为防不测，源结点必须把 IPv4 首部中不分段标志的值设置为 0，使得可以进行分段。

根据源结点在其自己的路由表中维护的路由信息，它可以确定哪些数据包必须进行封装。数据包封装结点先参考目的地地址，再参考路由表，然后确定哪些数据包必须使用前缀掩码和匹配的技术进行隧道传输。数据包封装结点还从包含在隧道中的配置数据来确定端点地址。只有协议字段值为 41 以及具有 IPv4 源地址的数据包才允许在匹配的隧道中传输。一旦数据包到达了隧道的接收端点（这通常就是数据包接收结点），如果在传输过程中已分段，就重组该数据包，去除 IPv4 封装信息，网络结点把 IPv6 数据包往上推给数据包接收应用程序的栈。

10.6.3　DNS 基础设施

IPv4/IPv6 网络环境中一个关键的传输机制是 DNS 基础设施。正如第 8 章所述，对 IPv4 与 IPv6 的 DNS 记录和 DNS 名称解析管理的处理是不同的。网络设备和应用程序是通过名称来访问其他网络设备和应用程序的。在既含有 IPv4 也含有 IPv6 网络结点的网络基础设施中，如果 DNS 服务不能把名称解析为 IPv4 和 IPv6 地址，网络通信将严重受限或完全失败。

在混合网络中，要把名称解析服务从 IPv4 转换到 IPv6，DNS 服务器必须配置为双重栈，既支持用于 IPv4 网络结点的 A 记录，也支持用于 IPv6 网络结点的 AAAA 记录。为了允许用于反向查询的把地址解析成域名，对于 IPv4 域，DNS 服务器必须在 IN-ADDR.ARPA 域中含有 PTR 记录，对于 IPv6 域，则可以在 IP6.ARPA 域含有 PTR 记录，也可以不含有。这些资源记录可以手工添加，也可以使用 DNS 动态更新。

在混合的 IPv4/IPv6 环境中，网络结点上的 DNS 解析器必须既能管理 A 记录，也能管理 AAAA 记录。不论 DNS 数据包是通过 IPv4 还是 IPv6 数据包来携带，都要求这样。DNS 服务器提供名称解析服务，并不知道网络结点是否支持 IPv4 和（或）IPv6。当网络结点接收到含有 A 和 AAAA 记录的名称解析数据时，它仍然会根据特定的优先级（例如，先 IPv6 然后 IPv4，或者先 IPv4 然后 IPv6），对信息进行排序。这里假定应用程序没有优先级请求。应用程序可以选择解析器提供哪种地址类型，也可以请求两种版本的 IP。然后，解析器不能决定只服务其中某一种版本的 IP。一旦为应用程序提供了某种优先级顺序，那么应用程序就将使用所提供的第一种版本的 IP 来进行连接。如果不能创建一个连接，那么它将选用下一种。有关源地址与目的地址选择的详细信息，请参见 8.7 节。

10.7 IPv4 与 IPv6 混合的隧道配置

隧道技术配置定义在 RFC 4213 中，用于描述需要进行 IPv4-to-IPv6 隧道传输的各种设备连接。由于在网络上创建和部署 IPv6 路由基础设施需要花费时间，因此 IPv4 基础设施将继续发挥作用，既传输 IPv4 数据流，也传输 IPv6 数据流。如前所述，隧道技术允许把 IPv6 数据流封装到 IPv4 首部中，在 IPv4 网络上进行传输。隧道技术的基本机制是要求有两个设备，在隧道的两端各一个。

封装器（Encapsulator）是隧道发送端的网络结点，负责把 IPv6 数据包封装到 IPv4 首部中，然后在隧道中传输该数据包。**拆封器**（Decapsulator）是隧道另一端的接收结点，负责重组所有已分段的数据包，去除 IPv4 首部封装信息，并处理该 IPv6 数据包。封装器需要维护有关隧道的信息，例如隧道的 MTU。隧道技术允许 IPv6 数据流在 IPv4 路由基础设施上传输。IPv4/IPv6 网络结点和路由器通过把数据包封装到 IPv4 数据包中，从而可以在 IPv4 路由拓扑上传输 IPv6 数据包。关于封装器与拆封器的描述可以很容易区分出数据包发送结点与数据包接收结点。隧道配置可以应用于下面几种设备类型：

- 路由器到路由器。
- 主机到路由器与路由器到主机。
- 主机到主机。

每种配置都可以在 IPv4 路由拓扑上隧道传输 IPv6 数据包，但是以不同的方式来使用它们的。

10.7.1 路由器到路由器的隧道配置

那些连接到 IPv4 路由基础设施中的支持 IPv4/IPv6 的路由器，通过创建一条端到端的路径，可以在这些路由器之间隧道传输 IPv6 数据包。这样创建的隧道扩展了 IPv6 数据包从源结点到目的地结点所穿越的路径段长度。

路由器到路由器路径很可能使用已配置的隧道技术，因为它们要求有针对隧道的特定配置的端点。已配置的隧道技术要求管理员对隧道的端点进行配置，否则，操作系统的配置机制将自动完成该配置。如果有需要，其他隧道设备也可以使用已配置的隧道技术。隧道配置类型包括 IPv4 WAN 上 6to4 路由器隧道技术，IPv4 WAN 上两个只支持 IPv6 路由域的隧道技术，以及 IPv4 WAN 上一个 IPv6 测试实验隧道技术。本节后面将介绍不同的隧道类型。

两个路由器到路由器隧道端点之间的链路，是一个逻辑段，构成了源结点与目的地结点之间的整个路径的一部分，这个逻辑段表示的是这个路径的一个跳。基础设施中的路由指向 IPv4/IPv6 边界路由器。使用隧道技术的每个路由器有一个表示 IPv6-over-IPv4 隧道的网卡。图 10-10 显示了路由器到路由器隧道段的逻辑图。

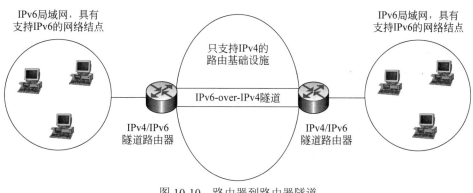

图 10-10　路由器到路由器隧道

在这个示例中，两个 IPv6 "孤岛" 可以穿过 IPv4 基础设施，使用路由器到路由器隧道技术相互通信。

10.7.2　主机到路由器与路由器到主机的隧道配置

这种隧道技术拓扑表示的是数据包从源结点到目的地结点的路径中的第一段和最后一段。对于主机到路由器，IPv4/IPv6 网络结点把 IPv6 数据包隧道传输到中间的 IPv4/IPv6 路由器，这些路由器可以到达 IPv4 基础设施。该隧道跨越了数据包的端到端路径中的第一段，最后到达目的地结点。路由器到主机隧道是路径的最后一段，由 IPv4/IPv6 路由器创建，是 IPv6 数据包的最后一跳。

对于该路径的第一段，数据包发送结点创建一个隧道接口，这是 IPv6-over-IPv4 隧道的一个端点，然后添加一条使用该接口的路由。添加到该接口的路由通常为默认路由。使用匹配的路由、隧道接口和 IPv4/IPv6 网络结点的目的地址，将 IPv6 数据包隧道传输。对于最后一段，在 IPv4 基础设施上，IPv4/IPv6 路由器在它与目的地结点之间，创建一个隧道并添加一条路由（这往往是一条子网路由）。用于创建该隧道的数据为匹配的子网路由、隧道接口和 IPv4/IPv6 网络结点的目的地址。图 10-11 显示了这种隧道机制的工作。

主机到路由器与路由器到主机隧道的示例有通过 IPv4 网络到达 Internet 的 IPv4/IPv6 主机隧道传输，通过 IPv4 网络到自动隧道寻址协议（ISATAP）路由器再到 Internet 的 ISATAP 结点隧道传输，以及通过 IPv4 网络达到 ISATAP 结点的 ISATAP 路由器隧道传输。本章后面将详细介绍 ISATAP。

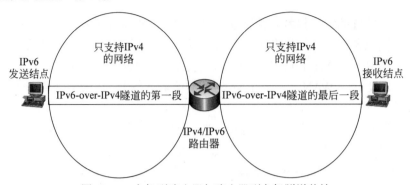

图 10-11　主机到路由器与路由器到主机隧道传输

10.7.3　主机到主机的隧道配置

对于主机到主机隧道，在 IPv4 网络基础设施上，两个 IPv6 网络结点使用一条隧道直接链接。这种隧道描述了整个端到端路径，而不仅仅是一段路径。由于两个 IPv6 网络结点都是连接到了 IPv4 网络上的，因此，它们之间的连接表示的是单个跳。这两个结点都要为 IPv4 上的 IPv6 创建一个隧道接口。所使用的路由通常表明，这两个结点都是在同一个 IPv4 逻辑子网上。该隧道是使用数据包发送接口、可选的路由数据以及目的地址来创建的。图 10-12 显示了一条主机到主机的隧道。

主机到主机的隧道有，使用 ISATAP 地址的 IPv4/IPv6 结点，通过 IPv4 网络，把数据包隧道传输给另一个 IPv4/IPv6 结点，以及使用与 IPv4 兼容的地址的 IPv4/IPv6 结点，通过 IPv4 网络，把数据包隧道传输给另一个 IPv4/IPv6 结点。

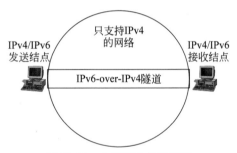

图 10-12　主机到主机的隧道

10.7.4　隧道技术的类型

RFC 2893 最初描述了两种不同的隧道传输类型：配置隧道传输和自动隧道传输，但 RFC 4213（它把 RFC 2893 废弃了）删除了自动隧道传输与 IPv4 兼容地址的使用。该文档还删除了使用 IPv4 "任播地址"的默认配置隧道。但是，自动隧道传输技术在其他 RFC 中给予了描述，本章后面将进行介绍。

正如本章前面所述，配置隧道要求端点地址根据存储在每个隧道中的配置数据，在封装器设备中确定。配置隧道可以由管理员在路由器和网络结点的命令提示符中手工设置。隧道接口必须使用该隧道接口的静态路由来选择。在 Windows 10 网络结点中，可以使用 netsh interface 命令来创建一个配置隧道。该命令的语法是 netsh interface ipv6 add v6v4tunnel [interface=] <string> [localaddress=] <IPv4 地址> [remoteaddress=] <IPv4 地址>。这里 [interface=] <string> 是该接口的 "用户友好" 名称，用双引号括起来，[localaddress=] <IPv4 地址> 是数据包发送结点的隧道接口的 IPv4 地址，[remoteaddress=] <IPv4 地址> 是数据包接收结点的隧道接口的 IPv4 地址。该命令的一个示例为 netsh interface ipv6 add v6v4tunnel "Sample" 192.168.0.1 10.9.8.7。

RFC 4213 没有描述自动隧道技术，而是在其他 RFC 文档中分别对每种隧道技术进行了描述。对 ISATAP 的最新描述是 RFC 5214，而 6to4 隧道技术的信息可以在 RFC 3056 中找到，Teredo 隧道技术的信息则可以在 RFC 4380 中找到。这些隧道技术在 Windows 7、Windows 10、Windows Server 2012 和 Windows Server 2016 的 IPv6 协议中得到支持。根据定义，自动隧道技术不需要手工配置，隧道端点由路由的使用、基于 IPv6 目的地址的下一跳地址以及逻辑隧道接口。本章后面章节将介绍这些 Windows 支持的 IPv6-over-IPv4 隧道技术。

10.8　ISATAP 隧道技术

自动隧道寻址协议（Intra-Site Automatic Tunnel Addressing Protocol，ISATAP）用于通过 IPv4 网络基础设施连接支持双重栈的 IPv4/IPv6 设备。从 ISATAP 协议的角度来看，IPv4 网络就像是一个 IPv6 链路层。ISATAP 为全局和专用 IPv4 地址启用自动隧道技术，提供**非广播多访问**（Non-Broadcast Multiple Access，NBMA）抽象，它类似于 RFC 2491、RFC 2492 和 RFC 3056 中所描述的。ISATAP 接口使用最初在 RFC 4213 中描述的基本隧道机制。

RFC 5214 是一个情报文档，它废弃了前面在 RFC 4214 中描述的试验性版本。新的体系结构称为**具有全企业递归网络中的路由与寻址**（Routing and Addressing in Networks with Global Enterprise Recursion，RANGER），在 ISATAP 基础上构建的，用于包含 IPv6 自动配置信息，见 RFC 5720 文档，在编写本书时，这还是一个情报文档，而不是标准文档。

10.8.1　ISATAP 概述

ISATAP 自动隧道技术可应用于支持双重栈的设备，实现路由器到主机、主机到路由器以及主机到主机的地址分配，这样，任何两个 IPv6 网络结点都可以在 IPv4 网络基础设施上相互通信。Windows 7、Windows 10、Windows Server 2012 和 Windows Server 2016 支持 ISATAP。

2008 年 4 月，从内核为 linux-2.6.25 开始的 Linux 操作系统支持 ISATAP，但在本书编写时，Mac OS 不支持。

ISATAP IPv6 自动隧道技术可以用于要求安全性（如 RFC 5214 所述，是特定 IPv6 和特定 IPv4 的攻击）的域中。然而，应避免使用 IP 级（如 IPv6 加密与认证安全性）的安全保护，因为它们的作用不大（ISATAP 已经加密了），且降低了效率。同样，一旦 IPv6 数据流处于 ISATAP 域中，IPv4 安全方法也不能保护它。主要的安全风险包括伪造的 ip-protocol-41 欺骗攻击，这可以通过限制对站点的访问并维护一个当前的**潜在路由器列表**（Potential Router List，PRL）来防御。PRL 含有一个 IPv4 地址列表，用于公告由结点所用的路由器的 ISATAP 接口，以进行过滤选择。

ISATAP 结点必须满足针对 IPv6 计算机的功能需求（如 RFC 4294 所述），以及针对双重 IP 层操作的需要（如 RFC 4213 所述）。ISATAP 接口标识符必须遵循 RFC 4291 所述的关于 IPv6 单播地址中接口标识符的规范说明。这意味着它们在一个子网中必须是唯一地址，且在更大范围中，不能分配给多个结点。

有关 IPv6 单播地址的详细信息，请参见第 2 章。

网络结点的 ISATAP 封装使用的地址，通过一个静态计算（如 IPv4 地址的最后 4 个八字节），映射到一个链路层地址。

10.8.2 ISATAP 的组件

ISATAP 组件的高层视图描述了基本的逻辑基础设施，包括两个支持 ISATAP 的 IPv6 结点，这两个结点在 IPv4 网络基础设施上通信。ISATAP 的部署要求两个或多个逻辑 ISATAP 子网。这些子网是只支持 IPv4 的网络，分配了一个 64 位的 IPv6 子网前缀。ISATAP 配置要求有支持 ISATAP 的网络结点和路由器。ISATAP 网络结点使用一个 ISATAP 隧道接口，把 IPv6 数据流封装到 IPv4 首部中，然后在同一 ISATAP 子网上发送给其他的 ISATAP 网络结点。如果 ISATAP 网络结点需要把数据流发送给不同子网上的另一个网络结点，就需要一台 ISATAP 路由器。图 10-13 显示了一个包含所有需求 ISATAP 组件的简单网络。

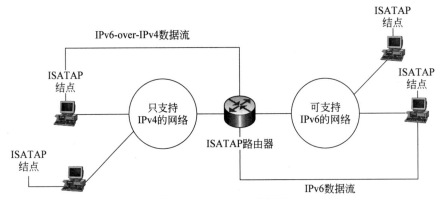

图 10-13　ISATAP 的组件

ISATAP 网络结点可以在只支持 IPv4 和支持 IPv6 的网络上操作。只支持 IPv4 网络上的网络结点使用本地链路 ISATAP 地址，利用 ISATAP 隧道接口进行相互通信，但不允许它们与其他 IPv6 子网中的 IPv6 网络结点进行通信。要使用 ISATAP 全局地址与本地网络之外的网络结点进行通信，ISATAP 网络结点必须把数据包隧道传输给一台 ISATAP 路由器。

ISATAP 网络结点通过使用由 ISATAP 路由器公告的地址前缀来定位 ISATAP 路由器，该 ISATAP 路由器为网络结点标识了逻辑 ISATAP 子网。一旦网络结点接收到这些公告，它们就使用地址前缀来配置唯一的本地链路和全局 ISATAP 地址。当 ISATAP 路由器接收到一个数据包时，根据其地址的结构，把该数据包转发给逻辑 ISATAP 子网中的另一个主机，或转发给另一个子网中的 IPv6 主机。该路由器可以把这些数据包转发给 IPv4 网络或 IPv6 路由域。ISATAP 路由器必须是所有需要路由网络数据流的 ISATAP 主机的默认路由器。

ISATAP 网络结点使用默认路由::/0，在隧道接口上把该地址设置为路由器本地链路地址的下一跳地址。当 ISATAP 网络结点发送一个要发往另一子网的另一个网络结点的数据包时，该数据包隧道传输给 ISATAP 路由器的隧道接口上的 IPv4 地址，该 ISATAP 路由器连接到只支持 IPv4 的网络。一旦路由器接收到 IPv6 数据包，就通过连接到只支持 IPv4 网络的接口把它转发出去。尽管数据流也可以发送支持 IPv6 网络上的网络结点，但这种网络不需要 ISATAP 执行隧道传输功能。如果有支持 IPv6 的网络，那么在这种网络上的 IPv6 网络结点就把 ISATAP 路由器看作是一台公告路由器。

10.8.3　ISATAP 结点的路由器发现

ISATAP 接口使用 RFC 4861 中描述的邻居发现机制来检测其他结点存在，确定它们的链路层地址，并维护可到达活动邻居结点的数据。此外，ISATAP 还维护一个 PRL，它含有可用 ISATAP 路由器的 IPv4 地址项，以及表示路由器的公告 ISATAP 接口的计时器。ISATAP 主机与路由器的路由器与前缀发现如 RFC 4861 所述。

由于 ISATAP 把 IPv4 看作是不能进行多播与广播传输的，因此链路层地址不能以通常方式来执行 ISATAP 路由器发现。与任一 IPv6 地址关联的链路层地址，包含在 IPv6 地址的低序位中，因此，并不真的需求邻居发现。由于缺少多播支持，不能使用路由器发现。这就是为什么 ISATAP 主机使用 PRL 来维护关于 ISATAP 路由器的当前信息。ISATAP 网络结点通过隧道结点发出少见的 ICMPv6 路由器发现消息，以确定 PRL 中的路由器当前是否在运行中，是否可达。

当 ISATAP 路由器发送一个恳求路由器公告时，该公告直接发送给试图更新其 PRL 的恳求结点。由于这是一条单播消息，网络上的其他 ISATAP 网络结点不会接收该公告中的信息。默认情况下，ISATAP 网络结点每隔 3600 秒（即一小时）更新一次它们的 PRL。

ISATAP 网络结点可以使用 IPv4 地址来初始化接口的 PRL，该 IPv4 地址是由管理员在该接口上使用 DNS FQDN 或通过 DHCPv4 配置的。域名也可以手工或使用 DHCPv4 来接收。使用静态主机文件查找，查询 DNS 服务，或查询特定站点的名称服务，可以把 FQDN 解析为 IPv4 地址。

一旦 ISATAP 接口的 PRL 初始化后，网络结点就为该接口设置一个计时器，每 3600 秒刷新一次 PRL。一旦计时器值到期，就使用前面描述的方法重新初始化 PRL。

10.8.4　ISATAP 寻址与路由

由于 ISATAP 网络结点既支持 IPv4，也支持 IPv6，因此可以使用这两种地址手工或动态配置这些网络结点。ISATAP 地址使用本地管理的接口标识符，其格式为::0:5EFE:w.x.y.x。在该地址中，w.x.y.x 是该机器的 IPv4 专用单播地址。ISATAP 网络结点也可以使用格式为::200:5EFE:w.x.y.x 的地址，其中 w.x.y.x 是 IPv4 公用单播地址。ISATAP 接口标识符可以与一个 64 位前缀（这对于 IPv6 单播地址是合法的）组合，并可以包含本地链路的、唯一的本地和全局前缀。ISATAP 地址的接口标识符嵌入了一个 IPv4 地址，该地址用于为 IPv4 首部确定目的地址，这样，含有 IPv6 目的地址的 ISATAP IPv6 数据包就可以在 IPv4 网络基础设施上隧道传输。

当运行 Windows 10 和 Windows Server 2012 系统的计算机既分配了 IPv4 地址，也分配了 IPv6 地址时，可以自动地分配 ISATAP 地址。例如，具有 IPv4 地址 192.168.0.1 的 Windows 10 网络结点，其本地链路 ISATAP 地址为 FE80::5EFE:192.168.0.1。要测试从一个 ISATAP

结点到另一个 ISATAP 结点的连通性，可以在命令提示符下使用 ping 实用工具。例如，如果在同一 IPv4 本地网络上，地址为 192.168.0.4，可以在命令提示符下，输入 ping 192.168.0.4 来 ping 该网络结点的 IPv4 地址，也可以输入 FE80::5EFE:192.168.0.4 来 ping 其 ISATAP 地址。如果如上所述 ping 不通 ISATAP 地址，那么就需要在该地址的末尾添加区域 ID。这是因为 ISATAP 地址是本地链路地址。例如，如果区域 ID 为 7，输入 FE80::5EFE:192.168.0.4%7。

即使没有可用的活动 ISATAP 路由器，使用上面的 ISATAP 地址也可以 ping 通另一个网络结点。当有一台路由器时，将会把 ISATAP 前缀公告给本地子网的网络结点，该前缀将成为每个 ISATAP 结点的部分地址。图 10-14 显示了使用 ISATAP 前缀寻址的一个示例。

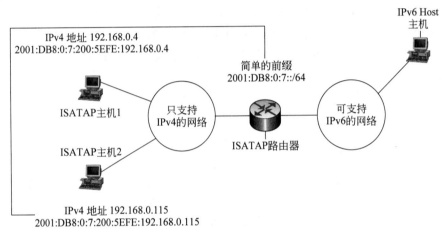

图 10-14　ISATAP 前缀寻址

对于图 10-14 中的 ISATAP 配置，ISATAP 路由器在本地网络上公告一个全局 64 位单播前缀 2001:DB8:0:7::/64，当每个网络结点从该路由器接收其更新时，就会把该前缀集成到其隧道接口上的 ISATAP 地址中。这种寻址对于 ISATAP 路由很重要，因为该前缀标识了 ISATAP 网络结点位于哪个子网上，使得来自其他子网的路由可以用于计算这些网络结点，使得计算机可以就像是在支持 IPv6 的网络中一样，通过 ISATAP 路由器发送数据包给 ISATAP 主机 1 和 ISATAP 主机 2。

在进出 ISATAP 网络的通信中涉及的每个设备，使用不同路由把数据流从源结点发往目的地结点。一个 ISATAP 网络结点可以选择两种不同类型的路由。如果一个 ISATAP 网络结点要与同一逻辑网络上的另一个 ISATAP 网络结点进行通信，可以创建一条结点到结点的隧道，无须把数据流发往路由器。该路由使用逻辑 ISATAP 子网前缀，该前缀是通过 ISATAP 接口上的路由器公告获得的。要把数据包往逻辑子网之外发送，ISATAP 数据包发送结点必须在 ISATAP 接口上使用默认路由，把数据包发往 ISATAP 路由器的下一跳地址。这使用的是结点到主机的隧道传输，允许 ISATAP 结点跨越一个或多个 IPv4 网络域，与其他子网中的计算机进行通信。

要发送数据流，ISATAP 路由器可以从两个路由中选择。该路由器在其 ISATAP 接口上使用 ISATAP 子网的在线路由，进行路由到主机的隧道传输，使用公告给逻辑 ISATAP 子网的前缀，连接到该子网上的其他 ISATAP 结点。这种路由信息与 ISATAP 结点在逻辑子网上与另一个 ISATAP 结点进行通信所使用的路由相同。ISATAP 路由器还在其 LAN 或 ISATAP 隧道接口上使用默认路由，该 ISATAP 隧道接口具有连接到 IPv6 网络的路由器的下一跳地址。这使得该路由器可以把来自 ISATAP 逻辑子网的数据流，转发给 IPv6 网络上的计算机。

除 ISATAP 网络结点和 ISATAP 路由器外，来自其他子网的设备和路由器需要路由，以便把数据流发往 ISATAP 逻辑子网。然后，为 IPv6 网络服务的路由器，在其默认路由上，把含有目的地址的数据包发往网关路由器。然后它们的 IPv6 网关就可以查询其路由表，把数据包转发给 ISATAP 路由器的 IPv6 接口。然后，ISATAP 路由器把 IPv6 数据包封装到 IPv4 首部中，通过 IPv4 网络隧道传输给逻辑子网中相应的 ISATAP 结点。

10.8.5　ISATAP 的通信

到此为止，有关 ISATAP 网络结点如何与其他结点进行通信，是在比较高的层次上介绍的，还需要了解在具体示例中是如何工作的。本节将介绍两个常见的场景：ISATAP 结点与同一逻辑子网上的另一个 ISATAP 结点如何通信，以及 ISATAP 结点与另一子网上的 IPv6 结点如何通信。

如前所述，ISATAP 结点使用主机到主机的隧道技术来与逻辑子网上的另一个 ISATAP 结点通信。这里所指的逻辑子网表示，这些结点并不是真的在一个物理子网中操作，并不像在一个 LAN 上 IPv4 结点的所有通信那样，也不是共享一个常用 IPv4 地址和子网掩码的模式。这些计算机可能处于不同的 IPv4 子网中，但由于它们支持 ISATAP，可以在同一站点或组织中操作，它们可以进行"虚拟"通信，就像是在同一个子网中一样。在主机到主机以及主机到路由器的通信中，所有 ISATAP 结点都被认为是处于同一个"逻辑" ISATAP 子网中。

例如，ISATAP 结点 1 要发送一个数据包给 ISATAP 结点 2。结点 1 使用 DNS 名称查询解析结点 2 的地址，执行一个 IPv6 路由确定，以发现达到目的地址的最近匹配路由。由于这两个结点都位于同一个逻辑 ISATAP 子网中，该路由是由在最近路由器公告时从 ISATAP 路由器获得的前缀定义的。结点 1 选择在线路由，把下一跳地址设置为结点 2 的目的地址。

结点 1 的 IPv6 数据包在该结点的隧道接口中封装到 IPv4 首部。该 IPv4 首部的目的地址使用下一跳地址或目的地址（这里是结点 2 的 IPv4 地址）的最后 32 位进行设置。结点 1 源地址确定来选择在 IPv4 数据包中使用的最佳源地址（这里是结点 1 的 IPv4 地址）。然后，结点 1 通过 IPv4 网络把数据包从其 ISATAP 隧道接口发送出去。尽管结点 1 与结点 2 之间的虚拟链路是端到端的，可以看作只有一跳，但这两个结点其实可以位于不同的 IPv4 子网中。IPv4 首部仍可以跨越一个或多个 IPv4 路由器来传输，直到它到达目的地结点所在的 IPv4 子网。一旦结点 2 接收到已封装数据包，就剥离 IPv4 首部，把 IPv6 数据包信息推给应用层。

ISATAP 主机与位于支持 IPv6 子网上的 IPv6 结点通信的过程涉及两个不同的连接：从 ISATAP 结点到 ISATAP 路由器的主机到路由器隧道传输，以及 ISATAP 路由器与支持 IPv6 的子网之间的连接。例如，ISATAP 结点 1 要发送一个数据包给 IPv6 结点 A。结点 1 像前面那样执行名称解析，做出一个路由确定，发现它必须把该数据包发往默认路由，从而把 ISATAP 路由器作为其下一跳地址。由于该数据包要到达该路由器必须穿过 IPv4 网络，结点 1 把数据包发往它的 ISATAP 隧道接口，用于把该数据包封装到 IPv4 首部中。该首部的下一跳地址设置为 ISATAP 路由器的 IPv4 地址，在已封装的 IPv6 数据包中，结点 A 的目的地址表示为一个 IPv6 地址。结点 1 再确定最佳源地址，然后传输给数据包。

该数据包通过主机到路由器的 IPv6-over-IPv4 隧道，从结点 1 发送给 ISATAP 路由器。ISATAP 路由器的 IPv4 接口接收该数据包，读取路由命令和目的地数据，确定协议字段的值为 41。这告诉路由器，这是一个 IPv6 数据包。路由器执行一个路由确定，确定最近的匹配路由，并把数据包发送给以 IPv6 网络作为其下一跳地址的接口，这就是默认路由::/0。该接口剥离 IPv4 首部，把数据包转发给 IPv6 网关路由器（该路由器是与结点 A 所在的 IPv6 子网相连接的）。IPv6 路由器接收数据包，知道其目的地址与结点 A 的 IPv6 地址匹配，然后把该数据包转发给结点 A 的接口。结点 A 接收数据包，并把它推给应用层。

记住，这两种端到端的场景都非常简单，在实际的网络环境中，路由处理会更加复杂。然后，ISATAP 结点到 ISATAP 结点，以及 ISATAP 结点到 IPv6 结点的主要通信步骤就是这些。

10.8.6　配置一台 ISATAP 路由器

对于运行 Windows 7、Windows 10、Windows Server 2012 或 Windows Server 2016 的计算机，如果已经把它们设置为通过它们的 LAN 接口来转发 IPv6 数据流，就可以把它们配置为 ISATAP 路由器。这些计算机还必须配置为使用在网络上发布的默认路由。在这些 Windows 操作系统中，默认情况下没有启用 ISATAP 路由，在这些 Windows 操作系统中配置的 ISATAP 路由器只能完成公告或公告与转发功能。

ISATAP 配置是在命令提示符下完成的，很多命令要求以管理员的身份运行命令提示符。使用 ipconfig /all 命令，确定把要配置的计算机上的 ISATAP 接口作为 ISATAP 路由器。其输出显示了标志为 Tunnel adapter isatap 的一个或多个接口，如图 10-15 所示。

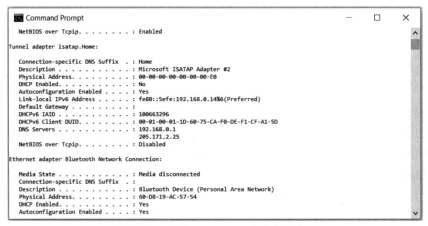

图 10-15　用 ipconfig /all 命令的输出

一旦确定了所需 ISATAP 接口的名称或索引，就可以使用命令 netsh interface ipv6 set interface ISATAPInterfaceNameOrIndex advertise=enabled，其中 ISATAPInterfaceNameOrIndex 为接口的名称或索引。图 10-16 显示了该命令运行在 Windows 10 计算机上的示例。

用 disabled 替代 enable 运行同样的命令，可以在接口上禁用公告。

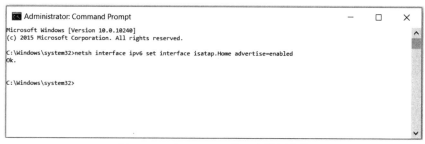

图 10-16　在 ISATAP 接口上设置公告

ipconfig /all 命令可以显示计算机上的 ISATAP 接口名，但还需要使用 netsh interface ipv6 show interface 命令来查看 ISATAP 索引。所有 IPv6 接口都将显示出来，不论它们的连接状态如何。在 Idx 列可以看到 ISATAP 索引。例如，如果期望的 ISATAP 接口具有索引 11，那么，当启用公告时，可以用该值来替代接口名，即 netsh interface ipv6 set interface 11 advertise=enabled。要运行该命令，必须以管理员的身份运行命令提示符。如果不是，将收到一个通知，告诉你提高你的权限。

一旦把 ISATAP 接口设置为公告的，下一步就是把逻辑 ISATAP 子网前缀的路由添加给同一 ISATAP 接口。本章前面使用了示例前缀 2001:DB8:0:7::/64，可以在这里的示例中使用它。给 ISATAP 接口添加路由的命令为 netsh interface ipv6 add route IPv6AddressPrefix/PrefixLength ISATAPInterfaceNameOrIndex publish=yes，其中 IPv6AddressPrefix/ PrefixLength 为前缀长度，ISATAPInterfaceNameOrIndex 为期望接口的名称或索引。继续使用前面的示例值，添加一个路由的命令示例为 netsh interface ipv6 add route 2001:DB8:0:7::/64 11 publish=yes。该命令必须在命令提示符下以管理员的身份运行。

为了使 ISATAP 结点找到 ISATAP 路由器，可能希望该路由器的 IPv4 地址解析为包含"isatap."的名称。Windows 客户端计算机运行一个 DNS 查询，这样，它可以配置其 ISATAP 地址。然而，当 Windows 计算机或服务器是首次命名或配置时，它可能并没有设置理想，后面它可能要成为一台 ISATAP 路由器，这样，该计算机的名称与"isatap."无关。为了把路由器的 ISATAP 接口名设置为能作为一个 ISATAP 接口而被识别，可以运行 netsh interface isatap set router AddressOrName，其中 AddressOrName 为 IPv4 地址或该接口的名称。不要使用 FQDN 来替代接口名或接口的 IPv4 地址。

要在路由器的 ISATAP 接口上启用公告和转发，必须有一些命令。到目前为止，我们已经启用了公告，使用一个 64 位前缀发布一个路由，设置 ISATAP 接口的 IPv4 地址以解析为"isatap."。

要在 LAN 接口上启用转发数据包到支持 IPv6 的网络，使用命令 netsh interface ipv6 set interface LANInterfaceNameOrIndex forwarding=enabled，其中 LANInterfaceNameOrIndex 为该 LAN 接口的名称或相关 IP 地址的索引。要启用从路由器到支持 IPv6 网络的公告，运行命令 netsh interface ipv6 set interface ISATAPInterfaceNameOrIndex forwarding=enabled advertise=enabled，其中 ISATAPInterfaceNameOrIndex 为 ISATAP 接口的名称或索引号。要往连接到 IPv6 网络的路由器的接口添加一个默认路由，使用命令 netsh interface ipv6 add route ::/0 LANInterfaceNameOrIndex nexthop=IPv6RouterAddress publish=yes，其中 LANInterfaceNameOrIndex 为接口的名称或相关的索引号，nexthop=IPv6RouterAddress 是要接收公告的下一跳路由器的 IPv6 地址。

10.9　6to4 隧道技术

6to4 是另一种 IPv4 到 IPv6 的转换技术，允许 IPv6 数据包跨越 IPv4 网络基础设施（包括 IPv4 Internet）进行发送，无须显式地配置 IPv6-over-IPv4 隧道。RFC 3056 描述了 6to4 的最新规范说明，该文档定义了一种方法，用于给已具有一个或多个全局唯一 IPv4 地址的站点分配一个临时的唯一 IPv6 地址前缀，并可以指定一种封装方法，利用该唯一前缀地址在 IPv4 上发送 IPv6 数据包。RFC 3056 适用于站点而不是单个网络结点，通过限制由特殊中继路由器服务的站点数量，可以无限扩展。

2015 年 5 月发布的 RFC 7526，专用于废弃 6to4 中继路由器的任播前缀（这是在 RFC 3056 中描述的 6to4 传输机制）。RFC 7526 的发布，表明这种机制不再是一种有用的服务。在 6to4 的新实现中，不推荐使用任播 6to4，但基本的单播 6to4（也是定义在 RFC 3056 中）和相关的 6to4 IPv6 前缀 2002::/16 没有被废弃。

10.9.1　6to4 概述

通过使用特殊的中继服务器，6to4 可以避免 ISATAP 所需的不同隧道配置。ISATAP 中继服务器运行允许 6to4 站点的通信穿越 IPv4 网络，与支持 IPv4 的网络进行通信。6to4 技术在 IPv4-to-IPv6 转换的初始阶段特别有用，因为在数据包发送与接收结点之间，不要求有任何可用的 IPv6 结点。

6to4 可以应用于某个特定网络或某个局域网络。主机必须具有一个全局 IPv4 地址，且该主机必须可以把 IPv6 数据包封装到 IPv4 首部中，并能把输入的已封装 IPv6 数据包拆封。任何可以转发这种数据包的结点都可以认为是一台路由器。

IPv6 网络上的 6to4 寻址部署的是自动配置，它使用后 64 位作为主机地址，前 64 位作为 IPv6 前缀。该前缀的前 16 位总是使用标识符 2002:（如 RFC 3056 的定义）。接下来的 32 位是 IPv4 地址，最后 16 为是路由器随机选择的。利用路由器公告，IPv6 主机使用 6to4 获得前缀的前 64 位，就像在 ISATAP 前缀寻址中那样。图 10-17 显示了前缀寻址模式的图示，包括 IPv4 地址是如何集成到前缀中的。

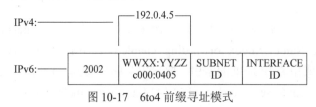

图 10-17　6to4 前缀寻址模式

当 6to4 路由器接收到一个具有保留前缀 2002::/16 的已封装数据包时，该路由器知道这是一个 6to4 数据包，并把它进行相应的路由。6to4 只是一种允许 IPv6 网络结点通过 IPv4 网络与其他 IPv6 网络结点通信的方法，它不允许 IPv6 网络结点与只支持 IPv4 的设备进行通信。

6to4 也存在一些问题，如大量错误配置的网络结点以及糟糕的网络性能。为解决这些问题，IETF 在 RFC 6343 中给出了一个建议，有望避免连接性错误和重传延时。此外，用户和本地网络的管理员可能并不会意识到连接性问题是由 6to4 引起的，或者甚至都意识不到正在使用 6to4 作为一种连接机制。这使得无法精确地解决问题，阻碍了 IPv4-to-IPv6 转换实现，因为出现这种连接性问题的工作区往往会禁用 IPv6。

10.9.2　6to4 的组件

6to4 基础设施配置是由一些基本组件构成的。正如本章前面所介绍的 ISATAP 组件示例一样，6to4 的组件设置表示了一个 6to4 网络的最小组成。在实际中，不同 6to4 组件之间的关系可能涉及的内容要更多。

一个 6to4 网络配置由 4 个基本组件构成。第一个是 6to4 网络结点，这是一台具有一个或多个 IPv6 地址的 PC。网络结点必须至少具有一个全局 IPv6 地址，且具有 200::/16 前缀，才称得上是一个 6to4 网络结点。在进行 IPv6-over-IPv4 隧道传输时，并不需要 6to4 网络结点的这种特别要求，也不需要使用地址自动配置方法通过手工配置来创建一个 6to4 地址。

6to4 路由器的主要特点是，它是使用一个 6to4 隧道接口，在站点中的一个 6to4 结点与其他 6to4 设备之间转发 6to4 地址数据包。6to4 设备包括 6to4 路由器、6to4 中继器以及 6to4 结点或路由器。6to4 路由器是一种很像需要手工配置的设备。本节后面将介绍 6to4 路由器的命令。在任意给定的 6to4 站点中，6to4 路由器负责公告前缀地址，这样，该站点中的 6to4 结点可以自动配置它们的 6to4 地址。

6to4 中继是一种特殊的设备，作用类似于 IPv6/IPv4 路由器。它可以把具有 6to4 地址的数据包，通过 IPv4 网络发往其他 6to4 设备，以及在支持 IPv6 的网络中发往 IPv6 设备。

6to4 结点/路由器（也成为 6to4 主机/路由器）是一种 IPv6/IPv4 设备，使用一个 6to4 隧道接口，发送和接收 6to4 数据包。使得 6to4 结点/路由器与标准的 6to4 路由器不同的是，它不会把 6to4 数据包转发给其他 6to4 网络结点，只是转发给 IPv6 网络结点。这种设备的典型配置是 Windows 7 计算机，在一个直接连接到 Internet 的网卡上，有一个 IPv4 地址。图 10-18 显示了一个简单的 6to4 网络基础设施，它包含了所有 6to4 组件。

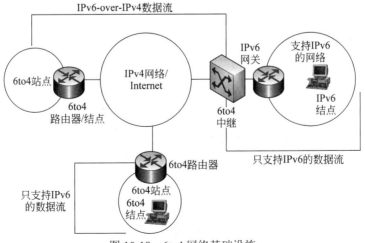

图 10-18　6to4 网络基础设施

10.9.3 6to4 寻址与路由

本节将介绍 6to4 前缀寻址的基本格式，该格式如图 10-16 所示。任何 6to4 站点都必须至少有一个合法的全局唯一 32 位 IPv4 地址，以用于 6to4 寻址。该地址必须是通过正式的地址注册（如服务提供商）分配给站点的，且不能是专用 IPv4 地址。该前缀的前 16 位总是 2002:，其中 13 位是由 IANA 作为顶层集聚器（Top Level Aggregator，TLA）标识符而永久分配的，0x0002 的数值与 IPv6 格式前缀 001 组合，表示成 IPv6 地址前缀，即是 2002::/16。6to4 地址前缀的这种格式，与通常的/48 IPv6 前缀的格式是相匹配的，它可以像其他合法的 IPv6 前缀一样，用来生成自动地址分配和发现。如果 IPv4 地址是动态地分配给站点，6to4 前缀也是动态的，IPv4 地址分配发生变化时，6to4 前缀也相应地变化。

下面来看一个 6to4 网络示例，6to4 网关路由器直接连接到 Internet，接收来自服务提供商的 IPv4 地址分配，该地址表示的是该站点的地址。6to4 网关路由器创建一个 48 位前缀，例如 2002:DB8:0::/48，其中 DB8:0 是该网关路由器从服务提供商那里获得的 IPv4 地址的十六进制表示。6to4 网关路由器可以手工或动态配置 64 位前缀的子网 ID。在本示例中，子网 ID 是由该路由器创建的，然后创建一个完整的网络前缀。一旦创建了该前缀，6to4 路由器就连接到专用 6to4 网络的 LAN 网卡上，公告前缀 2002:DB8:0::/64。6to4 站点中的 IPv6 网络结点接收含有该前缀的 6to4 路由器公告，每个网络结点根据该前缀动态地配置其 IPv6 地址。

与 ISATAP 设备类似，6to4 网络设备也使用在线路由和默认路由。6to4 网络结点为 6to4 网关路由器的 LAN 接口所用的专用子网前缀使用在线路由，在该子网内进行通信。当要与子网之外进行通信时，使用该路由器的 LAN 接口的下一跳地址作为其默认路由。

6to4 路由器使用在线路由在专用子网内的网络结点之间来回转发数据流。路由器在其 6to4 隧道接口上使用的单个在线路由，用于执行路由器到路由器的隧道传输，把数据包传输给其他 6to4 路由器或 6to4 中继。当使用这种路由类型来连接 6to4 中继时，其目的不是为了把 IPv6 数据包转发给支持 IPv6 的站点或穿越 IPv6 网络。它是为了执行路由器到主机的隧道传输，把数据传输给 6to4 结点/路由器。当路由器穿过 IPv6 Internet 把 IPv6 数据流转发给支持 IPv6 的网络时，它在具有 6to4 中继的下一跳地址的 6to4 隧道接口上，使用一个默认路由。

6to4 中继在其隧道接口上使用一个在线路由，以执行与 6to4 路由器的路由器到路由器通信，以及与 6to4 结点/路由器的路由器到主机通信。它在其 LAN 或隧道接口上使用一个默认路由，该接口具有下一个路由器的下一跳地址，或具有 IPv6 网络（包括 IPv6 Internet）的网关路由器的下一跳地址。6to4 中继使用该路由把 IPv6 数据流转发给 IPv6 网络和结点。在 IPv6 Internet 中支持 IPv6 的路由器，把数据包路由给 6to4 前缀地址 2002::/16，与 6to4 中继进行通信，并把数据流从 IPv6 网络转发给 6to4 站点或结点。

10.9.4 6to4 通信

在 6to4 基础设施中有多种通信模式，包括结点到结点/路由器，以及结点到结点。例如，假设 6to4 结点 1 要把数据流发送给 6to4 结点/路由器。该过程的第一步是，使用一条

DNS 查询，为结点 1 解析结点/路由器 A 的地址。然后，结点 1 进行路由确定，定位到目的地址最匹配的路由。这里，最匹配的路由是默认路由，它通往 6to4 路由器上本地接口的下一跳地址。结点 1 构建一个 IPv6 数据包，并使用通过 6to4 网关路由器的默认路由，把它发送给 IPv6 接口。

一旦 6to4 路由器接收到数据包，就进行路由确定，定位到目的地址最匹配的路由。由于目的地址是必须穿越 IPv4 网络的 IPv6 地址，路由器把数据包发给它的 6to4 隧道接口以进行处理。6to4 接口在 IPv4 首部中配置一个 IPv4 目的地址，该 IPv4 首部将封装 IPv6 数据包。IPv4 目的地址使用下一跳地址中第二和第三组的相应 32 位。下一跳地址是 6to4 结点/路由器的 IPv4 公用地址。6to4 路由器确定，其公用 IPv4 地址是要使用的最好源地址，它把数据包传输到隧道接口之外。一旦已封装的数据包到达 6to4 结点/路由器 A，就进入用公用 IPv4 地址配置的隧道接口。结点/路由器读取协议字段的值为 41，去除 IPv4 封装，并把 IPv6 数据包传输给 IPv6 协议，在 OSI 栈中进行处理。

在 6to4 结点与 IPv6 主机之间的通信中，发送方与接收方之间的路由必须经过数据包发送结点到路由器，从路由器到中继，然后从中继到数据包接收结点。该过程的第一步要求像通常那样，数据包发送结点进行名称解析和路由确定过程。6to4 结点通过默认路由，发送其 IPv6 数据包给下一跳地址，这是网络中 6to4 网关路由器的内部接口。

当路由器接收到数据包，就进行路由确定，并定位最匹配路由，这里是到 6to4 中继的下一跳 IPv6 地址的默认路由。数据包发送给 6to4 隧道接口以进行处理。因为数据包必须穿过 IPv4 网络以到达中继，因此必须把它封装到 IPv4 首部中。IPv4 首部的 IPv4 目的地址是由 6to4 目的地址中第二和第三组相应的 32 位构成的。路由器确定要使用的最好源地址，这是它的公用 IPv4 地址，并把已封装的数据包发送到隧道接口之外。

6to4 中继上的隧道接口接收数据包。该中继读取协议字段的值 41，去除 IPv4 封装，并把 IPv6 数据包发送给 IPv6 协议做进一步处理。中继进行路由确定，选择通过下一跳 IPv6 网关路由器的默认路由，该网关路由器是目的地结点所在 IPv6 网络的。整个过程假设中继使用一个纯 IPv6 接口来转发 IPv6 数据包，该数据包是穿过 IPv6 Internet 而到达 IPv6 网关路由器的。

一旦 IPv6 网络的 IPv6 网关接收到 IPv6 数据包，由于没有涉及隧道传输，IPv6 网关读取数据包的目的地址，确定通过目的地的路由是在其本地 LAN 接口上，并把该数据包转发给 IPv6 目的地结点。该结点接收 IPv6 数据包，并把它上交给 OSI 栈。

10.9.5 ISATAP 与 6to4 一起使用

有可能把 ISATAP 与 6to4 一起用于那些难以实现的网络通信。ISATAP 网络结点可以与逻辑子网内的其他网络结点进行通信，但不能与其他网络的计算机连接。通常，一台 ISATAP 主机不能接收来自 6to4 路由器的公告，没有这些公告，也就无法创建一个让它使用 6to4 路由器作为网关往子网之外发送数据包的地址。然而，6to4 路由器也可以手工配置成 ISATAP 路由器，作为含有相关 ISATAP 网络结点的 ISATAP 网络的路由器。必须把记录 A 添加到站点的 DNS 服务器中，该服务器指向 6to4 路由器的 ISATAP 名并解析为一个 IPv4 地址。

一旦完成了这些，ISATAP 网络结点就可以为 6to4 路由器的 ISATAP 名进行名称到地址的解析，接收路由器公告以响应路由器请求消息，并配置其本地链路的 ISATAP 地址。然后，ISATAP 网络结点配置一条通往 6to4 路由器的路由，以便使用该 6to4 路由器作为其网关，把数据包发送到 ISATAP 子网之外去。

10.10　Teredo 隧道技术

Teredo 是另一种 IPv4-to-IPv6 转换技术，可以实现两个 IPv6 网络结点跨越 IPv4 网络基础设施进行 IPv6 连接。使 Teredo 不同于 ISATAP 与 6to4 的是，它可以使用网络地址转换（NAT），在宿主路由器和宽带设备后面进行操作。这是通过使用一个与隧道协议无关的平台来实现的。通过把 IPv6 数据包封装在 IPv4 UDP 数据报中，隧道协议允许 IPv6 数据包跨越 IPv4 网络进行传输。一旦封装之后，该数据报就可以像其他 IPv4 数据包那样在 IPv4 网络中进行路由，甚至可以穿越 NAT 设备。一旦该数据报达到其目的地，就将它拆封并传送给 IPv6 接收结点。Teredo 的另一个特点是，它是由微软公司开发的，由 RFC 4380 正式标准化了。

10.10.1　Teredo 概述

为了使 Teredo 数据流能够跨越 IPv4 NAT，并创建 IPv6 连接，利用 Teredo 服务器和 Teredo 中继，Teredo 设备通过 IPv4 UDP 把 IPv6 数据包进行隧道传输。Teredo 服务器是无态的，只负责管理 Teredo 客户端计算机之间的少量数据流。Teredo 中继完成 Teredo 服务与支持 IPv6 网络之间的路由。利用其他转换技术（如 6to4），Teredo 中继还可以与网络结点相互作用。

然而，Teredo 并不像 6to4 那样需要依靠边界路由器，它可以提供从结点到结点的隧道传输。尽管 6to4 可以在边界设备中跨越 NAT 进行隧道传输，但如果在源地址与目的地址之间有多个 NAT 设备，就不能提供完整的连接。NAT 只能转换 TCP 和 UDP 上层协议，这也是 Teredo 可以跨越 NAT 的原因。但在大多数情况下，NAT 不能配置为转换其他协议（包括被 ISATAP 和 6to4 用于隧道传输的协议 41）。

与 ISATAP 和 6to4 一样，Teredo 被设计为一种转换服务，但并不意味着它就是一种永久的 IPv6 技术。随着 IPv6 不断取得主导地位，IPv4 渐渐消退，用于跨越 IPv4 网络进行 IPv6 通信的转换机制也将去除。

10.10.2　Teredo 的组件

Teredo 系统的基本组件是 Teredo 客户端、Teredo 服务器、Teredo 中继以及 Teredo 特定主机的中继。Teredo 客户端是一个 IPv4/IPv6 网络结点，具有一个 Teredo 隧道接口，允许网络数据流在 Teredo 客户端之间传输（使用主机到主机的隧道技术），或在网络结点与 Teredo 中继之间传输（使用主机到路由器的隧道技术）。

Teredo 服务器是使用不同接口，可以同时连接到 IPv4 Internet 和 IPv6 Internet 的 IPv4/IPv6 网络结点。作为一种无态的服务器，不论需要支持多少客户端，它都是使用同样数量的内存。它为所支持的所有客户端的初始配置提供数据和服务，为不同 Teredo 客户端之间，以及 Teredo 客户端与支持 IPv6 的网络结点之间的通信提供便利。Teredo 服务器不会把数据包转发给 Teredo 客户端。Teredo 服务器不一定与它所服务的 Teredo 客户端同在一个物理子网中，它可以位于跨越了一个 IPv4 网络的其他地方。

Teredo 中继是一台 IPv4/IPv6 路由器，使用主机到路由器和路由器到路由器隧道技术，把数据包从 IPv4 网络上的 Teredo 客户端转发给 IPv6 网络上的 IPv6 网络结点，以及从这些 IPv6 网络结点转发给 Teredo 客户端。它不会在两个 Teredo 客户端之间转发数据包。Teredo 中继表示的是 Teredo 隧道最远端的 Teredo 系统组件。由于 Teredo 中继需要消耗大量的带宽，因此尽可能限制它能同时支持的客户端连接数量。每个中继支持一个特定 Teredo 客户端组，例如一个公司或业务组，一个 ISP，或其他大小相当的网络基础设施。

Teredo 特定主机的中继是一种 IPv4/IPv6 网络结点，它同时连接到 IPv4 Internet 和 IPv6 Internet，通过 IPv4 连接（无须穿过 Teredo 中继）在 Teredo 客户端结点之间进行通信。IPv4 连接可以通过一个公用或专用 IPv4 地址，也可以通过中间的 NAT 设备。IPv6 连接可以通过一条直接的连接，或通过另一种 IPv6 转换机制，例如 6to4。Teredo 特定主机的中继具有一些服务，只提供给那些运行了该中继服务的网络结点。

尽管没有"正式"的 Teredo 组件，但 Teredo 系统被设计为允许 Teredo 网络结点跨越 IPv4 Internet 进行通信（尤其是与 IPv6 网络上的 IPv6 网络结点的通信），因此，IPv6 设备可以认为是一个"需要的组件"。

10.10.3　Teredo 寻址与路由

Teredo 地址由以下 5 个部分组成：

- 前缀：32 位的 Teredo 服务前缀。
- 服务器 IPv4：Teredo 服务器的 32 位 IPv4 地址。
- 标志：一个 16 位集，表明了所用的地址类型和 NAT。
- 端口：由运行在客户端中的 Teredo 服务所用的 UDP 端口。
- 客户端 IPv4：客户端所用的 IPv4 地址。

图 10-19 显示了这种地址结构的图示。

32 位的 Teredo 前缀使用地址空间 2002::/32，这是 IANA 为 Teredo 保留的。Teredo 在其地址结构

图 10-19　Teredo 地址结构

中使用一个全局 IPv4 地址和 UDP 端口，地址/端口的转换使得 Teredo 数据流可以穿过 NAT 设备。

Teredo 地址标志字段含有如下位类型：

- C：锥形标志。
- R：保留给以后使用。
- U：统一/本地标志，其值设置为 0。
- G：单个/组标志，其值设置为 0。
- A：12 位标志的随机集。

在 Teredo 地址的标志字段中，A 标志提供一些保护，防止 Internet 上的恶意人员发起地址扫描。A 标志中的位设置为一个 12 位的随机生成值，当恶意人员想要执行地址扫描，以便能确定 Teredo 地址的其余部分时，A 标志的位使得该扫描需要尝试 4096 个不同地址才能找到正在使用的正确地址。

在 Teredo 地址的端口和客户端 IPv4 字段中，Teredo 客户端的端口和地址数据是模糊的或是隐藏的。这是通过把每个端口与地址的数字颠倒而实现的。由 Teredo 客户端传输的数据包，利用 NAT 服务，把源 UDP 端口映射到不同的 UDP 端口，外部端口是 Teredo 结点用于传输所有 Teredo 数据流的端口。当 Teredo 结点发送一个数据包时，该结点的 IPv4 地址由 NAT 服务映射到不同的外部 IPv4 地址，该地址用于所有 Teredo 数据流。

Teredo 客户端要获得它的 Teredo 地址，必须发现为该客户端提供服务的 Teredo 服务器的 IPv4 地址。如果网络结点位于 NAT 设备的后面，地址的标志字段中的 C 位必须设置为 1，U 和 G 位设置为 0，A 位随机设置。然后构建该地址，先是 Teredo 前缀 2001://32，接着是 Teredo 服务器的 IPv4 地址的冒号分隔十六进制表示法，然后是正确设置标志位，最后是端口和客户端 IPv4 地址。

与其他 IPv4/IPv6 转换机制一样，Teredo 也使用在线路由和默认路由。然而，Teredo 客户端结点使用的路由与其他 Teredo 设备使用的有一些不同。Teredo 网络结点使用的是默认路由，把所有 IPv6 目的地址看作是在线的，且使用的是隧道接口。默认路由的下一跳地址是所期望的 IPv6 网络结点的 IPv6 目的地址，并设置为它的 Teredo 接口。

所有其他 Teredo 设备要么使用在线路由，要么使用默认路由。在线路由设置为 Teredo 前缀，使用 Teredo 隧道接口，允许与其他 Teredo 设备进行通信。默认路由是使用 LAN 或连接到 IPv6 Internet 的隧道接口，这样，来自 Teredo 设备的数据流就可以到达支持 IPv6 的网络。

10.10.4　Teredo 的处理过程

在端到端的 Teredo 通信模型中，要做的第一个工作是，把 Teredo 客户端结点连接到 Teredo 服务器，以执行一个资格鉴定过程。此时，客户端将确定它是位于锥形 NAT、受限 NAT 还是对称 NAT 之后。如果客户端位于对称 NAT 之后，它在 Teredo 服务器中资格鉴定失败，因为对称 NAT 要求把结点的相同 IPv4 地址和端口映射到 NAT 设备的外部 IPv4 地址和端口。Teredo 寻址过程要求 IPv4 地址和端口映射改为在 NAT 设备面向外部的接口上。当位于对称 NAT 之后时，在结点可以发送单播数据包之前，必须为 NAT 转换表添加更多项。

如果 Teredo 客户端结点位于锥形 NAT 之后，它就把其端口和 IPv4 地址合并到 Teredo 端口与 IPv4 客户端字段中，并映射到 NAT 的端口与 IPv4 地址。如果 Teredo 结点不是位于 NAT 之后，那么当该 Teredo 结点发送一个 IPv6 数据包时，它首先必须通过 Teredo 服务器进行 **Teredo 冒泡数据包**（Teredo Bubble Packet）交换，这就可以沿着无 NAT 的路径进行通信。

如果两个结点在不同的站点，且都位于受限 NAT 之后，那么，要管理这两个 Teredo 结点之间的通信，需要进行一系列的特殊动作。

（1）Teredo 结点 A 创建一个没含有数据的冒泡数据包，用于在 Teredo 结点 A 与 Teredo 结点 B 之间创建和维护 NAT 转换映射。

（2）然后，Teredo 结点 A 直接给 Teredo 结点 B 发送一个冒泡数据包。

（3）当结点 A 的受限 NAT 转发冒泡数据包时，就会创建一个特定源的 NAT 转换表项，允许后面来自结点 A 的数据包被结点 B 的受限 NAT 接收，并转发给结点 B。

（4）结点 B 的受限 NAT 接收冒泡数据包，但由于它（很可能）没有配置为可接收具有任意 UDP 端口号和 IPv4 地址的数据流，因此它将丢弃第一个数据包（但将接收并转发随后的数据包，如上一步所述）。

（5）Teredo 结点 A 通过 Teredo 服务器发送第二个冒泡数据包给结点 B。该服务器把结点 B 的 IPv4 目的地址设置为 Teredo 服务器的地址。

（6）结点 B 的服务器把冒泡数据包转发给结点 B，该数据包是由结点 B 的受限 NAT 接收并转发给结点 B 的。

（7）Teredo 结点 B 直接给结点 A 发送一个冒泡数据包作为应答。当结点 A 的受限 NAT 接收到该数据包时，它将接收并转发，因为当结点 A 给结点 B 发送第一个冒泡数据包时，就已经创建了特定源的 NAT 转换表项。

（8）在结点 A 接收了结点 B 的冒泡数据包之后，两个受限 NAT 都有特定源的映射了，结点 A 和结点 B 都可以直接向对方发送数据流了，无须进一步的协商。

当位于两个不同锥形 NAT 之后的某个 Teredo 结点想要与另一个 Teredo 结点通信时，将设置每个结点的 NAT 转换表项，允许在任意源 UDP 端口和 IPv4 地址之间进行通信。不同站点中的 Teredo 结点可以直接通信，无须使用中间的 Teredo 设备。两个设备之间的连接表示为一条虚拟的端到端链路，就像两个设备位于同一子网中一样。

当某个 Teredo 结点要与 IPv6 站点中的某个 IPv6 结点通信时，该 Teredo 结点必须依靠能通往该 IPv6 站点的 Teredo 中继。Teredo 中继公告 IPv6 站点的可用性，让它们知道，该中继可以把数据流转发给 Teredo 客户端结点。任何给定的 Teredo 中继都只服务于 IPv6 Internet 的某个部分（例如 ISP 的客户）。要想与某个 IPv6 结点通信的 Teredo 结点，必须首先发现是哪个 Teredo 中继服务于该 IPv6 结点的 IPv6 网络。Teredo 结点通过如下一个相当迂回的过程来完成发现。

（1）Teredo 结点把要发往所期望的 IPv6 结点的 ICMPv6 回应请求数据包，封装到 UDP 数据包中，然后把该数据包发往为该 Teredo 结点提供服务的 Teredo 服务器。

（2）Teredo 服务器接收该数据包，把它拆封，并转发给 IPv6 目的地址。

（3）含有该 IPv6 目的地结点的 IPv6 网络服务的 Teredo 服务器，接收 ICMPv6 回应请求数据包，并把它转发给 IPv6 目的地址。

（4）通过整个回应请求数据包，Teredo 结点就发现了 Teredo 中继的端口和 IPv4 地址。

（5）Teredo 结点把后面的所有 IPv6 数据包（封装在 UDP 数据包中）发往期望的 IPv6 结点，这些 UDP 数据包的地址是发送 Teredo 中继的 UDP 端口和 IPv4 地址的。

图 10-20 显示了跨越 IPv4 和 IPv6 Internet 的 Teredo 组件与逻辑网络连接。

为避免欺骗攻击，初始的 ICMPv6 回应请求数据包在其有效载荷中含有大量随机数。当初始回应请求数据包发送时，它同样含有大量随机数，Teredo 结点在进行后面的通信之前，验证这些随机数。Teredo 服务器只参与资格鉴定过程，以及冒泡数据包与 ICMPv6 数据包的互换，当正在发送和接收实际数据时，Teredo 服务器退出通信循环。这减轻了在 Teredo 服务器上实现扩展性以及提供安全性的负担，因为数据不会穿过该服务器，也不能存储在该设备上。

Teredo 服务在 Windows 10 上可用，Teredo 接口在默认情况下也是启用的。ipconfig /all 命令可以显示有一个 Teredo 隧道伪接口，还显示该接口有一个 IPv6 地址以及一个 IPv6 本地链路地址。要查看 Teredo 接口的状态，可以使用 netsh interface teredo show status 命令来
展示该接口的状态，默认情况下，对于 Windows 7 显示是离线的，但对于 Windows 10 显
示是可用的。

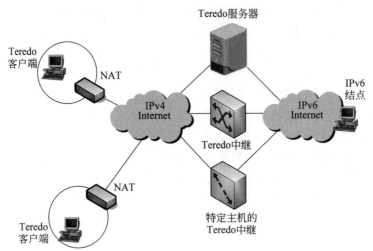

图 10-20　Teredo 组件与逻辑网络连接

在 Windows 7 计算机中，使用 netsh interface teredo set state [type] [servername]
[refreshinterval] [clientport] 命令，可以启用 Teredo 接口，其中，type 为状态类型（如 disabled、
client、enterpriseclient 或 server），servername 是 Teredo 服务器的名称（如
teredo.ipv6.microsoft.com），refreshinterval 是以秒为单位的时间数（在这个时间之后客户端
就爱你个刷新其设置），clientport 为客户端的 UDP 端口（它也可以由系统自动设置）。运
行 netsh interface teredo set state 命令可能显示，计算机的 Teredo 接口仍然是离线的。如果
出现错误 "client is in a managed network"，表明客户端的状态应设置为 enterpriseclient，而
不是 client。其他问题有端口设置错误配置，Teredo 被第三方防火墙阻止了，或者为客户端
配置的 Teredo 服务器被错误配置或不可用。

在 Windows 10 计算机上，这些设置默认情况下是已配置好了的。

本章小结

- 从 IPv4 到 IPv6 的转换，将是一个两种协议共存的长期过程。IPv4 和 IPv6 设备与
  网络需要相互进行通信，IPv6 数据包需要找到一条跨越 IPv4 网络域的路径。实现
  IPv4 到 IPv6 转换的困难有，IPv4 与 IPv6 的互操作性，规划和实现从 IPv4 到 IPv6
  的转换机制的复杂性，服务提供商的 IPv6 地址可用性，以及要求全球范围的个人
  和公共组织机构的大量时间和资源投入。

- 根据组织机构的需要和转换阶段，可以使用几种不同的 IPv4/IPv6 混合网络和结点，
  以方便实现从 IPv4 到 IPv6 的转换。基本的混合网络模型允许 IPv6 网络通过 IPv4
  主干网进行相互通信。这是一个比较简单的过程，来自 IPv6 结点的数据包被 IPv6
  网关路由器封装到 IPv4 首部中，然后在 IPv4 Internet 上传输给数据包接收 IPv6 网

络和结点。在源地址与目的地址之间,IPv4 首部的路由可能需要跨越多个 IPv4 路由器,但从 IPv6 网络的角度来看,就好像是在 IPv6 源地址与 IPv6 目的地址之间直接构建了一条端到端的隧道一样。嵌套的混合网络在原理上类似,这里的 IPv6 网络更像是存在于一个更大的 IPv4 LAN 中一样。真实的混合网络是 IPv4 子网与 IPv6 子网的混合集,都是在 IPv4 LAN 上进行交互作用,通过 IPv4 Internet 与 LAN 之外的结点进行通信。不论是哪种模型,在转换过程中的寻址,必须允许网络设备执行 IPv6-to-IPv4 地址转换,或者提供另一种机制,允许 IPv6 数据包可以使用 IPv4 源地址和目的地址,这样就可以跨越 IPv4 Internet 传输,到达 IPv6 目的地。

- 转换机制可以使用双重 IP 层体系结构或双重栈体系结构。双重 IP 体系结构使得网络设备既可以使用 IPv4 也可以使用 IPv6 来创建数据包。对于使用双重栈体系结构的设备,每种网络层协议使用一个单独的传输层栈。换句话说,一台计算机既可以使用 IPv4,也可以使用 IPv6,IPv4 可以访问自己的 TCP 和 UDP 栈,IPv6 则访问单独的传输层栈。不论使用哪种栈结构,IPv6-over-IPv4 隧道技术是在 IPv4 网络上发送 IPv6 数据包的常见传输机制。转换网络中的 DNS 基础设施必须能够同时管理 A 和 AAAA 记录,以便把域名解析成 IPv4 地址和 IPv6 地址。这就要求网络名称服务和名称解析器都是运行在单个网络结点上。

- 根据部署的隧道机制,IPv6-over-IPv4 隧道技术涉及不同的网络设备配置。路由器到路由器通常要求路由设备既能支持 IPv6 也能支持 IPv4。这在跨越一个大型 IPv4 域来创建隧道的端点时是最常见的。主机到路由器与路由器到主机的配置表示的是网络数据包传输过程的第一步和最后一步。IPv6 发送主机创建 IPv6 数据包,并把该数据包发送给网关路由器。该路由器把该数据包封装到 IPv4 首部中,并通过其公用 IPv4 接口往外发送。在隧道的另一端,数据包接收路由器接收数据包,去除首部信息,通过其内部的 IPv6 接口把 IPv6 数据包转发给 IPv6 数据包接收结点。主机到主机的配置允许 IPv6 数据包发送主机创建一条到数据包接收主机的虚拟端到端连接,无须依靠网关来执行封装和隧道传输。3 种隧道传输机制是 ISATAP、6to4 和 Teredo。

- ISATAP 是一种自动隧道传输机制,允许 IPv6 ISATAP 网络结点通过 ISATAP 路由器,跨越 IPv4 网络,与 IPv6 网络进行通信。ISATAP 结点使用特殊结构的地址,该地址是基于 ISATAP 标识符与网络设备的专用单播地址的 IPv4 地址的组合而成的。ISATAP 结点和路由器可以使用在线路由或默认路由。对 ISATAP 结点,在线路由允许它们直接把数据流发送给其他 ISATAP 结点,当数据流要发往 IPv6 结点时,默认路由则是先把数据流发给 ISATAP 路由器。ISATAP 路由器为要发往 ISATAP 子网的数据流使用在线路由,如果要发往 IPv6 网络的下一跳路由器,则使用默认路由。

- 6to4 是一种 IPv4-to-IPv6 转换技术,其特点是,允许 IPv6 数据包跨越 IPv4 网络进行发送,并可以使用中继服务器。6to4 的特殊中继服务器为 6to4 站点之间跨越 IPv4 网络进行通信提供便利。这可以不需要配置跨越 IPv4 网络的隧道。6to4 的组件包括 6to4 结点、6to4 路由器、6to4 中继以及 6to4 结点/路由器。6to4 结点是一台具有一个或多个 IPv6 地址的 PC。

- Teredo 是另一种 IPv4-to-IPv6 转换技术。其特点是可以在路由器与启用了 NAT 的宽带设备后面操作。通过把 IPv6 数据包封装到 IPv4 UDP 数据报中，Teredo 结点可以跨越 IPv4 网络进行通信。Teredo 的组件包括 Teredo 服务器（是 IPv4/IPv6 结点，可以在 IPv6 站点与 IPv4 网络之间传输数据流）、Teredo 中继（是 IPv4/IPv6 路由器，使用主机到路由器和路由器到路由器隧道技术，跨越 IPv4 网络，从 IPv6 网络上的 Teredo 客户端转发数据包），以及 Teredo 特定主机的主机（是 IPv4/IPv6 网络结点，同时连接到 IPv4 Internet 和 IPv6 Internet，无须穿过 Teredo 中继，就可以与 Teredo 客户端结点进行通信）。

习题

1. 双重 IP 层方法允许计算机在网络层的两端运行 IPv4 和 IPv6，每个 IP 栈在传输层必须访问不同的 TCP/UDP 栈。对还是错？

2. 下面哪些是支持网络基础设施的网络元素？（多选）
   a. 客户端
   b. 网络管理与实用工具
   c. 路由器
   d. VoIP 网络

3. 在下面的 Windows 版本中，哪些支持 IPv4/IPv6 双重栈配置？（多选）
   a. Windows 7
   b. Windows Server 2012
   c. Windows Server 2016
   d. Windows 10

4. 在 6to4 寻址中，w.x.y.z 冒号分隔十六进制表示法表示的是什么？
   a. 一个单播 IPv4 地址
   b. 一个多播 IPv4 地址
   c. 一个本地链路 IPv6 地址
   d. 一个全局 IPv6 地址

5. 哪种 IPv6-over-IPv4 隧道技术支持通过 NAT 的地址转换？
   a. 6to4
   b. ISATAP
   c. Teredo
   d. RANGER

6. 哪种混合 IPv4/IPv6 网络模型含有 IPv4、IPv6 和 IPv4/IPv6 网络的复杂混合，且其中没有哪种 IP 占主导地位？
   a. 基本的混合网络模型
   b. 嵌套的混合网络模型
   c. 对称的混合网络模型
   d. 真实的混合网络模型

7. 下面哪种技术允许通过 XLAT 转换器在 IPv4 网络域与 IPv6 网络域之间进行地址转换？
   a. NAT-PT
   b. RANGER
   c. SIIT
   d. Teredo 隧道技术

8. 哪种双重体系结构允许网络层的 IPv4 和 IPv6 访问传输层的单个 TCP/UDP 栈？
   a. 双重 IP 层体系结构
   b. 双重网络体系结构
   c. 双重栈体系结构
   d. 双重传输体系结构

9. 哪些数据包类型是使用双重栈体系结构的计算机生成的？
   a. 只有 IPv4 数据包
   b. 只有 IPv6 数据包
   c. 同时生成 IPv4 和 IPv6 数据包
   d. IPv6 或 IPv4 数据包

10. 要支持从 IPv4 到 IPv6 的转换，DNS 名称服务必须在 IN-ADDR.ARPA 域中为 IPv4 域包含 PTR 记录，也可以在 IP6.ARPA 域中为 IPv6 结点包含 PTR 记录。对还是错？

11. 在混合 IPv4/IPv6 网络环境中，网络结点中的 DNS 解析器库必须能够同时管理 A 和

　　　AAAA 记录，不论 DNS 数据包是由 IPv4 还是 IPv6 携带的。对还是错？

12. 在下面隧道配置中，哪种最可能会使用已配置的隧道技术，因为它要求有特别配置的隧道端点？

　　a. 主机到主机　　　　　　　　　　　b. 主机到路由器

　　c. 路由器到主机　　　　　　　　　　d. 路由器到路由器

13. 在下面隧道配置中，哪种表示了端到端隧道路径的最后一段？

　　a. 主机到主机　　　　　　　　　　　b. 中继到路由器

　　c. 路由器到主机　　　　　　　　　　d. 路由器到中继

14. 在 ISATAP 顶部开发的是哪种体系结构？

　　a. 6to4　　　　　　b. RANGER　　　　　c. SIIT　　　　　　d. Teredo

15. 哪种转换方法支持潜在路由器列表（PRL）的使用，因为它不认为 IPv4 路由器支持广播？

　　a. 6to4　　　　　　b. ISATAP　　　　　c. Teredo　　　　　d. RANGER

16. ISATAP 结点从哪个设备接收所需的地址前缀？

　　a. ISATAP 结点/路由器　　　　　　　b. ISATAP 中继

　　c. ISATAP 路由器　　　　　　　　　d. ISATAP 服务器

17. 在 Windows 10 中，Teredo 默认情况下是启用和活动的。对还是错？

18. 在 Windows 7 中，必须在命令提示符下使用哪个命令来确定网卡（包括 ISATAP 接口）的名称？

　　a. netsh interface show interface ipv6

　　b. netsh interface isatap show interface

　　c. netsh interface show interface isatap

　　d. ipconfig /all

19. 对于 6to4 地址前缀，前 16 位是如何表示的？

　　a. FE80::/16　　　b. 2001::/16　　　c. 2002::/16　　　d. ::/16

20. 对于 6to4 转换技术，哪个设备可以跨越 IPv4 网络基础设施，把 6to4 数据包转发给 6to4 结点和 IPv6 结点？

　　a. 6to4 结点　　　　　　　　　　　b. 6to4 结点/路由器

　　c. 6to4 中继　　　　　　　　　　　d. 6to4 路由器

21. 为了进行 6to4 寻址，6to4 站点必须具有什么？

　　a. 至少具有一个合法的全局唯一 32 位 IPv4 地址

　　b. 至少具有一个合法的全局唯一 64 位 IPv4 地址

　　c. 至少具有一个合法的全局唯一 32 位 IPv6 地址

　　d. 至少具有一个合法的全局唯一 64 位 IPv6 地址

22. 当 6to4 网络结点要把数据包发送给 6to4 结点/路由器时，该网络结点必须做的第一步是什么？

　　a. 该网络结点必须构建一个 IPv6 数据包，并使用默认路由把它发送给接口

　　b. 该网络结点必须确定最近的匹配源地址

　　c. 该网络结点必须执行路由确定

d. 该网络结点必须解析该 6to4 结点/路由器的地址

23. Teredo 结点在什么时候会在 Teredo 服务器认证中失败？

    a. 当它位于锥形 NAT 之后   b. 当它位于受限 NAT 之后

    c. 当它位于对称 NAT 之后   d. 当它不是位于 NAT 之后

24. Teredo 结点在什么时候必须发送一个冒泡数据包？

    a. 当它位于锥形 NAT 之后   b. 当它位于受限 NAT 之后

    c. 当它位于对称 NAT 之后   d. 当它不是位于 NAT 之后

25. 在 Teredo 执行发现的过程中，第一步是什么？

    a. Teredo 结点把要发往所期望地址的 ICMPv6 回应请求数据包封装到一个 UDP 数据报中，然后把该数据报发送给 Teredo 服务器

    b. Teredo 结点把要发往所期望地址的 ICMPv6 回应请求数据包封装到一个 UDP 数据报中，然后把该数据报发送给 Teredo 路由器

    c. Teredo 结点把要发往所期望地址的 ICMPv6 回应请求数据包封装到一个 UDP 数据报中，然后把该数据报发送给 Teredo 中继

    d. Teredo 结点把要发往所期望地址的 ICMPv6 回应请求数据包封装到一个 UDP 数据报中，然后把该数据报发送给目的地 IPv6 结点

动手项目

动手项目 10-1：查看 ISATAP 网络中的数据流

所需时间：15 分钟。

项目目标：在本项目中，将查看位于主机与 ISATAP 路由器之间的网络数据流。

过程描述：Windows 10 和 Windows Server 2012 R2 支持 ISATAP 路由器功能。下面项目将展示主机与 ISATAP 路由器之间的路由器请求和路由器响应处理。还将查看一个 DNS 查询，以及 isatap.ipv6sandbox.com 域的响应。在本项目中，需要 Wireshark 捕获文件 isatap.pcap，该文件含有相关的网络数据报。图 10-21 显示了网络实验配置。本项目假定 Wireshark 软件已经安装到计算机中了。

（1）启动 Wireshark 软件。

（2）在 Wireshark 软件中，单击 File，单击 Open 按钮，找到 isatap.pcap 文件，双击它。

（3）展开 Wireshark 软件窗口，每列都出现在主面板中，这样就可以清楚地看到列出的全部数据，包括协议、长度和信息列。

（4）向下滚动数据报列表（顶层面板），选择第 75 号数据包，该数据包在信息列中标志为"路由器请求"。

（5）在 Wireshark 窗口的中间面板中，展开 Internet Protocol Version 4，然后展开 Internet Protocol Version 6 和 Internet Control Message Protocol 6。

（6）在 Internet Protocol Version 6 下，定位发送请求消息的主机的 IPv6 和 IPv4 ISATAP 地址的 Source 字段，然后定位图 10-20 中对应的这些 IP 地址。

（7）定位 IPv6 和 IPv4 ISATAP 地址的 Destination 字段，并定位在图 10-20 中对应的这

些地址。

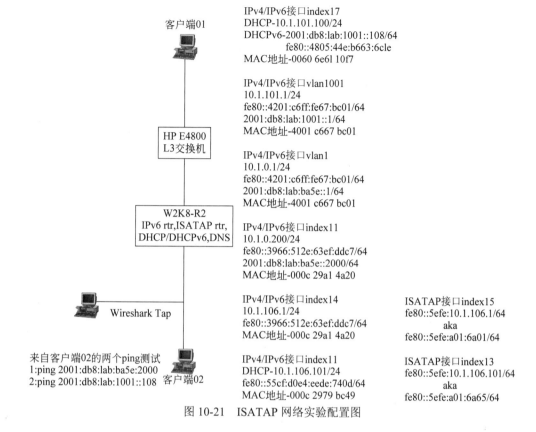

客户端01

IPv4/IPv6接口index17
DHCP-10.1.101.100/24
DHCPv6-2001:db8:lab:1001::108/64
　　　　fe80::4805:44e:b663:6cle
MAC地址-0060 6e6l 10f7

HP E4800
L3交换机

IPv4/IPv6接口vlan1001
10.1.101.1/24
fe80::4201:c6ff:fe67:bc01/64
2001:db8:lab:1001::1/64
MAC地址-4001 c667 bc01

IPv4/IPv6接口vlan1
10.1.0.1/24
fe80::4201:c6ff:fe67:bc01/64
2001:db8:lab:ba5e::1/64
MAC地址-4001 c667 bc01

W2K8-R2
IPv6 rtr,ISATAP rtr,
DHCP/DHCPv6,DNS

IPv4/IPv6接口index11
10.1.0.200/24
fe80::3966:512e:63ef:ddc7/64
2001:db8:lab:ba5e::2000/64
MAC地址-000c 29a1 4a20

Wireshark Tap

IPv4/IPv6接口index14
10.1.106.1/24
fe80::3966:512e:63ef:ddc7/64
MAC地址-000c 29a1 4a20

ISATAP接口index15
fe80::5efe:10.1.106.1/64
aka
fe80::5efe:a01:6a01/64

来自客户端02的两个ping测试
1:ping 2001:db8:lab:ba5e:2000
2:ping 2001:db8:lab:1001::108

客户端02

IPv4/IPv6接口index11
DHCP-10.1.106.101/24
fe80::55cf:d0e4:eede:740d/64
MAC地址-000c 2979 bc49

ISATAP接口index13
fe80::5efe:10.1.106.101/64
aka
fe80::5efe:a01:6a65/64

图 10-21　ISATAP 网络实验配置图

（8）记录下哪个设备是发送源，哪个设备是目的地，记录主机名和接口索引名与索引号。

（9）在 Internet Control Message Protocol 6 下，定位 Type 字段，验证这是一个路由器请求。

（10）在数据包列表中（顶部面板）选择第 76 号数据包，该数据包在信息列中标志为"路由器公告"。

（11）在 Internet Protocol Version 6 下，定位源结点的 IPv6 和 IPv4 ISATAP 地址的 Source 字段，然后定位图 10-20 中对应的这些 IP 地址。

（12）在 Internet Protocol Version 6 下，定位源结点的 IPv6 和 IPv4 ISATAP 地址的 Destination 字段，然后定位图 10-20 中对应的这些 IP 地址。

（13）记录下哪个设备是发送源，哪个设备是目的地，记录主机名和接口索引名与索引号。

（14）如果有必要，展开 Internet Control Message Protocol 6，在 Type 字段中，验证这是一个路由器公告。

（15）展开 ICMPv6 Option（Prefix information），然后定位 Prefix 字段，记录下个前缀。

（16）收起已打开的所有字段。

（17）在数据包列表中（顶部面板）选择第 80 号数据包，该数据包在信息列中标志为

"标准查询 A isatap.ipv6sandbox.com"，在协议列中列举为"DNS"。

（18）展开 Domain Name System (query)，展开 Queries，然后展开 isatap.ipv6sandbox. com，查看 A 记录 DNS 查询。

（19）在数据包列表中，选择第 81 号数据包，该数据包在信息列中标志为"标准查询响应 A isatap.ipv6sandbox.com"，在协议列中列举为"DNS"。

（20）在 Domain Name System (response) 下，展开 Queries，然后展开 isatap. ipv6sandbox. com，查看这里包含的信息。

（21）展开 Answers，然后展开 isatap.ipv6sandbox.com 以查看这里包含的信息，如图 10-22 所述。

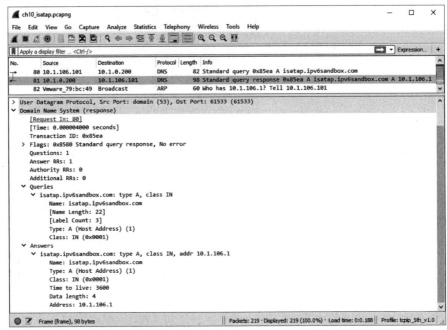

图 10-22　isatap.ipv6sandbox.com 的 DNS 查询应答

（22）记录所收集的全部信息。

（23）完成后，关闭 Wireshark 软件。

动手项目 10-2：查看 6to4 捕获文件

所需时间：10 分钟。

项目目标：在本项目中，将查看 6to4 捕获文件，以阐述源结点与目的地结点之间的通信协商。

过程描述：本项目提供一个 6to4 数据包捕获，以查看和理解 6to4 转换技术中结点到结点之间的通信协商机制。

（1）启动 Wireshark 软件。

（2）在 Wireshark 软件中，单击 File 菜单，单击 Open 项，找到 ch10_6to4.pcapng 文件（可以从 http://wiki.wireshark.org/SampleCaptures#IPv6_28and_ tunneling_mechanism.29 下载），双

击它。

（3）展开 Wireshark 窗口，以便在 Wireshark 窗口的顶部面板中可以看见所有列。

（4）选择第 5 号数据包。

（5）在中间面板中，展开 Internet Protocol Version 4 以查看封装了 IPv6 数据包的 IPv4 首部。

（6）定位 Source 和 Destination 字段，注意分配给每个字段的 IPv4 地址。

（7）收起 Internet Protocol Version 4，展开 Internet Protocol Version 6，查看已封装 IPv6 数据包的信息。

（8）定位 Source 字段，查看分配给 6to4 源结点的 IPv6 地址。

（9）定位 Source 6to4 Gateway IPv4 字段，注意分配给 6to4 网关路由器的 IPv4 地址。

（10）定位 Destination 字段，注意分配给目的地结点的 IPv6 地址。

（11）收起 Internet Protocol Version 6，展开 Transmission Control Protocol。

（12）展开[SEQ/ACK analysis]，查看在前面数据帧中由其他结点发送的数据包确认收据。

（13）关闭 Wireshark 软件。

动手项目 10-3：查看一个 Teredo 捕获文件和路由器请求数据包

所需时间：10 分钟。

项目目标：本项目查看一个 Teredo 捕获文件，并探究由 Teredo 网络结点发送的路由器请求数据包的细节。

过程描述：本项目给出一个 Teredo 数据包捕获样本，以便查看和理解 Teredo。

（1）启动 Wireshark 软件。

（2）在 Wireshark 软件中，单击 File 菜单，单击 Open 项，找到 ch10_Teredo.pcapng 文件（可以从 https://wiki.wireshark.org/SampleCaptures 下载），双击它。

（3）展开 Wireshark 窗口，以便在 Wireshark 窗口的顶部面板中可以看见所有列。

（4）选择第 6 号数据包，在顶部面板的信息列中标志为 Router Solicitation。

（5）在中间面板中，展开 Internet Protocol Version 4。

（6）定位 Protocol 字段，验证所使用的协议是 UDP。

（7）定位 Source 和 Destination 字段，注意所使用的 IPv4 地址。

（8）收起 Internet Protocol Version 4，展开 User Datagram Protocol。

（9）定位 Source port 字段，注意 UDP 数据包所使用的端口号。

（10）定位 Destination port 字段，注意所使用的 Teredo 端口。

（11）收起 User Datagram Protocol，展开 Teredo IPv6 over UDP tunneling。

（12）展开 Teredo Authentication header，注意这里的信息。

（13）收起 Teredo IPv6 over UDP tunneling，展开 Internet Protocol Version 6。

（14）定位 Next header 字段，注意这里是 ICMPv6。

（15）定位 Source 字段，注意这里是 IPv6 本地链路地址。

（16）定位 Destination 字段，注意地址类型。

（17）收起 Internet Protocol Version 6，展开 Internet Control Message Protocol Version 6。

（18）展开 ICMPv6 Option (Source link-layer address)，注意其中的字段信息。

（19）关闭 Wireshark 软件。

案例项目

案例项目 10-1：准备一个网络，进行 IPv4-to-IPv6 转换技术部署

你的公司准备从 IPv4 转移到 IPv6，由你负责确定部署转换技术采取的步骤。你公司的客户端计算机使用的是 Windows 7 和 Windows 10，服务器使用的是 Windows Server 2012 和 Windows Server 2016。在部署转换技术之前，你决定必须先进行如下 3 个步骤：

（1）调整与 IP 版本无关的应用程序。

（2）更新名称解析服务。

（3）更新客户端计算机。

请简要定义一下上述每个步骤的动作。

案例项目 10-2：配置要使用 Teredo 的 Windows 7 客户端

你运行的一个计算机网络支持家庭/办公室和小型业务客户端，其中的一个 SMB 客户端需要在其办公室的 Windows 7 计算机上进行 IPv4-to-IPv6 的转移。她已经做了一些研究，知道 Windows 7 已经支持 IPv4/IPv6 双重栈以及 Teredo 和 ISATAP 接口。她还知道 Teredo 客户端计算机甚至可以通过运行在公司网关上的 NAT 服务来进行通信。她想以 Teredo 为转换技术，咨询你一些问题，其 Windows 7 计算机如何通过公司的网关路由器，使用 Teredo 来发送 IPv6 数据包。

案例项目 10-3：绘制 ISATAP 封装首部

ISATAP 作为一种 IPv4-to-IPv6 转换技术，它允许一个 ISATAP 网络结点，通过把 IPv6 数据包封装到 IPv4 首部中，无须预先创建跨越 IPv4 网络域的隧道，就可以在 IPv4 网络上发送 IPv6 数据包。一旦数据包发送结点确定了 ISATAP 隧道的端点，就把 IPv6 数据包发送给 ISATAP 隧道接口，封装到 IPv4 首部中，设置协议字段的值为 41，表明该 IPv4 首部含有 IPv6 数据包。当隧道端点的设备接收到该数据包时，就读取协议字段的值，知道应先从 IPv4 首部中拆封 IPv6 数据包，然后再访问传输层协议（TCP 或 UDP），并把应用程序数据发送给 OSI 栈。给定这些信息，绘制一个 ISATAP 数据包通过隧道从源结点发送到目的地结点的图示，包括应用程序数据、传输首部、IPv6 首部以及 IPv4 首部等。在 IPv6 和 IPv4 首部中，包括的信息有下一首部字段、源地址字段、目的地址字段以及协议字段。这是比较抽象的图示，但它必须正确显示每个字段在每个首部中的正确位置。

第11章 部署 IPv6

本章内容：

- 阐述 IPv6 部署的需求与考虑因素。
- 规划一个 IPv6 部署，包括成功准则、体系结构的决策、迁移技术以及必须完成的很多任务。
- 通过构建一个 IPv6 测试/示范网络来部署 IPv6，迁移应用程序，把只支持 IPv4 的主机升级到支持 IPv4/IPv6，并使用 6to4、Teredo 或 ISATAP 技术创建一个隧道式的 IPv6 环境。

本章将探讨 IPv6 部署。更具体地说，将讨论规划过程和部署本身。正如将在本章学习到的那样，需要考虑两个主要的方面：服务提供者与企业，以及绿色环保与旧应用程序迁移。

Internet 与网络服务提供者在其网络中部署 IPv6 之前，要考虑很多事情：寻址模式、授予的地址空间的使用、多个租借，以及需要在所有客户之间支持多种技术。记住这些，我们可以从企业的角度来展开本章，这意味着，本章将要讨论的内容是在一个中型公司里部署 IPv6 时可能面对的挑战。因此，有关 Internet 与多协议标签交换（Multiprotocol Label Switching，MPLS）主干网之间的细微差异超出了本章的范围。本章主要关注的是，一个典型的企业连接到这些网络需要知道些什么。

大部分的 IT 项目涉及更新或添加到已有的基础设施中。对 IPv6 部署项目，大多数时候也是如此，因为几乎所有企业已经有了一个 IPv4 网络。但是，从零开始总是更简单，因而也更容易理解。为此，本章的讨论假设没有旧网络。本章还讨论几种用于从 IPv4 迁移到 IPv6 的几种技术，这些就像是你将要做的。在每个示例中，我们假设是绿色迁移或旧应用程序迁移，从而避免冲突。

11.1 理解 IPv6 部署

IPv6 部署的关键点是，它们使用一个新的"网络层"或"路由"协议。对我们来说，IPv6 协议可能看起来像是 TCP/IP v4 的升级或新版本，对应用程序本身来说，则差别很大。

部分原因是软件访问网络的方式造成的。当编写应用程序时，它们往往是调用标准库中的函数，实现网络任务，例如开始一个与对等体的新 TCP 会话或传输数据。这些封装好的函数库使得开发人员无须知道 TCP/IP 是如何工作，就可以使其软件跨网络通信。然而，在很多情况下，开发人员使用的这些函数和库是 IPv4 专用的，这意味着，在使得应用程序成为"纯 IPv6"程序之前，开发人员必须更新其应用程序，调用 IPv6 函数。根据应用程序的不同，更新应用程序的任务可能需要花费大量时间和金钱。然而，在 IPv4 退出历史舞台之前，所有应用程序都必须转换到 IPv6。

在探讨 IPv6 规划和部署时，要记住，主机中的网络层协议功能大多数是部署为驱动程序形式的软件，有时候是在网卡控制器（NIC）中部署为固件或专用应用程序集成电路（ASIC）。所有这些软件的新版本都必须编写为能够支持 IPv6 的。这不只是更新旧代码。在学习用于 IPv4-to-IPv6 迁移的双重栈技术（参见第 10 章）时就能明白这一点，此时，每个网络结点都是同时运行两种协议。这与绑定了同时支持 IPv4 和 IPv6 的 IP 驱动程序是不一回事的。

软件体系结构中的差异也是需要考虑的，因为会有一些重要的牵连。一个需要特别注意的牵连是，将要替换的 IPv4 软件是非常成熟的。大多数 IPv4 驱动程序都是比较旧的，这意味着大多数的缺陷已经被排除。事实上，IPv4 已经非常成熟了，协议分析的发展已经落后于它了，因为几乎看不到协议本身或驱动程序中协议实现的网络问题了。

反之，尽管 IPv6 已经存在好多年了，组织机构采用它的速度却很慢。因此，网络团队将来会面临更多的网络故障，网络故障的解决也可能更加困难，要涉及更多的网络组件，例如驱动程序和软件。需要采取各种补救工作，例如把协议驱动更新到新版本。而且，在早期会发现更多的缺陷，需要更频繁地打补丁。

从安全性的角度来看，IPv4 也是非常成熟的，而 IPv6 则相对更新一些。对安全性更新的期望，大于更大范围地采用 IPv6。

在部署 IPv6 时需要考虑的另一个事情是网络的本质，以及它是如何影响部署规划的。在 IT 基础设施中，有服务器、存储设备和网络区域。可以更新一台服务器而不更新另一台服务器。可以把一台服务器或应用程序的存储设备更改为另一种类型，不会影响到其他存储设备。在网络中就不是这样了。网络的本质使得更新工作更加复杂，因为网络是与所有设备相连的，这意味着，要是网络进行更新，必须涉及所有系统。

最后需要考虑的是，对于大多数的实际情况，都是假定 IPv4 用户的每个网卡只有一个 IPv4 地址。但对于诸如网络地址转换（NAT）之类的情况则要复杂一些，它们会有"内部"地址和"外部"地址，且回送地址总是 127.0.0.1，而大多数用户并不知道这些。在 IPv6 中，每个网卡可以有多个地址。第 7 章介绍了这些内容，本章将简要介绍具有多个地址的复杂性。

11.2 规划 IPv6 部署

IT 项目是以该项目的定义为起点，其中定义了希望实现的内容，以及获得什么结果就可以认为是成功的，通常以**成功准则**（Success Criteria）的形式进行衡量。成功准则就是用于定义某个活动是否成功完成的一系列条件。接下来，必须创建完成目标所需的系列任务，以及由谁来执行每个任务，每个任务的持续时间和效果。同样，还必须讨论项目资金与领导层、持股人、信息沟通、各个时间段等。

尽管项目管理超出了本书的范围，但本节首先将讨论一些项目目标。然后，介绍几种体系结构的决策（包括协议、硬件和工具等），这些是必须要做的决策，并列出需要考虑的很多事情。这种列表是无尽的，因为每个组织机构的环境有不同的技术和策略挑战。

11.2.1 成功准则

为什么要部署 IPv6？这个问题的答案往往对如何部署以及部署些什么有着较大的影响。部署 IPv6 的原因可能也确定了完成时间和项目资金。然而，这个问题的答案往往是"因为没有 IPv4 地址了"或"因为需要新特性"。

如果是因为地址缺乏而部署 IPv6，那么其目标就只是使这种转换对用户尽可能透明。要想成功，只需为用户提供与现有相同的功能即可，尽量少破坏。如果不会改变预算和截止时间，也可以增加一些新特性。例如，可以首先在某个区域铺开 IPv6 以解决地址缺少问题，当该区域完成后，再在其余区域展开。

如果部署 IPv6 的原因是因为企业需要新特性（例如移动性），那么成功部署的定义就发生改变了。这还意味着需要修改测试过程，以包含新功能的测试。更为重要的是，不能只是在 IPv4 与 IPv6 网络之间使用一个透明的转换就宣告成功了，因为还需要向用户和应用程序展示新的 IPv6 特性，使用户能直接受益。

11.2.2 体系结构的决策

完成一个任务的方式往往有多种，其中一些可能比其他一些更好。无论选择哪种，都需要给出文档说明，进行沟通，并持续地部署它们。当进行体系结构决策时，会发现做出一个决策将使得前一个决策必须进行修改，因此，在这个迭代过程中，跟踪是很重要的。

在进行体系结构决策时，必须考虑如下一些项，后面章节将介绍这些：

- 内部路由协议。
- 外部网关协议（Exterior Gateway Protocol，EGP）。
- 外部连接。
- 路由器的硬件与软件选择。
- 寻址模式。
- 有状态与无状态自动配置。
- 服务质量（QoS）。
- 安全性。
- 工具。
- 其他网络硬件（防火墙、负载平衡器等）。

1. 内部路由协议

在网络的路由器之间，需要传输关于所有 IPv6 地址的可达性信息。有多种标准和专用（基于非标准的，符合某个公司或产品线的）协议可用于路由 IPv6，例如**开放式最短路径优先版本 3**（Open Shortest Path First version 3，OSPFv3），或**增强型内部网关路由协议**（Enhanced Interior Gateway Routing Protocol，EIGRP），如第 4 章的介绍。有哪些协议可供选择，取决于你所选择的硬件和软件提供商，以及你所购买的模式和授权。通常，最好是先决定使用哪种协议，然后再选择实现了这种协议的提供商。另外，也可能有一些必须使用的硬件。如果是这样，就选择硬件能支持的最佳协议。

"体系结构决策"是这个过程中的一个步骤，在该步骤中，确定哪个选项在上下文中是最佳的。例如，尽管从技术上来说，可以部署具有静态路由或下一代路由信息协议（Routing Information Protocol next generation，RIPng）的 IPv6，但这通常只有在最小型的网络中是可行的。

在确定使用哪种路由协议时，需要考虑如下因素：

- **网络环境的大小**：站点、用户、服务器等的数量是复杂性的总体体现。在一个周末就可以实现这种网络环境的升级吗？路由协议允许对网络环境进行分段，从而可以分成更小的阶段进行更新吗？该协议在预期的范围内是可管理的吗？

- **站点之间的距离**：一些路由协议比其他协议能够更好地处理更大的等待时间和跳数。

- **预期的路由表大小**：一些路由协议需要花费更多的 CPU 和内存，因此，应考虑这些可能会影响网络环境或硬件成本。

- **预期的路由表更新频率**：这只有在最大型的 IPv4 网络环境中才是一个问题，但对于移动环境，需要考虑一个高效的路由协议。还要考虑如果使用"重新编号"时所带来的影响。

- **汇聚时间**：所使用的路由协议是否足够快，以满足**服务级约定**（Service Level Agreement，SLA）？它是否足够快，以避免会话丢失？

- **可定制性**：是否需要对协议进行定制或性能调整？如果是，该协议是否支持这些？

- **工程师和技术支持人员的技能**：在使事情变得复杂之前，问问自己，是否愿意在凌晨 4 点电话铃响，或者希望使事情更简单些？

- **潜在的网络合并**：当一个企业购买了另一个企业，并进行资产组合（如 IT 环境）时，就需要合并网络。如果你的企业网络有可能要合并另一个企业的网络，那么现在就规划好。在最终决定体系结构之前，考虑一下如何使用所选择的路由协议来实现网络合并。假定其他网络与你的完全不同。还有假定可能是 IPv4 与 Pv6 的混合，且使用的是一种不同的转换规划。

- **等待时间兼容性**：如果从一个已有的 IPv4 网络迁移而来，那么旧的 IPv4 路由协议是阻碍还是方便了转换？

- **未来的开发**：该路由协议能否运行 5～10 年？提供商仍能支持它吗？提供商是优先开发该协议吗？该协议可以增加新的特性吗？

- **多个提供商的支持**：如果使用某种专用协议，那么你就把自己限制在单个提供商了，从一开始最好就权衡一下，因为更换提供商需要好长时间。选择被诸多提供商支持的基于标准的协议，从长远来说，可以提供更多的选择。

2. 外部网关协议（EGP）

最常用的 EGP 是**边界网关协议**（Border Gateway Protocol，BGP）。你所需要考虑的是是否在站点之间的网络中实现它。BGP 保留了一定范围的**自治系统编号**（Autonomous System Number，ASN）作为专用，其工作原理类很像在 RFC 1918 中描述的"专用 IP 地址"。

这些专用和半专用的 ASN 在网络中只能是唯一的。为每个站点分配一个专用 ASN，并在广域网（WAN）中使用 BGP 是一种常见的用法，这就把**内部网关协议**（Interior Gateway Protocol，IGP）限制在每个站点的 LAN 中，这样做通常有两个好处：

（1）通过控制 IGP 与 EGP 之间的重新分布与注入，就可以界定**故障区域**（Failure Domain）。也就是说，如果有什么东西"闯入"，那么故障区域中的任何东西都会受到侵害。如果 IGP 是分布在整个企业，当发生侵害时，可能会把所有站点都受到破坏，直到修复它为止。如果把 IGP 分解，这样，每个站点都有一个 IGP，这些 IGP 是被另一种协议分隔开了，那么就可能是只有发生故障的站点中的用户会受到破坏。

（2）它可以优化汇聚时间，因为 IGP 是非常快速的，但扩展性不好。BGP 的扩展性更好，但汇聚更慢。如果正确设置了寻址方式，某个站点发生改变或故障，不会导致 BGP 改变任何路由。而一个全局 IGP 就可以告诉企业中的每台路由器发生了改变。

还可以考虑在网络（包括 Internet）的边界使用 BGP。也可以使用静态默认路由，如果连接是单宿主的，这是更佳的（在通常意义上，单宿主连接具有单个到交换机、服务提供者或其他系统的上行链路。多宿主连接则具有两个或多个到交换机、服务提供者或其他系统的上行链路）。

这些 EGP 考虑因素对 IPv6 来说不是唯一的，但 IPv6 潜在的路由需求可能会超过某个阈值，使得你做出与过去在 IPv4 中不同的决策。

3. 外部连接

从可连接性与安全性的角度来说，外部连接真的类似于 IPv4，这意味着你仍然不能像信任网络内部的用户那样，信任网络外部的用户和设备，仍然不能共享管理域。因此，仍然可以应用 Internet、内部网、外部网和军事化区域等这些熟悉的概念。

所改变的是你无须使用 NAT 了。一个相关的变化是**全局 Internet 路由表**（Global Internet Routing Table）的潜在大小。全局 Internet 路由表又称为 BGP 表、Internet 路由表或全局 BGP 表。全局 Internet 路由表存储了**非默认区域**（Default-free Zone）的所有 Internet 地址前缀。非默认区域是非使用默认路由的所有 Internet 网络集。全局 Internet 路由表构成了公用 Internet。今天，大部分的 Internet 用户使用的是位于 NAT 后面的专用地址，因此，很多大型组的用户在全局 Internet 路由表中只是体现为 ISP 网络的一个地址。假设汇总效率保持不变，当全部转换到 IPv6 之后，全局 Internet 路由表的项应保持相同数量，但每个项汇聚了更多的地址，这是很好的（这里假定的是网络没有增长，我们知道情况并不是如此，因为肯定会有新业务和组织机构出现）。

当组织机构要使其网络成为多宿主时，就会出现问题。这里的多宿主指的是网络与两个或多个不同的 ISP 连接了。这样做的目的是为了冗余。当是多宿主网络时，需要直接从本地区的认证机构申请自己的地址空间，而不是从 ISP 的地址空间中申请一部分。这是因为多宿主至少涉及两个 ISP，而 ISP 不能向属于其他 ISP 的子网发送公告。你所申请的地址空间可以是/48。这样做的一个潜在不好是，如果每个人都使用多宿主网络，都去申请一个"小的"/48 地址空间（每个/48 地址空间支持 65 000 个/64 子网），那么全局地址空间就会变得非常支离破碎，从而使得在全局 Internet 路由表中出现大量的表项。

通过把一个较大的前缀项，汇聚成多个共享同一个下一跳的更小项，汇总操作就可以减小路由表的大小。从美国的科罗拉多州往西到加利福尼亚州的拓扑可以说明这点。要到达佛罗里达，需要往东走。一旦你到达加利福尼亚州后，就需要知道更具体的信息，例如，要去洛杉矶，需要从 40 号高速路到 15 号高速路。达到洛杉矶后，仍然需要更具体的信息，例如哪条街道，最后是哪条车道。问题的关键点是，从科罗拉多出发时，不需要去搜索美国的每条车道，只需要一个主要地区的简短列表，同样，网络主干路由器也不需要存储所有 2^{128} 个 IPv6 地址或全部 2^{64} 个子网的每个项。这会花费大量的内存和处理能力。理想情况下，只需要每个 ISP 的简短范围列表。多宿主就像是当你要通过内华达州去 Greater Los Angeles Metro Area 时，内华达州不通了，改为通过亚利桑那州去一样。

要考虑的另一个因素是如何处理移动性。这里，移动性指的是在地理位置上的移动能力，不会受电力或网线的约束。在 IPv6 中，移动性指的是从一个网络移动到另一个网络时，仍保持有一个 IP 地址和继续进行会话的能力。

同样，Internet 主干网的细微差别主要是服务提供商的问题，这超出了本书的讨论范围。但是，理解你的决策最终如何影响 Internet 主干网是有帮助的，因为如果我们都是负责任的"Internet 好公民"，不会浪费 CPU 和内存资源，也不会使得主干网难以管理，那么网络的性能和成本就会惠及每一个人。

4. 路由器的硬件与软件选择

为 IPv6 网络选择一个路由器提供商，基本上类似于为 IPv4 网络选择一个路由器提供商，而且，几乎所有路由器提供商都声称支持 IPv6。然而，你要特别注意其中的含义，因为他们中的很多仍只是实现了基本的、必需的功能。对诸如以太网或 TCP/IP 的协议，必需的功能只是提供商为其产品实现的、认为是可兼容的部分协议。通常，还有很多可选功能，根据产品的特性，可实现也可不实现。这就意味着，某个提供商可能并不支持你计划使用的转换机制，例如，很多提供商并不支持 Teredo。

你还要在实验室中，用计划使用的软件，完整地测试你的规划，因为你可能会遇到软件缺陷或互操作性问题。

5. 寻址模式

与 IPv4 寻址模式不同，在 IPv6 中无须进行 IP 子网划分，因为每个子网都可以支持足够数量的主机。有趣的是，这可能会再次引起以前的一个争论：关于数以千计的主机的大型子网。这个争论认为，每个主机有要处理的大量广播消息，会导致出现一个"风暴"，耗尽该主机的 CPU 和带宽。IPv6 没有广播消息，因此可以认为是一种虚拟 LAN（VLAN）拓扑结构，这很像现在的 IPv4 子网。在一些情况下，采取的是多步骤方法，每个 VLAN 先作为一个 IPv6 子网，然后把它们组合起来，随后使用 IPv6 重编号技术，以更有效地使用空间。

这就不用担心子网的大小，这种寻址模式的思想是，在地址的网络部分创建一个分层结构，这在标识归属、位置等时有用。然而，还需要考虑如下其他一些因素：

- 容易汇总子网的能力。
- 容易构建防火墙规则和访问列表的能力。
- 容易按功能和位置标识的能力。

更多信息请阅读 RFC 5375，地址为 http://tools.ietf.org/html/rfc5375。

6. 有状态与无状态自动配置

网络技术的一个挑战是配置客户端。尤其是对于具有各种设备（从服务器到移动电话，到电话亭）的组，其挑战是告诉它们网络地址是什么，如何通过本地子网连接到 Internet（也就是说，它们的默认网关地址）。赋予诸如域名之类的参数也是一种挑战。

正如第 7 章所介绍的，除手工的静态选项外，IPv6 还提供了两个动态选项：有状态自动配置与无状态自动配置。有状态自动配置是通过一个名为 DHCPv6 的新版本 DHCP 来完成的。无状态自动配置定义在 RFC 4862 中。

无状态自动配置使得你只需在路由器上执行最少的配置，这样，路由器在本地链路中公告其网络前缀，主机根据这些信息，就可以生成它们自己的唯一 IP 地址。你并不需要DHCPv6 服务器，也不必担心地址的租期和范围，而这在 IPv4 中是很常见的。

那么，什么时候应使用 DHCPv6 呢？当需要控制整个网络环境时，例如，如果要对访问网络进行认证时，或者当需要共享更多信息（而不只是用于路由所需的最少信息）时。例如，无状态自动配置不会告诉客户端的域名，也不会更新动态 DNS（DDNS）系统。有关 DHCPv6 的更多信息，请阅读 RFC 3315。

也可以一起使用有状态自动配置与无状态自动配置。例如，可以很容易让客户端利用无状态自动配置分配自己的地址，并从 DHCPv6 服务器获得其他选项。

还有考虑的因素是保密性。根据所使用的客户端，当使用无状态地址自动配置时，客户端可能根据其硬件 NIC（MAC 地址）为自己分配一个地址，这就是 EUI-64 地址。这是一个全局唯一的地址，任何 Web 站点都可以很容易地追踪到它，因为对给定客户端，其 IPv6 地址的最后 64 位总是一样的，不论该客户端在哪个网络中。而且，由于接口 ID 的第一部分是组织唯一的标识符，任何与之通信的人都可以很容易地查找到客户端的硬件制造商，可以猜测出地址模式。使用 DHCPv6 来分配地址，可以得到一个局部唯一的主机标识符，当移动到不同的网络时，该标识符会发生变化。幸运的是，Windows 7、Windows 10 和 Windows Server 2012 R2 服务器默认为保密格式（参见 RFC 4941），因此，如果你的组织机构是最新 Windows 操作系统的单一环境，这就不会有问题。

7. 服务质量（QoS）

在数据包的标注和调度上，IPv6 中的 QoS 基本上与 IPv4 中的差分服务相同。然而，有两个重要的不同：

（1）IPv6 的数据包可以是非常大，例如可以是超大包，数据包的分段是由主机来完成的，而不是由诸如路由器之类的中间系统来完成的。因此，可能出现更大的抖动。

（2）IPv6 包含有一个**数据流标签**（Flow Label），这是用于 QoS 的一部分 IPv6 首部。

在网络术语中，数据流（Flow）是两个端点之间的对话，该数据流中的所有数据包都具有相同的源地址和目的地址，以及相同的传输层首部，例如相同的 TCP 或 UDP 源端口和目的地端口。更具体地说，数据流是单向的，因此，两个数据流构成一个对话。这些这个概念的网络技术示例有 Cisco 公司的 NetFlow 交换与 MPLS 标签。

理论上，可以根据每个数据流赋予每一跳的行为（有关每一跳的行为，可参见第 3 章）。RFC 3697 要求应用程序能够把数值分配给数据流标签。因此，例如本章开始介绍的 IPv6 网络函数库，有一天可能可以为应用程序开发者包含一个选项，为数据流标签字段赋予一个数字。这就可以根据标签来为数据流中的数据包提供差分服务，而不是跟踪或假设应用程序使用的是标准的 TCP 或 UDP 端口。除了解决一些原有的挑战，例如标识 FTP 传输的数据会话，或运行诸如可以使用几百个 UDP 端口的 IP 电话之类的应用程序，数据流标签提供了新方法，用户可以动态地与网络进行通信，对其数据流量进行优先分级。

在用于操作数据流标签的应用程序级的工具被广泛实现之前，围绕这些的体系结构决策是相当有限的。

8. 安全性

安全性有很多方面，IPv6 的很多设计反映了 IPv4 不适合安全性的长期痛苦历史。也就是说，IPv6 的很多安全组件，就是在吸取 IPv4 多年的经验上而产生的。IPSec（Internet Protocol Security）就是一个很好示例。本书的其他章节描述了大多数的 IPv6 安全特性，下面是部署 IPv6 时需要做出的与安全有关的决策：

- **保护网络协议安全**：大多数路由协议和用于诸如邻居发现和 ICMP 的协议都可以选择相对健壮的认证机制。使用这些的好处是，对恶意用户要求有更高的技能，因而恶意攻击也更不容易成功。这种安全性的缺点是，这往往是使事情复杂化，因为在配置和故障解决时需要更高的技能。项目修改也更不容易成功。
- **为所有内容加密**：理想的情况是，网络中的所有数据流都进行加密，这是很令人感兴趣的，但有一些缺点。也就是，加密操作会加重 CPU 的负担，除非把加密操作交给硬件加速器来完成，加密还降低了很多工具（如 sniffer）的可用性和效率。
- **无外围防护**：你的设备具有一个全局唯一的地址。如果对从主机到主机的重要数据流进行加密，那么是否需要一个防火墙来隔断 Internet 并创建一个外围防护？如果你的企业允许人们在家里或在当地的咖啡馆里使用笔记本电脑工作，那么就很难使用外围防护了。一种可能是，把外围防护置于数据中心之前。

9. 工具

IPv6 中的工具非常有趣。在编写本书的时，可用的工具很少，因此，本节仅介绍作者的一些认识。在 IPv4 网络中，有很多工具使用诸如 ping 扫描技术来检测或自动发现网络中的主机。也就是说，对于某个子网，如 10.1.1.0/24，可以 ping 所有 255 个地址（或给子网的广播地址发生一个 ping 消息），并侦听应答。但要扫描一个 IPv6 子网就无意义了，因为一个 IPv6 子网就可能具有 2^{64} 个地址，而整个 IPv4 地址空间才 2^{32} 个地址。

一些工具的最新版本支持 IPv6，如 putty、Tera Term、tftpd32，以及基于 SNMP 的工具，如 WhatsUpGold。此外，Nmap 和类似的扫描器也支持 IPv6。

管理 IPv6 网络设备的技术重点是要能容易变化，因而必须能进行工具调整。以前，网络管理员维护着一张表格，其中列出子网中的所有地址，以及这些地址对应的服务器、打印机、路由器或其他设备。但在 IPv6 中这样的日子不复存在了。

10. 其他网络硬件

当你要着手部署 IPv6，在你的网络环境中，很多网络设备仍然不支持 IPv6。这些网络设备包括：

- 防火墙。
- 负载平衡器。
- 虚拟专用网络（VPN）集中器。
- 安全套接字层卸载服务器。
- 数据流度量设备。
- 度量电池、抖动和可用性的 SLA 管理工具。
- 路由器服务器。
- 无线接入点和网桥。
- 传真机和打印机。
- 钥匙读卡器。
- 内容传送服务器。
- 代理服务器和缓存。
- 语音和视频会议网桥。
- IP 电话系统。
- 协议网关，如 SNA TN3270 终端。
- WAN 加速装置。

如果要即将进行迁移，你必须决定如何处理它们，很多选择可能比较困难，也比较昂贵。下面是一些可能的策略：

- 换用另一个提供商能支持 IPv6 的类似产品：如果要替换设备的价格较低，或者这些设备已接近其寿命期，那么可选择性就多一些。如果产品实现涉及大量定制，那么可选择性就少。
- 在 IPv4 上保留这些设备，对网络的其他部分进行转换或使用隧道技术：如果这些设备的提供商声称，在其未来的产品中将支持 IPv6，那么就可以这么做。
- 继续运行双重协议的 IPv4 和 IPv6 网络，直到所有旧设备被升级或被替换：这只适用于那些支持双重栈的设备。上面列出的设备很多不支持双重栈。

可能影响每个组件决策的其他因素有，组件在网络中的位置，以及数据流在系统中传输的方式。例如，组件是透明或主动的嵌入式串接结构（Bump-in-the-wire，BITW），还是作为一台主机或路由器？

11.2.3 迁移与转换技术

第 10 章详细描述了从 IPv4 到 IPv6 的标准转换技术，这是互联网工程任务组（Internet Engineering Task Force，IETF）所展望的。本节粗略地把这些技术分成 3 类：隧道技术、翻译技术和双重栈技术，并介绍什么时候应使用哪种技术，以及为什么使用它。

隧道技术

隧道技术有多种，每种技术都在一种协议中嵌入或封装了另一种协议用于传输。你可以把一个 IPv6 数据包放入到一个**通用路由封装**（Generic Routing Encapsulating，GRE）隧道、MPLS、IPSec 封装安全负载、UDP 协议 41 中，以便让一台 IPv6 主机能通过 IPv4 主干网与另一台 IPv6 主机进行通信。反之，也可以把 IPv4 数据包放入到 IPv6 数据包中，让两台 IPv4 主机通过 IPv6 主干网进行通信。本书介绍的 IPv6 隧道基本类型（在第 10 章中进行了详细介绍）有：

- 6to4。
- ISATAP。
- Teredo。

图 11-1 所示的示例显示的是两个 IPv6 对话者。主机 A 和主机 B 被一个 IPv4 网络分隔开。这是在早期迁移过程中常见的场景，此时，小部分的设备在主干网之前已经升级了，这些设备可能是企业 WAN 或 IPv4 网络本身。图 11-1 显示了在两台路由器（路由器 1 和路由器 2）之间的一条隧道配置，在边界上，IPv4 网络与 IPv6 网络相遇（这只是众多示例中的一种，因为隧道可以是从主机到主机、从一台主机到一台路由器或任意形式的组合）。显然，IPv4 网络中的路由器与隧道中的 IPv6 连接，而隧道端点必须与 IPv4 和 IPv6 连接。

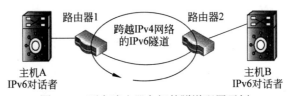

图 11-1　两台路由器之间的隧道配置示例

而且，可以以管理员的身份在路由器上配置静态隧道（这通常称为已配置隧道（Configured Tunnel）），或者让结点自动配置隧道（这称为自动隧道（Automatic Tunnel））。

如你所见，创建隧道的方式有多种，但需要退一步想想隧道技术的概念本身。使用隧道技术进行 IPv6 部署的原因是：

- IPv4 网络设备不支持 IPv6。
- 由于某些原因不允许修改主机以支持 IPv6，例如缺少停工时间窗口、规则限制或你不能拥有或控制这些设备等。
- 需要在两个或多个孤立的主机组之间快速地启用连接。

不想部署隧道技术的原因有：

- 隧道技术使得网络拓扑更加复杂。
- 必须非常注意并认真地测试链路的 MTU。正如本章前面所述，IPv4 与 IPv6 的最大数据包之间有一个很大的不同，而 IPv6 的中间结点是不能进行数据包分隔的。

 如果某条链路失效，使得 IPv4 网络重新汇聚，并把 IPv6 隧道移到具有更小 MTU 的备份链路，情况会怎么样？如果其结果是只传送较小的数据包，较大的数据包被丢弃了，那么要解决这个问题就比较困难，因为一些应用程序能工作，而另一些则不能。用户可能会进行 ping（假设他们没有修改 ping 的数据大小），这样他们会认为网络是正常工作的。

- 网络环境中部署隧道技术是一个重大安全隐患，原因有两点。第一，入侵防御系统（Intrusion Prevention System，IPS）不能监测该隧道中的数据流，防火墙不能过滤掉这些数据，sniffer 工具也不能捕获这些数据以进行故障分析。第二，恶意的内部人员可以配置一条隧道跨越防火墙，允许从外部无限制地访问内部网络。

设置已配置的隧道很简单，由于隧道的扩展性不是很好，如果要配置几十或几百条隧道就不容易，因为很难对隧道进行文档说明和管理。自动隧道的扩展性更好，因为它不需要花费体力劳动，但代价是你无法控制它，这种迁移就变得更不确定了，如果客户端为移动的，就更是如此了。

决定了需要隧道，并决定了使用已配置或自动隧道后，就需要决定使用哪种技术。每种技术都有适合的使用环境。例如，如果需要通过 NAT 来使用隧道，使用 UDP 是一个较好的选择，这意味着需要使用 Teredo。否则，由于性能问题，使用 Teredo 是一个糟糕的选择。如果关注的是安全性，使用 IPSec，但如果关注的是性能，那么 IPSec 就不是一个好选择，如果在网络环境中不需要启用 IPv4 多播，ISATAP 比 6over4 更好，因为 6over4 需要启用多播，而 ISATAP 则不需要。ISATAP 需要所有主机为双重栈的，因此，如果在网络设备不能启用 IPv6 驱动，那么就不推荐使用 ISATAP。

从上可知，最佳选择与网络环境有关。你可能需要一种或是几种迁移技术。

翻译技术

通常，翻译技术包括这样一些技术，它们可以与 IPv4 和 IPv6 进行通信，并在 IPv4 与 IPv6 之间进行转换或翻译。从历史上来看，协议翻译的使用取得了一定的成功，尽管它在结构体系上并不优美。一个示例是 SNA-to-TCP/IP 翻译技术，于 20 世纪 80 年代和 90 年代用于把主干网与 IP 网络连接。

就像隧道技术那样，很多翻译技术是在不同的 RFC 中描述的，作用于 OSI 模型的不同层。同样与隧道技术一样，翻译技术也有很多问题。由于翻译技术有一个缺点，因此大部分时候是作为最后使用的技术。但是，管理员往往需要使用该技术，因此下面将介绍这些技术。

图 11-2 显示一个已转换到 IPv6 的网络，但由于某些原因，其中的主机 B 只能与 IPv4 通信。这是在以后的迁移中常见的一种场景。也可以是反过来的情况，网络仍是 IPv4，但其中有一台只支持 IPv6 的主机。图 11-2 显示了基本的翻译技术，其中路由器 2 可以与 IPv4

和 IPv6 通信，配置为在这两者之间翻译，这样，即使主机 A 和主机 B 不能使用同一种协议，它们也可以成功通信。

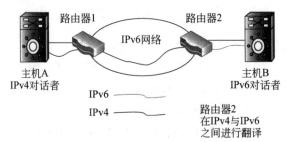

图 11-2　IPv4 与 IPv6 之间的基本翻译示例

　　NAT-PT 和 NAPT-PT 类似于 IPv6 的 NAT 和 PAT，前者翻译 IP 地址，后者翻译 TCP 和 UDP 端口。IETF 推荐 RFC 2766 中描述的这种技术，并在 RFC 4966 中进行了修订。RFC 4966 解释了与该技术相关的所有实现问题。这里推荐读者阅读一下 RFC 4966，其实不只是 RFC 才描述了实际要使用的技术，但该文档详细解释了在转换过程中可能会出现错误的各种问题。并不总是可以从其他人的错误中吸取教训，因此可以利用该文档。

　　RFC 6145 描述了无状态的 IP/CMIP 翻译（或称为 SIIT）。正如其名所示，该协议可以翻译 IP 首部和 ICMP 支持协议。与 NAT-PT 一样，SIIT 要求 IPv6 结点有一个临时的 IPv4 地址，IPv4 设备需要使用它来与之通信。

　　还有其他一些翻译机制以供使用，包括基于 SOCKS 的协议网关。然而，所有翻译机制基本上都是用于解决几个主要的转换目标，这使得它们不适合作为一个基本的机制，它们只能用于解决特定的小问题。

双重栈技术

　　当前最前沿的 IPv4-to-IPv6 转换是双重栈技术。图 11-3 阐述了这个概念。具有双重栈的主机 A 既可以与主机 B（只支持 IPv6）通信，也可以与主机 C（只支持 IPv4）通信。网络本身（即网络路径中的路由器和交换机）必须可以支持这两种协议。

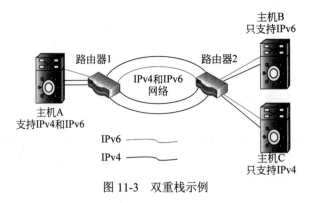

图 11-3　双重栈示例

　　如第 10 章所述，双重栈技术要求每个结点分别并行地运行两种协议。这有几个含义：

- 它不会存储任何 IPv4 地址，除非转换完成了，因为每个结点仍然需要一个 IPv4 地址。

- 在转换完成之前，必须在所有主机上支持两种协议。
- 网络基础设施（路由器等）必须同样支持双重栈技术。
- 要求应用程序在两种协议之间选择一种。如 RFC 3484 所述，这会变得很复杂。RFC 3484 首先处理应用程序应选择哪个 IPv6 地址（本地链路地址、本地站点地址和全局唯一地址）作为其源地址的问题。在 IPv4 中，只需 IP 地址和回送地址（127.0.0.1）。然而，RFC 3484 还解决了为双重栈主机选择地址的问题。简单地说，如果两台双重栈主机要进行通信，它们如何决定是使用 IPv4 还是使用 IPv6？RFC 3484 给出了一系列根据地址范围（链路、站点或全局）而选择的规则，地址是较好的还是应弃用，以及原地址与 6to4 优先级。然后，该 RFC 还给出了一个策略表，允许管理员管理和修改优先级。

具体地说，RFC 3483 中选择源地址的规则如下：

（1）相同地址优先。

（2）恰当的地址范围优先。

（3）避免使用已弃用的地址。

（4）宿主地址优先。

（5）输出接口优先。

（6）相匹配的标签优先。

（7）公用地址优先。

（8）使用最长匹配优先。

如果有多个选择，应用程序会沿这个列表按顺序往下选择，直到在这多个选择之间进行区分，以做出一个最佳选择。

同样，选择目的地址的规则如下：

（1）避免无用的目的地址。

（2）相匹配的地址范围优先。

（3）避免使用已弃用的地址。

（4）宿主地址优先。

（5）相匹配的标签优先。

（6）更高优先级的优先。

 可以在策略表中，以管理员的身份进行设置优先级。参见图 11-4 中的默认策略表。

（7）原始传输优先。

（8）地址范围更小的优先。

（9）使用最长匹配优先。

（10）否则，保持顺序不变。

双重栈源地址选择的另一个考虑因素是，它可能使用 DNS，使得很多应用程序优选 IPv6。从第 8 章可知，IPv4 使用 A 记录，而 IPv6 使用 AAAA 记录。当应用程序配置为可以查询 A 和 AAAA 记录时，

前缀	优先级	标签
::1/128	50	0
::/0	40	1
2002::/16	30	2
::/96	20	3
::ffff:0:0/96	10	4

图 11-4　RFC 3484 中定义的默认策略表

DNS 中的记录顺序可以确定在查询中返回哪个地址。换句话说，你可以影响那些配置为既可使用 IPv4 也可以使用 IPv6 的主机，通过对 DNS 中的记录进行排序，使具有 IPv4 和 IPv6 的应用程序自动使用 IPv6。

这是一种功能强大的工具，因为你可以在 DNS 中进行快速修改，使所有主机从优选 IPv4 改变为优选 IPv6。同样，如果出错了，可以很容易把该改变反过来。换句话说，拆除计划很快也很容易，这总是一件好事情。

综合各种技术以及分阶段迁移

在实际中，从 IPv4 到 IPv6 的转换中很少情况是只使用某一种技术。不同技术的差别很大，每种技术适用于某种环境下。今天的企业不是单一的网络环境，因此不适用于某一种简单的技术。它们是很大不同应用程序和设备的组合。因此，需要以如下两种不同的方式来分解转换过程。

- **按设备**：某些设备不支持双重栈，而这是我们主要的选择方法。这意味着可以使用双重栈技术来转换大部分的网络环境（例如，大多数服务器和所有笔记本），但对于那些不能改变或不支持双重栈的某些设备，可以使用 NAT-PT 转换器。
- **分阶段**：在迁移的开始阶段，设备是 IPv4 的。在迁移的末尾阶段，设备是 IPv6 的。但是，对于迁移的大多数时候，它们是逐步改变的混合体。你可以先使某些设备支持双重栈，逐步为它们添加 IPv6，直到所有设备都是支持双重栈的。然后从某些设备删除 IPv4，直到所有设备都删除了 IPv4。这里的要点是，这个过程不是只有两三个阶段的突然性的，而是一个漫长的、缓慢转换过程（可能要持续几周、几月甚至是几年），在这个过程中，一点一点地改变网络环境。

这点很重要，因为你为以 IPv4 为主导的网络所选择的转换技术，对以 IPv6 为主导的网络来说，并不一定是正确的选择。你可以分阶段来推进转换，按需要对各阶段改用合适的转换方法。事实上，在大型网络中，如果每个运行双重栈的设备在转换时有一个有限状态，效率非常低。因此，根据实际的网络环境，应采用上面描述的转换技术。

11.2.4　要完成的任务

在规划项目时，需要安排好完成目标所需的所有活动。本节的目的是确保在你的规划中不会存在缺口。然而，很多任务是非技术的，或者只是在外围上与 IPv6 相关的，因此超出了本书的讨论范围。本节主要介绍那些涉及 IPv6 的任务。

盘点计算机与网络基础设施的元素

正如在"其他网络硬件"列表中所看到的那样，与网络相连接的东西也有很多。一些组织结构，尤其是那些具有成熟安全性和 IT 处理过程，以及那些遵循 IT 服务管理框架（如**信息技术基础设施库**（Information Technology Infrastructure Library，ITIL））的，可能会有与网络相连的所有设备的最新清单。但是，很多其他组织机构并没有维护这样一个最新设备清单。即使有了一个完整清单，如果没有关于设备的具体信息，也不能确保在部署 IPv6 不会出现问题。

不论是从头开始整理设备清单，还是已经列出了各种设备，都需要收集每种设备的如

下一些信息:

- 设备标识符（产品名称、序列号、位置等）。
- 设备的所有者，以及联系信息。
- 是否是关键设备，或者如果该设备停用其严重性等信息。
- 设备的可用性，例如，它只是在业务时间（早上 8 点到下午 5 点）内使用，或者在周六午夜有一个维护时间窗口。
- 设备连接的开关、插槽和端口。

 很多已有的设备清单并没有精确地记录开关、插槽和端口。很多服务器有 4 个或 8 个网络适配器，甚至是更多，路由器和防火墙同样也有很多网卡，但很多设备清单只给出一个端口和 IP 地址。因此，应核实这些信息，尤其是那些为支持容错而配置为镜像的设备。

- 设备现在的 IPv4 地址和 VLAN，它是否是通过 DHCP 或其他方法静态地接收 IP 地址。
- 设备是否需要其他特殊内容，如多播。
- 设备是否支持 IPv6，是否具有互操作性，在地址数量上是否有限制，等等。
- 设备运行的软件或固件是什么版本，是否需要更新。
- 设备是否还在生产厂商的保质期内，如果是，如何得到技术支持。
- 需要更新什么网络管理设备监视器。

你无须规划 IPv6 子网的大小以容纳所有这些设备，但需要花费一些时间来规划切换窗口的协调，调整和更新设备，以及记录你所做的工作。

 企业的网络环境不是静态的！可能在你还没有来得及完全列出设备清单之前，就又有人增加或修改了一个设备。通过不断地统计网络的设备是不切实际的。更好的方法是创建一个进程，当添加设备到网络中时，更新设备清单。但这并不是最佳的，要保证这种策略的较好方式是通过基于网络的认证。这可能会影响到是使用有状态配置还是无状态配置的决策。

盘点应用程序

应用程序的变化可能是最关键也是最困难的任务，因为很难给出应用程序的清单，而遗漏某个应用程序可能会带来比较严重的后果，更新应用程序使之支持 IPv6 的成本也是比较大的。

盘点应用程序的一种方式是，简单地标识某个应用程序的构成。一个极端情况是，某个操作系统（例如 Windows）是由几百个作为服务而运行的组件构成的，它们中的很多都需要给予关注。另一种极端情况是，某一个"应用程序"可能要跨越多个物理服务器。无论在任何情况下，盘点应用程序之前都必须深思熟虑。

获得 IPv6 地址

在决定了是否为多宿主之后，就需要获得一些 IPv6 地址。通常是从服务提供商那里获得一个地址块。如果选择的是多宿主，那么就需要到**区域 Internet 注册机构**（Regional Internet Registry，RIR）那里获得分配给你的地址块。你首先必须证明你的企业满足一定的资质，IPv6 地址块不会轻易分配给任何提出请求的人。

 要确定谁是你的 RIR，可以访问 www.iana.org/numbers。在北美，则是 ARIN，你可以访问 www.arin.net。

与提供商协作

假设有一个旧的 WAN 网络，而且对当前服务提供商的价格和服务比较满意，最容易、最便宜的规划是在原来的电路上运行 IPv6。

通常，在从 IPv4 迁移到 IPv6 时，从一个服务提供商换到另一个服务提供商往往并不好。其原因是，当你从一个服务提供商换到另一个时，需要经历一个使网络同时连接到这两个提供商的阶段，因此网络的成本就翻倍了。在迁移规划中通常也会包含这个，但这种规划只是假定为一个简短时期（例如几个月）的双倍支出。如果你试图同时处理另外一个项目（例如一个 IPv6 部署），那么就会有一定的风险，IPv6 部署中的任何延误（这很可能会发生）将影响服务提供商变换的计划，使得你需要在更长的时期内付出双倍支出。

任何情况下，都应明白你的服务提供商能为 IPv6 提供哪些支持。讨论一下他们实现服务质量（QoS）的方式，不同服务类型和服务级别的价格结构。询问一下他们是否能为转换提供任何支持或服务，例如管理转换服务器或隧道代理。

最后，与他们一起阅览一下你的规划，协调一下转换进度，假定它们在转换过程中也可以完成某些任务，例如在它们的路由器上启用 IPv6（尽管它们的路由器可以支持 IPv6，但出于安全考虑，除非你提出要求，否则是禁用的）。

调整软件与服务器

这个任务是很关键的，但往往不是由网络团队来完成的。通常，服务器和应用程序开发团队负责为 IPv6 更新软件。然而，网络团队需要提供新 IPv6 网络的某些信息和培训。一部分信息的可以帮助他们明白为什么需要花费时间和财力来更新软件。一部分信息则可以解释如何以及什么时候进行更新。

对于 IPv4，可以根据请求，为配置服务器和应用程序提供网络信息。例如，当某人想安装一台新服务器时，可以为他提供服务器的 IP 地址、子网掩码、默认网关以及 DNS 名称。未来，你需要为 IPv6 提供类似信息。准备一个介绍，解释一下哪些东西发生了变化，会是一个好主意。例如，如果服务器团队认为，为了稳定性，服务器应使用静态地址，你就应培训他们，服务器的每个网卡是怎样具有多个地址的，它们在 IPv6 中是如何自己配置的。

调整软件的实际任务是大多数项目的关键步骤，将决定你需要在多长时间里维护双重栈、隧道或转换服务。

创建一个测试实验环境

对大多数项目来说，创建一个测试实验环境是好主意，而对 IPv6 来说更为重要，原因如下：

- 你需要一个沙箱（即是与实际环境隔离开的 IT 环境）来测试网络设备，以确保功能和互操作性，找出任何缺陷。在实际环境中不能这么做，因为任意一个不可预知的缺陷都可能会导致严重后果。
- 当应用程序开发人员和其他管理员调整和更新其应用程序和主机，以支持 IPv6 时，需要有一个地方，来测试这些应用程序和主机的各种模式。

创建实验环境时，可能会使用它来在迁移的多个阶段中，测试不同的技术。随着 Internet 社区设计出更好的转换方式，这些技术很可能在未来的几年里不断发展。因此，这种测试实验环境应是半持久性的，即在未来的几年里需要不断测试，且这种测试环境应含有与实际网络相同的设备。

图 11-5 显示了一个实验环境的示例。注意，该示例使用了虚拟化技术，使得成本低，灵活性高。

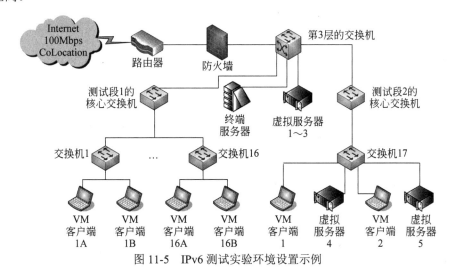

图 11-5　IPv6 测试实验环境设置示例

更新路由器

显然，这个任务是转换中的核心部分之一。当最初启用 IPv6 路由，以及随后添加和删除各种隧道时，可能需要多次更新每个路由器。在进行每一步之前，应注意不要超出 CPU 的能力、内存或吞吐量。记住，在 IPv4 中由硬件 ASIC 处理的一些进程（例如处理访问列表），在 IPv6 中则由软件来处理，但这会显著地增加 CPU 的负载，严重地降低了性能。此外，为多种协议和路由器重复处理两次会产生多余负载，新协议的处理方法还会发生变化。在很多方式下，这会是一个优点，因为 IPv6 中含有多个提高性能的关键设计点，例如，IPv6 首部的构造方式，路由器不再对数据包进行拆分。但可能提高性能并不意味着一定能，需要进行测试。

更新虚拟网络设备

在今天高度虚拟化的环境中，"网络"实际上扩展进了服务器。在基于服务器的管理程序中，有一个或多个交换机或网桥，它们就像真实的交换机一样在扩展树中发挥作用，在软件中具有与虚拟机的虚拟网卡相连接的虚拟端口。这些虚拟网络设备实际上只存在于第

2 层中，但情况并不总是这样。无论如何，你都需要测试一下它们，以确保它们能够处理 IPv6 从多播到超大帧的各种特性。

更新 DNS

更新 DNS 应该相对简单。可以把 DNS 服务器软件更新到能够支持 IPv6 的版本，然后添加 AAAA 记录和 PTR 记录，以便用于反向查询，就可以完成 DNS 的更新。这无须做什么太多的复杂协同工作，但这个工作必须在大多数其他工作之前完成，因为如果无法解析主机名，就不能把主机转换成 IPv6。

如果使用的是 DDNS，或者通过 DNS 中 A 和 AAAA 记录的顺序来完成迁移，那么这个任务将变得更复杂，协同工作也更加重要。

由于客户端仍然是通过 DHCP 或静态配置来发现 DNS 服务器的 IP 地址的，因此可以很容易安装新的 DNS 服务器，且不会影响当前现有的 DNS，测不测试它们都无所谓。然后，通过修改 DHCPv6 中的服务器参数，就可以把客户端移到新 DNS 服务器。或者，当你访问每个客户端或服务器，安装并配置 IPv6 驱动时，可以修改任何静态 DNS 设置。

更新到 DHCPv6

DHCP 可更新，也可不更新，因为设备是自动配置的，但如果要实现 DHCPv6 以克服自动配置的限制时，那么其更新就类似于 DNS。你需要研究和评估一下 DHCPv6 服务器，以及它们支持哪些特性。

使用一台新的 DHCPv6 需要更多的技巧，因为新 DHCPv6 服务器并不知道哪些 IP 地址已经租出去了，因此，可能会出现 IP 地址冲突。通常，可以这样来做，在迁移之前，把 DHCPv6 的出租时间减少为一个小时，而不是通常的 3～7 天。这样，当你在 2～3 个小时的时间窗口中工作时，那么在这个时间窗口内，客户端将请求新的租借。更新完成后，再把租借时间设置回正常值。

更新工具

挑选管理工具总是一个挑战工作，尤其是在面对一种新协议时，很少有人有这方面的管理经验。使用旧的 IPv4 工具是一个很好的起点，但记住，尽管 IPv6 解决了某些问题（这意味着你不再需要某些旧工具了），但会产生一些新问题，这些问题当前并没有解决工具。可以考虑使用的一些工具有：

- **协议分析器**：包括用于捕获数据包的嗅探器和用于对数据包解码的分析软件。大多数协议分析器都可以对 IPv6 数据包解码，但如果其分析能力比较弱，或者出现实现问题，这不用奇怪。例如，分析器可以处理大型数据包（例如 2 G 或更大的）吗？
- **监视器**：包括一些工具，用于定期验证某些设备或应用程序的状态，以确保它们仍然在工作。通常，这可以用 ICMP PING 来完成。
- **SLA 管理器**：这些设备通常完成对称传输，以模拟实际产品应用程序的数据流，收集响应时间或性能统计信息。在网络发生变化的情况下，这些统计信息可以提高相应的性能比较。
- **配置管理数据库（CMDB）与管理器**：配置管理数据库和相关工具可以跟踪网络设备的配置，当发生变化时，你就可以知道，或者由于硬件故障，需要替代某些东西时，可以很容易地把配置信息复制到新沙箱中。

- **终端服务器与带外网关**：这些设备可以跳到带外管理网络，或者访问路由器或交换机上的系列控制台端口。
- **IP 地址管理（IPAM）**：在 IPv4 网络中，这些工具非常常见，因为它们可以解决稀有资源的跟踪与分配等多种问题，并且使得 DDNS 的使用更加方便。IPv6 中的困难不是资源稀有而是跟踪，因为在一个电子表格中手工记录 128 位地址的效率太低，当每个网卡有 3 个或更多个地址时更是如此。尽管在一些客户端中可以禁用本地链路地址，但这并不满足 RFC 的指导原则。

11.3　部署和使用 IPv6

本节将详细介绍部署 IPv6 的一些常见任务。对于这些任务的大多数，主要从技术上，介绍如何使用一种或多种常用的商业或免费产品来实现。

11.3.1　构建一个 IPv6 测试/示范网络

构建一个测试网络是需要做的第一个任务。在实验网络中，最好是使用与实际网络中相同的路由器和交换机模型与产品。但是，由于测试实验网络的目的是评价和测试设备，因此，在实验网络中最初要使用哪些设备？如果没有从几个不同提供商购买几种路由器和交换机的预算，可以从几个提供商获取演示产品以供评价之用。

实验网络除了用于测试之外，还需要提供几个基本功能，包括：

- **连接到实验网络的途径**：实验网络应为一个沙箱。这就是说，它应与实际网络分隔开，这样，无论在实验网络中发生了什么，都不会影响实际网络对用户提供服务。一个常见的解决办法是使用 jump box，这是一个代理服务器或终端服务器，它有一个连接到实际网络的接口，可以通过 SSH（Secure Shell）访问终端或访问虚拟桌面。实验网络也有一个接口。从安全的角度来看，这有时候也称为 bastion host。
- **加入路由的方法**：为了测试扩展性和性能，使得实验网络就像实际网络一样，给实验路由器加入大量路由是一个好主意。这可能会有一定的挑战性，因为实验网络是分隔开的，因此它不能连接到实际网络或 Internet，因此实验网络中的路由并不多。通常，完成这个任务的方法是，使用一个某种类型的备用路由器，并把它指定为外部边界，让它来公告路由。如果你手边没有旧路由器，Linux 上运行的虚拟路由器软件可以实现它。通常可以创建几十个或者几百个回送接口或指向空接口的静态路由，然后把这些重新分配给实验网络（在路由中，空接口通常用于防止路由循环）。如果要测试成千上万个路由，可以把该边界路由器连接到 Internet 或实际网络中，但必须应用一定的控制，确保网络前缀只在实验网络中而不会在外部网络中公告。
- **WAN 模拟器**：这些设备可以降低数据流，以模拟典型 WAN 链路的延时和带宽。它们在 WAN 上测试拥塞时非常有用。也就是说，当直接连接到以太网光缆时，你的网络可能很快就会发生拥塞。当你把路由器隔离在几百或几千里之外时，出现的延时可以明显地降低拥塞。WAN 模拟器很好用，但并不总是需要它。

- **数据流模拟器**：这些设备发送各种 IPv6 数据流，以进行功能和负载测试。例如，当要评价 DHCPv6 产品以测试哪个的响应最快时，可以给服务器发送几百条并发 DHCPv6 请求。你必须通过任意 IPv4-to-IPv6 隧道或传输设备，发送大量的典型用户数据流（HTTP 浏览数据、办公文档的文件传输等）来严格测试你的网络，以确保它们可以处理期望的负载高峰。如果要对数据流加密，更是如此。

- **嗅探器与协议分析器**：使用这些以检查由模拟器产生的数据流，看看数据在通过网络中的每个组件时是否发生了改变。还可以观看用于邻居发现、路由公告消息、DHCPv6 等的实际协议处理。

- **每种服务器类型与客户端类型的实例**：这很重要，因为要测试的 IPv6 驱动必须与适配器相互作用，而不同的设备其适配器也是不同的。对于服务器，应测试虚拟化软件和系统管理程序，并时刻牢记兼容性问题。每个提供商往往会以差别很大的方式来解释标准，这往往会引起问题。如果想要确保你的实现能很好工作，就必须测试每个硬件、软件和驱动。

- **配置存储**：这可以在每个设备上保持设置的备份，并添加一些有关它的注释，例如测试结果、问题或遇到的缺陷等。对很多工业认证（尤其是那些涉及医疗或信用卡处理的企业），这是一件需要随时做的事情。

在实验网络中要做的测试包括 3 个重要阶段。下面是在每个阶段中要做的事情。

（1）评估多种网络设备的品牌和模式。采购部门可能在这个时候会提出一些说法，你需要遵循，以确保有一个比较公正的比较，而不会偏袒任何某个提供商。通常，在这个阶段，如果主要以性能作为评估标准是不好的，而是应该关注与旧有和其他设备的互操作性上。

（2）使用所选择的确切模式，重新配置实验网络，以创建与你所能提供的网络尽量吻合的一个物理副本。这很可能至少要有两个完整站点。然后测试这些设备的配置，以确保它们能按预期的那样工作。这种测试特别注意要能确保出现故障，在这种人为导致的"故障"结束后，设备能自己恢复到故障前的状态。还要测试你所做的过滤。例如，创建一些访问列表，以过滤数据包或路由，或者用嗅探器进行验证。在所有测试完成，且配置已设置之后，就可以把这些配置移到实际网络的相应设备中。

（3）当要把服务器和应用程序更新到 IPv6 时，使用实验网络测试它们。

在这 3 个主要阶段完成之后，应保持该实验网络为最新的，这样，在网络体系结构和网络设备的整个生命周期中，后面的迁移阶段就仍然可以使用它。

11.3.2　开始迁移应用程序

一旦实验网络创建并运行之后，就具有支持 IPv6 的网络和设备，应用程序使用人员就可以开始把他们的软件应用到网络中以进行测试。实际的编码超出了本书的范围，但在这个工作中，有一些事情是需要完成的：

- 应确保应用程序使用人员记录了对基础设施所做的修改。这包括驱动更新、操作系统更新等。

- 应记录所有需求的改变，例如，DNS 记录。应用程序可能会利用 IPv6 的特性，像多播或任播，安全性等。如果是这样，你的设计应满足这些需求，应确保他们在把应用程序更新之前，在网络中已经启用了它们。有时候，应用程序还会使用 IP 地址作为其注册或副本保护模式的一部分。这往往需要静态地址，因此，需要修改你的寻址计划以满足这些。

11.3.3　把只支持 IPv4 的主机升级到支持 IPv4/IPv6

在部署规划的某些点，可以准备开始更新主机了，例如双重栈配置。你可能会有几百种品牌和类型的主机需要更新，但本节只介绍一个最常用的示例，即 Windows PC。由于操作系统和功能的命令、语法和接口差别很大，因此去记住它们是不切实际的，主要应该是理解命令完成后能获得什么功能。

你还需要考虑的是，如何在几十、几百甚至是几千种类似设备上进行一致的修改。接口类型，例如命令行接口（CLI）与图像用户接口（GUI）的差别就很大。一些更大型的企业还有自动化系统，你无须接触这些设备本身，就可以进行修改。

对网络进行自动化修改时，会导致与自动化系统的连接性丢失，这可能会突然需要你手工去处理成百上千的设备，以恢复网络服务。因此，应格外小心，强烈建议先在实验环境中充分测试这些修改。

对大多数的 Windows 版本，如 Windows 7、Windows 10、Windows Server 2008 及以后版本，无须安装 IPv6，因为这些系统已经安装了 IPv6，且默认是启用的。

输入 netsh interface ipv6 show address 命令可以查看接口和地址，其结果如图 11-6 所示。你的计算机可能有多个接口。大多数计算机会有一个无线以太网接口和一个快速以太网或吉比特以太网接口，显示为"本地连接"接口。如果有用于连接到企业网络的 VPN 软件，这也会显示为一个接口。如果安装了虚拟化产品（如 VMware），那么在列表中会显示出多个虚拟化接口。此外，还应该有一个回送接口。

图 11-6　netsh interface ipv6 show address 命令的结果

在 Windows 7 下，默认有以太网卡的 ISATAP 和 Teredo 接口，其他
每个接口（如无线局域网、虚拟机等）也都有一个 ISATAP 接口。
而在 Windows 10 下，只有一个以太网卡的 ISATAP 接口，以及其他
接口，如无线 LAN 和虚拟机。

每个接口接收一个 IPv6 本地链路地址或其他地址（根据接口是否是活动的），并得到
一条公告其子网的路由。

有关接口本身的更多信息，可以运行 netsh interface ipv6 show interface 命令。如图 11-7 所示，
其结果显示了为该计算机配置的所有接口列表、名称、MTU 以及它们是已连接还是断开的。

要查看默认设置（包括专用信息），可以输入两个命令 netsh interface ipv6 show global
和 netsh interface ipv6 show privacy，其结果如图 11-8 和图 11-9 所示。

```
Administrator: Command Prompt                                    —   □   ×
C:\Users\G2TCPIP>netsh interface ipv6 show interfaces

Idx     Met         MTU          State           Name
---  ----------  ----------  ------------  ---------------------------
 20      50        1500       disconnected  Wireless Network Connection
 17       5        1500       disconnected  Local Area Connection* 2
  9      10        1500       connected     Ethernet
  1      50     4294967295    connected     Loopback Pseudo-Interface 1
 74      50        1280       disconnected  isatap.{5F4BC34E-C63E-45C6-A51D-45586AC91B2B}
 23      20        1500       connected     VMware Network Adapter VMnet5
 14      20        1500       connected     VMware Network Adapter VMnet8
 76      50        1280       disconnected  isatap.{0AC9FCC3-0227-4427-A672-5EF2453D2FB0}
  2       5        1500       disconnected  Local Area Connection
 11      10        1500       connected     VirtualBox Host-Only Network
 77      50        1280       disconnected  isatap.{17BD356B-F528-43BC-8991-6C2C4A35B761}
 78      50        1280       disconnected  isatap.{277B833B-0A10-4AE7-8FE5-9FBC443550D7}
 12      20        1500       disconnected  Ethernet 3
 80      50        1280       disconnected  isatap.ipv6sandbox.com
  4      20        1500       connected     VMware Network Adapter VMnet6
 94      50        1280       disconnected  isatap.{4754A49E-628A-417A-8F7C-47B48C8AEA56}
  8      20        1500       connected     VMware Network Adapter VMnet7
  5      20        1500       connected     VMware Network Adapter VMnet3
 16      20        1500       disconnected  Ethernet 2
 79      20        1500       connected     VMware Network Adapter VMnet2

C:\Users\G2TCPIP>
```

图 11-7 netsh interface ipv6 show interface 命令的结果

```
Administrator: Command Prompt                                    —   □   ×
C:\Users\G2TCPIP>netsh interface ipv6 show global
Querying active state...

General Global Parameters
-----------------------------------------------
Default Hop Limit                   : 128 hops
Neighbor Cache Limit                : 256 entries per interface
Route Cache Limit                   : 128 entries per compartment
Reassembly Limit                    : 265626464 bytes
ICMP Redirects                      : enabled
Source Routing Behavior             : dontforward
Task Offload                        : enabled
Dhcp Media Sense                    : enabled
Media Sense Logging                 : disabled
MLD Level                           : all
MLD Version                         : version3
Multicast Forwarding                : disabled
Group Forwarded Fragments           : disabled
Randomize Identifiers               : enabled
Address Mask Reply                  : disabled
Minimum Mtu                         : 1280

Current Global Statistics
-----------------------------------------------
Number of Compartments              : 1
Number of NL clients                : 7
Number of FL providers              : 5


C:\Users\G2TCPIP>
```

图 11-8 netsh interface ipv6 show global 的结果

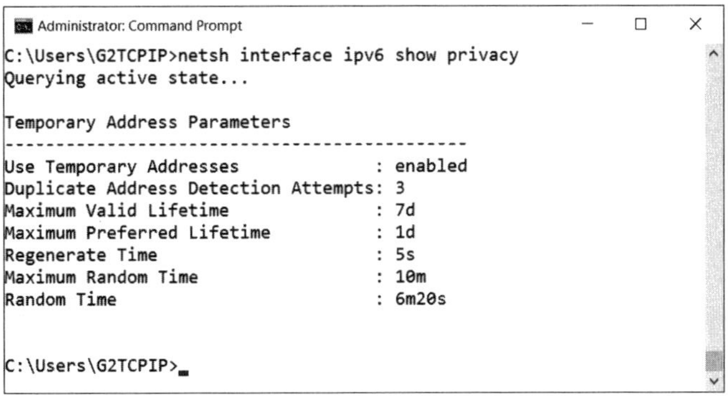

```
Administrator: Command Prompt                          —    □    ×
C:\Users\G2TCPIP>netsh interface ipv6 show privacy
Querying active state...

Temporary Address Parameters
---------------------------------------------
Use Temporary Addresses                : enabled
Duplicate Address Detection Attempts: 3
Maximum Valid Lifetime                 : 7d
Maximum Preferred Lifetime             : 1d
Regenerate Time                        : 5s
Maximum Random Time                    : 10m
Random Time                            : 6m20s


C:\Users\G2TCPIP>_
```

图 11-9   netsh interface ipv6 show privacy 的结果

这些命令显示了用于诊断和故障分析的重要信息，可以确保网络环境是按照你所设计而创建的。你可以修改这些设置中的大部分，但一般不需要。

如前所述，在迁移过程中，可能要修改的参数是策略表（它控制着选择顺序）。在 Windows 下使用 netsh interface ipv6 show prefixpolicies 命令可以查看这些。默认设置如图 11-10 所示。

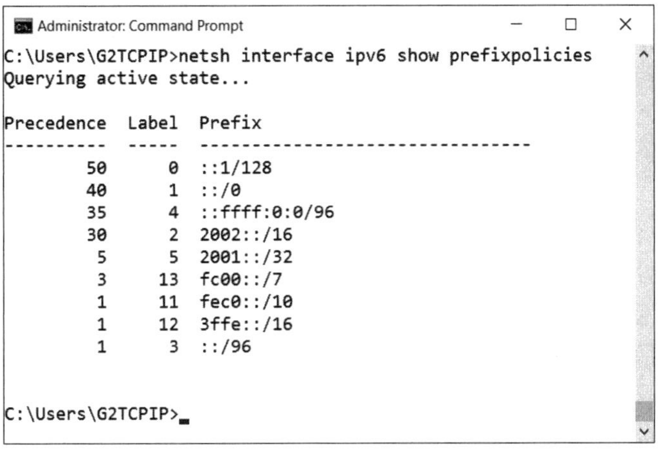

```
Administrator: Command Prompt                          —    □    ×
C:\Users\G2TCPIP>netsh interface ipv6 show prefixpolicies
Querying active state...

Precedence   Label   Prefix
----------   -----   --------------------------------
        50       0   ::1/128
        40       1   ::/0
        35       4   ::ffff:0:0/96
        30       2   2002::/16
         5       5   2001::/32
         3      13   fc00::/7
         1      11   fec0::/10
         1      12   3ffe::/16
         1       3   ::/96


C:\Users\G2TCPIP>_
```

图 11-10   netsh interface ipv6 show prefixpolicies 命令的结果

在考虑如何配置主机时，可以查看一下 netsh interface ipv6 dump 命令的输出（如图 11-11 所示），其输出可用于创建一个配置文件。例如，从命令提示符输入 netsh interface ipv6 dump > cheese.txt。然后，如果输入 dir 命令并按 Enter 键，就可以在目录下发现一个名为 cheese.txt 的文件，该文件含有 dump 命令的输出。可以使用任意编辑器来编辑该文本文件，例如 Microsoft Word 或 edit.exe，或者输入命令 more cheese.txt 来查看其内容。查看该文本文件时可以发现，其中有用于进行简单配置的一些命令。

配置好了所有隧道、策略等之后，就可以使用这个文本文件来创建一个脚本文件，重复地为网络环境中的 Windows 主机安装和配置 IPv6。

11.3.4 使用 6to4 创建一个隧道式的 IPv6 环境

这里，设有一个可以进行本地通信的客户端，它位于一个 IPv6 网络之中，该网络具有一台 IPv6 路由器，可以进行全局通信。但我们假设该客户端只是在 IPv4 网络中配置的，不与任何 IPv6 结点相邻，但它仍然需要与远程数据中心的 IPv6 服务器和应用程序进行通信。这种场景是很有可能的，因为这样的用户具有很好的移动性。例如，你可能要把某个办事处迁移到支持 IPv6/IPv4，但在你规划另一个办事处的迁移之前，第一个办事处的员工可能要到第二个办事处去开会。此时，他们可能就需要从只支持 IPv4 的第二个办事处来远程访问自己办事处那里的 IPv6 服务器。

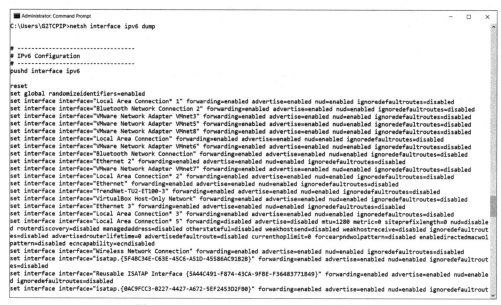

图 11-11　netsh interface ipv6 dump 命令的结果

这个问题可以用一些不同的隧道技术来解决。在这种情况下，可以实现一种简单的解决方案，即 6to4 隧道。在 11.3.5 节，将用 ISATAP 来解决这个问题。当然，ISATAP 更好，因为它的动态性更好。

6to4 隧道是使用 netsh interface ipv6 add v6v4tunnel 命令来配置的。它可以是一个路由器到路由器的隧道，但这里是 Windows PC 到 IPv6/IPv4 路由器的隧道。从概念上来说，这非常简单，支持双重栈的主机有一个接口可与 IPv4 网络通信，另一个接口可与 IPv6 网络通信，它就像是这两个网络之间的一个网关。因此，可以从 PC（也是支持双重栈的）上的一个虚拟接口创建一条隧道通往该网关，通过该隧道来传输 IPv6 数据流。

配置这种隧道有 3 个基本参数。第一个是名称，另外两个是隧道本地端和远程端的 IPv4 地址。一个配置命令的示例是：

```
netsh interface ipv6 add v6v4tunnel "mytunnel" 10.1.2.3 10.100.1.1
```

可以使用你所需的任意名称，但最好是使用比 mytunnel 更有用的名称。例如，如果要配置一条通往 IPv6 Internet 的隧道，另两条通往两个数据中心的隧道，可以把它们分别命名为 Internet、EastDC 和 WestDC。使用具有描述性的标签，使得你或其他人日后要进行故障分析时更容易。

11.3.5　使用 ISATAP 创建一个隧道式的 IPv6 环境

如前所述，如果要实现 IPv4 网络中支持双重栈的客户端连接到 IPv6 网络，ISATAP 是更好的选择。ISATAP 隧道环境如图 11-12 所示。这种配置更简单，只包含一些步骤，下面先简单列出，然后进行详细介绍：

（1）配置一台 ISATAP 路由器。

（2）往 DNS 中为 ISATAP 添加一个名称记录，指向在第(1)步中配置的 ISATAP 路由器的 IPv4 地址。

（3）在客户端上配置 ISATAP。

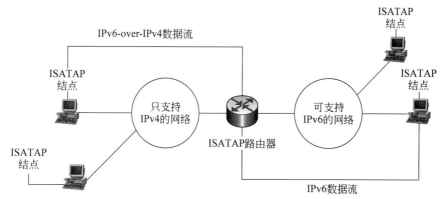

图 11-12　ISATAP 隧道环境

配置一台 ISATAP 路由器

在第（1）步中，需要一个支持双重栈的设备，可以转发数据流。理想情况下，这是一台专用的、基于硬件的 路由器。然后，在本章中，为了便于理解，这里介绍的是把一台 Windows 服务器转换成一台 ISATAP 路由器。这是一种学习的好方式，但当你试图使用一台 Windows 服务器来作为 IPv4 与 IPv6 网络之间的一个网关时，应仔细考虑性能问题。

输入如下命令可以启用 ISATAP：

```
netsh interface ipv6 isatap set router <x.x.x.x>
```

其中，x.x.x.x 为 ISATAP 设备上的 IPv4 接口。

接着，使用如下命令，告诉服务器，要把它作为一台路由器并转发数据流：

```
netsh interface ipv6 set interface <y> forwarding=enabled advertise=enabled
```

其中，y 为 IPv6 隧道的接口号或名称。

要得到接口号，使用命令 netsh interface ipv6 show interface，并查看 Idx 列。有时，接口名称是你创建该接口时赋予的。例如，11.3.4 节中使用的"mytunnel"。你可以使用接口号，也可以使用接口名称。

有时，使用名称更容易，因为当编写脚本时，你并不知道是否用户自己已经创建了其他接口。如果用户自己已经创建了某个接口，当你在该用户的 PC 上用脚本创建同一接口时，它将具有不同的接口号。然而，如果在创建接口时为它命名，就可以避免这个问题。你可以在脚本中进行一些错误检查，以确保不会已经存在其他接口。如果已存在，不要自动地删除它们，因为这样做会导致应用程序崩溃。

最后，为要进行公告的路由器添加路由。你需要对每个希望进行公告的前缀重复添加路由。add route 命令很灵活，有很多变量和参数，因为有很多不同的方式来添加路由，包括度量、使用时限、下一跳等。添加路由使用的命令是：

```
netsh interface ipv6 add route <prefix/<length <y> publish=yes
```

同样，y 为隧道的接口号或名称。

配置 DNS

一旦创建了路由器，就该配置 DNS 了。你必须确保主机能够解析名称"ISATAP"。这一步可以以如下不同的方式来完成：

- 在\etc\hosts 文件中为 ISATAP 添加一项，就可以跳过 DNS 配置。
- 对于仍然使用 NetBIOS 的 Windows 主机，把 ISATAP 项放置到 WINS 中。
- 如果使用 DNS（推荐使用它），为你的域中的 ISATAP 主机名添加 A 记录（而不是 AAAA 记录），该记录指向在第(1)步中配置的路由器的 IPv4 地址。为了使 DNS 能对 isatap 查询做出响应，运行如下命令：

```
dnscmd / config / globalqueryblocklist wpad
```

在客户端上配置 ISATAP

如果客户端已经安装了 IPv6，就不需要配置该客户端了，但要确保该客户端可以解析名称"ISATAP"。在可以用前面列出的众多方式中的任意一种来完成。也可以使用如下命令，用手动方式向客户端告诉 ISATAP 路由器地址：

```
netsh interface ipv6 isatap set router <x.x.x.x>
```

其中，<x.x.x.x>为第(1)步中配置的 ISATAP 路由器的 IPv4 地址。

在学习网络环境中，手工配置客户端是可以的，但在企业的网络环境中，不能用手工配置客户端。如果要修改 ISATAP 路由器，修改一个 DNS 项，远比在几百台设备上手工删除并重新输入更新命令 set router 容易。

一旦客户端能解析 ISATAP 名称了，它就可以往 ISATAP 路由器发送一条 IPv6 请求消息，ISATAP 路由器将用公告消息进行响应。这种配置的动态性相当好。

11.4 探讨一些网络管理任务

在日常的网络管理任务中，还有其他一些命令可以使用。需要理解的一个重要事情是 IPv6 路由表。注意，所有 IP 设备都有路由表，而不仅仅是路由器有。路由是通过多种方式进入路由表的。最常见的方式是来自直接相连接口的配置信息。当然，你也可以静态地定义路由，或者使用一个路由协议来动态地接收路由，配置“默认网关”的操作，将安装一条默认路由。

不止是在旧的 IPv4 网络中，在像笔记本电脑这样相对简单的设备中，当要添加大量隧道（其中很多是动态地自己创建的）时，理解路由表也是很重要的。你需要理解哪些前缀是在哪些接口和哪些隧道上发送的。要在 Windows 中这样做，可以使用 netsh interface ipv6 show route 命令，如图 11-13 所示。

```
Administrator: Command Prompt
C:\Users\G2TCPIP>netsh interface ipv6 show route

Publish  Type      Met  Prefix                    Idx  Gateway/Interface Name
-------  --------  ---  ------------------------  ---  ------------------------
No       Manual    256  ::/0                       79  fe80::20c:29ff:fe42:dcb2
No       Manual    256  ::/0                        9  fe80::a00:27ff:fe5e:b783
No       System    256  ::1/128                     1  Loopback Pseudo-Interface 1
No       System    256  2001:470:1f0f:ee7::7:100/128    2  Local Area Connection
No       Manual    256  2001:5c0:1507:9100::/64     9  Ethernet
No       System    256  2001:5c0:1507:9100:5002:fd86:141a:984a/128    9  Ethernet
No       System    256  2001:5c0:1507:9100:c00f:9bab:e723:b10a/128    9  Ethernet
No       Manual    256  2001:db8:1ab:ba5e::/64     79  VMware Network Adapter VMnet2
No       System    256  2001:db8:1ab:ba5e::104/128   79  VMware Network Adapter VMnet2
No       System    256  fe80::/64                  11  VirtualBox Host-Only Network
No       System    256  fe80::/64                  16  Ethernet 2
No       System    256  fe80::/64                   2  Local Area Connection
No       System    256  fe80::/64                  20  Wireless Network Connection
No       System    256  fe80::/64                  17  Local Area Connection* 2
No       System    256  fe80::/64                   4  VMware Network Adapter VMnet6
No       System    256  fe80::/64                  14  VMware Network Adapter VMnet8
No       System    256  fe80::/64                   5  VMware Network Adapter VMnet3
No       System    256  fe80::/64                  23  VMware Network Adapter VMnet5
No       System    256  fe80::/64                   8  VMware Network Adapter VMnet7
No       System    256  fe80::/64                  79  VMware Network Adapter VMnet2
No       System    256  fe80::/64                  12  Ethernet 3
No       System    256  fe80::/64                   9  Ethernet
No       System    256  fe80::5efe:169.254.219.107/128   77  isatap.{17BD356B-F528-43BC-8991-6C2C4A35B761}
No       System    256  fe80::5efe:192.168.42.220/128   94  isatap.{4754A49E-628A-417A-8F7C-47B48C8AEA56}
No       System    256  fe80::5efe:192.168.56.1/128   74  isatap.{5F4BC34E-C63E-45C6-A51D-45586AC91B2B}
No       System    256  fe80::5efe:192.168.65.1/128   76  isatap.{0AC9FCC3-0227-4427-A672-5EF2453D2FB0}
No       System    256  fe80::5efe:192.168.134.1/128   78  isatap.{277B833B-0A10-4AE7-8FE5-9FBC443550D7}
No       System    256  fe80::414:e739:a138:6d0a/128   20  Wireless Network Connection
No       System    256  fe80::2547:3531:a649:d312/128    8  VMware Network Adapter VMnet7
No       System    256  fe80::5872:857d:687a:c572/128    4  VMware Network Adapter VMnet6
No       System    256  fe80::58e4:ff75:b726:49de/128   16  Ethernet 2
No       System    256  fe80::7459:ed5c:ae95:131e/128   12  Ethernet 3
No       System    256  fe80::78fd:1b94:c4ec:cf79/128   17  Local Area Connection* 2
```

图 11-13 netsh interface ipv6 show route 命令的结果

本章没有重点介绍多播，但如果实现了多播，你就肯定想看看多播在网络中的传输了。用于诊断多播信息的最关键内容之一是理解所使用的多播地址。在 Windows 系统下，使用 netsh interface ipv6 show joins 命令可以得到这些，如图 11-14 所示。

最常用的 IPv4 诊断命令是 ping 命令。在 Windows 中，可以使用同样的命令来测试 IPv6 的连通性。为此，只需运行 ping 命令，后跟 IPv6 地址即可。图 11-15 显示了这样一个示例。

多年来，DHCP 协议的工作并不是没有瑕疵的，计算机往往被其地址搞糊涂了。因此，管理员往往不得不对系统做一些处理，以去除旧地址，获得一个新地址。在 Windows 中，相关的 IPv4 命令是 ipconfig /release 和 ipconfig /renew。在 Windows 中相应的 IPv6 命令是

ipconfig /release6 和 ipconfig /renew6。

```
Administrator: Command Prompt                                    —    □    ×

C:\Users\G2TCPIP>netsh interface ipv6 show joins

Interface 20: Wireless Network Connection

Scope       References  Last  Address
----------  ----------  ----  --------------------------------
0                   0    Yes   ff01::1
0                   0    Yes   ff02::1
0                   0    Yes   ff02::c
0                   0    Yes   ff02::1:3
0                   1    Yes   ff02::1:ff38:6d0a

Interface 17: Local Area Connection* 2

Scope       References  Last  Address
----------  ----------  ----  --------------------------------
0                   0    Yes   ff01::1
0                   0    Yes   ff02::1
0                   1    Yes   ff02::1:ffec:cf79

Interface 9: Ethernet

Scope       References  Last  Address
----------  ----------  ----  --------------------------------
0                   0    Yes   ff01::1
0                   0    Yes   ff02::1
0                   3    Yes   ff02::c
0                   1    Yes   ff02::fb
0                   1    Yes   ff02::1:3
0                   1    Yes   ff02::1:ff1a:984a
0                   2    Yes   ff02::1:ff23:b10a

Interface 1: Loopback Pseudo-Interface 1

Scope       References  Last  Address
----------  ----------  ----  --------------------------------
0                   3    Yes   ff02::c
```

图 11-14　netsh interface ipv6 show joins 命令的结果

```
Administrator: Command Prompt                                    —    □    ×

C:\Users\G2TCPIP>ping 2001:db8:1ab:ba5e::2000

Pinging 2001:db8:1ab:ba5e::2000 with 32 bytes of data:
Reply from 2001:db8:1ab:ba5e::2000: time=2ms
Reply from 2001:db8:1ab:ba5e::2000: time=4ms
Reply from 2001:db8:1ab:ba5e::2000: time=3ms
Reply from 2001:db8:1ab:ba5e::2000: time=3ms

Ping statistics for 2001:db8:1ab:ba5e::2000:
    Packets: Sent = 4, Received = 4, Lost = 0 (0% loss),
Approximate round trip times in milli-seconds:
    Minimum = 2ms, Maximum = 4ms, Average = 3ms

C:\Users\G2TCPIP>
```

图 11-15　ping 命令的结果

本章小结

- IPv6 部署使用的网络层或路由协议，不同于 IPv4 部署所使用的。对大多数人来说，IPv6 协议看起来像是 TCP/IP v4 的一个升级或新版本，但对应用程序本身来说，差别是很大的。

- 主机上的网络层协议功能，大部分是以驱动程序的形式，作为软件而部署的，有时候也部署为网络接口控制器（NIC）中的固件或专用应用程序集成电路（ASIC）。

所有软件的新版本都必须编写为支持 IPv6。

- IPv4 软件已经是成熟的，相对而已，大多数 IPv4 驱动程序也是无瑕疵的。IPv6 才刚刚普遍使用，因此，可能需要解决更多的故障，进行多次修补。

- IPv6 部署规划包括成功准则的创建，这些准则是成功部署的结果。还需要进行体系结构的决策，确定要使用的迁移技术，并创建一系列必须完成的任务。

- 体系结构决策包括如下内容：内部路由协议、外部网关协议、外部连接、路由器的硬件与软件选择、寻址模式、有状态与无状态自动配置、服务质量（QoS）、安全性、工具、其他网络硬件（防火墙、负载平衡器等）。

- 迁移技术包括隧道技术、双重栈技术，或这些各种技术的综合以及分阶段迁移。

- 在 IPv6 部署期间，应创建一个要完成任务的列表。该列表应（至少）包含如下内容：盘点计算机与网络基础设施的元素、盘点应用程序、获得 IPv6 地址、与提供商协作、调整软件与服务器、创建一个测试实验环境、更新路由器、更新虚拟网络设备、更新 DNS、更新到 DHCPv6，以及更新工具。

- 在很多情况下，特别是在大型网络环境下，在部署 IPv6 之前，创建一个 IPv6 测试实验网络或示范网络非常重要。测试实验网络可以用于评估多种网络设备的品牌和模式；使用所选择的确切模式，重新配置实验网络，以创建与你所能提供的网络尽量吻合的一个物理副本；当要把服务器和应用程序更新到 IPv6 时，使用实验网络测试它们。

习题

1. 下面哪些是升级到 IPv6 的原因？（多选）

   a. 可以具有想要的足够多公用地址

   b. IPv4 地址耗尽了

   c. 需要 IPv6 提供的一些特性

   d. IPv6 更不那么复杂，更容易理解

2. "双重栈"指的是＿＿＿＿。

   a. 具有与数据中心相连的路由器栈，用于冗余

   b. 可以运行 IPv4 或 IPv6 的系统

   c. 既可以运行 IPv4 也可以运行 IPv6 的系统

   d. 可以运行两个 IPv6 实例的系统

3. 下面哪些是实现隧道技术作为 IPv6 迁移的原因？（多选）

   a. 有一台无法升级的 IPv4 主机，但该主机又需要与 IPv6 网络的其他部分进行通信

   b. 有一台连接到 IPv4 网络的双重栈主机，它需要与 IPv6 网络的其他部分进行通信

   c. 有两个被 IPv4 网络分隔开的 IPv6 主机孤岛

   d. 有两个被 IPv6 网络分隔开的 IPv4 主机孤岛

4. 在 IPv6 网络中启用 ISATAP 包括如下哪个步骤？

   a. 配置一台 ISATAP 路由器

   b. 在 DNS 中为 ISATAP 添加一条 A 记录

    c. 在 DNS 中为 ISATAP 添加一条 AAAA 记录

    d. 配置客户端

5. 下面哪个是使用有状态自动配置的合法原因？

    a. 客户端需要一个唯一 IP 地址

    b. 客户端需要知道其默认网关

    c. 客户端需要知道其 DNS 服务器和域后缀

    d. 没用合法原因

6. 如果你在美国，从哪里可以获得一个 IPv6 地址块，以规划一个单宿主网络？

    a. 电子商店　　　　b. IANA　　　　　　c. 你的 ISP　　　　d. ARIN

7. 如果你在美国，从哪里可以获得一个 IPv6 地址块，以规划一个多宿主网络？

    a. 电子商店　　　　b. IANA　　　　　　c. 你的 ISP　　　　d. ARIN

8. Windows 命令 netsh interface ipv6 dump 能做些什么？

    a. 输出一系列命令，用于重建当前 IPv6 配置

    b. 输出有关 IPv6 的诊断信息，可以发送给 Microsoft 公司用于进行分析

    c. 什么也不做

    d. 把配置重置为厂家的默认设置，并清除缓冲区和计数器

9. 为什么要创建和使用一个测试网络实验？

    a. 用于评估产品

    b. 用于测试将要迁移到 IPv6 的应用程序

    c. 用于测试设计和创建标准化的配置

    d. 以上全部

10. 在测试网络实验中，必须包括哪些工具？（多选）

    a. 流量模拟器　　　　　　　　　　b. 协议分析器

    c. AED 盒　　　　　　　　　　　d. 跳转盒

11. 要从 IPv4 迁移到 IPv6，哪种方法更好？

    a. 隧道技术　　　　　　　　　　b. 双重栈技术

    c. 翻译技术　　　　　　　　　　d. 同时转换全部内容

12. 假设需要使用 NAT 的隧道技术，下面哪个是最佳选择？

    a. Teredo　　　　　b. 6to4　　　　　c. ISATAP　　　　　d. 以上都不是

13. 某台主机运行的是 IPv6。你没有使用 IPv6 路由器来把该主机连接到 IPv4 网络。默认情况下，该主机会出现什么情况？

    a. 它无法与任何 IPv6 主机进行通信

    b. 它无法与 IPv6 Internet 进行通信

    c. 它只能与 IPv6 内部网进行通信

    d. 它只能与本地链路中的 IPv6 结点进行通信

14. 一个结点需要多少个本地链路 IPv6 地址？

    a. 一个

    b. 每个网卡一个

    c. 与所配置的地址一样多

d. 一个也不需要，因为只有路由器才有本地链路地址

15. 计划部署多宿主的企业网络，会在非默认区域中增加大量前缀。这对 IPv6 Internet 有什么影响？（多选）

    a. 需要增加内存，以存储路由表

    b. 会增加在路由表中的查找时间

    c. 会增加路由器中的数据包大小

    d. 会增加路由器之间公告的前缀数量

16. 下面哪个不会影响用于 IPv6 的内部路由协议的选择？

    a. 旧的 IPv4 协议　　　　　　　　　b. 硬件提供商

    c. 电路的大小　　　　　　　　　　　d. 网络的大小与复杂度

17. 下面哪个具有 IPv6 路由？

    a. 所有 IPv6 结点

    b. 只有 IPv6 路由器

    c. IPv6 路由器和服务器（漆上型计算机除外）

    d. 只有那些运行 IPv6 路由协议的设备

18. 哪种活动适合在沙箱中执行？

    a. 测试路由协议的改变　　　　　　　b. 测试隧道技术方案

    c. 测试安全产品　　　　　　　　　　d. 以上全部

19. 对于旧的 IPv4 应用程序，在把客户端升级到只支持 IPv6 后，会发生什么情况？

    a. 服务器会自动地从 IPv4 转换到 IPv6，以便与该客户端进行通信

    b. 客户端会自动地从 IPv6 转换到 IPv4，以便与该应用程序进行通信

    c. 应用程序会自动地从 IPv4 转换到 IPv6，以便与该客户端进行通信

    d. 客户端无法与该应用程序进行通信

20. 在 A 类 IPv6 网络中，有多少主机地址？

    a. 2^{128}　　　　　　　　　　　　　b. 2^{64}

    c. $2^{64}-2$　　　　　　　　　　　　d. 无，因为 IPv6 不使用分类

动手项目

动手项目 11-1 和动手项目 11-2 假设你是工作在 Windows 7 或 Windows 10 专业版环境下。

动手项目 11-1：探索路由服务器

所需时间：30 分钟。

项目目标：了解全局 IPv4 和 IPv6 路由表的详细信息。

过程描述：在本项目中，你将登录到一台有第一层服务提供商拥有的正在运行的路由服务器中。运行几个 show 命令，以得到 Internet 路由的当前信息。

（1）打开 Windows 系统的命令提示符窗口（单击开始，输入 cmd，并按 Enter 键），或启动一个 Telnet 客户端并连接到 route-server.ip.att.net。在 Windows 命令提示符下，则输入

telnet route-server.ip.att.net 命令。

如果运行的是 Windows 7 或 Windows 10，要启动 Telnet 客户端，单击"开始"按钮，然后单击"控制面板"。单击"程序"，然后单击"程序和功能"。在左边面板中，单击"打开或关闭 Windows 功能"链接。核选"Telnet 客户端"。单击"确定"按钮。也可以从 Windows 7 和 Windows 10 的命令提示符中输入 pkgmgr /iu:TelnetClient 来安装 Telnet 客户端。

（2）按照屏幕的指示登录。编写本书时，用户名和密码为 reviews。图 11-16 显示了路由器网络中的 IPv4 和 IPv6 路由器及其地址。route-server>提示符位于列表的底部。

图 11-16　登录到路由服务器

（3）输入 show route summary 命令并按 Enter 键。研究该输出（如图 11-17 所示），尤其注意在全局 Internet 路由表（可能标识为 bgp）中的 IPv4 子网总数和使用的内存。

```
Telnet route-server.ip.att.net                          —   □   ×
rviews@route-server.ip.att.net> show route summary
Autonomous system number: 65000
Router ID: 12.0.1.28

inet.0: 560003 destinations, 8399001 routes (560003 active, 0 holddown, 0 hidden)
            Direct:      1 routes,      1 active
            Local:       1 routes,      1 active
            BGP: 8398927 routes, 559929 active
            Static:     72 routes,     72 active

inet6.0: 25078 destinations, 376086 routes (25078 active, 0 holddown, 0 hidden)
            Direct:      2 routes,      2 active
            Local:       2 routes,      2 active
            BGP: 376080 routes,   25072 active
            Static:      2 routes,      2 active

rviews@route-server.ip.att.net>
```

图 11-17　对路由服务器运行 show ip route summary 命令的输出

（4）输入 show route extensive 命令并按 Enter 键。多按几次 Enter 键以显示所有项。研究该输出（如图 11-18 所示）。注意，其输出可能有几百页长，显示几千个路由。按 q 可停止滚动。

图 11-18　对路由服务器运行 show route extensive 命令的输出

（5）输入 show route table inet.0 命令并按 Enter 键。多按几次 Enter 键以显示所有项。研究该输出（如图 11-19 所示），显示了 IPv4 单播路由的全局路由表。按 q 可停止滚动。

图 11-19　对路由服务器运行 show route table inet.0 命令的输出

（6）输入 show route table inet6.0 命令并按 Enter 键。多按几次 Enter 键以显示所有项。研究该输出（如图 11-20 所示），显示了 IPv6 单播路由的全局路由表。按 q 可停止滚动。

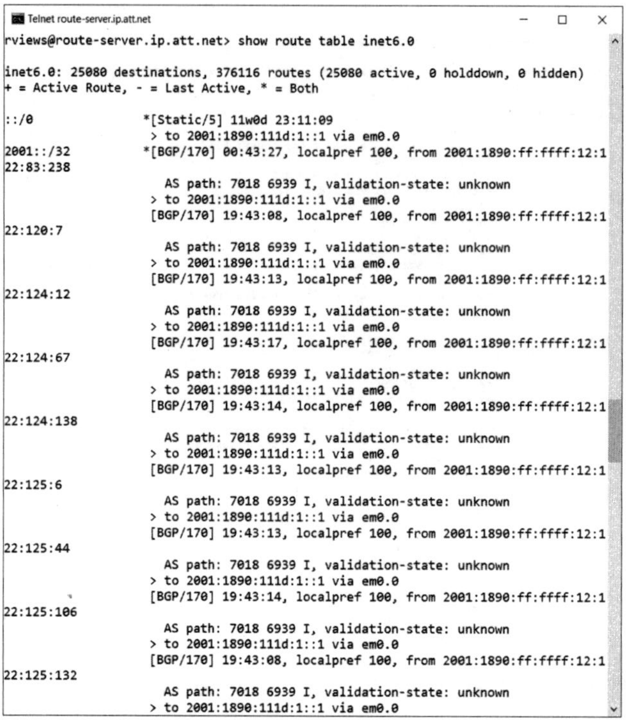

图 11-20　对路由服务器运行 show route table inet6.0 命令的输出

（7）输入 show bgp summary 命令并按 Enter 键。多按几次 Enter 键以显示所有项。研究该输出（如图 11-21 所示），显示所有路由的 BGP 汇总信息。按 q 可停止滚动。

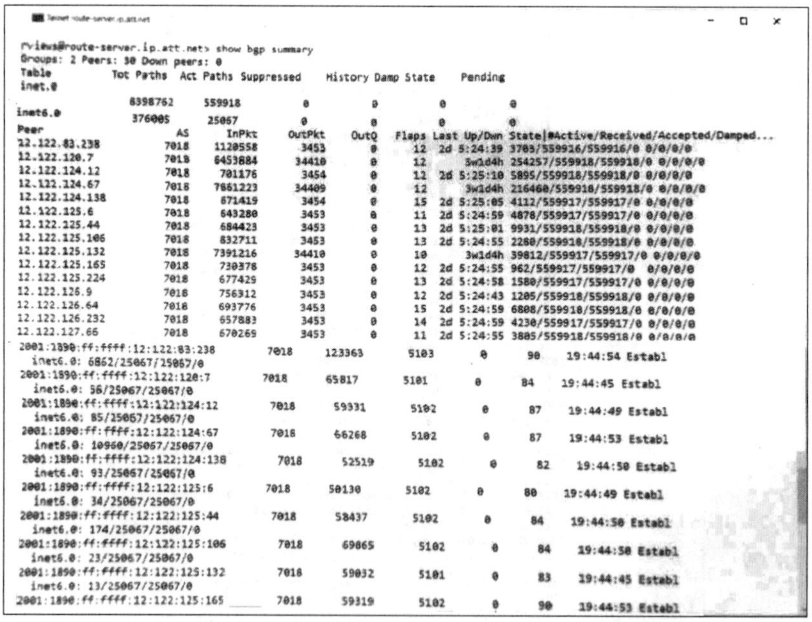

图 11-21　对路由服务器运行 show bgp summary 命令的输出

（8）等待大约一分钟后，重复第（7）步。比较一下这两种表的变化率。IPv4 的路由表与 IPv6 的路由表哪个变化快？你认为，从现在开始的 5 年后，哪个变化快？10 年后呢？

（9）输入 show? 命令可以列出在该路由服务器上允许运行的其他 IPv6 命令。读者可以自己尝试运行一下这些命令。

（10）运行完成后，退出 Telnet 会话和命令提示符。

动手项目 11-2：探索 IPv6 配置

所需时间：15 分钟。

项目目标：学习安装 IPv6 的系统行为。

过程描述：在本项目中，将运行几种不同的 show 命令以探索 IPv6 配置。

（1）打开 Windows 系统的命令提示符窗口（单击开始，输入 cmd，并按 Enter 键）。

（2）在命令提示符下，输入 netsh interface ipv6 show interface 命令并按 Enter 键。研究该输出。Windows 系统自动地创建了多少个隧道"伪"接口？

（3）输入 netsh interface ipv6 show address 命令并按 Enter 键。研究该输出。IPv6 地址是使用硬件 MAC 地址创建的吗？注意是哪个地址通过嵌入 IPv4 地址而创建的，还要注意 Windows 系统是如何从十六进制转换到十进制句点表示法的，以便于阅读。

（4）输入 netsh interface ipv6 show prefixpolicies 命令并按 Enter 键。研究该输出。

（5）输入 netsh interface ipv6 show route 命令并按 Enter 键。研究该输出。哪里使用的是默认路由？为什么会有一条路由通向隧道？

（6）输入 netsh interface ipv6 show 命令查看一下允许运行的其他 IPv6 命令。读者可以自己尝试运行一下这些命令。

（7）关闭命令提示符窗口。

案例项目

案例项目 11-1：创建一个测试实验网络

你是一个网络咨询公司的网络工程师，从事实验网络的创建。有人请你公司把几个实验性办公室从 IPv4 转换到 IPv6。你向你的经理要求，需要一个测试实验网络以用于 IPv6 迁移。他说，销售团队在给顾客的方案中没有包含实验网络的经费。为了从 CIO 那里得到实验网络的经费，你需要编写一些正当理由，并给出实验网络所需的基础设施和工具的费用清单，包括你所需要的各种硬件和软件。

案例项目 11-2：创建一个迁移规划

你是一家大型制造公司的网络工程主管，该公司在全球有 16 个数据中心、300 多个办公室、180 000 多个客户。在过去的 30 中，公司的网络扩大了十几倍，每次扩大使用的都是不同的网络产品，使得专用 IP 的利用效率非常低，结果所有专用 IP 地址都已用尽。你的经理很着急，要求你给出一个转换规划，以容纳更多的扩展，最终在整个公司里用 IPv6 来代替 IPv4。在该规划中，应包含要使用的技术列表，以及如何和什么时候使用。

第12章 构建安全的 TCP/IP 环境

本章内容:

- 阐述维护计算机和网络安全的基本概念和原则。
- 剖析 IP 攻击。
- 认识 TCP/IP 体系结构中固有的常见攻击点。
- 维护 IP 安全性问题。
- 讨论网络安全的蜜罐和蜜网的重要性。

在设计 TCP/IP 的年代,网络还是一种令人惊奇的技术,网络访问也还只是对某部分人可用。支持网络环境的基本协议一般都缺少安全性和安全功能。事实上,在这种意义上,可以把 TCP/IP 的固有安全模型描述为"乐观的",尽管有价值的信息(例如账户和密码)很有可能会暴露,也不认为是不安全或不好的,在 Internet 出现后的相当长时间里,仍是如此。

Internet 把网络置于各种安全威胁之中,从而出现了网络攻击及相应的**网络空间安全**(cybersecurity)。网络空间安全就是保护计算机、网络以及数据免受未经授权或无意识的访问、修改或破坏。网络空间安全的一个关键部分是,把网络设计成具有安全性的几个层,这样,如果某个网络层被攻破,其他网络层仍然可以防止该攻击对网络和系统的损害,或者使损害最小。这种方法称为"深度防御"。

在很多基于 IP 协议和服务(包括 IPv4 和 IPv6)的实现中,有一些潜在的漏洞或易攻击点,本章主要介绍如何解决这些问题。尽管 IPv6 是一种更新的协议,但其操作很像第 3 层的 IPv4,而且 IPv6 与 IPv4 这两种协议在第 4~7 层几乎相同。因此,在网络中实现 IPv4 时,IPv4 中的所有完全问题和迁移技术对 IPv6 也同样适用。同样需要重视的是,很多网络不会有意识地运行 IPv6,而在很多操作系统中,是启用和运行 IPv6 的,因此只需在网络中使用它即可。

外部安全威胁(特别是那些来自 Internet 的)和内部安全威胁使得安全性成为了所有网络环境的首要任务。在进行安全性规划或设计时,网络中所有设备(无论是内部或是外部相连,无论是)的安全性就是一个普通的线程,无论设备是内部连接还是外部连接,无论是公司拥有的还是终端用户购买的。公司终端用户包括台式计算机、膝上计算机、平板电脑和智能手机。公司系统设备包括服务器、交换机、路由器、打印机、VoIP 电话等。此外,管理员还必须考虑到公司员工或访客所用设备的安全性,因为这些设备可能会访问公司网络和物联网(Internet of Things,IoT)设备。物联网设备就是一些具有网络连接功能的小部件(例如环境监测与控制系统)、健康设备(例如心率监视器)、安全系统等等。记住,必须从各个方面来考虑安全性,因为这些与网络连接的设备,都有带来安全攻击或滥用的可能性,甚至可能被网络中的攻击者所利用。

今天，需要特别关注的是，针对小型和中型网络的网络安全攻击日益增多，因为这些网络的防御能力比公司、政府和军队的更弱。由于组织结构往往要与各种网络进行业务连接，缺乏保护措施的网络容易为网络攻击者提供开放路径。这种攻击路径也同样适用于防护能力不足的移动设备和物联网设备，只不过攻击范围更小些而已。

因此，构建安全的 TCP/IP 要求你认识和理解这些潜在的暴露，明白如何解决它们，学习如何访问潜在的安全威胁或弱点，并做出相应的行动。这样，TCP/IP 安全是一件常规观察、定期评估的事情，应紧跟攻击、威胁和弱点的潜在源头。

12.1　理解网络安全性基础

当人们谈到计算机或网络安全时，他们的脑海里总是会出现攻击者。**攻击者**（attacker）是一个攻击的源头，而**受害者**（victim）则是攻击的目标。**黑客**（hacker）就是那些利用计算机和通信知识，试图探究某个设备的信息或功能的人。一些黑客可能不会有意地对系统或网络进行伤害，但其他的则会。通常把黑客分为以下几种类型：

- 黑帽黑客：试图恶意进入系统的人，可能是为了出名、获利、政治目的、宗教信仰或其他原因。
- 白帽黑客：通常是一个安全专业人员，他是在得到高级管理的许可的情况下，对组织结构的网络和系统实施攻击。这种攻击的目的是特殊组织结构的安全防御能力，报告网络的脆弱性，提出改进建议。
- 灰帽黑客：指没有得到许可但也没有恶意实施攻击的人。尽管他们的活动是不合法的，但他们往往会告知被攻击组织机构，指出他们所发现的安全脆弱性。灰帽黑客介于黑帽与白帽黑客之间。

保护系统或网络不仅是要向外部攻击关闭通道，也意味着保护系统、数据和应用程序，以免遭到其他的伤害（可能是无意的，也可能是有意的），无论这些攻击是来自组织机构的内部还是外部。因此，进行灾难恢复规划，做常规的备份，使用反病毒软件，以及在计算资源上维护物理安全，与防止外部入侵具有同样的重要性。

所有的网络安全都关注 3 个重要领域：物理安全性、人员安全性，以及系统和网络安全性。我们把这些领域看作是三脚架 3 条同样重要的腿。

- **物理安全性**：必须采取措施，防止未授权用户在物理上接管你的服务器、路由器和其他网络设备。**物理安全性**（Physical Security）是与"控制物理访问"的含义相同，因此，应小心监视那些对计算机或网络安全性很重要的设备，或者是那些可能危及安全性的设备。这意味着，应检查设备间或配线柜中的这种设备，确保足够的通风和电力供应。它还意味着要检查来访者，使用 ID 卡，甚至使用特殊的密钥卡锁，以保证只有经授权的用户才可以访问设备。
- **人员安全性**：除非知道如何维护**人员安全性**（Personnel Security），否则，世界上最好的口令和访问控制也是无济于事。人员安全性是指向用户告知安全性的有关事宜，培训他们正确应用安全策略、安全规程和安全实践。如果口令很难记，且没有安全策略来防止这种行为，人们很可能就把写有口令的纸条贴在他们的显示器上，这样，任何人都可以看到（并使用）他们的口令。你的企业制定一个**安全策略**

（Security Policy）很重要。安全策略就是一个文档，描述一个企业对安全实践、规则和规程的要求。应确保每个职员遵守这个策略，避免各种形式的偷懒和"欺骗"，否则，最好的物理和软件安全措施也是徒劳的。

- **系统和网络安全性**：也称为**软件安全性**（Software Security），包括对当前软件环境的分析，识别并去除前缀的暴露点，关闭已知的后门，并防止文档化的探究。尽管前两种安全性也同样重要，但本章主要介绍的是系统和网络安全性，因为这是一本关于 TCP/IP 的书。

下面的各个章节将介绍各种安全性主题，例如 IP 安全性的原则，常见的 TCP/IP 攻击、探测与入侵，与 IP 相关的常见攻击类型。此外，还将学习哪些 IP 服务最易受攻击，如何认识非法进入点，如黑洞和后门。

12.2 IP 安全的原则

由于很多潜在的攻击点和很多不谨慎的方法会利用 IP 安全的脆弱，这里强烈建议你把以下内容应用到你的系统中。

- **避免不必要的暴露**：在你的服务器上不要安装无用或不必要的基于 IP 的协议。每个入口点也就是潜在的攻击点。为什么要暴露你不需要或不会使用的东西呢？

- **堵住所有不用的端口**：有一个相对简单的软件程序，名为**端口扫描器**（Port Scanner），可以与任何基于 IP 的系统进行通信，循环扫描所有合法的 TCP 和 UDP 端口。在你的防火墙和服务器上使用一个端口扫描器，因为只要可能，黑客就会这样做。关闭所有不用的端口，每个开放的端口都可能招来攻击。

- **防止内部地址"欺骗"**：当某人要闯入一个网络时，他（或她）往往会从网络的外部发送数据包，伪装成来自内部子网的通信。这种技术把数据包设计为在检查时看起来是合法的，但并不会合法地采用其外表的形式（因此称为 IP 欺骗）。来自网络内部的数据包，并不会出现在路由器或防火墙接口中，要进入网络的外表数据流才会出现在这里。应确保检查，尤其是堵住任何欺骗企图。

- **过滤掉不要的地址**：通过预订 Internet 和 E-mail 监视服务（例如 mail.com），并获得不欢迎或有问题的 Internet 地址，就可以利用拒绝来自某些域名和 IP 地址的数据包，提前防止潜在攻击点（或垃圾邮件）。显然，当实际的攻击发生时，也要堵住这些攻击的来源地址。

- **默认情况下拒绝访问，特殊情况允许访问**：这就是所谓的**悲观安全模型**（Pessimistic Security Model），它默认情况下拒绝用户访问资源，但在正常排除规则之外的特殊情况下，则允许用户访问资源。这是默认许可的（就像 Windows NTFS 文件系统的使用），防止用户访问不希望他们看到的资源。

- **限制外部对"可遭受攻击"主机的访问**：任何时候公开信息、资源或服务，都可能招致攻击，应能够在遭受攻击后恢复，而不会丢失服务或数据。这就是为什么只有那些遭受攻击而不会危及企业的主机才对外公开，而且，维护公开数据的安全和保密副本也是很重要的。

- **保护所有客户端和服务器免受明显的攻击**：今天，常规的理智做法是，为那些要与网络进行相互作用的客户端或服务器添加安全软件。至少要安装、使用如下内容的最新版：反病毒软件、反间谍软件、反垃圾邮件软件、弹出窗口阻止器，以及应用程序与操作系统的安全补丁。家庭用户如果访问微软公司的安全中心网站（www.microsoft.com/ protect），就可以了解最新的安全应用。上面介绍的安全技术，只是最低标准，很多企业为了保护器台式机和服务器，往往不止使用这些。
- **在被攻击之前先采取安全措施**：在你自己的系统和网络中进行常规的攻击，以确保已经关闭了所有明显的攻击点，解决了所有已经存在的探测，涵盖了所有的安全基础。把这项工作作为常规维护事务的一部分，监视与安全有关的邮件列表和新闻组，以便随后阻止新闻和信息的进入。如果你真想确认你是否已经足够安全了，可以雇用一个外部的安全公司来攻击你的系统和网络。

通常，如果你预先采取了合理的措施，那么可能就不会被入侵，你就比大多数企业更好。记住，你不必非要创建一个不可能会遭受攻击的系统或网络，你的系统或网络足够安全就可以，这样，黑客或破解者知道你已经采取了安全防护，他们就会去寻址其他更容易攻击的地方了。

12.3　常见的 TCP/IP 攻击、探测与入侵

基本协议（包括 IP、TCP 或 UDP）并没有提供内置的安全控制。在很多情况下，成功攻击 TCP/IP 网络和服务依靠的是两个有力武器：特征分析或痕迹分析，掌握可能导致未授权访问的弱点或实现问题（即缺陷）。对 IP 网络的特征分析使得犯罪分子可以确定潜在的攻击目标，对缺陷或弱点的掌握，可以知道能发起哪些攻击。你必须学习如何认识缺陷，如何面对、减轻或修补弱点。

下面的章节讨论了主要的网络和计算机安全性术语，TCP/IP 的主要弱点、TCP/IP 的灵活性为什么能导致安全突破口。

12.3.1　主要术语

下面是网络和计算机安全所涉及的一些主要术语描述。
- **攻击**（Attack）就是试图获得对信息的访问，损害或破坏这些信息，或者危及系统的安全或使用，且在攻击完成后才可能被发现。当然，最极端的情况是，外部人员获得系统的管理权限，此时，他们可以做任何想做的事情。
- **脆弱性**（vulnerability）就是指协议、服务或系统容易被攻击的程度。美国国家标准与技术委员会（National Institute of Standards and Technology）发布的《风险评估实施指南》（Guide for Conducting Risk Assessments）把脆弱性定义为在信息系统、系统安全过程、内部控制或实现中容易被攻击源探测到的弱点。
- **探测**（Exploit）就是发现系统的弱点，且往往进行文档化，可以由制造商或攻击者来完成。幸运的是，当攻击者发布所做的探测后，软件制造商和反病毒软件工程人员就可以很快发现这些坏人，从而可以给出防止他们再次这么做的方法。这就是当

报告了探测后，及时跟上新探测（和相关的补丁与修补）的重要性。这可以通过订阅安全性邮件列表来实现，例如 www.windowsitpro.com/home.aspx、www.cert.org 和 http://technet.microsoft.com/en-us/security/bb291012。

- **安全威胁**（threat）就是指发现系统或网络中一个潜在威胁或攻击的各种活动。安全威胁可能是有意而为之的，例如，试图窃取信用卡信息的网络攻击，也可能是无意的，例如人为的错误，或自然灾害导致的洪水。安全威胁总是时刻存在，而且是难免的，但管理员可以采取一些措施来保护系统和网络。

- **入侵**（Break-in）就是已成功危及系统安全性的尝试。这可以是无关紧要的获得对目录的未授权访问，也可能是完全接管系统控制。大多数安全专家承认，很多系统入侵并没有被公开报到，因为企业并不想公告其安全性问题。

12.3.2　TCP/IP 的主要弱点

如前所述，每个基于 IP 的服务都与一个或多个已知端口地址相关联，在这些端口上侦听服务请求。这些地址表示了 TCP 或 UDP 端口，用于启动对合法服务请求的响应处理。但是，那些能很好地处理合法服务请求的端口，可能成为攻击点。同样，TCP/IP 是使用**乐观安全模型**（Optimistic Security Model）来设计的，这意味着设计人员并没有考虑他们所设计的用于处理服务请求的方法，可能会暴露服务器，使得它们被劫持或危及它们的数据和服务。

攻击者有很多方法来探测 TCP/IP 以发动攻击：

- 它们可以乔装为已知账号的合法用户（如 UNIX 主机上的根账号，或者是 Windows 2000 及其后继版本的管理员账号），反复猜测相关的口令。成功窃取合法用户名和口令就可以进行**用户乔装**（User Impersonation），未授权用户就成为已授权用户，然后就可以探测该乔装用户所具有的权力和权限。尝试一个账号的每个可能的口令称为**蛮力口令攻击**（Brute Force Password Attack）。

- 通过在已有通信会话中插入 IP 数据包，从而转移对它们及其机器的控制，就可以接管这些通信会话。这称为**会话劫持**（Session Hijacking）。

- 可以窥视在 Internet 上传输的数据包，查找未受保护的账号和口令信息（有了这些信息，就可以实现用户乔装）或其他敏感信息。这称为**数据包嗅探**（Packet Sniffing）或**数据包窥视**（Packet Snooping）。

- 可以创建针对于某个特定协议或服务的大量数据流，把服务器淹没掉，或特意创建不完整或不正确的数据包，使得服务器永远等待那些永不可能到达的数据。由于这样会导致堵塞合法用户无法访问服务，因此称它为**拒绝服务**（Denial of Service，DoS）攻击。

- 出于企业、政治、军事或经济目的，综合使用各种方法和技术入侵网络，实施网络侦探。他们不是为了短时间的访问，而是为了长期的访问，他们也不是为了破坏，而是为了窃取数据。这就是**高级持久威胁**（Advanced Persistent Threat，APT）攻击。他们使用可信的访问方法，看起来是合法访问网络，目的是尽可能长时间地不被检测发现，以便浏览整个网络，获得尽可能多的信息。有时候，这种攻击最重要的不是获取某些信息或数据，只是为了收集尽可能多的数据。

12.3.3　灵活性与安全性

TCP/IP 和其他大多数协议的设计者都是使他们的协议尽可能灵活。这种灵活性很多是来自于外围协议，例如 Internet 控制消息协议（Internet Control Message Protocol，ICMP）、Internet 控制消息协议版本 6（Internet Control Message Protocol version 6，ICMPv6）、地址解析协议（Address Resolution Protocol，ARP）、简单网络管理协议（Simple Network Management Protocol，SNMP）和各种路由协议。

但是，这些协议与 IP 之间的相互作用，往往是大多数危害发生的地方。因此，很多现代的安全实际操作不做别的，就是把这些协议提供的特性禁用掉。例如，在一个正常的网络中，代理 ARP 功能非常有用，因为它允许主机无须手工配置默认网关，就可以跨越一个路由网络进行通信，也就是说，它增加了灵活性。然而，攻击者可以拒绝对主机的访问，或者通过发送非法的代理 ARP，把数据流从主机重定向到它自己的机器。通过禁用代理 ARP，或者手工配置 MAC 地址的同时禁用 ARP，就可以防止这些。

IP 也有很多灵活性，例如，无须手工指定每个地址，就能够对所有主机进行广播，还可以通过把大数据帧拆分成更小的数据帧，就能够支持多个第 2 层的拓扑结构。但是，禁用这些核心特性，将使得整个协议变得无用，因此，必须找到其他解决方法，防止这些特性被不怀好意地利用。这些解决方法通常是协议之外的各种产品，例如代理服务器和防火墙，而不是重新配置协议本身。

这样，问题就变成了你的数据（假设你负责一个具有 1000 台 PC 的网络）的安全性，是否值得做这些努力来防止攻击。这个问题的答案，也就是公司花费这么多努力在安全评价上的原因，因为在大多数情况下，该答案为"是！"

12.4　与 IP 有关的常见攻击类型

尽管对 IP 协议和访问的攻击多种多样，但这些攻击可以主要分为如下 5 种。

- **DoS 攻击**：在 DoS 攻击中，某个服务被请求或不良的服务请求淹没了，这将导致服务器被挂起或冻结，使得它无法对输入进行响应。不论是在哪种情况下，合法用户都被拒绝访问服务器的服务，因为服务器处于完全忙碌状态或者成为不可用的了。尽管 DoS 攻击不会对数据造成任何破坏，也不会彻底危害系统或网络的安全，但它们会拒绝用户对服务的访问（实际上，被攻击服务器的这些服务是可用的）。DoS 攻击很容易实施，且很难停止下来，某些 IP 服务很容易受到这种攻击。尽管 DoS 攻击更多的是令人讨厌，而不是安全威胁，但当发生这种攻击时，仍然是很让人烦恼的。
- **中间人攻击**：在中间人（Man-in-the-Middle，MITM）攻击中，攻击者可以截获通信两端的数据流，并把未修改的数据流发送给通信的一端，或者伪造一个来自另一端的应答。如果发生了这种类型的攻击，危害特别大，因为它可以在通信双方不知情的情况下，偷听它们的私有会话。
- **IP 服务攻击**：很多 IP 服务都遭受到攻击，因此称为 IP 服务攻击（IP Service Attack）。通常，这些攻击是通过 IP 服务的已知端口发生的，但有时候也会通过其他端口。

不论哪种情况，这些攻击都会暴露系统，可以查看或操纵系统，尤其是当文件系统可访问时。例如，当匿名用户的根访问与驱动器或逻辑磁盘的文件系统根一致时，利用允许匿名访问的服务（如 FTP 和 HTTP）可以很容易攻击文件系统。

* **IP 服务实现的弱点**：有时，黑客会发现某个平台上的 IP 服务实现存在缺陷，利用这些缺陷，就可以在这些服务是可用的机器上，进行一些正常情况下不合法的操作。例如，当开发人员在代码中把调试开关保留为活动的时，通过一个基于 TCP/IP 的网络会话，就可以利用这些调试开关，使得匿名或空的用户会话可以进行系统级访问（在安全的系统上，这通常是不能做太多事情的），使得 Windows NT 受到攻击。

* **不安全的 IP 协议与服务**：一些协议，例如 FTP 和 Telnet，可以要求提供账户名和口令，以允许对它们服务的访问。但这些协议并不会对这些数据进行加密。由于这些信息是可见的，如果不怀好意的人嗅探这些 IP 数据包，它们就可以获得合法的账户名和口令，利用这些就可以入侵系统了。对于这种情况，你能做的事情不多，除非限制对这些系统的公开访问。否则，如果服务是可用的，就必须要求用户改用这些服务的更安全实现，例如，安全的 Telnet（Stelnet）、安全的 Shell（SSH）和安全的 FTP（SFTP）。另一种办法是，当使用不安全的协议或服务时，强制用户使用虚拟专用网络（VPN）来连接。

12.5 哪些 IP 服务最易受攻击

易受攻击的一种 IP 服务是远程登录服务。**远程登录服务**（Remote Logon Service）是一种网络服务，允许在网络上任意地方的用户使用该网络登录到系统中，就好像它们是在本地的一样（其实是在远程操纵的）。这包括人们熟知的 Telnet 远程终端模拟服务，以及 Berkeley 远程实用工具集，也称为 r-utils。这些实用工具集包括 rexec（用于执行远程命令）、rsh（用于启动一个远程 UNIX Shell）、rpr（用于远程打印）以及其他一些工具。20 世纪 80 年代，UNIX 的 BSD（Berkeley Software Distribution）版中的这些 r-utils 工具，就是该工具集名称的来源。然后，就是这些工具脆弱的认证机制，为攻击者在网络其他地方的机器上执行远程命令或会话打开了方便之门，从而使得它们成为一个安全威胁。

同样，远程控制程序（如 RDP、LogMeIn 和 GoToMyPC）也是安全威胁。例如，Symantec 的 pcAnywhere 程序的旧版本，默认情况下对网络中其他地方的 pcAnywhere 客户端是开放的，不需要口令就可以访问。

其他容易受到攻击的服务包括那些允许**匿名访问**（Anonymous Access）的服务。对于这种类型的 IP 服务访问，用户无须提供明确的账号和口令信息。FTP 和 Web 服务有时候也允许匿名访问，使得这些服务成为容易被攻击的目标。这就是我们强烈建议，对于那些提供给 Internet 的服务和数据，应在其他地方（最好是那些不能公开访问的安全之地）做镜像的原因。这也是很多企业把它们的公共 Web 服务器安置在 ISP，或者使用商用 Web 托管服务的原因。在这种情况下，对可公开访问系统的攻击，不可能同时对内部网络进行攻击。大多数企业在其专用网络（不能公开访问）中维护有一两个所有公共服务的备份。万一公共服务被攻击而损害或破坏，它们使用专用备份，就可以很快重建该公共服务。

备份、紧急修复磁盘、注册副本等可以包含口令的散列版本。大家熟悉的口令散列算法为保护口令信息提供了最安全的方法。通过使用蛮力口令攻击，黑客可以尝试字母、数字和符合的所有可能组合，直到找到一个与口令文件中散列值相等的散列值。如果口令足够长，且含有字母、数字和符合的恰当组合，进行攻击就需要花费非常长的时间，而且不容易成功。

然而，黑客可以发动字典攻击。字典攻击就是为特殊术语字典中的所有词创建散列值，然后把这些值与口令文件中的散列值进行比较。由于没有经验的用户经常选用出现在英语词典中的词作为口令，他们就不经意地把破解口令所需的时间从几星期缩减到了几秒钟。明白了这些，也就可以解释，为什么大多数 Windows 和 UNIX 系统必须使用强口令。

但是，几乎任意 IP 服务都可能成为一个潜在的攻击点。服务携带的信息越敏感，授权访问的范围越大（例如 SNMP，它可以设置和收集服务器、路由器、集线器、交换机以及其他网络设备的系统配置和管理数据），那么该服务就越有可能成为非法进入系统或网络的潜在点。从根本上说，IP 中没有任何东西不能避免受到侵害！

黑洞、后门及其他非法进入点

下面术语既可用于操作系统，也可用于运行在这些操作系统上的 IP 服务，因为它们都可能成为攻击点。

- **黑洞**：黑洞（Hole）就是任意常见操作系统、应用程序或服务的一个弱点或已知的攻击点。在 UNIX 系统中，外部人员应用大量技术来劫持超级账号，获得对机器的根访问。同样，Windows 2000 和 Windows XP 也容易受到某些探测，破解管理员账号，给予外部人员对系统的无限访问权。

- **后门**：后门（Back Door）就是系统的程序人员添加的，绕过正常的安全措施，进入操作系统或应用程序的非法点。尽管 UNIX 和 Windows 2000（及其以后版本）都没有提供后门，但有大量方法可以获得对机器的物理访问，或者通过诡计或由于无知，获得对已加密口令文件的访问。例如，Windows NT 4.0 很容易受到名为 GetAdmin 的攻击，由于在操作系统内核中，有一个调试标志不经意保留为开的状态，使得除 Guest 之外的任何用户账号都可以添加到本地管理组。尽管严格地说这不是一个后门，但它可以给予任何用户管理员级的访问，因此必须重视并尽快修复。

- **脆弱性**：根据美国标准与技术委员会发布的 "Risk Management Guide for Information Technology Systems"，**脆弱性**（Vulnerability）就是能被偶尔触及或不经意探测的弱点。

任何了解系统的专业人员，如果有恰当的工具，只要允许对运行这种系统的计算机无监管和无限制的访问，只需 15 分钟或更少的时间，就可以入侵任意系统。因此，无论你对 IP 环境进行怎样好的防护，如果不对系统进行全盘的安全规划，对 IP 安全所做的努力都是零。

12.6 IP 攻击的各个阶段

IP 工具通常会遵循一定的模式，首先是侦探或**发现过程**（Discovery Process），此时，攻击者会了解网络上的活动系统或进程。接下来，攻击者就发起实际的工具，例如，在被危害的主机上植入恶意软件，或通过 DoS 工具打断主机的运行。最后，攻击者会试图删除攻击证据。**诡秘攻击者**（Stealthy Attacker）就是那些隐藏其痕迹，以及通过删除日志文件和终止任何活动的直接连接来掩盖其痕迹的人。

12.6.1 侦探与发现

有多种类型的侦探和发现过程，可以用于确定活动主机或进程。例如，PING sweep 可以用于 IP 网络中的活动主机。PING sweep 是一种操作，可以往某个范围内的 IP 地址发生 ICMP 回应请求数据包，以确定哪些主机是活动的。

端口探测是另一种侦探过程，用于检测在主机上运行的基于 UDP 和基于 TCP 的服务。图 12-1 和图 12-2 显示了 TCP 端口探测过程的跟踪。正如在这些图中所看到的那样，主机 10.1.0.2 往 10.1.0.1 发送一个 TCP 握手数据包（SYN），在每个后继数据包中，都增加目的地端口号。

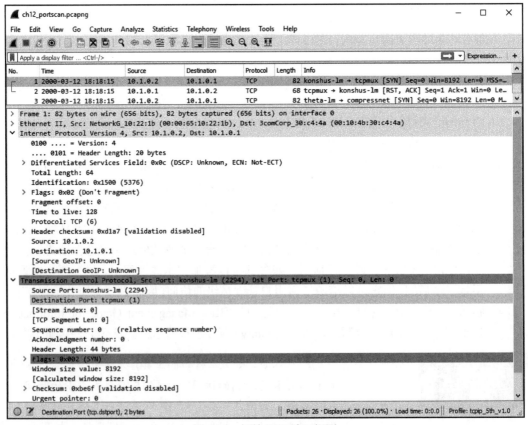

图 12-1　初始 TCP 端口探测

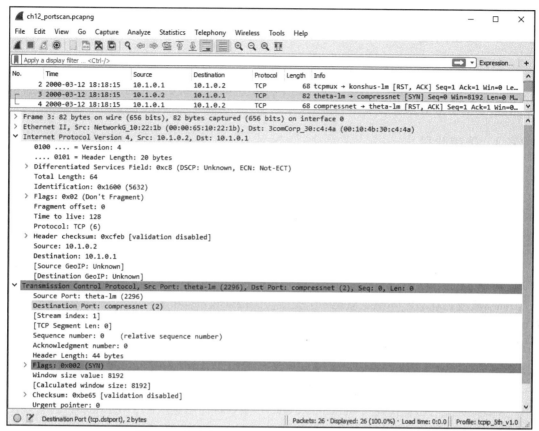

图 12-2　每次尝试，端口探测都会增加目的地端口号

图 12-1 和图 12-2 显示了一个非常简单的 TCP 端口探测。为了逃避网络保护计划的检测，攻击者往往会变换目的地端口号和数据包的间隔时间。利用不知情的中间主机（例如对公众可用的 SOCKS 和 SQUID 代理）、过度授权的 FTP 服务器（FTP 反弹攻击）或僵尸主机，来代理攻击探测，攻击者就可以伪装其初始位置。SOCKS 是一种客户-服务器协议，在很多公司和企业中使用，使服务器可以在客户端与外部资源之间保持步调一致，以便屏蔽和保护内部通信。SQUID 是一种开源程序，可以在基于 UNIX 的代理服务器（该服务器到用户的距离比到初始内容站点的更近）上，缓存 Web 和其他 Internet 内容（因此，通过删除更长的 Internet 访问路径，加速了重复访问时间）。由于这两种服务都使 Internet 通信的初始实际点变得模糊，因此可以使用它们来伪装 Internet 通信的初始实际点，但仍可以执行其正常任务和服务。僵尸主机就是已经被恶意软件（包括特洛伊木马和远程控制软件）损坏的计算机，这样，该计算机就按照破解者的指令操作，通常，都不知道其拥有者是谁。

侦探的目的是找出你都有些什么，以及哪些是脆弱的。诸如 namp（一种端口扫描器）的工具在分别确定主机（包括 IP 地址、操作系统类型与版本）的时候很有效。

如果你计划在你的网络中使用侦探工具（例如端口扫描器、脆弱性评估工具或类似的软件），应确保提前提供了告知和请求。否则，不知情的网络或安全人员会以为他们正遭受实际的攻击，从而做出相应的反应。

12.6.2　攻击阶段

一旦攻击者找到了脆弱点，就可以尝试探测它们。这种攻击可以是蛮力攻击（淹没受害者），也可以是一个简单的小数据包处理，用于扰乱和打断受害者的运行。SYN 泛洪和 Smurf 就是蛮力攻击的例子。

12.6.3　掩盖阶段

为了逃避被发现，很多攻击者都会删除日志文件（这些文件可揭示攻击的发生）。因此，这就可能需要计算机辩论技术，查看攻击留下的任何痕迹。日志文件的完整性非常重要，因为这些文件很容易被操纵，并且可能误报或遗漏不正常事件或活动。

12.7　详论常见攻击与入侵点

如前所述，TCP/IP 本质上就是一个受信任的协议栈。多年来，设计人员、实现人员和产品开发人员都试图是该协议更加安全，尽可能堵住该协议的黑洞或脆弱性。下面将更详细地介绍常见攻击，这些是所有有见识的 IP 专业人员必须关注的。

12.7.1　病毒、间谍软件与类似安全威胁

有多种类型的**恶意代码**（Malicious Code），通常称为**恶意软件**（Malware）。这种软件可以渗透到一个或多个目标计算机，通常破坏系统，或把敏感信息转发给第三方。这些代码可以打断操作或破坏数据。病毒、蠕虫（通常指移动代码）和特洛伊木马是这些类型的 3 个恶意代码。**病毒**（Virus）就是一段可以感染系统的软件，然后执行某系操作，例如，破解数据或系统文件，删除文件或格式化磁盘。**蠕虫**（Worm）是一种能自我复制的恶意软件，无须附加到主机系统的其他文件，也不需要感染系统文件，就可以扩散恶意代码。特洛伊木马（Trojan horse）通常伪装成合法软件，或在单击一个恶意在线链接后下载。它隐藏在系统中，监视用户的动作，或者打开一个后门，使得攻击者可以访问或控制系统。有时候，只要访问了某个恶意 Web 网站，但并没有单击指向下载的页面，也没有阅读恶意的邮件，也会被安装上某些恶意软件。

另一种安全威胁是**钓鱼**（Phishing），用户收到一封邮件或一条即时消息，它们看起来是合法的，但含有指向恶意 Web 网站的链接。例如，该 Web 网站可能看起来像是一个在线银行页面，或一个著名的反恶意软件公司，欺骗用户输入用户名和密码，或其他保密信息。通常，网络罪犯使用这些信息来获得用户更多的信息，最终，网络罪犯对用户的公司网络实施攻击。

广告软件（Adware）是这样一种软件，它为危及计算机打开方便之门，显示各种主动提供或不想要的通告，通常是声名狼藉的。**间谍软件**（Spyware）是主动提供或不想要的软件，未经授权和邀请，就偷偷地驻留在计算机上。然后，收集计算机用户的信息，包括账号名、口令或其他可以收集的敏感数据，这些信息最终输出给某些恶意的第三方被滥用。

12.7.2　拒绝服务攻击

拒绝服务（Denial of Service，DoS）攻击是一种攻击，用来中断或完全打断网络设备或网络通信的操作。通过使网络设备过载或混淆，攻击者就可以使该设备或网络拒绝对网络中其他用户或主机的服务。名称"拒绝服务"来源于过载受害者无法向其合法客户端提供服务。

与拒绝服务相关的攻击包括 FYN 泛洪、广播放大攻击以及缓冲区溢出。所有这些攻击都是存在的，因为协议不会强制执行"操作的探测"规则，而且，还会要求软件实现强制执行管制协议自身的使用。这些攻击不如其他攻击（例如会话劫持）复杂，因为它们的目的只是打断通信，而不是盗用偷窃的数据，或获得对计算机的未授权访问。

例如，对 BIND 守护程序的探测以及对 Sun Microsystem snmpXdmid 设备的探测，都会使得这些设备终止，因此产生拒绝服务。本章后面将介绍缓冲区溢出。

12.7.3　分布式拒绝服务攻击

分布式拒绝服务（Distributed Denial of Service，DDoS）攻击属于 DoS 攻击，可以从很多设备发起。2003 年 8 月，DDoS 攻击使得微软公司的 Web 站点宕机。

DDoS 攻击由 4 个元素组成：

- 攻击者。
- 处理者。
- 代理。
- 受害者。

攻击者来自发起攻击序列的主机，如图 12-3 所示。通常，当攻击实际发起时，是找不到攻击者的。攻击者发起攻击，在离开现场并掩盖其踪迹后，还能向外发散几分钟、几小时甚至是几个月。攻击者首先定位它可以危害的主机。被危害的主机就成为 DDoS 的**处理者**（Handler）或管理器。

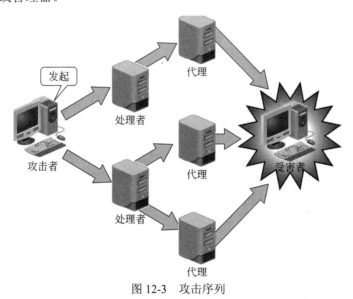

图 12-3　攻击序列

处理者定位和招募其他不安全的主机作为**代理**（Agent）或下级设备。这里要注意的是，在一个老练的 DDoS 攻击中，会有多个处理者。而且，每个处理者也会有多个代理。一些通信必须是发生在处理者与代理之间，以维持它们的关系。通常，处理者中的某个文件会列出已知代理的 IP 地址或名称。同样，代理也可能保留有它们的处理者的信息。

代理是实际上对受害者发起攻击的。攻击者确定后，处理者给代理发送一条"前进"的消息，从而开始攻击。攻击者实际上是远离现场的。

12.7.4 缓冲区溢出或过载

缓冲区溢出是常见的攻击，严格地说，这种攻击是与 TCP/IP 无关的。这种攻击是探测程序中的一个弱点，希望能接收一定数量的输入。通过发送比期望或计划更多的数据，攻击者可以使程序的输入缓冲区"过载"。在某些情况下，使用这些额外的数据，可以在计算机上用与过载程序同样的权限来执行一些命令。这就是你必须避免使用系统管理员或域管理员账号运行诸如 IIS 之类的进程的原因，而是应该创建单独的具名账号，这些账号无限全部权限和特权。否则，对该服务的危害可能会使攻击者接管整个系统或域。

12.7.5 欺骗

欺骗（Spoofing）就是借用识别信息，如 IP 地址、域名、NetBIOS 名称，或者是 TCP 或 UDP 端口号，来隐藏或让人曲解攻击的目的。有多种攻击是基于这种欺骗技术的。例如，在一些 NetBIOS 攻击中，攻击者给受害者机器发送具有欺骗性的 NetBIOS 名称发布或 NetBIOS 名称冲突消息。这会使得受害者从其名称表中删除其自己的合法名称，从而不会对其他合法的 NetBIOS 请求做出响应。此时，受害者不能与其他 NetBIOS 主机进行通信了，从而影响它用 WINS 解析 NetBIOS 名称的能力，阻止它与局域网上其他主机传输文件或通信的能力，甚至妨碍 Windows DNS（DNS 把 NetBIOS 名称与 IP 地址、域和其他重要数据链接了起来）的某些方面。

12.7.6 TCP 会话劫持

TCP 会话劫持是一种复杂且很难植入的攻击。这种攻击的目的不是要拒绝服务，而且伪装成一个已授权用户来获得对系统的访问。攻击者必须能够成功地与一个活动 TCP 两方（也就是所涉及的服务器和客户端）进行通信。同时，攻击者还必须禁止这两方进行相互通信。

从理论上来说，会话劫持比较困难，因为攻击者必须嗅探受害者与服务器之间的连接，然后等待一个 TCP 会话的创建，例如一个 Telnet 会话。一旦会话创建后，攻击者就必须预测下一个 TCP 序列号，通过修改发往客户端和服务器的数据包的源地址，来欺骗它们，使得客户端以为攻击者是实际的服务器。

 回忆可知，TCP 协议是使用序列号来确认是否接收来自对方的数据，并且让对方知道它发送的数据是多少。

一旦劫持了一个会话，攻击者就可以给服务器发送执行命令，修改口令或进行其他更

糟糕的事情。有关这种攻击的详细介绍，可访问 www.insecure.org/stf/iphijack.txt。

12.7.7　网络嗅探

一种被动攻击方法是使用协议分析器或其他嗅探软件，基于网络"嗅探"或偷听网络通信。在本课程中用来观察和理解 IP 网络数据包的内容和顺序的工具，也可能被坏人用来进行工具。

网络分析器能看到些什么？很多。图 12-4 和图 12-5 表明，一个分析器可以分别显示一个标准 FTP 会话中未加密的登录名和口令。

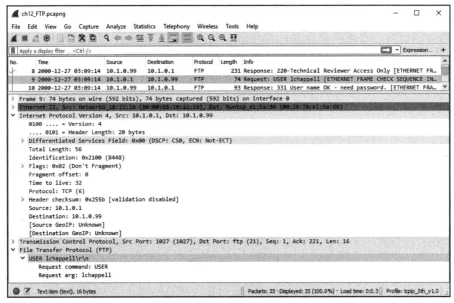

图 12-4　网络分析器显示未加密的登录名

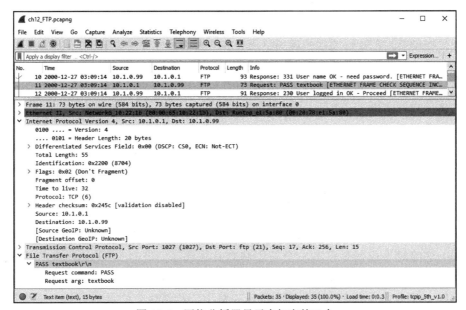

图 12-5　网络分析器显示未加密的口令

有大量的网络分析器可用来偷听网络，包括 tcpdump（UNIX）、OmniPeek（Windows）、Network Monitor（Windows）和 Wireshark 等。

也有反嗅探软件包，可以用来检测，当你的网络上的数据包被嗅探时发出警告。SecuriTeam 的 AntiSniff 就是这样一个例子。在某种意义上说，这种软件包就是窃听自己，通过检测以混杂模式操作的网卡，致力于网络安全检测。

反嗅探软件不能在"镜像"或"扩展"端口上检测网络分析器，也不能以被动方式检测分析器，因为这种端口只能接收输入信息。它们也不能往网络上传输数据（包括 ICMP 回应应答数据包）。这点非常重要，因为大多数入侵检测系统（Intrusion Detection System，IDS）也是以混杂模式操作的。这也使得攻击高手可以使用反嗅探软件包来检测 IDS。意识到攻击者可以检测活动的 IDS，因此要格外小心，以避免被攻击者检测。本章后面将学习 IDS。

12.8 维护 IP 安全性

下面内容将介绍安全维护必须包括的内容。

12.8.1 应用安全补丁与修复

很多攻击会利用已知操作系统的缺陷和安全漏洞，这些缺陷和漏洞的补丁和修复是可以免费获得的。因此，让这种攻击得逞是一个安全过失，因为如果受到这种攻击，说明管理员没有尽到保持系统最新安全更新的责任。

例如，2015 年 12 月 8 日，微软公司发布了安全公告 MS15-127。它警告系统管理员，在 Windows Server 2008、Windows Server 2008 R2、Windows Server 21012 R2 等系统的 DNS 实现中有一个脆弱点，它使得攻击者可以在受感染的机器上运行他们所选择的任何代码。

因此，微软公司把这种脆弱点称为是"危险"安全等级（最高等级）。

用户应去查看类似的公告，采取必要的措施。管理员要么遗漏或忽视了警告，要么是没有立即打补丁，而在下一次常规维护时才打补丁。尽管提前对他们发出了潜在攻击的警告，他们仍被病毒感染了。

通常，微软公司的安全公告可以从微软的技术中心网站 http://technet.microsoft.com/en-us/security/bulletin 访问或搜索。事实上，我们强烈建议所有负责 Windows 系统的读者，都应注册一个电子邮件通知，可以在微软技术安全通知页面 http://technet.microsoft.com/en-us/security/dd252948 进行注册。同样，其他系统和软件提供商通常也会维护它们自己的安全问题与关注列表。它们也是可以通过邮件列表来获得这些信息，这样你就不会遗漏任何重要通知。定期访问它们的网站或注册邮件列表，应作为你的必做和优先工作。

但是，这绝对不仅仅是了解安全补丁和修补就够了，正如 MS03-026 发布后所发生的大量系统崩溃那样，而是应该在未打补丁的系统被探测之前，安装补丁（在大型环境中，这是一个非常头痛的问题）。推迟安装补丁，是使这个问题成为巨大安全问题的原因。

安全更新处理

任何产品,都需要有一个不断维护的循环,以确保正确运行。无论操作系统是 Windows Server 2008、Windows 7、Linux,甚至是 Cisco 公司的 IOS,都有一长串的缺陷或脆弱点。安全更新处理应重视补丁的必要性,作为维护系统的基本要求。通常,这个处理包括 4 个如下步骤。

(1)评估脆弱点:如果某个脆弱点影响了在系统中安装和使用的软件,那么这就是危险的。如果没有安装某个软件包,那么该软件包的补丁就是无关紧要的。然而,如果安装了软件但没有使用,那么补丁就是紧要的,就像该软件正在运行一样。这是因为,即使只是安装了软件,其脆弱点也会成为攻击(和进入)的潜在点。

(2)检索补丁或更新:如果脆弱点是危险的,那么就应下载相关软件的补丁或更新。

(3)测试补丁或更新:在全面部署之前,测试更新和补丁很重要。这是因为,在测试之前,任何补丁或更新都应看作是未知或不可靠的代码。在某些情况下,当应用补丁或更新时,会发生意想不到的结果,包括性能降低,新补丁或更新破坏了旧补丁,甚至直接导致系统或应用程序发生故障。这就是为什么要完整而迅速地测试新补丁和更新的原因。由于测试不充分或者在测试时信心不足,补丁的部署就被延迟了,在这个时间窗口中,攻击者就有机会探测相关的脆弱点。

(4)部署补丁或更新:在补丁和更新经过充分测试后,对系统性能和行为的影响认为可以忽略不计或者不存在,就可以在系统中部署了。如果补丁或更新会引起问题,就有必要设计工作区或故障保护策略。设计这些是为了当补丁引起的问题妨碍了它们的部署,无法修补脆弱点时,防止引起大范围的服务中断或数据丢失。

> 今天,很多网络管理员使用名为 vulnerability scanners 的自动工具来管理网络安全问题。如果管理员能合理安排资金使用,指导用户安装补丁或进行其他修补,大部分手工更新的工作就可以节省了。

12.8.2　知道要堵住哪些端口

很多探测和攻击是基于常见脆弱点的。表 12-1 显示了应堵塞的端口(如果可能),以最大限度地减少被攻击的机会。如果你实现了我们推荐的悲观安全方法,那么你就会堵塞所有这些端口,只允许某些特例,如在可信 ISP 或服务提供商处的上行 DNS 服务器,从这里,你可以获得 DNS 更新,利用这些更新,就可以共享你的 DNS 区域文件,以提高对名称-地址映射数据的外部访问。

表 12-1　推荐堵住的端口

端　　口	服　　务	端　　口	服　　务
TCP 21	FTP	UDP 53	DNS
TCP 22	SSH 远程登录	TCP 110	POP3
TCP 23	Telnet	TCP 111	RPC
TCP 25	SMTP	TCP 143	IMAP
TCP 53	DNS	UDP 161	SNMP

12.8.3 使用 IPSec

IP 安全协议工作组（IP Security Protocol Working Group，IPSEC）把 **IP 安全**（IP Security，IPSec）定义为基于 IPv4 网络的附加安全层，这些网络想要或需要比初始实现更好的安全性。这就解释了为什么 IPSec 包含很多组件，所有这些组件都使用加密安全服务来支持显式和功能强大的认证，为在网络上传输的数据提供完整性和访问控制，提供确保 IP 数据报保密性的机制。

IPSec 描述了一个集成的安全攻击集，以及它们之间的关系。它还在 IP 层（以及更高层）提供了各种安全性。RFC 2401 说明，IPSec 的目标是提供如下的安全性。

- **访问控制**（Access Control）：访问控制意味着规定谁可以查看或使用某些资源，包括对带宽或计算机的访问，以及对信息的访问。认证对访问控制很关键。IPSec 提供了各种形式的认证。此外，其标准强制要求安全系统本身的特定部分应具有特定的访问控制方式。

- **无连接完整性**（Connectionless Integrity）：无连接完整性定义为两部分。完整性意味着通信不能被修改。无连接意味着这种完整性检测不会扩展到连接本身（例如，检测数据包达到的顺序）。而是提供无连接完整性功能，单独检测每个数据包的完整性。IPSec 的认证能力就支持这个目标。

- **数据来源认证**（Data Origin Check）：数据来源认证是验证所接收的数据的确来自指定的源。IPSec 的认证能力就支持这个目标。

- **防止重放攻击**（Protection Against Replay）：重放攻击可以捕获合法数据流，例如来自用户登录的数据包序列，并伪装成一个受信通信方，再次发送这个数据流。对付重放攻击的措施（即防止重放攻击）包括在每个通信中放置一个唯一的、经常修改的令牌，这样，如果在一个新通信中看见有一个之前使用过的令牌，就可以证明这是一个重放，因而把它视作为不合法的。IPSec 提供了一种部分序列完整性方法。

- **保密性**（Confidentiality）：保密性防止未授权用户查看通信。IPSec 支持多种加密工具的使用，以提供保密性。

- **有限的数据流保密性**（Limited Traffic Flow Confidentiality）：通过支持某些类型的隧道，IPSec 可以在一定程度上隐藏两个通信方之间的真正路径，这就是有限的数据流保密性。它可以防止攻击者知道正在和谁通信，或什么时候在通信。

要获得以上安全目标，IPSec 依赖于一整套的应用程序和安全协议。其中最重要的是**认证首部**（Authentication Header，AH）和**封装安全载荷**（Encapsulating Security Payload，ESP）首部。AH 描述了数据包的真正起源，从而防止地址欺骗和连接窃取，它还提供完整性检测和对重放攻击的有限防御。ESP 提供 IPSec 下的加密服务（第 3 章讨论了 IPSec、AH 和 ESP 的）。

此外，IPSec 依靠各种协议来处理密钥的生成和发布，以及其他安全数据的交换（这些数据要求在各方之间协调安全通信）。这些协议包括 Internet 密钥交换（Internet Key Exchange，IKE）协议、Internet 安全相关与密钥管理协议（Internet Security Association and

Key Management Protocol，ISAKMP），以及在草案和 RFC 中描述的其他工具。在每种算法的 RFC 或草案中，介绍了这些算法，如三重 DES 加密（3DES）。压缩（严格地说这不属于 IPSec 的一部分）必须以能与加密和认证兼容的方式使用。RFC 2393 描述了 IP 压缩（IP Compression，IPComp）标准。IPSec 的不同部分支持压缩技术之间的协商。

12.8.4 保护网络外设

下面是一些可用来包含网络外设的重要设备和服务。

- **堡垒主机**（Bastion Host）：在中世纪，堡垒是一种要塞，用来抵制敌人的攻击，防止他们进入城堡的内部。在网络安全术语中，堡垒主机是一种加固的计算机，专门设计为抵制和对抗非法或不希望的进入尝试，其工作是保护内部与外部网络之间的边界。因此，防火墙服务、代理服务器和 IDS 往往作为某种类型的堡垒主机。通常，堡垒主机只运行与其边界管理功能相关的软件。把它们用于更多的网络服务（例如数据库、文件与打印、E-mail 等）并不是好主意，这不仅是因为会把它们暴露在直接攻击，而且还因为堡垒主机就应该完全关注其保护网络边界的基本功能。

- **边界路由器**（Boundary Router）：边界路由器位于网络之间（通常是专用网络与公共网络之间）的边界上。由于这些路由器往往会堵塞在 IP 地址、域名或套接字地址上的访问，这些设备有时候也称为屏蔽路由器。在防护最佳的网络中，外部攻击者在开始攻击一个防火墙之前，必须穿透一个屏蔽路由器。通常，在这种网络中，在屏蔽路由器与防火墙之间，会定义一个军事化区域，该区域也有外部可访问的资源（这些"会遭受危害的主机"前面介绍过）。

- **军事化区域**（Demilitarized Zone，DMZ）：军事化区域就是一种虚拟的"无人地带"或缓冲区，位于内部网络与外部网络（通常是 Internet）之间，外部和内部都可以访问这个区域。很多自己管理自己的 Internet 服务器或服务的企业，就是把这些服务器或服务安置在 DMZ 中（与这些信息相同的专用副本，安全地隐藏在内部网络的某个地方），使它们对外公开，但又不完全暴露给外部世界。常见的是把屏蔽路由器，或者是把屏蔽路由器和防火墙安置在 DMZ 与外部网络之间。同样，通常也是把防火墙，或者是把防火墙和屏蔽路由器安置在 DMZ 与内部网络之间。

- **防火墙**（Firewall）：防火墙是一种专门"加固"的软件服务或软硬件设备，它们可以竖起一道屏障，以便观察和控制网络之间（通常是外部网络与内部网络之间）的数据流。防火墙作用于 TCP/IP 网络模型的网际层（第 3 层）、传输层（第 4 层）和应用层（第 5～7 层）。这样，防火墙可以观察 IP 数据包的有效载荷，以及跟踪这些数据包的序列，以确定是否上层是否受到攻击，还会观察域名、IP 与端口地址，以及第 3 层的其他信息。防火墙通常包括代理服务器软件和 IDS，作为其整个配置的一部分，这样，所有边界检测工具就都位于单个加固的设备中了。

- **网络地址转换**（Network Address Translation，NAT）：当数据包从内部网络中输出时，网络地址转换软件允许把内部网络地址"转换"为公共网络地址，这样，对公共 Internet 展示的只有公共 IP 地址。这可以防止黑客了解在专用网络中的寻址模式，从而阻挠各种入侵尝试。NAT 常常与专用 IP 地址成对使用（如 RFC 1918 所述），以作为一种额外的安全机制（NAT 本身并不具有安全性，但由于 NAT 使得专用 IP 地址不会在公共 Internet 上路由，从而使得在外部攻击中不可能欺骗这种地址，因而使 NAT 起到一定的防护作用）。

- **代理服务器**（Proxy Server）：这是一个特殊的软件服务集，它把自己置于用户和服务器之间，这样，用户先与代理服务器连接，然后再由代理服务器连接到目标服务，而不是让用户直接与服务连接。这就使得代理软件有机会堵塞不想要的访问或连接，观察用户的行为，防止可疑活动。代理服务器软件经常运行在防火墙上，因为防火墙定义了大多数网络的"内部"与"外部"边界。
- **屏蔽主机**（Screening Host）：当来自外部网络的用户要与内部网络的某个服务连接时，它们实际上是连接到了防火墙，防火墙创建一个代理会话，从这里进入到内部网络。这样，防火墙看上去就是屏蔽主机，其中驻留有外部可访问的所有服务，尽管实际情况并非如此。
- **屏蔽路由器**（Screening Router）：也称为边界路由器，术语屏蔽路由器指的是，这种设备可以用来基于 IP 和端口地址、域名以及所请求的协议或服务，对输入和（或）输出数据流进行过滤。

1. 防火墙的主要组成部分

如果你自己需要考虑使用防火墙，应明白，防火墙通常集成了如下 4 个主要部分。

- 屏蔽路由器功能允许防火墙根据大量的值或标准（包括域名、IP 地址、端口地址和消息类型）堵塞或过滤数据流。
- 代理服务器功能允许防火墙把自己置于网络之间的所有通信之中，以保护地址的私密性，执行 NAT 服务，监视可疑活动。
- 数据包序列和服务的"状态观察"意味着防火墙可以基于其他数据包来决定是允许还是拒绝某个数据包。在屏蔽防火墙中，给定端口的所有数据流都被堵塞，而状态防火墙则更复杂。例如，它不允许具有 AYN-ACK 标记的 TCP 数据包通过，除非它知道在相同源和目的地之间的一个 TCP 数据包设置了 SYN 标记。同样，它不允许 ICMP 回应应答通过，除非它之前看到有了一个 ICMP 回应请求。这使得它可以根据行为模式，防止那些多次暴露自己的攻击（例如，DoS 攻击和词典口令攻击都会有高度重复的网络数据流模式）。通过观察这种模式并堵塞它们，状态观察就使得防火墙即使是在遭受攻击时，也能保持运行。这也是一种与 IDS 有关的功能。
- 虚拟专用网络服务用于处理那些自己不能对数据流加密的系统或服务。前面介绍过，那些本质上不安全的服务，是以明文（未经加密）的形式发送账户名和口令的，解决那个问题的方法是把它们嵌入到 VPN 连接中。通常情况下，VPN 连接将对所有数据流加密（严格地说，VPN 使用隧道协议，无须加密隧道数据，但在实践中，所有这些数据流都被加密，以提供额外的私密和保护层）。因此，毫不奇怪，这种功能在防火墙中就变得非常重要了。

我们希望，任何防火墙都显然应像一台路由器，其中，必须至少有两个网络接口（和

IP 地址）以完成其工作：一个接口用于外部连接，另一个用于内部连接，而防火墙在这两者之间形成一个边界。防火墙提供反向代理服务也是很正常的，这使得防火墙可以作为一台屏蔽主机，向外展示安置在防火墙之中的所有内部服务。

2. 代理服务器基础

代理服务器在内部网络的客户端与外部网络（如 Internet）的服务器之间起到分发器或中间物的作用。代理服务器从客户端接收请求（如对文件或 Web 页面的请求），屏蔽掉客户端的 IP 地址，并把这些请求转发给外部服务器。当外部服务器返回被请求资源时，代理服务器把它传递给客户端。代理服务器的作用是可以过滤数据、提供安全性和缓存数据。

代理服务器还可以进行"反向代理"，其中，外部客户端请求某些内部服务器的资源。代理服务器把请求发送给内部服务器，然后传送资源给客户端。反向代理阐述了代理服务器是如何在公共 Internet 上屏蔽地址的，以及如何防止外部用户获得对内部资源的直接访问。很多公司就是这样基于域名或 IP 地址过滤器，堵塞职员访问具有可疑内容的网站的。事实上，代理服务器可以在应用层上操作，在新闻阅读器中堵塞特定新闻组。

代理的另一个重要行为称为缓存。当用户请求远程资源时（例如某些 Web 页面），代理服务器可以在请求之后的某段时间里，把这些页面存储在本地。如果在缓存过期之前，再次请求这些页面，那么在本地就可以满足该请求，无须使用另一个 HTTP 的"get"操作，从原始服务器重新读取这些页面。在那些有多个用户要访问相同内容的网站上，缓存可以为用户提高性能，同时也可以减少在公共 Internet 上的带宽消耗。这就是所谓的"双赢"情况。

然后，对系统攻击来说，缓存也是一个有利用价值的地方，因为它使得之前查看过的页面，对其他用户是可访问的。由于这个原因，网络管理员应监视缓存相关的探测，为缓存收集和管理软件应用所有相关的补丁和修补。

12.8.5　实现防火墙

在实现边界控制时，往往会把你的网络及其用户连接到 Internet。当然可以就把内部网络连接到 Internet，在它们之间不进行边界管理，但这样做显然是不负责的。即使是那些没有值得保护的信息的网站，也应避免这样做（这相当于没有安全策略），因为可能会把它作为一个 DoS 攻击的发起点，这可能会导致严重的责任问题。另外，值得注意的是，大多数安全网络是根本不允许连接到 Internet 的，通常是在一个单独的未分类网络中运行（如果它们的用户要求有这种访问）。更为极端的情况是，不允许用户从安全网络往不安全网络传输文件（包括在安全网络的计算机上禁用或去除软驱和其他可移动介质）。

防火墙规划与实现步骤

由于大多数安全策略是作用于"任何东西都可以通过"（完全乐观）与"无连接"（完全悲观）两个极端情况之间，因此你会发现，当你在网络中规划和实现防火墙与代理服务器时，下面步骤是有用的。

（1）**规划**：在真正得到一个防火墙之前，应先大体上研究一些防火墙，特别是要评价一下你的需求。规划阶段的组成是：查看都有哪些可用的，选择最合适的，获得信息，分析你所掌握的。

你应该熟悉与安全相关的邮件列表或新闻组，查找一下有关攻击、探测或已知软件问题或不足的最新报道。提供商是获取这些信息的一个很好来源，但它们并不总是愿意与你共享坏消息。因此，查看用户信息源、安全建议组和其他更中立的信息源很重要，确保你知道了来龙去脉。

如果在规划阶段提供商能提供培训或咨询服务，研究一下。你可能还想询问一下提供商（以及更大范围的社区），确保当你需要时，能得到专家的帮助。

（2）**创建需求**：在使用防火墙之前，必须知道能做什么，以及如何使用它。要创建需求，必须使你的网络环境特征文档化，决定允许什么数据，不允许什么数据，对你的决定应用安全策略，以确保各个部分都能一起正确工作。

（3）**安装**：获得防火墙（以及代理服务器和（或）IDS）后，就必须安装相关的硬件和软件，使它能开始工作。开始时，应把它置于被攻击之外，换句话说，当你第一次使用防火墙时，不应该立即让它去管理网络边界，应让它在可控制环境中运行，远离公众的视线，直到后面介绍的实现阶段完成后在到位。

（4）**配置**：一旦与之一起工作的物理元素和软件安装后，真正的工作就开始了。你必须研究和分析防火墙的默认配置，了解如何修改它，以满足特殊需求。尽可能少做防火墙文档说明之外的设置，否则，必须验证你所选择的设置。如果你对某个设置有疑问，可以查看制造商 Web 站点的技术支持论坛，然后查找这个设置的名称。很可能其他人已经有过相同的关注。还有与提供商联系，以确保你有了最新的软件版本，以及最新的补丁和修补。一些产品有时候在到达购买者手里之前，已经在货架上躺了几个月，这种技术仍然没有被攻破。这样，当你实现你的防火墙时，将保护你免受潜在的探测。

（5）**测试**：检查你为防火墙及相关软件所做的设置。与你的需要进行比较，确保你的需求得到满足。人人都可能犯错误，你可能会发现有偶然的错误需要清除，还可能发现由于厂商的缺陷导致了意想不到的副作用，这就需要改变或修正。

（6）**攻击**：在这个阶段，你应该运行一个端口扫描器、安全监视器或分析器，以及攻击者可能用来攻击你的网络的其他工具。无线网络往往是一个明显的外部攻击点，因此，使用扫描或探寻工具，如 Kismet（www.insecure.org/tools.html）或 NetStumbler（www.netstumbler.com），来检查你的无线网络是非常重要的，就像在有线网络中所做的那样。理想情况是，尝试攻击一下你所做的配置，从外部看看它是什么样的，行为怎么样。显然，你可能会想尽可能多地练习一下防火墙的性能，看看它在攻击下是如何作为的。

（7）**调整**：根据在测试和攻击阶段所掌握的，调整你的配置，尽最大努力满足硬件和软件所允许的安全策略需求。按需要多次重复**测试-攻击-调整循环**（步骤（5）～（7）），直到在每次迭代中无须为下一步做任何修改了为止。

（8）**实现**：至此，你已经修正了缺陷，根治了错误，并关闭了潜在的攻击之门，可以把防火墙（和相关软件）置于实际网络之中了。此时，检查任何你能检查的，确保你已经创建了一个尽可能安全的实现，这样，就可以满怀信心地前进了。

（9）**监视与维护**：实现完成之后才是你工作的真正开始。你必须监视事件日志、数据流统计，以及来自防火墙的错误消息，而且还要留意安全新闻组和邮件列表，注意新的探测（尤其是那些涉及你的网络环境的）。这样，你就可以随时准备进行必要的调整。

总之最后一句话：如果不检查其他的各种变化、更新、补丁、修补和工作环境，就不可能使用好防火墙或代理服务器。从这些产品进入网络环境起，安全就可能一直在向前发展，因此，你的工作是跟上它！

记住，运行一个系统 90% 的成本是在相关的维护上（而不是购买和培训），因此，维护和维修是管理防火墙最重要的内容。事实上，维护和维修是保持网络安全的关键内容，因为安全情形总是在不断变化的，每天都会有新的攻击、探测和脆弱点出现。

12.8.6　在 IP 安全中 IDS 与 IPS 的作用

入侵检测系统（Intrusion Detection System，IDS）是一种具有特殊作用的软件系统，它通过察看网络数据流的输入模式，以发现即将发生或正在发生的攻击信号。IDS 使得对潜在攻击和其他可疑网络数据流形式的自动识别和响应变得更容易。其他系统（包括那些没有内置 IDS 功能的防火墙）要求人对网络数据流和使用模式运用监视和模式识别技术，IDS 则不同，它可以不断地扫描网络数据流，实时发现各种入侵尝试，当发生入侵时做出响应。大多数 IDS 在发现某个用户出现可疑行为时，会断开与它的连接，并运行一个反向 DNS 查询，来（尽可能）确定该用户的实际 IP 地址和位置。一些 IDS 甚至能给 ISP 发送 E-mail，告知它们的站点被用于重放攻击了。大多数 IDS 会自动收集可疑行为记录，以创建一个"纸质踪迹"，预防攻击发生。

老式手动系统的问题是，要抓获一个攻击者，要求管理员立即发现正在进行的攻击。IDS 可以进行数据流和单个账户特征的连续统计分析。这样，就可以检测"缓慢入侵尝试"（重复进行口令猜测，故意拉长时间以逃避检测）和用户账户中的异常使用模式。IDS 还可以抑制 DoS 攻击，并能处理很多问题（当人们发现这些问题时，为时已晚了）。

现在，越来越多的防火墙包含有钩子程序，使得它们可以与 IDS 交互，或包含有它们自己内置的 IDS 功能。我们认为，随着 Internet 访问和对相关安全问题的关注变得越来越普遍，自动运行这种功能越来越普遍和可用的了。

事实上，已经有了一类能处理入侵的软件。它们不是入侵检测系统（IDS），而是**入侵防御系统**（Intrusion Prevention System，IPS）。IDS 或多或少处于被动状态，关注的基本上是监视和记录可能的入侵尝试，而 IPS 则更主动（甚至是提前行动），主要关注的是识别和挫败已认识的攻击或常见的预先攻击行为，如 footprinting。事实上，IPS 提供了另一种形式的访问控制，有点像应用层防火墙一样工作。

IPS 是基于应用程序的内容而不是查看 IP 地址或端口号（大多数传统的防火墙就是这么做的）来做出访问控制决策的。IPS 有时候还作用于一台主机，以拒绝潜在的恶意行为。这样，IPS 与 IDS 不是竞争关系，而是互补关系，经常在一起使用。事实上，IPS 必须能够像一个良好的 IDS 那样工作，以防止错误的断定（那些像入侵尝试但并不代表实际的入侵尝试的活动模式）。IPS 之所以引人关注，是因为它主要关注的是不想要的访问或行为（例如应用程序没有许可就访问或更改 Windows 注册键，修改或替换系统文件等），可以防止那些详细特征还不知道的攻击。

12.9　蜜罐与蜜网

如果不介绍蜜罐与蜜网，那么我们就是不称职的，因为它们对网络安全非常重要，尤其是它们可以使攻击者从其他更重要的目标转移视线。**蜜罐**（Honeypot）就是一个特意创建以便引诱和诱捕攻击者的计算机系统。蜜罐看起来是网络的一部分，但实际上它是孤立且受保护的，它存有对攻击者很有诱惑力的信息或资源。蜜罐在监视时很有用，还能提供对潜在攻击的早期警告。

蜜网（Honeynet）采用了蜜罐的概念，并把它从单个系统扩展到像这种系统的一个网络。这就解释了为什么一些专家把蜜网定义为相同网络中两个或多个蜜罐的集合。蜜网在大型、分散或异构网络中更常见，在这种情况下，单个蜜罐不足以使管理员用来监视或提供对多个站点攻击的早期警告

有关蜜罐或蜜网的更多信息，可访问位于 www.honeynet.org 的蜜网项目。

12.10　实行安全意识培训

防止网络攻击，或使网络攻击影响最小化的一个有效方法是，培育终端用户的安全意识。安全意识培训的目的是让用户更好地理解安全风险。向用户介绍简单易懂的安全规则，减少出现问题的风险，详细介绍解决常见潜在安全问题的方法。

例如，向用户介绍攻击者的动机、单击邮件中恶意链接的危险（通常以钓鱼攻击的方式发送这种邮件）、让不安全的个人设备接入内部网络存在的潜在风险等。用户还应学习如何使用更强的密码来保护网络，为什么要定期更换密码等。

帮助用户明白他们在维护网络安全中的作用，可以激励他们更好地遵循安全策略。这都是网络安全成功的关键。

本章小结

- 在安全术语中，攻击表示的是一种企图入侵或危害某企业的信息资产的保密性和完整性的尝试。探测可揭示脆弱性，而入侵往往是成功攻击的结果。

- 在最初的形式中，TCP/IP 是以乐观的安全模式实现的。在其协议或服务中很少或没有内置防护。近来对 TCP/IP 的改进、增强和更新，把这个协议族转换成了一种更悲观的安全模式。但是，TCP/IP 仍然受到很多类型的攻击和脆弱性折磨，包括拒绝服务、服务攻击、服务与实现的脆弱性、中间人攻击等等。

- IP 安全的基本原则包括，通过堵塞所有未使用的端口，并且只安装所需的服务，避免不必要的暴露。还包括地址过滤的明智使用，以堵塞已知的犯罪，阻止地址欺骗。我们建议采用悲观安全策略，默认情况下是拒绝访问的，只允许严格情况下的访问。最后，最好是在 Internet 上关注与安全相关的新闻和事件（尤其是有关探测的新闻），

以及对你的系统和网络的常见攻击，来了解如何堵塞或击退攻击。

- 有必要保护系统和网络免受恶意代码（如病毒、蠕虫和特洛伊木马）的攻击。这种保护意味着要使用现代的反病毒软件，这些是任何良好构建的安全策略的一部分。
- 当攻击者试图进入系统和网络时，经常会采用一系列动作（称为侦探与发现），以便找到攻击点。明智的网络活动监视，尤其是通过 IDS，可以堵住这种攻击（甚至可以确定这种攻击的来源）。
- 维护安全网络的边界仍然是良好系统和网络安全的一个重要部分。这通常包括屏蔽路由器、防火墙和代理服务器的使用，这些可以是在单独的设备上，也可以集成到一个设备中，跨越网络边界。一些网络体系结构还在内部网络与外部网络之间使用 DMZ，这样，展示给外部世界的服务就更安全，内部用户则通过代理、缓存和其他主要服务来进行外部网络访问。
- 当操作系统面对新的脆弱性时，保护它的安全也是有必要且要做的处理过程。这个过程包括脆弱性评估、检索更新、测试更新，以及部署补丁或更新。
- 蜜罐就是一个特意创建以便引诱和诱捕攻击者的计算机系统。蜜网采用了蜜罐的概念，并把它从单个系统扩展到像这种系统的一个网络。

习题

1. 计算机安全技术与网络安全技术是相同的。对还是错？
2. 在第 3 层，IPv6 的操作与 IPv4 的类似，这两种协议在第 4~7 层上的操作几乎一样。对还是错？
3. 下面哪个句子最好地解释了为什么网络和系统的组件和设备的物理安全性是很重要的？

   a. 要成功地渗透已加固的系统，对组件和设备的物理访问是必需的

   b. 任何的良好安全策略都必须解决物理安全性

   c. 对组件和设备的物理访问，使得懂行的入侵者入侵系统成为可能

   d. 以上都不是，物理安全性并没有那么重要

4. 下面哪个正确地列出了网络安全性的 3 条腿？

   a. 网络、边界、软件　　　　　　　　b. 物理、人员、系统和网络安全性

   c. 物理、人员、组件　　　　　　　　d. 物理、网络、软件

5. 下面哪个文档类型是攻击者最可能用来入侵系统或网络的？

   a. 攻击文档　　　　　　　　　　　　b. 探测

   c. 安全策略　　　　　　　　　　　　d. 口令散列

6. TCP/IP 实现了一种比较糟糕的安全策略。对还是错？

7. 当攻击者系统地尝试某个账号的所有可能口令时，这种攻击称为什么攻击？

   a. 蛮力攻击　　　　b. 会话劫持　　　　c. 数据包嗅探　　　　d. 蛮力口令攻击

8. 下面哪种类型的攻击最不可能导致数据损害或丢失？

   a. IP 服务攻击　　　　　　　　　　　b. 中间人攻击

   c. DoS 或 DDoS 攻击　　　　　　　　d. 病毒

    e. 缓冲区溢出

9. 默认情况下，在进行用户认证时，下面哪些 IP 服务是以明文形式发送账号和口令的？（多选）

    a. FTP   b. Telnet

    c. Stelnet   d. 使用 SSL 的 Web 访问

10. 下面哪个常见特性使得 FTP 和 HTTP（Web）是脆弱的 IP 服务？

    a. TCP 传输   b. 较长的过期变量

    c. 匿名登录   d. 对数据进行加密的协议

11. 下面哪个定义最好地描述了后门？

    a. 任何常见操作系统上的一个脆弱点或已知的攻击点

    b. 进入系统或应用程序的一个非文档化和非法的入口

    c. 任何可能被攻击的协议、服务或系统工具

    d. 一种候选但合法的进入系统或应用程序的方法

12. 下面哪个最好地描述了弱点？

    a. 任何常见操作系统上的一个脆弱点或已知的攻击点

    b. 进入系统或应用程序的一个非文档化和非法的入口

    c. 任何可能被攻击的协议、服务或系统工具

    d. 一种候选但合法的进入系统或应用程序的方法

13. 下面哪个不是 IP 安全性的原则？

    a. 避免不必要的暴露   b. 堵住所有不用的端口

    c. 防止地址欺骗   d. 默认情况启用访问，拒绝异常访问

    e. 在被攻击之前先采取安全措施

14. 下面哪些是恶意代码的例子？（多选）

    a. 病毒   b. 蠕虫   c. 特洛伊木马   d. Windows 7

15. 下面哪些是 DoS 攻击所产生的影响？（多选）

    a. 中断操作   b. 关闭操作   c. 完全破坏操作   d. 更新操作

16. 当攻击发生时，最不可能参与的 DDoS 攻击中的 4 个主要元素是什么？

    a. 攻击者   b. 处理程序   c. 代理   d. 受害者

17. DDoS 攻击中的 4 个主要元素的哪两个是参与并进行了实际的攻击？（选择两个）

    a. 攻击者   b. 处理程序   c. 代理   d. 受害者

18. 攻击者可能使用哪种技术来隐藏或转移攻击行为或活动的意图？

    a. 用户扮演   b. 欺骗   c. 中间人攻击   d. 侦察

19. 攻击者可能使用什么技术来伪造对发送方和接收方的回复？

    a. IP 服务攻击   b. 后门攻击

    c. DDoS 和 DoS 攻击   d. 中间人攻击

20. 攻击者在成功入侵后，为逃避发现，会采取的最常用步骤是什么？

    a. 重新配置系统，给自己管理权限

    b. 删除日志文件，以清除所有攻击痕迹

c. 格式化所有硬盘，以破坏任何潜在的证据

d. 为其他系统复制所有口令文件

21. 下面哪个句子最好地解释了应用系统和应用程序补丁和修补的重要性？

    a. 当弱点或探测被暴露时，系统和应用程序提供商提供补丁和修补以修复、阻挠或减缓潜在攻击。这样，应用它们通常是一个好主意

    b. 应用补丁和修补是一般的系统和应用程序维护的重要部分

    c. 只需要应用那些与实际安全性问题有关的补丁和修补

    d. 最好是等待一段时间，看看补丁或修补是否能恰当工作

22. DNS 是在哪个 UDP 和（或）TCP 端口上发挥作用的？（多选）

    a. TCP 53   b. TCP 21   c. UDP 21   d. UDP 53

23. IPSec 是在哪个层上提供了增强的安全性？

    a. IP 层   b. 地面层   c. 数据链路层   d. 物理层

24. 哪种类型的计算机应用于安装防火墙和（或）代理服务器软件？

    a. 安全的主机   b. 堡垒主机   c. 放映主机   d. 放映路由器

25. 下面哪些攻击可以作为攻击工具？（多选）

    a. Wireshark   b. nmap   c. tcpdump   d. footprinting 工具

动手项目

下面的动手项目假设是工作在 Windows 7 或 Windows 10 专业版环境下，已经安装了 Wireshark for Windows 软件，且已经获得了与本书配套的跟踪文件。

动手项目 12-1：在 Wireshark 中查看本地扫描

所需时间： 10 分钟。

项目目标： 在 Wireshark 中查看本地扫描。

过程描述： 本项目查看基于 ARP 的侦探跟踪文件。当你查看 ARP 广播时，会注意到这种扫描有一些冗余内置，例如，它对 10.0.0.55 和其他一些 IP 地址反复进行广播。

要查看本地扫描：

（1）启动 Wireshark 软件。

（2）单击 File 菜单，单击 Open 菜单项，选择跟踪文件 ch12_Arpscan.pcapng，然后单击 Open 按钮，出现数据包汇总窗口。该文件含有一个使用 ARP 广播来查找活动主机的探测。

（3）选择跟踪文件中的 Packet #1（如果还没有高亮显示它的话）。该数据包的解码窗口显示了该帧的内容，可以看到以太网首部指向广播地址（0xFF-FF-FF-FF-FF-FF）。

（4）在中间的捕获窗口中，展开 Ethernet Ⅱ 和 Address Resolution Protocol 子树，向上滚动该数据包内容，回答如下问题：

    a. 往外发送 ARP 广播的设备的 IP 地址是什么？

    b. 发现了哪些主机？

    c. 这种类型的扫描如何用于一个小型的路由网络？

（5）关闭 Wireshark 软件。

动手项目 12-2：在 Wireshark 中查看端口扫描

所需时间：15 分钟。

项目目标：在 Wireshark 中查看端口扫描。

过程描述：本项目查看基于 TCP 的端口扫描。TCP 和 UDP 端口扫描是进行探测的高效方法，因此应学习当发生探测时如何发现它们。

（1）单击 File 菜单，单击 Open 菜单项，选择跟踪文件 ch12_Portscan.pcapng，然后单击 Open 按钮，出现数据包汇总窗口。该文件含有一个 TCP 探测过程。

（2）单击 Packet #1，展开 Internet Protocol Version 4 和 Transmission Control Protocol 子树，查看该数据包的完整细节。第一个数据包发送给了目的端口号 1。在这个数据包中设置了哪个 TCP 标记？

（3）在上部的捕获窗口中，选择 Packet #2，查看响应数据包中的各种标志。在该数据包中设置了一些什么标记。

（4）单击跟踪文件中的其余数据包，回答以下问题：

a. 该端口探测明显吗？

b. 如果该探测扫描所有端口，它是否可以检测到 DHCP 服务进程？

c. 根据这个探测集，目的地设备中的哪些端口是活动的？

（5）关闭 Wireshark 软件。

动手项目 12-3：在 Wireshark 中堵住端口

所需时间：15 分钟。

项目目标：在 Wireshark 中创建一个过滤器，用于捕获端口扫描以堵住端口。

过程描述：防火墙被配置为堵塞所有发往回应端口的 TCP 握手数据包。本动手项目帮助你学习如何在 Wireshark 软件中构建一个过滤器，以检查发往回应端口的任何数据包，并用跟踪文件 portscan.pkt 测试这个过滤器，以确保它能工作正常。

（1）启动 Wireshark 软件。

（2）单击 Analyze 菜单，然后单击 Display Filters 菜单项，打开过滤器显示窗口。

（3）单击 New 按钮，在 Filter Name 文本框中输入名称 Echo-port filter。

（4）在 Filter string 文本框中输入 tcp.port == 7（回应端口号）。该过滤器将定位进出端口 7 的数据包。

（5）单击 Apply 按钮，然后单击 OK 按钮，关闭过滤器显示窗口。

（6）关闭当前已打开的任何数据包捕获。接下来，测试该过滤器，看看它是否可以捕获 portscan.pkt 文件中的回应数据包。

（7）单击 File 菜单，单击 Open 菜单项，选择 portscan.pkt，然后单击 Open 按钮。此时将显示数据包汇总窗口。

（8）单击 Analyze 菜单，然后单击 Display Filters 菜单项，打开过滤器显示窗口。

（9）在 Display Filter 窗口部分，向下滚动，选择 Echo-port filter，然后单击 Apply 按

钮。该过滤器就应用与该数据包了。单击 OK 按钮。

注意，此时，在顶部的捕获窗口中，将显示那些与选择标准匹配的数据包。你的过滤器开始工作了吗？你看到了进出回应端口的数据包了吗？该过滤器可以用于捕获进出回应端口的数据包。例如，如果创建一个防火墙，来堵塞进出回应端口的所有数据流，就可以在防火墙内设置这种过滤器。

（10）关闭 Wireshark 软件。

动手项目 12-4：在 Wireshark 中查看数据流来自的端口号

所需时间：10 分钟。

项目目标：在 Wireshark 中设置一个布尔过滤器，定位所有进出数据流来的端口号。

过程描述：本项目将学习如何创建复杂的过滤器，以查看那些使用标准 Back Orifice 和 Trinoo 端口号（31337、31335 和 27444）的数据流。本项目阐述如何构建过滤器，来捕获那些特殊的攻击数据流。

本项目中用到的怀疑端口是：

- 31337：Back Orifice。
- 31335：Trinoo 代理，用于处理通信。
- 27444：Trinoo 处理程序，用于代理通信。

要设置一个过滤器，以捕获与 Back Orifice 和 Trinoo 通信相关的数据流：

（1）启动 Wireshark 软件。

（2）单击 Capture 菜单，然后单击 Capture Filter 菜单项，打开捕获过滤器窗口。单击 New 按钮。

（3）在 Filter name 文本框中输入名称 BO-Trinoo。

（4）由于只对端口 31337、31335 和 27444 的数据包感兴趣，因此在 Filter string 文本框中输入 port 31337 or port 31335 or port 27444。

（5）单击 OK 按钮，关闭捕获过滤器窗口。

（6）关闭 Wireshark 软件。

通过在网络上运行该过滤器，就可以捕获那些进出这些怀疑端口的数据流。

动手项目 12-5：在 Wireshark 中查看基于 IPv4 的特定类型端口扫描

所需时间：15 分钟。

项目目标：在 Wireshark 中查看基于 IPv4 的特定类型端口扫描。

过程描述：本项目查看一个基于 TCP 的端口扫描，该扫描试图确定客户端正在使用的操作系统类型。当使用 TCP 或 UDP 扫描不能确定操作系统类型时，攻击应用程序通过查询各种 TCP 端口扫描所获得的信息，然后基于其内部表格，来确定操作系统可能开放的端口，以及通常是如何进行应答的。这并不是绝对的，也不是总能精确确定的处理过程，但经过一段时间后，就可以得到更好的判断。

（1）启动 Wireshark 软件。

（2）单击菜单栏上的 File，单击 Open，选择 ch12_Osscan.pcapng 跟踪文件，然后单击

Open 按钮，将出现数据包汇总窗口。该文件含有一个 TCP 探测，专门用来判断客户端的操作系统。

（3）单击 Statistics，单击 IPv4 Statistics，然后单击 All Addresses。在 All Addresses 窗口中，单击 Count 标题两次，按从高到低排序。该视图将显示哪些是该跟踪文件中的出现次数多的，很可能他就是攻击者，并且正在进行攻击。请指出出现次数最多的三个。

（4）关闭所有地址窗口。

（5）攻击者进行的第一次测试是，视图通过 DNS 反向查询来确定主机名。单击 Protocol 标题，按协议类型查询排列所显示的数据包。查看一个 DNS 反向查询请求和请求响应（提示：IPv4 与 PTR）。展开这两个数据包的详细内容，回答下列问题：

　　a. 解析的主机名是什么？

　　b. 攻击者的 IPv4 地址可能是什么？

　　c. 被攻击的 IPv4 地址可能是什么？

　　d. 如何根据第（3）步中的出现次数列表，确定问题 b 和 c 中的 IPv4 地址？

（6）关闭 Wireshark 软件。

动手项目 12-6：在 Wireshark 中查看基于 IPv6 的特定类型端口扫描

所需时间：15 分钟。

项目目标：在 Wireshark 中查看基于 IPv6 的特定类型端口扫描。

过程描述：本项目查看一个基于 TCP 的端口扫描，该扫描试图确定客户端正在使用的操作系统类型。当使用 TCP 或 UDP 扫描不能确定操作系统类型时，攻击应用程序通过查询各种 TCP 端口扫描所获得的信息，然后基于其内部表格，来确定操作系统可能开放的端口，以及通常是如何进行应答的。这并不是绝对的，也不是总能精确确定的处理过程，但经过一段时间后，就可以得到更好的判断。

（1）启动 Wireshark 软件。

（2）单击菜单栏上的 File，单击 Open，选择 ch12_Osscan.pcapng 跟踪文件，然后单击 Open 按钮，将出现数据包汇总窗口。该文件含有一个 TCP 探测，专门用来判断客户端的操作系统。

（3）单击 Statistics，单击 IPv6 Statistics，然后单击 All Addresses。在 All Addresses 窗口中，单击 Count 标题两次，按从高到低排序。该视图将显示哪些是该跟踪文件中的出现次数多的，很可能他就是攻击者，并且正在进行攻击。请指出出现次数最多的三个。

（4）关闭所有地址窗口。

（5）攻击者进行的第一次测试是，视图通过 DNS 反向查询来确定主机名。单击 Protocol 标题，按协议类型查询排列所显示的数据包。查看一个 DNS 反向查询请求和请求响应（提示：IPv6 与 PTR）。展开这两个数据包的详细内容，回答下列问题：

　　a. 解析的主机名是什么？

　　b. 攻击者的 IPv6 地址可能是什么？

　　c. 被攻击的 IPv6 地址可能是什么？

　　d. 如何根据第（3）步中的出现次数列表，确定问题 b 和 c 中的 IPv6 地址？

（6）关闭 Wireshark 软件。

案例项目

案例项目 12-1：防火墙过滤器

假设你是迈阿密底特律一家大型皮鞋制造商的网络安全技术人员。你的内部网络通过光纤连接了 6 栋办公楼。你公司的 Web 服务器经历过很多次攻击。公司的 CEO 决定创建一个防火墙。请描述一下，在你的防火墙中要实现的过滤器，并指出如何测试你的防火墙。

案例项目 12-2：防火墙研究、规划与实现

你的网络当前使用的是较老技术的防火墙，需要进行软件升级，以支持现在可用的更新的安全特性和能力。然而，你的经理更想实现一个功能更强大的技术更新的防火墙解决方案，为网络提供防护。此外，还认为，防护网络外部边界的单个防火墙，可能不足以防护整个网络和系统。你的经理请你给出一个"防火墙更新"项目。你的目标是设计一个新的防火墙防护策略，可以使用防火墙为网络提供多个网络层上的防护方法。你必须给出一个报告，列出能满足你的需求的防火墙提供商，以及选择和部署新防火墙解决方案的完整规划。

学生与教师在线资源

本书的学生与教师资源可以从 www.cengage.com 获得。要定位这些资源,在 Higher Education 目录中搜索本书英文名"Guide to TCP/IP"即可。

这些资源包括完成本书动手项目所需的跟踪(数据)文件和软件。该网站包括了一些文档,描述和链接到其他网络软件和实用工具,这些是作者为 TCP/IP 分析和理解而推荐的。该网站还含有关于 IPv4 地址类 A~E 的信息,以及二进制运算、超网、IPv4 与 IPv6 的 RFC 文档等。

工具

Wireshark for Windows v2.0.0 是本书示例和动手项目所使用的开源协议分析。学生和教师都可以下载该软件(更新版本的 Wireshark 也可以用于动手项目中,但可能有些步骤需要调整)。Wireshark 有 Windows、UNIX/Linux 和 Apple OS X 系统的版本,这些版本都具备标准分析器特征:数据包捕获与分析、网络数据流的可视化显示等。

跟踪(数据)文件

本书配套的 Web 网站提供了一个可下载的自解压文件链接,该文件含有本书动手项目所需的所有跟踪文件。这些跟踪文件大多数为.pcapng 格式,一些为.cap 格式,这些文件都可以用 Wireshark 软件打开。下表列出了本书的跟踪文件。

文　件	章节	描　述
ch03_IPv4Fields.pcapng	3	含有 IPv4 数据流,可以查看 IPv4 首部
ch03_IPv6Fields.pcapng	3	含有 IPv6 数据流,可以查看 IPv6 首部和 DHCPv6 数据流
eigrp-for-ipv6-auth.pcap	4	含有 IPv6 数据的 EIGRP 路由协议
ospf.cap	4	含有 OSPF 路由协议问候数据包数据
RIP_v1	4	含有 RIPv1 请求与 RIPv1 响应数据包
ch05_ICMPv6_Echo_Reply.pcapng	5	含有请求 IPv6 本地主机的 ICMPv6 回应请求数据包,以及 ICMPv6 回应答复消息
ch06_Hands-on_Project_trace_file.pcapng	6	含有路由器请求、路由器公告、邻居请求以及邻居公告消息
ch07_Hands-on_Project_trace_file_DHCPboot.pcapng	7	显示基本的 DHCP 启动顺序,包括 DHCP 发现、提供、请求和公告。ARP 用于测试两个地址(在分配一个之前),DHCP 客户端在使用所分配地址之前,使用 ARP 来测试该地址

文 件	章节	描 述
ch07_Hands-on_Project_trace_file_DHCPboot2.pcapng	7	含有一些 DHCP 重新连接序列。ICMP 回应数据包用于测试地址
ch07_Hands-on_Project_trace_file_DHCPv6boot.pcapng	7	含有在 DHCPv6 启动序列时，客户端与 DHCPv6 服务器直接所交互的消息
ch09_6to4.pcapng	9	含有在使用 6to4 封装时，在网络上捕获的数据包
ch09_TCP_handshake.pcapng	9	含有在 TCP 握手过程中，网络上两个结点之间交换的数据包
ch10_6to4.pcapng	10	含有在使用 6to4 封装时，在网络上捕获的数据包
ch10_isatap.pcapng	10	含有在本地与 ISATAP 路由器之间使用 ISATAP 接口所进行的路由器请求与路由器响应处理
ch10_Teredo.pcapng	10	含有在网络上捕获的使用 Teredo 进行封装的数据包
ch12_ARPscan.pcapng	12	显示一个基于 ARP 的探测过程。这种 ARP 扫描可能是由程序生成的——ARP 请求不是由手工生成的
ch12_OSscan.pcapng	12	含有一个基于 TCP 的端口扫描（TCP 探测），这种扫描视图确定客户端所使用的操作系统类型
ch12_portscan.pcapng	12	含有 TCP 探测过程

术 语 表

:: 在 IPv6 地址中，双冒号字符代表几个相邻的 16 位组，其中每个组都由 0 组成。这种表示法在任一地址中只能使用一次。

4.2BSD： 第一个包含了 TCP/IP 实现的 UNIX BSD（Berkeley Software Distribution，伯克利软件套件）版本。

6to4： 通过把 IPv6 数据包进行特别的封装，使得 IPv6 网络结点可以跨越 IPv4 网络与另一个 IPv6 网络结点进行通信的方法。

6to4 结点/路由器： 也称为 6to4 主机/路由器，这种设备可以发送和接收地址为 6to4 的数据流，但不能把数据流转发给其他 6to4 结点，只能转发给 IPv6 结点。

6to4 中继： 一种特殊的设备，把来自 6to4 结点的网络数据流发送给支持 IPv6 的网络。

6to4 路由器： 一种设备，可以跨越 IPv4 网络把 6to4 数据流转发给其他结点（包括 6to4 和 IPv6 结点）。

AAAA 记录： 一种 DNS 资源记录，把域名映射为 IPv6 地址。

access control：访问控制 限制谁可以查看或使用某些资源（包括访问带宽、计算机和信息）的行为。

acknowledgement：确认 成功接收数据的通知。ACK 标志是在确认数据包中设置的。

address（A）record：地址记录 一种 DNS 资源记录，把域名映射为 IPv4 地址。

address masquerading：地址伪装 一种把多个内部（即私有的）、非路由地址映射到单个外部（即公用的）IP 地址的方法，其目的是为了共享单个 Internet 连接，又称为地址隐藏（address hiding）。

address pool：地址池 数字 IP 地址的某个连续范围，由开始 IP 地址和结束 IP 地址定义，并由 DHCP 服务器来管理。

address request：地址请求 一种 DNS 服务，请求与域名匹配的 IP 地址。

Address Resolution Protocol（ARP）：地址解析协议 这是一种网络层协议，可以把数字 IP 地址转换为对等的 MAC 层地址，这在同一个网段或子网中把数据帧从一台机器传输到另一台机器是必要的。

address scope：地址作用范围 参见 scope。

addressing：寻址 一种把唯一符号名或数字标识符分配给网络段的单个网络接口的方法，使得每一个这样的接口是唯一可标识（和可寻址）的。

adjacencies database：邻近数据库 局部网络段及其相连路由器的数据库。指定的路由器可以共享跨链路-状态网络的邻近数据库视图。

Advanced Research Projects Agency（ARPA）：高级计划研究署 美国国防部的一个下属机构，资助了计算技术的前瞻性研究。

advertised window：公告窗口　接收方声称在其 TCP 缓存器空间中可以处理的数据数量。

advertising rate：公告速率　在网络上宣布一个服务（通常是一个路由服务）的速率。例如，ICMP 路由器公告数据包的公告速率为 10 分钟。

adware：广告软件　一种软件类型，这种软件在被危害机器上打开了一扇门，显示各种未请求或不想要、通常是令人讨厌的广告。

agent：代理　（1）一般情况下，这是一个程序，代表另一个软件或用户完成服务。在移动 IP 中，这是一个特殊的路由器软件，在远程子网与用户的家庭子网之间构建一条隧道，以便为特定静态 IP 地址创建连接。（2）是在 DDoS 攻击中向受害者发起攻击的设备。

aggregatable global unicast address：可聚集全局单播地址　这些 IPv6 地址的布局将地址最左边的 64 位，划分为允许更容易路由的显式字段。特别地，它允许将到达这些地址的路由"聚集"起来，也就是说，可以在路由器表中把它们组合成单个路由项。

alarm：报警（信息）　在网络中对事件或错误的通知。

allowable data size：允许的数据大小　能够在链路上传输的数据量；MTU。

anonymous access：匿名访问　一种 IP 服务访问技术，其中，用户不需要提供明确的账户和口令信息。这种技术可以应用于 FTP 和 Web 服务及其他服务。

anycast address：任播地址　是 IPv6 中的一种地址类型，是一种普通的地址，可以分配给多个主机或接口。指向任播地址的数据包，可以根据路由距离，传递给离发送方最近的那个地址。任播地址不可用于 IPv4。

anycast packet：一种 IPv6 多播方法，允许为单个消息指定多个接收方（通常是某个光纤网段或广播域）。

Application layer：应用层　是 ISO/OSI 网络参考模型（以及 TCP/IP 模型）中的最高层，协议族与实际的应用程序之间的接口就驻留在这一层中。

application process：应用程序进程　是一种系统进程，表示一种特定类型的网络应用程序或服务。

Application Specific Integrated Circuit （ASIC）：应用专用集成电路　一种具有特定用途的集成电路。当处理数据时，ASIC 可以把特殊编程逻辑直接实现为芯片形式，从而也提供了执行这种编程逻辑的最迅速的方法。ASIC 使得高速、高容量的路由器可以进行复杂的地址识别和管理功能，以保持对数据量和时间敏感的处理需要。

architectural decision：体系结构决策　是正式体系结构方法中的一个列表，给出了所做的决策，以及合理的、其他的、有一定影响的以及派生而来的需求。

Area Border Router（ABR）：区域边界路由器　一种用于连接不同区域的路由器。

areas：区域　为相邻的网络组。区域用在链路-状态路由中，为更大的网络提供路由表汇总。

ARP cache：ARP 高速缓存　内存中的一个临时表，由最近的 ARP 项构成。在 Windows 2000、Windows XP 以及后面的操作系统中，ARP 高速缓存中的项在两分钟后将会被丢弃。

ARPANET：由 ARPA 投资的一个试验网，用于测试与平台无关、远距离、健壮和可靠的互连网络的可行性，这个网络为今天的 Internet 提供了基础。

attack：攻击　一种入侵或危害系统或网络，或使得系统或网络拒绝被访问的企图。

attacker：攻击者　一个攻击的实际源头。在 DDoS 攻击中，一个聪明攻击者通常隐藏在某个处理程序和代理的后面。

Authentication Header（AH）：认证首部　IP 数据包和（或）使用扩展首部的安全协议中的首部。通过防止地址欺骗和连接偷窃，AH 指定了数据包的真实来源，提供完整性检验，并可在一定程度上可以抵御重放攻击。

authoritative response：授权响应　对名称服务器查询的响应。名称服务器负责对被请求名称或地址驻留的区域认证。

authoritative server：授权服务器　负责 DNS 数据库环境中一个或更多特殊区域的 DNS 服务器。

Automatic Private IP Addressing （APIPA）：自动专用 IP 寻址　当 DHCP 服务器不可用，或没有分配静态地址时，Windows 或 Mac OS X 计算机为其主网卡分配的 169.254.0.0～169.254.255.255 的地址范围。

automatic tunnel：自动隧道　一种 IPv6 隧道，需要时由 IPv6 协议创建和撤销，无须管理员手动干预。

autonomous systems （AS）：自治系统　在单个管理权限下的一组路由器组。

autonomous systems border router （ASBR）：自治系统边界路由器　一种路由器，用于把独立路由的区域或 AS 与另一个 AS 或 Internet 连接起来。

auto-reconfiguration：自动重配置　自动修改一个设备配置的处理进程。

auto-recovery：自动恢复　自动从故障中恢复过来的处理过程。

available routes：可用路由　网络之间的一种已知是可行的路由。可用路由不一定是最佳的路由。在 IP 网络中，路由器会定期公告都有哪些可用路由。

average response time：平均响应时间　回复一个查询所需的平均时间。网络平均响应时间的历史记录，为比较当前网络响应提供了一种度量方法。

back door：后门　进入系统或网络的非法入侵点，通常由最初创建它的工程师内置在软件或系统中。

backbone area：主干网络区域　一个必需的区域，所有其他路由器都必须直接连接到或穿过隧道连接到的该区域。

backup designated router （BDR）：备份指定路由器　一种在链接-状态网络广播段上具有第二高优先权的路由器。如果输出影响 DR，则 BDR 允许立刻恢复服务。参见 designated router。

backward compatibility：向下兼容，向后兼容　一种特性，使得一个设备、进程或协议可以与较早版本的软件或硬件进行操作。例如，PMTU 主机可以自动地、逐渐地减小它使用的 MTU 大小，直到知道了所支持的 PMTU 大小。

bandwidth：带宽　一种度量在网络传输的信息数量的方法。例如，以太网具有 10 Mbps 的可用带宽。

basic hybrid model：基本混合模型　一种虚拟网络基础设施模型，描述存在于 IPv4 核心主干网（如 Internet）中的 IPv6 结点，使用隧道技术进行相互通信。

bastion host：堡垒主机　一种经过特别加固的计算机，设计为横跨内部网和外部网的边界，其中防火墙、代理服务器、IDS 和边界路由功能通常运行于此。

Best Current Practice（BCP）：最佳当前实践　一种特殊类型的 Internet RFC 文档，此文档概述了设计、实现或维护基于 TCP/IP 网络的最佳方法。

best-effort delivery：最大努力交付　一种简单的网络传输机制，在没有添加附加的强壮性或可靠性功能的情况下，依赖于可用的内部网络层、数据链路层和物理层，处理从发送方到接收方的 PDU 的传输功能。UDP 使用的是最大努力交付。

BIND（Berkeley Internet Name Domain）：Berkeley 互联网名称域　在当今的 Internet 中，BIND 是 DNS 服务器软件中最流行的实现方法。它最初是作为 BSD UNIX 4.3 的一部分而引入的，今天，几乎每一种计算平台都有 BIND 实现，其中包括 Windows Server 2003 和 Windows Server 2008。

bit-level integrity check：位级完整性检查　这是在传输数据报之前，在数据包的有效载荷上执行的一种特殊数学计算，它的值可以存储在数据报的尾部。该计算在接收端再次执行并比较传输的值；如果两个值一致，该接收被认为是无误的；如果两个值不一致，该数据报通常会被丢弃（没有错误消息）。

black hole：黑洞　网络上数据包被默默丢弃的位置。

Border Gateway Protocol（BGP）：边界网关协议　一种域间路由协议，取代了外部网关协议（Exterior Gateway Protocol，EGP），它定义在 RFC1163 中。BGP 与其他 BGP 路由器交换可达到的信息。RFC 4760 定义了多协议扩展，使得 BGP 可以在 IPv6 网络上操作。

border router：边界路由器　一种网络设备，它跨越内部网和外部网的边界，并管理允许进入内部网络的入站数据流和允许跨越边界的出站数据流。

boundary router：边界路由器　参见 border router。

breach：入侵　企图模仿系统的合法用户闯入系统或网络，以达到非法访问系统资源和信息目的。

break-in：入侵　参见 breach。

broadcast：广播　一种特殊类型的网络传输（和地址），它可被传输网段上任意接收方注意到并读取。这是一种达到任一网络上所有地址的方法。

broadcast address：广播地址　网络或子网的全 1 地址。这种地址提供一种把相同信息发送给网络上所有网卡的方法。

broadcast packet：广播数据包　一种网络传输类型，传输给网络上的所有设备。对 IPv6，以太网的广播地址是 0xFF-FF-FF- FF-FF-FF，对 IPv4 则是 255.255.255.255。

brute force attack：蛮力攻击　一种攻击，通常由大量服务请求组成的。这种攻击类型主要是使受害者的资源（包括 CPU、磁盘访问和其他本地资源）过载。

brute force password attack：蛮力口令攻击　一种企图猜测所有可能的口令字符串，以作为试图非法进入系统的方法。这种攻击尝试所有可能构成合法口令的字符组合。

byte stream：字节流　一种连续的不含有边界的数据流。

cable segment：电缆段　网络介质和安装在网络电缆上的设备的集合，或者单个网络设备，例如网络集线器，或者虚拟等价的环境，例如交换机上的局域网模拟环境。

caching：高速缓存　在本地存储的远程信息，一旦获得后，当再次需要它时，就可以以最快速度访问它。DNS 解析器（客户机）和 DNS 服务器都会缓存 DNS 数据，以降低解析远程查询出现的不成功概率。

caching server：缓存服务器　一种 DNS 服务器，存储已查找到的合法名称和地址对，以及已检测到的非法名称和地址。任何 DNS 服务器都可以缓存数据，其中包括主、次和仅缓存的 DNS 服务器。

caching-only server：仅缓存的服务器　没有主、次区域数据库功能的 DNS 服务器，这种服务器只用于缓存已解析的域名和地址，以及相关的错误信息。

canonical name（CNAME） record：规范名称记录　用作定义数据库别名的 DNS RR，主要是使编辑和管理 DNS 区域文件更快、更容易。

capture filter：捕获过滤器　一种用于识别特定数据包的方法，应该依据数据包的某些特性（例如源地址或目标地址）把这些特殊数据包捕获到跟踪缓存区中。

Carrier Sense Multiple Access with Collision Detection （CSMA/CD）：带有冲突检测的载波侦听多路访问　是以太网使用的竞争管理方法的正式名称，CSMA 的本质含义是"在试图发送之前先侦听"（以确保后一个消息没有破坏前一个消息），和"在发送的同时侦听"（以确保几乎同时发送的消息不会互相冲突）。

checkpoint：检查点　一个时间点，此刻的所有系统状态和信息都被捕获并保存，这样，当系统或通信随后发生故障时，可以从该点指示的时刻恢复操作，而不会丢失该时刻之前的数据或信息。

checksum：校验和　一个特殊的数学值，可以非常精确地表示消息内容，如果消息内容发生变化，其值也会发生变化的。它是在网络传输数据之前和之后计算的，然后将两者进行比较。如果传输的校验和与计算的校验和一致，那么就可以认为到达的数据未被修改。

circuit switching：电路交换　一种通信方法，其中，在发送方和接收方之间的临时或持久连接就称为电路，它是在通信载波的交换系统中创建的。由于经常有来回往返的临时电路，所以电路总是要进行交换，因此就有了这个术语。

Classless Inter-Domain Routing（CIDR）：无类域间路由　一种子网掩码的形式，子网掩码废除了精确地在八位元组边界放置网络和主机地址，取而代之的是使用/n 前缀表示法，在此表示法中，n 代表的是地址表示中网络部分的位数。

Client Identifier：客户端标识符　一个数据包字段，该字段的值是基于客户端硬件地址的。

commond-line parameter：命令行参数　一些可选项，添加到提示符（而不是窗口环境）下发出的命令中。例如，在命令 arp -a 中，-a 就是命令 arp 的参数。

compromised host：受害主机　就是被未授权访问的主机。受害主机不再被认为是可信系统了，应该依据站点的事故响应和恢复过程进行处理。

computer forensics：计算机取证　察看攻击者留下的"足迹"的过程。一些值得注意的区域包括临时文件（保留在回收站或可处于恢复状态的已删除文件）以及本地系统内存。

cone NAT：一种 NAT 解决方法，它在内部网络与公共网络之间提供了一个持久的端口和 IP 地址映射。

confidentiality：机密性　一种限制除已授权用户以外的其他用户访问资源的能力。典型的方法是加密，如果没有解密所需的密钥和算法，数据是不可用的。

configured tunnel：已配置隧道　一种 IPv6 隧道，它是由管理员手动创建的。

congestion：阻塞　指网络或接收方发生过载的情况。当网络发生阻塞时，发送方不能继续发送 TCP 数据包了。为了避免阻塞接收方，接收方公告一个大小为 0 的窗口长度。

Congestion Avoidance algorithm：阻塞避免算法　一种避免网络过载的方法。该机制用来逐渐地增加通信窗口的大小。

congestion control：阻塞控制　一种 TCP 机制，其他协议也可应用这个机制，它允许网络主机交换其处理通信量能力的相关信息，从而能够使发送方降低或增加出站通信的频率和长度。

connectionless：无连接　一种网络协议的类型，此种类型的协议并不试图让网络发送方和接收方交换其可用性或相互通信能力的信息；也称作"最大努力交付（Best-effort Delivery）"。

connectionless integrity：无连接完整性　在 IPSec 或类似的安全体制中提供完整性的能力，但是，它不能确保连接本身的完整性。

connectionless protocol：无连接协议　一种网络协议，只负责发送数据包，不负责创建、管理或处理发送方和接收方之间连接。UDP 就是一种无连接传输协议。

connection-oriented protocol：面向连接协议　一种网络协议类型，它依赖发送方和接收方之间的显式的通信和协商来管理双方的数据传送。

connection-oriented transport mechanisms：面向连接的传输机制　一种传输层协议，它在两台计算机之间创建一个会话，提供错误检测，确保成功传输。

connectivity tests：连通性测试　用来确定设备的可达到性的测试。IP ping 和 Traceroute 是用于连通性测试的两个实用工具。

constant-length subnet masking（CLSM）：固定长度的子网掩码　一种 IP 子网模式，在这种模式中，所有子网都用相同大小的子网掩码，因此子网掩码把子网地址空间分成大小相等、固定数量的子网。

converge：汇聚　确保网络上所有路由器都拥有可用网络及其成本的最新信息的过程。

core service：核心服务　用于 TCP/IP 组网的主要且关键的服务。FTP、DNS 和 DHCP 被认为是核心服务。这些服务被分配了 0～1023 的公认端口号。

counting to infinity：计数到无穷大　由路由循环产生的网络路由问题。数据包不断循环直到它们终止。

current window：当前窗口　正在使用的实际窗口大小。通过接收方的广播窗口和网络阻塞窗口（网络能处理的那些窗口），发送方可以确定当前窗口的大小。

Cyclical Redundancy Check（CRC）：循环冗余校验　一种在数据包中执行的特殊的 16 位或 32 位等式。CRC 等式的结果放在帧尾的帧校验序列中。网卡在所有出站和入站数据包中都要进行 CRC。

daemon：守护程序　守护程序是一种计算机进程，采用了 James Clerk Maxwell 的著名物理思想，其工作就是"监听"一个或多个特定网络服务的连接尝试，并把所有有效的尝试处理为临时连接（称为套接字尝试）。

data encapsulation：数据封装　一种技术，它把高级协议数据封装到低层协议单元中，并使用首部（以及可能的尾部）进行标识，使得协议数据单元可以安全地从发送方传输到接收方。在数据链路层中，这意味着在首部和尾部中提供必要的分界、寻址、位级完整性校验和协议标识服务。

data frame：数据帧　数据链路层中的基本 PDU，帧表示将在网卡上以位模式进行传输或接收的东西。

data link address：数据链路地址　根据硬件地址得到的本地机器地址。数据链路层地址也称为 MAC 地址。

Data Link layer：数据链路层　ISO/OSI 网络参考模型的第 2 层，在发送方，数据链路层负责确保通过物理层的可靠数据传送，在接收方，负责检测其接收数据的可靠性。

data origin authentication：数据源认证　在 IPSec 或类似的安全区域中，验证所收到信息的来源的能力，或检验来源拥有某个可靠标记的能力。

data segment：数据段　传输层上 TCP 所用的基本 PDU。参见 segment。

database segment：数据库段　参见 DNS database segment。

datagram：数据报　TCP/IP 网络访问层上的基本协议数据单元。数据报由传输层中的无连接协议使用，它简单地在 PDU 上添加一个首部，该 PDU 由任何使用无连接协议（例如 UDP）的应用层协议或服务提供；因此，UDP 也称为一种数据报服务。

decapsulator：拆封方　隧道另一端的接收结点，负责重组已分段的数据包，去除 IPv4 首部封装，并处理 IPv6 数据包。

decode：解码　PDU 或 PDU 中某个字段的翻译值，由协议分析器或类似的软件包完成翻译。

decoding：解码　翻译数据包的字段和内容，并以可读格式展示数据包的过程。

default gateway：默认网关　赋给路由器 IP 地址的名称，通过它，连接到本地网络的机器，必须把输出数据流传递到该本地网络之上，从而使得该"网关"成为该本地子网以外的 IP 地址。当主机路由项或网络项不存在于本地主机路由表中时，就需要使用网关了。

default route：默认路由　通常，一个网络设备使用该路由，来与不同物理或虚拟子网上的企图设备进行通信，从而通往下一跳设备（通常是一个路由器）。

default-free zone（DFZ）：非默认区域　在 Internet 路由中，不是以默认路由来运行的所有 Internet 网络的集合。也可以是所有不要求有默认路由的所有自治系统（AS）的集合。DFZ 路由器具有完整的 BGP 路由表。

Defense Information Systems Agency（DISA）：美国国防部信息系统局　美国国防部下的一个机构，当 1983 年 ARPA 交出对 Internet 的控制权时，该机构接管了它的运行。

delegation of authority：授权代理　一种原则，利用它，一个名称服务器可以指定另一个名称服务器处理其范围下的域或子域的某些或所有区域文件。DNS NS 资源记录提供了指针机制，名称服务器可用它来代理授权。

delimitation：分界　对特殊标记位串或字符（称为分界符）的使用，它把 PDU 的有效负载从 PDU 的首部和尾部中区分出来，并且还可以在传输时标记出 PDU 自己的开始位置（也可以是结尾位置）。

delimiter：分界符　标记 PDU 某种边界的特殊位串或字符，它在 PDU 的开始或结尾位置，或者在首部与有效负载之间、有效负载与尾部之间的边界处。

demilitarized zone（DMZ）：非军事化区　一个中间网，位于组织的内部网络与一个或多个外部网络（例如 Internet）的边界之间。通常，屏蔽路由器把 DMZ 与外部网络分隔开来，而且屏蔽路由器和防火墙则把 DMZ 与内部网络分隔开来。

demultiplexing：多路分解　一种将计算机上一个单一入站数据包流进行拆分、并依据 TCP 或 UDP 首部中的套接字地址将各部分传递给各种活动 TCP/IP 进程的过程。

Denial of Service（DoS）attack：拒绝服务（DoS）攻击　一种网络攻击形式，它使得系统 忙于处理攻击请求，而拒绝其他服务。例如，TCP SYN 攻击可能导致反复的双向握手。

designated router（DR）：指派路由器　在链路-状态网络的段中具有最高优先权的路由器。 DR 可以把 LSA 广播到网络段上其他所有的路由器。

destination port number：目的地端口号　用于入站 TCP/IP 通信的端口地址，它标识了所 参与通信的目标应用程序或服务进程。

Destination Unreachable message：目的地不可达消息　一种 ICMP 错误消息，从路由器发 送给一个网络主机，通知该主机，其消息不能传送到目的地。

Destination Unreachable packets：目的地不可达数据包　属于 ICMP 数据包，表示因分段 问题、参数问题或其他问题，无法到达目的地。在 ICMPv4 和 ICMPv6 中都实现了。

DHCP client：DHCP 客户机　TCP/IP 客户机上的软件组件，通常作为协议栈软件的一部 分实现，它将地址请求、租用续借和其他 DHCP 消息发送给 DHCP 服务器。

DHCP Discovery：DHCP 发现　用于获取 IP 地址、租用时间和配置参数的 4 个数据包序 列。这 4 个数据包分别是发现、提出、请求和确认数据包。

DHCP options：DHCP 选项　一些参数和配置信息，定义了 DHCP 客户机要查找的内容。 有两个特殊选项（0：Pad 和 255：End）用于管理。Pad 只确保 DHCP 域结束于可接收 到的边界，而 End 表示数据包中不再列出更多的选项了。

DHCP relay agent：DHCP 中继代理　一种特殊用途的软件，用于标识并把 DHCP 发现数 据包重定向到已知 DHCP 服务器。

DHCP reply：DHCP 回复　一种 DHCP 消息，它包含有从服务器到客户机的 DHCP 请求 消息的回复。

DHCP request：DHCP 请求　一种从客户机到服务器的 DHCP 消息，它请求某种服 务。 这种消息只发生在客户机接收到 IP 地址后，并可以利用单播数据包（而不是广播）与 特殊的 DHCP 服务器通信。

DHCP server：DHCP 服务器　一个软件组件，它运行在某种网络服务器上，负责管理 TCP/IP 地址池或作用范围，与客户相互作用，为它们按需提供 IP 地址和相关的 TCP/IP 配置数据。

diameter：直径　网络路由协议可以跨越的跳数：RIP 的网络直径为 15；其他大多数路由 协议（例如 OSPF 和 BGP）有无限大的网络直径。

Differentiated Services（Diffserv）：差分服务　根据在 IP 首部中设置的标记符，为网络数 据流提供不同服务级别的方法。

Dijkstra algorithm：Dijkstra 算法　一种用于计算链路-状态网络中最佳路由的算法。

discovery broadcast：发现广播　通过在本地网段上广播 DHCP 发现数据包，来发现 DHCP 服务器的过程。如果本地网络段上不存在 DHCP 服务器，那么中继代理必须把请求转 发到远程 DHCP 服务器上。如果不存在本地网络服务器或中继代理，那么客户机就不 能使用 DHCP 获得 IP 地址。

discovery process：发现过程　了解网络上正在运行哪些计算机或进程的过程。

display filters：显示过滤器　作用于跟踪缓存中的数据包的过滤器，目的是为了仅仅显示感兴趣的数据包。

distance vector：距离向量　用于确定到某个网络的距离的源点或位置。

distance vector routing protocol：距离向量路由协议　一种路由协议，它使用网络之间距离的信息（而不是数据流从源网络到目的地网络所用时间量）来选择路由。RIP 就是一种距离向量路由协议。

distributed database technology：分布式数据库技术　一种由多个数据库服务器管理的数据库，其中每个服务器只负责整个数据库的某些部分。因此，如果在 DNS 中能高效地使用分布式数据库技术，那么它将是无与伦比的。

Distributed Denial of Service（DDoS） attack：分布式拒绝服务攻击　一种特殊的、协同式的拒绝服务攻击类型，其中由多个主机（数量可能多达上千台）同时发动攻击。其结果是出现大量待处理服务请求的溢出，它们足以使大规模服务器崩溃，即使是支持诸如 Yahoo!、Google 或 MSN.com 之类的 Internet 门户网站的服务器也将崩溃。DDoS 攻击几乎总是从称之为僵尸（zombies）的受害主机上发起，这些未适宜保护的机器被攻击者接管，之后一同发起 DoS 攻击。

divide and conquer：分治法　一种计算机设计方法，它把较大、复杂的问题分解成较小、不太复杂且相互关系的问题，其中每个问题都可以在一定程度上单独解决。

DNS database segment：DNS 数据库段　一个独特且自治的数据子集，这些数据来自 DNS 名称和地址层次结构。一个 DNS 数据库段通常对应于一个 DNS 数据库区域，且存储在相关区域文件的集合中。参看 zone 和 zone file。

DNS round robin：DNS 循环　一种管理服务器拥塞的方法，其中有一个 DNS 服务器跟踪最近它为哪个 IP 地址提供了转换，并让它们在地址池或可用地址列表中循环。DNS 服务器可以分布处理负载，从而避免了服务器拥塞。

domain：域　域名层次结构中第一层的名称，例如 cengage.com 或 whitehouse.org。

domain name：域名　TCP/IP 网络资源的符号名称；域名系统（DNS）把这种名称转换成数字 IP 地址，使得出站数据流可以正确寻址。

domain name hierarchy：域名层次结构　由 DNS 管理的、Internet 上的域名的整个全局名称空间。这个空间包括所有已注册且活动（因此是合法且可用）的域名。

domain name resolution：域名解析　DNS 把域名转换成相应数字 IP 地址的过程。

Domain name System（DNS）：域名系统　TCP/IP 的应用层协议和服务，管理符号域名和数字 IP 地址的 Internet 范围内的分布式数据库，使得用户可以通过名称来请求资源，并使这些名称转换成正确的数字 IP 地址。

dot quad：点分四元法　参见 dotted decimal notation。

dotted decimal notation：点分十进制表示法　用于表示数字 IP 地址格式的名称，例如 172.16.1.7 就是使用点分成 4 个数字。

Draft Standard：草案标准　一个经过草案过程、被批准的标准 RFC，在它达到互联网标准状态之前，必须证明两个参考实现可以一起工作。

driver：驱动程序　操作系统用来与特定硬件设备交互作用的软件。

dual IP layer architecture：**双重 IP 层体系结构**　一种支持 IP4v4 和 IPv6 的计算机，其中，这两个版本的 IP 访问同一个传输层栈。

dual-stact architecture：**双重栈体系结构**　一种支持 IP4v4 和 IPv6 的计算机，其中，每种版本的 IP 访问不同的传输层栈。

dual-stact implementation：一种基本的 IPv4-to-IPv6 传输技术，允许在两种 IP 协议在操作系统中并排运行。

duplicate ACKs：**重复 ACK**　一个相同确认消息的集合，这些消息被发送回 TCP 的发送方，以表明接收的是乱序数据包。收到这些重复 ACK 后，发送方重新发送数据，而无须等待重发定时器过期。

Duplicate Address Detection（DAD）：**双重地址检测**　一种检测 IPv6 地址的方法，当结点希望使用某个地址时，先发送一个邻居公告消息，看看该地址是否已经被其他结点使用了。如果该消息没有得到响应，表明可以使用这个地址。否则，就需要选择另外一个不同的地址，然后再使用 DAD 进行检测。

dynamic address lease：**动态地址租用**　一种 DHCP 地址的租用类型。每个地址分配都有一个过期时间。在租用时间过期之前，必须续租，或者必须分配一个新地址。它主要用于那些不需要赋给稳定 IP 地址的客户机。

Dynamic Host Configuration Protocol（DHCP）：**动态主机配置协议**　一种基于 TCP/IP 的网络服务和应用层协议，支持 TCP/IP 地址租用和传输，以及与客户相关的配置信息（否则就需要这种信息的静态分配）。因此，DHCP 对于网络用户和管理员来说都是非常方便的。

Dynamic Host Configuration Protocol version 6（DHCPv6）：**动态主机配置协议第 6 版**　这个协议是针对 IPv6 的升级版本。DHCPv6 在客户机的网络（和其他）设置的配置参数的状态赋值中定义了服务器和客户的行为。DHCPv6 可以以无状态自动配置方式互操作。

dynamic port number：**动态端口号**　一种临时端口号，仅用于一个通信进程的。在连接被关闭并过去 4 分钟的等待时间之后，这些端口号将被清除。

dynamic port：**动态端口**　参见 temporary port。

dynamically assigned port address：**动态分配的端口地址**　一种临时分配的 TCP 或 UDP 端口号，它支持在客户机和服务器的连接保持活动期间，两者就可以使用这些端口互相交换数据。

E1　一种标准的欧洲数字通信服务，用于传输 30 个 64 Kbps 的数字语音或数据频道，以及 2 个 64 Kbps 的控制频道，是总带宽为 2.048 Mbps 的服务。作为 T1 服务的替代，E1 在北美以外地区已被广泛使用。

E3　一种标准的欧洲数字通信服务，用于传输 16 个 E1 频道，是总带宽为 34.368 Mbps 的服务。作为 T3 服务的替代，E3 在北美以外地区已被广泛使用。

Encapsulating Security Payload（ESP）：**封装安全载荷**　IPv6 数据包和（或）使用了扩展首部的安全协议里的首部。在 IPSec 里，ESP 提供加密服务。

encapsulation：**封装**　在当前层使用首部和（可选的）尾部把来自上层协议的数据括起来，以便标识发送方和接收方，可能时还包括数据完整性校验信息。

encapsulator：封装者 位于隧道发送端的结点，它负责把 IPv6 数据包封装到 IPv4 首部，然后在隧道上传输。

encryption：加密 通过应用秘密密钥，以可逆方式将数据变为不可理解的过程。

end-to-end connection：端到端连接 一种网络连接，在这种连接中，初始发送和接收 IP 地址可以不被修改，并且当此连接保持活动时，通信连接可以以各种方式从发送方到达接收方。

end-to-end minimum MTU size：端到端最小 MTU 长度 在互连网络中，可以从一个主机发送到另一个主机的最小数据长度。数据包可以分段，以满足端到端最小 MTU 长度的要求，或者用 PMTU 过程来确定最小长度。

end-to-end reliability：端到端的可靠性 一种由面向连接的服务提供、确保数据成功到达期望目的地的特性。

enterprise：企业 终端用户组织机构的 IT 环境，通常是一个商务环境。

error recovery：错误恢复 重新传输丢失或受损坏数据的过程。两个错误恢复的例子是：在重传定时器过期之前，立即丢失当前窗口大小，以及立即重新传输数据。

error-detection mechanism：错误检测机制 检测被破坏数据包的方法。CRC 过程是一种错误检测机制。

Ethernet：以太网 一种基于载波侦听、多路访问以及冲突检测的网络访问协议。

Ethernet collision fragments：以太网冲突碎片 当两个几乎同时发送的数据包发生冲突时网络上所产生的混乱数据流，它将导致信号杂乱。

Ethernet Ⅱ frame type：以太网Ⅱ帧类型 TCP/IP 通信的事实标准帧类型。

EUI-64 format：EUI-64 格式 一种 IEEE 转换格式，允许网卡烧录的 MAC 地址以特殊的方法进行填充，为每个网卡创建全局唯一的 48 位网卡标识符。

expired route entry：过期的路由项 一种被认为"太旧"、且不会再用于转发互连网络上数据的路由表项。过期的路由项可以在路由表中保留一小段时间，以期当另一台设备公告它时路由将再次变为合法。

Explicit Congestion Notification（ECN）：显式拥塞通知 用于通知下一跳设备网络链路正发生拥塞的方法，在当前传输速率下，数据包将被丢弃。

exploit：探测 一种文档化的系统入侵技术，它被公布后可以被其他人再次使用。

extended network prefix：扩展网络前缀 是 IP 地址的一部分，表示地址的网络部分之和，加上用作子网网络地址的位数。带有 3 位子网模式的 B 类地址可以有一个扩展网络前缀/19，即默认网络部分的 16 位，加上该地址子网部分的 3 位，相应的子网掩码为 255.255.254.0。

extension headers：扩展首部 对 IPv6 数据包，有一些可选的首部或容器，位于 IPv6 首部与上层首部之间，允许增加数据包所需的更多特性。

Exterior Gateway Protocol（EGP）：外部网关协议 用于在各个自治系统之间交换路由信息的路由协议。

external route entry：外部路由项 从其他区域接收到的路由项。

failure domain：故障区域 因某个部分发生故障而被中断的环境中的 IT 组件的集合。

firewalking 一种两阶段的探测方法，包括初始边界设备发现阶段，以及随后的反向过滤设备映射（通过诱发超时响应来实现）。

firewall：防火墙　一种网络边界设备，位于网络公共部分与私有部分之间，并提供各种屏蔽和检查服务，以确保只有安全、经授权的通信量从外部流向内部。

flow：流　（1）一组发起要求中间路由器进行特殊处理的数据包。（2）两个终端之间的对话，在这个流中的所有数据包，都具有相同的源地址和目的地址，以及相同的传输层首部。

flow label： IPv6 首部的一个组成部分，用于 QoS。

forwarding table：转发表　在链路-状态网络中用来做出转发决策的实际表。

fragment：分段　在 IP 组网术语中，分段就是一组较大数据的一部分，当网络所支持的最小 MTU 比初始数据包更小时，该组数据就需要被划分为多个分段进行传输。

Fragment Offset field：分段偏移量字段　定义当整个数据组被重新组合在一起时，应该把某个分段放在什么地方的字段。

fragmentable：可分段的　即能够被分段的。为了允许 IP 数据包在需要时被分段，数据包必须设置了可分段位。

fragmentation：分段　将数据包拆分成多个较小数据包的过程，以便使得数据包可以在支持比数据包发起链路更小的 MTU 的链路上进行传输。

frame：帧　ISO/OSI 参考模型中数据链路层上的基本 PDU。

Frame Check Sequence（FCS）：帧校验序列　一种用在 PPP 数据报尾部的位级完整性校验类型；FCS 的专用算法被归档在 RFC 1661 中。FCS 字段包含了 CRC 值。所有以太网和令牌环帧都有一个 FCS 字段。

fully qualified domain name（FQDN）：完整限定域名　域名的一种特殊形式，它以句点结束，指出域名层次结构的根。在 DNS A 和 PTR 资源记录中必须使用 FQDN。

gateway：网关　在 TCP/IP 环境中，术语"网关"指网络层转发设备，通常指路由器。默认网关指当主机没有通向目的地的专门路由时，主机把数据包发送到的路由器。

global Internet routing table：全局 Internet 路由表　非默认区域中所有 Internet 地址前缀的集合，这构成了公共 Internet。

hacker：黑客　利用计算机和通信知识探测设备的信息或功能的人。

half-open connections：半开连接　一个没有完成最后确认的 TCP 连接。这些半开的连接可能是 TCP SYN 攻击的一种表示。

handler：处理程序　DDoS 攻击中的管理器系统。处理程序是一个攻击者已经在其中放置了 DDoS 代码的受害主机。处理程序定位代理程序，向受害系统发起实际攻击。

handshake process：握手进程　在 TCP 对等方之间建立虚拟连接的过程。握手进程由三个用于建立起始序列号的数据包组成，每一个 TCP 对等方都将把这个序列号用于通信。TCP 对等方在握手进程中也将交换接收方的窗口大小和 MSS 值。

hardware address：硬件地址　网卡的地址。这种地址通常用作数据链路地址。

header：首部　PDU 的一部分，位于 PDU 实际内容之前，通常标识发送方和接收方、所用的协议，以及其他构建发送方和接收方上下文环境所必需的信息。

Hello process：Hello 过程　一种链路-状态路由器用于发现邻居路由器的过程。

High-level Data Link Control（HDLC）：高速数据链路控制　一种同步通信协议。

Historic Standard：历史标准　被更新版本所取代的 Internet RFC。

hole：漏洞　一种系统或软件的弱点，可以击败、绕过或忽视系统或软件安全设置和限制。

honeynet：蜜网　一种含有两个或多个蜜罐的网络，其计算机用于引诱、诱骗或诱陷可能的攻击者。

honeypot：蜜罐　一种计算机系统，用于引诱、诱骗或诱陷可能的攻击者，通常看上去像是大型网络的一部分（实际上它是独立且受防护的），且具有有价值或令人感兴趣的信息或资源。

hop：跳　数据从一个网络到另一个网络，通过某种网络设备的一次传输。路由器到路由器的传输通常称为跳。通常，跳数提供了发送方网络和接收方网络之间的距离的粗略测量。

host information（HINFO）record：主机信息记录　提供有关某个特殊主机信息的 DNS 资源记录，由其域名指定。

host portion：主机部分　IP 地址中最右边的几个位，分别用于标识超网、网络或子网中的主机。

host probe：主机探测　用于确定 IP 网络上哪些主机处于活动状态的侦察进程。通常 ping 进程用于执行主机探测。

host route：主机路由　一个带有 32 位子网掩码、设计用于到达特殊网络主机的路由表项。

host route entry：主机路由项　一个与期望目标所有 4 个字节都一致的路由表项。网络路由表项只匹配期望地址的网络位。

host-to-host：主机到主机　一种 IPv6-over-IPv4 的隧道配置，表示 IPv6 结点之间的虚拟端到端链路，可以跨越一个 IPv4 网络。

host-to-router and router-to-host：主机到路由器与路由器到主机　一种 IPv6-over-IPv4 的隧道配置，表示从 IPv6 起始结点开始，IPv6 数据流所经过的第一跳和最后一跳，通过在 IPv4 网络上路由，然后到达 IPv6 目的地结点。

ICMP Echo communication：ICMP 回响通信　一个 ICMP 过程，在互连网络上一台主机向另一台主机发送回响数据包。如果目的地主机是活动主机并且能够应答，那么它回送包含在 ICMP 回响数据包中的数据。

ICMP Echo Request and Reply packet：ICMP 回响请求与应答数据包　被发送到一个设备以测试连接性的数据包。如果接收设备起作用且可以应答，它应该回送包含在 ICMP 回响请求数据包数据部分的数据。实现在 ICMPv4 和 ICMPv6 中。

ICMP error messages：ICMP 错误消息　利用 ICMP 协议发送的错误消息。ICMPv4 和 ICMPv6 错误消息的例子有目的地不可达、超时和参数问题等。

ICMP query message：ICMP 查询消息　包含配置或其他信息请求的 ICMP 消息。ICMP 回响和路由器请求都是 ICMPv4 和 ICMPv6 查询消息的示例。

ICMP Router Discovery：ICMP 路由器发现　主机把 ICMP 路由器消息发送到所有路由器的多播地址的过程。支持 ICMP 路由器发现过程的本地路由器使用 ICMP 路由器公告单播消息来响应主机。该公告包含了路由器地址和路由器生存期等路由器信息。

ICMP Router Solicitation：ICMP 路由器请求　主机能够完成了解本地路由器的过程。ICMP 路由器请求消息被发送到所有路由器多播地址上。

IEEE 802：1980 年由 IEEE 制定的方案，内容覆盖了一般意义下组网技术中的物理层和数据链路层（802.1 和 802.0），同时也给出了专门的组网技术，例如以太网（802.3）。

incremental zone transfer：增量区域传送　一种 DNS 查询。只有当主服务器上的数据发生改变时，才按主 DNS 服务器到一个或多个从 DNS 服务器进行更新。

Information Technology Infrastructure Library（ITIL）：信息技术基础设施库　用于执行 IT 服务管理的标准，按域进行组织，包括事件、事故、问题和更改等。

informational/supervisory format：信息/管理的格式　由 LLC 数据包使用的一种面向连接的格式。

Institute for Electrical and Electronic Engineer（IEEE）：美国电气和电子工程师协会　一个国际组织，为电气和电子设备（包括网络接口和通信技术）制定标准。

inter-autonomous system routing：自治系统间的路由　一个用于 BGP 的术语，指在自治系统间提供路由的能力。

inter-domain routing protocols：域间路由协议　用于在独立自治系统之间交换信息的路由协议。

interface identifier：接口标识符　在 IPv6 地址中，单播和任播地址保留有一些低位串，用于唯一标识特定接口，这种唯一性可以是全局唯一的，或者（至少）是本地唯一的。

Interior Gateway Protocols（IGP）：内部网关协议　用于在自治系统内部交换信息的路由协议。

internal route entry：内部路由项　从与计算设备处于同一区域的地方得到的路由项。

International Organization for Standardization（ISO）：国际标准化组织　一个国际标准组织，设在瑞士日内瓦，为信息技术和组网设备、协议以及通信技术制定标准。

International Organization for Standardization Open Systems Interconnection：国际标准化组织开放系统互连　参见 International Organization for Standardization 和 Open Systems Interconnection。

Internet Architecture Board（IAB）：互联网架构委员会　互联网协会中的一个组织，管理 IETF 和 IRTF 的活动，并对互联网标准拥有最终核准权。

Internet Assigned Numbers Authority（IANA）：Internet 编号分配机构　ISOC 的一个组织，最早负责注册域名和分配公共 IP 地址。这项工作现在由 ICANN 负责。

Internet Control Message Protocol（ICMP）：Internet 控制消息协议　TCP/IP 协议族中的一个关键协议，提供错误消息，以及查询其他设备的能力。IP ping 和 Traceroute 工具使用了 ICMPv4 和 ICMPv6。

Internet Corporation for Assigned Names and Numbers（ICANN）：互联网名称与数字地址分配机构　互联网协会中的一个组织，负责全球互联网的域名和数字 IP 地址的合理分配。ICANN 先后与多个称之为域名注册机构的私人公司合作管理域名，与 ISP 合作管理数字 IP 地址的分配。

Internet Engineering Task Force（IETF）：互联网工程任务组　互联网协会中的一个组织，负责所有当前在用的互联网标准、协议和服务；并负责管理 RFC 的开发和维护。

Internet Group Management Protocol（IGMP）：Internet 组管理协议　一种支持多播组构成的协议。主机利用 IGMP 加入或离开多播组。路由器跟踪 IGMP 成员，并且只有在那些拥有活动成员的多播组的链路上，才转发多播。

Internet Protocol（IP）：网际协议 TCP/IP 协议族中主要的网络层协议，IP 管理路由，负责基于 TCP/IP 协议的网络上的数据传送。

Internet Protocol Control Protocol（IPCP）：IP 控制协议 一种特殊的 TCP/IP 网络控制协议，用于建立并管理网络层上的 IP 链路。

Internet Protocol version 4（IPv4）：Internet 协议第 4 版 IP 的最初版本，尽管现在 IPv6 已给出了完整描述，并且正在全球部署和使用，IPv4 仍然在广泛使用中。

Internet Protocol version 6（IPv6）：Internet 协议第 6 版 IP 的最新版本，正在全球部署和使用（IPv4 仍是占主流的 TCP/IP 协议，但慢慢会被 IPv6 取代）。

Internet Research Task Force（IRTF）：互联网研究任务组 互联网协会中进行前瞻性研究和开发的部门，IRTF 归 IAB 管理，接受 IAB 的指导和管理。

Internet Service Provider（ISP）：Internet 服务提供商 一个把为个人或组织提供 Internet 访问作为主要业务的组织。目前，ISP 是为大多数组织寻求 Internet 访问提供公共 IP 地址的源头。

Internet Society（ISOC）：国际互联网协会 一个上级组织，其他互联网管理机构都是它的下级组织，ISOC 是一个面向用户的、访问公开的组织，它请求终端用户加入并帮助建立未来的网络策略和方向。

Internet Standard：Internet 标准 一种 RFC 文档，描述当前 Internet 协议或服务的规则、结构和行为。

internetwork：互连网络 从字面上说，就是"网络的网络"，把它看作是多个相互连接的物理网络的集合，就更好理解。这些网络在一起工作，就像是单个逻辑网络一样（其中 Internet 是这样第一个主要示例）。

interoperability：互操作性 两种不同技术相互作用的能力。

intra-autonomous system routing：自治系统内路由 用于 BGP 的一个术语，指在自治系统内提供路由的能力。

intra-domain routing protocols：域内路由协议 用于在一个自治系统内交换路由信息的路由协议。

Intra-Site Automatic Tunnel Addressing Protocol（ISATAP）：站内自动隧道寻址协议 一种 IPv4-to-IPv6 机制，允许双重栈网络结点使用隧道技术，跨越 IPv4 网络（原文误为 IPv6 网络——译注）发送 IPv6 数据包。

intrusion detection system（IDS）：入侵检测系统 一个有着特殊用途的软件系统，它检查网络数据流的入站模式，寻找即将发生攻击或正在攻击的迹象。大多数 IDS 可以阻止非法入侵企图并试图识别攻击者的身份。

inverse DNS query：反向 DNS 查询 一种 DNS 查询，用于把 IP 地址转换为相应的域名。反向 DNS 查询通常用于双重检测用户身份，以确保它们表示的域名与它们的数据包首部里的 IP 地址一致。参见 IP spoofing。

inverse mapping：反向映射 通过探测已知的未用地址，来识别位于过滤设备后面的活动网络主机（映射内部网络布局）的过程。

IP address parser：IP 地址解析器 一种验证某个字符串是否为一个 IP 地址的方法，如果是一个 IP 地址，那么就确定是 IPv4 地址还是 IPv6 地址。

IP address scanning：IP 地址扫描　黑客通常使用这种方法，向某个 IP 地址范围内的每一台主机发送 ping 数据包（ICMP 回响请求数据包），以便得到该地址范围内一系列活动主机。然后对 ping 数据包进行了响应的所有设备做进一步探查，以便确定它们是否是有效攻击目标。

IP gateway：IP 网关　用于路由器的 TCP/IP 术语，该路由器提供对本地子网网络地址之外的资源访问（默认网关是客户机 TCP/IP 配置项的名称，该配置项用于标识客户端向本地子网之外发送数据必须使用的路由器）。

IP renumbering：IP 重新编号　由于 ISP 中发生了变化或地址进行了重新分配，使用一组数字 IP 地址取代另一组数字 IP 地址的过程。

IP Security（IPSec）：IP 安全　一种安全规范，支持各种形式的加密和认证，以及支持密钥管理和相关支撑功能。

IP service attack：IP 服务攻击　一种系统攻击，主要是运用一个或多个特定 IP 服务的已知特性或漏洞，或出于自身邪恶目的而利用与这些服务关联的公认端口地址发起。

IP spoofing：IP 欺骗　一种编程人员构造表达域名凭据的 IP 数据包的技巧，该凭据不同于该数据包首部中的 IP 地址。IP 欺骗通常用于非法网络入侵，或者是假冒用户或数据包来源。

ipconfig　一种命令行实用程序，用于确定本地主机数据链路地址和 IP 地址。

ipv6-literal.net name：IPv6 地址的名称，用于计算机上那些不认识 IPv6 地址语法的服务。又称为 IPv6 文字。

IPv6-over-IPv4 tunneling：IPv6-over-IPv4 隧道技术　一种传输机制，其中，网络设备生成 IPv6 数据包，并把该数据包封装在 IPv4 首部，在 IPv4 网络上传输。

ISO/OSI network reference model：ISO/OSI 网络参考模型　七层网络参考模型的正式名称，用于描述网络如何工作和运转。

iterative query：迭代查询　一个 DNS 查询，针对某个特定 DNS 服务器，并以即将回应的任何应答终止，不论这个应答是确定性回答、错误的消息、空（没有信息）响应、还是指向另一个域名服务器的指针。

jumbograms：超大包　对允许使用 IPv6 传输超大（大于 4G 字节）数据包的规范说明。仅仅用在特殊环境下，例如大型主干路由上。

jump box：跳转盒　一种堡垒主机类型，通常是一个终端服务器或代理服务器，即使是实际上没有直接的网络连接（意味着一个网络没有到另一个网络的路由），也允许管理员访问另一个网络中的系统。

keep-alive process：保持活动进程　维护空闲连接的进程。如果进行了这样的配置，TCP连接可以通过 TCP 保持活动的数据包来保持活动状态。如果应用层协议提供保持活动的过程，那么 TCP 层就不应该执行保持活动的过程。

layer：层　网络模型中处理网络访问或通信某个特定方面的单一部件或层面。

layer 3 switch：第 3 层交换机　一种把集线器、路由器和网络管理功能结合在一个箱子里的网络设备。第 3 层交换机可以在单个设备里创建并管理多个虚拟子网，同时对连接到该设备上的成对设备之间的独立连接提供极高的带宽。

lease expiration time：租用到期时间　租用时间的终止。如果 DHCP 客户机不通过租用到期时间刷新或重新绑定它的地址，它必须释放该地址并重新初始化。

lease time：租用时间　DHCP 客户机可以使用分配给它的 DHCP 地址的时间。

lifetime value：生存期值　数据包可以在网络中保留的时间。当数据包的生存期到期，路由器将丢弃这些数据包。

limited traffic flow confidentiality：有限通信流机密性　在 IPSec 中，一种通过隐藏通信者之间的路径、频率、信源、信宿和通信量而抵御通信量分析的能力。

Link Control Protocol（LCP）：链路控制协议　一种特殊的连接协商协议，PPP 利用它为即将进行的通信在通信双方之间建立点到点链路。

link MTU：链路 MTU　某个路径 MTU 中特定链路的 MTU 容量。最小的链路 MTU 决定了路径中 IPv6 数据包的 MTU。

link-local address：本地地址链路　只用于本地网络的单个网络段上的寻址模式。

Link-Local Multicast Name Resolution（LLMNR）：本地链路多播名称解析　一种在本地网络上为 IPv4 和 IPv6 Windows 计算机提供名称解析服务的协议。

link-state protocol：链路-状态协议　参见 link-state routing protocol。

link-state advertisement（LSA）：链路-状态公告　一个包含路由器、它的邻居和相连网络信息的数据包。

link-state routing protocol：链路-状态路由协议　一种路由协议，基于常见网络拓扑的链路-状态图。链路-状态路由器可以根据带宽、延时或与一个或更多对它们可用的连接关联的其他路径特征标识最佳路径。OSPF 是链路-状态路由协议。

local area network（LAN）：局域网　一个单一网段、子网或逻辑网络实体，它代表了能够或多或少地直接相互通信（使用 MAC 地址）的机器集合。

logical connection：逻辑连接　主机之间的虚拟连接，有时称为电路。TCP 握手用于在 TCP 对等方之间建立逻辑连接。

Logical Link Control（LLC）：逻辑链路控制　由 IEEE 802.2 规范定义的协议确定的数据链路规范。LLC 层直接驻留在媒体访问控制层之上。

loopback address：回送地址　一个直接指回到发送方的地址。在 IPv4 中，A 类域 127.0.0.0（或特殊机器地址 127.0.0.1）预留用于回送。在 IPv6 中，有一个单一的回送地址，写为 "::1"（除了最后一位为 1 之外，其他位全是 0）。通过把数据流向下传递给 TCP/IP 栈，之后数据流再传回，回送地址可以用于测试计算机的 TCP/IP 软件。

lost segment：丢失段　TCP 数据中没有到达目的地的部分。在检测丢失的段时，TCP 发送方必须把阻塞窗口降低到以前窗口大小的一半。丢失的段假定是由网络阻塞造成的。

mail exchange（MX）record：邮件交换记录　一种 DNS 资源记录，用于标识处理任何特殊域或子域的电子邮件服务器的域名，或当电子邮件在从发送方到接收方的传输过程中，用于将电子邮件数据流从一台电子邮件服务器路由到另一台电子邮件服务器上。

malicious code：恶意代码　怀有伤害、危害或破坏主机运行目的而编写的程序。

malware：恶意软件　恶意代码的同义词，标识一大类的程序，这些程序以怀有伤害、危害或破坏主机运行目的而编写。

man-in-the-middle（MITM）attack：中间人攻击　一种系统或网络攻击，攻击系统将自身插入到目标网络与目标网络路由链中下一个正常链路之间。

manual address lease：手动地址租用　一种 DHCP 地址租用类型，其中管理员承担地址分配的所有责任，DHCP 仅仅用作存放这些分配数据以及相关 TCP/IP 配置数据的存储库。

master router：主路由器　在链路-状态路由中，一种将链路-状态数据库的视图分布给从路由器的路由器。

master server：主服务器　参见 primary DNS server。

Maximum Segment Size（MSS）：最大段的大小　可以适合 TCP 首部后的 TCP 数据包的数据的最大数量。每个 TCP 对等体在握手处理期间共享 MSS。

maximum transmission unit（MTU）：最大传输单元　能够跨越任何特定类型网络介质而传输的最大单个数据块（例如，传统以太网的 MTU 是 1518 个字节）。

Media Access Control（MAC）address：媒体访问控制地址　一种由数据链接层处理的特殊网络地址，通常以网卡为基础进行预分配，该地址唯一地标识任何网络段上（或虚拟传真机）的每一个网卡。

Media Access Control（MAC） layer：媒体访问控制层　是数据链路层的子层。该层是媒体访问控制定义的一部分，其中运用网络访问方法，例如以太网和令牌环。

media flow control：介质流控制　管理在本地网络介质上两个设备之间的数据传输速率，以便确保在来自发送方的新输入到达之前接收方能够接收和处理输入。

merger and acquisition （M&A）：并购与获得　公司采取的动作，购买另一个公司的资产或组合它们的资产，这往往包括组合所有 IT 环境作为成本节约的一种方法。

message：消息　数据包中含有清晰边界和命令信息的数据。

Message Type：消息类型　一个必需选项，表示 DHCP 数据包的用途，8 种消息类型为：Discover（发现）、Offer（提供）、Request（请求）、Decline（拒绝）、Acknowledge（确认）、Negative Acknowledge（NAK，否认）、Release（释放）和 Inform（通知）。

metrics：测量标准　基于距离（跳数）、时间（秒）或其他值的测量标准。

millisecond：毫秒　一千分之一秒。

multicast address：多播地址　一个地址块中的其中一个地址，保留用于发送同一个消息到多个接口或结点。感兴趣的团体成员订购多播地址，以便接收路由器更新、流数据（视频、语音、远程会议）等。在 IPv4 中，D 类地址块保留为多播。在 IPv6 中，所有的多播地址都以 0xFF 开始。ICANN 在 IANA 的帮助下管理所有这些地址调整工作。

multicast packet：多播数据包　一种发送到一组设备（例如一组路由器）的数据包。

multihomed：多宿主　包含多个能够连接到多个子网的网卡。

multiplexing：多路复用　将来自应用层的多个独立数据流结合在一起，通过 IP 协议使用特定 TCP/IP 传输协议发送结合后的数据流的过程。

Nagle algorithm：Nagle 算法　一种当小数据包被发送但还没有得到确认、并且也没有更多数据包将被发送时启用的一种方法。Nagle 算法与支持大量小数据包的网络相关，这些网络有与支持交互式应用（例如 Telnet）而产生大量小数据包。

name query：名称查询　一种反向 DNS 查询，试图获得数字 IP 地址对应的域名。

name resolution process：域名解析过程　根据符号名获得 IP 地址的过程。DNS 就是一种域名解析过程。

name resolution：域名解析 参见 domain name resolution。

name resolution protocols：名称解析协议 在网络环境中，负责管理为名称解析系统提供手动和自动使用规则与约定的过程。

name resolver：域名解析器 一种客户端软件组件，通常是 TCP/IP 栈实现的一部分，负责为应用程序发布 DNS 查询，并转发返回那些应用程序的任何响应。

name server（NS）record：名称服务器记录 DNS 资源记录，确定对某些特殊域或子域具有授权的名称服务器。通常在域名层次结构中用作委托 DNS 子域向下授权的机制。

negative caching：负缓存 一种在本地高速缓存器中存储报错消息的技术，使得重复之前产生报错消息的查询更迅速地得到满意结果，反之，查询被转发到其他 DNS 名称服务器就没有这么迅速。

Neighbor Advertisement（NA）：邻居公告 结点发送一个邻居公告（其中包括它的 IPv6 地址和它的链路层地址，以维护本地地址和在线状态的信息）。

Neighbor Discovery（ND）：邻居发现 IPv6 中的一个协议，允许本地链接上的结点和路由器保持更新它们网络连接性或状态中任何最近的修改。

neighbor router：邻居路由器 在链路-状态网络上，邻居路由器被连接到相同网段上。

Neighbor Solicitation（NS）：邻居恳求 结点可以发送邻居恳求以查找（或验证）本地结点的链路层地址，检查哪个结点是否仍可用，或检测它本身的地址是否未被其他结点使用。

nested hybrid model：嵌套混合模式 一种虚拟网络基础设施，描述了支持 IPv6 的网络被嵌套在更大的核心 IPv4 网络中，并可以使用隧道技术，在 IPv4 LAN 之中或之外，与其他 IPv6 网络通信。

network address：网络地址 由地址网络前缀组成的一部分 IP 地址；扩展网络前缀还包括任何子网划分位。属于扩展网络前缀的所有位，在网络的相应子网掩码中显示为 1。

Network Address Translation（NAT）：网络地址转换 一种在路由器中修改 IP 地址信息，把在 Internet 上使用的公共 IP 地址，转换为在内部网络中使用的专用地址。

network analysis：网络分析 表示协议分析的另一个术语。

network congestion：网络拥塞 表示的是当传送数据包的时间（也称为网络延迟）超出正常界限时的一种状态。导致拥塞的原因有多种，包括网络链路问题，主机或路由器过载，或者是非正常的过重网络使用。数据包丢失是网络拥塞的一个特征。

Network Control Protocol（NCP）：网络控制协议 一组 TCP/IP 网络层协议，用于建立和管理在网络层（TCP/IP 的 Internet 层）构造的协议链路。

Network File System（NFS）：网络文件系统 一种基于 TCP/IP、分布式网络的文件系统，允许用户把网络上其他地方的机器中的文件和目录，视作为他们本地桌面文件系统的扩展。

network interface card（NIC）：网卡 一种硬件设备，用于把计算机连接到局域网上、并与局域网通信。

Network layer：网络层 ISO/OSI 网络参考模型的第 3 层。网络层通过把机器所用的、人类可阅读的名称与唯一的、机器可阅读的数字地址关联，处理与网络上单个机器相关的逻辑地址。当源主机和目的地主机没有位于同一个物理网络段时，它就利用地址信息来确定如何将 PDU 从发送方路由到接收方。

Network Layer Reachability Information（NLRI）：网络层可达性信息　有关网络和路由可用的信息，其中路由协议负责收集、管理这些信息，并向路由器或使用这种路由协议的其他设备发布这些信息。

network portion：网络部分　数字 IP 地址最左边的八位字节或位。IP 地址的网络部分标识该地址的网络和子网部分。赋给前缀数量的值标识了任何 IP 地址网络部分的位数（例如，10.0.0.0/8 表示地址的前 8 位是公共 A 类 IP 地址的网络部分）。

network prefix：网络前缀　对应于地址网络部分的 IP 地址部分。例如，B 类地址的网络前缀是/16（即前 16 位表示地址的网络部分，且 255.255.0.0 是对应的默认子网掩码）。

network reference model：网络参考模型　参见 ISO/OSI network reference model。

network route entry：网络路由项　为具体网络提供下一次跳路由器的路由表项。

Network Service Access Point（NSAP）：网络服务访问点　这是一种分层地址模式，用于实现开放系统互连（OSI）的网络层寻址，是 OSI 模型的网络层与传输层之间的一个逻辑点。

network services：网络服务　一个表示协议/服务组合的 TCP/IP 术语。网络服务运行在 TCP/IP 网络模型的应用层中。

Network Time Protocol（NTP）：网络时间协议　在 RFC 1305 中定义的一个时间同步协议。NTP 提供了在大型、异构、运行速度变化很大的 Internet 上同步和协调时间的机制。

next-hop router：下一跳路由器　为本地路由器，用于将数据包沿着它的传输路径路由到下一个网络。

nmap　一种端口扫描器，主要是基于 UNIX 或 Linux 的。nmap 应该成为任何 IP 管理员的攻击工具箱的一部分。

nonauthoritative response：非授权响应　来自 DNS 服务器的名称、地址或 RR 信息，是未经被查询 DNS 区域授权的（这类响应来自这类服务器的高速缓存中）。

nonrecursive query：非递归查询　参见 iterative query。

nslookup　一个支持 DNS 查找和报表功能、被广泛实现的命令行程序。这个命令名称中的"ns"代表"name server"（名称服务器），因此可以合理地把这个命令当作通用域名服务器查找工具。

numeric address：数字地址　参见 numeric IP address。

numeric IP address：数字 IP 地址　使用点分十进制表示法或二进制表示法表示的 IP 地址。

octet：八字节　用于表示 8 位数的 TCP/IP 术语；数字 IPv4 地址是由 4 个八字节组成的。

On-Demand Routing（ODR）：按需路由　一个为放射状网络提供 IP 路由的低系统开销的功能。每个路由器仅仅对数据通过该路由器的主机维护并更新其路由表登记项，这样就降低了存储和带宽的要求。

on-link route：在线路由　通常，路由是网络结点用来与同一物理或虚拟子网上的另一个网络结点进行通信的。

Open Shortest Path First（OSPF）：开放式最短路径优先　一个复杂的第 3 层或 TCP/IP 网际层路由协议，它利用链路-状态信息为本地互联网构建路由拓扑结构，并实行负载平衡。

Open Systems Interconnection（OSI）：开放系统互连　最初于 20 世纪 80 年代制定的开放式标准互连网络的名字，主要在欧洲使用，最初的目的是打算取代 TCP/IP。技术和政治问题阻止了把设计变为实现，但 ISO/OSI 参考模型作为这一努力地成果被保留了下来。

optimal route：最佳路由　可能的最优路由。通常，路由协议用于交换路由距离信息，以确定可能的最优路由。最佳路由被定义为最快、最可靠、最安全的路由，或通过其他测量方法得到的最好路由。当不使用 TOS 时，最佳路由是最接近（根据跳数）或最大吞吐量的路由。

optimistic security model：乐观安全模型　TCP/IP 安全的原始基础，这个模型认为在正常网络通信中几乎不实施或根本不实施安全措施也是安全的。

organizationally unique identifier（OUI）：组织机构的唯一标识符　由 IANA 或 ICANN 赋予的唯一标识符，用作网卡的 MAC 层地址的前 3 个字节，以标识其制造者或制造商。

out-of-order packets：乱序数据包　没有按序列号确定的顺序抵达的数据包。当 TCP 主机接收到乱序数据包时，该主机发送重复的应答（ACK），表明数据包是以乱序方式到达的。

overhead：系统开销　将数据从一个位置移动到另一个位置所需要的非数据位或字节。数据链路首部就是将 IP 数据包在网络上从一个设备移动到另一个设备的系统开销。IP 首部是通过互连网络移动数据包的额外系统开销。理想情况下，带宽、吞吐量和处理能力应该用于移动大量的数据字节——而不是大量的系统开销字节。

oversized packets：过大数据包　超过网络 MTU 大小的数据包，通常表示网卡或其驱动程序软件发生了问题。

packet：数据包　用于表示网络模型中任何层的 PDU 的通用术语，这个术语最适宜称呼第 3 层或 TCP/IP 网际层中的 PDU。

packet filter：包过滤器　应用于网络数据包流的一组特殊的包含和排除规则，从而确定从原始输入流中捕获（以及忽略）什么样的数据包。

packet header：数据包首部　参见 header。

packet priority：数据包优先级　定义数据包通过路由器队列时应该以什么顺序进行 处理的 TOS 优先权。

packet sniffing：数据包嗅探　利用协议分析器解码并检查 IP 数据包内容，试图识别敏感信息的技术。敏感信息包括用于随后企图非法入侵或用于其他恶意目的的账户和密码。

packet snooping　参见 packet sniffing。

packet trailer：数据包尾部　参见 trailer。

packet-switched network：分组交换网络　数据包可以采用发送方和接收方之间任何可用路径的网络，这里，发送方和接收方被唯一的网络地址标识，而且不要求所有数据包沿着同一条路径传输（尽管它们经常这样传输）。

pad：填充　放置在 Ethernet 数据字段末尾的字节，以满足最小字段长度为 64 个字节的要求。这些字节没有任何意义，并且当该数据包被处理时，入站数据链路驱动程序会把它丢弃掉。

pass-through autonomous system routing：直通自治系统路由　用在 BGP 路由中的一个术语，这种路由技术用于跨越非 BGP 网络来共享 BGP 路由信息。

path：路径　数据包通过互连网络时可以采用的路由。

path discovery：路径发现　获知通过网络的可能路由的过程。

Path MTU（PMTU）：路径 MTU　整个路径都能支持的 MTU 长度；整个路径的 MTU 的最小公分母。

Path MTU（PMTU）Discovery：路径 MTU 发现　一种由 IPv6 结点使用的技术，用于确定从源地址到目的地址的建议网络路径上所能传输的数据包的大小。

pathping　一个 Windows 实用程序，用于测试路由器和路径延迟以及连通性。

payload：有效载荷　PDU 的一部分内容，含有准备传递给应用或更高层协议的信息（取决于 PDU 在栈中所处的位置）。

pcap　是 "protocol capture（协议捕获）" 的缩写。pcap 是一个描述特殊网络接口驱动程序的通用术语。这种驱动允许在混杂模式下捕获所有网络通信流。尽管其起源与开源命令行协议分析器 tcpdump 有关，但是，在今天，pcap 已被广泛用于协议分析器，包括本书所介绍的 Wireshark 协议分析器。

peer layer：对等层　发送方和接收方的协议栈中的对应分层，接收层的操作与发送层的操作正好相反（这也是将这些分层称作对等层的原因）。

Peer Name Resolution Protocol（PNRP）：对等体名称解析协议　一种用于点到点网络环境的名称解析协议，可以提供安全和可扩展的解析服务。

per-domain behavior（PDB）：逐域行为　在差分服务中，是一类可用服务级别的描述符，或者说，是一种描述提供这种差分服务级别的实体的方法，这里，"域" 服务在指定的整个域中提供服务，并在域的边界处发生变化。逐域行为在指定域跨越所有跳都可用。

per-hop behavior（PHB）：逐跳行为　在差分服务中，是一类可用服务级别的描述符，或是一种描述提供这种差分服务级别的实体的方法。

personnel security：人员安全　安全的一个方面，重点是向用户灌输安全意识，并就安全策略、过程以及实践对用户进行适宜的培训。

pessimistic security model：悲观安全模型　一种系统和网络安全的模型，它认为必须实施强制安全措施，因此所有用户对所有资源的默认访问都应该被拒绝，并且仅仅以个案为基础允许具有合法需求的用户访问那些资源。

Physical layer：物理层　ISO/OSI 网络参考模型中的第 1 层，在物理层中处理连接、通信和接口（硬件和信号请求）。

physical numeric address：物理数字地址　表示 MAC 层地址（或 MAC 地址）的另一个术语。

physical security：物理安全　安全的一个方面，它将重点放在限制对系统和网络部件的物理访问，以便阻止非授权用户试图直接攻击这些部件。由于松懈的物理安全很容易导致受到伤害，因此实施坚固的物理安全总是很好的观念。

PING sweep：PING 清理　一个基于 ICMP 回响的操作，用于定位网络上的活动设备。术语 "清理" 是指对活动设备测试 IP 地址整个范围的过程。

plain text password：明文口令 以明文 ASCII 文本在网络上传输的口令。

pointer（PTR） record：指针记录 DNS 资源记录，用于反向查找，将数字 IP 地址映射成域名。

point-to-point：点到点 一种数据链路层连接，其中链路正好在两个通信方之间建立，从而使得链路从一方（发送方）延伸到另一方（接收方）。

Point-to-Point Protocol（PPP）：点到点协议 第 2 层或 TCP/IP 网络层协议，允许客户端和服务器创建一条通信链路，这条链路可以容纳各种更高层的协议，包括 IP、AppleTalk、SNA、IPX/SPX 和 NetBEUI。它是现今使用最广泛的串行线路协议（用于创建 Internet 连接）。

Point-to-Point Protocol over Ethernet（PPPoE）：以太网点到点协议 一种被很多互联网服务提供商（包括电信公司和有线电视运营商）用来认证和管理宽带用户的协议。

point-to-point transmission：点到点传输 一种网络通信类型，其中成对的设备通过创建通信链路来互相交换数据。当与互联网服务提供商进行通信时，这是最常用的连接类型。

Point-to-Point Tunneling Protocol（PPTP）：点对点隧道协议 一个第 2 层或 TCP/IP 网络接口层协议，它允许客户机和服务器创建安全、加密的通信链路，只能用于传输 PPP 数据流。

poison reverse：毒性反转 用于使得某个路由器对特定路径不再需要的过程。这个过程是消除路由回路的方法之一。

port number：端口号 一个 16 位的数值，用于确定公认应用服务，或是一个动态分配的端口号，用于发送方-接收方通过 TCP 或 UDP 短时间进行数据交换。

port scanner：端口扫描器 一种专用软件工具，用于循环遍历容易存在漏洞的已知 TCP 和 UDP 端口，或者循环遍历所有可能的 TCP 和 UDP 端口地址，寻找开放端口，随后可以通过这些端口来探查或探测脆弱性。

positive response：肯定响应 数据已收到的肯定确认。设置了 ACK 标志的 TCP 首部指明确认号字段有效，并提供来自 TCP 通信对方的下一个预期序列号。

Potential Router List（PRL）：潜在路由器列表 ISATAP 结点用来维护路由和路由器当前列表的一种方法（因为 ISATAP 禁止使用自动路由器发现）。

preamble：前同步码 出现在所有以太网数据包之前的一连串起始值。被出站网卡放置在帧之前，并被入站网卡删除，前同步码用作一种定时机制，使得接收 IP 主机能够将位适宜地识别出来并解释为 1 或 0。

precedence：优先级 IP 数据包优先权的一个定义。当路由器队列被堵塞时，路由器可以在较低优先权的数据包之前优先处理较高优先权的数据包。

preferred address：首选地址 DHCP 客户机从前一个网络会话中记取的地址。大多数 DHCP 客户机实现维护一张它们最近使用 IP 地址的列表，并指明最近使用过的优先级。在 IPv6 里，术语"首选地址"是指这样一个地址，在与同一个网卡关联的多个地址中，高级协议对首选地址的使用没有限制。

pre-filter：预过滤器 一种数据过滤器，在协议分析器中作用于原始输入流上，其中协议分析器仅仅选取满足捕获和保留条件的数据包。由于这种过滤器应用在捕获数据之前，所以称为预过滤器。

Presentation layer：表示层   ISO/OSI 参考模型中的第 6 层，对于入站数据来说，表示层是将通用网络数据格式变换为平台专用数据格式的地方，对于出站数据来说，表示层执行相反的操作。这也是应用可选加密或压缩服务的层（或应用可选解密和解压缩服务的层）。

primary DNS server：主 DNS 服务器   域名服务器，它是某个特定域或子域的权威，并且主管该域或子域的 DNS 数据库段（以及相关的区域文件）。

primary master：主服务器   参见 primary DNS server。

private IP address：专用 IP 地址   IANA 保留用于专门用途的任何 A、B 和 C 类 IP 地址，这些地址文档记录在 RFC 1918 中，并打算在组织内不受控制的专用目的。由于不能保证这类地址是唯一的，所以专用 IP 地址不能在 Internet 上路由。

process layer：处理层   TCP/IP 应用层的同义词，这里运行高级协议和服务，例如 FTP 和 Telnet 操作。

promiscuous mode operation：混杂模式操作   用于捕获广播数据包、多播数据包、发送到其他设备的数据包，以及错误数据包的网卡和驱动程序操作。

Proposed Standard：建议标准   RFC 标准等级中的一个中间等级，这里草案标准通过了初始审查，而且构建了两个或更多参考实现，以便验证实现之间的互操作性。

protection against replays：反重放保护   一种区分来自可靠来源“直播”数据流与伪装为可信通信的此类数据流副本的能力。反重放保护通常基于数据包顺序编号和校验实现。

protocol：协议   一组控制网络上计算机之间通信的精确标准。许多协议在 OSI 参考模型中的一层或多层发挥作用。

protocol analysis：协议分析   为了收集通信统计信息、观察趋势，以及检查通信序列而从网络上捕获数据包的过程。

protocol data unit（PDU）：协议数据单元   在组网模型的任何一层中，PDU 都表示该层数据的打包，其中包括一个首部和一个有效载荷，某些情况下还包括一个尾部。

protocol identification（PID）：协议标识符   当任何单个协议携带多种协议（像 PPP 在数据链路层所做的那样）穿越单个连接时所必需的一种数据报服务；传输多个协议时，就需要数据服务；PID 允许独立的数据报载荷被其包含的协议类型所标识。

protocol identification field：协议标识符字段   一个包含在大多数首部、用于标识所用协议的字段。以太网首部的 PID 是类型（Type）字段。IP 头的 PID 是协议（Protocol）字段。

protocol number：协议号   与某个具体 TCP/IP 协议相关联的 8 位数值标识符。

protocol stack：协议堆栈   计算机上协议族的具体实现，包括网络接口、必要的驱动程序，以及使得计算机使用特定协议族进行网络通信所必须具备的所有协议和服务的实现。

protocol suite：协议族   一个命名的组网协议系列，例如 TCP/IP、IPX/SPX 或 NetBEUI，其中每一个协议系列都使得计算机能够跨网络进行通信。

proxy ARP：代理 ARP   响应另一个网络上 IP 主机的 ARP 请求的进程。代理 ARP 网络配置有效地隐藏了子网的单个 IP 主机。

proxy server：代理服务器   一种特殊的网络边界服务，它将自己插入在内部网络地址和外部网络地址之间。对于内部客户机来说，代理服务器代表客户机连接外部资源，并提供了地址伪装。对于外部客户机来说，代理服务器向公共 Internet 展示了内部资源，就像这些资源放在代理服务器上那样。

pseudo-header：伪首部　一个用于计算检验和的虚拟首部结构。UDP 和 TCP 检验和是基于伪首部值的。

public IP address：公用 IP 地址　分配给某个特定组织专用的任何 TCP/IP 地址，这种地址或者由 IANA 或 ICANN 分配，或者由 ISP 分配给它的某个客户。

Quality of Service（QoS）：服务质量　一种与应用层协议相关的特殊级别的服务保证，这里，对数据时间敏感的需求（例如语音或视频）要求延迟被控制在能够交付者可观看和可收听数据流的确定范围内。

reachability：可达性　在成对的主机之间至少找到一条传输路径，从而使它们能够跨越互连网络交换数据报的能力。

reassembly：重组　在传输层应用的过程，这里，被拆分为多个数据块以用于网络传输的消息，按适宜的顺序组装在一起，以便交付给接收端的应用程序。IP 分段偏移量（Fragment offset）字段用于标识数据分段的重组顺序。

rebinding process：重新绑定过程　通过使用广播与任一 DHCP 服务器联系，以获得地址更新的过程。

reconnaissance process：侦探过程　获取网络或主机各种特性的过程。通常情况下，侦探发送在网络攻击之前。

recursive query：递归查询　一种持续进行、直到得到确定性答案的 DNS 查询，其答案可以是名称-地址转换、所请求资源记录的内容，或某种类型的错误消息。客户端向其指定域名服务器发出递归查询，而服务器向其他域名服务器发出迭代查询，直到原始的递归查询被解析出来为止。

redirect：重定向　指出另一条路径。利用 ICMP，路由器可以把主机重定向到另一个更理想的路由器。

Redirect：重定向消息　一种由路由器发出的消息或公告，告知发送结点，有更好的第一跳路由器来访问目的地结点，或告知发送结点，目的地结点是在线的（尽管网络前缀不同）。

registered port：注册端口号　TCP 或 UDP 端口号，范围为 1024～65 535，并与具体应用层协议或服务相关。IANA 在 http://www.iana.org 上维护了一个注册端口号列表。

Registry setting：注册表设置　控制 Windows 设备运行方式的一种配置。有大量的设置用于定义 Windows 2000 和 Windows XP 如何在 TCP/IP 环境中运行。

reinitialize：重新初始化　当更新和重新绑定处理失败后，重新启动标准 DHCP 发现序列的过程。在重新初始化阶段，DHCP 客户机没有 IP 地址，将 0.0.0.0 作为其源地址。

relay agent process：中继代理进程　一种进程或执行线程，在本地主机（可以在 Windows 工作站、服务器或路由器）上执行，对于运行在 DHCP 广播域之外的客户机，将 DHCP 广播以单播方式转发到远程 DHCP 服务器上。

release：释放　通过向 DHCP 服务器正式发送 DHCP 释放数据包（消息类型 0x07）而释放 IP 地址的过程。如果客户机在没有发送释放数据包的情况下完全关闭，DHCP 服务器维护租用状态，直到过期为止。

remote logon service：远程登录服务　一种网络服务类型，允许网络上其他地方的用户使用网络登录到某个系统，就像他们是在本地的那样（其实是在远程操作的）。由于这些服务设计为允许外部人员访问系统和服务，所以它们是最受欢迎的攻击点。

Remote Monitoring（RMON）：远程监控　一种 TCP/IP 应用层协议，设计为支持远程监视和网络设备（例如集线器、服务器和路由器）管理。

renewal process：更新过程　更新 IP 地址以便继续使用的过程。默认情况下，DHCP 客户机在租用授权和租用到期时间的中间启动更新过程。

Request for Comments（RFC）：请求注释　IETF 标准文档，规范或描述最佳的实践方法，给出有关 Internet 的信息，或者规范 Internet 协议或服务。

resolver：解析器　参见 name resolver。

resource record（RR）：资源记录　在 DNS 数据库或 DNS 区域文件中预定义的一系列记录类型之一。

Resource Reservation Protocol（RSVP）：资源预留协议　一种旨在规范化和形式化保护 Internet 上特定级别数据流业务的协议。

restricted NAT：受限 NAT　一种 NAT 技术，只把计算机的内部 IP 地址和端口映射到特定的 IP 地址和端口，限制对其他的访问。

restricting link：限定链路　根据当前数据包格式和配置，不支持转发的链路。PMTU 用于识别限定链路，以便主机能够以可接受的 MTU 大小重新发送数据包。

retransmission timeout（RTO）：重传超时　当数据包丢失后，TCP 主机传输数据包时确定的时间值。RTO 的值在一次明显的连接丢失后，呈指数级增加。

retransmission timer：重传定时器　维护 RTO 值的定时器。

retries：重试　当没有接收到确认消息时，TCP 对等体重新发送的次数。

retry counter：重试计数器　跟踪网络上重新传输数量的计数器。在 TCP/IP 网络中见到的最常见重试计数器是 TCP 重试计数器。如果通信不能在重试计数器到期前成功完成，就认为传输失败。

retry mechanism：重试机制　检测通信问题并在网络上重新发送数据的方法。

Reverse Address Resolution Protocol（RARP）：反向地址解析协议　第 2 层或 TCP/IP 网络访问协议，用于将数字 IP 地址转换成 MAC 层地址（通常验证由发送方声称的身份是否与它真正的身份一致）。这个协议已经被 DHCP 取代。

reverse DNS lookup：反向 DNS 查找　参见 inverse DNS query。

reverse proxying：反向代理　代理服务器代表内部网络资源（例如，Web、电子邮件或 FTP 服务器）的一种技术，这些资源就好像放置在代理服务器上一样，使得外部客户端在没有见到内部网络 IP 地址结构的情况下就可以访问内部网络资源。

rexec：远程执行　remote execution 的缩写，这是 BSD UNIX 远程实用程序（r-utils）之一，它允许网络用户在远程主机上执行一条命令。

root：根　域名层次结构的最高级，根被符号化表示为完全限定域名中的最后一个句点。根 DNS 服务器提供了把域名层次结构中所有相异部分结合在一起的粘合剂，并对其他方式未能解析出来的名称提供了域名解析。

round-trip time：往返时间　从一个主机到另一个主机来回所需的时间量。往返时间包括从一个点到另一个点的传输时间，在第二个点上的处理时间，以及返回第一个点的传输时间。

route aggregation：路由汇聚　一种 IP 地址分析形式，允许路由器关注表示 IP 网络地址串的"相同部分"的特殊网络前缀，以此降低路由器必须管理的个人路由表项数量。

route priority：路由优先权　定义网络路由数据包的 TOS 优先权。路由器必须支持和跟踪多种网络类型，以根据在 IP 首部定义的 TOS 确定合适的转发策略。

route resolution process：路由解析过程　主机确定所需目标是本地目标还是远程目标、如果是远程目标、那么要使用哪一个下跳路由器的过程。

Router Advertisement（RA）：路由器公告　由路由器发出的消息或公告，可以是周期性的，也可以是随机的，消息或公告中包含了路由器自身的链路层地址、本地子网的网络前缀、本地链路的 MTU、所推荐的跳数限制值，以及本地链路上对结点有用的其他参数。RA 也可以包含一些标志参数，指明新结点应该使用的自动配置类型。

router queues：路由器队列　用于在路由器被阻塞时保留数据包的路由器缓存系统。

Router Solicitation（RS）：路由器请求　请求连接在本地链路上的任何路由器通过立即发送它们的 RA，而不是等待下一个计划的公告来标识自己。

router-to-router：路由器到路由器　一种 IPv6-over-IPv4 隧道配置，其中，两个支持 IPv4/IPv6 的路由器链接在一起，跨越 IPv4 网络基础设施来传输 IPv6 数据流。

route tracing：路由跟踪　一种技术，用文档记录数据报沿其路径从发送方到接收方时，经过了哪些主机和路由器（traceroute 和 tracert 命令可用于提供这些信息）。

routing：路由选择　数据包根据从发送网络到接收网络的已知路径（或路由）中选择从发送方到接收方行进路线的过程。

Routing Information Protocol（RIP）：路由信息协议　一个简单的、基于向量的 TCP/IP 网络协议，用于确定本地互连网络上发送方和接收方之间的单个路径。

routing loops：路由循环　使数据包在网络中循环的网络配置。水平拆分和毒性反转用于解决距离向量网络上的路由循环。OSPF 网络通过定义互连网络中最佳路径自动解决循环问题。

routing protocol：路由协议　一个第 3 层协议，设计为允许路由器交换可到达的网络、通过哪些路由可以到达，以及与这些路由相关的成本等信息。

routing tables：路由表　保存在内存中的本地主机表。在将数据包转发给远程目标，以便找出该数据包最适宜的下一跳路由器之前，运用路由表。

rpr：远程打印　remote print 的缩写，这是 BSD UNIX 远程实用程序（r-util）之一，它允许网络用户打印远程主机上的文件。

rsh：远程命令解释程序　remote shell 的缩写，这是 BSD UNIX 远程实用程序（r-util）之一，它允许网络用户启动并操作远程主机上的登录会话。

runts：超短数据包　参见 undersized packets。

r-utils：remote utilities 的缩写这是一个软件程序集，最初是 DSB UNIX v4.2 的一部分，用来为用户提供远程访问和登录服务。因此，这些是一个常见的攻击点。

Samba　一组免费软件服务，为 Windows 提供文件和打印共享服务，可以与其他操作系统

（如 Linux）相互作用。

sandbox：沙箱　一种 IT 环境，与实际网络分隔开来，作为测试之用，或含有可能会中断实际网络的服务的内容。

scope：作用范围　由微软定义的一组可以由微软 DHCP 服务器分配的地址。其他开发商将这个东西称为地址池或地址范围。

scope identifier：作用范围标识符　是 IPv6 中一个 4 位的字段，限定多播地址的有效范围。在 IPv6 多播地址中，并不是所有的值都被定义，但是在定义的那些值中的值是本地站点和本地链路作用范围。多播地址在它们配置的作用范围外无效，且不能转发出去。

screening firewall：屏蔽防火墙　一种防火墙模型，这个模型中，不管其他数据包如何处理，到给定端口的所有数据流都被阻塞。穿过防火墙的所有数据流都必须明确定义。

screening host：屏蔽主机　当为外部消费代表内部网络服务时，防火墙或代理服务器所担当的角色。

screening router：屏蔽路由器　一种边界路由器，配置为基于 IP 或端口地址、域名、或欺骗企图而监视和过滤入站数据流。

secondary DNS server：从 DNS 服务器　一种 DNS 服务器，包含域或子域数据库的副本，同时包含相关区域文件副本、但必须与该域或子域主服务器同步其数据库和相关文件。

secondary master：从服务器　参见 secondary DNS server。

security policy：安全策略　一个文档，表示组织对安全实践、规则和过程要求的具体表现，它标识所有值得保护的资产，并勾勒出遭到系统丢失或破坏时灾难恢复过程或业务恢复过程。

segment：数据段　在 TCP/IP 环境中用于 TCP 协议的 PDU 的名称。

segmentation：分段　TCP 将超过其支撑网络介质 MTU 的较大消息拆分为一连串带编号的、长度小于等于 MTU 尺寸的数据块的过程。

selective acknowledgment：选择确认　也称为 SACK，这个方法定义了 TCP 对等体如何标识被成功接收的特定数据段。这个功能定义在 RFC 2018 中。

sequence number tracking：序列号跟踪　跟随由 TCP 对等体发送的当前序列号，发送确认值以表示下一个预想的序列号的过程。

Service Access Point（SAP）：服务接入点　一个定义在 802.2 LLC 首部中的字段，该首部跟随在 MAC 首部的后面。

Service location （SRV） record：一种提供可用服务信息的记录，在 Windows 活动目录（AD）环境中用来把服务的名称映射到提供这种服务的服务器名称。活动目录客户端和域控制器使用 SRV 记录来确定（其他）域控制器的 IP 地址。

service provider：服务提供者　与 enterprise 相反，组织机构的这种 IT 环境为多个用户提供服务，例如，Internet 服务提供者。

session：会话　网络上发送方和接收方之间临时但持续的消息交换；此外，它也是 ISO/OSI 参考模型中管理这些消息交换的层名。

session hijacking：会话劫持　一种 IP 攻击技术，入侵者接管了客户机与服务器之间正在进行的通信会话，因此可以认为被劫持会话享受任何权利和权限。这是一种难以克服的技术，并且，对 TCP 序列号的最近修改使得今天的会话劫持比修改实现之前更加难以克服。

Session layer：会话层 ISO/OSI 参考模型中的第 5 层，会话层处理网络上对等主机之间发生的消息交换的建立、维护和拆除。

silent discard：无声丢弃 在没有通知任何其他设备将会发生数据包丢弃的情况下丢弃数据包的过程。例如，黑洞路由器就会无声丢弃它不能转发的数据包。

Silly Window Syndrome（SWS）：糊涂窗口综合症 一种 TCP 窗口问题，由于应用程序仅仅从一个满的 TCP 接收方缓存区中移出少量数据、从而导致 TCP 对等体公告一个很小窗口所引起的。为了解决这个问题，TCP 主机持续等待，直到窗口大小到达 MSS 值为止。

single-homed：单宿主的 具有到单个系统的上行链接的动作或状态。例如，一个企业网络具有到单个 ISP 的冗余连接，就可认为是单宿主的，而具有到两个不同 ISP 的连接就是多宿主的。

site-local address：本地站点地址 这种寻址模式仅限于在某个站点内的专用网络中使用。

slave router：从路由器 在 OSPF 网络上，这种路由器接收并确认来自主路由器上的链路-状态数据库汇总数据包。

slave server：从服务器 参见 secondary DNS server。

sliding window：滑动窗口 沿滑动时间线发送的一组数据。随着已传输数据被确认，窗口向前移动，以便向 TCP 对等体发送更多数据。

sliding window：滑动窗口 一个数据集，是沿滑动时间线发送的。当所传输的数据得到确认时，该窗口挪动，以便发送更多的数据到 TCP 对等体。

Slow Start Algorithm：慢启动算法 一种以指数级增加发送数据的方法，通常是从两倍的 MSS 值开始。慢启动算法用于了解网络的最大窗口大小。

socket：套接字 参见 socket address。

socket address：套接字地址 一个数字的 TCP/IP 地址，它将网络主机的数字 IP 地址（前 4 个字节）与在该主机上的某个具体进程或服务的端口地址（后 2 个字节）拼接起来，以便在整个互联网上唯一地标识该进程。

software security：软件安全 安全性的一个方面，主要关注的是监视并维护系统和软件，以防止和对抗尽可能多的潜在攻击源。从这个角度看，软件安全既是一种意识，也是一个规范的活动，而不是一种"一次设置、终身无忧"的活动。

solicited node address：恳求结点地址 具有链路本地范围的多播地址，它协助减少结点必须订阅的多播组的数量，订阅的目的是为了让自己能够被本地连路上其他结点所请求。恳求结点地址是 FF02:0:0:0:0:1:FFxx.xxx，其中"xx.xxx"代表与该接口关联的单播或任播地址的最低（最右边的）24 位。

source port number：源端口号 TCP 或 UDP PDU 的发送方的端口地址。

split horizon rule：水平分割规则 用于消除计数到无穷大问题的一种规则。水平分割规则规定信息不能被发送到与接收该信息相同的方向。

spoofing：欺骗 当入站 IP 数据流显示寻址不匹配时发生的欺骗。当外部网卡传输声称来自网络内部的数据流时，或者当用户提供了一个与域名不匹配的 IP 地址时，就发生了地址欺骗。当 IP 地址的反向查找与数据流声称的来源地域名不一致时，就发生了域名欺骗。

spyware：间谍软件　未请求或不想要的软件，这种软件未经授权或未被请求就偷偷地驻留在计算机中，在正常的系统操作过程中，收集该计算机用户的信息，包括账户名、口令和其他它所能够收集到的敏感数据，最终把这些信息输出给那些怀恶意的第三方。

Start of Authority（SOA） record：授权开始（SOA）记录　在每一个 DNS 区域文件中都必须具备的 DNS 资源记录，SOA 记录标识区域文件或数据库对应的域或子域的权威服务器。

stateful autoconfiguration：有状态自动配置　由支持 DHCPv6 的服务器提供的一种 IPv6 地址分配方法，为网络上的请求主机提供 IPv6 地址。

stateless address autoconfiguration（SLAAC）：无状态地址自动配置　一种地址创建机制，其中，IPv6 主机使用本地可用地址数据与路由器公告的信息组合，来创建自己的地址。

stateless autoconfiguration：无状态自动配置　一种允许结点自动配置 IPv6 地址的方法。无状态自动配置可以最小限度地涉及在线路由器的配置，且不需要有 DHCPv6 服务器。

stateless IP/ICMP translation algorithm（SIIT）：无状态 IP/ICMP 转换算法　一种 IPv4/IPv6 地址转换模式，用于取代 NAT-PT，其特征是有两个域（一个 IPv4 域和一个 IPv6 域），这两个域在通过一个 IP/ICMP 转换器进行通信。

statistics：统计　有关网络通信和性能的短期或长期的历史信息，由协议分析器或其他类似的软件捕获得到。

stealthy attacker：隐形攻击者　隐藏其踪迹的攻击者。隐形攻击者可以确保没有日志项记录它们的行为，在它们发起攻击后也不留下活动连接。

subdomain：子域　某个特定域名内的具名元素，通过在父域名前添加附加名称和句点来表示。因此 clearlake.ibm.com 是 ibm.com 域的子域。

subnet mask：子网掩码　一种特殊位模式，使用全 1 标记出 IP 地址网络部分。

subnetting：子网划分　利用从 IP 地址主机部分引入的位扩展，并把某个 IP 地址范围内的网络部分划分为多个地址空间的操作。

success criteria：成功准则　在项目管理中，用于定义某个活动是否成功完成的一系列条件。

summary address：汇总地址　特殊化 IP 地址的一种形式，当路由汇聚起作用时，确定一系列 IP 网络地址的"共同部分"。这种方法加速了路由操作，并减少了路由表必需的路由项数量。

supernetting：超网　一种从 IP 地址网络部分借入位，并将这些位出租给主机部分，从而为主机地址创建更大地址空间的技术。

superscope：超级作用范围　微软定义的一组 IP 地址作用范围，由任何单一 DHCP 服务器管理。其他开发商称之为一组地址池或地址范围。

symbolic name：符号名　标识 Internet 资源的人类可读名称，例如 www.course.com 或 www.microsoft.com。此外，表示设备的名称也会用来代替地址。

symmetric NAT：对称的 NAT　一种 NAT 解决方法，它要求把相同的 IP 地址和端口号从内部网络映射到外部网络。

Synchronous Data Link Control（SDLC）：同步数据链路控制　一种同步通信协议。

Synchronous Optical Network（SONET）：同步光纤网络　一组光纤数字通信服务，提供

从 51.84Mbps（OC-1）到 38.88Gbps（OC-768）的速率。

System Network Architecture（SNA）：系统网络体系结构　一种由 IBM 公司开发的协议族名称，用于其专用大型机和小型机的网络环境中。

T1：T1 级载波线路　一种数字信号链路，它的名称表示 1 级干线，用作北美数字信号的标准。T1 链路提供 1.544Mbps 的汇聚带宽，并且能够支持多达 24 个 64 Kbps 的音频信道，或者可以将语音和数据分开的信道。

T3：T3 级载波线路　一种数字信号链路，它的名称表示 3 级干线，用作北美数字信号的标准。T3 链路提供 28 倍的 T1 或 44.736 Mbps 的汇聚带宽。T3 在同轴电缆或光缆上运行，或者通过微波传输，并正在成为小规模或中等规模 ISP 的标准链接。

T-carrier：T 载波　一个用于主干传输连接的通用电话术语，主干传输连接向通信客户提供直接来自通信公司（通常是本地或长途电话或通信公司）的数字服务。

TCP buffer area：TCP 缓存区域　一个队列区域，用于存储入站和出站 TCP 数据包。如果 TCP 数据包设置了 Push 标志位，那么这个数据包既不应该存储在入站 TCP 缓存区域，也不应该存储在出站 TCP 缓存区域。

TCP/IP：参见 Transmission Control Protocol/Internet Protocol。

teardown sequence：卸载序列　关闭 TCP 连接的过程。

temporary port：临时端口　网络连接期间所用的端口。分配给临时端口的端口号又称为动态端口号或暂时端口号。

Teredo：又称为 Teredo tunneling，这种 IPv4-over-IPv6 转换技术允许 Teredo 结点跨越 IPv4 网络基础设施与 IPv6 结点进行通信（即使 Teredo 结点位于 NAT 之后的 LAN 中也可以）。

Teredo bubble packets：Teredo 冒泡数据包　由不在 NAT 之后的 Teredo 结点发送的特定数据包，以便开始与一个 IPv6 网络结点的通信。

Teredo host-specific relay：Teredo 特定主机的中继　一个与 IPv4 Internet 和 IPv6 Internet 直接连接的 IPv4/IPv6 结点，无须经过 Teredo 中继，就可以在 IPv4 连接上与 Teredo 客户端结点进行通信。

Teredo relay：Teredo 中继　一种 IPv4/IPv6 路由器，使用主机到路由器和路由器到路由器隧道，把来自 IPv4 网络上的 Teredo 客户端的数据包，转发给 IPv6 网络上的 IPv6 结点，以及把来自 IPv6 结点的数据包转发给 Teredo 客户端。

Teredo server：Teredo 服务器　IPv4/IPv6 无状态服务器设备，这些设备连接既连接到 IPv4 网络，也连接到 IPv6 网络，方便不同 Teredo 结点之间以及 Teredo 结点与 IPv6 结点之间的通信。

test-attack-tune cycle：测试-攻击-调整循环　在部署安全系统或组件中最重要的部分，这组活动应该重复进行，直到测试和攻击操作不会再对系统或组件配置或调整做更进一步修改为止。

text（TXT）record：文本记录　一种 DNS 资源记录，能够保留任意的 ASCII 文本数据，通常用于描述 DNS 数据库段，它所包含的主机等信息。

three-way handshake：三方握手　一种发生在两台计算机之间的 TCP 协商过程，试图创建一个网络会话。

throughput difference：吞吐量差别　两个路径间的吞吐量对比。吞吐量用 Kbps 或 Mbps 度量。

time synchronization：时间同步　在多个主机上获得完全一致的时间的过程。网络时间协议（NTP）就是一种时间同步协议。

Time to Live（TTL）：生存时间　数据包能够旅行的剩余距离的指示。尽管该值使用秒为单位，但 TTL 值被实现为数据包在被路由器丢弃之前能够经过的跳数。

time wait delay：时间等待延迟　在连接关闭后，TCP 主机在多久的时间内不能使用该连接的时间量。

timeout mechanism：超时机制　确定什么时候停止重新发送数据的一种方法。超时机制由重试计数器和重试最大次数组成。

trace buffer：跟踪缓存区　在内存或硬盘空间中为协议分析器所捕获网络数据包的存储而留出的区域。

Traceroute　参见 Tracert。

Tracert　一个 Windows 命令的名称，使用多个 ping 命令确定发送方和接收方之间所有主机身份和数据包的往返时间。

trailer：尾部　PDU 的一个可选的结尾部分，它通常包含 PDU 前面内容的某种完整性检查信息。

Transmission Control Protocol（TCP）：传输控制协议　一种健壮的、可靠的、面向连接的协议，它运行在 TCP/IP 和 ISO/OSI 参考模型的传输层，并且成为 TCP/IP 名称的一部分。

Transmission Control Protocol/Internet Protocol（TCP/IP）：传输控制协议/网际协议　正在互联网上使用的标准协议和服务的名称，其名称来源于两个关键组成协议的名称：传输控制协议（TCP），以及网际协议（IP）。

Transport layer：传输层　ISO/OSI 网络参考模型的第 4 层，TCP/IP 网络模型的第 3 层，传输层处理从发送方到接收方的数据传递。

Transport Relay Translator（TRT）：传输中继转换器　这是一种允许 IPv6 网络结点把诸如 TCP 或 UDP 之类的上层协议发送给 IPv4 网络结点的方法。

tree structure：树形结构　一种有组织的数据结构类型，就像分类学或磁盘驱动列表，其中整个容器作为根，子容器可以包括其他、更低层的子容器，或者包括出现在容器内的任何类型对象的实例。域名层次结构是一种颠倒的树结构，因为它的根通常出现在展示其结构的图形的顶部。

true hybrid model：真正的混合模型　一种虚拟网络基础设施模型，描述混合了 IPv4、IPv6，以及同时支持 IPv4/IPv6 网络的一种网络环境，这种网络环境嵌套在一个更大的网络基础设施中，没有哪种 IP 占核心主导地位。

tunneling interface：隧道接口　某个设备使用的网络接口，完成把 IPv6 数据包封装到 IPv4 首部，并且跨越 IPv4 网络基础设施连接到下一跳设备。

two-way handshake：双向握手　没有完全完成的两个数据包握手。这种过程表明发生了 TCP SYN 攻击。

Type of Service（TOS）：服务类型　一种用于定义数据包采用哪种路径穿越网络的过程。

TOS 选项包括最大吞吐量、最低延迟，以及最大可靠性。

undersized packets：超短数据包　小于最小数据包长度要求，表示可能发生了硬件或驱动程序问题的数据包。

unicast packet：单播数据包　发送给网络上单个设备的数据包。

Uniform Resource Locator（URL）：统一资源定位符　表示地址的 Web 术语，它指定协议（http://）、位置（域名）、目录（/目录名/）以及文件名（example.html）来请求 Web 浏览器访问该资源。

Universal Naming Convention（UNC）path：统一命名约定路径　是一种命名格式，指向网络上的设备与资源的位置。

Universal Time(UT)：全球时间　有时也称全球一致时间(UCT)，格林尼治时间（Greenwich Mean Time，GMT）) 或祖鲁时间（Zulu Time）。

unnumbered format：未编号格式　一种无连接的 802.2 LLC 数据包的格式。

unsolicited：未被恳求的　未被请求的。未被请求响应通常是周期性出现的公告。例如，典型情况下，ICMP 路由器公告每 7～10 分钟就出现一次。

unspecified address：非指定地址　在 IPv6 中，非指定地址是全 0 的地址，并可以以正常表示法表示为 "::"。这是一个本质上不是地址的地址。它不能用作目的地址。

user impersonation：用户假冒　一种系统或网络攻击技术，这里，未授权用户出示正常情况下属于授权用户的凭据而得到访问权，并利用该被假冒用户身份许可的任何权利和权限（这也说明了为什么假冒具有管理权利和权限的用户假冒攻击最终目标的原因）。

valid data：合法数据　跟在首部后面、但不包括任何填充数据或附加数据的数据。

variable-length subnet masking（VLSM）：变长子网掩码　IP 地址的一种子网划分模式，它允许为网络前缀定义各种长度的容器。最大子网定义最大的容器长度，该地址空间中的任何独立容器可以被进一步划分为多个、较小的子容器（有时称为子子网）。

victim：受害者　攻击的焦点。

virtual connection：虚拟连接　两个 TCP 对等体之间的一种逻辑连接。虚拟连接要求端到端的连接。

Virtual Private Network（VPN）：虚拟专用网　一种特定发送方和接收方之间网络连接（包含一个或多个数据包协议），在这个连接中，发送的信息通常被加密。VPN 使用公共网络，例如互联网，从发送方向接收方交付安全的、私密的信息。

virus：病毒　能够通过计算机传播并修改或破坏文件的代码。

Voice over IP（VoIP）：IP 语音　一种通信技术，允许在 IP 网络上（例如，Internet 或内部网）进行语音和多媒体通信会话。

vulnerability：脆弱性　系统可能被攻击的任何方面，特别是任何公认协议、服务、子系统或漏洞（写入了文档并相对容易利用的）。

Wait Acknowledgment（WACK）：等待确认　由网络设备（如 WINS 服务器）发送的响应数据包，确认接收了来自发送结点的消息，并通知发送结点进行等待，不要再发送更多的数据包，或不希望有更多的数据。

watchdog process：看门狗进程　由 NetWare 服务器使用的进程，用于确定 NetWare 客户端是否依然处于活动状态，并维护两个设备之间的连接。

well-known port number：公认端口号　一个 16 位数值，标识与运行在 TCP/IP 应用层上某个公认互联网协议或服务相关联的预分配值。大多数公认端口号位于 0～1024 的范围内。又称为公认端口地址。

well-known protocol：公认协议　依据 IANA 定义，它是一个出现在 IP 数据包首部，并标识所用协议的 8 位数。

well-known service：公认服务　著名 TCP/IP 协议或服务的另一种说法，其分配细节归档在 IANA 站点上（www.iana.org）。

well-known services（WKS）record：公认服务记录　一种 NDS 资源记录，描述来自主机的可用公认 IP 服务，例如 Telnet、FTP 等。由于它们标识主机，使之可能成为攻击点，所以 WKS 记录不像以前那样对外界是可用的了。

windowing：滑动窗口　使用单个确认消息确认多个数据包的过程。

Windows clustering：Windows 群集　Windows Server 的技术，一旦检测到主服务器故障，它将使得服务在替代服务器上自动恢复。

words：字　在 IPv6 地址中的 4 个 16 位值。每个字用冒号分隔开，在每个 IPv6 地址中有 8 个字。如果某个字是有连续的 0 组成，那么就可以把它压缩，这样，这些 0 就不用出现在地址中，但保留冒号分隔符。

zero-window state：0 窗口状态　当 TCP 对等体公告一个值为 0 的窗口时的状态。TCP 主机不能继续向公告 0 窗口的 TCP 对等体发送数据。

zone：区域　域名层次结构中的一部分，对应于由某个特定域名服务器或某组特定域名服务器管理的数据库段。

zone data file：区域数据文件　当 DNS 服务器关闭时，或当从 DNS 服务器请求与它的主 DNS 服务器数据库同步时，用于为静态存储捕获 DNS 数据库信息的几种特殊文件之一。

zone file：区域文件　参见 zone data file。

zone transfer：区域传送　一种 DNS 机制，其中，从 DNS 服务器从该区域的主服务器上获得该区域的数据。从服务器检测其 SOA 记录的特定字段，并将它与主服务器的数据库中的对应值进行比较。如果有差别，那么从服务器就按照主域名服务器来更新其数据库。